国家自然科学基金项目资助(项目批准号:61771375)

西电学术文库图书

对流层传播与散射及其对无线系统的影响

郭立新　弓树宏　吴振森　魏兵　编著

西安电子科技大学出版社

内 容 简 介

　　本书主要讨论对流层环境中电磁波传播与散射特性及其对无线系统的影响。全书共 9 章，内容分别为绪论、晴空大气的物理及电磁特性、大气沉降粒子物理及电磁特性、对流层顶及其气候特征、晴空大气中的传播与散射、大气沉降粒子中的传播与散射、对流层大气中的光传输特性、对流层环境对无线系统的影响、对流层中传输特性测量及模型分析。

　　本书在注重电波传播理论与电波传播工程实践联系的同时，兼顾电波传播、散射特性与无线系统性能之间的联系，可以满足不同层次的读者需要。

　　本书可作为高等学校无线电物理、电波传播与天线以及通信、雷达等专业本科生、研究生的教材，也可作为有关电波传播、无线系统设置方面科研、工程技术人员的参考书。

图书在版编目(CIP)数据

对流层传播与散射及其对无线系统的影响/郭立新等编著. —西安：西安电子科技大学出版社，2018.11
ISBN 978 - 7 - 5606 - 4929 - 0

Ⅰ.① 对⋯　Ⅱ.① 郭⋯　Ⅲ.① 对流层传播—影响—无线通信—研究
Ⅳ.① TN92

中国版本图书馆 CIP 数据核字 (2018) 第 101223 号

策划编辑　马乐惠
责任编辑　王　瑛　马乐惠
出版发行　西安电子科技大学出版社(西安市太白南路2号)
电　　话　(029)88242885　88201467　　　邮　　编　710071
网　　址　www.xduph.com　　　　　　　　电子邮箱　xdupfxb001@163.com
经　　销　新华书店
印刷单位　陕西天意印务有限责任公司
版　　次　2018 年 11 月第 1 版　2018 年 11 月第 1 次印刷
开　　本　787 毫米×1092 毫米　1/16　印张 27.375
字　　数　654 千字
印　　数　1～2000 册
定　　价　63.00 元
ISBN 978 - 7 - 5606 - 4929 - 0/TN
XDUP 5231001 - 1

前　言

电波传播是所有无线电子系统的重要组成部分，对流层环境是电波传播领域的重要分支，对流层环境中的电波传输特性及其对无线系统的影响乃本书的主题。

对流层位于地球大气底层，自地面向上延伸，它的上边界高度随不同纬度、季节和天气状况而有所差别，不同的参考文献对于对流层的高度描述有所差别。在赤道附近，这个高度平均为 16～18 km，在温带地区平均为 10～12 km，在南北极平均为 8～10 km。对流层环境是人们最熟悉的空间环境，它集中了 3/4 大气质量和 90％以上的水汽，我们熟知的云、雨、雪、雾、沙尘暴、霾等天气现象均发生在对流层内。对流层环境可以分为两大类，一类是晴空大气环境，另一类是由雨滴、雪花、雾、冰晶、冰雹、沙尘等粒子组成的大气沉降粒子环境。晴空大气环境主要有球面分层大气、大气折射指数随机起伏结构和波导层结构三种不同特性的状态。大气沉降粒子环境是不同物质成分、不同尺寸的粒子，按照一定的分布及运动规律弥散在大气中，形成的所谓的恶劣气象环境。电磁波与对流层中的不同类型、状态的环境媒质相互作用时，形成了不同的传播效应。对流层中发生的传播、散射效应，对不同频率、不同功能的无线电子系统产生了不同的影响。

对流层环境中的传输效应（即传播、散射效应）对携带信息的电磁信号的传递有两方面的效应：一方面作为实现所需传播方式的"凭借"效应，例如，湍流散射效应和大气波导层折射效应，成为对流层散射超视距、大气波导超视距无线系统的"凭借"效应；另一方面则是对无线电信号传播的"限制"效应和对信息的"污染"作用，例如，大气衰减、散射多径快衰落等传输效应，可以导致卫星信号传输中断，大气折射效应会导致导航和雷达出现定位误差，大气噪声会对遥感信息产生"污染"作用等。

本书的目的就是在介绍对流层环境物理、电磁特性的基础上，分析对流层环境中电磁波发生各种传输效应的机理，讨论用于评估各种传输效应的理论方法、模型和工程适用的计算模型以及不同传输效应的测试方法，分析对流层环境传输特性与无线信道系数的关系，探索对流层环境中各种传输特性对无线电子系统的"凭借"与"限制"效应，并从两方面加以利用：一方面取其所长而避其所短，对对流层环境中的传输效应进行预测、修正、克服和利用，使系统工作性能与对流层环境空间信道特性达到良好匹配；另一方面则是在无线电子系统对抗中，借助对流层环境中的传输效应，使对方无法对对流层环境中的传输效应进行预测、修正、克服和利用，破坏对方系统工作性能与对流层环境空间信道特性的匹配。

本书内容在兼顾对流层传播理论的系统性、全面性的同时，特别着重于对工程实践具有实用价值的问题，另一方面也尝试探索性、开创性研究工作的引导。全书共 9 章：第 1 章为绪论，主要介绍对流层中的传输效应及其产生机理、对流层传播模式、对流层传输对无线系统的影响、本书的总结构分布等内容；第 2 章和第 3 章为对流层空间环境特性及电磁特性部分，第 2 章讨论晴空大气，第 3 章讨论大气沉降粒子；第 4 章为对流层顶及其气候特征；第 5 章和第 6 章主要分析毫米波、亚毫米波在对流层中的典型传播、散射特性，第 5

章主要讨论晴空大气中的传播、散射特性，第 6 章讨论沉降粒子环境中的传播、散射特性；第 7 章简要讨论光波在对流层环境中的传播、散射特性；第 8 章介绍对流层环境中的传输特性对无线系统的影响问题；第 9 章简要讨论对流层环境中传输特性测量及模型分析问题，包括传输特性的测量方法及模型检验、修正和建模问题。

　　本书的主要内容来自于两个方面，一是摘录自有关对流层环境特性及对流层传播的国内外学术文献，一是来自于作者所在课题组的研究、探索结果。对于摘录自文献中的关键结果，作者基本做到了标注说明。但是有些摘录结果来自于日常科研、教学中查阅的文献资料，由于当时没有记录参考文献出处，因此可能出现少量漏标注现象。如果读者发现未标注现象或者摘录有误之处，恳请联系并告知作者，以便重印时更正。另外，要特别说明的是，将未知出处的结果一并记录在本书中，只为方便读者了解一些关键的问题，作者绝无侵犯、占用他人成果之意，更无沽名钓誉之目的。对于书中给出的作者所在课题组研究、探索的结果，大部分内容属于前沿探索问题，许多结论并未经过实验和工程应用验证，有的甚至是作者所在课题组的设想。这部分内容旨在引导读者进行探索性、开创性的研究。如果读者对书中探索性内容有任何疑义或者不同看法，欢迎以任何形式联系作者，一起交流、讨论、共同探索。

　　本书由郭立新、弓树宏总体负责，弓树宏全程执笔完成，吴振森和魏兵负责筹划、协调及修改工作。特别感谢西安电子科技大学学术文库专项资金及国家自然科学基础项目（61771375）对本书出版的资助。特别感谢研究生王璇、闫道普、赵虎、刘峪、张鑫彤、徐宁、杨永赛、曹峻、石玲花以及为本书编著、出版提供过帮助的所有老师和学生。特别感谢作者的家人对本书出版的关心、支持和帮助。

作　者

2018 年 2 月

目　录

第1章　绪论 ……………………………… 1
　1.1　概述 …………………………… 1
　1.2　对流层中的传输效应及其产生机理 … 3
　　1.2.1　折射和反射 …………………… 3
　　1.2.2　散射 …………………………… 3
　　1.2.3　吸收、衰减、相移 …………… 4
　　1.2.4　去极化 ………………………… 5
　　1.2.5　噪声、干扰 …………………… 6
　　1.2.6　其他 …………………………… 6
　1.3　对流层传播模式 ………………… 7
　　1.3.1　对流层视距传播 ……………… 7
　　1.3.2　对流层超视距传播 …………… 7
　1.4　对流层传输对无线系统的影响 … 8
　1.5　本书的总结构分布 ……………… 9
　思考和训练1 …………………………… 10
　本章参考文献 …………………………… 10

第2章　晴空大气的物理及电磁特性 …… 12
　2.1　大气组成及其物理特性 ………… 12
　　2.1.1　大气组成 ……………………… 12
　　2.1.2　物理特性及其时空分布 ……… 14
　　　2.1.2.1　温度及其时空分布 ……… 14
　　　2.1.2.2　大气压强及其时空分布 … 19
　　　2.1.2.3　大气湿度及其时空分布 … 22
　2.2　晴空大气电磁特性参数及其时空分布
　　　　……………………………………… 36
　　2.2.1　大气电磁特性参数 …………… 37
　　2.2.2　大气折射指数时空分布 ……… 43
　　2.2.3　大气折射指数的测量 ………… 54
　2.3　大气湍流 ………………………… 55
　　2.3.1　大气湍流的形成机理 ………… 56
　　2.3.2　大气湍流的基本特征及研究
　　　　　理论 …………………………… 57
　　2.3.3　大气湍流电磁参数起伏的结构
　　　　　函数和空间谱 ………………… 59
　2.4　大气波导 ………………………… 63

　　2.4.1　大气波导的形成机理及分类 …… 63
　　2.4.2　大气波导的特征参数 ………… 65
　　2.4.3　大气波导时空分布统计规律 … 67
　　2.4.4　大气波导的诊断和预报 ……… 74
　2.5　对流层人工变态简介 …………… 76
　　2.5.1　对流层人工变态技术现状 …… 76
　　2.5.2　相干声波扰动对流层及其应用机理
　　　　　………………………………… 77
　　2.5.3　相干声波扰动大气折射
　　　　　指数理论 ……………………… 79
　　2.5.4　定性验证人工不均匀体的
　　　　　可行性 ………………………… 81
　思考和训练2 …………………………… 87
　本章参考文献 …………………………… 88

第3章　大气沉降粒子物理及电磁特性 …… 91
　3.1　大气沉降粒子概述 ……………… 91
　3.2　大气水凝物 ……………………… 92
　　3.2.1　雨 ……………………………… 92
　　　3.2.1.1　降雨的形成和分类 ……… 92
　　　3.2.1.2　降雨强度 ………………… 94
　　　3.2.1.3　雨滴的形状和尺寸 ……… 94
　　　3.2.1.4　雨滴尺寸分布 …………… 96
　　　3.2.1.5　雨滴的沉降速度 ………… 106
　　　3.2.1.6　雨滴最大直径与降雨率的关系
　　　　　　　……………………………… 109
　　　3.2.1.7　雨滴倾角（雨滴沉降过程中的姿态）
　　　　　　　……………………………… 109
　　　3.2.1.8　雨顶高度 ………………… 111
　　　3.2.1.9　降雨率年时间概率分布统计特性
　　　　　　　……………………………… 115
　　　3.2.1.10　不同累积时间降雨率转换 … 120
　　　3.2.1.11　最坏月及最坏年降雨率分布
　　　　　　　……………………………… 123
　　　3.2.1.12　降雨率实时动态变化
　　　　　　　特性 ……………………… 124

　　　3.2.1.13　降雨率水平及垂直空间
　　　　　　分布特性 ·············· 125
　　3.2.2　云、雾 ·················· 127
　　　3.2.2.1　云、雾的形成及强度表征与分类
　　　　　　·················· 128
　　　3.2.2.2　云雾滴的形状和尺寸 ······· 129
　　　3.2.2.3　云雾能见度、含水量及相互关系
　　　　　　·················· 130
　　　3.2.2.4　云雾的空间高度 ········· 132
　　　3.2.2.5　云雾滴谱分布 ·········· 134
　　　3.2.2.6　云雾及含水量时空统计分布
　　　　　　·················· 137
　　3.2.3　冰晶、雪、冰雹 ··········· 156
　　　3.2.3.1　冰晶 ·············· 156
　　　3.2.3.2　雪 ··············· 159
　　　3.2.3.3　冰雹 ·············· 163
3.3　沙尘 ······················ 165
　　3.3.1　沙尘暴的粒子形状、尺寸、取向、
　　　　　强度等级及化学成分 ······· 166
　　3.3.2　沙尘暴的浓度 ············ 167
　　3.3.3　沙尘粒子尺寸分布 ·········· 167
　　3.3.4　沙尘暴的时空分布 ·········· 168
　　3.3.5　沙尘暴垂直空间分布特性 ······ 169
3.4　其他气溶胶沉降粒子 ·············· 170
　　3.4.1　概述 ················· 170
　　3.4.2　气溶胶颗粒形状、尺寸和颗粒密度
　　　　　·················· 171
　　3.4.3　气溶胶浓度或者含量 ········· 174
　　3.4.4　气溶胶粒子的尺寸分布 ······· 175
3.5　沉降粒子介电特性 ··············· 176
　　3.5.1　水凝物粒子介电特性 ········· 177
　　　3.5.1.1　水的介电特性 ········· 177
　　　3.5.1.2　冰的介电特性 ········· 181
　　　3.5.1.3　雪的介电特性 ········· 182
　　3.5.2　沙尘及其他气溶胶介电特性 ····· 183
　　3.5.3　介电特性模型适用性分析 ······ 185
　　3.5.4　混合物质等效介电特性 ······· 188
3.6　对流层环境物理、电磁特性的测量 ······ 190
　　3.6.1　晴空大气环境物理特性测量 ····· 191
　　3.6.2　大气沉降粒子物理特性测量 ····· 192
　　3.6.3　介电常数测量 ············ 194
　　3.6.4　对流环境物理及电磁特性
　　　　　研究趋势 ············· 195

思考和训练3 ···················· 196
本章参考文献 ···················· 197

第4章　对流层顶及其气候特征 ··········· 201
4.1　对流层顶概述 ················· 201
　　4.1.1　对流层顶的发现、确定方法及其成因
　　　　　·················· 201
　　4.1.2　对流层顶判据 ············ 202
　　4.1.3　对流层顶在大气过程中的作用 ···· 203
4.2　对流层顶观测资料气候学整理方法
　　·························· 203
4.3　对流层顶的特征参数 ·············· 204
4.4　对流层顶气候其他问题 ············· 204
思考和训练4 ···················· 205
本章参考文献 ···················· 205

第5章　晴空大气中的传播与散射 ·········· 206
5.1　大气吸收 ···················· 206
　　5.1.1　大气吸收衰减率 ··········· 206
　　5.1.2　大气吸收衰减 ············ 208
5.2　大气折射 ···················· 211
　　5.2.1　几何光学原理 ············ 212
　　5.2.2　射线方程 ·············· 212
　　5.2.3　球面分层大气中的大气折射效应
　　　　　·················· 213
　　5.2.4　大气折射的类型 ··········· 215
　　5.2.5　大气三维折射效应 ·········· 216
5.3　大气折射指数边界反射 ············· 218
5.4　大气湍流与电磁波相互作用 ·········· 220
　　5.4.1　概述 ················· 220
　　5.4.2　大气湍流散射传播理论 ······· 221
　　5.4.3　晴空环境非视距传播的其他机理
　　　　　·················· 223
　　5.4.4　大气湍流的视距传播理论 ······ 226
5.5　大气波导传输特性 ··············· 229
　　5.5.1　蒸发波导环境中的射线描迹 ····· 230
　　5.5.2　时延特性及距离误差 ········· 233
　　5.5.3　覆盖盲区及覆盖范围 ········· 234
　　5.5.4　传输损耗 ·············· 235
　　5.5.5　大气波导传输损耗工程模型 ····· 241
5.6　晴空大气中的去极化效应 ··········· 242
　　5.6.1　去极化效应中的基本概念 ······ 242
　　5.6.2　晴空大气去极化的计算理论 ····· 243

　　5.6.3　晴空大气去极化效应统计预测模型
　　　　…………………………………… 245
　　5.6.4　晴空大气环境产生去极化效应的
　　　　其他机理 ………………………… 246
　　5.6.5　非理想双极化天线对去极化效应的
　　　　影响 …………………………… 248
　5.7　晴空大气噪声 ……………………… 248
　5.8　晴空大气幅度闪烁统计特性 ……… 250
　5.9　晴空大气环境的其他传输特性 …… 251
　思考和训练 5 …………………………… 253
　本章参考文献 …………………………… 253

第6章　大气沉降粒子中的传播与散射 …… 255
　6.1　大气沉降粒子中电磁波传播与散射的
　　基本理论 ……………………………… 255
　　6.1.1　单个粒子对电磁波的散射和吸收
　　　　…………………………………… 255
　　6.1.2　沉降粒子环境中电磁波的传输
　　　　问题分类 ………………………… 259
　　6.1.3　沉降粒子环境中的衰减及相移理论
　　　　…………………………………… 260
　　6.1.4　沉降粒子环境中的去极化理论 … 263
　　6.1.5　沉降粒子环境中的视线传播理论
　　　　…………………………………… 265
　　6.1.6　沉降粒子环境中的非视线传输理论
　　　　…………………………………… 266
　6.2　衰减特性实用模型 ………………… 268
　　6.2.1　降雨衰减模型 ………………… 268
　　　6.2.1.1　降雨环境特征衰减计算模型
　　　　　…………………………………… 269
　　　6.2.1.2　降雨环境等效路径计算模型
　　　　　…………………………………… 282
　　　6.2.1.3　雨衰长期统计特性预报 …… 285
　　　6.2.1.4　基于测量数据确定 a_H、a_V 和
　　　　　b_H、b_V 的方法 ……… 285
　　　6.2.1.5　降雨衰减频率比例因子及
　　　　　其他问题 …………………… 292
　　　6.2.1.6　基于非 1 分钟累积时间
　　　　　降雨率的雨衰预报模型 ……… 292
　　　6.2.1.7　降雨衰减实时预报模型 …… 293
　　　6.2.1.8　降雨衰减时间序列获取方法
　　　　　…………………………………… 307

　　6.2.2　降雪、冰晶(融化层)、冰雹环境中的
　　　　衰减 …………………………… 311
　　6.2.3　云、雾环境中的衰减 ………… 312
　　6.2.4　沙尘环境中的衰减 …………… 313
　6.3　去极化实用模型 …………………… 316
　　6.3.1　降雨环境去极化模型 ………… 316
　　　6.3.1.1　简化的雨致去极化理论模型
　　　　　…………………………………… 316
　　　6.3.1.2　基于同极化衰减的雨致去极化
　　　　　预报模型 …………………… 318
　　6.3.2　冰晶环境去极化效应 ………… 321
　　6.3.3　降雪及沙尘环境去极化模型 … 321
　6.4　沉降粒子环境附加噪声 …………… 322
　6.5　沉降粒子对多径信道包络概率密度的
　　影响 …………………………………… 323
　6.6　沉降粒子的多普勒频偏 …………… 332
　6.7　沉降粒子环境中非相干信号功率角分布
　　…………………………………………… 333
　6.8　沉降粒子环境中的其他传输效应 … 348
　思考和训练 6 …………………………… 348
　本章参考文献 …………………………… 349

第7章　对流层大气中的光传输特性简介 … 353
　7.1　对流层大气对光的衰减 …………… 353
　　7.1.1　气体分子的吸收衰减 ………… 353
　　7.1.2　气体分子的散射衰减 ………… 356
　　7.1.3　沉降粒子的衰减 ……………… 356
　　7.1.4　对流层大气中光衰减实用模型 … 357
　7.2　晴空分层大气对光的折射 ………… 359
　7.3　大气湍流中的光传输理论 ………… 360
　　7.3.1　弱湍流中的光传输理论 ……… 360
　　7.3.2　强湍流中的光传输理论 ……… 362
　7.4　对流层大气对光的去极化(偏振)效应
　　…………………………………………… 366
　7.5　对流层中光的其他传输特性 ……… 367
　思考和训练 7 …………………………… 367
　本章参考文献 …………………………… 368

第8章　对流层环境对无线系统的影响 …… 369
　8.1　对流层环境媒质信道响应系数 …… 369
　8.2　"凭借"与"限制"效应及其应用与对抗
　　…………………………………………… 375

8.2.1 折射的"凭借"与"限制"效应及其
  应用与对抗 ················ 375
  8.2.1.1 折射现象的"凭借"效应
    及其应用 ·········· 376
  8.2.1.2 折射现象的"限制"效应
    及其对抗 ·········· 377
8.2.2 散射和反射的"凭借"与"限制"效应
  及其应用与对抗 ············ 380
  8.2.2.1 散射和反射现象的"凭借"
    效应及其应用 ······· 380
  8.2.2.2 散射和反射现象的"限制"
    效应及其对抗 ······· 382
8.2.3 衰减的"凭借"与"限制"效应及其
  应用与对抗 ················ 384
  8.2.3.1 衰减现象的"凭借"效应及其
    应用 ·············· 384
  8.2.3.2 衰减现象的"限制"效应及其
    对抗 ·············· 385
8.2.4 去极化的"凭借"与"限制"效应及其
  应用与对抗 ················ 387
  8.2.4.1 去极化现象的"凭借"效应及其
    应用 ·············· 387
  8.2.4.2 去极化现象的"限制"效应及其
    对抗 ·············· 387
8.2.5 附加噪声的"凭借"与"限制"效应及其
  应用与对抗 ················ 390
  8.2.5.1 附加噪声的"凭借"效应及其
    应用 ·············· 390
  8.2.5.2 附加噪声的"限制"效应及其
    对抗 ·············· 390
8.2.6 其他传输效应的"凭借"与"限制"
  效应及其应用与对抗 ········· 390

8.3 散射衰落效应的应用实例——毫米波
  星-地 MIMO 通信技术 ········ 391
  8.3.1 MIMO 通信技术简介 ········ 391
  8.3.2 星-地毫米波 MIMO 通信系统设置
    需要考虑的新问题 ········ 392
    8.3.2.1 散射互耦 ·········· 393
    8.3.2.2 MIMO 信道空间去相关技术
      ·············· 403
8.4 基于晴空大气人工变态技术的
  应用设想 ················ 404
  8.4.1 散射超视距通信及辐射源被动
    定位 ·············· 405
  8.4.2 蒸发波导超视距雷达隐身 ····· 409
  8.4.3 光电干涉成像雷达的干扰对抗
    ·················· 411
  8.4.4 其他方面的应用设想 ········ 412
思考和训练 8 ················ 414
本章参考文献 ················ 414

第 9 章 对流层中传输特性测量及模型分析
  ·················· 421
9.1 晴空大气折射效应测量及折射率
  剖面建模 ················ 422
9.2 晴空大气闪烁特性测量及
  模型修正 ················ 422
9.3 降雨衰减测量技术及雨衰
  模型修正 ················ 423
9.4 去极化特性测量技术及去极化计算
  模型修正 ················ 424
9.5 其他传输特性的测量 ·········· 425
9.6 太赫兹波段电磁波传输特性测量及
  建模 ·················· 425
思考和训练 9 ················ 427
本章参考文献 ················ 428

第1章　绪　论

1.1　概　述

　　以地球为参照物，电磁波空间传播环境可以分为地、海面以下环境，地表环境，对流层环境，平流层环境，过渡层（中间层）环境，电离层环境，磁层及外太空环境。其中，地、海面以下环境和地表环境属于地球结构环境，其他环境可以归属于空间大气环境。

　　如图 1.1 所示，地球形似一略扁的球体，平均半径为 6370 km。根据地震波的传播证明，地球从里到外可分为地核、地幔和地壳三层。表层 70～80 km 厚的坚硬部分，称为地壳，地壳各处的厚度不同，海洋下面较薄，最薄处约 5 km，陆地处的地壳较厚，总体的平均厚度约 33 km。地壳的表面是电导率较大的冲积层。由于地球内部作用（如地壳运动、火山爆发等），以及外部的风化作用，地球表面形成了高山、深谷、江河、平原等地形地貌，再加上人为所创建的城镇田野等，这些不同的地质结构及地形地物，在一定程度上影响着无线电波的传播[1]。电磁波沿地球表层传播的理论和实验方面的内容可参见"地波传播"方面的资料。如果电磁波透过地球表层深入至地球内部传播，则需要了解透地传播方面的资料。

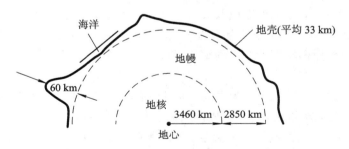

图 1.1　地球结构示意图[1]

　　地球周围是厚达两万多千米的大气层，大气层里发生的运动变化对无线电波传播有很大影响，对人类的生存环境也有很大影响。地球周围的空间大气环境概况如图 1.2 所示。

　　对流层位于地球大气底层，自地面向上延伸，它的上边界高度随不同纬度、季节和天气状况而有所差别。在赤道附近，这个高度平均为 16～18 km，在温带地区平均为 10～12 km，在南北极平均为 8～10 km，不同的参考文献对于对流层的高度描述有所差别[2]。对流层环境是人们最熟悉的空间环境，它集中了 3/4 大气质量和 90% 以上的水汽，我们熟知的云、

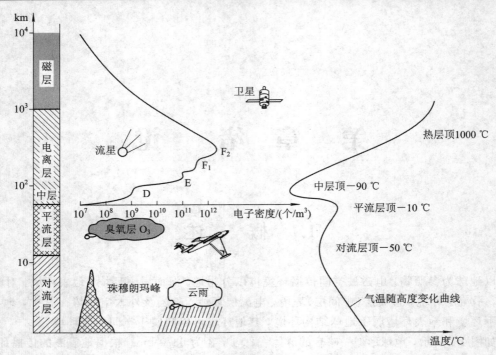

图 1.2 地球表层周围大气层概况[1]

雨、雪、雾、沙尘暴、霾等天气现象均发生在对流层内。对流层环境可以分为晴空大气环境和由雨滴、雪花、雾粒子、冰晶、冰雹、沙尘等粒子组成的大气沉降粒子环境。晴空大气环境的温度、压强、湿度等参数的空间分布和复杂的气流运动，使得晴空大气环境除了存在分层结构外，还存在湍流结构。大气沉降粒子按照一定的分布和运动规律弥散在大气中。晴空大气的分层结构、湍流结构以及大气沉降粒子和电磁波产生相互作用，形成了不同的传播效应。对流层中发生的传播、散射效应对不同的无线系统产生非常严重的影响。本书主要讨论对流层中的传播、散射效应及其对无线系统的影响问题。

对流层顶部到约 58～60 km 的范围为平流层，该层氧气、水汽、尘埃稀少，大气垂直对流不强，对电磁波传播影响不大。风场结构对以平流层为平台的无线系统的定点稳定性影响较大。

平流层顶部到约 85 km 的范围为中层，该层是中性大气与电离层的过渡层，对电磁波传播影响不大。该层的风场结构复杂，对以该层为平台的无线系统的定点稳定性影响较大。

中层顶部至千余公里的范围是电离层（有的资料显示电离层为 60 km 至千余公里，实际是忽略了过渡层的一种表述方法），该层大气受到太阳辐射的紫外线、X 射线、高能带电微粒流、为数众多的微流星、其他星球辐射的电磁波以及宇宙射线等电离源的作用，形成了由自由电子、正负离子和中性分子、原子组成的等离子体媒质，根据电子浓度的分布从下至上分为 D、E、F_1、F_2 四个区，该层虽然只占全部大气质量的 2% 左右，但因存在大量带电粒子，所以对电磁波传播有极大影响，具体影响请读者查阅电离层中电磁波的传播理论。

大约 1000 km 以外的空间为磁层空间。磁层充满稀薄的等离子体以及少量的氦和中性氢粒子。正常磁层对电磁波传播影响不大，该层主要通过磁暴干预电离层影响电磁波传播。

本章作为全书的绪论，主要介绍对流层中发生的各种传输效应的机理、对流层中发生的传播模式，并在此基础上从宏观角度介绍对流层中传输效应对无线系统的影响。

1.2　对流层中传输效应及产生机理

对流层环境对电磁波产生的传输效应有折射、反射、散射、吸收、衰减、相移、去极化、噪声、干扰、多普勒频移等。这些传输效应在不同频率、不同的无线系统的表现程度不同。本节旨在给出这些传输效应的产生机理，在后续章节中将会具体讨论它们的分析计算方法以及对无线系统的影响问题。

1.2.1　折射和反射

折射和反射是发生在对流层晴空大气环境中的主要传输效应。描述对流层晴空大气物理特性的温度、湿度和压强等参数，都随高度而改变。这些参数与描述晴空大气电磁特性的大气折射率、大气折射指数等参数息息相关，因此大气的折射率等电磁特性参数也随高度而改变，使大气表现为一种随高度而变化的连续分层媒质。由于电磁波在这种连续分层媒质中传播时的传播轨迹发生了弯曲，因此产生了折射现象。如图 1.3 所示，当电磁波折射现象使得波前的等相位面（图 1.3 中的虚线）与大气分层的界面（图 1.3 中的实线）垂直时，如果波前依然没有穿过大气层，则由于大气折射率的不同导致波前各点相位传播速度不同而发生波前"转弯"，所以发生了波导折射现象，第 5 章中将会详细介绍相关问题。

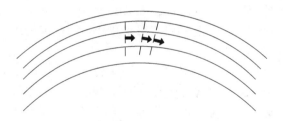

图 1.3　发生大气层反射的示意图

分层大气中发生的反射现象实际是电磁波在大气折射骤变边界处的一种特有现象。它发生在两种不同运动规律气流的交界处。大气边界层的反射与折射过程有本质的区别。折射信号传输过程中遵循的是折射理论，折射过程中折射率处于连续状态。反射发生时，反射信号遵循菲涅尔反射理论模型，还有一部分信号按照斯涅尔（Snell）折射定律发生折射传播。反射现象发生时，折射率处于"不连续"状态。第 5 章中将会详细介绍大气边界层反射问题。

1.2.2　散射

1.2.1 节中说明电磁波在晴空大气中发生折射和反射的机理时，将晴空大气视为连续分层媒质。事实上，在一定的动力学和热力学条件下，晴空大气中会发生"湍流运动"现象（详见第 2 章），这使得局部大气的大气折射指数相对周围环境出现起伏，具体表现为大气折射指数"不均匀体"。当无线电波辐射到这种湍流"不均匀体"上时，在这些"不均匀体"上感应电流，这些不均匀体就像"天线"一样成为二次辐射体。所以，当电磁波入射至大气折射指数"不均匀体"时，电磁波的能量改变了原来的传播方向而朝不同的方向传播，形成散射现象，这就是晴空大气中产生散射的物理机理。

另外，大气中还存在诸如雨滴、云滴、雾滴、尘埃等沉降粒子，当电磁波辐射到这些沉降粒子上时，这些沉降粒子也会像"天线"一样成为二次辐射体，从而产生散射现象。

大气中散射和反射的关系很微妙，散射是对于"不均匀体"而言的，是指在电磁波辐射到"不均匀体"上时，形成感应电流的电结构不能呈现规则的阵列排列，所以二次辐射的方向性类似于等效偶极子的辐射特性，电磁波的能量向四面八方辐射，此时电磁波的二次辐射称为散射；而反射是对于层状结构而言的，电磁波辐射到层状结构上时，形成感应电流的电结构呈现规则的阵列排列，所以二次辐射的方向性类似于阵列天线，电磁波的能量向符合 Snell 反射定律的方向辐射，此时电磁波产生的二次辐射称为反射。

1.2.3　吸收、衰减、相移

除前两节描述的传输效应外，对流层晴空大气和沉降粒子环境也会对电磁波造成吸收、衰减和相移效应。

当电磁波穿过晴空大气时，电磁波与大气气体分子发生相互作用，使分子的电子能量、振动能量、转动能量中的一种或者几种从较低的能级跃迁到较高的能级，从而产生了吸收现象。气体分子对微波、毫米波的吸收，主要由气体分子的转动能级发生改变而产生；气体分子对可见光及紫外光的吸收，主要由气体分子的电子能级发生改变而产生；气体分子对红外光的吸收，主要由气体分子的振动能级发生改变而产生[3]。

当云、雨、雪、雾、冰雹、沙尘暴等气象环境出现时，除了上述大气气体分子与电磁波相互作用产生吸收效应外，同时水形成的云滴、雨滴、雾滴、冰雹和沙尘等粒子也会与电磁波发生相互作用而产生吸收效应。电磁波使得水和沙尘的微观能级发生改变是大气沉降粒子对电磁波产生吸收效应的机理。

上述的吸收效应会导致电磁波在传播过程中产生不同于自由空间扩散衰减的衰减现象，自由空间扩散衰减现象没有能量的转换过程，只是由于波阵面的扩散而导致单位时间内通过单位面积上的能量减小，而上述吸收效应产生的衰减现象伴随有能量的转换过程，把电磁波的能量转换成了传播媒质的内能。其实，除了媒质的吸收效应可以导致衰减外，媒质的散射效应也可以导致衰减。所以，从一般意义上讲，对流层环境对电磁波的吸收效应和散射效应是电磁波在对流层环境中衰减的形成机理。需要注意的是：对流层晴空大气对无线电波段电磁波的衰减效应主要由吸收效应引起，而对光波段电磁波的衰减效应由吸收和散射共同决定；如果沉降粒子的线度远小于波长，则吸收效应是衰减发生的主要原因，反之，散射效应是衰减发生的主要原因。由粒子对电磁波的散射理论可知，也可以把吸收效应和消光效应统一称为消光效应[4]。

波动过程是波源振动状态的传播过程，也就是波源振动相位的传播过程，所以沿波线空间某点的振动状态滞后于波源的振动状态。相移指的是某时刻沿波线某点的相位相对于波源相位的滞后值，可以表示为 $2\pi x/\lambda$，其中 λ 为电磁波波长，x 是该点相对于波源的距离。由于电磁波在不同媒质中的波长不同，所以电磁波在不同媒质中传播相同的几何距离所产生的相移不同。为了讨论传播媒质对电磁波相位的影响，定义在真空环境以外的其他媒质中传播几何距离 x 所产生的相移，与在真空环境中传播相同距离发生相移的差为媒质环境的附加相移。因此，电磁波对流层环境中传播也会产生附加效应。

1.2.4　去极化

　　电磁波的极化是指空间某点的电场强度 E 或者磁场强度 H 的矢量端点随时间的变化方式，或者某时刻沿波传播方向的直线上不同点的电场强度 E 或者磁场强度 H 的矢量端点随位置的变化方式。

　　极化可以用空间某点的电场强度 E 或者磁场强度 H 的矢量端点在至少一个周期内的轨迹来表示，如果轨迹为线（确切地说应该是线段），则为线极化；如果轨迹为圆，则为圆极化；如果轨迹为椭圆，则为椭圆极化。更进一步，如果圆轨迹或者椭圆轨迹随时间的旋转方向相对于波传播方向呈右手螺旋关系，则称为右旋圆极化或者右旋椭圆极化；如果圆轨迹或者椭圆轨迹随时间的旋转方向相对于波传播方向呈左手螺旋关系，则称为左旋圆极化或者左旋椭圆极化。另外，如果线轨迹平行于空间某平面，则称为相对于该平面的水平极化，与水平极化正交的线极化为垂直极化，在讨论电磁波传播时通常选地面为参考平面。

　　极化也可以用某时刻沿波传播方向、同一直线上、至少一个波长范围内不同点的电场强度 E 或者磁场强度 H 的矢量端点，在垂直于该线的平面内投影的形状来表示。如果投影为线（确切地说应该是线段），则为线极化；如果投影为圆，则为圆极化；如果投影为椭圆，则为椭圆极化。同样，如果线轨迹投影平行于空间某平面，则称为相对于该平面的水平极化，与水平极化正交的线极化为垂直极化，在讨论电磁波传播时通常选地面为参考平面。请读者自行思考，采用这种方法表示极化时，如何说明圆极化或者椭圆极化的旋转方向。

　　圆极化、椭圆极化、线极化是电磁波的常见极化状态，其实电磁波的极化状态不止上述三种，从理论上讲可以产生类似于李萨如图形的更复杂的极化状态的电磁波。

　　电磁波在传播过程中会受到传播媒质的影响，因此电磁波的极化方式会发生改变，这种现象称为去极化效应。发生去极化效应的机理可以借助于简谐振动合成理论来解释。根据简谐振动合成理论可知，如图 1.4 所示的两个相互垂直的线极化状态振动 $E_x = A_x\cos\omega_x t$ 和 $E_y = A_y\cos(\omega_y t + \Delta\varphi)$，通过选择 A_x、A_y、ω_x、ω_y 和 $\Delta\varphi$ 则可以获得不同极化状态的振动，如果 $\omega_x = \omega_y$，则只能获得线极化、圆极化和椭圆极化状态。当电磁波在均匀各向同性媒质中传播时，如图 1.4 中的 E_x 和 E_y 各参数之间的关系不发生变化，则空间各点的振动的极化状态均相同。反之，如果由于传播媒质的影响，使得 E_x 和 E_y 各参数之间的关系发生了变化，则 E_x 和 E_y 合成的振动状态发生了变化，即产生了去极化效应。

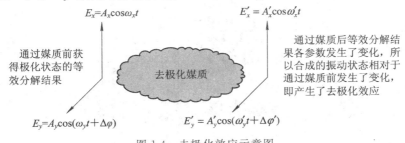

图 1.4　去极化效应示意图

　　对流层晴空大气环境和沉降粒子环境都会引起电磁波的去极化效应。晴空大气中电波的去极化机理主要包括折射指数水平不均匀性、反射面横向倾斜和湍流散射效应。折射指数水平不均匀性是地-空链路中产生晴空大气去极化效应的主要机理；反射面横向倾斜是地面移动通信链路产生晴空大气去极化效应的主要机理；湍流散射效应是对流层散射通信链路产生晴空大气去极化效应的主要机理。也就是说，由于大气折射指数水平不均匀性、反射面横向倾斜和湍流散射效应作用，分别导致地-空链路、地面移动通信链路和对流层散射通信链路的信号极化状态的等效分解分量的参数发生了变化，所以形成了去极化效应。对于沉降粒子而言，主要是由于粒子的非球对称特性，导致信号极化状态的等效分解分量的参数发生了变化，所以形成了去极化效应。

特别注意，如果只关注线极化、圆极化和椭圆极化状态，则认为上述 $\omega_x = \omega_y$。换句话说，传播媒质导致等效分解分量的幅度和相位差关系发生了变化，即因产生了差分衰减和差分相移效应而导致了去极化效应。

通常用交叉极化分辨率（XPD）或交叉极化隔离度（XPI）[3] 等参数来衡量去极化效应的程度，相关内容将在第 5 章和第 6 章中做详细介绍。

1.2.5 噪声、干扰

噪声和干扰都是对接收端无用的信号，两者的区别是很难界定的。无线系统的噪声可以理解为接收机、连接导线等硬件设备内部的电子热运动而产生的无用信号，或者由于传播环境媒质、宇宙天体等自发辐射通过接收天线进入接收机的无用信号。无线系统的干扰可以理解为有意或者无意设置的电磁辐射源产生的对接收端无用的信号[5]。

对流层环境不仅对无线电波产生各种传播效应，同时也可以成为噪声源和干扰源。对流层环境产生噪声的机理为：晴空大气中的氧分子和水蒸气等气体分子以及大气沉降粒子，它们在吸收电磁波能量的同时，也会产生自发热辐射，这些电磁辐射通过接收天线进入接收机形成大气噪声。除了大气噪声外，对流层环境本身不会产生干扰效应，但是对流层环境通过反射、散射、折射、去极化等传输效应，间接地引起干扰现象。例如如图 1.5 所示，由于大气散射作用，地-空链路信号对地面视距链路信号形成了干扰作用。

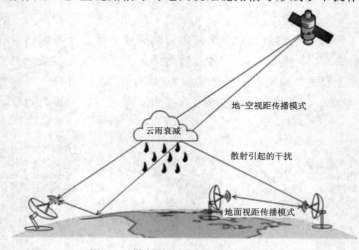

地-空视距传播模式

云雨衰减

散射引起的干扰

地面视距传播模式

图 1.5　散射效应引起干扰的示意图

1.2.6 其他

前面几节所介绍的传输效应，只是典型的传输效应。在对流层中，除了大气环境对电磁波的折射、反射、散射、吸收、衰减、相移、去极化、噪声和干扰外，还有多普勒效应衰落现象、闪烁现象和附加时延等。另外，随着无线电技术的不断发展，可能会出现新的传输效应概念，例如随着涡旋电磁波问题[6]的不断发展，还有可能研究对流层对角相位分布的影响问题。

1.3　对流层传播模式

对流层晴空大气的分层结构、湍流结构以及大气沉降粒子等与电磁波产生相互作用，形成了不同的电磁波传播模式。按照收发天线的相对位置，电磁波在对流层中的传播模式可以分为视距传播模式和超视距传播模式。当然，按照其他分类标准，电磁波在对流层中的传播模式还可以分为其他传播模式，例如按照传播机理的不同，可以分为折射传播和散射传播；按照信号从发射天线出发是否直接到达接收天线，可以分为直达传播和多径传播。

1.3.1　对流层视距传播

视距传播是指发射天线和接收天线处于相互"可见"的状态，电波从发射端发出直接传播到接收端的一种传播模式。这里的"可见"不是指几何射线没有被遮挡，而是指收发天线之间的第一菲涅尔区域的 60% 以上区域没有被地形、地物等障碍物遮挡。对流层中的视距传播可以理解为收发天线处于"可见"状态，电波传播路径的第一菲涅尔区内除了大气和沉降粒子外没有受到其他障碍物的影响的传播模式。对流层视距传播模式只需要考虑晴空大气和沉降粒子对电磁信号的影响，而不必考虑地形、地物对电波传播的影响，如图 1.6 所示。本书着重研究大气及沉降粒子对视距传播的影响；关于地形、地物对视距传播的影响，请读者查阅文献[7]。

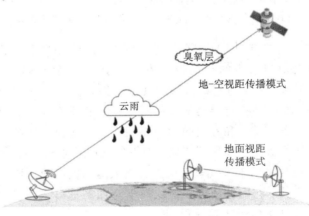

图 1.6　视距传播模式示意图

1.3.2　对流层超视距传播

超视距传播是指收发天线间由于存在地形、地物等障碍物而处于"不可见"状态，电磁信号从发射天线出发必须经过中继接力才能到达接收天线的传播模式。这里的"不可见"指的是障碍物遮挡了收发天线之间第一菲涅尔的 60％ 以上区域。超视距传播模式可以看成是几个视距传播模式的组合传播结果。中继转发无线电台或者反射、折射、散射、绕射等传播效应都可以成为超视距传播模式中的中继接力作用。图 1.7 给出了实现超视距传播的途径，依赖对流层环境实现电磁波超视距传播的途径包括对流层散射传播和大气波导折射传播。

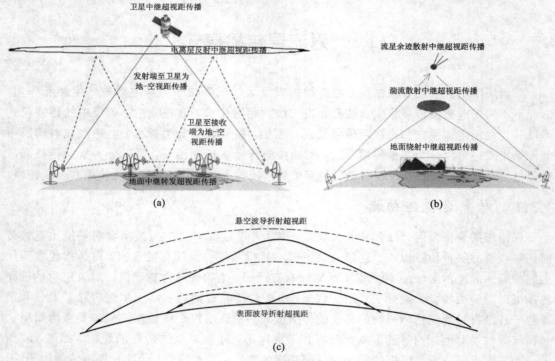

图 1.7　超视距传播示意图

（a）依赖卫星中继和电离层折射的超视距传播；（b）流星余迹，对流层散射
及地面绕射的超视距传播；（c）大气波导的超视距传播

对于对流层散射传播的机制，目前有三种不同的理论解释：散射理论、反射理论和多模理论。散射理论认为对流层中的超视距传播是由于对流层中不均匀体的散射作用引起的，即湍流不相干散射理论；反射理论认为超视距传播是由于对流层介电常数随高度有较稳定的非线性分布引起的，即稳定层相干反射理论；多模理论认为对流层在水平和垂直方向上存在着许多任意形状、尺寸和方向的不规则突变层，这种不规则的突变层对入射的电磁波产生反射作用，从而造成了超视距传播，即不规则层的非相干反射理论[4]。

对流层中的大气波导是由于大气表面层折射指数随高度迅速下降而形成的一种区别于标准大气的异常大气结构，它能够使电波射线向下弯曲的曲率大于地球表面的曲率，从而将电磁能量陷获在波导结构内形成超视距传播[8]。

1.4　对流层传输对无线系统的影响

对流层中存在有层状大气结构、大气波导结构、湍流大气结构、大气沉降粒子等随机变化的媒质信道。所以，对流层大气环境对电磁波的折射、反射、散射、衰减、相移、去极化、闪烁、波导、附加噪声和多普勒频移等的传播、散射效应都是随机过程或者随机场问题，这些随机的传播与散射效应从时域、空间域、极化域、频率域以及幅度和相位影响无线系统的信号。传播、散射效应对信号的影响，最终体现在无线系统的容量、误码率、稳定性、可靠度、发现概率、虚警概率、定位制导精度和分辨率等特定系统的性能指标上。不同的传播、散射效应在不同频段、不同无线系统的体现程度不同，所以在设置无线系统、开发新的通信体制时，需要根据它们的应用环境，充分考虑对流层传播环境的传播、散射效应，以保证无线系统的性能指标需求。

另外，对流层环境除了对无线系统产生上述的负面影响外，有时也可以产生正面的影响。例如：对流层环境存在的湍流大气结构、悬空波导结构、蒸发波导结构，也可以成为实现超视距探测、通信等无线系统的凭借机制[4]；对流层存在的沉降粒子、湍流结构为毫米波地-空链路采用 MIMO 技术提供了丰富的散射体[9]。有效克服对流层环境对无线系统的负面影响，有效利用其正面影响，是所有电波传播研究者所追求的目标。

总而言之，对流层环境对无线系统有两方面的影响作用，一方面是实现特定传播模式的"凭借"作用，另一方面则是对无线电信号传播的"限制"作用和对信息的"污染"作用，它们恶化了无线系统的性能指标。

所以，对流层传播的研究目的就是在充分掌握对流层环境物理、电磁特性的基础上，研究电磁波在对流层环境中发生的传播与散射效应，分析发生不同传播、散射效应的发生机理，研究评估、计算各种传播、散射效应的方法和模型，研究各种传播与散射效应对电磁波传播的"凭借"与"限制"两种影响，针对各种传播与散射效应对不同的无线系统的影响进行预测、修正、克服和利用，使系统的工作性能与对流层环境的信道特性达到良好匹配。

1.5 本书的总结构分布

对流层中的传播、散射特性及其对无线系统影响的问题，是集对流层空间环境特性、电磁波传播与散射特性和无线系统理论三大主题为一体的科学体系。其中，对流层空间环境特性是研究对流层中电磁波传播与散射的基础，而对流层中的电磁波传播与散射特性又和无线系统理论相互交叉渗透，只有了解无线系统的基本理论才能探索对流层中发生的传播、散射特性对无线系统影响的问题。对流层中的传播、散射特性及其对无线系统的影响的逻辑框架如图 1.8 所示。

全书共 9 章：第 1 章为绪论，主要介绍对流层中的传输效应及其产生机理、对流层传播模式、对流层传输对无线系统的影响、本书的总结构分布等内容；第 2 章和第 3 章为对流层空间环境特性及电磁特性部分，第 2 章讨论晴空大气，第 3 章讨论大气沉降粒子；第 4 章为对流层顶气候特征；第 5 章和第 6 章主要分析毫米波、亚毫米波在对流层中的典型传播、散射特性，第 5 章主要讨论晴空大气中的传播、散射特性，第 6 章讨论沉降粒子环境中的传播、散射特性；第 7 章简要讨论光波在对流层环境中的传播、散射特性；第 8 章介绍对流层环境中的传输特性对无线系统的影响问题；第 9 章简要讨论对流层环境中传输特性测量及模型分析问题，包括传输特性的测量方法及模型检验、修正和建模问题。

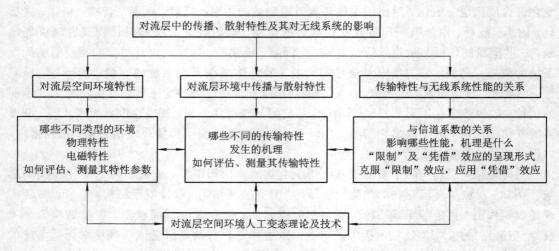

图 1.8　本书逻辑框架及相互间关系结构图

本书中，不包含晴空大气及沉降粒子的散射过程时习惯于用术语"传播"，当使用术语"传输"时表示包含了晴空大气及沉降粒子的散射过程；当笼统地表示晴空大气及沉降粒子对电磁波的相互作用特征时习惯使用"效应"，而具体到某种作用特征时习惯使用"特性"；当使用术语"电磁波"时表示一种宽泛的、广义表述，而使用术语"电波"时则针对的是无线电波。例如："晴空大气传输效应"表示包含了晴空大气的散射过程；"晴空大气传播效应"表示不强调大气的散射过程，更加注重大气对直线链路的影响；"传输效应"表示衰减、散射、折射等所有的特征，而在描述衰减规律时习惯于用"衰减特性"。

思考和训练 1

1. 如果用沿波传播方向、同一直线上、至少一个波长范围内不同点的电场强度 E 或者磁场强度 H 的矢量端点，在垂直于该线的平面内投影的形状来表示电磁波极化，则应如何描述圆极化和椭圆极化的旋转方向？

2. 根据圆极化、椭圆极化天线的原理，从理论上指出如何设置能辐射类似于李萨如图形极化状态电磁波的天线。

3. 查阅关于传播菲涅尔区、传播余隙等概念，深入理解视距传播与超视距传播的概念。

4. 查阅各种波传播与散射特性资料，根据图 1.8 尝试总结电磁波在各种环境中的传输特性及其对无线系统影响的脉络结构。

★本章参考文献

[1] 宋铮，张建华，黄冶. 天线与电波传播[M]. 2 版. 西安：西安电子科技大学出版社，2014.

[2] 刘圣民，熊兆飞. 对流层散射通信技术[M]. 北京：国防工业出版社，1982.

[3] 熊皓. 无线电波传播[M]. 北京：电子工业出版社，2000.

[4] 弓树宏. 电磁波在对流层中传播与散射若干问题研究[D]. 西安：西安电子科技大

学，2008.

［5］ 吕海寰，蔡剑铭，甘仲民，等. 卫星通信系统［M］. 2 版. 北京：人民邮电出版社，2001.

［6］ MOHAMMADI S M，DALDORFF L K S，BERGMAN J E S，et al. Orbital Angular Momentum in Radio － A System Study ［J］. IEEE Transaction on Antennas and Propagation，2010，58(2)：566－572.

［7］ 张瑜. 电磁波空间传播［M］. 西安：西安电子科技大学出版社，2010.

［8］ 赵小龙. 电磁波在大气波导环境中的传播特性及其应用研究［D］. 西安：西安电子科技大学，2008.

［9］ GONG S H，WEI D X，XUE X W，et al. Study on the Channel Model and BER Performance of Single － Polarization Satellite － Earth MIMO Communication Systems at Ka Band［J］. IEEE Transaction on Antennas and Propagation，2014，62(10)：5282－5297.

第2章 晴空大气的物理及电磁特性

对流层传播的研究目的，就是在充分掌握对流层环境物理、电磁特性的基础上，研究电磁波在对流层环境中发生的传播与散射效应，分析发生不同传播、散射效应的发生机理，研究评估、计算各种传播、散射效应的方法和模型，研究各种传播与散射效应对电磁波传播的"凭借"与"限制"两种影响，针对各种传播与散射效应对不同的无线系统的影响进行预测、修正、克服和利用，使系统的工作性能与对流层环境的信道特性达到良好匹配。所以，充分掌握对流层环境物理、电磁特性是研究对流层传输及其对无线系统影响的重要基础。本章讨论对流层晴空大气的物理特性和电磁特性，为第5章中讨论晴空大气的传播和散射特性提供了基础。

2.1 大气组成及其物理特性

2.1.1 大气组成

对流层晴空大气的主要成分是 N_2、O_2、Ar、CO_2 和水汽，表2.1给出了它们的容积含量。通常把不含水分、尘埃和其他杂质的空气称为干洁大气，它是多种气体的混合物，按浓度可分为主要成分和次要成分。干洁大气的主要成分是 N_2、O_2、Ar 和 CO_2，其中 N_2 约占 78.084%，O_2 约占 20.948%，Ar 约占 0.934%，CO_2 约占 0.033%，这四种气体占据了空气体积的 99.999%，次要成分仅占很小的一部分[1-4]。表2.2列出了干洁大气的各组分的浓度含量。

表 2.1 对流层大气的主要成分[1-2]

气体成分	容积含量（近似值）（%）	分子量
N_2	7.8084×10	28.02
O_2	2.0948×10	32.00
Ar	9.34×10^{-1}	39.41
CO_2	3.3×10^{-1}	44.01
水汽	$0.1 \sim 0.4$	18.02

表 2.2　干洁大气的成分[4]

成　　分		容积含量(近似值)(%)	大气中滞留时间(估计值)	性　　质
不可变主要成分	N_2	7.8084×10	$106 \sim 214a$	永久性气体
	O_2	2.0948×10	$104 \sim 515a$	
	Ar	9.34×10^{-1}	随时间累积	
	CO_2	3.3×10^{-1}	$5 \sim 10a$	
不可变次要成分	Ne	1.8×10^{-3}	随时间累积	
	He	5×10^{-4}	$107a$	
	Kr	1×10^{-4}	随时间累积	
	Xe	9×10^{-6}	随时间累积	
	CH_4	1.7×10^{-4}	$4 \sim 7a$	半永久性气体
	CO	1×10^{-5}	$0.2 \sim 0.5a$	
	H_2	5×10^{-5}	$4 \sim 8a$	
	N_2O	3.1×10^{-5}	$2.5 \sim 4a$	
	O_3	$5 \times 10^{-7} \sim 5.0 \times 10^{-6}$	$0.3 \sim 2a$	
可变次要成分	H_2S	2×10^{-8}	$0.5 \sim 4d$	可变气体
	SO_2	2×10^{-8}	$2 \sim 4d$	
	NH_3	6×10^{-7}	$5 \sim 6d$	
	NO_2	1×10^{-7}	$8 \sim 11d$	

注：1a＝1年；1d＝1天；可变次要成分浓度值是大致典型数据。

从表 2.1 可以看出，晴空大气实际上是干洁大气和水汽的混合体，并且水汽在大气中所占比例很小，仅 0.1%～0.4%，但它却是大气中最活跃的成分。水汽，顾名思义就是由水蒸发而成的气体。水汽的来源主要是海洋表面的蒸发，且 90% 以上的水汽含量都集中在对流层内。虽然大气中的水汽含量并不多，但它却能成云致雨，对对流层中电波的传播有非常重要的影响[5]。

根据表 2.2 中所给的滞留时间，可将对流层内的干洁大气分为三类。第一类是不可变成分，它们在大气中的滞留时间在 $1 \sim 10^3 a$ 范围内且各成分所占比例大致保持不变，是永久性气体，比如 N_2、O_2、Ar、CO_2 以及微量的惰性气体 Ne、He、Kr、Xe 等。第二类是滞留时间在 0.1～10a 范围内的可变成分，它们所占的比例随着时间和地点的变化而改变，这类气体是半永久性气体，比如 CH_4、CO、H_2、N_2O 和 O_3 等。第三类是在大气中滞留时间为几天、十几天的可变成分，比如 H_2S、NH_3 等化合物。

2.1.2　物理特性及其时空分布

描述晴空大气的物理特性的参数有压强、温度、湿度、密度等，但是与晴空大气的电磁特性参数（例如：介电常数、折射率、折射指数等参数）有关的物理特性为温度、压强、湿度，称之为气象三要素。本书的核心内容是研究电磁波在对流层环境的传输问题，所以本节主要讨论大气温度、压强和湿度的概念及其时空分布。

真实的大气温度、压强和湿度在时间上表示为随机过程，在空间上表示为随机场，所以大气物理特性的时空分布模型是统计意义的结果。不同文献、不同学者给出的大气物理特性的时空分布模型只能代表其特定时间、空间范围内的统计结果。本节主要给出作者查阅、整理的部分典型结果，其具有重要的参考意义，在工程应用中使用这些模型时，需要根据使用区域和时间并结合测量结果对模型进行评估和修正。

2.1.2.1　温度及其时空分布

大气温度是表示大气冷热程度的物理量。从分子运动的观点看，它是描述大气分子运动能量平均值的一个物理量，通常用绝对温度 T 来表示：

$$T = 273.15 + t \tag{2.1}$$

在对流层中，温度是空间和时间的函数，随高度的变化十分显著。温度随高度的分布规律主要受地面的增温和冷却作用影响。另外，随着季节、地区和天气条件的变化，温度随高度变化的规律也略有不同。一般说来，大气温度随高度的增加而逐渐降低，这主要是由于高度上升时，气压快速递减，空气因膨胀做功而损失能量，从而使温度下降。实测表明，温度随高度的变化符合以下统计规律：高度每上升 180 m 温度降低 1℃，相当于每上升 100 m 温度下降 0.56℃。

需要特别注意的是，温度随高度变化的规律除了上述的随高度增加而降低的一般规律外，对流层中有时会出现逆温特殊现象，即温度有时会随高度增加而升高的特殊现象。逆温现象出现时对电波传播具有显著的影响，详见后续的大气波导与波导传播部分。

大气温度的时空分布是研究对流层晴空传播的主要问题之一，需要结合全球范围几年、几十年甚至更长久的测量结果，研究其时间、空间分布统计规律，建立三维统计数据库。ITU（国际无线电联盟）第三研究小组对相关问题进行了大量研究，并且形成了专门的推荐标准 ITU－R P.835[6]。下面给出的结果摘自 ITU－R P.835。

在标准大气情况下，中纬度地区温度随高度变化的规律近似表示为

$$T(h) = 288 - 0.0065h \tag{2.2}$$

其中，温度 T 的单位为 K，高度 h 的单位为 m。式(2.2)适用于高度低于 1100 m 的空间。显然，式(2.2)中温度随高度变化的规律为高度每上升 100 m 温度下降 0.65℃，这与前述的 0.56℃不同，但是二者从统计意义上看均具有参考价值。

根据 ITU 公布结果可知，全球年平均温度随高度的变化可以分为 7 个连续线性分层，如图 2.1 所示。图 2.1 中的表达式如下：

$$T(h) = T(H_i) - L_i(h - H_i) \tag{2.3}$$

式中：$T(H_i)$ 表示高度 H_i 处的温度；L_i 是高度在 $H_i \sim H_{i+1}$ 范围内的温度梯度，其中下标 $i = 0, 1, 2, \cdots, 7$，具体数据见表 2.3。

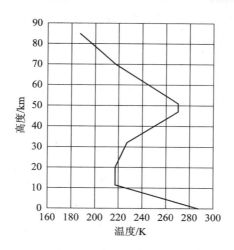

图 2.1　温度随高度的变化图

表 2.3　式(2.3)中的 H_i 和 L_i 的取值

下标 i	H_i 取值/km	$H_i \sim H_{i+1}$ 范围内的温度梯度 L_i/(K/km)
0	0	-6.5
1	11	0.0
2	20	$+1.0$
3	32	$+2.8$
4	47	0.0
5	51	-2.8
6	71	-2.0
7	85	—

　　显然,式(2.3)中的高度范围超出了对流层高度范围,这是因为在考虑地-空路径晴空大气吸收衰减传播效应时,需要考虑 100 km 以下范围的吸收衰减,所以 ITU 给出了上述结果。

　　另外,温度在不同纬度范围内随高度变化的规律也是不同的,ITU-R P.835 分别给出了在低、中、高纬度地区温度的变化模型:

　　纬度低于 22°地区的温度随高度年平均变化规律为

$$T(h) = \begin{cases} 300.4222 - 6.3533h + 0.005886h^2 & (0 \leqslant h < 17) \\ 194 + (h - 17)2.533 & (17 \leqslant h < 47) \\ 270 & (47 \leqslant h < 52) \\ 270 - (h - 52)3.0714 & (52 \leqslant h < 80) \\ 184 & (80 \leqslant h < 100) \end{cases} \tag{2.4}$$

纬度为 22°~45°地区的温度在不同季节随高度变化的规律略有不同，夏季平均结果表示为

$$T(h) = \begin{cases} 294.9838 - 5.2159h - 0.07109h^2 & (0 \leqslant h < 13) \\ 215.5 & (13 \leqslant h < 17) \\ 215.5\exp[(h-17)0.008128] & (17 \leqslant h < 47) \\ 275 & (47 \leqslant h < 53) \\ 275 + \{1 - \exp[(h-53)0.06]\}20 & (53 \leqslant h < 80) \\ 175 & (80 \leqslant h < 100) \end{cases} \quad (2.5)$$

冬季平均结果表示为

$$T(h) = \begin{cases} 272.7241 - 3.6217h - 0.1759h^2 & (0 \leqslant h < 13) \\ 218 & (13 \leqslant h < 17) \\ 218 + (h-33)3.3571 & (17 \leqslant h < 47) \\ 265 & (47 \leqslant h < 53) \\ 265 - (h-53)2.0370 & (53 \leqslant h < 80) \\ 210 & (80 \leqslant h < 100) \end{cases} \quad (2.6)$$

高纬大于 45°地区的温度在不同季节随高度变化的规律也略有不同，夏季平均结果表示为

$$T(h) = \begin{cases} 286.8374 - 4.7805h - 0.1402h^2 & (0 \leqslant h < 10) \\ 225 & (10 \leqslant h < 23) \\ 225\exp[(h-23)0.008317] & (23 \leqslant h < 48) \\ 227 & (48 \leqslant h < 53) \\ 227 - (h-53)4.0769 & (53 \leqslant h < 79) \\ 171 & (79 \leqslant h < 100) \end{cases} \quad (2.7)$$

冬季平均结果表示为

$$T(h) = \begin{cases} 257.4345 + 2.3474h - 1.5479h^2 + 0.08473h^3 & (0 \leqslant h < 8.5) \\ 217.5 & (8.5 \leqslant h < 30) \\ 217.5 + (h-30)2.125 & (30 \leqslant h < 50) \\ 260 & (50 \leqslant h < 54) \\ 260 - (h-54)1.667 & (54 \leqslant h < 100) \end{cases} \quad (2.8)$$

为了计算地-空路径大气吸收衰减，ITU-R P.835 还给出了 16 km 以下高度分辨率为 500 m、1~12 月份、UTC 时间（世界时间）00:00、06:00、12:00、18:00 的温度分布结果，详见文献[6]，图 2.2~图 2.5 是根据这些数据分析得到的西安地区的结果。另外，根据梯度分布计算温度随高度分布时，不同经纬度地面处的温度是关键参数，故 ITU-R P.1510[7] 给出了地球表面温度的年平均分布图，见图 2.6。ITU 虽然给出了比较权威和全面的数据，但是 ITU 公布的数据采取了大范围空间甚至全球范围的平均结果，所以如果条件允许，建议各研究单位、组织开展局部空间的温度时空分布结果，并且建立相应数据库。

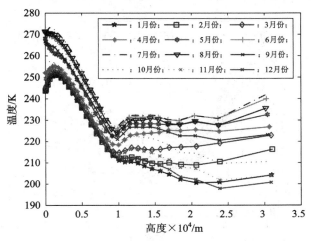

图 2.2　UTC 00：00 不同月份西安地区平均温度剖面数据

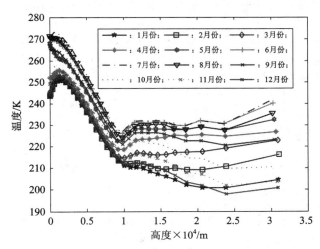

图 2.3　UTC 06：00 不同月份西安地区平均温度剖面数据

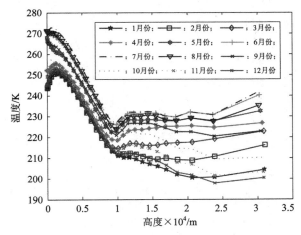

图 2.4　UTC 12：00 不同月份西安地区平均温度剖面数据

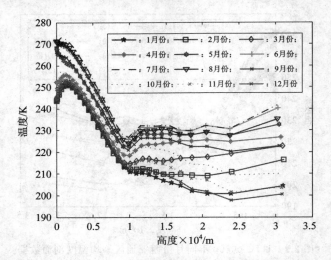

图 2.5　UTC 18:00 不同月份西安地区平均温度剖面数据

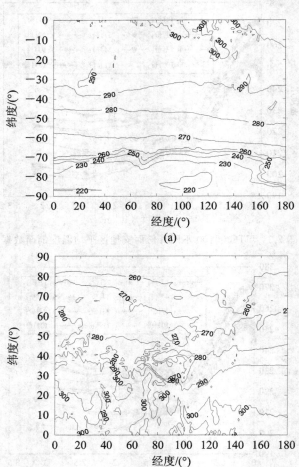

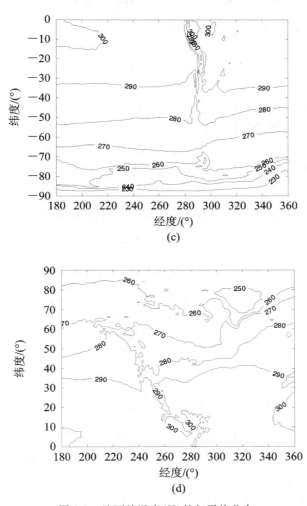

图 2.6　地面处温度(K)的年平均分布

（a）经度范围为 0°～180°，纬度范围为−90°～0°；（b）经度范围为 0°～180°，纬度范围为 0°～90°；
（c）经度范围为 180°～360°，纬度范围为−90°～0°；（d）经度范围为 180°～360°，纬度范围为 0°～90°

2.1.2.2　大气压强及其时空分布

　　大气压强简称气压，指空气作用在单位面积上的压力，是气象学中极其重要的一个物理量，也是无线电空间环境特性研究中重要的参量，它的分布与时间、空间有密切的关系。在衡量大气压强时，一般会指明是在哪一高度上的大气压强。某高度处的大气压强等于该高度起到大气上界为止、横切面积为 1 cm² 的空气柱所受的重力，对 1 cm² 的截面在垂直于该截面方向施加的压强。气压的国际单位为 Pa，工程中通常用 hPa(百帕)或者 mbar(毫巴)来表示，1 mbar＝1 hPa＝100 Pa。地面上的平均气压一般为 1014 mbar。另外，1000 mbar＝1 bar，1 bar 相当于 750.1 mmHg。

　　大气压强也是随三维空间和时间变化的物理量。根据测量结果，在近地面层高度每上升 100 m，气压平均降低 12.7 hPa。显然，该结果只是对气压随高度变化的一般粗浅认识，对于无线电气象学而言，需要更加准确地了解其时空分布特征。

当不考虑水汽的影响和重力加速度随纬度与高度变化时，可以得到工程上适用的近似公式：

$$h - H_0 = 18400(1 + 0.004t_m)\ln\frac{P_0}{P_h} \tag{2.9}$$

式中：t_m 代表 H_0 高度至 h 高度中间层间的温度，单位为℃；P_0 代表高度在 H_0 处的压强；P_h 代表高度 h 处的压强；H_0 和 h 的单位为 m，P_0 和 P_h 的单位为 hPa。该式用于分析某一特定地区压强随高度分布时的计算结果与准确值比较，误差一般为 0.1%～0.5%。若已测得气压和温度，也可根据该式求得相应高度，从而确定气象参数随高度的分布情况。

另外，在标准对流层情况下，中纬度地区压强随高度变化的关系如下：

$$h = 44300\left[1 - \left(\frac{P_0}{P_h}\right)^{0.19}\right] \tag{2.10}$$

其中：P_0 和 P_h 的单位为 hPa，分别表示地面处压强与高 h 处的压强；h 的单位为 m。

基于前述的全球年平均温度随高度变化的 7 个连续线性分层模型，ITU－R P.835[6] 也给出了压强随高度分布的 7 分层模型。当前述的温度梯度 $L_i = 0$ 时，

$$P(h) = P_i\left[\frac{-34.163(h - H_i)}{T_i}\right] \tag{2.11}$$

当前述的温度梯度 $L_i \neq 0$ 时，

$$P(h) = P_i\left[\frac{T_i}{T_i + L_i(h - H_i)}\right]^{34.163/L_i} \tag{2.12}$$

其中，温度的单位为 K，压强的单位为 hPa，该模型中地面处压强 $P_0 = 1013.25$ hPa。

同大气温度一样，大气压强在不同纬度范围内随高度变化的规律也不同，ITU－R P.835[6] 分别给出了在低、中、高纬度地区压强的变化模型：

纬度低于 22°地区的压强随高度年平均变化规律为

$$P(h) = \begin{cases} 1012.0306 - 109.0338h + 3.6316h^2 & (0 \leqslant h < 10) \\ P_{10}\exp[-0.147(h - 10)] & (10 \leqslant h < 72) \\ P_{72}\exp[-0.165(h - 72)] & (72 \leqslant h < 100) \end{cases} \tag{2.13}$$

式中，P_{10} 和 P_{72} 分别是高度在 10 km 和 72 km 处的压强。

纬度为 22°～45°地区的压强在不同季节随高度变化的规律不同，夏季表现为

$$P(h) = \begin{cases} 1012.8186 - 111.5569h + 3.8646h^2 & (0 \leqslant h < 10) \\ P_{10}\exp[-0.147(h - 10)] & (10 \leqslant h < 72) \\ P_{72}\exp[-0.165(h - 72)] & (72 \leqslant h < 100) \end{cases} \tag{2.14}$$

冬季表现为

$$P(h) = \begin{cases} 1018.8627 - 124.2954h + 4.8307h^2 & (0 \leqslant h < 10) \\ P_{10}\exp[-0.147(h - 10)] & (10 \leqslant h < 72) \\ P_{72}\exp[-0.155(h - 72)] & (72 \leqslant h < 100) \end{cases} \tag{2.15}$$

纬度高于 45°地区的压强随高度变化的规律也和季节有关，夏季表现为

$$P(h) = \begin{cases} 1008.0278 - 113.2494h + 3.9408h^2 & (0 \leqslant h < 10) \\ P_{10} \exp[-0.140(h-10)] & (10 \leqslant h < 72) \\ P_{72} \exp[-0.165(h-72)] & (72 \leqslant h < 100) \end{cases} \qquad (2.16)$$

冬季表现为

$$P(h) = \begin{cases} 1010.8828 - 122.2411h + 4.554h^2 & (0 \leqslant h < 10) \\ P_{10} \exp[-0.147(h-10)] & (10 \leqslant h < 72) \\ P_{72} \exp[-0.150(h-72)] & (72 \leqslant h < 100) \end{cases} \qquad (2.17)$$

为了计算地-空路径大气吸收衰减，ITU - R P.835 还给出了 16 km 以下高度分辨率为 500 m、1～12 月份、UTC 时间(世界时间)00:00、06:00、12:00、18:00 的温度分布结果，详见文献[6]，图 2.7～图 2.10 是根据这些数据分析得到的西安地区的结果。

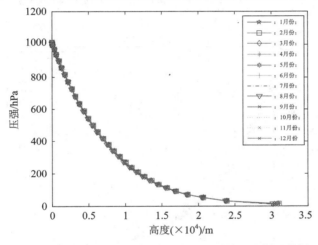

图 2.7　UTC 00:00 不同月份西安地区平均压强剖面数据

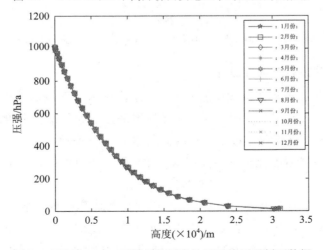

图 2.8　UTC 06:00 不同月份西安地区平均压强剖面数据

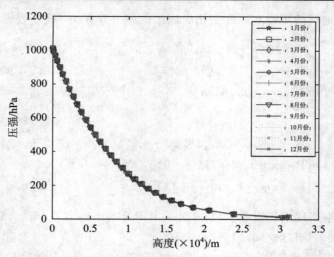

图 2.9　UTC 12:00 不同月份西安地区平均压强剖面数据

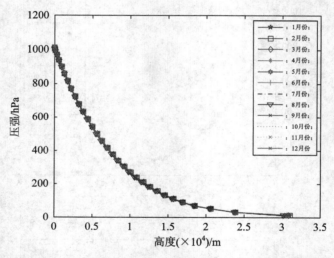

图 2.10　UTC 18:00 不同月份西安地区平均压强剖面数据

2.1.2.3　大气湿度及其时空分布

大气中的水分是从地表面蒸发而进入大气，水汽进入大气以后，会在空间呈现不均匀的分布状态，造成大气潮湿程度的不同，湿度是用来描述大气潮湿程度的物理量。湿度是决定对流层中云、雾、降水等与对流层环境大气水凝物有关的气象现象的重要因素，也是影响对流层环境电磁参数变化的最主要因素。水汽压、相对湿度和绝对湿度是湿度的常用表示形式。

水汽压用 e 表示，单位为 hPa，它表示水汽对大气总压强的贡献程度。空气中水汽含量愈多，水汽压就愈大，但是不能无止境地增加。在一定温度下，一定体积的空气中能容纳的水汽量具有极限值，当水汽量达到极限值时称为饱和空气，此时的水汽压为极限水汽压，用 e_s 表示。e_s 随温度的升高而增大，通常用经验公式来计算：

$$e_S = 6.11 \exp[19.7t/(t-273)] \tag{2.18}$$

其中，t 表示以℃为单位的温度。

相对湿度是指空气的实际水汽压 e 与该温度下饱和水汽压 e_S 的百分比，用 H_R 表示：

$$H_R = \frac{e}{e_S} \times 100\% \tag{2.19}$$

H_R 反映了大气与饱和大气的接近程度。H_R 越小，说明此时大气距离成为饱和大气愈远。当 $e = e_S$ 时，$H_R = 100\%$，即大气达到饱和大气。

绝对湿度定义为单位容积内湿空气所含的水汽质量，用 H_A 表示，单位为 g/m³。实际上，绝对湿度也就是空气中水汽的密度，它表示空气中水汽的绝对含量。另外，无线电气象学有时也使用湿度混合比和比湿来表示湿度，读者可以自行了解相关概念。

湿度随高度的分布不像气压、温度那样规则。但在一般情况下，水汽是从地面蒸发而进入大气，因而水汽压一般会随高度的上升而减小。此外，上升的湿空气到达某一高度时，也会因温度的降低而达到饱和，随着高度的继续上升就会发生水汽凝结，使水汽含量迅速减少。因此，水汽压随高度的递减比气压要快得多。例如，在离地面 5 km 的高空处，气压仅降为地面气压的一半，而水汽压只有地面的十分之一左右。实际上，很难找到湿度垂直分布的一般规律。这是因为随着高度的增加，不仅空气中水汽压要减小，而且决定饱和水汽压的温度也发生变化，所以在一些特殊情况下相对湿度有时随高度的上升不减小反而增大。

在标准对流层情况下，中纬度地区水汽压 e 随高度的变化关系可近似用下式表示：

$$e(h) = 10 - 0.0035h \tag{2.20}$$

显然，式(2.20)近似认为水汽压 e 随高度 h 线性降低。式(2.20)的结果或许只在中纬度地区具有一定可信概率。

同样，ITU-R P.835 也针对湿度随高度的变化给出了模型，绝对湿度 H_A 随高度的近似表示公式为

$$H_A(h) = H_{A\_0} \exp\left(-\frac{h}{h_0}\right) \tag{2.21}$$

式中：$H_{A\_0} = 7.5$ g/m³ 表示地面处的绝对湿度，h_0 表示参考高度处的绝对湿度的标高，该式中的参考高度可取 $h_0 = 2$ km。其实，H_{A_0} 的取值范围可以从 0.01 g/m³ 甚至更小至 50 g/m³ 甚至更高，h_0 的取值可以取为 2 km 以外的其他值，例如 6 km、9.5 km 等，使用式(2.21)所示模型时需要注意参数的修正。注意：前面的温度、压强时空分布模型的参数也需要结合使用时间和空间考虑修正。ITU-R P.836[8] 提供了不同年时间概率地面绝对湿度 H_{A_0} 年均值全球分布数据库，年时间概率超过 1%、2%、3%、5%、10%、20%、30%、50% 的 H_{A_0} 的取值见图2.11～图2.18。关于大气绝对湿度的更详细的数据，请读者查阅文献[8]。

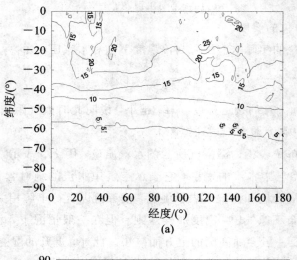

(a)

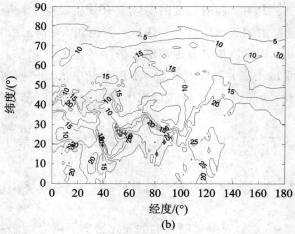

(b)

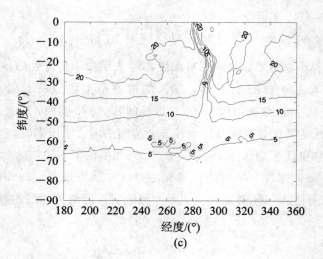

(c)

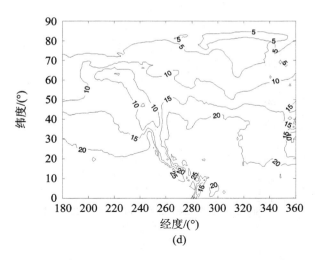

(d)

图 2.11　地面绝对湿度(g/m³)年均值超过年时间概率 1‰的分布图

（a）经度范围为 0°～180°，纬度范围为 −90°～0°；（b）经度范围为 0°～180°，纬度范围为 0°～90°；

（c）经度范围为 180°～360°，纬度范围为 −90°～0°；（d）经度范围为 180°～360°，纬度范围为 0°～90°

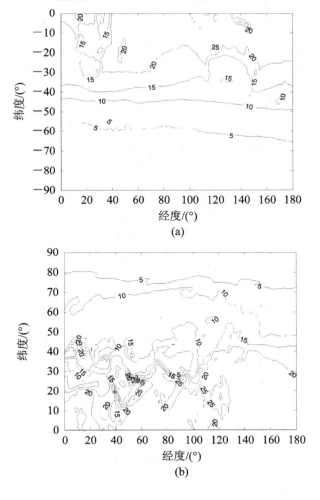

(a)

(b)

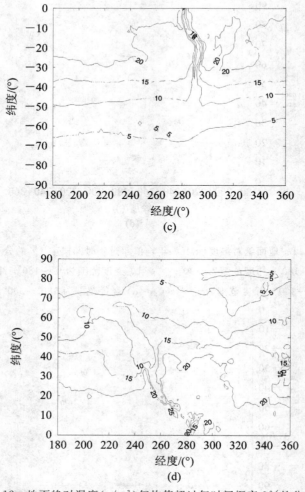

(c)

(d)

图 2.12　地面绝对湿度(g/m³)年均值超过年时间概率 2% 的分布图

（a）经度范围为 0°～180°，纬度范围为 −90°～0°；（b）经度范围为 0°～180°，纬度范围为 0°～90°；

（c）经度范围为 180°～360°，纬度范围为 −90°～0°；（d）经度范围为 180°～360°，纬度范围为 0°～90°

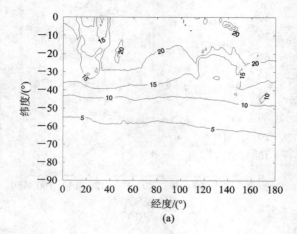

(a)

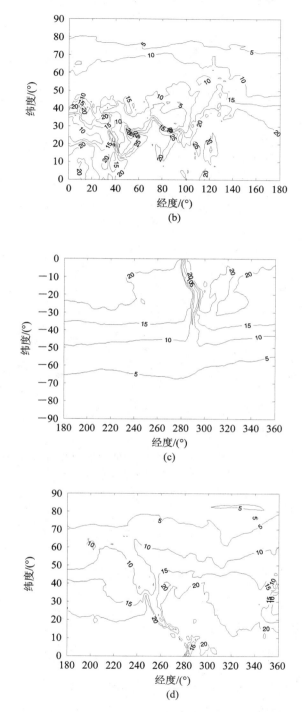

图 2.13　地面绝对湿度(g/m³)年均值超过年时间概率 3% 的分布图

（a）经度范围为 0°～180°，纬度范围为 −90°～0°；（b）经度范围为 0°～180°，纬度范围为 0°～90°；

（c）经度范围为 180°～360°，纬度范围为 −90°～0°；（d）经度范围为 180°～360°，纬度范围为 0°～90°

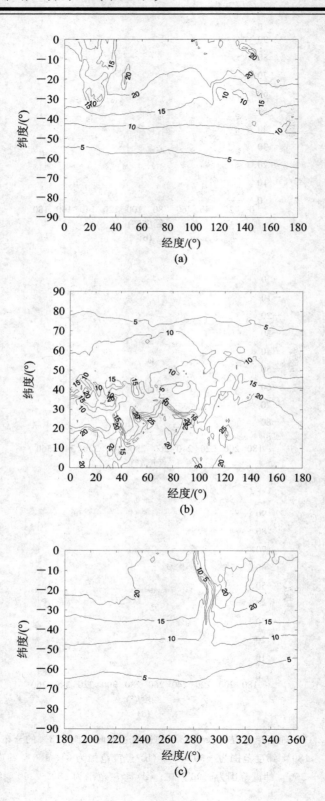

(a)

(b)

(c)

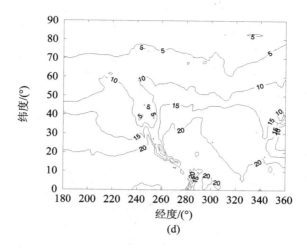

(d)

图 2.1　4　地面绝对湿度(g/m³)年均值超过年时间概率 5% 的分布图

（a）经度范围为 0°～180°，纬度范围为−90°～0°；（b）经度范围为 0°～180°，纬度范围为 0°～90°；

（c）经度范围为 180°～360°，纬度范围为−90°～0°；（d）经度范围为 180°～360°，纬度范围为 0°～90°

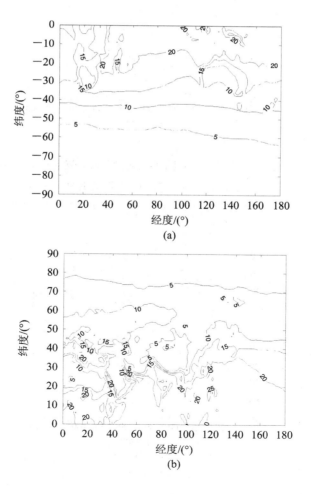

(a)

(b)

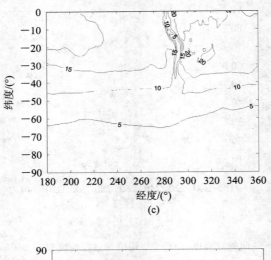

(c)

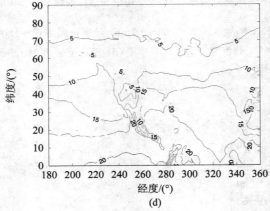

(d)

图 2.15　地面绝对湿度(g/m³)年均值超过年时间概率 10％的分布图

（a）经度范围为 0°～180°，纬度范围为－90°～0°；（b）经度范围为 0°～180°，纬度范围为 0°～90°；

（c）经度范围为 180°～360°，纬度范围为－90°～0°；（d）经度范围为 180°～360°，纬度范围为 0°～90°

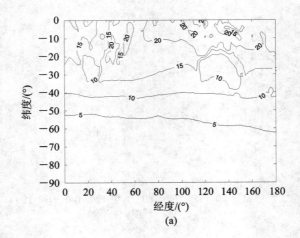

(a)

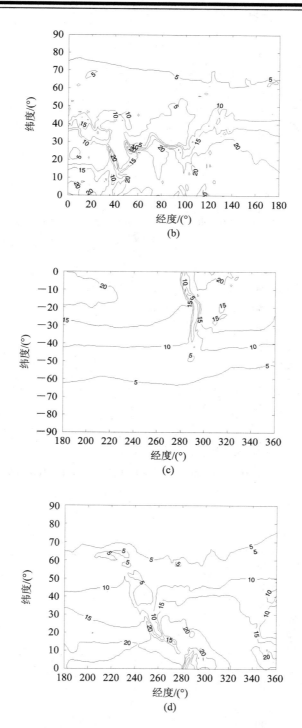

图 2.16　地面绝对湿度（g/m³）年均值超过年时间概率 20％的分布图

（a）经度范围为 0°～180°，纬度范围为 −90°～0°；（b）经度范围为 0°～180°，纬度范围为 0°～90°；
（c）经度范围为 180°～360°，纬度范围为 −90°～0°；（d）经度范围为 180°～360°，纬度范围为 0°～90°

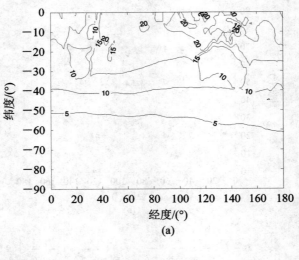

(a)

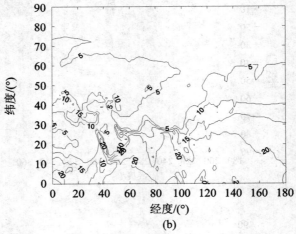

(b)

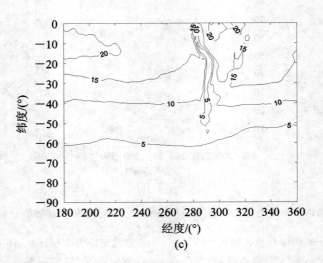

(c)

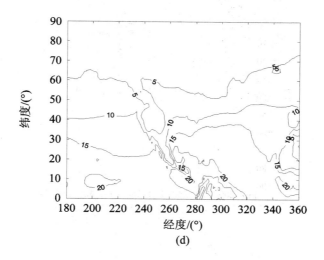

(d)

图 2.17　地面绝对湿度（g/m³）年均值超过年时间概率 30％的分布图

（a）经度范围为 0°～180°，纬度范围为－90°～0°；（b）经度范围为 0°～180°，纬度范围为 0°～90°；
（c）经度范围为 180°～360°，纬度范围为－90°～0°；（d）经度范围为 180°～360°，纬度范围为 0°～90°

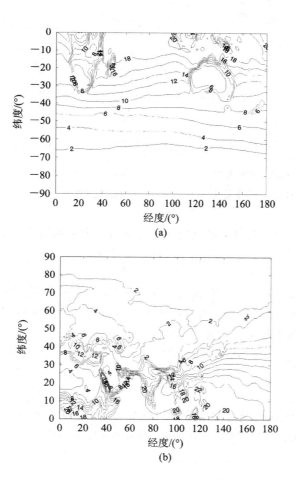

(a)

(b)

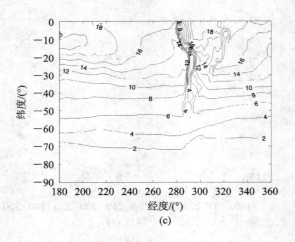

(c)

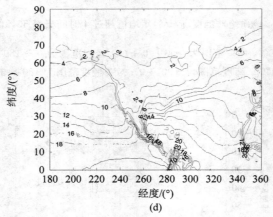

(d)

图 2.18　地面绝对湿度（g/m³）年均值超过年时间概率 50％的分布图

（a）经度范围为 0°～180°，纬度范围为 −90°～0°；（b）经度范围为 0°～180°，纬度范围为 0°～90°；
（c）经度范围为 180°～360°，纬度范围为 −90°～0°；（d）经度范围为 180°～360°，纬度范围为 0°～90°

根据 ITU‐R P.453[9]可知，水汽压 e 与绝对湿度 H_A 及温度 T 的关系为

$$e(h) = \frac{H_A(h)T(h)}{216.7} \tag{2.22}$$

同大气温度、压强一样，大气水汽压在不同纬度范围内随高度变化的规律也不同，ITU‐R P.835[6]分别给出了在低、中、高纬度地区水汽压的变化模型：

纬度低于 22°地区的绝对湿度随高度年平均变化规律为

$$H_A(h) = \begin{cases} 19.6542\exp[-0.2313h - 0.1122h^2 + 0.01351h^3 - 0.0005923h^4] & (0 \leqslant h \leqslant 15) \\ 0 & (h > 15) \end{cases} \tag{2.23}$$

纬度为 22°～45°地区的绝对湿度分布与季节有关，夏季表现为

$$H_A(h) = \begin{cases} 14.3542\exp[-0.4174h - 0.02290h^2 + 0.001007h^3] & (0 \leqslant h \leqslant 15) \\ 0 & (h > 15) \end{cases} \tag{2.24}$$

冬季表现为

$$H_A(h) = \begin{cases} 3.4742\exp[-0.2697h - 0.03604h^2 + 0.0004489h^3] & (0 \leqslant h \leqslant 10) \\ 0 & (h > 10) \end{cases} \quad (2.25)$$

纬度高于 45°地区的绝对湿度分布也与季节有关，夏季表现为

$$H_A(h) = \begin{cases} 8.988\exp[-0.3614h - 0.005402h^2 - 0.001955h^3] & (0 \leqslant h \leqslant 15) \\ 0 & (h > 15) \end{cases} \quad (2.26)$$

冬季表现为

$$H_A(h) = \begin{cases} 1.2319\exp[0.07481h - 0.0981h^2 + 0.00281h^3] & (0 \leqslant h \leqslant 15) \\ 0 & (h > 15) \end{cases} \quad (2.27)$$

为了计算地-空路径大气吸收衰减，ITU - R P.835 还给出了 16 km 以下高度分辨率为 500 m、1～12 月份、UTC 时间（世界时间）00:00、06:00、12:00、18:00 的温度分布结果，详见文献[11]，图 2.19～图 2.22 是根据这些数据分析得到的西安地区的结果。

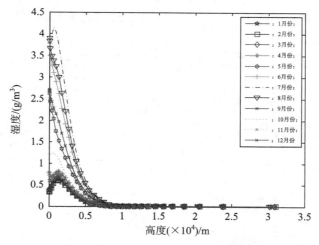

图 2.19　UTC 00:00 不同月份西安地区平均湿度剖面数据

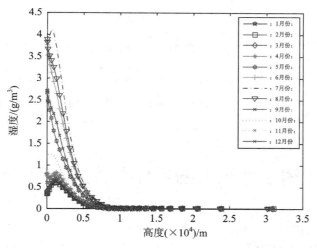

图 2.20　UTC 06:00 不同月份西安地区平均湿度剖面数据

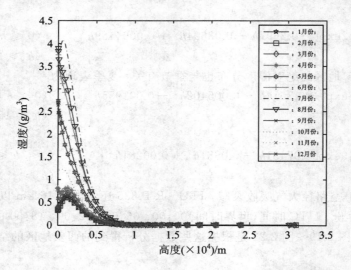

图 2.21　UTC 12：00 不同月份西安地区平均湿度剖面数据

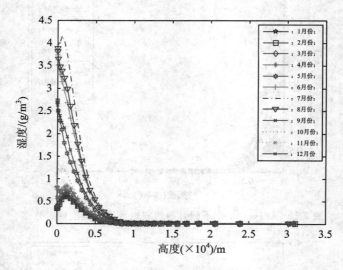

图 2.22　UTC 18：00 不同月份西安地区平均湿度剖面数据

大气温度、压强和湿度除了上述时空分布模型外，还有其他不同模型，本书不再一一列出，所有模型具有统计参考意义。在特定地区和时段使用模型时，需结合测量结果进行模型的评估和修正。

2.2　晴空大气电磁特性参数及其时空分布

对流层中电磁波传播的核心任务是研究电磁波在对流层环境中的传播、散射特性，从理论上给出不同传播、散射特性对无线系统的影响。但是，传播环境的电磁特性是研究电磁波传播的重要基础，而且传播环境的物理特性是分析环境电磁特性的重要基础。所以，本节在讨论对流层晴空大气环境物理特性的基础上，分析晴空大气环境的电磁特性及其时空分布。

2.2.1　大气电磁特性参数

晴空大气电磁特性参数及其时空分布是研究晴空大气环境中电磁波传播的重要基础。从理论上讲，传播环境的电磁特性参数包括描述电特性的参数和磁特性的参数，介电常数 ε 或者相对介电常数 ε_r 是电特性的基本参数，折射率等其他描述电特性的参数均可以用相对介电常数表示，磁导率 μ 和相对磁导率 μ_r 是描述媒质磁特性的基本参数。而且，$\varepsilon = \varepsilon_0 \varepsilon_r$、$\mu = \mu_0 \mu_r$，其中 ε_0 和 μ_0 分别是真空环境的介电常数和磁导率，二者为常数。但是，对流层环境媒质的相对磁导率与自由空间的相对磁导率只有 $10^{-3} \sim 10^{-5}$ 量级的偏差[9-10]，所以对流层环境的磁导率用真空环境的磁导率代替。因此本节只讨论晴空大气环境电特性参数，其基本参数为相对介电常数，为了便于描述不同传播问题，在相对介电常数的基础上还定义了折射率、折射指数、修正折射指数等。

相对介电常数 ε_r 是描述媒质电磁特性的物理量，从一般意义上讲 $\varepsilon_r = \varepsilon_{r\_Re} + j\varepsilon_{r\_Im}$，是复数。折射率 n 与相对介电常数的关系为 $n = \sqrt{\varepsilon_r}$，所以从一般意义上讲 n 也是虚数。ε_r 和 n 是描述所有媒质电磁特性的常用参数。对于对流层晴空大气环境，由于对流层晴空大气的折射率仅比 1 大万分之三左右，因此为了方便估计而定义了折射指数 N，N 与 n 的关系为 $N = (n-1) \times 10^6 = N_0 + N_{Re}(f) + jN_{Im}(f)$（注：有的文献中将 n 定义为折射指数，而将 N 定义为折射率）。其中，N_0 是与频率无关且与气体分子微观结构共振无关的常折射指数项，$N_{Re}(f)$ 和 $N_{Im}(f)$ 分别表示色散项（与频率有关）且与气体分子微观结构共振有关的实部和虚部。显然，折射率 n 也包含常折射率 n_0、色散项 $n_{Re}(f)$ 和 $n_{Im}(f)$。除了 N 以外，为了便于描述大气的折射效应，对流层晴空大气环境还定义了修正折射指数 M，M 是在折射指数 N 的基础上定义的物理量，它们的关系为 $M(z) = Re[N(z)] + 0.157z$，其中 Re 表示取实部，z 表示空间某点距离地面的高度，z 的单位为 m，N 和 M 的单位分别为 N 单位和 M 单位。

对于对流层晴空大气环境，通常将 N 表示为大气环境温度、压强、水汽压的函数，其他参数则利用彼此之间的关系换算得出。N_0 与温度、压强、水汽压的函数关系为[11]

$$N_0 = (n_0 - 1) \times 10^6 = \frac{77.6}{T}\left(P + \frac{4810e}{T}\right) \tag{2.28}$$

$$= 77.6\frac{P}{T} + 3.73 \times 10^5 \frac{e}{T^2}$$

式中：P 是大气压强，单位为 hPa；e 是水汽压，单位为 hPa；T 为大气温度，单位为 K。式 (2.28) 中右端第一项为折射率的干项；第二项包含了水汽压，是折射率的湿项，即 $N_0 = N_{0\_dry} + N_{0\_wet}$。因为水汽压的不稳定性，$N_{0\_wet}$ 的年变化很大，大约在 $20 \sim 100$ N 单位；N_{0_dry} 的年变化不大，大约是 20 N 单位。

$N_{Re}(f)$ 和 $N_{Im}(f)$ 分别表示色散项的实部和虚部，其表达式为

$$N_{Re}(f) = N_{O\_Re}(f) + N_{V\_Re}(f) + N_{N\_Re}(f) + N_{C\_Re}(f) \tag{2.29}$$

$$N_{Im}(f) = N_{O\_Im}(f) + N_{V\_Im}(f) + N_{N\_Im}(f) + N_{C\_Im}(f) \tag{2.30}$$

其中：$N_{O\_Re}(f)$ 和 $N_{O\_Im}(f)$ 表示与氧气分子共振有关的折射指数的实部和虚部，$N_{V\_Re}(f)$ 和 $N_{V\_Im}(f)$ 表示与水汽分子共振有关的折射指数的实部和虚部；$N_{N\_Re}(f)$ 和 $N_{N\_Im}(f)$ 表示与氧气、氮气分子非共振有关的折射指数的实部和虚部；$N_{C\_Re}(f)$ 和 $N_{C\_Im}(f)$ 表示与水汽分子非共振有关的折射指数的实部和虚部。

$N_{O\_Re}(f)$、$N_{O\_Im}(f)$ 和 $N_{V\_Re}(f)$、$N_{V\_Im}(f)$ 分别为

$$N_{O(V)\_Re}(f) = \sum_i S_i F_{i\_Re} \tag{2.31}$$

$$N_{O(V)\_Im}(f) = \sum_i S_i F_{i\_Im} \tag{2.32}$$

式中：$S_i(f)$ 为氧气分子或者水汽分子对应的共振谱线强度；$F_{i\_Re}(f)$ 和 $F_{i\_Im}(f)$ 表示氧气分子或者水汽分子共振谱线的形状因子，其中氧气分子具有 48 条共振谱线，水汽分子具有 30 条共振谱线。也就是说，对于氧气分子，式（2.31）和式（2.32）中的下标 i 的取值为 1～48；对于水汽分子，下标 i 的取值为 1～30。

谱线强度 $S_i(f)$ 取决于分子从一种能级到另一种能级的跃迁几率，这个几率称之为爱因斯坦稀疏。$S_i(f)$ 与 K 氏温度 T 的关系为

$$S_i(T) = S_i(T_0)\left(\frac{T_0}{T}\right)^n \exp\left[-\frac{E_m}{k_B}\left(\frac{1}{T} - \frac{1}{T_0}\right)\right] \tag{2.33}$$

其中：T_0 为参考温度；E_m 为 m 能级的能量；k_B 为玻尔兹曼常数；n 的取值与分子能级有关，通常取为 1～3。谱线强度 $S_i(f)$ 可以表示成大气 K 氏温度 T、以 hPa 为单位的水汽压 e 和大气压强 P 的经验公式[12]：

$$S_i = \begin{cases} a_1 \times 10^{-7} P\theta^3 \exp[a_2(1-\theta)] & （氧气） \\ b_1 \times 10^{-1} e\theta^{3.5} \exp[b_2(1-\theta)] & （水汽） \end{cases} \tag{2.34}$$

其中，$\theta = 300/T$，a_1、a_2 对应氧气 48 条谱线的取值，b_1、b_2 分别对应水汽 30 条谱线的取值。氧气的 48 条谱线频率及 a_1、a_2 对应的取值见表 2.4，水汽的 30 条谱线频率及 b_1、b_2 对应的取值见表 2.5。

式（2.34）给出了式（2.31）和式（2.32）中的谱线强度因子，对于其中以单位为 GHz 的频率 f 对应的谱线形状函数 $F_{i\_Re}(f)$ 和 $F_{i\_Im}(f)$，曾经有过不同的模型，例如：洛伦兹模型、范弗莱克-威斯科福模型、格洛斯模型和修正的范弗莱克-威斯科福模型等，其中修正的范弗莱克-威斯科福模型被 ITU-R 在计算晴空大气对电磁波吸收衰减中所采用。

洛伦兹模型表示为

$$\begin{cases} F_{i\_Re} = \dfrac{f_i - f}{(f_i - f)^2 + \Delta f^2} \\ F_{i\_Im} = \dfrac{\Delta f}{(f_i - f)^2 + \Delta f^2} \end{cases} \tag{2.35}$$

范弗莱克-威斯科福模型表示为

$$\begin{cases} F_{i\_Re} = \dfrac{1}{f_i}\left[\dfrac{\Delta f + f(f_i - f)}{(f_i - f)^2 + \Delta f^2} + \dfrac{\Delta f + f(f_i + f)}{(f_i + f)^2 + \Delta f^2}\right] \\ F_{i\_Im} = \dfrac{1}{f_i}\left[\dfrac{\Delta f}{(f_i - f)^2 + \Delta f^2} + \dfrac{\Delta f}{(f_i + f)^2 + \Delta f^2}\right] \end{cases} \tag{2.36}$$

格洛斯模型表示为

$$
\begin{cases}
F_{i\_\mathrm{Re}} = \dfrac{2f_i(f_i^2 - f^2)}{(f_i - f)^2 + \Delta f^2} \\[3mm]
F_{i\_\mathrm{Im}} = \dfrac{4f^2 \Delta f}{(f_i - f)^2 + 4f^2 \Delta f^2}
\end{cases}
\tag{2.37}
$$

修正的范弗莱克-威斯科福模型表示为

$$
\begin{cases}
F_{i\_\mathrm{Re}} = \dfrac{1}{f_i}\left[\dfrac{f_i^2 - \Delta f^2 - f(1 - \delta\Delta f)}{(f_i - f)^2 + \Delta f^2} + \dfrac{f_i^2 - \Delta f^2 + f(1 - \delta\Delta f)}{(f_i + f)^2 + \Delta f^2} + 2 \right] \\[3mm]
F_{i\_\mathrm{Im}} = \dfrac{1}{f_i}\left[\dfrac{\Delta f - \delta(f_i - f)}{(f_i - f)^2 + \Delta f^2} + \dfrac{\Delta f + \delta(f_i - f)}{(f_i + f)^2 + \Delta f^2} \right]
\end{cases}
\tag{2.38}
$$

式(2.35)～式(2.38)中，f_i 表示以单位为 GHz 的谱线频率，Δf 为频率 f_i 对应的谱线宽度，δ 表示频率 f_i 对应的谱线重叠系数，这些参数均为大气压强、水汽压和温度的函数。Leibe 将修正的范弗莱克-威斯科福模型中的 Δf、δ 与气象参数的经验公式表示为[12]

$$
\Delta f = \begin{cases}
a_3 \times 10^{-4} \left[P\theta^{(0.8 - a_4)} + 1.1e\theta) \right] & （氧气） \\[2mm]
b_3 \times 10^{-4} (P\theta^{b_4} + b_5\theta^{b_6}) & （水汽）
\end{cases}
\tag{2.39}
$$

$$
\delta = \begin{cases}
(a_5 + a_6\theta) \times 10^{-4} (P + e)\theta^{0.8} & （氧气） \\[2mm]
0 & （水汽）
\end{cases}
\tag{2.40}
$$

其中，参数 $a_3 \sim a_6$ 对应氧气 48 条谱线的取值，$b_3 \sim b_6$ 对应水汽 30 条谱线的取值，$a_3 \sim a_6$ 和 $b_3 \sim b_6$ 对应的取值见表 2.4 和表 2.5。

表 2.4　氧气的 48 条谱线及 $a_1 \sim a_6$ 的取值

f_i/GHz	a_1	a_2	a_3	a_4	a_5	a_6
50.474 238	0.94	9.694	8.90	0.0	2.400	7.900
50.987 749	2.46	8.694	9.10	0.0	2.200	7.800
51.503 350	6.08	7.744	9.40	0.0	1.970	7.740
52.021 410	14.14	6.844	9.70	0.0	1.660	7.640
52.542 394	31.02	6.004	9.90	0.0	1.360	7.510
53.066 907	64.10	5.224	10.20	0.0	1.310	7.140
53.595 749	124.70	4.484	10.50	0.0	2.300	5.840
54.130 000	228.00	3.814	10.70	0.0	3.350	4.310
54.671 159	391.80	3.194	11.00	0.0	3.740	3.050
55.221 367	631.60	2.624	11.30	0.0	2.580	3.390
55.783 802	953.50	2.119	11.70	0.0	−1.660	7.050
56.264 775	548.90	0.015	17.30	0.0	3.900	−1.130
56.363 389	1344.00	1.660	12.00	0.0	−2.970	7.530
56.968 206	1763.00	1.260	12.40	0.0	−4.160	7.420
57.612 484	2141.00	0.915	12.80	0.0	−6.130	6.970

续表

f_i/GHz	a_1	a_2	a_3	a_4	a_5	a_6
58.323 877	2386.00	0.626	13.30	0.0	-2.050	0.510
58.446 590	1457.00	0.084	15.20	0.0	7.480	-1.460
59.164 207	2404.00	0.391	13.90	0.0	-7.220	2.660
59.590 983	2112.00	0.212	14.30	0.0	7.650	-0.900
60.306 061	2124.00	0.212	14.50	0.0	-7.050	0.810
60.434 776	2461.00	0.391	13.60	0.0	6.970	-3.240
61.150 560	2504.00	0.626	13.10	0.0	1.040	-0.670
61.800 154	2298.00	0.915	12.70	0.0	5.700	-7.610
62.411 215	1933.00	1.260	12.30	0.0	3.600	-7.770
62.486 260	1517.00	0.083	15.40	0.0	-4.980	0.970
62.997 977	1503.00	1.665	12.00	0.0	2.390	-7.080
63.568 518	1087.00	2.115	11.70	0.0	1.080	-7.060
64.127 767	733.50	2.620	11.30	0.0	-3.110	-3.320
64.678 903	463.50	3.195	11.00	0.0	-4.210	-2.980
65.224 071	274.80	3.815	10.70	0.0	-3.750	-4.230
65.764 772	153.00	4.485	10.50	0.0	-2.670	-5.750
66.302 091	80.09	5.225	10.20	0.0	-1.680	-7.000
66.836 830	39.46	6.005	9.90	0.0	-1.690	-7.350
67.369 598	18.32	6.845	9.70	0.0	-2.000	-7.440
67.900 867	8.01	7.745	9.40	0.0	-2.280	-7.530
68.431 005	3.30	8.695	9.20	0.0	-2.400	-7.600
68.960 311	1.28	9.695	9.00	0.6	-2.500	-7.650
118.750 343	945.00	0.009	16.30	0.6	-0.360	0.090
368.498 350	67.90	0.049	19.20	0.6	0.000	0.000
424.763 124	638.00	0.044	19.30	0.6	0.000	0.000
487.249 370	235.00	0.049	19.20	0.6	0.000	0.000
715.393 150	99.60	0.145	18.10	0.6	0.000	0.000
773.839 675	671.00	0.130	18.20	0.6	0.000	0.000
834.145 330	180.00	0.147	18.10	0.6	0.000	0.000

表 2.5　水汽的 30 条谱线及 $b_1 \sim b_6$ 的取值

f_i/GHz	b_1	b_2	b_3	b_4	b_5	b_6
22.235 080	0.1130	2.143	28.11	0.69	4.800	1.00
67.803 960	0.0012	8.735	28.58	0.69	4.930	0.82
119.995 940	0.0008	8.356	29.48	0.70	4.780	0.79
183.310 091	2.4200	0.668	30.50	0.64	5.300	0.85
321.225 644	0.0483	6.181	23.03	0.67	4.690	0.54
325.152 919	1.4990	1.540	27.83	0.68	4.850	0.74
336.222 601	0.0011	9.829	26.93	0.69	4.740	0.61
380.197 372	11.5200	1.048	28.73	0.54	5.380	0.89
390.134 508	0.0046	7.350	21.52	0.63	4.810	0.55
437.346 667	0.0650	5.050	18.45	0.60	4.230	0.48
439.150 812	0.9218	3.596	21.00	0.63	4.290	0.52
443.018 295	0.1976	5.050	18.60	0.60	4.230	0.50
448.001 075	10.3200	1.405	26.32	0.66	4.840	0.67
470.888 947	0.3297	3.599	21.52	0.66	4.570	0.65
474.689 127	1.2620	2.381	23.55	0.65	4.050	0.64
488.491 133	0.2520	2.853	26.02	0.69	5.040	0.72
503.568 532	0.0390	6.733	16.12	0.61	3.980	0.43
504.482 692	0.0130	6.733	16.12	0.61	4.010	0.45
547.676 440	9.7010	0.114	26.00	0.70	4.500	1.00
552.020 960	14.7700	0.114	26.00	0.70	4.500	1.00
556.936 002	487.4000	0.159	32.10	0.69	4.110	1.00
620.700 807	5.0120	2.200	24.38	0.71	4.080	0.68
645.866 155	0.0713	8.580	18.00	0.60	4.000	0.50
658.005 280	0.3022	7.820	32.10	0.69	4.140	1.00
752.033 227	239.6000	0.396	30.60	0.68	4.090	0.84
841.053 973	0.0140	8.180	15.90	0.33	5.700	0.45
859.962 313	0.1472	7.989	30.60	0.68	4.090	0.84
899.306 675	0.0605	7.917	29.85	0.68	4.530	0.90

f_i/GHz	b_1	b_2	b_3	b_4	b_5	b_6
902.616 173	0.0426	8.432	28.65	0.70	5.100	0.95
906.207 325	0.1876	5.111	24.08	0.70	4.700	0.53
916.171 582	8.3400	1.442	26.70	0.70	4.780	0.78
923.118 427	0.0869	10.220	29.00	0.70	5.000	0.80
970.315 022	8.9720	1.920	25.20	0.64	4.940	0.67
987.926 764	132.1000	0.258	29.85	0.68	4.550	0.90
1780.000 000	22300.0000	0.952	176.20	0.50	30.500	5.00

式(2.29)和式(2.30)中，$N_{\text{N\_Re}}(f)$和$N_{\text{N\_Im}}(f)$及$N_{\text{C\_Re}}(f)$和$N_{\text{C\_Im}}(f)$也可以表示为气象要素和频率的经验公式，$N_{\text{N\_Re}}(f)$和$N_{\text{N\_Im}}(f)$分别表示为

$$\begin{cases} N_{\text{N\_Re}} = a_0 \left\{ \left[1 + \left(\dfrac{f}{d} \right)^2 \right]^{-1} \right\} P\theta^2 \\ N_{\text{N\_Im}} = \left\{ 2a_0 \left\{ d \left[1 + \left(\dfrac{f}{d} \right)^2 \right] \left[1 + \left(\dfrac{f}{60} \right)^2 \right]^{-1} \right\} + a_p P\theta^{2.5} \right\} fP\theta^2 \end{cases} \tag{2.41}$$

其中

$$d = 5.6 \times 10^{-3} (P + 1.1e)\theta^{0.8} \tag{2.42}$$

$$a_0 = 3.07 \times 10^{-5} \tag{2.43}$$

$$a_p = 1.4(1 + 1.2f^{3.5} \times 10^{-5}) \times 10^{-12} \tag{2.44}$$

$N_{\text{C\_Re}}(f)$和$N_{\text{C\_Im}}(f)$分别表示为

$$\begin{cases} N_{\text{C\_Re}} = 6.47 \times 10^{-7} f^{2.05} e\theta^{2.4} \\ N_{\text{C\_Im}} = (1.4 \times 10^{-8} P + 5.41 \times 10^{-7} e\theta^3) fe\theta^{2.5} \end{cases} \tag{2.45}$$

由此可见，晴空大气环境的温度、压强和水汽压是研究晴空大气电磁特性参数的重要基础。而对于研究电波传播特性或者无线系统设计等方面的学者、工程师，往往更希望获得大气折射指数或者折射率时空分布统计特性数据库。

另外，上述公式可以适用于 3 kHz～3000 GHz 的无线电波段电磁波。当频率为光频率范围时，$N = (n-1) \times 10^6 = N_0 + N_{\text{Re}}(f) + \text{j}N_{\text{Im}}(f)$ 依然成立。但是，N_0 与频率有关，由于光波段信号受大气湍流的影响更为明显[13-15]，所以许多文献不太关注 N_0 与频率的关系。当频率为光波段时，$N_{\text{Re}}(f)$和$N_{\text{Im}}(f)$的共振谱线要比无线电波段的共振谱线密集得多，且谱线的强度与谱线形状因子不能使用上述公式，光频率范围的谱线强度及形状因子的详细理论和公式见文献[16]～[22]。

在光波频段，N_0 表示为

$$N_0 = C_\lambda \frac{P}{T} \left(1 - 0.132 \frac{e}{P} \right) \tag{2.46}$$

C_λ 是与波长有关的参数，在可见光波段湿度对 C_λ 的影响可以忽略。在可见光区，忽略湿

度对 N_0 的影响，N_0 可以近似表示为

$$N_0 = \left(C_1 + \frac{C_2}{\lambda^{C_3}} \right) \frac{P}{T} \tag{2.47}$$

其中：λ 为波长，单位为 μm；C_1、C_2 和 C_3 是与压强、温度及波长有关的参数。文献[17]指出光波段参数分别为 $C_1 = 77.6$、$C_2 = 0.5835$ 和 $C_3 = 2$，而文献[16]指出对于干燥空气，当 $T = 273.15$ K，$P = 760$ mmHg 时，适用于可见光区域的参数为 $C_1 = 103.38$、$C_2 = 0.5854$ 和 $C_3 = 4$。

2.2.2　大气折射指数时空分布

如前所述，大气折射指数时空分布统计特性对于研究与无线电技术及理论相关的学者和工程师都非常重要。由 2.2.1 节可知，大气折射指数跟温度、湿度和压强有密切的关系，所以折射指数 N 的时空分布特性也主要是由这三个要素的时空分布所致，从理论上讲可以根据 2.2.1 节中的理论和 2.1.2 节中给出的数据或者其他文献中给出的气象要素数据仿真分析 N_0 和 $N(f) = N_{Re}(f) + jN_{Im}(f)$ 的时空分布特性。目前，国内外关于大气折射指数时空分布的数据库，大部分都是关于 N_0 的结果，$N(f)$ 则需要根据大气物理特性分布数据库或者理论模型分析得出。需要指出的是，对流层折射指数的时空变化以球面分层结构形态为主，同时也存在水平不均匀性和湍流状的随机不均匀性，本节关注球面分层的时空分布问题。因为大气折射指数基本不会在小范围空间内按照一定的梯度呈现连续水平变化，所以本书中将水平不均匀性归结为球面分层模型参数的地区差异，而不独立讨论 N 的水平不均匀性问题，湍流问题将在 2.3 节讨论。

一般来说，N 的时空变化主要受到水汽的影响，在地面 $2 \sim 3$ km 以下，由于水汽随高度和地区变化较大，所以 N 随高度变化较大，而且地区和时间差异也较大；但是到了 $4 \sim 5$ km 以上，由于水汽很少，N 的时空变化主要由干空气决定，所以 N 随高度变化不大，而且地区和时间差异也不大；到 $8 \sim 9$ km 时，年标准偏差小于 10 N 单位，全球范围年均值非常接近，约为 105 N 单位。同一地区 N 随时间、季节变化也主要受到水汽变化的影响。从全球统计意义上看，式(2.28)中地面处的 N_{0_dry} 全年变化约为 20 N 单位，而 N_{0_wet} 全年变化约为 $20 \sim 100$ N 单位。图 2.23 是 N_{0_wet} 的年均值全球分布数据结果。

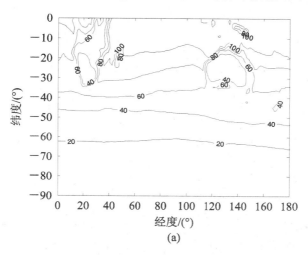

(a)

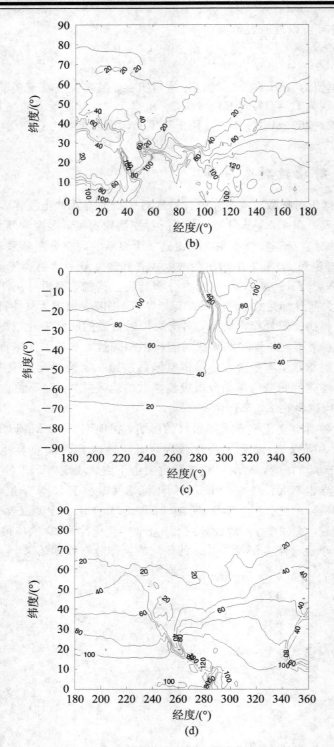

图 2.23　N_{0_wet} 的年均值（N 单位）全球分布数据结果

（a）经度范围为 0°～180°，纬度范围为 −90°～0°；（b）经度范围为 0°～180°，纬度范围为 0°～90°；

（c）经度范围为 180°～360°，纬度范围为 −90°～0°；（d）经度范围为 180°～360°，纬度范围为 0°～90°

某特定地区 N_0 球面大气分层模型的研究方法有两种：一种是通过式(2.28)建立 dN_0/dh 的理论模型，然后根据温度、压强及湿度的高度剖面测量结果给出 dN_0/dh 的高度分布模型；另一种方法则是根据地面及探空折射率直接测量 $N_0(h)$，然后通过数据处理得出 N_0 的高度剖面模型。不同地区 N_0 随高度的分布宏观规律基本一致，不同地区高度分布的变化主要体现在模型参数的差异上。由于 $N(f)$ 随大气温度、湿度、压强和频率的变化关系极其复杂，所以目前尚未有文献给出 $N(f)$ 的高度剖面分布模型。但是，就研究方法而言，本书作者认为根据大气物理特性高度剖面测量结果研究 $N(f)$ 的高度剖面更经济、合理可靠。

大气折射指数的时空分布更有实际意义的是在某一高度范围内折射率随高度变化的梯度，它与温度、气压和湿度的垂直梯度有关，将式(2.28)对 h 求导即可得到折射指数梯度的表达式：

$$\frac{dN_0}{dh} = 77.6\left[\frac{1}{T}\frac{dP}{dh} - \left(\frac{P}{T^2} + \frac{9620e}{T^3}\right)\frac{dT}{dh} + \frac{4810}{T^2} - \frac{de}{dh}\right] \tag{2.48}$$

分析式(2.48)可知，由于气压总是随高度的增加而减小，故式(2.48)右边第一项恒为负值，在一定高度以下几乎是常量；而温度和湿度的梯度变化比较复杂，受气象条件的影响比较大，甚至会改变符号，但在标准对流层的条件下，它们的梯度总是负值，相应的折射指数梯度为 -0.039 N 单位/m。

工程上普遍采用实测方法，将地面折射指数 N_{0_s} 和该地的折射指数随高度变化的规律的实测结果进行统计，为了减小误差采用长时间测量的大量数据进行统计平均，比较常用的指数高度剖面模型为

$$N_0(h) = N_{0\_s}\exp(-ch) \tag{2.49}$$

式中：$c = \ln[N_{0\_s}/(N_{0\_s} + \Delta N_0)]$，$\Delta N_0 = N_0(1\text{ km}) - N_{0\_s}$；$h$ 表示空间某点距地面的高度；N_{0_s} 与时间和空间有关，会随季节和昼夜而变化，所以 N_{0_s} 是统计意义上的结果。表 2.6 和表 2.7 分别列出了我国主要气候地区以及不同国家 N_{0_s} 的值。因为 ΔN_0 又与 N_{0_s} 相关，所以 ΔN_0 也是一个随机变量，从统计意义上看 ΔN_0 服从指数分布模型：

$$\Delta N_0 = -a\exp(bN_{0\_s}) \tag{2.50}$$

式中，a、b 在不同地区的取值是不同的。表 2.8 给出了不同国家的 a 和 b 的值。为了更好地理解 ΔN_0 的空间随机特性，读者可以查阅 ITU - R P.453 提供的 ΔN_0 的全球分布数据。指数模型在海拔高度 3 km 以内与实测平均结果符合得很好，但在更高的高度与实测结果偏离较大。

表 2.6　我国主要气候地区 N_{0_s} 的值

站名	最大值(7—8 月)	最小值(1—4 月)	年较差	全年平均
长春	349	296	53	314
北京	366	304	62	323
兰州	293	257	36	270
成都	364	303	61	329
上海	388	317	71	344
汉口	385	316	69	344
昆明	296	257	39	275
广州	390	325	65	359
乌鲁木齐	301	296	11	294
昌都	237	206	31	219

表 2.7　不同国家 N_{0_s} 的值

国家地区或机构参数	ITU-R	中国		日本	美国	俄罗斯
		北京	全国			
N_{0_s}	300	323	338.5	340.6	313	335.3
c	0.139	0.133	0.1404	0.146	0.144	0.129

表 2.8　不同国家 a、b 的值

国家参数	中国	美国	英国	日本	德国
a	-8.733	-7.32	-3.95	-3.42	-9.3
b	0.004 956	0.005 577	0.0072	0.0075	0.0045 65

另外，对流层折射指数的高度分布模型还有线性模型和三段模型。线性模型对于离地面高度小于 1 km 时，与实测结果吻合得更好。线性模型表示为

$$N_0(h) = N_{0\_s} + \frac{\mathrm{d}N_0}{\mathrm{d}h}h \tag{2.51}$$

其中，$\mathrm{d}N_0/\mathrm{d}h$ 为大气折射指数在小于 1 km 范围的梯度。当 $\mathrm{d}N_0/\mathrm{d}h$ 取为 -40 N 单位/km 时，可以引用等效地球半径的概念修正大气折射效应，此时线性模型也称为 4/3 等效地球半径模型。

三段模型是根据火箭探空数据用最小二乘法拟合得到的结果，从统计上看此模型能更好地适用对流层所有高度，仅在 N_{0_s} 较大（例如 380 以上）时偏差大，是一种统计上较为精确的平均模式。三段模型表示为

$$N_0(h) = \begin{cases} N_{0\_s} + \Delta N_0 h & (0 \leqslant h \leqslant 1) \\ N_0(1\mathrm{km})\exp[-C_1(h-1)] & (1 < h \leqslant 9 - h_\mathrm{s}) \\ 105\exp[-0.142(h-9+h_\mathrm{s})] & (h > 9 - h_\mathrm{s}) \end{cases} \tag{2.52}$$

其中：h_s 表示地面海拔高度；0.142 是根据火箭探空数据用最小二乘法得到的结果；C_1 表示为

$$C_1 = \frac{1}{8 - h + h_\mathrm{s}} \ln \frac{N_0(1\mathrm{km})}{105} \tag{2.53}$$

大气折射指数是大气温度、湿度、压强的函数，是一个随机过程、随机场问题，任何一个模型只能从统计意义上与实测结果相符合，模型和结果的可靠程度取决于建模数据的丰富程度。大气折射指数的统计模型需要结合不同地区范围几年、几十年甚至更长久的测量结果进行统计分析，研究其时间、空间分布统计规律，建立三维统计数据库。ITU（国际无线电联盟）第三研究小组对相关问题进行了大量研究，并且形成了专门的推荐标准 ITU-R P.453。下面给出的结果摘自 ITU-R P.453 中的部分结果。

由 ITU-R P.453[9] 可知折射指数随高度的分布模型为

$$N_0(h_\mathrm{sl}) = N_{0\_0} \exp\left(-\frac{h_\mathrm{sl}}{h_0}\right) \tag{2.54}$$

其中：h_sl 表示空间某点的海拔高度；N_{0_0} 是海平面处大气折射率的平均值；h_0 是大气折射指数 N_0 的标高。N_{0_0} 和 h_0 的值需要在不同的气候条件下统计得出，对于全球统计平均的

关于 N_0 的高度剖面模型，它们的年均统计结果为 $N_0 = 315$，$h_0 = 7.35$ km，且取上述值时只能适用于地面传播链路。显然，不同地区、不同时间段内的 N_{0_0} 和 h_0 的统计结果不同，ITU-R P.453 中给出了 N_{0_0} 和 h_0 在不同月份的全球分布统计结果，详见文献[9]。

前述的指数、线性、三段模式中地面处的 N_{0_s} 与式（2.54）中海平面处的 N_{0_0} 的关系可以表示为

$$N_{0\_s} = N_{0\_0} \exp\left(-\frac{h_s}{h_0}\right) \tag{2.55}$$

ITU-R P.453 针对地面处的 N_{0_s} 的干空气决定的 $N_{0\_dry\_s}$ 和与湿度有关的 $N_{0\_wet\_s}$ 进行了统计分析，并且给出了全球的统计结果分布图，也针对 1 km 以下空间的大气折射指数 N_0 的梯度分布给出了具体的分布模型，相关结果见文献[9]。

需要申明的是，上述大气折射指数除 N_0 的统计分布模型外，还有其他不同模型，本书不再一一列出，所有模型均具有统计参考意义。在特定地区和时段使用模型时需要结合测量结果进行模型的评估和修正。另外，$N(f)$ 需要结合 2.1.2 节的模型和 2.2.2 节中的理论分析其时空分布模型。

此外，真实大气环境往往会出现大气折射指数水平不均匀特性，而不是上述的高度剖面分布。也就是说，一般情况下，$N_0 = N_0(x, y, h, t)$ 时空复杂的函数，目前尚未有文献提供这方面完整的资料。另外，需要说明的是，即使建立空间三维分布也只能是某种意义的平均结果。文献[3]给出了一种只考虑沿一个特定方向 X_{N_0} 呈现水平不均匀性的折射指数分布模型，其公式为

$$N_0 = N_{0\_s} \exp[-C_{N\_a} \exp(C_{N\_b} N_{0\_s}) h] \tag{2.56}$$

其中，地面处折射指数 N_{0_s} 沿方向 X_{N_0} 的分布规律近似表示为

$$N_{0\_s} = C_{N\_c} + C_{N\_d} X_{N_0} + C_{N\_e} X_{N_0}^2 \tag{2.57}$$

其中系数 C_{N_a}、C_{N_b}、C_{N_c}、C_{N_d} 和 C_{N_e} 是根据区域性无线电气象数据用最小方差统计得出的常数，目前尚无文献公布这些参数的具体取值情况。

另外，文献[9]给出了 65 m 以下不同年时间概率的折射指数梯度全球分布结果，图 2.24～图 2.28 分别对应年时间概率为 1%、10%、50%、90% 和 99% 的折射指数梯度结果。

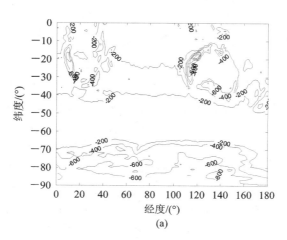

(a)

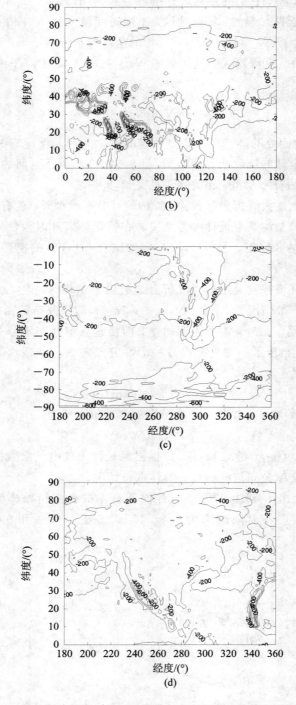

图 2.24　65 m 以下空间 1‰ 年时间概率对应的折射指数梯度（N 单位/km）

（a）经度范围为 0°~180°，纬度范围为 −90°~0°；（b）经度范围为 0°~180°，纬度范围为 0°~90°；
（c）经度范围为 180°~360°，纬度范围为 −90°~0°；（d）经度范围为 180°~360°，纬度范围为 0°~90°

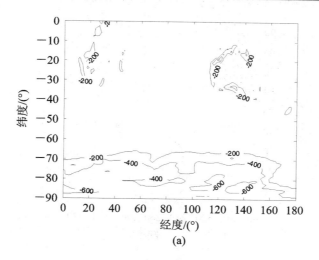

(a)

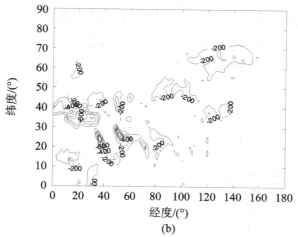

(b)

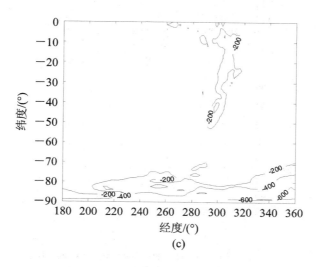

(c)

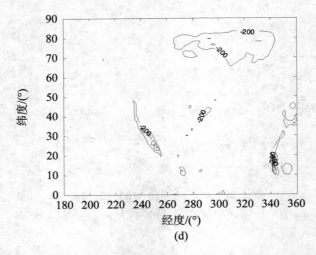

(d)

图 2.25　65 m 以下空间 10％年时间概率对应的折射指数梯度（N 单位/km）

（a）经度范围为 0°～180°，纬度范围为－90°～0°；（b）经度范围为 0°～180°，纬度范围为 0°～90°；
（c）经度范围为 180°～360°，纬度范围为－90°～0°；（d）经度范围为 180°～360°，纬度范围为 0°～90°

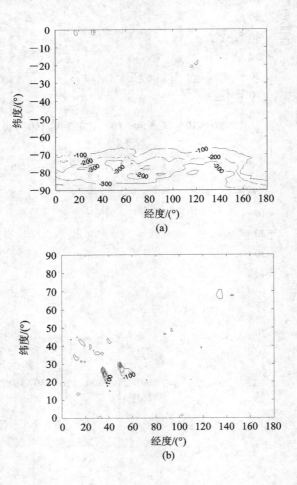

(a)

(b)

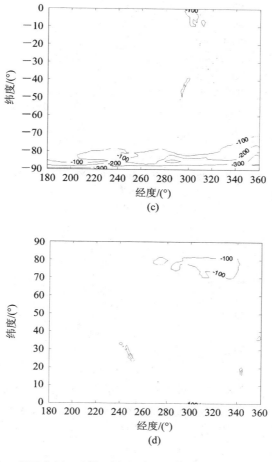

(c)

(d)

图 2.26　65 m 以下空间 50%年时间概率对应的折射指数梯度(N 单位/km)

（a）经度范围为 0°～180°，纬度范围为−90°～0°；（b）经度范围为 0°～180°，纬度范围为 0°～90°；
（c）经度范围为 180°～360°，纬度范围为−90°～0°；（d）经度范围为 180°～360°，纬度范围为 0°～90°

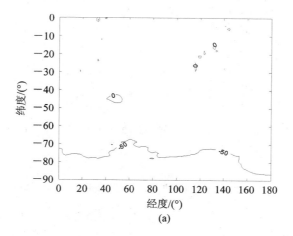

(a)

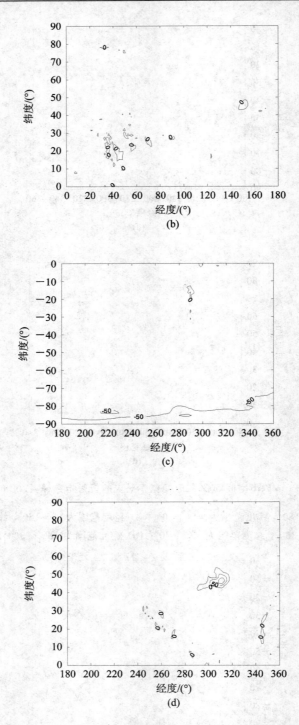

图 2.27　65 m 以下空间 90％年时间概率对应的折射指数梯度（N 单位/km）

（a）经度范围为 $0°\sim180°$，纬度范围为 $-90°\sim0°$；（b）经度范围为 $0°\sim180°$，纬度范围为 $0°\sim90°$；
（c）经度范围为 $180°\sim360°$，纬度范围为 $-90°\sim0°$；（d）经度范围为 $180°\sim360°$，纬度范围为 $0°\sim90°$

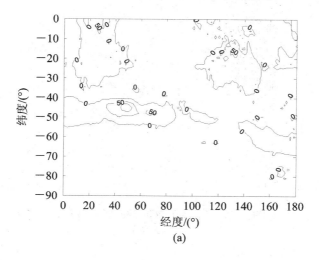

(a)

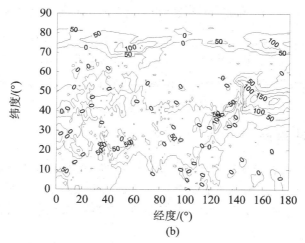

(b)

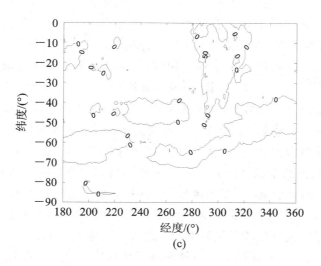

(c)

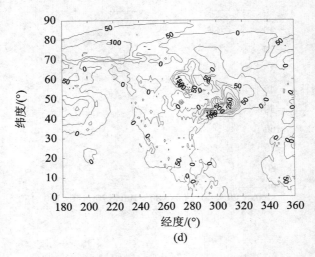

(d)

图 2.28 65 m 以下空间 99％年时间概率对应的折射指数梯度（N 单位/km）

（a）经度范围为 0°～180°，纬度范围为 −90°～0°；（b）经度范围为 0°～180°，纬度范围为 0°～90°；
（c）经度范围为 180°～360°，纬度范围为 −90°～0°；（d）经度范围为 180°～360°，纬度范围为 0°～90°

当然，大气折射指数随高度的时空分布结果也可以根据 2.1.2 节中的气象三要素时空分布结果，并结合 2.2.1 节中的理论模型间接计算得出。

2.2.3 大气折射指数的测量

大气折射指数 N 或者折射率 n 是研究晴空大气环境中电波传播、散射特性的重要基础，因此获得大气折射指数 N 或者折射率 n 的统计数据或者实时数据具有重要的工程应用价值。N 或者 n 可以通过多种技术手段测量获得，而选用何种技术手段在某种程度上要依据目的和用途而决定。

比较普遍的一种方法是通过测量气象要素 T、P、e 的值，用 2.2.1 节中的理论计算得到 N，国内现在常用的测量工具是气球携带 59 型探空仪。59 型探空仪主要测量地面到 10 km 左右高空大气的垂直变化特征，它由氢气球携带，气球平均升速为 360 m/min，探空仪在空中每隔 8～10 s（每隔几十米）发出一组气压、温度、湿度三种气象参数的莫氏码，经过接收、描点、翻译后可得到一组温度、气压、湿度值，从而建立大气剖面。但是 59 型探空仪每隔几十米才能测出一组数据，这就使得近地面湿度的测量误差比较大，难以满足高精度雷达测量系统电波折射修正的需要，因此要发展微波折射率仪探测技术。

微波折射率仪是直接测量大气折射率的一种装置，具有响应速度快、精确度高的优点，十分适用于大气折射指数剖面的测量。如微波集成技术、微带技术等新型微波技术和器件，不但使折射率仪的体积减小、重量减轻，也使折射率仪的稳定性和可靠度得到了提高。现代数字技术和计算机技术也不断应用于折射率仪，使折射率仪的数据传输、记录和分析更加便利。这些技术的使用已使微波折射率仪的精度达到 1 N 单位以上，并且每秒可以采样 1～100 次，同时也扩展了折射率仪的平台适用性和应用领域。微波折射率仪是为满足大气电波传输特性研究的需求所研制的，它与具有一定水平的气象传感器相结合，可形成研究气象的独特测量设备，即空气湿度的高精度快响应测量。大气边界层探测技术中把它列为一种典型的湿度快响应测量仪器。

边界层大气探测系统主要由探空仪和大气数据识别系统（Atmospheric Data Acquisition System，ADAS）组成，是由美国 AIR 公司（Atmospheric Instrumentation Research Inc）生产的。在我国南海海域实验中使用的探空仪是 TS-3A-SP 型系留探空仪，该型探空仪分别利用空盒气压计、热敏电阻、杯式风速计和罗盘探测气压、干湿球温度、风速和风向。这种探空仪具有较高的响应速度和稳定度，可在 8~10 s 内将干球温度、湿度（或湿球温度）、气压、风速、风向及其他四个参量发回地面。ADAS 能自动识别探空仪发出的信息，并自动同步跟踪探空仪的数据并校准它们。实验中可将 ADAS 和微波折射率仪的输出数据集成在一起，获取边界层大气的折射率剖面并进行比对。1997 年与 2001 年在我国南海海域进行的蒸发波导环境测量实验就是利用微波折射率仪和 ADAS 测量完成的。

上述所讲的无线电探空仪和微波折射率仪的现场测量通常都非常昂贵，并且其低采样率也不能很好地描述大气参数的空间和时间变化，而且一天也只能进行有限的几次测量。无线电掩星法是利用星际间电磁信号的传播延迟或电磁信号的多普勒频移来探测大气结构的垂直剖面。这种方法能够提供更精确、更高的分辨率，但测量数据在时间和空间的欠采样依然不能充分确定特定位置处折射率的横向变化与时间变化。

地基 GPS 反演技术能够利用射线传播模型根据最小二乘法拟合 GPS 的相位延迟信号来估计折射率剖面，并很好地解决了折射率水平不均匀性的问题，有着非常广阔的潜在应用优势。尽管单站地基 GPS 很难克服高度分辨率的问题，但是通过更加严格的数据参数以及大量低仰角的相位差测量数据可进一步提高并修正大气折射率剖面。此外，利用雷达杂波反演折射率剖面也是目前引起研究者关注的热点技术。由于海杂波数据通过正常的雷达都可获得，也不需要额外的测量和仪器，因此基于快速优化算法的近实时估计已成为评估大气波导对海上电子系统影响的最佳选择之一，并且 ITU 有最全面和权威的相关测量数据库，进一步提高了实验的准确性。

随着空间环境科学技术及电子设备的不断发展，大气折射指数 N 或者折射率 n 的测量技术也不断向前发展，上述介绍的几种方法仅限于作者所了解的部分内容，如果读者开展相关实验工作，则需要根据实验目的和具体要求进行深入调研工作。

2.3　大气湍流

实际上，在对流层中，除了规则的空气流动外，还普遍存在着湍流运动。严格地讲，湍流属于大气物理学中的"大气边界层物理"。在大气边界层中湍流是主要的运动形态，湍流对地表面与大气间的动量输送、热量输送、水汽交换以及物质的输送起着主要作用。同时，由于湍流运动使得局部大气折射指数出现起伏，因而对电磁波的传播产生影响，一方面对诸如地-空链路的电波及光波段电子系统产生负面影响，另一方面，它的存在也促成了对流层散射传播链路，因此它对电波传播也起着重要的作用。针对大气湍流进行了半个多世纪的研究，但是关于湍流精细的运动规律依然是尚未解决的难题之一，虽然研究者运用了物理学几乎所有可能应用的方法，但是到目前为止只在一些十分有限的特殊条件下获得了成果。大气中的湍流结构是对流层空间环境科学中的独立部分，请读者查阅关于大气湍流的专著，例如文献[5]和[13]。本节将这些文献中的观点浓缩精简，简要概括大气湍流的形成机理、物理特性及其研究方法。

2.3.1 大气湍流的形成机理

大气除了"宏观"上的分层结构外，还存在着"微观"上的湍流结构。湍流是以一系列各种尺度的涡旋为基础的，它们之间相互叠加并相互作用；而能量则连续地从较大尺度的涡旋流向较小尺度的涡旋，直到不能再形成涡旋的最小起伏而终止这种能量输送。时间尺度在数十分钟以内的大气涡旋都被认为是大气湍流。大气湍流是大气中一种不规则的随机运动，湍流每一点上的压强、速度、温度等物理特性都会随机涨落。

流体的流动有两种形式，即层流（片流）和湍流（乱流），而雷诺数可以作为层流向湍流转换的判据，当雷诺数超过某一临界值时，流体将会从层流向湍流转化。从物理角度看，雷诺数具有以下多种物理意义：单位质量流体的流动动能与黏滞耗散能量的比率；流体运动中惯性力对黏滞力的比值；表征流体运动黏性作用于惯性作用相对大小的无因次数；衡量作用于流体的惯性力与黏性力相对大小的参数。雷诺数 Re 表示为

$$Re = \frac{UL}{\nu} = \frac{UL_{\text{eigen}}\rho}{\eta} \tag{2.58}$$

其中：U 为流体垂直于流动方向的横截面内的平均流速，单位为 m/s；L_{eigen} 为流体的特征长度，单位为 m；$\nu = \eta/\rho$ 是运动学黏性系数，单位为 m²/s；η 是动力学黏性系数，单位为 kg/(m·s)；ρ 是流体的密度，单位为 kg/m³。对于流过一定直径管子的水流，U 则是管子截面内的平均速度，L_{eigen} 是管子的直径，而密度和动力学黏性系数是位置的函数。当流体受到扰动时，惯性力的作用是使扰动从主流中汲取能量而黏性力则是使扰动受到阻尼，因此当雷诺数超过某临界值时，流体运动开始不稳定而发展成湍流；当雷诺数低于另一临界值时，流体处于稳定层流状态；当雷诺数介于两个临界值中间时，流体处于不稳定的过渡状态。虽然雷诺数为判断湍流现象提供了理论依据，但是由于湍流现象极其复杂，精细实验极其困难，所以形成湍流的临界雷诺数依然处于不确定状态。一般来说，流体形成湍流的临界雷诺数都很高，例如圆管水流实验中发现临界雷诺数最小约为 2300，最高达 1.5×10^4；对于离地 1 m 高的大气空间，雷诺数约为 6000。

理论研究认为，大气湍流运动是由各种尺度的涡旋连续分布叠加而成的，其能量来源于机械运动做功和浮力做功两个方面。前者是在有风向风速切变时，湍流切应力对空气微团做功；后者是在不稳定大气中，浮力对垂直运动的空气微团做功，使得湍流增强。在稳定大气中，随机上下运动的空气微团要反抗重力做功而失去动能，使湍流减弱。按照这种能量学的观点，大气湍流的形成机理有以下三大类型：

第一类是风切变产生的湍流。在接近地面的大气中，地面边界起着阻滞空气运动的不滑动底壁的作用，因而风速切变很大，涡度也很大，造成了流动的不稳定性，有利于湍流的形成（见图 2.29 (a)）。湍流一旦形成即通过湍流切应力做功，源源不断地将平均运动的动能转化为湍流运动的动能，使湍流维持下去，所以在最靠近地面的气层中，不论日夜都有

湍流运动。

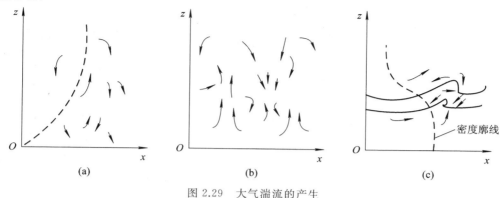

图 2.29　大气湍流的产生

（a）风速切变不稳定性；（b）热力对流；（c）开尔文-赫姆霍兹波不稳定

第二类是对流湍流。白天由于太阳的照射，地面温度会比较高，在大气边界层中会产生对流泡或羽流（见图 2.29（b））。各个单体的对流泡或羽流出现的时间和地点几乎是完全随机的，从而表现为湍流状态的流动。由于流动的不稳定性和卷夹作用，对流泡也会部分地破碎为小尺度湍流。对流湍流的能量来源是直接或间接地通过浮力做功取得的。除此之外，积云、积雨云以及密卷云中的湍流也是对流湍流的一种，它的出现还与云中的水汽相变过程有关。

第三类是波动形成的湍流。稳定层结的大气中，湍流通常较弱或消失。但稳定层结的大气流动经常存在上下层较强的风速切变，这时会产生切变重力波。当风速切变足够大时，由于密度被倒置，运动成为不稳定的，波随着振幅的增大而破碎，破碎波的叠加便构成湍流。湍流一旦形成，上下层混合加强，风速切变随之减弱，流动又恢复到无湍流状态，如此往复不已。波动产生的湍流往往在空间上是离散的，在时间上是间歇的。这种密度界面上产生的波称为开尔文-赫姆霍兹波（见图 2.29（c）），它常常出现在夜间的稳定边界层中和白天的混合层顶。对流层晴空湍流的出现与切变重力波有密切的关系。

研究表明，当满足大气层中具有明显风速切变的动力学条件，以及大气层出现上层空气温度低于下层空气温度的热力学条件时，容易使得对流层大气的雷诺数超过大气的雷诺数而出现湍流。在对流层的大气底层的边界层、对流云的云体内部及周围和对流层上部的西风急流区内很容易满足上述动力学、热力学条件而形成湍流。因此，通常较强的大气湍流会出现在这三个区域内。大气湍流运动是由各种尺度的涡旋连续分布叠加而成的，涡旋尺度大的可达数百米，尺度小的约为 1 mm。所以大气湍流的尺度范围很广，可以从几毫米到几千米。

2.3.2　大气湍流的基本特征及研究理论

利用响应很快、灵敏度很高的仪器（超声风速仪、白金丝温度仪和拉曼-α 湿度计）对气象三要素进行测量时，发现它们随时间的变化很快，这种快速变化是由湍流所导致的。湍流的基本特征可以归纳如下：

（1）随机性。湍流是非规则的、混乱的及不可预测的。但在实际工程中可以根据统计学对湍流的运动进行描述，这点至关重要。

（2）非线性。湍流是高度非线性的，当流动达到某一特定状态，例如雷诺数或理查森数超过某临界值时，流动中的小扰动就会自发地增长，并很快达到一定的扰动幅度。

（3）扩散性。湍流会引起动量、热量及流动中的其他物质快速扩散。

（4）涡旋性。湍流结构可设想成是由许多大小不同的涡旋组成的，它们分裂、合成、拉长和旋转。最大的涡旋可达到整个湍流层的宽度，小的可达到毫米数量级，它们相互叠加在一起，构成湍流的涡旋结构。

（5）耗散性。湍流的能量是由大涡旋向小涡旋传递，最后通过分子黏性耗散成为热能。

根据上述特征可以判断湍流现象是否存在。一般在大气边界层，积云内和自由大气中都会存在湍流。湍流对云滴、冰晶的增长与破碎，对电磁波、声波在大气中的传播都有重要影响，因而研究湍流的理论模型就变得十分重要。目前湍流的理论研究主要分为三类：统计方法、K 理论和相似理论。

由于湍流具有随机性，所以最初是用统计上的理论和方法来处理湍流，包括湍流的概率密度、自相关函数、功率谱和方差等，进而通过均匀各向同性和平稳各态历经的假设对湍流进行研究。

雷诺基于湍流的随机性，导出了湍流平均运动所满足的方程——雷诺（Reynold）平均运动方程：

$$
\begin{cases}
\dfrac{\partial \bar{u}}{\partial t} = -f(v_g - \bar{v}) - \dfrac{\partial(\overline{u'\omega'})}{\partial z} \\[3mm]
\dfrac{\partial \bar{v}}{\partial t} = f(u_g - \bar{u}) - \dfrac{\partial(\overline{v'\omega'})}{\partial z} \\[3mm]
\dfrac{\partial \bar{\theta}}{\partial t} = -\dfrac{1}{\rho c_p}\left(LE + \dfrac{\partial \overline{Q^*}}{\partial z}\right) - \dfrac{\partial(\overline{\omega'\theta'})}{\partial z} \\[3mm]
\dfrac{\partial \bar{q}}{\partial t} = \dfrac{S_q}{\rho} - \dfrac{\partial(\overline{\omega'q'})}{\partial z}
\end{cases}
\tag{2.59}
$$

该方程中多了 Reynold 应力项，如 $\overline{u'\omega'}$，因此该方程不闭合。若类似于分子黏性应力，假设湍流的 Reynold 应力项与平均速度梯度成正比，即

$$
\overline{u'\omega'} = -K\frac{\partial \bar{u}}{\partial z}
\tag{2.60}
$$

则雷诺平均运动方程闭合。式（2.60）中 $K = UL$ 是湍流交换系数，因此称这种方法为 K 理论。

相似理论的方法来源于量纲分析，由物理方法来建立湍流的定量关系。例如，前苏联科学家 Kolmogorov（1941 年）用量纲分析得到湍流功率谱 $S(k)$ $\left(\text{量纲为}\dfrac{[L]^2/[T]^2}{1/[L]}\right)$、湍流动能耗散率 ξ（量纲为 $[L]^2/[T])^3$ 和波数 k（量纲为 $[L]^{-1}$）之间的关系：

$$
S(k) \propto \xi^{2/3} k^{-5/3}
\tag{2.61}
$$

式（2.61）就是著名的湍流能谱的"$-5/3$ 次方"定律。从物理学上讲，相似理论更能反映湍流尺度之间的自相似性：大涡旋中有小涡旋，小涡旋中有更小的涡旋。

如前所述，大气中的湍流结构是对流层空间环境科学中的独立部分，关于大气湍流的详细理论，读者可以参阅文献[10]和[18]。对于电波传播的工作者而言，往往更多关注湍流发生时大气电磁参数的起伏特性。

2.3.3　大气湍流电磁参数起伏的结构函数和空间谱

2.3.2 节中描述了研究湍流运动的三种方法，本节基于统计理论的方法来研究电磁参数的起伏特性。在湍流大气中，由于湍流运动空间分布的随机无规则性，T、P 和 e 的变化呈现时间、空间随机无规则特性。由 2.2.1 节可知，湍流大气中大气电磁特性参数也呈现时间、空间随机无规则特性。

空间某点处电磁参数随时间的变化过程属于随机过程研究范畴；某时刻空间不同点电磁参数随空间的分布特性属于随机场的研究范畴；空时联合变化属于空时场研究范畴。完整地研究大气湍流的电磁参数起伏问题，需要从上述三个方面进行系统分析。本节仅从随机场角度分析电磁特性参数的结构函数和空间谱，并简要给出研究空时场的研究方法。

空间随机变化问题属于随机场的研究范畴。随机场可以理解为随机过程的空间推广。随机场研究的理论模型包括均匀随机场、均匀各向同性随机场、局部均匀随机场、局部均匀各向同性随机场。研究随机场的经典方法有统计特征法、谱展开法以及类似于谱展开法的其他变化方法，例如 Mellin 变换。

统计特征法是基于概率统计理论，通过物理关系建立 n 点 k 阶矩方程（例如抛物型方程），从而求解随机场的 n 点 k 阶矩[14]。例如，相关函数和结构函数就是二点二阶矩。对于均匀随机场或者均匀各向同性随机场，通常研究其相关函数；对于局部均匀随机场或者局部均匀各向同性随机场，通常研究其结构函数。

谱展开法实际是将复杂的空间随机函数展开为具有随机复振幅的不同空间谐波函数 $A(\boldsymbol{K})\mathrm{e}^{\mathrm{i}\boldsymbol{K}\cdot\boldsymbol{r}}$ 的集合，通过分析随机复振幅 $A(\boldsymbol{K})$ 的统计特性，进而反映出随机场的统计特性。值得注意的是，$\langle A(\boldsymbol{K})A^{*}(\boldsymbol{K})\rangle$ 与相关函数或者结构函数的导数之间是一对傅里叶变化。

诸如 Mellin 变换的其他变换研究随机场的方法，其本质与谱展开法一致，只是其他变换方法选用的基函数不是具有随机复振幅的空间谐波函数。基于 Mellin 变换的湍流媒质中波传播研究方法见文献[23]。

随机过程和随机场是一门独立的科学分支，有兴趣的读者可以参阅相关文献，例如文献[14]～[17]和[24]，本书只简要给出湍流大气的相对介电常数 ε_{r} 和折射指数 N 或者折射率 n 起伏的结构函数和空间谱结果。下面，首先以随空间随机变化的 ε_{r} 介绍相关函数、结构函数以及谱的概念和它们的常用结果。

由于湍流运动空间分布的随机无规则性，T、P 和 e 的变化呈现空间随机无规则特性，由 2.2.1 节可知 ε_{r} 随空间呈现随机分布。设 t 时刻向量 r 处 ε_{r} 表示为

$$\varepsilon_{\mathrm{r}}(r,t)=\langle\varepsilon_{\mathrm{r}}(t)\rangle+\Delta\varepsilon_{\mathrm{r}}(r,t) \tag{2.62}$$

其中：$\langle\varepsilon_{\mathrm{r}}(t)\rangle$ 是 t 时刻 ε_{r} 的空间平均值，由于 $\langle\varepsilon_{\mathrm{r}}(t)\rangle$ 随时间呈现慢变化，所以在一定时间内可以认为 $\langle\varepsilon_{\mathrm{r}}(t)\rangle$ 是不随时间变化的常数；$\Delta\varepsilon_{\mathrm{r}}(r,t)$ 是由于湍流运动引起的相对介电常数起伏变化。特定 r 位置处 $\Delta\varepsilon_{\mathrm{r}}(r,t)$ 随时间 t 的随机变化特性属于随机过程研究范畴，t 时刻 $\Delta\varepsilon_{\mathrm{r}}(r,t)$ 随空间位置 r 的随机变化特性属于随机场研究范畴，$\Delta\varepsilon_{\mathrm{r}}(r,t)$ 随时间 t 和空间位置 r 的随机变化特性属于随机空时场研究范畴。

$\Delta\varepsilon_{\mathrm{r}}(r,t)$ 的时间相关函数和空间相关函数分别定义为

$$B_{\Delta\varepsilon_{\mathrm{r}}}(t_{1},t_{2})=\langle\Delta\varepsilon_{\mathrm{r}}(r,t_{1})\Delta\varepsilon_{\mathrm{r}}(r,t_{2})\rangle \tag{2.63}$$

$$B_{\Delta\varepsilon_r}(\boldsymbol{r}_1, \boldsymbol{r}_2) = \langle \Delta\varepsilon_r(\boldsymbol{r}_1, t)\Delta\varepsilon_r(\boldsymbol{r}_2, t)\rangle \tag{2.64}$$

如果时间相关函数仅为时间间隔 Δt 的函数，即 $B_{\Delta\varepsilon_r}(t_1, t_2) = B_{\Delta\varepsilon_r}(t, t+\Delta t) = B_{\Delta\varepsilon_r}(\Delta t)$，那么 $\Delta\varepsilon_r(\boldsymbol{r}, t)$ 随时间变化呈现平稳特性；如果空间相关函数仅为空间间隔 $\Delta\boldsymbol{r}$ 的函数，即 $B_{\Delta\varepsilon_r}(\boldsymbol{r}_1, \boldsymbol{r}_2) = B_{\Delta\varepsilon_r}(\boldsymbol{r}, \boldsymbol{r}+\Delta\boldsymbol{r}) = B_{\Delta\varepsilon_r}(\Delta\boldsymbol{r})$，那么 $\Delta\varepsilon_r(\boldsymbol{r}, t)$ 随空间变化呈现均匀特性；进一步，如果空间相关函数仅为空间间隔 $|\Delta\boldsymbol{r}|$ 的函数，即 $B_{\Delta\varepsilon_r}(\boldsymbol{r}_1, \boldsymbol{r}_2) = B_{\Delta\varepsilon_r}(|\Delta\boldsymbol{r}|)$，那么 $\Delta\varepsilon_r(\boldsymbol{r}, t)$ 随空间变化呈现均匀且各向同性的特性。

对于湍流大气中的 $\Delta\varepsilon_r(\boldsymbol{r}, t)$，一般不能满足上述平稳随机过程、均匀随机场、均匀各向同性随机场条件，但是 $\Delta\varepsilon_r(\boldsymbol{r}, t)$ 可以满足局部平稳随机过程、局部均匀随机场和局部均匀各向同性随机场的假设，这些模型用时间结构函数和空间结构函数定义。$\Delta\varepsilon_r(\boldsymbol{r}, t)$ 的时间结构函数和空间结构函数分别定义为

$$D_{\Delta\varepsilon_r}(t_1, t_2) = \langle [\Delta\varepsilon_r(\boldsymbol{r}, t_1) - \Delta\varepsilon_r(\boldsymbol{r}, t_2)]^2\rangle \tag{2.65}$$

$$D_{\Delta\varepsilon_r}(\boldsymbol{r}_1, \boldsymbol{r}_2) = \langle [\Delta\varepsilon_r(\boldsymbol{r}_1, t) - \Delta\varepsilon_r(\boldsymbol{r}_2, t)]^2\rangle \tag{2.66}$$

如果时间结构函数仅为时间间隔 Δt 的函数，即 $D_{\Delta\varepsilon_r}(t_1, t_2) = D_{\Delta\varepsilon_r}(t, t+\Delta t) = D_{\Delta\varepsilon_r}(\Delta t)$，那么 $\Delta\varepsilon_r(\boldsymbol{r}, t)$ 随时间变化呈现局部平稳特性；如果空间结构函数仅为空间间隔 $\Delta\boldsymbol{r}$ 的函数，即 $D_{\Delta\varepsilon_r}(\boldsymbol{r}_1, \boldsymbol{r}_2) = D_{\Delta\varepsilon_r}(\boldsymbol{r}, \boldsymbol{r}+\Delta\boldsymbol{r}) = D_{\Delta\varepsilon_r}(\Delta\boldsymbol{r})$，那么 $\Delta\varepsilon_r(\boldsymbol{r}, t)$ 随空间变化呈现局部均匀特性；进一步，如果空间结构函数仅为空间间隔 $|\Delta\boldsymbol{r}|$ 的函数，即 $D_{\Delta\varepsilon_r}(\boldsymbol{r}_1, \boldsymbol{r}_2) = D_{\Delta\varepsilon_r}(|\Delta\boldsymbol{r}|)$，那么 $\Delta\varepsilon_r(\boldsymbol{r}, t)$ 随空间变化呈现局部均匀且各向同性的特性。

结构函数和相关函数的关系为[24]

$$\begin{cases} D(\Delta t) = 2[B(0) - B(\Delta t)] \\ D(\Delta\boldsymbol{r}) = 2[B(0) - B(\Delta\boldsymbol{r})] \\ D(|\Delta\boldsymbol{r}|) = 2[B(0) - B(|\Delta\boldsymbol{r}|)] \end{cases} \tag{2.67}$$

需要注意的是，式(2.67)只有在平稳、均匀和均匀各向同性条件下才成立。

按布克等人的假定[24]，介电常数起伏 $\Delta\varepsilon_r(\boldsymbol{r}, t)$ 的空间相关函数可以表示为

$$B_{\Delta\varepsilon_r}(|\Delta\boldsymbol{r}|) = A_{\Delta\varepsilon_r}\exp\left(-\frac{|\Delta\boldsymbol{r}|}{r_0}\right) \tag{2.68}$$

其中：r_0 表示介电常数不均匀体的相关半径，大气湍流的相关半径从几毫米到几百米甚至几千米，平均值为 52 m 左右[11]；$A_{\Delta\varepsilon_r}$ 是 $\Delta\varepsilon_r(\boldsymbol{r}, t)$ 某时刻的空间起伏均方值，也称为起伏强度，可以通过观察某点 $\Delta\varepsilon_r(\boldsymbol{r}, t)$ 的随机过程序列，利用时间均方值代替空间均方值 $A_{\Delta\varepsilon_r}$，时间序列处理是独立的理论学科，读者可以自行参阅相关文献。

另外，诺顿通过实验证实，介电常数起伏 $\Delta\varepsilon_r(\boldsymbol{r}, t)$ 的空间相关函数也可以表示为[24]

$$B_{\Delta\varepsilon_r}(|\Delta\boldsymbol{r}|) = \frac{A_{\Delta\varepsilon_r}}{2^{v-1}\Gamma(v)}\left(\frac{|\Delta\boldsymbol{r}|}{r_0}\right)^2 T_v\left(\frac{|\Delta\boldsymbol{r}|}{r_0}\right) \tag{2.69}$$

其中：v 为常数；$T_v(x)$ 表示 v 阶克唐纳函数。诺顿认为，如果考虑湍流各向异性的影响，则 r_0 应该等效地表示为

$$\frac{1}{r_0^2} = \frac{\cos^2\varphi_n}{r_{\perp 1}^2} + \left(\frac{\cos^2\gamma_n}{r_{\parallel}^2} + \frac{\sin^2\gamma_n}{r_{\perp 2}^2}\right)\sin^2\varphi_n \tag{2.70}$$

假设，$\boldsymbol{w}_p$ 表示分速方向的单位矢量，$\boldsymbol{w}_{\perp 1}$ 和 $\boldsymbol{w}_{\perp 2}$ 表示与 $\boldsymbol{w}_p$ 正交且彼此相互正交的单位矢量，则式(2.70)中的 $r_{\parallel}$ 表示湍流沿 $\boldsymbol{w}_p$ 的相关尺度，$r_{\perp 1}$ 和 $r_{\perp 2}$ 表示湍流沿 $\boldsymbol{w}_{\perp 1}$ 和 $\boldsymbol{w}_{\perp 2}$ 方向的相关尺度，φ_n 是 $\Delta\boldsymbol{r}$ 与 $\boldsymbol{w}_{\perp 2}$ 之间的夹角，γ_n 是 $\Delta\boldsymbol{r}$ 在 $\boldsymbol{w}_p$ 和 $\boldsymbol{w}_{\perp 1}$ 确定平面内投影与 $\boldsymbol{w}_p$ 的夹角。

　　虽然布克、诺顿给出了上述相关函数，但是湍流运动很难满足空间均匀且各向同性的要求，为此，维拉尔斯-韦斯科普夫给出了局部均匀各向同性假设下的结构函数。维拉尔斯-韦斯科普夫结构函数表示为[24]

$$D_{\Delta\varepsilon_r}(|\Delta r|) = C_{vw}\rho^2\xi^{4/3}|\Delta r|^{4/3} \tag{2.71}$$

其中：C_{vw} 为常数；ρ 为气体密度；ξ 为能量耗散率。按照柯尔莫哥罗夫-奥布霍夫定律，$\Delta\varepsilon_r(r,t)$ 的结构函数则表示为[24]

$$D_{\Delta\varepsilon_r}(|\Delta r|) = C_{GA}^2|\Delta r|^{2/3} \qquad (l_{inner} \leqslant |\Delta r| \leqslant l_{outer}) \tag{2.72}$$

其中：C_{GA} 为常数；l_{outer} 为湍流运动的外尺度，l_{outer} 可以近似认为等于湍流运动的特征尺度 L_{eigen}；l_{inner} 为湍流的内尺度，可以理解为包含在特征尺度 L_{eigen} 内的最小涡旋的尺度。

　　对于湍流大气的折射率 n，同样可以定义折射率起伏 $\Delta n(r,t)$ 的相关函数和结构函数。从理论上讲可以根据 $n=\sqrt{\varepsilon_r}$ 的关系，将布克、诺顿以及维拉尔斯-韦斯科普夫、柯尔莫哥罗夫-奥布霍夫给出的关于 $\Delta\varepsilon_r(r,t)$ 的相关函数和结构函数转化为 $\Delta n(r,t)$ 的相关函数和结构函数，读者可以自行推导。根据湍流运动中保守量理论[15]，$\Delta n(r,t)$ 的结构函数 $D_{\Delta n}(r)$ 表示为

$$D_{\Delta n}(|\Delta r|) = \begin{cases} C_n^2|\Delta r|^{2/3} & (l_{inner} \ll r \ll l_{outer}) \\ C_n^2 l_{inner}^{2/3}(|\Delta r|/l_{inner})^2 & (r \ll l_{inner}) \end{cases} \tag{2.73}$$

其中，C_n 是折射率起伏 $\Delta n(r,t)$ 的结构常数，其取值与天气状态以及时间有关，取值范围大约为 $10^{-9}\sim10^{-6}\,\mathrm{m}^{-1/3}$。按照结构常数的取值，湍流可分为弱起伏、中起伏和强起伏，弱起伏湍流的 C_n 为 $10^{-9}\,\mathrm{m}^{-1/3}$ 量级，中起伏湍流的 C_n 为 $10^{-8}\,\mathrm{m}^{-1/3}$ 量级，强起伏湍流的 C_n 大于 $10^{-7}\,\mathrm{m}^{-1/3}$ 量级。

　　湍流结构电磁参数相关函数和结构函数是重要的二点二阶统计矩，若已知相关函数或者结构函数，则可以通过测量某些点的电磁参数，根据相关函数或者结构函数了解电磁参数的空间分布特性。获取某时刻 $\Delta\varepsilon_r(r,t)$ 或者 $\Delta n(r,t)$ 的空间谱，是了解湍流结构介电常数或者折射起伏空间随机分布特性的另一种方法。

　　如前所述，空间谱与相关函数或者结构函数是研究随机场的两种并列的方法。一般而言，如果只关心湍流结构中特定两点或者几个点的介电参数起伏特性，则采用相关函数和结构函数比较方便，因为可以通过观测某一点的起伏特性，利用相关函数分析其他几点的起伏特性；如果需要从整体上了解湍流结构中所有点的介电参数起伏特性，则采用谱方法比较方便，因为通过谱可以把所有点的起伏特性同时表示出来。

　　但是，空间谱与相关函数或者结构函数之间具有一定关联关系。均匀随机场的相关函数与空间谱函数之间满足以下关系[16]：

$$\begin{cases} \Phi(\boldsymbol{K}) = \dfrac{1}{(2\pi)^3}\int \exp(-\boldsymbol{K}\cdot\Delta r)B(\Delta r)\mathrm{d}V \\ B(\Delta r) = \int \exp(\boldsymbol{K}\cdot\Delta r)\Phi(\boldsymbol{K})\mathrm{d}\boldsymbol{K} \end{cases} \tag{2.74}$$

在均匀各向同性条件下，式(2.74)可化简为

$$\begin{cases} \Phi(K) = \dfrac{1}{2\pi^2}\int_0^{+\infty} \dfrac{\sin(K|\Delta r|)}{K|\Delta r|}B(|\Delta r|)|\Delta r|^2\mathrm{d}|\Delta r| \\ B(|\Delta r|) = 4\pi\int_0^{+\infty} \dfrac{\sin(K|\Delta r|)}{K|\Delta r|}\Phi(K)K^2\mathrm{d}K \end{cases} \tag{2.75}$$

局部均匀随机场的结构函数与空间谱函数之间满足以下关系[16]:

$$\begin{cases} \Phi(\boldsymbol{K}) = \dfrac{1}{16\pi^3 k^2} \int \exp(-\boldsymbol{K}\cdot\Delta\boldsymbol{r})\,\nabla D(\Delta\boldsymbol{r})\boldsymbol{K}\mathrm{d}V \\[2mm] D(\Delta\boldsymbol{r}) = 2\int \left[1 - \exp(\boldsymbol{K}\cdot\Delta\boldsymbol{r})\right]\Phi(\boldsymbol{K})\mathrm{d}\boldsymbol{K} \end{cases} \tag{2.76}$$

在局部均匀各向同性条件下,式(2.76)可化简为

$$\begin{cases} \Phi(K) = \dfrac{1}{4\pi^2 K^2}\displaystyle\int_0^{+\infty} \dfrac{\sin(K\,|\,\Delta r\,|)}{K\,|\,\Delta r\,|}\dfrac{\mathrm{d}\left[\dfrac{\mathrm{d}D(\,|\,\Delta r\,|)}{\mathrm{d}\,|\,\Delta r\,|}\,|\,\Delta r\,|^2\right]}{\mathrm{d}\,|\,\Delta r\,|}\mathrm{d}\,|\,\Delta r\,| \\[4mm] D(\,|\,\Delta r\,|) = 8\pi\displaystyle\int_0^{+\infty}\left[1 - \dfrac{\sin(K\,|\,\Delta r\,|)}{K\,|\,\Delta r\,|}\right]\Phi(K)K^2\mathrm{d}K \end{cases} \tag{2.77}$$

如果介电常数起伏 $\Delta\varepsilon_r(r,t)$ 满足式(2.68)所示的空间相关函数,则该湍流结构的空间谱可以表示为[24]

$$\Phi_{\Delta\varepsilon_r}(K) = \frac{A_{\Delta\varepsilon_r}r_0^3}{\pi^2(1+K^2 r_0^2)^2} \tag{2.78}$$

对于超短波、微波超视距对流层散射传播而言,$Kr_0 \gg 1$ 的湍流结构起主要作用,所以在此情况下,式(2.78)近似表示为

$$\Phi_{\Delta\varepsilon_r}(K) \approx \frac{A_{\Delta\varepsilon_r}}{\pi^2 r_0}\frac{1}{K^4} \tag{2.79}$$

如果介电常数起伏 $\Delta\varepsilon_r(r,t)$ 满足式(2.69)所示的空间相关函数,则该湍流结构的空间谱可以表示为[24]

$$\Phi_{\Delta\varepsilon_r}(K) \approx \frac{\Gamma(\upsilon+2/3)}{\pi^{3/2}\Gamma(\upsilon+2/3)}A_{\Delta\varepsilon_r}r_\parallel r_{\perp1}r_{\perp2}\left[1+(Kr_{0\parallel})^2\right]^{-(\upsilon+2/3)} \tag{2.80}$$

其中,$r_{0\parallel}$ 为不均匀体沿 $\boldsymbol{K}$ 的有效尺度,表示为

$$r_{0\parallel} \approx \sqrt{(r_\parallel\sin\varphi_\parallel\cos\gamma_\parallel)^2 + (r_{\perp1}\sin\varphi_\parallel\sin\gamma_\parallel)^2 + (r_{\perp2}\cos\varphi_\parallel)^2} \tag{2.81}$$

$\varphi_\parallel$ 是 $\boldsymbol{K}$ 与 $w_{\perp2}$ 之间的夹角,$\gamma_\parallel$ 是 $\boldsymbol{K}$ 在 w_p 和 $w_{\perp1}$ 确定平面内投影与 w_p 的夹角。当 $Kr_{0\parallel} \gg 1$ 时,

$$\Phi_{\Delta\varepsilon_r}(K) \approx \frac{\Gamma(\upsilon+2/3)}{\pi^{3/2}\Gamma(\upsilon)}\frac{A_{\Delta\varepsilon_r}r_\parallel r_{\perp1}r_{\perp2}}{r_{0\parallel}^{2\upsilon+3}}\frac{1}{K^{-(\upsilon+2/3)}} \tag{2.82}$$

如果介电常数起伏 $\Delta\varepsilon_r(r,t)$ 满足式(2.71)所示的空间结构函数,则该湍流结构的空间谱可以表示为[24]

$$\Phi_{\Delta\varepsilon_r}(K) = C_{VW}\rho^2\,\zeta^{4/3}K^{-13/3} \tag{2.83}$$

如果介电常数起伏 $\Delta\varepsilon_r(r,t)$ 满足式(2.72)所示的空间结构函数,则该湍流结构的空间谱可以表示为[24]

$$\Phi_{\Delta\varepsilon_r}(K) = 0.033C_{GA}^2 K^{-11/3} \tag{2.84}$$

对于湍流大气的折射率 n,同样可以定义折射率起伏 $\Delta n(r,t)$ 的空间谱。从理论上讲可以根据 $\Delta\varepsilon_r = 2\Delta n$ 的关系,将布克、诺顿以及维拉尔斯-韦斯科普夫、柯尔莫哥罗夫-奥布霍夫给出的关于 $\Delta\varepsilon_r(r,t)$ 的空间谱转化为 $\Delta n(r,t)$ 的空间谱,读者可以自行推导。根据湍流运动中保守量理论[15],与 $\Delta n(r,t)$ 的空间结构函数即式(2.73)对应的空间谱 $\Phi_{\Delta n}(K)$ 表示为[15]

$$\Phi_{\Delta n}(K) = \left[\frac{\Gamma(p+2)}{4\pi^2} \sin \frac{\pi\rho}{2} \right] C_n^2 K^{-(p+3)} \tag{2.85}$$

当 $p = 2/3$ 时，式（2.85）可表示为

$$\Phi_{\Delta n}(K) = 0.033 C_n^2 K^{-11/3} \qquad \left(\frac{2\pi}{l_{outer}} \ll K \ll \frac{2\pi}{l_{inner}} \right) \tag{2.86}$$

当 $K > 2\pi/l_{inner}$ 时，$\Phi_{\Delta n}(K)$ 表示为[15]

$$\Phi_{\Delta n}(K) = 0.033 C_n^2 K^{-11/3} \exp\left(\frac{-K^2}{K_m^2} \right) \tag{2.87}$$

其中，$K_m = 5.91/l_{inner}$。

关于湍流结构电磁参数起伏特性的相关函数、结构函数以及空间谱的模型，远不止上述结果，读者可以查阅更多文献。

大气湍流运动是受自然条件控制的随机现象，虽然科学工作者关注大气湍流物理特性已经半个多世纪，甚至已经将湍流对电磁波的传播、散射效应加以应用，但是湍流问题尚属于未解决的难题。作为研究电波传播的相关工作人员，更应该思考如何通过理论和实验的方法获得适用于特定地区的相关函数、结构函数以及空间谱，如何通过理论和实验的方法验证不同文献中给出的结果是否适应于某特定的地区。这些问题属于随机过程、随机场、随机时间序列处理、微大气物理学等学科的交叉领域研究范畴，由于本书篇幅所限，不再对这一问题进行描述。文献[25]中针对"用实验的方法确定相关矩与谱密度"进行了探索，读者可以自行查阅并且深入研究。

2.4　大气波导

如 2.3 节所述，大气折射指数随高度呈现一定规律的连续分层结构。大气波导就是在特定的气象条件下，某一高度范围内的大气折射指数随高度迅速下降而形成的一种"特殊"大气分层结构。如果小于某极限波长的电磁波以小于某极限仰角的方式进入大气波导结构，则大气波导折射指数随高度的"特殊"分层结构对电磁波的折射效应使电磁波被陷获在该分层结构内，像电磁波在金属波导管中一样的传播模式进行传播。大气波导对电磁波特殊的折射效应一方面限制了许多低仰角无线系统的工作性能，同时也促成了大气波导超视距无线系统。例如，大气波导的特殊折射效应使得低仰角探测链路的雷达信号陷获于波导结构内，因此无法有效探测低空飞行目标；又如，大气波导的特殊折射效应使得信号绕过地球的遮挡而超视距传播，从而实现了超视距雷达探测、通信等方面的应用。因此，讨论和分析大气波导的形成机理、分类、特性参数、时空分布统计规律以及其诊断预报，对于研究电磁波在大气波导中的传播特性，进而有效利用大气波导结构的正面效应和有效克服其负面效应具有重要的理论意义和实用价值。

2.4.1　大气波导的形成机理及分类

在特定的气象条件下，如果某一高度范围内的大气折射指数 N 的实部 N_{Re} 或者修正折射指数 M 随高度 h 的梯度满足：

$$\frac{dN_{Re}}{dh} < -0.157 \ (\text{m}^{-1}) \tag{2.88}$$

$$\frac{dM}{dh} < 0 \tag{2.89}$$

则该高度范围的大气层称为大气波导。

研究表明，当某空间范围内出现大气温度随高度的增加而增加的"温度逆增"（即逆温）现象，或者湿度随高度剧烈递减的湿降现象时，形成大气波导结构的概率很大。一般表现为：当温度垂直逆增梯度（即逆温梯度）大于 8.5℃/100 m 或者湿降梯度大于 2.9 hPa/100 m 时就会出现大气波导。当然，若逆温梯度和湿降梯度不满足上述条件，二者联合影响也可能出现大气波导结构。形成逆温和湿降的大气过程通常有空气对流、下沉逆温、辐射冷却、水汽蒸发和锋面过程，也就是说当出现上述大气现象时形成大气波导的概率很大[26]。

大气波导的形成机理对应于特定的气象条件，上述统计规律从某种角度说明了大气波导对应的大气现象，但是不限于上述结果，只要大气运动使得式(2.88)或者式(2.89)成立即可形成大气波导结构。事实上，不同气象条件形成的大气波导结构出现的位置不同，为了方便讨论不同位置出现的大气波导结构对电磁波传播的影响以及传输效应对无线系统的影响，通常根据大气波导结构出现的位置特征对大气波导进行分类。

根据大气波导结构的位置特征，通常将大气波导分为表面波导（也称接地波导）、悬空波导（也称抬升波导）和蒸发波导三大类。图 2.30 是不同类型波导的大气修正折射指数的示意图。

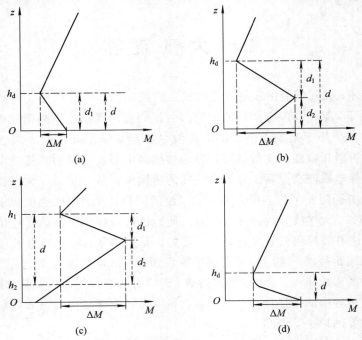

h_d—波导顶高度；h_1—陷获层顶高度；h_2—基础层底高度；
d—波导厚度；d_1—陷获层厚度；d_2—基础层厚度；ΔM—波导强度

图 2.30　大气波导分类示意图

（a）表面波导；（b）含基础层的表面波导；（c）悬空波导；（d）蒸发波导

表面波导是波导结构下边界与陆地表相连的大气波导，一般发生在 300 m 高度以下的边界层大气中，其通常以两种形式出现：一种是波导层由一个接地陷获层直接构成的表面波导，见图 2.30(a)；另一种是波导层由一个悬空陷获层叠加到一个修正折射率梯度较小的接地基础层之上而构成的表面波导，见图 2.30(b)。表面波导的一个显著特点是波导层顶的大气修正折射率小于地面的大气修正折射率。表面波导一般出现在大气较稳定的晴好天气里，此时低层大气往往有一个比较稳定的逆温层，并且湿度一般随高度递减。在海洋大气环境中常见的易于形成表面波导的天气条件主要有：在晴朗无风的天气背景下，海面夜间辐射降温形成一个近地层的辐射逆温层；干暖气团从陆地平移到湿冷的海面上空时，形成近地层大气温度下冷上暖、湿度下湿上干的状况；雨后造成近地层下层大气又冷又湿的情况。

悬空波导是下边界悬空的大气波导，一般发生在 3000 m 高度以下的对流层低层大气中，它通常是由一个悬空陷获层叠加到一个悬空基础层之上而构成的，见图 2.30(c)。悬空波导的一个显著特点是波导层顶的大气修正折射率大于地面的大气修正折射率。悬空波导的下边界高度一般距离地面数十米或数百米，在此高度之上一般出现一层逆温层结。在海洋大气环境中常见的易于形成悬空波导的天气条件主要有：受副热带高压影响，高层大气存在大范围的下沉运动使得干热气层覆盖于冷湿的海洋边界层低层大气之上，形成一层悬空的逆温层；在季风海域和海陆风环流盛行的海域，干暖空气由陆地平流至冷湿的海面近地层大气上方，由于低层湍流较强而在上层形成一个湿度随高度递减的逆温层；冬季海洋云盖大气边界层中，在低云云顶之上的混合层顶处经常会出现湿度随高度锐减的逆温层。

蒸发波导多在海洋大气环境中出现，在海面附近几乎时时都会出现蒸发波导，它是由于海面水汽蒸发使得在海面上很小高度范围内的大气湿度随高度锐减而形成的，见图 2.30(d)。蒸发波导实际也是表面波导，只不过其下底面为海面而已。蒸发波导一般发生在海洋大气环境 40 m 高度以下的近海面大气中，它由一个较薄的陷获层组成。蒸发波导高度随地理纬度、季节、一日内的时间等变化。通常在低纬度海域的夏季和白天，蒸发波导的高度较高。

2.4.2　大气波导的特征参数

大气波导的特征参数直接影响无线电波超视距传播链路的系统参数，因此研究大气波导的特征参数对于超视距传播有非常重要的作用。大气波导的特征参数包括波导顶高、波导强度、波导平均高度、波导厚度、陷获频率或者陷获波长和穿透角。

波导顶高是波导上界面离地面的高度；波导强度是波导层内大气折射指数或修正折射指数的取值范围；波导平均高度即波导高度在某一范围内高度的平均值；波导厚度是陷获层上下界面之间的距离。对于"贴地"波导，波导高度和波导厚度相等。

陷获频率或陷获波长是指能够被波导层陷获进行反复折射传播的极限频率或者极限波长。波导中水平极化和垂直极化的截止波长可近似表示为

$$\lambda_{H\max} = 2.5 \times 10^{-3} \left(-\frac{\mathrm{d}M}{\mathrm{d}h}\right)^{1/2} d^{3/2} \qquad (\mathrm{m}) \qquad (2.90)$$

$$\lambda_{V\max} = 7.5 \times 10^{-3} \left(-\frac{\mathrm{d}M}{\mathrm{d}h}\right)^{1/2} d^{3/2} \qquad (\mathrm{m}) \qquad (2.91)$$

式(2.90)和式(2.91)中：d 表示波导厚度；$\mathrm{d}M/\mathrm{d}h$ 表示波导层内的大气修正折射率沿

垂直方向的梯度。式(2.90)和式(2.91)给出的是受大气波导影响而形成波导传播的电磁波的最大波长,与其对应的频率为最低可陷获频率。波长小于该最大值范围或频率高于该最小值范围内的电磁波均受大气波导的影响。可以看出,大气波导厚度远大于电磁波波长时,才能捕获电磁波,从而形成波导传播。大气波导的厚度越厚,强度越强,可形成波导传播的电磁波波长范围的上限就越大。

穿透角是指能够在波导中实现超视距传播的最大发射仰角,可表示为

$$\theta_c = \sqrt{2 \times 10^{-6} \Delta M} \tag{2.92}$$

式中,ΔM 是波导强度。如果考虑波束宽度,则最大发射仰角可表示为

$$\theta = \theta_c + \frac{\phi}{2} \tag{2.93}$$

其中:θ_c 为临界仰角;ϕ 为发射天线垂直方向波束宽度。图 2.31 给出了临界仰角和波导强度的关系图。只有当发射仰角小于最大发射仰角时,电磁波才形成波导传播,由式(2.93)可知,大气波导的厚度愈厚,强度愈强,可形成波导传播的电磁波发射角度范围的上限就愈大。从图 2.31 中可以看出,临界仰角随蒸发波导强度 ΔM 的增大而逐渐增大,且临界仰角都很小,通常都小于 1°。

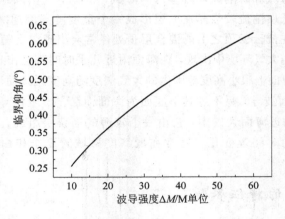

图 2.31　临界仰角和波导强度 ΔM 的关系

表 2.9 是利用 1990 年至 1992 年三年中我国相关探空站特性层的数据,通过计算所得到的我国部分地区低空大气波导的极限频率和穿透角。

表 2.9　我国部分地区低空大气波导的极限频率和穿透角[26]

参数 地区	极限频率/GHz					穿透角/(°)				
	最小值	最大值	平均值	标准差	众数	最小值	最大值	平均值	标准差	众数
哈密	0.008	2.162	0.232	0.021	0.141	0.026	0.755	0.252	0.010	0.252
大连	0.009	3.213	0.337	0.080	0.117	0.026	0.767	0.213	0.022	0.168
北京	0.003	0.959	0.201	0.055	0.073	0.051	0.724	0.291	0.042	0.219
郑州	0.005	0.460	0.137	0.016	0.110	0.026	0.789	0.229	0.027	0.164
青岛	0.007	0.947	0.094	0.017	0.067	0.051	0.726	0.262	0.018	0.253

参数 地区	极限频率/GHz					穿透角/(°)				
	最小值	最大值	平均值	标准差	众数	最小值	最大值	平均值	标准差	众数
上海	0.017	2.191	0.227	0.044	0.094	0.026	0.650	0.210	0.014	0.188
大陈岛	0.010	3.388	0.479	0.101	0.132	0.044	0.659	0.224	0.023	0.167
广州	0.007	0.595	0.156	0.026	0.101	0.063	0.750	0.268	0.033	0.206
台北	0.037	22.013	0.671	0.128	0.241	0.000	0.719	0.198	0.008	0.190
香港	0.016	26.598	0.538	0.167	0.145	0.000	0.719	0.198	0.008	0.190
海口	0.004	30.466	0.934	0.653	0.117	0.000	0.760	0.184	0.019	0.162
西沙	0.007	0.648	0.157	0.019	0.121	0.026	0.750	0.196	0.140	0.017

综上所述，边界层大气中的电磁波若要形成波导传播必须满足四个基本条件：一是近地层或边界层某一高度处必须存在大气波导，即存在 $dM/dh<0$ 的大气层结；二是电磁波的波长必须小于最大陷获波长 λ_{max}；三是电磁波发射源必须位于大气波导层内，对于抬升波导或者悬空波导，有时电磁波发射源位于波导底的下方时也会形成波导传播，但此时发射源必须距波导底不远并且波导必须非常强；四是电磁波的发射仰角必须小于某一临界仰角 θ_c。

2.4.3　大气波导时空分布统计规律

大气波导的出现与大气的湿度、温度、压强及环境风速等参数密切相关，这些参数均属于随时间和空间变化的时空场，所以波导及其参数的分布也是时空场，且只能符合一定的统计规律。本节重点介绍作者搜集积累的关于大气波导及其参数的时空分布统计规律。

波导顶高：波导顶高的平均值在 $140\sim2102$ m 之间。我国的情况大致如下：西北地区波导顶高在 800 m 以下，且 90％的顶高在 300 m 以内，中心区哈密的顶高在 300 m 以下的波导占 95％以上，800 m 以下的占 99％；其他地方波导顶高高于 2000 m 的不多，如库车的波导顶高在 300 m 以下的波导占 73％，在 2000 m 以上的波导仅占 10％。内陆地区的波导顶高差别较大，郑州地区波导顶高 90％在 $100\sim2000$ m 之间，武汉地区顶高在 $0\sim300$ m 之间的波导占 47％以上；沿海地区的波导顶高大部分在 $0\sim2000$m 之间，但从北到南有差别，渤海和黄海沿岸集中在 1500 m 以下的波导占 80％多，东海和南海在 1500 m 以上的波导也有较多的分布，一般占 35％以上，海岛上的情况不一致，因为它们所处的地理位置和气候环境差别较大。香港处于南海边缘紧靠大陆，波导的顶高 80％多在 1000 m 以上；西沙处于南海腹地，70％多的波导顶高在 $500\sim2000$ m 之间。台湾除地处台湾海峡的马公有一半多的波导顶高在 $300\sim1500$ m 外，其他地方 70％～80％以上的波导顶高在 1000 m 以上。

波导强度：波导强度平均在 $7\sim30$ M 单位之间，在 $0\sim20$ M 单位之间的占 60％～93％，除个别外都超过了 70％。表 2.10 列出了我国部分地区的波导强度统计结果。

表 2.10 我国部分地区波导强度(M 单位)百分概率统计结果[26]

地名	概率(%)									
	0	0~2	2~5	5~10	10~15	15~20	20~30	30~40	>40	平均
库车	3.7	31.5	22.2	13.0	3.7	5.6	3.7	7.4	9.3	12.0
库尔勒	0.0	20.0	23.3	28.3	6.7	8.3	1.7	3.3	8.3	12.4
喀什	0.0	26.5	23.5	26.5	8.8	2.9	5.9	0.0	5.9	9.3
若羌	0.0	21.6	27.0	24.3	13.5	0.0	5.4	0.0	8.1	9.1
和田	1.5	30.3	25.8	13.6	13.6	9.1	1.5	0.0	4.5	7.0
哈密	0.0	17.8	13.2	18.4	14.9	14.9	12.1	4.6	4.0	12.3
酒泉	1.5	23.1	26.2	18.5	10.8	7.7	6.2		6.2	9.1
银川	3.3	6.7	26.7	23.3	16.7	3.3	3.3	6.7	10.0	12.1
沈阳	2.9	17.1	28.6	28.6	2.9	2.9	0.0	2.9	14.3	13.1
大连	0.0	28.3	20.8	15.1	9.4	5.7	1.9	3.8	15.1	10.9
济南	0.0	32.0	20.0	16.0	4.0	8.0	4.0	0.0	16.0	11.4
青岛	0.0	16.1	10.7	23.2	21.4	12.5	7.1	3.6	5.4	13.1
郑州	0.0	27.5	31.4	15.7	3.9	0.0	7.8	2.0	11.8	13.4
武汉	0.0	19.6	21.7	28.3	10.9	8.7	0.0	2.2	8.7	10.3
射阳	1.0	23.5	22.4	22.4	14.3	2.0	7.1	0.0	7.1	10.8
南京	1.3	15.2	24.1	29.1	13.9	7.6	2.5	0.0	6.3	8.6
上海	0.0	25.9	21.3	19.4	11.1	11.1	4.6	3.7	3.7	8.7
福州	0.0	48.0	4.0	12.0	12.0	0.0	8.0	0.0	16.0	11.1
厦门	0.0	24.1	31.0	27.6	3.4	6.9	3.4	0.0	3.4	7.7
广州	0.0	18.8	18.8	21.9	12.5	3.1	12.5	0.0	12.5	16.1
汕头	0.0	33.3	13.3	23.3	10.0	0.0	0.0	6.7	13.3	12.3
北海	2.3	22.7	43.2	13.6	9.1	0.0	2.3	0.0	6.8	8.3
阳江	3.1	31.3	15.6	15.6	15.6	3.1	3.1	3.1	9.4	11.9
海口	2.1	29.8	19.1	21.3	12.8	6.4	0.0	2.1	6.4	7.7
三亚	0.0	18.4	20.4	28.6	14.3	6.1	4.1	4.1	4.1	11.0
西沙	0.0	20.9	31.3	16.4	14.9	4.5	3.0	0.0	9.0	8.6
香港	1.5	21.1	21.1	28.4	10.8	6.9	4.4	1.0	4.9	7.8
大陈岛	0.0	30.4	25.0	8.9	7.1	5.4	7.1	3.6	12.5	12.0
台北	0.4	22.4	25.2	20.9	12.2	7.1	6.7	2.4	2.8	8.2
马公	0.0	10.7	12.4	22.5	16.6	8.3	12.4	6.5	10.7	16.0
花莲	0.3	29.2	21.3	21.6	10.3	4.3	3.0		2.0	7.9
东港	2.0	16.3	10.2	6.1	8.2	10.2	12.2	6.1	28.6	26.9

　　我国海域广阔,海洋资源丰富,在经济和国防建设中占有举足轻重的位置,尤其是南海和东海海域有着重要的战略意义,该地区也是大气波导出现的高概率区。利用1982年

至 1999 年 18 年的海洋观测资料和 1986 年至 1999 年 14 年的船舶探空资料, 主要对东经 $100°\sim140°$、北纬 $0°\sim40°$ 海域的蒸发波导和海上低空大气波导进行了统计分析, 并给出了基本的统计结果。参照世界气象组织 WMO 将海域划分为 $5°\times5°$ 的马士顿方格的方法, 对该区域海域进行了划分, 区域划分如表 2.11 所示。表 2.11 中 "11005" 区代表东经 $110°\sim115°$、北纬 $5°\sim10°$ 之间的海域。各海区蒸发波导的出现概率、波导高度和波导强度 (取绝对值之后的值) 的统计结果见图 2.32~图 2.34。

表 2.11　经纬度划分表格

纬度/(°)	经度/(°)							
	100～105	105～110	110～115	115～120	120～125	125～130	130～135	135～140
0～5	10000	10500	11000	11500	12000	12500	13000	13500
5～10	10005	10505	11005	11505	12005	12505	13005	13505
10～15	10010	10510	11010	11510	12010	12510	13010	13510
15～20	10015	10515	11015	11515	12015	12515	13015	13515
20～25	10020	10520	11020	11520	12020	12520	13020	13520
25～30	10025	10525	11025	11525	12025	12525	13025	13525
30～35	10030	10530	11030	11530	12030	12530	13030	13530
35～40	10035	10535	11035	11535	12035	12535	13035	13535

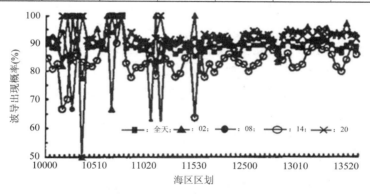

图 2.32　各海区不同时段蒸发波导的出现概率

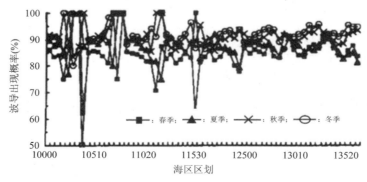

图 2.33　各海区不同季节蒸发波导的出现概率

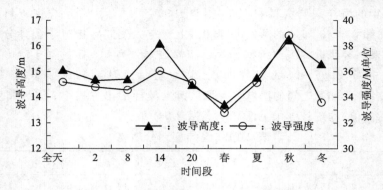

图 2.34　不同时段蒸发波导高度和强度变化

统计结果表明，上述海区蒸发波导出现的概率一般在 85％左右。图 2.32 表明北京时间 02 点、08 点和 20 点波导出现的概率较高，达到 90％左右；而 14 点波导出现的概率相对较低，约为 84％。图 2.33 表明蒸发波导的出现概率随季节也有变化，其中冬季和秋季出现的概率在 91％左右；夏季次之，约为 87％；春季相对较低，约为 85％。另外，从图2.32和图 2.33 中也可以看出部分海区波导出现的概率为 100％和小于 70％的情况，这是由于统计的样本数相对较少造成的。从图 2.34 可以看出，蒸发波导高度一般在 15 m 左右。在不同时段上的高度有所差异，北京时间 14 点高度较高，约为 16 m；20 点较低，约为 14 m。从图 2.34 中也可看出蒸发波导高度随季节的变化情况，在秋季时高度较高，约为 16 m；冬季次之，约为 15 m；春季相对较低，约为 13 m。各海区蒸发波导的强度一般在 35M 单位左右，不同时段蒸发波导强度的变化情况和高度变化情况极其相似。

波导平均高度：波导平均高度一般在 100～190 m 之间，且由内陆到沿海逐渐增大。西北地区 80％～90％的波导高度都是 0 m，东南沿海及其他地区贴地波导一般只占百分之十几，60％～80％都在 300 m 以上。

波导厚度：悬空波导厚度大多数在 100～300 m 之间，中值为 250 m；地面波导在 20～200 m 之间，中值为 100 m。

波导出现概率：我国东海和南海各海区海上蒸发波导出现概率一般为 85％左右。早上和晚上出现的概率高，通常为 85％～90％；中午出现的概率为 80％左右。月出现概率一般也在 85％左右，而且随季节变化不明显。海上蒸发波导特征量相对简单，下界面为海面，波导顶高一般在 50 m 以下，平均为 15 m 左右。虽然各海区蒸发波导的高度年平均值不同，但基本上都是随着纬度的增高而降低。

另外，ITU－ＲＰ、453－9[9]结合多年测量数据，给出了以 1.5°×1.5°马氏顿方格的全球表面波导的发生概率及对应的强度、厚度的数据库。图 2.35 所示为全球表面波导发生概率及其对应的强度和厚度分布图。图 2.36 所示为全球悬空波导发生概率、波导厚度、波导强度及波导上、下界面高度的分布图。

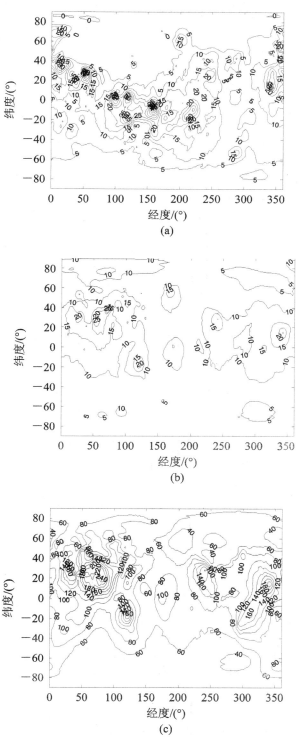

图 2.35　全球表面波导发生概率及其对应的强度和厚度分布图

（a）全球表面波导发生概率（%）分布图；（b）全球表面波导强度（M 单位）分布图；

（c）全球表面波导厚度（m）分布图

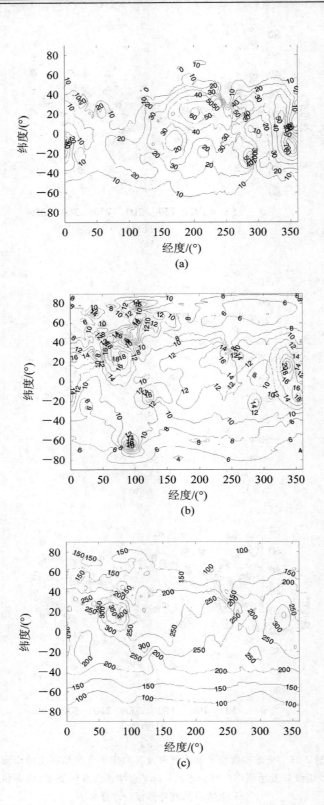

(a)

(b)

(c)

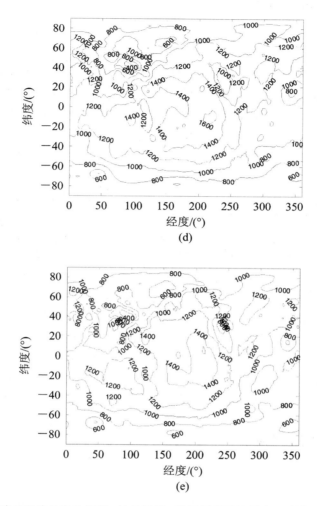

图 2.36　全球悬空波导发生概率、波导强度、波导厚度及波导上、下界面高度分布图
（a）全球悬空波导发生概率（%）分布图；（b）全球悬空波导强度（M 单位）分布图；
（c）全球悬空波导厚度（m）分布图；（d）全球悬空波导上界面高度（m）分布图；
（e）全球悬空波导下界面高度（m）分布图

　　值得注意的是，除本书中列出的上述时空分布统计规律外，国内外还有许多文献针对大气波导时空分布特性进行了研究，在此不再一一罗列。毫无疑问，大气波导时空分布统计规律，对于开发基于大气波导环境的无线电子技术极其重要。但是，基于大气波导的、实际军民用电子系统更需要大气波导的实时诊断和预报技术。例如，当海军需要利用蒸发波导超视距雷达侦查、探测特定海域时，除了需要知道该海域波导特征参数统计规律外，更需要诊断、预报得知即时蒸发波导环境参数，以便调整雷达系统参数而实现既定探测目标。

2.4.4 大气波导的诊断和预报

大气波导环境诊断和预报技术属于电波环境信息技术分支，它不是无线系统的具体部件，但是对于无线系统的设置和使用具有不可代替的重要性。严格意义上讲，大气波导的诊断和预报技术可以理解为对大气波导参数信息的采集、处理、分析、表述、发布和应用等一系列技术方法的综合。中国电波传播研究所研制的《电波环境信息实时查询系统（1.0版）》中尚不包含大气波导环境信息实时查询功能。目前，美国的 AREPS（Advanced Refractive Effects Prediction System）是比较先进的大气波导诊断和预报系统。1972—1989年期间，美国研制成功了 IREPS，1988 年以后将 IREPS 发展成为 EREPS，1998 年以后在 EREPS 的基础上研制成功了 AREPS。

目前，大气波导诊断和预报技术大致可以分为以下几类：直接或者间接测量大气折射指数或者修正折射指数，根据其梯度分布来诊断、预报是否存在大气波导；结合大气特定参数测量结果，基于波导预测理论，对大气波导进行诊断和预报；通过分析其他无线系统信号的变化，间接反演大气折射率剖面，对大气波导进行诊断和预报。

大气波导诊断、预报最直接的方法是，针对某特定高度范围大气，借助不同仪器设备直接测量大气折射指数，或者测量温度、湿度、压强参数，根据 2.2.1 节中的理论间接计算得出大气折射指数剖面分布，通过判断大气折射指数梯度是否满足式（2.88）和式（2.89）来诊断和预报是否存在大气波导，并且给出波导参数。该方法的优点是实时性好，缺点是对仪器设备、人力、物力等要求较高。2.4.3 节中阐述的时空分布统计规律就是根据长年累月测量积累的数据统计得出的结论。通常，研究者们直接用于折射率剖面测量的工具有风筝式系留气球（6～100 m）、无线电探空仪、折射率仪等。例如，我国的 59 型探空仪和 TS－3A－SP 型系留探空仪、芬兰的 RS80 探空仪、美国的 ADAS 系统以及商用微波折射率仪等仪器设备，均可直接或者改进其精度后用于大气波导诊断、预报技术。当然，科学工作者根据大气波导理论，提出仪器设备等硬件设施的精度要求，设置合理、有效的测试方案，才是该方法实景应用的重要环节。

实测大气参数或者直接测量大气折射指数诊断大气波导的方法直接、可靠且实时性好，但是对仪器设备精度、人力、物力等要求高。另一种大气波导诊断、预报方法是基于波导预测理论，根据理论分析结果对大气波导进行诊断、预报。大部分波导预测理论都是以莫宁-奥布霍夫（Monin-Obukhov）相似理论为基础建立的理论模型。典型的波导预测理论模型包括 Jeske 表层模型、P－J 模型、MGB 模型、Babin 模型、LKB 模型、COARE 模型、RSHMU 模型、ECMWF 模型等[27]。应用这些理论模型能否准确地诊断、预报大气波导，主要依赖于准确地确定波导预测理论中的特定参数，例如 Monin-Obukhov 相似理论中的 Karman 常数、莫宁长度、均值大气高度等。美国的 IREPS、EREPS 就是以 Jeske 表层模型建立的波导诊断、预报系统，1985 年 Paulus 通过实验观测对 Jeske 模型进行修正，形成了 P－J 模型并且发展为 AREPS。RSHMU 模型、ECMWF 模型也分别被用于乌克兰和欧洲的气象预报中心。

通过分析其他无线系统信号的变化，间接反演大气折射率剖面，对大气波导进行诊断和预报方法，是近年来出现的理论体系。这些方法的基本出发点是通过分析不同无线系统接收信号的特征，利用电波传播理论和优化算法反演大气折射率剖面，从而判断大气折射指数梯度是否满足式(2.88)和式(2.89)来诊断和预报是否存在大气波导，并且给出波导参数。例如：无线电掩星法利用行星际间电磁信号传播延迟的直接测量或电磁信号的多普勒频移，探测大气结构的垂直剖面；地基 GPS 反演技术利用射线传播模型并根据最小二乘拟合 GPS 相位延迟信号来估计折射率剖面；利用雷达海杂波进行大气波导信息反演是一种新的实时监测大气波导的技术，它可以通过岸基、舰载雷达海杂波提取有效信息，采用有效的反演模型和算法进行大气波导三维剖面的反演。这些方法只是在科技论文中进行过描述，尚未形成经得起工程验证的大气波导实用诊断、预报系统。这些方法的有效性、实用性及工程可行性尚需无线电科学工作者探索。

关于上述诊断及预报技术的详细理论，读者可自行查阅相关文献。本书的作者针对蒸发波导诊断及预报技术也进行了尝试，旨在探索更接近工程实用的波导诊断及预报技术，即利用蒸发波导超视距雷达侦查、探测特定海域时，需要即时诊断、预报得知当时蒸发波导环境参数，以便调整雷达系统参数而实现既定探测目标。具体步骤如下：

第一步：根据 ITU 等权威数据库，分析特定海域蒸发波导厚度(也是高度)的统计值。

第二步：假设特定海域蒸发波导厚度为 h_0，则分别调整测试天线(专门用于诊断、预报蒸发波导天线)高度至 h_1 和 h_2 处，$h_1 < h_0$、$h_2 < h_0$ 且 $h_1 - h_2$ 尽可能大。

第三步：分别在 h_1 和 h_2 处调整天线主轴仰角为 $90°$，此时从频谱仪或者矢量网络分析仪上应该观察不到回波，或者回波很微弱。调整仪器门限值，使得观察不到回波信号。

第四步：逐渐降低天线主轴仰角，如果该海域存在蒸发波导，则会在仰角为 θ_{01} 和 θ_{02} 的位置，突然出现强回波。如果改变 h_1 和 h_2 的取值，均不能在特定 θ_{01} 和 θ_{02} 的位置收到强回波，则说明此时环境不具备超视距探测的蒸发波导环境。

第五步：假如上述 θ_{01} 和 θ_{02} 存在，则 h_1 和 h_2 之间的修正折射指数 M 的梯度为

$$\frac{\mathrm{d}M}{\mathrm{d}h} = \frac{M_1 - M_2}{h_1 - h_2} = \frac{(\theta_{01} - \theta_0/2)^2 - (\theta_{02} - \theta_0/2)^2}{2 \times 10^{-6}} \tag{2.94}$$

其中，θ_0 表示天线的波束宽度角。如果式(2.94)的结果小于 0，则进一步说明蒸发波导环境存在。

第六步：如果上述过程确定蒸发波导环境存在，则需要进一步确定波导高度、波导强度特征参数。测量 h_1 和 h_2 处的温度、压强和水汽压或者湿度，根据式(2.28)计算对应大气折射指数 N_{h_1} 和 N_{h_2}，并且根据 2.2.1 节中的理论，求出 h_1 和 h_2 处的修正折射指数 M_{h_1} 和 M_{h_2}。由此，蒸发波导上界面 d 处修正折射指数可以表示为

$$M_d = M_{h_1} - \frac{(\theta_{01} - \theta_0/2)^2}{2 \times 10^{-6}} = M_{h_2} - \frac{(\theta_{02} - \theta_0)^2}{2 \times 10^{-6}} \tag{2.95}$$

波导高度 d 可以表示为

$$d = (M_{h_1} - M_d) \left| \frac{\mathrm{d}M}{\mathrm{d}h} \right| + h_1 = (M_{h_2} - M_d) \left| \frac{\mathrm{d}M}{\mathrm{d}h} \right| + h_2 \tag{2.96}$$

波导强度 ΔM 可以表示为

$$\Delta M = \left| \frac{\mathrm{d}M}{\mathrm{d}h} \right| d \tag{2.97}$$

第七步：为了进一步验证上述诊断结果，可以测量气海界面处大气参数，由式(2.28)计算折射指数 N_{sea} 并且将其转换为修正折射指数 M_{sea}。如果下式近似成立，则可以确认上述诊断结果。

$$M_{sea} = M_d + \left| \frac{\mathrm{d}M}{\mathrm{d}h} \right| d \tag{2.98}$$

如果有读者具备实际工程条件，可以尝试进行实际场景下的诊断和判断，希望读者可以联系我们共同探索所遇到的不可逾越的问题。另外，蒸发波导诊断、预报中遇到的更接近实际的工程问题，是如何确定完整超视距传播路径上的波导特征参数。

2.5 对流层人工变态简介

电波传播是所有无线电子系统的重要组成部分。电波传播不可避免地涉及各种物理特性和时空结构的环境媒质信道。环境媒质对携带信息的无线电信号的传递有两方面的效应：一方面作为实现所需传播方式的"凭借"效应，例如，对于对流层散射传播、对流层大气波导或蒸发波导传播等超视距无线系统，环境媒质成为保证无线电信号超视距、远距离传递的物理机制；另一方面则是对无线电信号传播的"限制"效应和对信息的"污染"作用，例如，大气衰减、闪烁衰落等会导致卫星信号传输中断，大气折射会导致导航和雷达出现定位误差，大气噪声会对遥感信息产生"污染"作用等。

电波传播的研究目的就是在充分掌握或者控制环境媒质物理、电磁特性的基础上，研究环境媒质信道对电波传播的"凭借"与"限制"两种效应，并从两个方面加以利用：一方面取其所长而避其所短，并对电波传播过程中的传播效应进行预测、修正、克服和利用，使系统工作性能与空间信道特性达到良好匹配；另一方面则是在无线系统对抗中，使对方无法对电波传播过程中的传播效应进行预测、修正、克服和利用，破坏对方系统工作性能与空间信道特性的匹配。

随着对空间环境物理特性、电磁特性观测、分析技术和空间环境中电波传播研究的不断深入，人类对自然环境物理特性、电磁特性以及各种环境中的电磁波传播、散射问题的研究，已经逐渐趋于成熟。在不影响、不破坏自然环境的前提下，人工电波环境技术即将成为未来无线信息传输、获取和信息对抗等高科技无线系统引人注目且具有特别重要应用前景的前沿领域。

对流层人工变态效应及其对电波传播的定向影响，就是在一定条件下改变和控制对流层环境的物理、电磁特性，进而改变和控制环境媒质信道对电波传播的"凭借"和"限制"效应，使得环境媒质信道对系统的影响朝预想的方向发展。

2.5.1 对流层人工变态技术现状

近年来人工电波环境技术已经涉及海洋环境、气象、大气层、电离层、太阳辐射和地磁等。例如：人工海啸风暴、人工巨浪和人工海雾属于人工海洋环境；气象伪装、气象清障、气象侵袭、气象干扰属于人工气象环境；人工云雾、人工闪电、人工电磁脉冲、人工降雨、人工造旱等属于人工大气；电离层加热、人造极光、人工臭氧层空洞等属于人工电离层环境；阳光聚焦和人工阳光板属于人工太阳辐射环境等[26]。

上述人工云雾、人工闪电、人工电磁脉冲、人工降雨、人工造旱等都属于人工对流层环境，其中人工云雾、人工降雨对毫米波系统已经可以造成明显的影响，人工闪电、人工电磁脉冲严重破坏电子系统[26]。无线电声波探测系统（RASS）也是人工对流层环境的一种应用，RASS 将无线电波与声波相结合，通过声波与媒质或者目标的相互作用，使媒质或者目标的物理、电磁特性发生变化，进而影响无线电波的传播、散射特性。RASS 主要应用于大气环境物理特性参数反演、材料应力精细结构分析和目标探测[28]。

　　我国"十一五"期间的"863 计划"，针对声波干扰对流层增强对流层散射通信能力的问题，进行过立项论证[30]。中国电科 22 所和本书作者联合开展了这方面的论证工作，主要探索声波扰动对流层大气折射指数从而增强对流层散射通信能力的机理及其可行性。从理论角度分析了利用声波干涉的原理，在指定区域产生稳定、持续大气折射指数"人工不均匀体"的机理及其可行性；从理论角度论证了利用这些"人工不均匀体"有效降低对流层散射通信系统散射损耗的可行性。主要研究成果与文献[29]～[34]相对应。

　　虽然"十一五"期间的论证报告得到了专家评委的一致肯定、认可，但是当时为了全力支持电离层人工变态及其应用的发展，立项论证工作结束后并没有被批准立项。因此，声波扰动对流层大气折射指数增强对流层散射通信能力的研究从此被搁置，并没有进一步系统、深入地对"人工不均匀体"的物理特性和电磁特性进行理论建模和实验验证，也没有进一步验证通过"人工不均匀体"提高对流层散射通信能力的实际可行性相关报道。

　　一方面，人工电波环境技术已经引起国际学术、技术领域的重视，但是绝大多数研究还处于论证、研发、实验验证期，离实用还有很大距离；另一方面，人工气象技术已相对成熟，但是以定向影响电波传播特性为直接目的的对流层人工变态技术还处于起步阶段，甚至尚未引起国际学术领域和科技主管部门的广泛重视。尽管如此，对流层人工变态及其对电波传播定向影响技术具有理论机理，仍然具有潜在的实用价值。本书作者基于"十一五"期间的探索结果，坚持对这一方向进行了研究，下面介绍相关探索结果，供读者参考。

2.5.2　相干声波扰动对流层及其应用机理

　　声波在大气中的传播理论表明，声波作用于对流层大气时，可以使对流层局部的大气的密度、压强、质元运动速度等参数发生变化，大气的密度和压强与大气折射指数有密切的关系，所以声波作用于对流层时可以引起局部出现大气折射指数人工不均匀体。也就是说，类似于如图 2.37 所示的水面点源机械波某一时刻的波形，单列球面声波在均匀大气中传播时，过声源的某一球面上的声压也会按照 2.2.1 节中的折射指数的理论呈现出如图 2.38 所示的波形图样。那么，某一时刻大气折射指数起伏 ΔN 也会呈现出类似于图 2.38 所示的空间分布。

　　图 2.37　水面点源机械波振幅分布

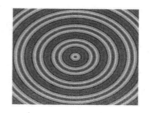
图 2.38　单列声波扰动时声压或者
折射率起伏空间分布示意图

　　文献[35]早在 20 世纪 50 年代就对上述理论机理进行了分析、论证。基于这种机理，第一台测试大气温度剖面的 RASS 系统在斯坦福大学诞生[36]，后来这种技术成功应用于探测对流层低层大气的温度、风廓线和湍流[37-40]，到 20 世纪末 RASS 技术推广至更加广泛的应用领域。基于声波扰动效应引起媒质特性发生变化，进而影响电磁波传播、散射特性变化的应用，也推广至更加广泛的领域。例如：通过声波的扰动效应，利用无线电探测技术，可更加有效地探测埋藏在地下的地雷、矿物等目标，或更加有效地探测肿瘤，研究材料应力特性的精细结构等[41]。

上述技术是成功应用单列声波扰动效应的案例，证明了声波扰动效应改变物质物理特性进而影响电磁特性的工程可行性。进一步，如果相干声波相遇，根据声波叠加原理，在声波相遇区域会发生干涉现象，干涉区域可以形成稳定的干涉"条纹"，这些"条纹"分布通过特定的理论模型与物理特性和电磁特性的分布相对应。也就是说，类似于图 2.39 所示的水面机械波干涉振幅分布，如果相干声波相遇，则干涉声压也会呈现出如图 2.40 所示的稳定分布状态。所以，如果合理设置声波源的几何结构、声波频率及声波功率等参数，利用干涉现象就可以控制干涉区域物理特性和电磁特性分布的尺度、形状、分布等参数。

图 2.39　水面机械波干涉振幅分布

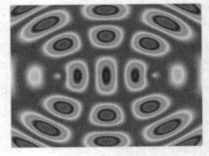

图 2.40　两列相干声波相遇时声压或者
折射率起伏空间分布示意图

如果在对流层大气中发生声波干涉现象，则干涉条纹的分布对应的是大气折射指数起伏变化的分布结构。大气折射指数起伏分布称为大气折射指数"人工不均匀体"。当电磁波通过这些"人工不均匀体"区域时，这些"人工不均匀体"与电磁波的相互作用过程，类似于电磁波与大气湍流运动形成的局部折射指数不均匀体的作用过程。

大气湍流所致的大气折射指数不均匀体与电磁波相互作用，引起接收信号的幅度和相位出现闪烁现象，严重影响、制约着射电、天文、雷达、通信等无线系统性能；同时，它们与电磁波相互作用又促成了对流层散射超视距传输模式的相关技术，例如对流层散射超视距通信、目标探测、侦查等。但是，大气湍流运动是受自然条件控制的随机过程，大气湍流运动规律是尚未解决的难题，至今人们对于湍流运动引起的大气折射指数不均匀体特性尚未定论。因此，大气湍流对电磁波定向影响应用一直处于休眠状态。

如前所述，如果合理设置声波源的几何结构、声波频率及声波功率等参数，利用干涉现象就可以控制干涉区域大气折射指数"人工不均匀体"的尺度、形状、分布等参数，因此可以控制"人工不均匀体"对电磁波的散射效应，使得这些散射效应对无线系统的影响朝预想方向发展。从理论角度分析，相干声波扰动对流层技术可以在以下几个方面取得革命性进展：散射超视距传输模式的"凭借"条件可以人为控制，散射超视距传输模式的性能和参数不再完全依赖"上帝"；模拟大气闪烁信号过程，研究对抗大气闪烁的算法和设备；可以在特定区域产生特定电磁特性和空间分布的"人工不均匀体"，为电子对抗提供新手段和技术等。

2.5.3　相干声波扰动大气折射指数理论

声波运动满足三个基本定律：牛顿第二定律，质量守恒定律，描述压强、温度、体积等状态参数的物态方程。本书从声压波动方程入手讨论声波对对流层折射指数的影响。三维声压波动方程表示为

$$\nabla^2 p = \frac{1}{c_0}\frac{\partial^2 p}{\partial t^2} \tag{2.99}$$

式中：p 为声压；c_0 为声波在空气中的传播速度。p 和 c_0 可以表示为

$$p = \Delta P = P - P_0 \tag{2.100}$$

$$c_0 = 331.6 + 0.6 t_{\text{℃}} \tag{2.101}$$

式（2.100）中：P 为声波作用时空间某点处的大气压强；P_0 为无声波作用时该点的大气压强。式（2.101）中，$t_{\text{℃}}$ 是以℃为单位的大气温度。

式（2.99）中的平面波、柱面波及球面波的解分别为

$$p = p_{\text{A}} \mathrm{e}^{\mathrm{j}(\omega t - kr)} \tag{2.102}$$

$$p = \frac{p_{\text{A}}}{\sqrt{r}} \mathrm{e}^{\mathrm{j}(\omega t - kr)} \tag{2.103}$$

$$p = \frac{p_{\text{A}}}{r} \mathrm{e}^{\mathrm{j}(\omega t - kr)} \tag{2.104}$$

式（2.102）～式（2.104）表示声波沿 r 正方向传播过程中各点处声压的瞬时值，其中 p_{A} 为声源处的声压，ω 为声波角频率，k 为声波波数。

在平面波源、柱面波源以及球面波源情况下的 p_{A} 分别为

$$p_{\text{A}} = \begin{cases} \sqrt{\dfrac{2W\rho_0 c_0}{S}} & \text{（平面波源）} \\[2mm] \sqrt{\dfrac{2W\rho_0 c_0}{2\pi r_0 l_0}} & \text{（柱面波源）} \\[2mm] \sqrt{\dfrac{2W\rho_0 c_0}{4\pi r_0^2}} & \text{（球面波源）} \end{cases} \tag{2.105}$$

式中：W 为波源功率；S 为平面波源的面积；r_0 为球面波源和柱面波源的半径；l_0 为柱面波源的长度；ρ_0 为空气的密度。

根据 2.2.1 节中的折射指数的理论，常折射指数起伏量 ΔN 与温度、水汽压及压强起伏 ΔT、Δe 及 ΔP 的关系为

$$\Delta N = -[77.6PT^{-2} + 746512eT^{-3}]\Delta T + (373265eT^{-2})\Delta e + (77.6T^{-1})\Delta P \tag{2.106}$$

声波扰动作用下，大气局部温度起伏 ΔT 可以忽略，Δe 及 ΔP 满足 $\Delta e/e = \Delta P/P$。因此，声波扰动下，ΔN 的瞬时值 $\Delta N_{\text{C\_I}}$ 和有效值 $\Delta N_{\text{C\_E}}$ 分别为

$$\Delta N_{\text{C\_I}} = (77.6T^{-1} + 373265e^2 T^{-2} P^{-1}) \cdot 10^{-2} \cdot p \tag{2.107}$$

$$\Delta N_{\text{C\_E}} = 0.707 \cdot (77.6T^{-1} + 373265e^2 T^{-2} P^{-1}) \cdot 10^{-2} \cdot |p| \tag{2.108}$$

相对介电常数起伏有效值 $\Delta \varepsilon_{\text{C\_E}}$ 与 $\Delta N_{\text{C\_E}}$ 的关系表示为

$$\Delta \varepsilon_{\text{C\_E}} = 2 \times 10^{-6} \Delta N_{\text{C\_E}} \tag{2.109}$$

如果声波在局部空间发生干涉，那么声压在干涉区域将出现有规律的空间分布，即出

现压强起伏最大和压强起伏最小的稳定分布，所以在干涉区域出现了人为可以控制的折射指数"不均匀体阵列"。这些"不均匀体阵列"的形状、尺寸和分布可以通过声波的频率和声源的结构参数来控制。干涉区域空间位置 r 处声压分布可以表示为

$$p(r) = p_0(r) \mid S \mid \tag{2.110}$$

其中：$p_0(r)$ 表示干涉波源单个声源在 r 处的声压；S 表示相干声源阵列因子。

假设声源采用图 2.41 所示的均匀平面点阵干涉波源和图 2.42 所示的均匀线阵干涉波源，则空间声压分布规律为[42-43]

$$p = \begin{cases} \dfrac{p_A}{r} e^{-al} e^{j(\omega t - kr)} \mid S(\theta, \phi) \mid & \text{（点源平面阵）} \\[4mm] \dfrac{p_A}{\sqrt{r}} e^{-al} e^{j(\omega t - kr)} \mid S(\theta) \mid & \text{（线源平面线阵）} \end{cases} \tag{2.111}$$

式中：α 是声波衰减系数；$S(\theta, \phi)$ 是阵列干涉因子，图 2.41 和图 2.42 所示的阵列因子分别为

$$S(\theta, \phi) = \frac{\sin\left(N_x \dfrac{\pi b_x \sin\theta\cos\phi}{\lambda} + \dfrac{\beta_x}{2}\right)}{\sin\left(\dfrac{\pi b_x \sin\theta\cos\phi}{\lambda} + \dfrac{\beta_x}{2}\right)} \cdot \frac{\sin\left(N_y \dfrac{\pi b_y \sin\theta\sin\phi}{\lambda} + \dfrac{\beta_y}{2}\right)}{\sin\left(\dfrac{\pi b_y \sin\theta\sin\phi}{\lambda} + \dfrac{\beta_y}{2}\right)} \quad \text{（点源）} \tag{2.112}$$

$$S(\theta) = \frac{\sin\left(N \dfrac{b\sin\theta}{\lambda} + \beta\right)}{\sin\left(\dfrac{b\sin\theta}{\lambda} + \beta\right)} \quad \text{（线源）} \tag{2.113}$$

式（2.112）和式（2.113）中：N_x、N_y 和 b_x、b_y 是 x、y 方向的阵元数和阵元间距；N 和 b 是平行于 x 或者 y 方向、沿 y 或者 x 放置的线源个数及线源间距；λ 是声波波长；β_x 和 β_y 是沿 x 和 y 方向相邻点源之间的初始振动相位差；β 是相邻线源之间的初始振动相位差。

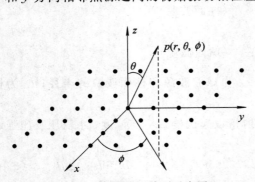

图 2.41　点源平面阵列示意图

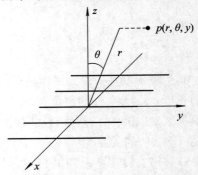

图 2.42　平行于 y 轴沿 x 方向放置的平面线源阵列示意图

对于图 2.41 所示的阵列结构，不均匀体线度可以通过式（2.114）定性分析得到。

$$\begin{cases} l_\theta = r_c \Delta\theta \text{ 或者 } l_\theta = r_c \dfrac{\Delta\theta}{2} \\[4mm] l_\phi = r_c \tan\theta \Delta\phi \text{ 或者 } l_\phi = r_c \tan\theta \dfrac{\Delta\phi}{2} \end{cases} \tag{2.114}$$

式中，$\Delta\theta$ 和 $\Delta\phi$ 分别为干涉相消点之间的角距离，r_c 由干扰区域中心到阵列声源中心的距离近似代替。$\Delta\theta$ 和 $\Delta\phi$ 可以通过求解式（2.115）和式（2.116）得到。

$$\frac{\partial\, \dfrac{\sin(N_x\pi b_x\lambda^{-1}\sin\theta\cos\phi+\beta_x)}{\sin(\pi b_x\lambda^{-1}\sin\theta\cos\phi+\beta_x)}\cdot\dfrac{\sin(N_y\pi b_y\lambda^{-1}\sin\theta\sin\phi+\beta_y)}{\sin(\pi b_y\lambda^{-1}\sin\theta\sin\phi+\beta_y)}}{\partial\theta}=0 \tag{2.115}$$

$$\frac{\partial\, \dfrac{\sin(N_x\pi b_x\lambda^{-1}\sin\theta\cos\phi+\beta_x)}{\sin(\pi b_x\lambda^{-1}\sin\theta\cos\phi+\beta_x)}\cdot\dfrac{\sin(N_y\pi b_y\lambda^{-1}\sin\theta\sin\phi+\beta_y)}{\sin(\pi b_y\lambda^{-1}\sin\theta\sin\phi+\beta_y)}}{\partial\phi}=0 \tag{2.116}$$

对于图 2.42 所示的声源结构，不均匀体的长度应该与线源长度一致，而宽度应该是相邻两个干涉相消位置之间的距离，所以不均匀体宽度可以由式（2.117）近似确定。

$$l_\theta=r_c\Delta\theta \quad \text{或者} \quad l_\theta=r_c\frac{\Delta\theta}{2} \tag{2.117}$$

式中，$\Delta\theta$ 为干涉相消点之间的角距离，r_c 由干扰区域中心到阵列声源中心的距离代替，其中 $\Delta\theta$ 通过求解式（2.118）得到。

$$\frac{\mathrm{d}\,\dfrac{\sin(N\pi b\lambda^{-1}\sin\theta+\beta)}{\sin(\pi b\lambda^{-1}\sin\theta+\beta)}}{\mathrm{d}\theta}=0 \tag{2.118}$$

以均匀排列点源阵列，且 $\beta_x=\beta_y=0$ 为例，图 2.43 给出了不同阵元间距条件下的阵列因子。根据图 2.43 所示结果可知，通过控制阵列声源的结构参数、声波频率和阵列单元之间的相对相位差，即可在特定空间产生一定分布的大气折射指数"人工不均匀体阵列"，它们对电磁波产生的散射效应可以产生特定的信道影响效应。

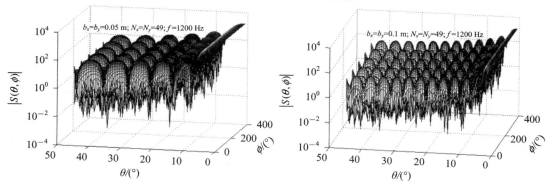

图 2.43　不同阵元间距条件下点源阵列因子算例

如果阵列波源是非均匀排列，且相邻波源之间的相位差不同，则阵列干涉因子与式（2.112）和式（2.113）不同，详细结果见文献[44]。式（2.114）和式（2.117）表示不均匀体尺度的表达式也略有差异，但是仍然可以用相邻干涉相消位置的角距离和 r_c 表示。

2.5.4　定性验证人工不均匀体的可行性

2.5.3 节分析了基于干涉机制，在对流层指定区域产生稳定、持久、具有特定空间分布结构的大气折射指数"人工不均匀体阵列"的理论机理，建立了相应的理论模型。

为了定性验证声波干涉形成"人工不均匀体阵列"的可行性，以及它们对电磁波的散射效应影响无线信道的可行性，根据分波阵面法获得相干波源的原理，设置了如图 2.44 所示的声源激励系统，其参数如表 2.12 所示。图 2.44 示意图中的内腔前面板和外腔前面板之间隔离腔的内壁也粘附有泡沫材料。所有的泡沫材料减弱了声波在隔离腔内部的反射，减弱了直接从喇叭发出的声波传播至干涉观测区域的声强。

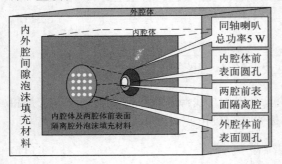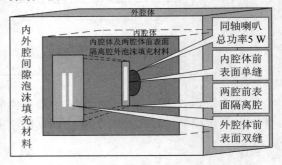

图 2.44　分波阵面法声波激励系统结构示意图

表 2.12　分波阵面法声波激励系统参数

声源喇叭参数				
参数	总功率		直径	
取值	5 W		0.1 m	

双缝结构参数				
参数	内腔单缝		外腔双缝		
	宽	长	宽	长	间距
取值	3 mm	0.1 m	3 mm	0.1 m	0.1 m

点阵结构参数			
参数	内腔孔直径	外腔孔参数		
		直径	间距	孔数
取值	5 mm	2 mm	30 mm	7×7
内外腔前表面间距	1.2 m		

图 2.44 所示的声波激励系统的声波波源功率较低，且因为采用了分波阵面法获得相干波源，干涉区域的有效声压很小，所以声波扰动形成的大气折射指数起伏效应较弱。如果声波源开启后，通过"人工不均匀体"对电磁波的散射引起接收天线接收信号的改变，相对声波源开启前的接收信号太弱，那么实验中将观察不到它们对电磁波的散射效应形成的信道影响。为了定性验证上述声波激励系统形成大气折射指数"人工不均匀体"的可行性，以及它们对电磁波的散射效应影响信道的可行性，在实验中构造了如图 2.45 所示的无线电收发链路，收发天线参数如表 2.13 所示。将实验系统放置于室外开阔地，图 2.45 中的链路结构使得声源关闭状态时，接收到周围环境散射回波信号很弱，便于观察到声源开启后"人工不均匀体"散射信号的扰动作用。

表 2.13　传播链路中收发天线参数

天线类型	频率范围	极化方式	增益	喇叭口尺寸	E 面波束宽度	H 面波束宽度
矩形喇叭	8.2～12.5 GHz	线极化	12 dB(典型值)	48mm×39mm×96.7mm	37°(典型值)	43°(典型值)

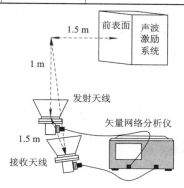

图 2.45　验证"人工不均匀体"信道效应的收发链路示意图

上述声波系统的同轴喇叭与笔记本电脑相连,产生不同频率和幅度的声音信号。图 2.45 所示的短距离收发链路的发射天线和接收天线,分别与矢量网络分析仪的 Port-1 和 Port-2 连接。测试场地为学校篮球场,为了保证接收天线只接收到来自静止不动的篮球架及隔离网等物体的反射、散射信号,测试时间选为凌晨 1:00 进行。通过观察声波激励系统开启前后 S_{21} 的幅度变化,定性反映"人工不均匀体阵列"的存在,以及它们的散射效应对无线信道产生的影响。实验中,矢量网络分析仪参数设定值如表 2.14 所示。

表 2.14　测量中矢量网络分析仪的参数

扫描开始频率	扫描结束频率	输出功率	平均功能	平均因子	平滑功能	平滑参数	中频带宽	参考值	参考位置	刻度	数据格式
8.2 GHz	12.5 GHz	−5 dBm	开启	100	开启	3点；5%	20 Hz	−81.98 dB	0 刻度线	2 dB/格	对数幅度

图 2.46 是声波激励系统的同轴喇叭所辐射声波信号的波形图。图 2.47 和图 2.48 是对应图 2.46 所示波形的幅度谱和相位谱。图 2.49～图 2.52 是双缝声波源激励情况下,电磁波频率为 8.8 GHz、9.5 GHz、10.5 GHz 和 12 GHz 时的数据分析结果。

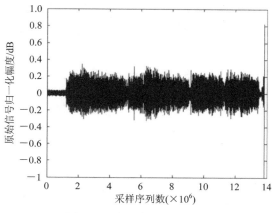

图 2.46　实验中声波波形图

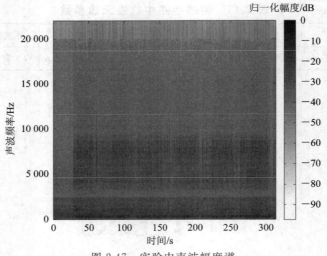

图 2.47　实验中声波幅度谱

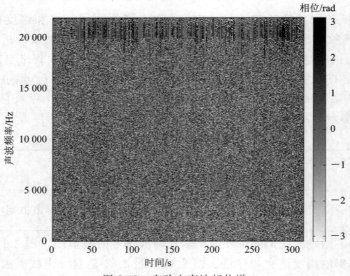

图 2.48　实验中声波相位谱

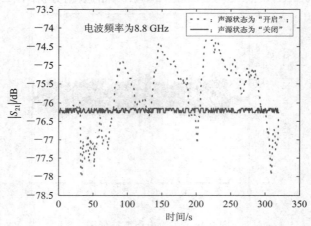

图 2.49　双缝声波源激励 8.8 GHz 信号测试结果

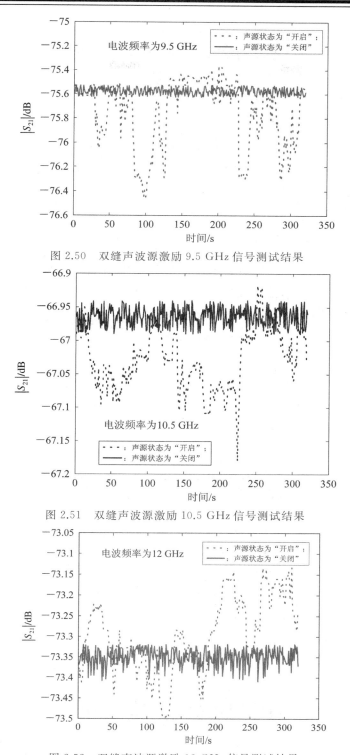

图 2.50　双缝声波源激励 9.5 GHz 信号测试结果

图 2.51　双缝声波源激励 10.5 GHz 信号测试结果

图 2.52　双缝声波源激励 12 GHz 信号测试结果

图 2.53～图 2.56 是 7×7 点阵声波源激励情况下，电磁波频率为 8.8 GHz、9.5 GHz、10.5 GHz 和 12 GHz 时的数据分析结果。

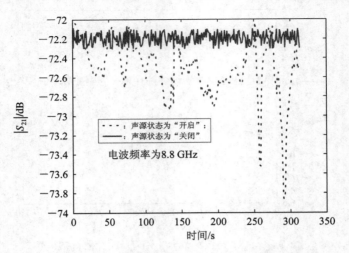

图 2.53　点阵列声波源激励 8.8 GHz 信号测试结果

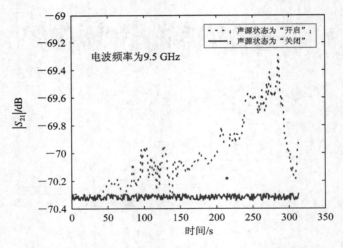

图 2.54　点阵列声波源激励 9.5 GHz 信号测试结果

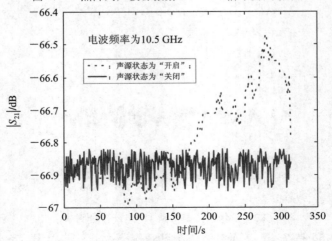

图 2.55　点阵列声波源激励 10.5 GHz 信号测试结果

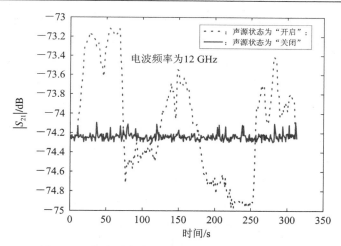

图 2.56　点阵列声波源激励 12 GHz 信号测试结果

图 2.49～图 2.56 的测试结果表明声波激励可以导致接收信号出现增强，也可以导致接收信号出现深衰落，这些测量结果充分证明了基于干涉机制的声波扰动可以产生大气折射指数"人工不均匀体"，它们的散射效应可以对无线信道形成有效影响。图 2.49～图 2.56 的测试结果也表明，电磁波频率、波源结构和声波的频谱特性共同制约着"人工不均匀体"的散射特性以及对无线信道的影响。如果进一步精确计算"人工不均匀体阵列"的散射特性，针对特定的电波频率，精确设置声源结构和声波的频率、幅度、相位参数，那么可以充分发挥这些"人工不均匀体阵列"的散射效应对信道的影响，充分发挥信道的"凭借"和"限制"效应，在不同的领域加以应用。

思考和训练 2

1. 测量温度、湿度、压强的仪器有哪些？各自精度如何？

2. 计算大气压强时，为何计算从某高度起到大气上界为止、横切面积为 1 cm^2 的空气柱所受的重力对 1 cm^2 的截面在垂直于该截面方向施加的压强，而不直接计算横切面为 1 m^2 的空气柱所受重力对 1 m^2 的截面在垂直于该截面方向施加的压强？

3. 能否利用式(2.9)获得某特定地区大气压强剖面比较可靠的数据？尝试设置研究方案，并且尝试分析所获得数据的误差原因及误差量级。

4. 如式(2.21)所示的绝对湿度随高度的分布模型提到了绝对湿度标高的概念，事实上北半球中纬度地区的大气压强也可以表示为指数模型 $P(h) = 1013.25\exp(-h/H_p)$，其中 H_P 表示压强标高，请思考标高的概念如何理解，在实际建模中如何确定标高的取值。

5. 查阅更多文献中关于大气温度、压强、湿度时空分布模型，了解不同模型的建模过程，尝试给出在特定地区建立大气温度、压强、湿度时空分布模型的研究方案。

6. 本书中将复相对介电常数表示为 $\varepsilon_r = \varepsilon_{r\_Re} + j\varepsilon_{r\_Im}$，其实有时也表示为 $\varepsilon_r = \varepsilon_{r\_Re} - j\varepsilon_{r\_Im}$，请思考二者有何区别，两种表示方法分别在何时使用。

7. 雷诺数 Re 是目前判断是否发生湍流的理论参数，但是 Re 的取值与湍动过程并没有形成一一对应的关系，换句话说 Re 尚不是判断湍流是否发生的完整理论模型。本书作者认为雷诺数 Re 理论模型中尚未考虑物理特性参数之间的不均匀性，如果在现有模型基础上考虑参数空间分布梯度，或许能解决 Re 与湍动的非一一对应关系。请读者思考应该考虑哪些参数不均匀性，如何将这些参数加入 Re 的数学模型中。

8. 根据 $n = \sqrt{\varepsilon_r}$ 的关系，将布克、诺顿以及维拉尔斯-韦斯科普夫、柯尔莫哥罗夫-奥布霍夫给出的关于 $\Delta \varepsilon_r(r, t)$ 的相关函数和结构函数转化为 $\Delta n(r, t)$ 的相关函数和结构函数。

9. 请思考如何通过实验的方法获得湍流大气的介电常数或者折射率起伏的相关函数、结构函数以及它的空间谱。

10. 请根据空间 $\Phi(K) \approx \dfrac{A_{\Delta \varepsilon_r} r_0^3}{\pi^2 r_0} \dfrac{1}{K^4}$ 模拟出湍流结构某时刻的介电常数场。

11. 2.4 节中提到：由式(2.93)可知，大气波导的厚度愈厚，强度愈强，可形成波导传播的电磁波发射角度范围的上限就愈大。请思考为何厚度也能影响发射临界角呢？

12. 请设置一种实验方案，在特定地区获得某特定时段的大气折射率剖面。

13. 能否设置一种模拟大气波导环境的实验方案。

★本章参考文献

[1] 宋铮，张建华，黄冶. 天线与电波传播[M]. 2 版. 西安：西安电子科技大学出版社，2014.

[2] 刘圣民，熊兆飞. 对流层散射通信技术[M]. 北京：国防工业出版社，1982.

[3] 熊皓. 无线电波传播[M]. 北京：电子工业出版社，2000.

[4] 弓树宏. 电磁波在对流层中传输与散射若干问题研究[D]. 西安：西安电子科技大学，2008.

[5] 盛裴轩. 大气物理学[M]. 2 版. 北京：北京大学出版社，2013.

[6] International Telecommunication Union. Reference standard atmospheres：ITU－R P. 835－4[S]. Geneva：[s. n.]，2008.

[7] International Telecommunication Union. Annual mean surface temperature：ITU－R P. 1510[S]. Geneva：[s. n.]，2008.

[8] International Telecommunication Union. Water vapour—surface density and total columnar content：ITU－R P. 836－3[S]. Geneva：[s. n.]，2008.

[9] International Telecommunication Union. The radio refractive index—its formula and refractivity data：ITU－R P. 453－9[S]. Geneva：[s. n.]，2008.

[10] 汪国铎，金佩玉. 微波遥感[M]. 北京：电子工业出版社，1989.

[11] 李道本. 散射通信[M]. 北京：人民邮电出版社，1982.

[12] LEIBER J H. An updated model for millimeter wave propagation in moist air[J]. Radio Science，1985，20(5)：1069－1089.

[13] WYNGAARD J C. Turbulence in the atmosphere[M]. New York：Cambridge University Press，2010.

[14] 吴键，杨春平，刘建斌. 大气中的光传输理论[M]. 北京：北京邮电大学出版社，2005.

［15］ ISHIMARU A. Wave propagation and scattering in random media［M］. New York：IEEE Press，1997.

［16］ 张逸新，迟泽英. 光波在大气中的传输与成像［M］. 北京：国防工业出版社，1997.

［17］ 祖耶夫 B E. 光信号在地球大气中的传输［M］. 殷贤湘，译. 北京：科学出版社，1987.

［18］ BREEN L G. The shift and slope of spectral lines［M］. Oxford：Pergamon Press，1961.

［19］ TRAVING G. über die Theorie der Druckverbreiterung von Spektrallinien［M］. Karlsruhe：Braun，1960.

［20］ Собелъман И. И. О Теории атомных спектралъных лннии［J］. УФН，1954，54：4.

［21］ CHEN S Y，TAKEN M. Broadening and Shift of Spectral Lines due to the Presence of Foreign Gases［J］. Reviews of Modern Physics，1957，29(1)：20 - 73.

［22］ TSAO C J，CURNUTTE B. Line - width of Pressure - Broadened Spectral Line［J］. J Quant Spectrosc Radiat Transfer，1962，2(1)：41 - 91.

［23］ SASIELA R J. Electromagnetic wave propagation in turbulence evaluation and application of Mellin transforms［M］. 2nd ed. Bellingham：SPIE Press，2007.

［24］ 张明高. 对流层散射传播［M］. 北京：电子工业出版社，2004.

［25］ 温景嵩. 概率论与微大气物理学［M］. 北京：气象出版社，1995.

［26］ 焦培南，张忠治. 雷达环境与电波传播特性［M］. 北京：电子工业出版社，2007.

［27］ 赵小龙. 电磁波在大气波导环境中的传播特性及其应用研究［D］. 西安：西安电子科技大学，2008.

［28］ GONG S H，YAN D P，WANG X. A novel idea of purposefully affecting radio wave propagation by coherent acoustic sourc - induced atmospheric refractivity fluctutaion［J］. Radio Science，2015，50(10)：983 - 996.

［29］ 弓树宏，黄际英，刘忠玉. 大气折射指数人工控制理论探索［C］//第六届两北地区计算物理学术会议论文集.［S. l.：s. n.］，2008：117 - 121.

［30］ 弓树宏，刘青，郭立新，相干声源扰动对流层影响激光链路探究［C］//2016 全国电子战学术交流大会论文集. 北京：中国电子学会，2016：1393 - 1396.

［31］ 薛晓清. 对流层与电离层中电波传播的相关问题研究［D］. 西安：西安电子科技大学，2009.

［32］ 邹震. 声波干扰下对流层散射通信机理研究［D］. 西安：西安电子科技大学，2008.

［33］ 刘忠玉. 声波干扰下对流层散射特性研究［D］. 西安：西安电子科技大学，2009.

［34］ 易欢. 电离层和对流层中电波传播的相关问题研究［D］. 西安：西安电子科技大学，2008.

［35］ TONNING A. Scattering of Electromagnetic Waves by an Acoustic Disturbance in the Atmosphere［J］. Applied Science Res，1957，B6：401 - 421.

［36］ FRANKEL M S，CHANG N J F，SANDERS M J J. A High - Frequency Radio Acoustic Sounder for Remote Measurement of Atmospheric Winds and Temperature ［J］. Bulletin American Meterological Society，1977，58：928 - 933.

［37］ WEI B M，KNOCHEL R. A Monostatic Radio - Acoustic Sounding System Used as an Indoor Remote Temperature Profiler［J］. IEEE Transation on Instrumentation and Measurement，2001，50：1043 – 1047.

[38] SAFFOLD J，WILLIAMSON F，AHUJA K，et al. Radar – acoustic Interaction for IFF Applications[C]. Presented at IEEE Radar Conference，Waltham，MA，1999：198 – 202.

[39] HANSON J，MARCOTTE F. Aircraft Wake Vortex Generation Using Continuous-Wave Radar[J]. Johns Hopkins Apl. Technical Digest，1997，18：348 – 357.

[40] MARSHALL R. Wingtip Generated Wake Vortices as Radar Targets[J]. IEEE AES Systems Magazine，1996：27 – 30.

[41] 杨引明，陶祖钰. 边界层风廓线雷达在强对流天气预报中的应用研究[C]. 中国气象学会 2004 年年会，2004：525 – 530.

[42] 杜功焕，朱哲民，龚秀芬. 声学基础：上 [M]. 上海：上海科学技术出版社，1991.

[43] 薛正辉，李伟明，任武. 阵列天线分析与综合[M]. 北京：北京航空航天大学出版社，1988.

[44] 吕善律. 天线阵综合[M]. 北京：北京航空学院出版社，1988.

第3章　大气沉降粒子物理及电磁特性

根据电磁波在对流层环境中的传播、散射特性研究方法的差异，对流层环境可以分为晴空大气环境和大气沉降粒子环境。第 2 章介绍了晴空大气的物理特性和电磁特性，为后续讨论电磁波在晴空大气环境中的传播、散射特性奠定了基础。本章介绍大气沉降粒子与电磁波传播、散射特性有关的物理特征（例如：粒子的尺寸、形状、沉降速度、尺寸分布谱、空间范围和时空分布）以及它们的电磁特性，为后续研究电磁波在大气沉降粒子环境中的传播、散射特性奠定基础。

3.1　大气沉降粒子概述

大气沉降过程是大气中气态、液态或者固态物质通过沉降作用在地面和上空之间转移的过程，沉降过程受地球引力及其他作用力综合影响。气态物质的沉降过程实际就是大气对流的一种形式，属于大气物理学范畴，在此不再赘述。气态物质沉降过程也是形成大气湍流的一种机理，第 2 章中已经对大气湍流进行了简要介绍。液态或者固态物质的沉降过程会引起电磁波传播、散射效应，因此大气沉降粒子环境也是无线电空间环境科学的重要分支。

按照沉降粒子相态的不同，沉降粒子分为液态沉降粒子和固态沉降粒子。液态沉降粒子和固态沉降粒子又可以根据物质化学成分进行细分，但是本书主要关心对流层环境及其对电磁波的传播、散射效应，因此只考虑与气象环境有关的沉降过程，而不考虑由生活、工业所引起的人为沉降过程。本书在后续讨论大气沉降粒子时按照水凝物和非水凝物两类进行讨论，水凝物以雨、雪、云、雾、雹、冰晶为代表，非水凝物以沙尘以及烟、霾、粉尘等气溶胶粒子为代表。大气水凝物、非水凝物粒子的线度尺寸大致范围为纳米量级至毫米量级（大约为 1 nm～10 mm）。不同沉降粒子线度尺寸大致分布如图 3.1 所示。

当粒子的线度与电磁波波长接近时，粒子对电磁波的散射效应就非常显著，因此从图 3.1 可以看出，大气沉降粒子对毫米波、光波的影响比波长大于厘米波电磁波要显著。大气沉降粒子的几何形状、尺寸、尺寸分布、运动规律、空间分布以及介电特性等参数，与沉降粒子的传播、散射效应息息相关，本章主要讨论这些问题。

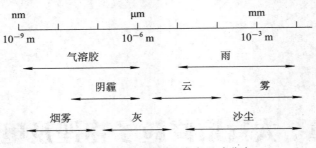

图 3.1 大气沉降粒子线度尺寸分布

3.2 大气水凝物

3.2.1 雨

降雨环境是典型的大气水凝物沉降粒子，也是对毫米波无线通信系统影响最为严重的环境。本节讨论降雨的物理特性，主要包括降雨的形成和分类、降雨强度、雨滴的形状和尺寸、雨滴尺寸分布、雨滴的沉降速度、雨滴最大直径与降雨率的关系、雨滴倾角（雨滴沉降过程中的姿态）、雨顶高度、降雨率年时间概率分布统计特性、降雨率实时动态变化特性等。

3.2.1.1 降雨的形成和分类

水汽是形成降雨的必要条件，要使水汽形成降雨，还必须有水汽上升运动。一方面，水汽上升运动发生绝热冷却使水汽凝结成云，同时源源不断地给云输入水汽使云得以维持和发展；另一方面，水汽上升运动使得云团水滴不会过早向地面沉降而被蒸发。由此可见，充足的水汽和水汽上升运动是形成降雨的宏观条件。根据云中水的相态的不同，可以将降雨分为暖云降雨和冷云降雨。

由水滴组成的云称为水成云，也称暖云。当湿空气上升，绝热冷却到饱和或过饱和状态时，水汽围绕凝结核就发生凝结而形成云滴胚胎；云滴胚胎不断吸收水汽，使之凝结增大；随着云滴胚胎半径不断增大，这种凝结增长过程越来越慢，最后云滴大小趋于均匀，而形成雨滴。值得注意的是，水云内部的"碰并"过程也是云团内部形成雨滴的围观过程。

所谓"碰并"过程，是指小云滴碰撞和合并过程的简称。云滴在大气内的上升、下降以及乱流混合作用下发生相互"碰并"而合并成为较大的云滴，称为"碰并"增长过程，如图 3.2 所示。根据"碰并"过程中主导作用力的不同，可以将云内部发生的"碰并"过程分为重力碰并、乱流碰并和电力碰并等。云滴碰并增长的速度与云中的含水量以及云滴大小有关。含水量越高，云滴大小越不均匀，云滴碰并增长就越快。

上述凝结增长和"碰并"增长过程彼此独立，二者共同作用而形成云团内部的雨滴。在云滴增长的初始阶段，凝结过程起主要作用，当云滴增大到一定阶段后（一般直径为 $50 \sim 70\ \mu\mathrm{m}$），便以"碰并"过程为主。

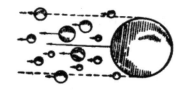

图 3.2　大小云滴的碰并过程

位于低纬度的暖云，云体温度高，含水量大，在大云滴降落过程中受到气流冲击而分裂。大云滴分裂后，较大的部分下降形成降雨初始阶段。较小的云滴部分随气流上升，重新与其他云滴合并形成新的大云滴，所以碰并过程比较显著，随后在几分钟到几十分钟之内便可形成明显降雨。

冷云降雨过程与暖云降雨过程完全不同。由冰晶组成的冰成云及由水滴和冰晶混合组成的混合云都属于冷云。冷云中常常是过冷水滴、冰晶和水汽三者共存。以图 3.3 所示层状混合云为例，按高度和温度的不同可将冷云分为三层：第一层是冰晶区，位于 −25℃ 等温线附近；第二层是冰冷水滴区，位于 −16℃ 等温线附近；第三层是水滴区。冰晶在降落过程中经过第一层时，水汽密度很小，冰晶凝华增长缓慢而不易发生碰并；在下落到第二层时，由于冰水共存，两者因饱和水汽压不同而发生冰晶效应，从而使冰晶获得增长，当其增长到上升气流托不住时就会下降，沿途再捕获过冷水而增大，而且冰晶之间还能相互粘连成为雪花；冰晶落入 0℃ 左右的第三层时便会融化为雨滴。若第二层足够厚，冰晶融化后成为大水滴，通过重力碰并过程继续增大，才能成为较大的雨滴下落形成降雨。

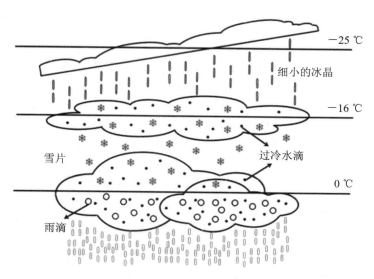

图 3.3　层状云降雨过程

雨的成因多种多样，其形态也各不相同。按降雨的持续时间和强度，通常可分为连续性降雨、阵性降雨、毛毛雨三类；按降雨的形成原因，可分为对流雨、地形雨、锋面雨、台风雨四类。

降雨的形成和分类是大气物理学的范畴，具备完善且复杂的理论体系。对于无线电物理相关专业的工作者，只需要理解其粗浅内容即可，如果实际工作中需要深入了解其细节，可自行查阅相关文献。

3.2.1.2　降雨强度

降雨强度是描述降雨强弱、大小程度的物理量，通常用降雨量和降雨率来描述。一般情况下，气象学中习惯用降雨量，而无线电物理空间环境特性理论中习惯用降雨率来描述降雨强度。

降雨量是指从云层降落到地面上某一范围内、一定持续时间内的水，在未经蒸发、渗透、流失、流聚（由于流动将其他地方的水聚集至考察地面处的过程）的条件下，水层的深度，一般以 mm 为单位。降雨量可以直观地表示一定持续时间内降雨的多少，但是不能刻画降雨过程中降雨强度的细节变化。测定降雨量时通常以直径为 20 cm 的水平空间范围、在一定持续时间内降雨的累积深度为准。测定某一地区降雨量时，需要分析多点测量数据给出地区降雨量。中国气象局规定，24 小时内的降雨量称为日降雨量。凡是日降雨量在 10 mm 以下的都称为小雨；在 10～24.9 mm 之间的称为中雨，在 25.0～49.9 mm 之间的称为大雨，在 50.0～99.9 mm 之间的称为暴雨，在 100.0～250.0 mm 之间的称为大暴雨，超过 250.0 mm 的称为特大暴雨。由于降雨量不能刻画降雨过程中降雨强度的细节变化，所以不适合研究降雨对电磁波传播的影响。1 分钟累积降雨率才是以研究电磁波传播为目的的降雨强度特征参数。

降雨率指单位时间内的降雨量，通常以 1 小时为单位时间，因此降雨率的单位为 mm/h。需要注意的是，对于同一次降雨过程，不同累积时间降雨率取值不同，且累积时间越短，分析得出的降雨率更能刻画降雨强度的细节变化。以电波传播为目的观测降雨率时，需要给出 1 分钟累积降雨率。1 分钟累积降雨率是指，测量每一个 1 分钟观测持续期的降雨量，然后折算出按照所观测 1 分钟内的降雨强度持续进行 1 小时的降雨量，即单位为 mm/h 1 分钟累积时间降雨率。我国气象部门根据降雨率将降雨分为四类：降雨强度在 0.1～2.5 mm/h 范围内的称为小雨；在 2.6～8.0 mm/h 范围内的称为中雨；在 8.1～15.9 mm/h 范围内的称为大雨；大于 16 mm/h 的称为暴雨。而电子工程师手册[2]中将降雨分为五类：降雨强度小于 0.25 mm/h 的称为毛毛雨；在 0.25～1 mm/h 范围内的称为小雨；在 1～4 mm/h 范围内的称为中雨；在 4～15 mm/h 范围内的称为大雨；在 15～100 mm/h 范围内的称为特大雨。

降雨率可以用雨滴直径 D、雨滴尺寸分布谱函数 $N(D)$ 和不同直径雨滴降落末速度 $V(D)$ 表示为

$$R = 6 \times 10^{-4} \pi \int_0^{+\infty} N(D)D^3 V(D) \mathrm{d}D \tag{3.1}$$

式中：D 的单位为 mm；$N(D)$ 的单位为个/（m³·mm）；$V(D)$ 的单位为 m/s；R 的单位为 mm/h。不同累积时间的降雨率可以反映不同时间分辨率的降雨强度的细节变化，降雨环境中电磁波衰减特性计算中需要 1 分钟累积降雨率长期统计特性。

3.2.1.3　雨滴的形状和尺寸

雨滴的"直径"或者线度约在 0.1～10 mm 之间，一般不大于 8 mm，原因是当雨滴粒子的直径大于 8 mm 时，其在下落过程中是不稳定的，容易发生破裂。雨滴的尺寸决定了其

形状，早期对雨滴粒子的摄影研究表明，当雨滴半径小于 1 mm 时，雨滴形状是近似度极高的球形粒子；对于更大的雨滴，其形状为底部有一凹槽的扁椭球形，且凹槽近似与扁椭球旋转轴垂直。这个结论也符合理论分析结果，当雨滴半径小于 1 mm 时，由于雨滴下落中的空气阻力基本可以忽略不计，因此在表面张力的作用下，雨滴形状是近似度极高的球形粒子；当雨滴半径增大到一定程度时，下落的雨滴受到空气阻力的"托举"作用相对于表面张力不能忽略，因此在表面张力、空气"托举"力和重力的共同作用下，呈现出底部有一凹槽的扁椭球形状。一般情况下，激光仪器测量出来的雨滴"直径"或者线度，实际只是呈现在激光传播方向的线度。在实际计算雨滴电磁散射、吸收特性时，通常采用的是雨滴等效表面积直径或者等效体积直径，等效体积直径更常用一些。图 3.4 所示的是 Pruppacher 和 Pitter 通过实验测量得到的雨滴形状[3]。图 3.5 是 Oguchi 根据流体力学理论模拟、计算出的雨滴形状[4]。

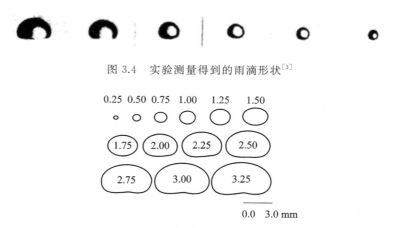

图 3.4　实验测量得到的雨滴形状[3]

图 3.5　半经验计算得到的雨滴形状(图中数值表示等体积球的半径)[4]

对于扁椭球形雨滴，通常用其短轴 a 与长轴 b 的比值 a/b 及等体积球半径 a_0 来表征雨滴粒子的形状，它们之间的理论关系和实验结果如图 3.6 所示[3]。

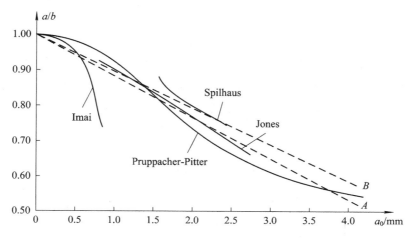

图 3.6　雨滴粒子的轴比 a/b 和等效球半径 a_0 之间的理论关系和实验结果[3]

图 3.6 中的粗实线表示 Pruppacher 和 Pitter 的研究结果，Spilhaus 和 Imai 曲线是早期的理论结果，Jones 曲线是实测雨滴轴比的平均值。图中 A 和 B 两条虚线是扁椭球形雨滴电磁散射计算中广泛使用的轴比关系图线，其关系可以表示为[3]

$$A: \frac{a}{b} = 1 - 0.1a_0 \tag{3.2}$$

$$B: \frac{a}{b} = 1 - \left(\frac{0.41}{4.5}\right)a_0 \tag{3.3}$$

式中，a_0 是等效球半径，单位为 mm。式(3.3)在计算雨滴散射特性中应用比较广泛。

3.2.1.4　雨滴尺寸分布

雨滴尺寸分布函数 $N(D)$ 表征了一定降雨率条件下，单位体积空间内、不同尺寸的雨滴数的分布状况，也称为雨滴谱。假设一定降雨率条件下，单位体积空间内，直径为 $D - \Delta D/2 \sim D + \Delta D/2$ 的雨滴数为 $\Delta N_{D-\Delta D/2 \sim D+\Delta D/2}$，则 $N(D)$ 表示为

$$N(D) = \lim_{\Delta D \to 0} \frac{\Delta N_{D-\Delta D/2 \sim D+\Delta D/2}}{\Delta D} = \frac{dN(D)}{dD} \tag{3.4}$$

所以，$N(D)$ 的物理意义可以理解为：一定降雨率条件下，雨区单位体积空间内，直径取值为 D 附近单位粒径间隔范围内的雨滴数。

雨滴谱是研究降雨环境特性及其对电磁波传播的影响的重要参数，并得到了广泛的测量和模式化研究。比较古老的雨滴尺寸分布测量方法是 1895 年 Wiesner 采用的"吸水纸法"[3]。后来，出现了当时广泛使用的"面粉法"，Laws 和 Parsons 利用"面粉法"在美国华盛顿地区对不同降雨类型的雨滴尺寸进行了测量，发现即使降雨率相同，雨滴尺寸分布的变化也是巨大的，因此他们对相同降雨率的雨滴尺寸分布进行了平均，得到了著名的 Laws-Parsons 分布[3]。Laws-Parsons 雨滴谱是最典型的平均雨滴谱，被广泛使用，ITU-R 的雨衰模式就是使用 Laws-Parsons 分布得到的[3]。激光技术的应用使得雨滴测量技术得到了革命性的发展，目前的雨滴谱测量方法几乎都采用激光雨滴谱仪器。

雨滴谱在全世界范围内得到了广泛的测量，在不同地区测量数据的基础上得到了大量的雨滴尺寸分布模型，如 Laws-Parsons 分布、Marshall-Palmer 分布、Joss 分布、对数正态分布、Gamma 分布、Weibull 分布等。其中，Laws-Parsons 分布和 Marshall-Palmer 分布被广泛应用于计算雨滴的散射和衰减，对数正态分布被广泛应用于热带地区的雨滴谱模拟，Weibull 分布被应用于卫星通信链路的雨衰减预测[5]。下面逐一介绍这几种雨滴谱。

Laws-Parsons(L-P)雨滴谱是一种离散性的雨滴尺寸分布，其表达式为

$$N(D)dD = \frac{10^4 Rm(D)dD}{6\pi D^3 V(D)} \ (\text{m}^{-3}) \tag{3.5}$$

式中：$N(D)dD$ 为单位体积内，直径在 $D-dD/2 \sim D+dD/2$ 之间的雨滴数目；D 是雨滴粒子的直径，单位为 mm；$V(D)$ 是直径为 D 的雨滴粒子的末速度，单位为 m/s；R 是降雨率，单位为 mm/h；$m(D)$ 是某一降雨率下，直径在 $D-dD/2 \sim D+dD/2$ 之间的雨滴的含水量占所有粒子总含水量的体积百分比。表 3.1 列出了 $m(D)$ 的典型取值。

表 3.1　L－P 雨滴尺寸分布中 $m(D)$ 的典型取值[6]

雨滴直径/mm	降雨率/(mm/h)							
	0.25	1.25	2.5	12.5	25	50	100	150
0.00～0.25	1.0	0.5	0.3	0.1	0	0	0	0
0.25～0.50	6.6	2.5	1.7	0.7	0.4	0.2	0.1	0.1
0.50～0.75	20.4	7.9	5.3	1.8	1.3	1.0	0.9	0.9
0.75～1.00	27.0	16.0	10.7	3.9	2.5	2.0	1.7	1.6
1.00～1.25	23.1	21.1	17.1	7.6	5.1	3.4	2.9	2.5
1.25～1.50	12.7	18.9	18.3	11.0	7.5	5.4	3.9	3.4
1.50～1.75	5.5	12.4	14.5	13.5	10.9	7.1	4.9	4.2
1.75～2.00	2.0	8.1	11.6	14.1	11.8	9.2	6.2	5.1
2.00～2.25	1.0	5.4	7.4	11.3	12.1	10.7	7.7	6.6
2.25～2.50	0.5	3.2	4.7	9.6	11.2	10.6	8.4	6.9
2.50～2.75	0.2	1.7	3.2	7.7	8.7	10.3	8.7	7.0
2.75～3.00	—	0.9	2.0	5.9	6.9	8.4	9.4	8.2
3.00～3.25	—	0.6	1.3	4.2	5.9	7.2	9.0	9.5
3.25～3.50	—	0.4	0.7	2.6	5.0	6.2	8.3	8.8
3.50～3.75	—	0.2	0.4	1.7	3.2	4.7	6.7	7.3
3.75～4.00	—	0.2	0.4	1.3	2.1	3.8	4.9	6.7
4.00～4.25	—	—	0.2	1.0	1.4	2.9	4.1	5.2
4.25～4.50	—	—	0.2	0.8	1.2	1.9	3.4	4.4
4.50～4.75	—	—	—	0.4	0.9	1.4	2.4	3.3
4.75～5.00	—	—	—	0.4	0.7	1.0	1.7	2.0
5.00～5.25	—	—	—	0.2	0.4	0.8	1.3	1.6
5.25～5.50	—	—	—	0.2	0.3	0.6	1.0	1.3
5.50～5.75	—	—	—	—	0.2	0.5	0.7	0.9
5.75～6.00	—	—	—	—	0.2	0.3	0.5	0.7
6.00～6.25	—	—	—	—	0.1	0.2	0.5	0.5
6.25～6.50	—	—	—	—	—	0.2	0.5	0.5
6.50～6.75	—	—	—	—	—	—	0.2	0.5
6.75～7.00	—	—	—	—	—	—	—	0.3

Marshall-Palmer(M-P)分布也称负指数分布，是一种广泛使用的雨滴尺寸分布模型，由 Marshall 和 Palmer 于 1948 年在他们自己测量的数据和 Laws、Parsons 测量数据的基础上提出的，其表达式如下[6]：

$$N(D) = N_0 \exp(-\Lambda D) \tag{3.6}$$

式中：$N_0 = 8000$ 是浓度参数，单位为 $m^{-3} \cdot mm^{-1}$；$\Lambda = 4.1R^{-0.21}$ 是尺度参数，单位为 mm^{-1}；R 是降雨率，单位为 mm/h。M-P 雨滴谱的分布特性如图 3.7 所示，从图中可以看出降雨率越大，M-P 雨滴谱的分布范围越广。M-P 雨滴谱适合模拟小降雨率情况下的雨滴尺寸分布，被广泛用于雨滴散射和衰减的计算中。

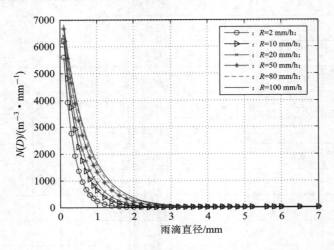

图 3.7 M-P 雨滴谱的分布特性

Joss 雨滴分布谱是一类负指数类型的谱分布，它是由 Joss 等人通过雨滴谱仪在瑞士的 Locamo 测量所得的。测量结果发现雨滴尺寸分布随降雨类型有很大的变化，Joss 等人根据不同的降雨类型（毛毛雨（Drizzle）、广布雨（Widespread）和雷暴雨（Thunderstorm））得到了三种雨滴谱分布的表达式[5]：

$$N(D) = 3 \times 10^4 e^{-5.7R^{-0.21}D} （毛毛雨） \tag{3.7}$$

$$N(D) = 7 \times 10^3 e^{-4.1R^{-0.21}D} （广布雨） \tag{3.8}$$

$$N(D) = 1.4 \times 10^3 e^{-3.0R^{-0.21}D} （雷暴雨） \tag{3.9}$$

Joss 雨滴尺寸分布也常被用来计算各种传播常数，特别是用来研究和比较传播常数随雨滴尺寸分布而变化的情况。Joss 雨滴谱的分布特性如图 3.8 所示。

对数正态雨滴谱模型是指雨滴粒子的空间分布满足数学上的对数正态分布特性。它类似于 Joss 雨滴谱，不同的降雨类型参数取值也不同，且对数正态雨滴谱符合热带雨林的雨滴尺寸特性，所以它常常被应用于描述热带雨林气候的雨滴尺寸分布特性。对数正态雨滴谱表达式为[6]

$$N(D) = \frac{N_T}{\sigma D \sqrt{2\pi}} \exp\left[-\frac{1}{2}\left(\frac{\ln D - \mu}{\sigma}\right)^2\right] \tag{3.10}$$

式中，$N_T = a_1 R^{b_1}$，$\mu = a_2 + b_2 \ln R$，$\sigma^2 = a_3 + b_3 \ln R$，其参数取值见表 3.2。

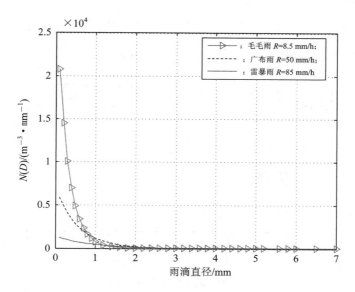

图 3.8　Joss 雨滴谱分布特性

表 3.2　对数正态分布雨滴谱参数

降雨类型	a_1	b_1	a_2	b_2	a_3	b_3
Drizzle	718	0.399	-0.505	0.128	0.038	0.013
Widespread	264	-0.232	-0.473	0.174	0.161	0.018
Shower	137	0.370	-0.414	0.234	0.223	-0.034
Thunderstorm	63	0.491	-0.178	0.195	0.209	-0.030
A. Maitra	84	1.18	0.195	-0.21	-0.012	0.078
Ajayi - Olsen	108	0.363	-0.195	0.199	0.137	-0.013

Weibull 分布最早是在 1982 年由 Sekine 和 Lind 提出的。运用该分布模型计算的 30 GHz 以上毫米波的降雨衰减与实际测量的结果吻合较好，将它用于雷达地杂波方面的研究也是有效的。Weibull 雨滴谱的分布特性如图 3.9 所示。其表达式如下[6]：

$$N(D) = N_0 \frac{\eta}{\sigma} \left(\frac{D}{\sigma} \right)^{\eta-1} \exp \left[-\left(\frac{D}{\sigma} \right)^{\eta} \right] \tag{3.11}$$

其中，$N_0 = 1000$ m^{-3}，$\eta = 0.95 R^{0.14}$，$\sigma = 0.26 R^{0.42}$。

Gamma 分布是在 M-P 分布中引入一个形状因子 μ，其表达式如下：

$$N(D) = N_0 D^{\mu} \exp(-\Lambda D) \tag{3.12}$$

该分布模型由于形状因子 μ 的引入变得较为复杂。当 $\mu > 0$ 时，曲线向上弯曲；当 $\mu < 0$ 时，曲线向下弯曲；而当 $\mu = 0$ 时，Gamma 分布就退化为 M-P 分布。研究表明，M-P 分布对稳定降雨的雨滴谱模拟较好，对于起伏变化较大的降雨，在小雨滴和大雨滴段拟合误差较大；而 Gamma 分布对各类降雨谱的拟合效果都很好，尤其对于小雨滴段的描述，不过其参数的估计也相对 M-P 分布更复杂一些，尤其是形状因子 μ。

除了上述提到的几种常用的雨滴谱之外，还有很多雨滴谱分布模型。比如，20 世纪 80

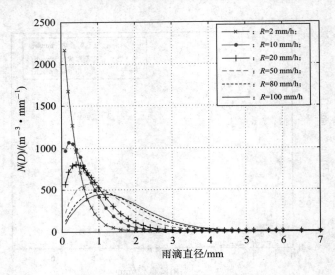

图 3.9 Weibull 雨滴谱的分布特性

年代和 90 年代，中国电波传播研究所的无线电气象科研人员对我国温带大陆性气候区（新乡）、温带海洋性气候区（青岛）和亚热带海洋性气候区（广州）的雨滴尺寸分布进行了测量和模式化研究[6]。其中青岛的数据为 1986 年和 1988 年夏季测量的 415 组数据，广州的数据为 1992 年夏季测量的 163 组数据，新乡的数据为 1985 年夏季测量的 72 组数据。表 3.3～表 3.5 分别是这三个地区雨滴尺寸分布情况[6]。以青岛地区为例，图 3.10 给出了青岛从小雨到暴雨的雨滴谱的测量结果以及 M-P 谱的分布结果[6]。

表 3.3　新乡雨滴尺寸($m^{-3} \cdot mm^{-1}$)分布

雨滴直径/mm	降雨率/(mm/h)						
	0.254	1.27	2.54	12.7	25.4	50.8	101.6
0.25	825.11	1184.75	1911.45	6282.32	14 544.04	52 801.36	117 921.40
0.50	418.07	552.38	856.86	1216.34	1766.35	4368.06	7562.31
0.75	218.07	424.50	443.84	949.46	984.93	1840.16	3000.45
1.00	32.85	177.17	235.88	645.43	721.45	831.85	1283.41
1.25	0.55	63.02	130.32	482.49	614.28	692.05	944.87
1.50	—	23.14	60.31	269.73	370.35	551.17	738.10
1.75	—	6.08	23.32	119.60	229.03	392.38	536.56
2.00	—	1.31	10.67	74.36	181.37	307.28	419.96
2.25				30.11	103.49	173.52	243.73
2.50				12.85	48.70	84.32	124.84
2.75				3.93	18.12	43.29	74.14

续表

雨滴直径/mm	降雨率/(mm/h)						
	0.254	1.27	2.54	12.7	25.4	50.8	101.6
3.00	—	—	—	1.41	5.27	19.18	40.76
3.25	—	—	—	1.26	2.17	11.50	29.69
3.50	—	—	—	1.13	1.27	8.43	23.23
3.75	—	—	—	—	0.75	6.50	16.76
4.00	—	—	—	—	0.75	4.17	14.19
4.25	—	—	—	—	—	2.64	8.11
4.50	—	—	—	—	—	1.88	7.10
4.75	—	—	—	—	—	1.58	6.31
5.00	—	—	—	—	—	1.28	5.15
5.25	—	—	—	—	—	0.97	4.02
5.50	—	—	—	—	—	0.69	3.17
5.75	—	—	—	—	—	—	2.90
6.00	—	—	—	—	—	—	1.97
6.25	—	—	—	—	—	—	1.63
6.50	—	—	—	—	—	—	1.29
6.75	—	—	—	—	—	—	0.96
7.00	—	—	—	—	—	—	0.69

表 3.4　青岛雨滴尺寸($m^{-3} \cdot mm^{-1}$)分布

雨滴直径/mm	降雨率/(mm/h)						
	0.254	1.27	2.54	12.7	25.4	50.8	101.6
0.25	854.83	3255.53	7745.69	31 330.83	109 749.90	146 443.90	140 395.50
0.50	130.65	328.58	520.90	2204.34	3789.14	6005.44	12 759.96
0.75	75.30	181.96	260.41	898.69	1252.21	2210.26	5338.13
1.00	29.88	109.76	168.87	548.26	564.34	919.50	2194.29
1.25	10.86	57.99	111.13	391.28	385.24	539.93	1117.11

雨滴直径/mm	降雨率/(mm/h)						
	0.254	1.27	2.54	12.7	25.4	50.8	101.6
1.50	4.46	23.88	50.17	212.90	236.38	344.60	616.54
1.75	1.81	9.80	20.75	111.98	147.80	247.07	395.16
2.00	0.66	4.75	10.27	66.07	108.13	181.95	296.71
2.25	—	2.41	4.69	28.53	59.55	114.87	184.11
2.50	—	1.34	2.33	14.12	40.78	81.17	132.06
2.75	—	—	1.15	6.96	24.71	50.67	97.95
3.00	—	—	0.62	3.84	13.01	29.94	52.76
3.25	—	—	—	2.18	7.60	18.18	46.24
3.50	—	—	—	1.59	5.42	15.43	35.72
3.75	—	—	—	1.18	4.19	11.23	23.94
4.00	—	—	—	0.68	3.63	6.74	18.54
4.25	—	—	—	—	2.40	4.18	10.56
4.50	—	—	—	—	1.59	3.16	8.09
4.75	—	—	—	—	1.05	2.40	4.98
5.00	—	—	—	—	0.69	1.82	2.82
5.25	—	—	—	—	—	1.38	1.81
5.50	—	—	—	—	—	1.04	1.52
5.75	—	—	—	—	—	0.79	1.27
6.00	—	—	—	—	—	0.6	1.07
6.25	—	—	—	—	—	—	0.90
6.50	—	—	—	—	—	—	0.75
6.75	—	—	—	—	—	—	0.63
7.00	—	—	—	—	—	—	0.53
7.25	—	—	—	—	—	—	0.44

表 3.5　广州雨滴尺寸(m⁻³·mm⁻¹)分布

雨滴直径/mm	降雨率/(mm/h)						
	0.254	1.27	2.54	12.7	25.4	50.8	101.6
0.25	4351.80	7323.78	11 141.78	28 811.15	48 703.29	159 297.10	195 842.90
0.50	214.51	731.92	1058.42	1693.17	2324.60	7324.36	6460.31
0.75	90.83	310.93	480.26	991.71	1138.17	2016.27	1799.78
1.00	38.23	132.88	225.59	774.28	953.66	957.39	1028.96
1.25	15.90	50.29	88.36	450.09	697.93	752.95	743.80
1.50	—	22.12	42.01	232.39	472.49	561.59	547.45
1.75	—	9.05	17.82	107.31	256.13	443.48	389.21
2.00	—	3.46	8.70	50.29	127.75	330.23	330.42
2.25	—	1.49	4.15	26.78	61.76	238.36	262.44
2.50	—	—	2.00	12.05	26.15	219.19	165.03
2.75	—	—	1.53	5.98	13.85	156.48	97.84
3.00	—	—	—	3.34	7.71	107.76	72.86
3.25	—	—	—	1.57	4.63	78.27	48.41
3.50	—	—	—	1.34	2.90	43.47	30.89
3.75	—	—	—	1.10	1.56	27.94	18.20
4.00	—	—	—	0.45	1.26	17.30	15.04
4.25	—	—	—	0.27	0.97	14.70	13.11
4.50	—	—	—	0.11	0.48	9.84	9.97
4.75	—	—	—	—	0.24	7.58	7.17
5.00	—	—	—	—	0.20	5.04	4.96
5.25	—	—	—	—	0.09	3.71	2.35
5.50	—	—	—	—	—	3.10	1.58
5.75	—	—	—	—	—	2.80	1.07
6.00	—	—	—	—	—	2.51	0.88
6.25	—	—	—	—	—	1.94	0.74
6.50	—	—	—	—	—	1.51	0.60
6.75	—	—	—	—	—	1.09	0.47
7.00	—	—	—	—	—	0.79	0.33
7.25	—	—	—	—	—	0.41	0.19
7.50	—	—	—	—	—	—	0.08

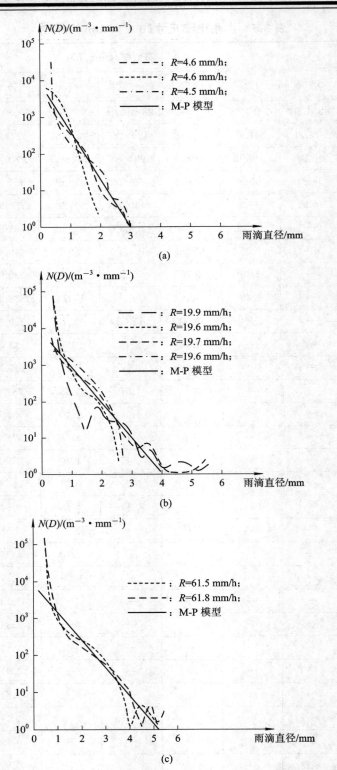

图 3.10 青岛雨滴尺寸分布实例及其与 M-P 雨滴谱模型的比较
(a) 小雨；(b) 广延雨；(c) 暴雨

从图 3.10 中可以看出直径小于 0.5 mm 的小雨滴数目相当多，远高于现有的雨滴尺寸分布模式。在大雨滴部分，雨滴谱呈不连续的锯齿状，这些结果与潘仲英利用照相法测得的结果及 Ugai 等的测量结果非常相似[6]。图 3.10 也反映了即使降雨率相同，雨滴尺寸分布的差异也是巨大的，这一点与 Laws 和 Parsons 的测量数据相似[6]。

　　本书作者在西安地区采用 Parsivel 激光雨滴谱仪也开展了雨滴谱方面的测量工作，部分测量结果如图 3.11～图 3.14 所示。

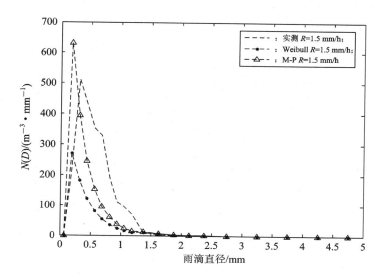

图 3.11　西安地区 $R = 1.5$ mm/h 时的雨滴谱

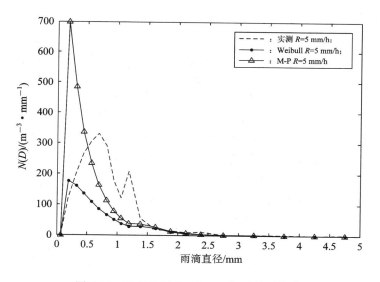

图 3.12　西安地区 $R = 5$ mm/h 时的雨滴谱

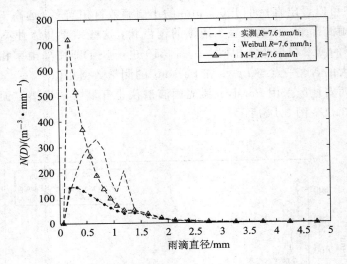

图 3.13   西安地区 $R=7.6$ mm/h 时的雨滴谱

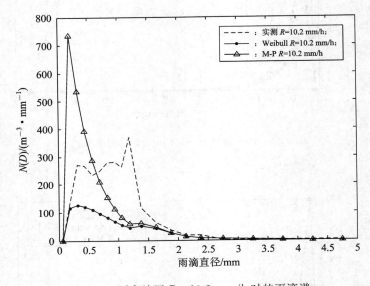

图 3.14   西安地区 $R=10.2$ mm/h 时的雨滴谱

从实际测量结果来看，不同地区降雨环境雨滴谱分布差异较大，即当同一地区不同降雨率时雨滴谱分布差异也很明显。但是，雨滴对于理论分析降雨环境中电磁波传播特性非常显著。因此，当涉及以具体工程应用为背景的科学研究中需要雨滴谱分布函数时，切不可套用参考文献中的模型或者结果，需要在特定地区开展具体测量分析工作，结合测量数据和经典模型结果，综合分析得出适合特定地区的雨滴谱模型。

3.2.1.5   雨滴的沉降速度

雨滴在下落过程中会受到重力和摩擦阻力的作用，最终以某一恒定的速度下落，这一恒定速度就是雨滴粒子的沉降速度，又称雨滴粒子的末速度。雨滴末速度是通过雨滴尺寸分布来计算降雨率的一个重要参量，Gunn 和 Kiner 及 Best 经过测量，发现雨滴的下落速度随雨滴尺寸的增加而增加[5]。图 3.15 是在大气压强为 1013 hPa、相对湿度为 50%、温度为 20℃的情况下的测量结果。从图中可以看出，当雨滴粒子直径超过 2 mm 时，雨滴粒子的末速度的增加率逐渐减少。当雨滴粒子直径大约为 5 mm 时，其末速度达到约为 9 m/s 的极大值；当雨滴粒子直径大于 5 mm 时，其末速度略有下降；若雨滴尺寸继续增加，则会发生破裂。雨滴下落的极限速度取决于大气压强、温度和湿度。根据 Guun 和 Kiner 及 Best 的测量结果给出了雨滴粒子直径与雨滴粒子的末速度的关系，如表 3.6 所示[5]。

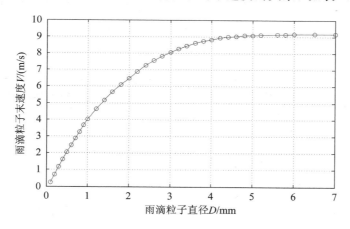

图 3.15　Gunn 和 Kine 及 Best 测量结果

表 3.6　雨滴粒子直径与雨滴粒子的末速度

雨滴粒子直径 D/mm	雨滴粒子的末速度 V/(m/s)	雨滴粒子直径 D/mm	雨滴粒子的末速度 V/(m/s)
0.1	0.25	1.8	6.09
0.2	0.72	2.0	6.49
0.3	1.17	2.2	6.90
0.4	1.62	2.4	7.27
0.5	2.06	2.6	7.57
0.6	2.47	2.8	7.82
0.7	2.87	3.0	8.06
0.8	3.27	3.2	8.26
0.9	3.67	3.4	8.44
1.0	4.03	3.6	8.60
1.2	4.64	3.8	8.72
1.4	5.17	4.0	8.83
1.6	5.65	4.2	8.92

雨滴粒子直径 D/mm	雨滴粒子的末速度 V/(m/s)	雨滴粒子直径 D/mm	雨滴粒子的末速度 V/(m/s)
4.4	8.98	5.6	9.14
4.6	9.03	5.8	9.16
4.8	9.07	6.0	9.17
5.0	9.09	6.5	9.17
5.2	9.12	7.0	9.17

Guun 和 Kiner 于 1949 年对海平面上静止空气中雨滴粒子的末速度做了比较精确的测量，得到两个经验公式。一个经验公式表示为[5]

$$V(D) = 9.65 - 10.3e^{-0.6D} \ (\text{m/s}) \tag{3.13}$$

式中：$V(D)$ 为雨滴粒子的末速度；D 为雨滴粒子的等效直径，单位为 mm。另一个经验公式为

$$V = \left(\frac{0.787}{a_0^2} + \frac{503}{\sqrt{a_0}}\right)^{-1} \cdot 10^6 \ (\text{cm/s}) = \frac{10}{\dfrac{0.3148}{D^2} + \dfrac{2.2495}{\sqrt{D}}} \ (\text{m/s}) \tag{3.14}$$

式中：a_0 为雨滴粒子的等效半径；D 为雨滴粒子直径。中国学者赵振维根据表 3.6 中所给的雨滴粒子的末速度，重新对雨滴粒子的末速度进行了模拟，得到了公式：

$$V(D) = 9.3360 - \frac{24.0650}{1 + 1.5301\exp(0.8165D)} \ (\text{m/s}) \tag{3.15}$$

图 3.16 是三个经验公式和实验数据的对比图。从图中可以看出式(3.14)只适用于小雨滴粒子的末速度，当雨滴粒子直径达到 4 mm 时出现明显的误差，并且直径越大，式(3.14)的计算结果与实验数据相差就越大；式(3.13)的计算结果与实验测量数据的吻合度较高，只有在粒子直径较大时才出现微小的误差；而式(3.15)的计算结果与实验测量所得的结果是完全吻合的，所以式(3.15)是最准确的计算模型。

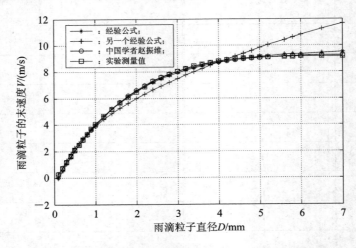

图 3.16　雨滴粒子的末速度随雨滴粒子直径的变化情况

3.2.1.6 雨滴最大直径与降雨率的关系

雨滴最大直径对于确定谱积分的范围具有重要的意义,由于讨论该特征的文献比较少,而且目前尚没有统一的模型可以参照,因此需要在特定地区开展测量工作并给出模型。文献[6]给出了青岛、广州和新乡的实测最大平均雨滴直径与降雨率的关系(如图 3.17 所示),并且通过数据分析得出了如下经验表达式:

$$D_{\max} = \begin{cases} 2.1919R^{0.1994+0.02733\lg R} & （青岛） \\ 1.8642R^{0.3472-0.02374\lg R} & （广州） \\ 1.5560R^{0.2490+0.03334\lg R} & （新乡） \end{cases} \tag{3.16}$$

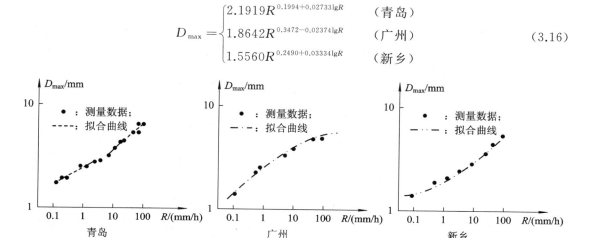

图 3.17　青岛、广州和新乡的实测最大平均雨滴直径与降雨率的关系

3.2.1.7 雨滴倾角(雨滴沉降过程中的姿态)

如前所述,直径大于 1 mm 的雨滴粒子是底部具有凹槽的扁椭球,而且这些非球形粒子在下降过程中会受到随机变化的空气动力作用。所以,雨滴粒子近似垂直于底部凹槽的短轴不一定总是沿铅垂方向(重力方向),而是与铅垂方向呈现一定倾角。雨滴倾角参数对于研究降雨环境对电磁波的去极化效应极其重要,但是关于雨滴倾角方面的测量数据并不多见,而且仅有的少量文献在定义雨滴沉降姿态倾角参数时所选取的参考平面和参考方向也不一致。

1964 年,Saunders 通过雨滴照相机获得了两次降雨事件中的 463 张雨滴照片,两次降雨事件采集数据时的降雨率为 28 mm/h 和 75 mm/h[7]。文献[7]通过分析这些照片首次公布了雨滴倾角的测量结果。文献[7]定义雨滴姿态倾角参数示意图如图 3.18 所示(作者认为原文的示意图有歧义,该图是作者根据自己的理解给出的解释)。图 3.18 中的"光轴"代表照相机指向,也就是"光轴"垂直于镜头;"胶片平面"垂直于光轴,该平面上的椭圆是扁椭球雨滴在该平面的投影;文献[7]中利用

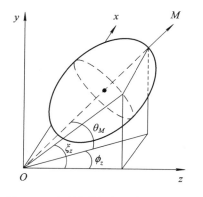

图 3.18　文献[7]研究雨滴姿态时的
倾角参数示意图

该椭圆的长轴与水平极化方向(图 3.18 中的 z 轴)之间的夹角 ξ_z、相对于水平极化面(水平极化方向与传播方向之间构成的平面)的仰角 θ_M、相对于 z 轴的方位角 ϕ_z 来描述雨滴姿

态。如果沿锐角 θ 将长轴转动至水平极化面是顺时针方向，则定义 ξ_z 为正，反之为负。文献[7]的测试结果显示，ξ_z 的平均值大约为 $+7°$，463 个采样中 ξ_z 大于 $15°$ 的粒子占 40%，小于 $-15°$ 的粒子占 25%。

Ugai 和 Akimoto[4] 也对雨滴倾角问题进行了探索，他们描述雨滴倾角参数的示意图如图 3.19 所示。图 3.19 中，粒子姿态由以下参数表示：扁椭球雨滴粒子短轴与竖直向上 z 方向之间的倾角 θ_z；雨滴短轴与雨滴下落速度方向 $\mathbf{V}_{\text{fall}}$ 之间的夹角 $\theta_{\mathbf{V}_{\text{fall}}}$；$z$ 方向与雨滴下落速度方向 $\mathbf{V}_{\text{fall}}$ 之间的夹角 $\theta_{\mathbf{V}_{\text{fall}\_z}}$。扁平椭球粒子的短轴是其对称轴，如果雨滴粒子下落过程中受力均匀对称，则雨滴下落速度方向应该与短轴重合。但是，如果受力不均匀，短轴就会偏离雨滴下落速度方向，因此也可以称 $\theta_{\mathbf{V}_{\text{fall}}}$ 为雨滴粒子的振荡角。

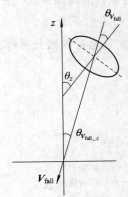

图 3.19 Ugai 和 Akimoto 所使用的雨滴倾角参数示意图

Ugai 和 Akimoto 基于雨滴照相机得到的 222 个雨滴粒子的二维图片，对雨滴倾角 θ_z 进行了分析，得出的结论为：θ_z、$\theta_{\mathbf{V}_{\text{fall}}}$ 以及 $\theta_{\mathbf{V}_{\text{fall}\_z}}$ 大致服从正态分布；θ_z 及 $\theta_{\mathbf{V}_{\text{fall}\_z}}$ 的分布依赖于风的方向；两次降雨事件中其中一次降雨事件测得 $\theta_{\mathbf{V}_{\text{fall}}}$ 的均值几乎为 0，但是另一次降雨事件中测得 $\theta_{\mathbf{V}_{\text{fall}}}$ 的均值不为 0；θ_z 的均值大约为 $12°$，大约 40% 的雨滴粒子的 θ_z 取值小于 $15°$；没有发现粒子倾角 θ_z 与粒子尺寸分布谱有相关关系[4]。

Brussarrd[8] 首次建立了研究雨滴姿态的物理模型。如图 3.20 所示，他认为风不是引起雨滴倾斜的原因，沿铅垂方向风变化的梯度才是导致雨滴倾斜的原因，而且雨滴短轴与空气流相对粒子的流动方向一致。

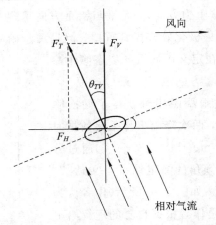

图 3.20 Brussarrd 所使用的粒子倾角模型

如图 3.20 所示，雨滴相对铅垂方向的倾角 θ_{TV} 表示为[8]

$$\tan\theta_{TV} = \frac{F_H}{F_V} = \frac{m(\mathrm{d}V_H/\mathrm{d}t)}{mg} = \frac{U - V_H}{V_V} \tag{3.17}$$

其中：V_H 表示雨滴水平方向速度分量；V_V 表示雨滴垂直方向速度分量，等于静态空气中雨滴末端速度；U 表示粒子在某一位置的风速度；g 表示重力加速度。因此，由式(3.17)可以得出粒子在水平方向的运动学方程[8]：

$$\frac{\mathrm{d}V_H(t)}{\mathrm{d}t} + \frac{g}{V_V}V_H(t) - \frac{g}{V_V}U(t) = 0 \tag{3.18}$$

所以，粒子在高度 h 处的倾角正切值为[8]

$$\tan[\theta_{TV}(h)] = \frac{V_V(\mathrm{d}U/\mathrm{d}h)}{g}\left(\frac{gh}{V_V^2}\right)^{1-m}\mathrm{e}^{gh/V_V^2}\Gamma\left(m,\frac{gh}{V_V^2}\right) \tag{3.19}$$

其中：$\mathrm{d}U/\mathrm{d}h$ 表示风沿铅垂方向变化的梯度；$\Gamma(\cdot)$ 是不完整的伽马函数，表示为[8]

$$\Gamma\left(m,\frac{gh}{V_V^2}\right) = \int_{gh/V_V^2}^{\infty}\exp(-p)p^{m-1}\mathrm{d}p \tag{3.20}$$

m 取不同的值表示不同的风剖面。如果 $m=1$ 表示线性风剖面，而且 $\mathrm{d}U/\mathrm{d}h$ 是不依赖于高度变化的常数，那么 $(gh/V_V^2)^{1-m}\mathrm{e}^{ghV_V^2}\Gamma\left(m,\frac{gh}{V_V^2}\right)=1$，从而得到[8]

$$\tan\theta_{TV} = \frac{V(\mathrm{d}U/\mathrm{d}h)}{g} \tag{3.21}$$

Saunders、Ugai 和 Akimoto 以及 Brussarrd 给出的雨滴倾角的参数各不相同，这些参数均不能直接用于研究降雨环境去极化效应时需要的倾角参数，但是这些参数均可以通过几何运算转化为分析去极化效应所需的倾角。研究去极化效应所需的倾角参数如图3.21所示，分析降雨环境去极化效应时需要 θ_{E_V} 和 $\gamma_{E_V\_E_H}$ 的统计结果。

图 3.21 中 z 轴方向表示电磁波传播方向；E_V-E_H 平面垂直于 z 轴，E_V 和 E_H 分别表示波的垂直极化方向和水平极化方向；y 与三维扁平椭球雨滴的短轴在 E_V-E_H 平面内的投影重合，x 垂直于 yz 平面；E_V-E_H-z 坐标系中单位矢量间满足 $\boldsymbol{E}_H\times\boldsymbol{E}_V=\boldsymbol{z}$，$x-y-z$ 坐标系中满足 $\boldsymbol{x}\times\boldsymbol{y}=\boldsymbol{z}$。

Saunders 以及 Ugai 和 Akimoto 的研究方法与结论有一定的参考价值，但是本书作者认为这些结果不能作为通用结论。Brussarrd 给出的模型具有完备的理论体系，从空气动力学角度建立了理论模型，但是该模型需要求解风沿垂直方向的梯度和风剖面。针对雨滴倾角参数问题，本书作者认为应该利用

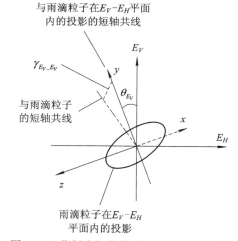

图 3.21　分析去极化效应时的倾角参数

Saunders 以及 Ugai 和 Akimoto 或者其他测试倾角的方法获得大量实验数据，然后结合 Brussarrd 的理论模型进行模拟仿真，获得特定地区倾角统计数据。除了利用雨滴照相机方法测试雨滴倾角外，还可以利用激光技术测量雨滴倾角，相关方法请读者查阅文献[9]。

3.2.1.8　雨顶高度

雨顶高度是研究地-空链路降雨环境传播、散射效应的重要参数，确切地讲是确定穿过雨区等效路径长度的重要参数，所以雨顶高度是降雨环境重要的物理特征。

国际无线电联盟(ITU)在研究降雨环境电波传播、散射特性中发现雨顶高度参数 h_R 与 0℃等温层高度 h_0 具有一定的关联关系,ITU – R P.839 给出的雨顶高度模型为[10]

$$h_R = 0.36 + h_0 \tag{3.22}$$

式中,h_R 和 h_0 的单位为 km。使用式(3.22)时需要的关键参数是 0℃等温层高度 h_0。国际无线电联盟(ITU)提供了 h_0 的年均值数据库[10]。该数据库将全球按经纬度分辨率为 $1.5° × 1.5°$ 进行划分,给出了每个网格点处的 h_0 年均值[10]。图 3.22 是按照该数据库给出的建议查询图。

国际无线电联盟给出的结果是利用全球各站数据统计得出的结果,因此在特定地区使用时误差比较大。通过对我国 31 个无线电探空工作站 1970 — 1979 年十年探空数据的统计和分析,黄捷等给出了我国 0℃等温层高度的全年平均及夏季(7、8、9 月)的平均特性。0℃等温层高度的年平均值 $h_{0\_Y\text{-}average}$ 及夏季均值 $h_{0\_S\text{-}average}$ 与纬度 ϕ_{Lat} 的关系为[11]

$$h_{0\_Y\text{-}average} = 6.948 - 0.105\phi_{Lat} \tag{3.23}$$

$$h_{0\_S\text{-}average} = \begin{cases} 8.837 - 0.114\phi_{Lat} & (\phi_{Lat} > 33°) \\ 5.2 & (\phi_{Lat} \leqslant 33°) \end{cases} \tag{3.24}$$

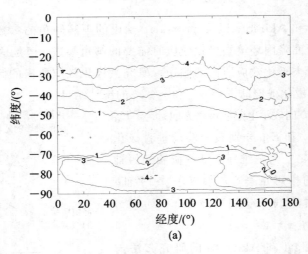

(a)

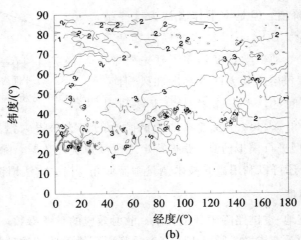

(b)

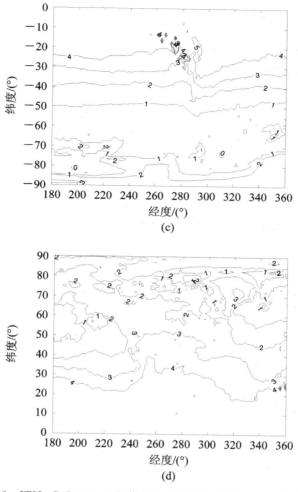

图 3.22　ITU-R P.839-3 提供的 0 ℃等温层高度(m)年平均值[10]

（a）经度范围为 $0°\sim180°$，纬度范围为 $-90°\sim0°$；（b）经度范围为 $0°\sim180°$，纬度范围为 $0°\sim90°$；
（c）经度范围为 $180°\sim360°$，纬度范围为 $-90°\sim0°$；（d）经度范围为 $180°\sim360°$，纬度范围为 $0°\sim90°$

$h_{0\_Y\text{-average}}$ 与地面温度的年平均值 $T_{g\_Y\text{-average}}$ 的关系为[11]

$$h_{0\_Y\text{-average}} = 1.27 + 0.155 T_{g\_Y\text{-average}} \tag{3.25}$$

$h_{0\_S\text{-average}}$ 与地面温度夏季平均值 $T_{g\_S\text{-average}}$ 的关系为[11]

$$h_{0\_S\text{-average}} = 2.5 + 0.0982 T_{g\_S\text{-average}} \tag{3.26}$$

其中，$h_{0\_Y\text{-average}}$、$h_{0\_S\text{-average}}$ 的单位为 km，$T_{g\_Y\text{-average}}$ 和 $T_{g\_S\text{-average}}$ 的单位为℃，ϕ_{Lat} 的单位为度（°）。

图 3.23 是基于黄捷等学者的研究结果所绘制的 0℃等温层高度的年平均值和夏季平均值与我国地理纬度的关系。从图中可以看出：夏季平均值要高于全年平均值；无论是夏季平均值还是全年平均值，雨顶高度都会随着纬度的增加而减小。表 3.7 是我国 11 个气象站 0℃等温层高度的月变化情况。

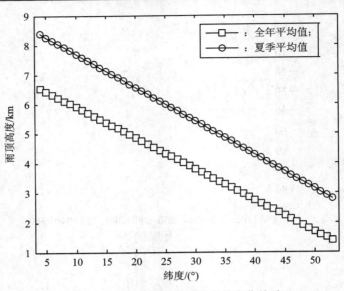

图 3.23　我国雨顶高度随纬度的变化关系

表 3.7　我国 11 个气象站 0℃ 等温层高度的月变化情况

站　名	1 月	2 月	3 月	4 月	5 月	6 月	7 月	8 月	9 月	10 月	11 月	12 月
广州	3.58	3.73	4.24	4.51	5	5.26	5.31	5.23	5.1	4.85	4.45	4.03
昆明	3.45	3.64	4.08	4.44	4.97	5.37	5.38	5.26	5.1	4.69	4.11	3.82
哈尔滨	—	0.77	0.77	1.48	2.43	3.34	4.23	3.96	2.79	1.86	1.34	0.59
武汉	1.34	1.74	2.55	2.66	4.44	4.95	5.34	5.29	4.82	4.05	2.82	2.01
西安	1.23	1.63	2.18	3.06	3.91	4.58	5.16	5.15	4.34	3.35	2.34	1.56
北京	0.82	0.87	1.37	2.38	3.24	3.87	4.61	4.61	3.51	2.55	1.55	0.79
上海	1.19	1.55	2.16	3.46	4.23	4.8	5.27	4.8	3.92	2.51	1.85	
酒泉	—	2.17	2.35	3.12	3.7	4.3	4.57	4.72	4.03	3.34	2.54	—
乌鲁木齐	—	1.82	1.91	2.63	3.25	3.83	4.14	4.1	3.42	2.76	1.91	1.66
青岛	0.78	1.26	1.42	2.66	3.55	4.2	5.06	5.08	4.21	3.14	1.67	1.34
海口	4.47	4.57	4.65	4.77	5.12	5.27	5.26	5.21	5.11	5.03	4.87	4.72

　　雨顶高度与不同地区的气候特征息息相关，同一地区的雨顶高度也随季节、年、月出现变化，不同文献公布的结果略有不同，下面给出 COST 255 中介绍的有关评估雨顶高度的其他模型。Assis-Einloft 降雨衰减模型认为雨顶高度仅仅与纬度 ϕ_{Lat} 有关，以 km 为单位的雨顶高度和以度（°）为单位的纬度间的关系为[12]

$$
h_{\text{R}} = \begin{cases}
5 - 0.075(\phi_{\text{Lat}} - 23) & (\phi_{\text{Lat}} > 23°，北半球) \\
5 & (0° \leqslant \phi_{\text{Lat}} \leqslant 23°，北半球；0° \geqslant \phi_{\text{Lat}} \geqslant -21°，南半球) \\
5 + 0.1(\phi_{\text{Lat}} + 21) & (-71° \leqslant \phi_{\text{Lat}} < -21°，南半球) \\
0 & (\phi_{\text{Lat}} < -71°，南半球)
\end{cases}
$$

$$(3.27)$$

Brazilian 降雨衰减模型认为雨顶高度与一定年时间概率 p 及其对应的降雨率 R_p 有关，它们之间的关系为[12]

$$h_R(R_p, p) = (3.849 + 0.334\lg p)[1 + \exp(-0.2R_p)] \tag{3.28}$$

年时间概率 p 对应的降雨率 R_p 是降雨强度长期统计特征参数，其物理意义为：从一定累积时间降雨率(降雨环境传播、散射特性研究中通常要求为 1 分钟累积时间)长期大量统计数据来看，一年内发生降雨率大于 R_p 的持续时间和占一年的时间百分比为 p。式(3.28)中：雨顶高度 h_R 的单位为 km；R_p 的单位为 mm/h；p 是百分比，没有单位。

Bryant 降雨衰减模型认为雨顶高度与一定年时间概率 p 及其对应的降雨率 R_p 有关，它们之间的关系为[12]

$$h_R = 4.5 + 0.0005R_p^{1.65} \tag{3.29}$$

其中，h_R 的单位为 km，R_p 的单位为 mm/h。

Garcia 降雨衰减模型认为雨顶高度仅与经纬度有关，以 km 为单位的雨顶高度和以度(°)为单位的纬度间的关系为[12]

$$h_R = \begin{cases} 4 & (0 < |\phi_{Lat}| < 36°) \\ 4 - 0.075(|\phi_{Lat}| - 36) & (|\phi_{Lat}| \geqslant 36°) \end{cases} \tag{3.30}$$

上述雨顶高度结果在特定地区都得到了验证，但是它们都有适应范围。因此，对于仅仅熟悉降雨环境物理特性的读者而言，可以参考使用任意一个模型，但是对于以工程应用为背景的链路设计者而言，需要甄别不同模型在工程设置地区的适用性，甚至要借鉴获得上述模型的方法，在使用地区开展研究工作进而获得所适用的雨顶高度模型。

3.2.1.9　降雨率年时间概率分布统计特性

降雨事件是对流层大气中的随机现象。降雨事件的出现以及同一次降雨事件发生时降雨率随时间和空间的分布问题都属于随机科学的范畴。由降雨引起的传播、散射效应也是随机科学。所以，针对降雨环境中传播、散射效应的开展研究，需要分析其统计特征。环境特征参数是研究传播、散射特性的重要前提。而且，降雨环境特征参数几乎都随强度参数降雨率变化而变化。所以，降雨率统计特征是研究降雨环境统计特征及其传播、散射效应统计特征的重要基础。降雨率统计特征可以分为长期统计特征和实时动态统计特征。本小节主要讨论长期统计特征，3.2.1.10 小节讨论实时动态统计特征。

长期统计特征主要分析统计意义上的累积时间为 τ 的降雨率年时间概率分布，也就是根据多年统计的累积时间为 τ 的降雨率数据，计算一年内降雨率大于某一降雨率的持续时间占一年时间的百分比。对于降雨环境中电磁波传播、散射特性而言，更关心 1 分钟累积降雨率年时间概率分布。假设图 3.24 是某一地区、某一年中第 i 次降雨事件中 1 分钟累积降雨率时间序列，且此次降雨事件中降雨率大于参考降雨率 R_r 的所有持续时间之和为 $T_{R_{r_i}}$ 分钟。按照同样的方法，将同一年的所有 N_{Y_R} 次降雨事件的持续时间进行统计，则该年计算得到的参考降雨率 R_r 的年时间百分概率 p_{R_r} 为

$$p_{R_r} = \frac{100 \times \sum_{i=1}^{N_{Y\_R}} T_{R_{r\_i}}}{365 \times 24 \times 60} \tag{3.31}$$

如果按照式(3.31)分析同一地区 20 年中每一年的 p_{R_r}，则根据 20 个 p_{R_r} 计算得到算术平均值 $p_{R_r\_20}$，称之为该地区参考降雨率 R_r 的 20 年统计年时间百分概率。实际工程应用中统计年数越多，则降雨率年时间百分概率结论越具有实际可靠性。在电磁波传播、散射特性评估中，习惯分析 0.001%、0.003%、0.01%、0.03%、0.1%、0.3%、1% 等时间概率对应的参考降雨率。一般情况下，民用系统典型分析 0.01% 时间概率对应的参考降雨率，而军用系统典型分析 0.001% 时间概率对应的参考降雨率。

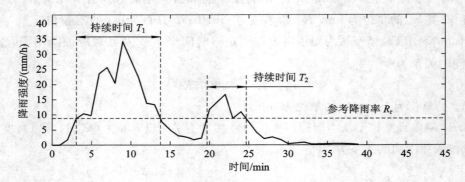

图 3.24 降雨率年时间概率分布说明图示

ITU 各研究小组均非常重视降雨长期统计特性的研究，给出了标准的雨气候区的划分方法。根据降雨率年时间概率统计分布情况，将全球分为 15 个雨气候区，每个雨气候区的不同时间概率的降雨率如表 3.8 所示[13]。我国地域广阔，根据文献[13]中的气候区分布结果可知，我国包括了 A、B、D、E、F、G、H、J、K、M、N、P 12 个不同的雨气候区。表 3.9 是我国新乡、青岛、广州、西安四个地区观测所得的降雨率年时间概率结果。例如，表 3.8 中 C 气候区年时间概率为 0.01% 所对应的降雨率是 15 mm/h，该结果的意义为：从统计上看，C 气候区每年发生降雨率大于 15 mm/h 的降雨事件的总持续时间占一年的 0.01%，但是不知道具体发生在哪些时刻。

表 3.8 ITU‑R 提供的各雨区的降雨率

年时间概率(%)	降雨率/(mm/h)														
	A	B	C	D	E	F	G	H	J	K	L	M	N	P	Q
0.001	22	32	42	42	70	78	65	83	55	100	150	120	180	250	170
0.003	14	21	26	29	41	64	45	55	45	70	106	95	140	200	142
0.01	8	12	15	19	22	28	30	32	35	42	60	63	95	145	115
0.03	5	6	9	13	12	15	20	18	28	23	33	40	65	105	96
0.1	2	3	5	8	6	8	12	10	20	12	15	22	35	65	72
0.3	0.8	2	2.8	4.5	2.4	4.5	7	4	13	4.2	7	11	15	34	49
1	<0.1	0.5	0.7	2.1	0.6	1.7	3	2	8	1.5	2	4	5	12	24

表 3.9　我国新乡、青岛、广州、西安地区降雨率年时间概率统计结果　　mm/h

概率(%) 地区	0.001	0.002	0.003	0.006	0.01	0.02	0.03	0.06	0.1
新乡	98	82	72	52	42	26	21	14	9
青岛	110	85	74	52	45	31	24	12	10
广州	120	—	108	100	80	—	58	42	32
西安	69	55	50	35	25	15	10	—	5

上述降雨率年时间概率分布结果是基于分析测量数据，进行统计得出的数字结论，其优点是直观且易于查阅，缺点是不易分析其他时间概率对应的参考降雨率。因此，逐渐形成了降雨率累积分布解析模型，降雨率累积分布模型是通过 0.01% 时间概率的降雨率 $R_{0.01}$ 来计算任意参考降雨率 R_r 对应的时间概率 p_{R_r}。Moupfouma[6] 首先给出了降雨率累积分布 Gamma 分布模型[6]：

$$p_{R_r}(R \geqslant R_r) = a_r \frac{e^{-\mu R_r}}{R_r^{b_r}} \tag{3.32}$$

$$a_r = 10^{-4} R_{0.01}^b e^{\mu R_{0.01}} \tag{3.33}$$

$$b_r = 8.22 R_{0.01}^{-0.584} \tag{3.34}$$

式中，$p_{R_r}(R \geqslant R_r)$ 表示降雨率大于参考降雨率 R_r 的年时间百分概率，μ 值由表 3.10 给出。

表 3.10　参数 μ 值[6]

地　域	温带气候区					热带气候区
	欧洲		北美洲		亚洲	
沿海、靠近水域、山区	中部	北部	加拿大	美国	日本	0.042
	0.03	0.045	0.032	0.032	0.045	
一般丘陵地域	0.025	0.025	0.025	0.025	0.045	0.025
荒漠	—	—	0.015	0.015	—	

通过对我国 65 个气象台站降雨率累积分布分析研究，黄捷等给出了 Gamma 分布模型中更适合我国使用的参数[6]：

$$\mu = 0.025 \tag{3.35}$$

$$b_r = 2.494 R_{0.01}^{-0.218} \tag{3.36}$$

Moupfouma 提供的是一个半经验模型，它将大降雨率条件下的 Gamma 型降雨率累积分布和小降雨率时的对数正态型降雨率累积分布融合在一起，因此同时适用于大降雨率和小降雨率环境，但是也因此而形成了更大的误差。另外，Gamma 型降雨率累积分布模型不具备统计意义上的概率定义，且其 μ 值没有解析表达式，所以 Gamma 型降雨率累积分布模型的应用受到了限制。

Moupfouma 和 Martin[6]后来提出了一种适合各种气候区、更为精确且符合概率论定律的降雨率累积分布模型[6]：

$$p_{R_r}(R \geqslant R_r) = \left(\frac{R_{0.01}+1}{R_r+1}\right)^b e^{\mu(R_{0.01}-R_r)-\ln10^{-4}} \tag{3.37}$$

b 取决于降雨率累积分布的形状，其解析形式近似表达为[6, 14]：

$$b = \left(\frac{R_r-R_{0.01}}{R_{0.01}}\right)\ln\left(1+\frac{R_r}{R_{0.01}}\right) \tag{3.38}$$

μ 则取决于降雨累积分布的斜率，与当地的气候和地理环境有关。在热带和温带地区由于降雨结构不同，其 μ 值也不同。根据 ITU-R 第 3 研究小组测量的 1 分钟累积时间降雨率的累积分布数据，得到了热带和温带气候区 μ 的解析式：

$$\mu = \begin{cases} \dfrac{\ln10^4}{R_{0.01}}\dfrac{1}{[1+\eta(R_r/R_{0.01})^\beta]} & \text{（温带地区）} \\[3mm] \dfrac{\ln10^4}{R_{0.01}}\exp\left[-\lambda\left(\dfrac{R_r}{R_{0.01}}\right)^\gamma\right] & \text{（热带地区）} \end{cases} \tag{3.39}$$

式中，$\eta=4.56$，$\beta=1.03$，$\lambda=1.066$，$\gamma=0.214$。

上述解析模型可以根据 0.01% 的降雨率 $R_{0.01}$ 得到其他任意参考降雨率 R_r 对应的年时间百分概率，可见获得特定地区 $R_{0.01}$ 就十分重要。国际无线电联盟（ITU）给出了 1 分钟累积降雨率 $R_{0.01}$ 的全球数据库和数字地图[15]，数据库可以通过国际无线电联盟（ITU）指定网站查阅使用，全球分布等值线图如图 3.25 所示[15]。

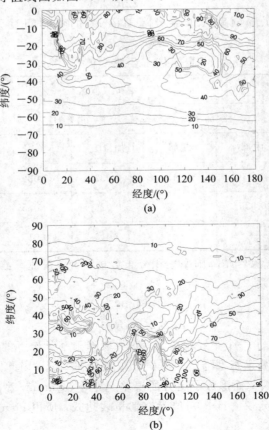

(a)

(b)

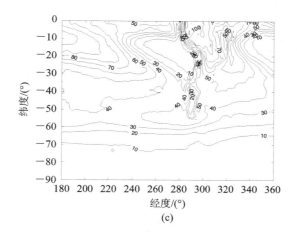

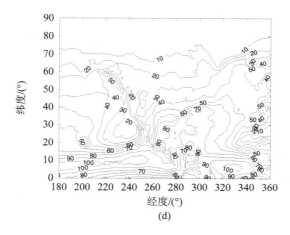

图 3.25　1 分钟累积降雨率 $R_{0.01}$(mm/h)全球分布等值线图

(a) 经度范围为 0°～180°，纬度范围为 −90°～0°；(b) 经度范围为 0°～180°，纬度范围为 0°～90°；
(c) 经度范围为 180°～360°，纬度范围为 −90°～0°；(d) 经度范围为 180°～360°，纬度范围为 0°～90°

根据我国气象站的降雨资料绘制而成的时间概率为 0.01% 的降雨率 $R_{0.01}$ 等值线图[14]可知，中国地区降雨分布的特点是中国的东南部降雨率较大，属于亚热带海洋性气候区；西北部降雨率较小，属于干旱的大陆性气候区；降雨率的分布大致是从东南到西北递减。

前述降雨率年时间概率分布模型是基于 $R_{0.01}$，求解任意参考降雨率 R_{r} 对应的时间概率 $p_{R_{\text{r}}}$。但是，实际工程应用中工程师往往更关注特定时间百分概率 $p_{R_{\text{r}}}$ 对应的参考降雨率 R_{r}，以便估算传播、散射特性，为系统及链路设置提供参数。为此，ITU − R P.837 − 5[15] 提供了由 $p_{R_{\text{r}}}$ 评估 R_{r} 的数据库和计算模型。该模型依赖于三个基本参数 p_{r_6}、M_t、β，这三个参数可以从 ITU − R P.837 − 5 提供的数据库提取。全球数据库的经纬度网格分辨率为 $1.125° \times 1.125°$，纬度取值范围为 $+90°～−90°$，经度取值范围为 $0°～360°$。如果所计算点的经纬度 Lon、Lat 不在步长网格点内，则按照 ITU − R P.1144[16] 给出的双线性插值法计算坐标点(Lat, Lon)的参数 p_{r_6}(Lat, Lon)、M_t(Lat, Lon)、β(Lat, Lon)。通过三个基本参数可以计算坐标(Lat, Lon)处的降雨率年均参考时间百分概率 p_{r0}：

$$p_{r0}(\text{Lat}, \text{Lon}) = p_{r_6}\left\{1 - \exp\left[-0.0079 \cdot (1 - \beta) \cdot \frac{M_t}{p_{r_6}}\right]\right\} \tag{3.40}$$

其中，p_{r_6}、M_t、β 分别取坐标 (Lat, Lon) 处的值。

因此，该地区任何小于 p_{r0} 时间百分概率 p_{R_r} 对应的参考降雨率 R_r 由下式确定：

$$R_r(\text{Lat}, \text{Lon}) = \begin{cases} 0 & (p_{r0}(\text{Lat}, \text{Lon}) = 0) \\ \dfrac{-B + \sqrt{B^2 - 4AC}}{2A} & (p_{r0}(\text{Lat}, \text{Lon}) > 0) \end{cases} \tag{3.41}$$

其中，A、B、C 分别为

$$A = 1.09\frac{\beta M_t + (1 - \beta)M_t}{21797 p_{r0}} \tag{3.42}$$

$$B = 1.09 + 26.02\frac{\beta M_t + (1 - \beta)M_t}{21797 p_{r0}}\ln\left(\frac{p_{R_r}}{p_{r0}}\right) \tag{3.43}$$

$$C = \ln\left(\frac{p_{R_r}}{p_{r0}}\right) \tag{3.44}$$

如前所述，对于降雨环境中电磁波传播、散射特性，更需要 1 分钟累积降雨率年时间概率分布，本部分给出的年时间概率分布结果正是适合于电磁波传播应用的 1 分钟累积降雨率。但是以气象研究为目的的降雨率监测数据的积分时间通常大于 1 分钟，例如 5 分钟累积降雨率、10 分钟累积降雨率等。为了有效利用气象部分获取的非 1 分钟累积降雨率数据，结合全球数据库以及文献公布的统计特征，更加真实地反映特定地区的降雨率年时间概率分布特征，有必要探讨不同累积时间降雨率时间概率之间的转换问题。

3.2.1.10 不同累积时间降雨率转换

本书作者分别用 10 s、20 s、30 s 等累积时间小于 1 分钟的累积时间测量降雨率，结果发现所有比 1 分钟更短的累积时间测量出的降雨率几乎完全一致。所以，1 分钟累积降雨率可以足够真实地反映降雨事件中降雨率随时间的变化过程。这也正是电波传播工作者在系统、链路设计中，利用 1 分钟累积降雨率评估降雨环境中传播散射效应的原因。气象部门获得的累积时间大于 1 分钟的降雨率年时间概率分布特征，可以通过恰当的转化方法，转换为 1 分钟累积降雨率时间概率分布结果。

ITU - R P.837 - 5 给出了年时间百分概率对应的 τ 分钟累积参考降雨率 R_{r_τ} 转换为时间概率对应的 1 分钟累积参考降雨率 R_{r_1} 的数学模型[15]，即

$$R_{r\_1}(p_{R_r}) = a\left[R_{r\_\tau}(p_{R_r})\right]^b \tag{3.45}$$

其中，降雨率的单位为 mm/h，a 和 b 为回归参数。τ 取 5 min、10 min、20 min 和 30 min 对应的回归参数如表 3.11 所示。

表 3.11 式 (3.45) 中不同 τ 对应的 a 和 b 的取值

τ/min	a	b
5	0.986	1.038
10	0.919	1.088
20	0.680	1.189
30	0.564	1.288

表 3.12 给出了我国主要大城市的 10 分钟累积时间的降雨率长期累积分布统计结果[6]。文献[6]专门针对 10 min 累积降雨分布与 1 min 累积降雨分布之间的关系进行了讨论，给出了年时间百分概率对应的 10 分钟累积参考降雨率 R_{r_10} 转换为时间概率对应的 1 分钟累积参考降雨率 R_{r_1} 的数学模型，即

$$R_{r\_1}(p_{R_r}) = a \cdot (p_{R_r})^b R_{r\_10}(p_{R_r}) \tag{3.46}$$

其中，回归参数 a 和 b 如表 3.13 所示。

表 3.12　我国部分大城市 10 分钟累积时间的降雨率长期累积分布

序号	城市	纬度	经度	时间概率（%）									
				0.001	0.003	0.006	0.01	0.03	0.06	0.1	0.3	0.6	1
				降雨率/（mm/h）									
1	北京	39°48′	116°28′	96	71	60	48	28	17	11	4.8	2.1	1.1
2	海口	20°02′	110°21′	120	108	100	87	62	54	35	13	6.6	3.2
3	南宁	22°49′	108°21′	115	102	90	80	54	40	28	10.7	5.1	2.8
4	广州	23°08′	113°19′	120	106	100	80	60	42	32	13	7	4
5	南昌	28°40′	115°58′	100.5	87	75	64	42	30	21	10	5.1	3.1
6	福州	26°05′	119°17′	105	89	72	62	41	30	21	10	6.1	4.1
7	济南	36°21′	116°59′	101	90	75	60	32	20	12	5.1	2.3	1.3
8	青岛	36°09′	120°25′	100	80	67	59	32	21	13	5.9	2.3	1.3
9	贵阳	26°35′	106°03′	110	82	69	60	37	23	17	8.5	4.5	2.6
10	杭州	30°19′	120°12′	110	80	68	54	32	21	15	7.5	4.2	2.8
11	合肥	31°51′	117°17′	110	90	70	60	32	21	13	6.6	3.2	2.1
12	南京	32°00′	118°48′	110	90	70	55	31	21	13	6.5	3.1	2
13	天津	39°06′	117°10′	110	90	68	54	30	17	11	4.3	2.1	1.2
14	武汉	30°31′	114°04′	102	82	67	55	32	21	15	7.3	4	2.4
15	长沙	28°12′	113°04′	100	80	66	55	32	21	17	8	4	2.3
16	成都	30°40′	104°40′	100	78	63	53	31	21	15	6.2	3.1	2
17	沈阳	41°46′	123°26′	100	73	60	48	25	17	11	5.1	2.6	1.3
18	上海	31°10′	121°26′	91	71	60	50	30	21	13	7	3.6	1.2
19	昆明	25°01′	102°41′	82	67	56	48	30	21	16	7.8	3.1	2.6
20	长春	43°54′	125°13′	97	70	56	45	22	13	10	4.1	2.1	1.2
21	石家庄	38°02′	114°26′	92	70	51	41	21	12	10	4.2	2.1	1.2
22	哈尔滨	45°41′	126°17′	79	55	42	32	17	11	8	3.3	1.8	1.1

序号	城市	纬度	经度	时间概率(%)									
				0.001	0.003	0.006	0.01	0.03	0.06	0.1	0.3	0.6	1
				降雨率/(mm/h)									
23	太原	37°47′	112°13′	78	51	39	30	15	10	7	3.2	1.7	1.1
24	呼和浩特	40°49′	111°41′	68	54	32	27	14	10	7.6	3.4	1.8	1.1
25	西安	34°18′	108°56′	58	37	27	20	11	8.2	6.1	3.5	2.1	1.3
26	兰州	36°03′	103°53′	51	32	22	18	10	7	5	2.3	1.3	1.1
27	拉萨	29°42′	91°08′	39	26	21	17	11	8.2	6.5	3.4	2.1	1.2
28	西宁	36°35′	101°55′	43	30	21	17	10	6.7	5	2.2	1.2	0.5
29	银川	38°25′	106°13′	52	31	21	17	8.2	5	3.8	2	1.1	0.7
30	乌鲁木齐	43°34′	87°06′	15	11	9.1	8	5.2	4.1	3.2	1.8	1	0.6

表 3.13　式(3.46)中我国不同地区 a 和 b 的取值

地区　参数	海口	广州	南京	重庆	新乡	长春
a	1.0721	1.0596	1.1006	1.0753	1.0357	1.0582
b	−0.0571	−0.0587	−0.0325	−0.0412	−0.0354	−0.0311

　　实际上，式(3.46)所示的转换关系可以适用于同一年时间百分概率对应的 τ 分钟累积参考降雨率 R_{r_τ} 与1分钟累积参考降雨率 R_{r_1} 之间的关系，即

$$R_{r\_1}(p_{R_r}) = a \cdot (p_{R_r})^b R_{r\_\tau}(p_{R_r}) \tag{3.47}$$

对于中国12个降雨气候区域，式(3.47)中的回归系数 a 和 b 的取值如表3.14所示。

表 3.14　式(3.47)中我国不同雨区 a 和 b 的取值

雨气候区	$\tau=5$ min		$\tau=10$ min	
	a	b	a	b
A, B	0.896	−0.0316	0.796	−0.0745
D, E	0.882	−0.0457	0.836	−0.0736
F, G, H, J, K	0.862	−0.0564	0.847	−0.082
M	—	—	1.068	−0.0353
N, P	—	—	1.05	−0.0587

　　文献[17]给出了不同累积时间参考降雨率 R_r 对应的年时间概率之间的转换模型。假设 $p_{R_{r\_\tau_1}}$ 是 τ_1 分钟参考降雨率 $R_{r\_\tau_1}$ 对应的年时间概率，$p_{R_{r\_\tau_2}}$ 是 τ_2 分钟参考降雨率 $R_{r\_\tau_2}$ 对应的年时间概率，如果 $R_{r\_\tau_1}$ 与 $R_{r\_\tau_2}$ 之间满足[17]：

$$\frac{R_{r\_\tau_1}}{R_{r\_\tau_2}} = \left(\frac{\tau_2}{\tau_1}\right)^\alpha \tag{3.48}$$

则 $p_{R_{r\_\tau_1}}$ 与 $p_{R_{r\_\tau_2}}$ 二者之间满足[17]：

$$p_{R_{r\_\tau_2}} = \left(\frac{\tau_2}{\tau_1}\right)^\alpha p_{R_{r\_\tau_1}} \tag{3.49}$$

其中，α 为与气候区域有关的常数。对于 E 气候区域，$\alpha = 0.115$。

　　文献[6]也给出了 10 分钟累积降雨率年时间概率与 1 分钟累积降雨率年时间概率之间的对应关系，对于大于 30 mm/h 的同一参考降雨率 R_r，R_r 对应的 10 分钟累积降雨率年时间概率 $p_{R_{r\_10}}$ 和 R_r 对应的 1 分钟累积降雨率年时间概率 $p_{R_{r\_1}}$ 之间满足：

$$p_{R_{r\_1}} = 0.0017 R_r^{1.817} p_{R_{r\_10}} \tag{3.50}$$

3.2.1.11　最坏月及最坏年降雨率分布

　　降雨事件是随机事件，上述降雨率年时间百分概率分布是基于多年数据的平均结果，多年测量数据的平均结果可以反映特定地区的平均水平。但是，起伏和涨落是随机现象的固有特征。所以，同一地区不同年份降雨率年时间百分概率分布有差异，同一地区、同一年不同月份的月时间百分概率分布也有差异。在系统链路设置中，为了在考虑降雨环境平均影响效果的基础上，兼顾最坏月份、最坏年降雨环境的影响，提出了最坏月及最坏年降雨率分布的概念。

　　假设对于某个参考降雨率 R_{r_i}，设 N_Y 年中第 i_Y 年的百分概率为 $p_{i_Y\_R_{r_i}}$，如果 N_Y 个 $p_{i_Y\_R_{r_i}}$ 中的第 j_Y 年的 $p_{j_Y\_R_{r_i}}$ 具有最大值，则称该年为 N_Y 年中的对于参考降雨率 R_{r_i} 的最坏年。如果对于设定任何一个参考降雨率 R_r，该年均具有最大的时间百分概率 $p_{j_Y\_R_r}$，则称该年为 N_Y 年内观察到的最坏年。对应于参考降雨率 R_r 的最坏年时间百分概率表示为 $p_{wy\_R_r}$。

　　讨论最坏月降雨率分布前，有必要提及月雨率时间百分概率的概念。月降雨率时间百分概率的定义与年降雨率时间百分概率的概念非常相似。假设图 3.24 是某一地区、某一年某月内第 i 次降雨事件中 1 分钟累积降雨率时间序列，且此次降雨事件中降雨率大于参考降雨率 R_r 的所有持续时间之和为 $T_{R_{r\_i}}$ 分钟。按照同样的方法，将同一年、同一月的所有 N_{M_R} 次降雨事件的持续时间进行统计，则该年、该月计算得到的参考降雨率 R_r 的月时间百分概率为 $p_{M\_R_r}$，即

$$p_{M\_R_r} = \frac{100 \cdot \sum_{i=1}^{N_{M\_R}} T_{R_{r\_i}}}{D_M \cdot 24 \cdot 60} \tag{3.51}$$

式中，D_M 表示该年、该月的天数。如果按照式(3.51)分析同一地区、同一年 12 个月中的第 i_M 月，对于任何参考降雨率 R_r 的月时间百分概率 $p_{i_M\_R_r}$ 均大于同一月份的月时间百分概率 $p_{M\_R_r}$，则称该月为当年的最坏月。如果经过分析同一地区 N_Y 年中所有测量数据，发现每年的第 i_M 月均为当年最坏月，则称该月为该地区的降雨最坏月，最坏月降雨率月时间百分概率记为 $p_{wm\_R_r}$。

　　一般情况下，根据十年以上的测量数据获得的降雨率时间百分概率的统计规律，可靠性更好一些。根据我国 56 个气象站降雨资料统计，$p_{wy\_R_r}$、$p_{wm\_R_r}$ 与平均降雨率年时间百分概率 p_{R_r} 之间满足以下回归关系[18]：

$$p_{\text{wm\_}R_r} = 3.86(p_{R_r})^{0.849} \tag{3.52}$$

$$p_{\text{wy\_}R_r} = 1.206(p_{R_r})^{0.847} \tag{3.53}$$

ITU - R P.841 - 5[19]研究了降雨率年时间百分概率 p_{R_r} 与最坏月降雨率月时间百分概率 $p_{\text{wm\_}R_r}$ 之间的转换关系,给出了建议模型。对于同一参考降雨率 R_r,$p_{\text{wm\_}R_r}$ 与 p_{R_r} 之间的关系为

$$p_{\text{wm\_}R_r} = Q_{\text{y-m}} p_{R_r} \tag{3.54}$$

其中,$Q_{\text{y-m}}$ 表示转换参数,是参数 $Q_{\text{y-m-}s_1}$、$Q_{\text{y-m-}s_2}$ 以及 p_{R_r} 的函数,即

$$Q_{\text{y-m}} = \begin{cases} 12 & \left(p_{R_r} < \left(\dfrac{Q_{\text{y-m-}s_1}}{12}\right)^{\frac{1}{Q_{\text{y-m-}s_2}}} \Big/ 100 \right) \\[2mm] Q_{\text{y-m-}s_1}(p_{R_r})^{-Q_{\text{y-m-}s_2}} & \left(\dfrac{(Q_{\text{y-m-}s_1}/12)^{\frac{1}{Q_{\text{y-m-}s_2}}}}{100} < p_{R_r} \leqslant 0.03\right) \\[2mm] Q_{\text{y-m-}s_1}3^{-Q_{\text{y-m-}s_2}} & (0.03 < p_{R_r} \leqslant 0.3) \\[2mm] Q_{\text{y-m-}s_1}3^{-Q_{\text{y-m-}s_2}}\left(\dfrac{p_{R_r}}{30}\right)^{\frac{\lg(Q_{\text{y-m-}s_1}3^{-Q_{\text{y-m-}s_2}})}{\lg 0.3}} & (p_{R_r} > 0.3) \end{cases} \tag{3.55}$$

式(3.55)中的 $Q_{\text{y-m-}s_1}$ 和 $Q_{\text{y-m-}s_2}$ 的取值与所考虑的降雨传播效应以及地区有关,详见文献[19]。

3.2.1.12 降雨率实时动态变化特性

降雨事件是一种自然、随机时变现象,它发生的空间、发生的频率、持续时间受到大气随机运动的影响。前面分析了降雨率年时间百分概率统计规律,这些规律在统计上表明某一地区,全年降雨强度超过某一参考降雨率 R_r 的总持续时间占全年的百分比,但是无法说明特定降雨事件中降雨强度的演变过程。实际上,如图 3.26 西安地区 2011 年 7 月 5 日降雨事件时间序列所示,任何一次真实降雨事件发生时,降雨率按照随机统计规律进行随机地实时变化。了解降雨率实时变化统计规律,对于分析降雨环境中传播、散射动态特征具有重要的理论意义和应用价值。

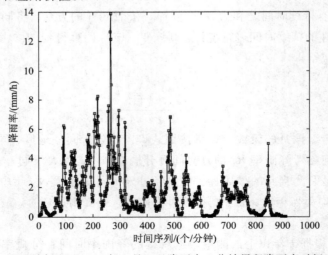

图 3.26 西安地区 2011 年 7 月 5 日降雨中 1 分钟累积降雨率时间序列

有关对流层环境中电波传播与散射的文献,大部分直接分析降雨环境中动态传播、散

射特性，不太关注降雨率实时动态变化特性。实际上，降雨率实时动态变化正是引起传播、散射特性动态变化的主要原因。所以，当系统讨论降雨环境物理特性时，有必要对降雨率实时动态变化特性的数学规律加以说明。

假设某次降雨事件中，最大降雨率为 $R_{\max}$，最小降雨率为 $R_{\min}$，则任意时刻降雨率 $R \in [R_{\min}, R_{\max}]$ 的概率密度函数 $p_R(R)$ 可以在宏观上反映出降雨率的实时变化规律，更进一步分析 $R_1 \in [R_{\min}, R_{\max}]$ 出现条件下，$R_2 \in [R_{\min}, R_{\max}]$ 的条件概率 $p_R(R_2|R_1)$ 可以反映出降雨率相依变化的统计规律。

Max M. J. L 和 Van de Kamp[20] 根据 Maseng 和 Bakken[21] 的观点推导出了 $p_R(R)$ 为对数正态分布[20]：

$$p_R(R) = \frac{1}{\sqrt{2\pi}\,\sigma_{\ln R} R} \exp\left[-\frac{\ln^2(R/m_R)}{2\sigma_{\ln R}^2}\right] \tag{3.56}$$

其中：$\sigma_{\ln R}$ 表示降雨事件持续期内降雨率 R 取对数后获得的新的随机量 $\ln R$ 对应的标准差；m_R 表示降雨事件持续期内降雨率 R 的均值。Max M. J. L 和 Van de Kamp 给出的 $p_R(R_2|R_1)$ 为

$$p_R(R_2 \mid R_1) = \frac{1}{\sqrt{2\pi}\,\sigma_{\ln(R_2|R_1)} R_2} \exp\left[-\frac{\ln^2(R_2/m_{R_2})}{2\sigma_{\ln(R_2|R_1)}^2}\right] \tag{3.57}$$

其中：$\sigma_{\ln(R_2|R_1)}$ 表示降雨事件持续期内降雨率 R_1 出现的条件下，出现的随机降雨率 R_2 取对数后获得的新的随机量 $\ln R_2$ 对应的标准差；m_{R_2} 表示降雨事件持续期内降雨率 R_1 出现的条件下，出现的随机降雨率 R_2 的均值。文献[20]将参数 $\sigma_{\ln(R_2|R_1)}$ 和 m_{R_2} 用风速以及雨滴速度铅垂方向分量等参量表示，并且给出了计算表达式，读者可以自行查阅。本书作者认为，将一个统计量表示为其他随机变量，在理论探索方面无疑是一种具有创新意义的研究方法。但是，对于工程应用而言，观测和分析风速、粒子速度等文献[20]中确定 $\sigma_{\ln(R_2|R_1)}$ 和 m_{R_2} 需要的其他随机参数，远比直接观测和分析降雨率要困难、复杂，且需要付出更大的代价。所以，本书作者更倾向于直接利用各种手段观测降雨率序列，然后通过时间序列分析理论、随机统计理论得出式(3.56)和式(3.57)中需要的参数。

文献[22]利用随机过程理论中的马尔科夫模型来模拟降雨率的实时变化过程，就本质而言，该方法的本质也是确定 $p_R(R_2|R_1)$，实际上也是式(3.57)所示理论模型的进一步应用，读者可以自行查阅文献。

3.2.1.13　降雨率水平及垂直空间分布特性

实际上，由于大气运动、降水云内部变化、风以及空气对雨滴的摩擦作用，在一次降雨事件中降雨率沿水平空间及垂直空间的分布都出现不均匀现象。也就是说，在一次降雨事件中，对同一高度的不同点使用完全相同的设备观测降雨率，同一时间测得的数据不同；在同一经纬度处，不同高度同时测得的数据也不同。所以，在分析降雨环境传播特性时，需要根据几何路径求解等效路径长度，也就是归算于某一点降雨率的路径长度。

有关对流层环境中电波传播与散射的文献，大部分重在分析降雨环境的等效路径长度，而没有分析降雨率水平及垂直空间分布特性。但是，准确分析降雨率水平及垂直空间分布特性，正是建立符合特定地区降雨特征的等效路径模型的重要基础。

通常情况下，降雨率水平及垂直空间分布问题经常涉及"雨胞"的概念。如图 3.27 所示，该雨区由多个"雨胞"组成，且同一个雨区内不同"雨胞"之间相互重合，每个"雨胞"中

心降雨率最大，在同一高度水平范围内偏离"雨胞"中心，降雨率逐渐降低[12]；在同一经纬度不同高度，同一"雨胞"内的降雨率随高度增加而逐渐降低，或者先增加后降低[23]。

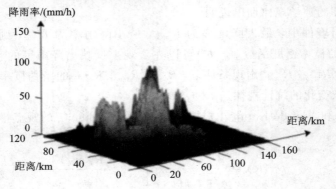

图 3.27　雨区与"雨胞"的关系示意图

因为人们在观察降雨事件时，目前尚没有合适的技术手段可以确切地得到一个独立雨区有多少个"雨胞"，也没有技术手段可以从一个独立雨区中区分出单个"雨胞"，因此迄今为止尚未有权威的手段分析降雨率空间分布问题。不同研究者只是根据他们自己的观察数据给出了一些研究结果，而且这些结果多集中于降雨率水平空间分布数学模型，很少有文献给出降雨率垂直空间分布定量化数学模型。典型的降雨率水平空间分布模型包括双层圆柱模型[12]、指数模型[24]、高斯模型[25-26]、EXCELL 分布模型[27]、HYEXCEL 分布模型[28]。这些模型没有明确说明是哪个高度平面内的水平分布，本书作者认为指的是在地面观察到的降雨率水平空间结构模型。

双层圆柱模型认为一个独立雨区降雨率分布如图 3.28 所示，假设内层降雨率为 $R_{\text{INT\_C}}$，则以 km 为单位的内层圆柱的半径 $D_{\text{INT\_C}}$ 为[12]

$$D_{\text{INT\_C}} = 2.2 \left(\frac{100}{R_{\text{INT\_C}}} \right)^{0.4} \tag{3.58}$$

而整个雨区的直径大约为 33 km，外部圆柱区域的以 mm/h 为单位的降雨率 $R_{\text{EXT\_C}}$ 为[12]

$$R_{\text{EXT\_C}} = 10 [1 - \exp(0.0105 R_{\text{INT\_C}})] \tag{3.59}$$

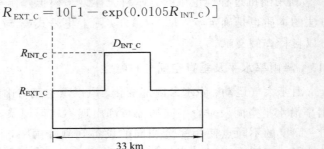

图 3.28　双层圆柱降雨率模型示意图

假设雨胞中心处的峰值降雨率为 R_{peak}，则与该位置相距为 l_{distance} 处的降雨率用指数模型表示为[24]

$$R(l_{\text{distance}}) = R_{\text{peak}} \exp \left(-\frac{4 \cdot l_{\text{distance}}}{l_{\text{radius}}} \right) \qquad (l_{\text{distance}} < l_{\text{radius}}) \tag{3.60}$$

其中，l_{radius} 表示雨胞半径，单位为 km。

高斯模型与指数模型类似，表示为

$$R(l_{\text{distance}}) = R_{\text{peak}} \exp\left[-\frac{1}{2}\left(\frac{3 \cdot l_{\text{distance}}}{0.8 \cdot l_{\text{radius}}}\right)^2\right] \qquad (l_{\text{distance}} < l_{\text{radius}}) \qquad (3.61)$$

EXCELL 降雨率水平结构分布模型由 Capsoni 等学者提出，如果雨胞中心处的峰值降雨率为 R_{peak}，则以峰值降雨率位置为坐标原点的水平平面位置 (x, y) 处的降雨率 $R(x, y)$ 表示为[27]

$$R(x, y) = R_{\text{peak}} \exp\left[-\left(\frac{x^2}{a_x^2} + \frac{y^2}{a_y^2}\right)^{1/2}\right] \qquad (R \geqslant R_{\text{min}}) \qquad (3.62)$$

其中：R_{min} 表示雨胞边沿处最小降雨率，最小降雨率最小可以假设为 0.5 mm/h；x 和 y 的单位为 km。显然，EXCELL 模型由参数 R_{peak}、a_x 和 a_y 描述，这些参数需要根据文献[27]介绍的方法进行估计，在此不再细述，读者可以自行查阅文献[27]。

HYEXCEL 分布模型由 Feral 等学者提出，该模型在 EXCELL 模型基础上进一步考虑了降雨率沿水平空间分布的突变。Feral 等学者认为随着降雨率相对于雨胞中心降雨率的下降规律，会出现同类型不同参数模型的突变。假设降雨率中心处的峰值降雨率依然为 R_{peak}，则存在一个转折点降雨率 $R_{\text{inflection-point}}$，如果以峰值降雨率位置为坐标原点的水平平面位置 (x, y) 处的降雨率 $R(x, y)$ 大于 $R_{\text{inflection-point}}$，则降雨率水平分布结构服从类似式 (3.62) 的一组参数的规律；当 $R(x, y)$ 在 $R_{\text{inflection-point}}$ 与雨胞最小降雨率 R_{min} 之间时，则降雨率水平结构函数的参数会发生变化。HYEXCEL 模型表示为[28]

$$R(x, y) = \begin{cases} R_{\text{peak}} \exp\left[-\left(\dfrac{x^2}{a_x^2} + \dfrac{y^2}{a_y^2}\right)^{1/2}\right] & (R \geqslant R_{\text{inflection-point}}) \\[3mm] R_{\text{v-peak}} \exp\left[-\left(\dfrac{x^2}{a_{x\_1}^2} + \dfrac{y^2}{a_{y\_1}^2}\right)^{1/2}\right] & (R_{\text{min}} \leqslant R < R_{\text{inflection-point}}) \end{cases} \qquad (3.63)$$

其中，$R_{\text{v-peak}}$ 表示另一个虚拟峰值降雨率，模型参数的估计方法详见文献[28]。

其他文献中也还有其他类似的降雨率水平空间结构模型，在此不再一一列举。但是需要注意的是，"雨胞"降雨率水平空间结构分布模型并不是雨区降雨率水平结构分布模型。因此，关于降雨环境降雨率水平结构分布模型尚存在诸多不确定因素，需要众多学者不断探索，进一步地分析、观测，给出更加可信的结论。

相对于同时观测地面不同位置的降雨率，同时观测同一位置不同高度处的降雨率更加困难。所以降雨率垂直空间分布结构更处于探索阶段，虽然有文献针对该问题进行过讨论，例如文献[29]～[31]，但本书作者认为这些结论尚处于就事论事阶段，只是对一些数据分析的结果，尚没有从数据中提取出物理模型，读者可以自行查阅相关文献获得提示和灵感，针对降雨率垂直空间结构方面做进一步的工作。

3.2.2　云、雾

云、雾是一种复杂多变、种类繁多的大气现象，对其进行研究，既是气象学和大气科学的重要课题，又是研究毫米波、红外和光学信号在大气中传播的一个重要分支。特别是对于红外和光学系统，云、雾的影响较降雨的影响要严重得多，所以对其进行深入研究具有重要的现实意义。由于云和雾除了分布空间不同外，其他物理特性几乎完全一致，因此将云环境和雾环境的物理特性及传播特性一起讨论。

3.2.2.1 云、雾的形成及强度表征与分类

大气中的水汽达到饱和后,凝结或凝华成微米量级的小水滴或冰晶粒子,漂浮在贴近地面的气层内的称为雾,发生在大气的某一高度上的称为云。

云、雾的形成往往是几种原因复杂、综合作用的结果。例如,沿海都市地区雾的形成有海上暖湿空气登陆时的绝热膨胀作用、平流作用、海陆空气的混合作用、辐射冷却作用等。但是,形成云、雾的宏观必要条件可以归纳为蒸发过程和冷却过程。

蒸发过程是指通过水面或水滴表面的蒸发而使空气中的水汽含量增加的过程。同时由于蒸发消耗了部分热量而使气温降低,所以蒸发过程也伴随着冷却效应。因此,蒸发过程及其冷却效应会使空气中的水汽达到过饱和而产生凝结,从而形成云、雾。

冷却过程主要有三种方式。一是绝热冷却,即未饱和湿空气上升过程中空气因绝热膨胀而冷却。这种冷却过程的冷却效应比较显著,常常能使湿空气团达到高度的过饱和而产生凝结,所以它是形成云的基本原因。二是平流冷却,即暖湿空气流经冷下垫面上时,不断地将热量传递给冷下垫面,而使其本身逐渐冷却。若暖湿空气和冷下垫面的温差较大,就可能使空气达到过饱和而发生凝结,所以它是形成雾的基本原因之一。三是辐射冷却,即夜间空气由于放射辐射失去热量超过吸收的热量而逐渐冷却的过程。这种过程在含有大量的尘埃、凝结核等气溶胶质粒气层的冷却中,尤其是在云层顶部夜间冷却中,表现得很明显。

蒸发过程是加湿过程,使得空气中的气态水含量增加,冷却过程满足了气态水向液态水转化的必要条件。如果此时空气含有烟、尘、霾粒子作为凝结核,则形成了云、雾现象。

组成云、雾的水凝物粒子对光的散射、反射作用会使光学能见度降低。电磁波传播环境特性中通常用光学能见度 V_b 和体积含水量 C_w 或者路径积分含水量 C_{path-w} 来表征云、雾的强度特征,或者反映云、雾环境中水凝物气溶胶粒子的浓度大小。

光学能见度与可见光的衰减系数成反比,V_b 表示为[32]

$$V_b = \frac{1}{\alpha_{atten}} \ln \left| \frac{1}{K_{threshold}} \right| \tag{3.64}$$

其中:$K_{threshold}$ 表示理想黑体相对于理想白背景的门限对比度,通常取 $0.018 \sim 0.03$;α_{atten} 表示以 Np/km 为单位的云、雾环境中可见光的光学衰减系数均值,通常可以用 $0.55~\mu m$ 波长的衰减系数代替 α_{atten},α_{atten} 的计算方法见 6.2.3 节。当式(3.64)中的 $K_{threshold}$ 取为 0.02 时,求解得出的能见度定义为能见距离 V_{bm}。

云、雾的含水量 C_w 是指单位体积内空气中水滴或冰晶气溶胶粒子的质量,单位为 g/m^3 或者 g/cm^3。路径积分含水量 C_{path-w} 是指,沿电磁波通过云、雾环境中的路径,取单位底面积形成的类柱状空间的含水量,单位为 g/m^2 或者 g/cm^2。

V_b 越小或者 C_w 和 C_{path-w} 越高,表示云、雾更强。通常,雾环境使用 V_b 较多但也使用 C_w 或者 C_{path-w} 描述雾强度;而云环境通常只使用 C_w 和 C_{path-w} 描述云强度。其实,V_b 与 C_w 以及 C_{path-w} 可以相互转换。

根据雾的能见度 V_b 不同,可将雾分成不同的类型:$V_b \leqslant 50$ m 时称为重雾;50 m$ < V_b \leqslant 200$ m时称为浓雾;200 m$ < V_b \leqslant 500$ m时称为大雾;500 m$ < V_b \leqslant 1000$ m 时称为雾;$V_b > 1000$ m时称为轻雾或霭。

根据形成雾的物理机制和天气条件,还可将雾分为辐射雾、平流雾、蒸气雾、上坡雾和锋面雾。

辐射雾是空气因辐射冷却达到过饱和而形成的，这种雾多出现于晴朗、微风及近地面水汽比较充沛的夜间和早晨。因为在晴朗的夜间和早晨，天空无云阻挡，地面的热量迅速向外辐射形成水蒸气，当空气中的水汽达到饱和时便凝结成了雾。辐射雾一般出现在我国秋冬季节，因为这个时候是少雨季节，昼短夜长，辐射冷却作用比较显著，容易形成雾。

平流雾是由暖空气平流到冷下垫面上经冷却形成的。当暖而潮湿的空气流经冷的海面或陆地时，空气的低层因解除冷却达到过饱和而凝结成雾。平流雾一旦形成，在适宜的风向和风速的条件下，持续时间较长。我国春夏季节在沿海一带经常出现的海雾就属于平流雾。

蒸气雾是冷空气流经暖水面上时，由于暖水面的蒸发，使得冷空气中的水汽增加达到过饱和而形成的雾。

上坡雾是潮湿空气沿山坡上升时，由于绝热膨胀冷却而形成的雾。这种雾形成的前提是气层必须是对流性稳定层结且山坡的坡度不能太大，否则容易形成对流。上坡雾常出现在我国青藏高原及云贵高原的东部。

锋面雾发生于冷暖性质不同的气团交界处，它主要是由于暖气团的降水落到冷空气层时，水滴在冷空气中蒸发，使冷空气达到过饱和而形成的。锋面雾通常是随着锋面一起移动的，雾区沿锋面呈带状分布，可长达数百千米。这种雾常出现在梅雨季节暖锋前后和华南准静止锋活动的地区。

另外，如果在有雾时，同时有雾滴向地面有序下降的现象，则称为湿雾。无论采用什么分类方法，其实都是从不同角度对雾特征的一种描述。

云通常是根据其出现的高度、自身的形态、云产生的气象过程以及云的粒子分布等微物理特性来分类的。按照云出现的高度，可以将云分为低云、中云、高云以及直展云；按照自身的形态，可以将云分为卷云、卷积云、层云、层积云、荚状云、乳房云等；按照云产生的气象过程，可以将云分为地形的上升云、微云或峡谷的循环云、不稳定特性云、冷锋面云或暖锋面云等；按照云含水量特性，可以将云分为浓云、淡云；按照粒子尺寸谱，可以将云分为 Gamma 分布云、对数正态分布云等。

世界气象组织按照云出现的高度，将云分为高云、中层云、低云；按照国际分类法，将云分为积状云、波状云、层状云三大类和高云、中云、低云、直展云四大族，属于类和族的详细云型如表 3.15 所示[11]。

表 3.15　云的国际分类

类 ＼ 族	高云	中云	低云	直展云
积状云	积状云卷积云 Cc Cuf	积云状高积云 Ac Cuf	积云 Cu	浓积云 Cu cong 积雨云 Cu
波状云	卷积云 Cc 卷云 Ci	高积云 Ac	层积云 Sc	
层状云	卷层云 Cs	高层云 As	层云 St 雨层云 Ns	

3.2.2.2　云雾滴的形状和尺寸

云雾滴由线度为微米量级的水滴或者冰晶粒子组成，且沉降速度缓慢，因此一般认为云雾粒子为球形。当温度高于 −18℃ ～ −20℃ 时，雾粒子多由水滴组成；当温度低于 −20℃ 时，冰晶雾粒子占优势。当温度高于 0℃ 时，云粒子以水的形式存在；当温度低于 −20℃ ～ −40℃ 时，冰晶云粒子占优势；当温度为 0℃ ～ −20℃ 时，云粒子为冰水混合物。

雾滴的半径约在 1～60 μm 范围内。雾滴粒子的大小取决于含水量以及形成雾滴的个数。含水量大时，雾粒子相互碰撞发生合并的概率大一些，所以雾滴大一些；含水量小且雾粒子越多时，雾滴粒子就越小。在温度比较低的情况下，由于水汽含量较少，所以雾滴相对较小。一般在 0℃ 以上时，雾滴半径约为 7～15 μm，0℃ 以下时为 2～5 μm，轻雾也就是霭粒子，一般小于 1 μm。另外，雾粒子半径也与雾的类型有关，例如辐射雾的雾粒子半径通常小于 10 μm，平流雾的雾粒子半径一般大于 10 μm。表 3.16 列出了辐射雾和平流雾粒子的尺寸特征。雾粒子半径还与雾的持续时间段有关，雾粒子在初生阶段、持续阶段、消退阶段也有差异，雾在初生阶段和消退阶段的持续时间短且不稳定，所以很少有文献分析这两个阶段的雾粒子特征，目前文献中雾粒子半径特征一般指持续阶段数值。

表 3.16　雾滴粒子的尺寸分布

类型 参量	辐射雾	平流雾
平均水滴半径	10 μm	20 μm
水滴尺寸范围	5～35 μm	7～65 μm

在云中发现的液水云粒子半径一般在 1～30 μm 之间，最大半径具有 25～50 μm 数量级。晴天积云的云滴半径为 3～33 μm，而浓积云和积雨云的云滴半径为 3～100 μm，有时超过 100 μm。超过 100 μm 的云滴为大云滴，它是从云滴向雨滴过渡的中间状态。对积状云而言，中纬度夏季云中大云滴可达 10～1000 μm。另外，云滴的大小随云型和所处云中高度都有很大的变化。表 3.17 给出了各类云的云滴半径范围和平均半径。从表中可以看出，浓积云和积雨云的云滴平均半径最大，高层云和层云的云滴平均半径最小。在同一云体中，一般在云底、云顶及云的边缘部位的云滴较小，在云体中上部的云滴较大。

表 3.17　各类云的云滴半径范围

类别	层云	层积云	雨层云	高层云	高积云	淡积云	浓积云	积雨云
云滴半径/μm	2～40	2～40	1～25	1～50	1～13	1～83	2～83	2～100
平均半径/μm	6	8	10	5	7	9	24	20

3.2.2.3　云雾能见度、含水量及相互关系

如前所述，电波传播环境特性中通常用光学能见度 V_b 和体积含水量 C_w 或者路径积分含水量 C_{path-w} 来表征云、雾的强度特征，或者反映云、雾环境中水凝物气溶胶粒子的浓度大小。云、雾的含水量随云、雾的强度不同而不同，含水量越大，强度越大。

对于雾而言，雾的能见度越低，强度越大；而同一种强度的雾，其含水量主要取决于温度。对于中等强度的雾来说，当温度范围为 −15℃ ～20℃ 时，雾的含水量为 0.1～0.2 g/m^3；当温度范围为 −15℃ ～0℃ 时，雾的含水量为 0.2～0.5 g/m^3；而当温度范围为 0～10℃ 时，雾的含水量可达 0.5～1.0 g/m^3。

雾的含水量除了与能见度有关外，还与雾的高度有关。雾中单位体积内空气的含水量

随高度的分布情况也因雾的性质不同而异。就平均情况而言，平流雾的含水量随高度的增加而增加，而辐射雾则恰好相反，随高度的增加而减少。表 3.18 是雾的含水量随高度的分布结果。平流雾的含水量在近地面为 $0.1\sim0.2$ g/m³，在接近雾的上界时可达 $0.4\sim0.5$ g/m³；而辐射雾在近地面为 0.32 g/m³，到 200 m 时却减少到 0.21 g/m³。在雾过渡到消散阶段时，空气中的含水量随高度急剧增加，而在近地面层却迅速减少。

表 3.18　雾中含水量(g/m³)随高度的分布

雾的种类	高　度/m						
	<100	100	150	200	300	400	500
平流雾	0.14	0.18	0.26	0.36	0.44	0.47	0.3
辐射雾	0.32	0.25	0.21	0.21	0.17		
平　均	0.19	0.21	0.25	0.35	0.4	0.47	0.3

雾的含水量对于计算雾的衰减特征非常重要。雾含水量的精确计算由雾的能见度来分析，两者的关系可表示为[11]

$$V_b = C_{V_b-C_w} \frac{r_{ef}}{C_w} \tag{3.65}$$

式中：r_{ef} 为雾滴以 μm 为单位的均方根半径；C_w 为以 g/m³ 为单位的含水量；$C_{V_b-C_w}$ 为回归常数，其值可取 2.5。由式(3.65)计算得到的能见度 V_b 的单位为 m。

W. H. Radford 曾经收集了某些地点雾的能见度与含水量数据，将其绘制成相关表格，并总结出了这两种雾以 g/m³ 为单位的含水量 C_w 和以 km 为单位的能见度 V_b 的关系：对于平流雾，二者的关系表示为[11]

$$C_w = (18.35V_b)^{-1.43} = 0.0156V_b^{-1.43} \tag{3.66}$$

对于辐射雾，二者的关系表示为[11]

$$C_w = (42.0V_b)^{-1.54} = 0.003\,16V_b^{-1.54} \tag{3.67}$$

云一般只用含水量来描述其强度特征，且云的含水量随云的不同而不同。一般积状云中的含水量大于层状云中的含水量。浓积云和积雨云的含水量约为 $1\sim3$ g/m³；积雨云中最大含水量曾观测到 20 g/m³；在积状云内，不同地方的含水量也是不同的，表 3.19 给出了各种层状云含水量的情况。云的含水量与温度和高度密切相关，高度越高，温度越低，云中含水量就越少。

表 3.19　层状云的含水量

云状	雨层云	高积云	高层云	层积云	层云
含水量/(g/m³)	0.1~0.9	0.01~0.6	0.17~0.9	0.1~1.4	0.13~0.43

云的含水量是研究云对电磁波及光传输特性的重要参数，但是在计算分析电磁波穿过云环境的传输特性时，不使用体积含水量，而使用路径积分含水量 C_{path-w}。不同年时间百分数对应的云路径积分含水量的分布是目前人们最为感兴趣的参数。ITU－R P.840 建议给出了 20%、10%、5% 和 1% 时间百分数的全球云积分含水量的分布，并给出了经纬度步长为 1.5° 全球云积分含水量的分布的数据文件。参考文献[33]，任意地点的积分含水量可

通过双线性插值得到，其他时间百分数的积分含水量可通过半对数插值求得，即对时间百分数取对数插值，对积分含水量取线性插值。

3.2.2.4 云雾的空间高度

雾是近地面大气现象，雾现象从地面开始向上扩展一定的高度，所以本书中说的雾高度指的是雾的空间扩展高度。分析雾的扩展高度，主要是为了分析雾环境中电磁波传播特性所需的路径积分含水量 C_{path-w}。云是对流层大气中某一高度范围的水凝物现象，由于云厚度统计困难，因此有关电波空间环境特性的学者在统计云的含水量时，直接测量分析其路径积分含水量 C_{path-w}，所以，本书中讨论的云高指的是云底部距离地面的高度。

据西北太平洋 50 次观测，雾顶高度小于或等于 400 m 的占到了 86%，超过 400 m 的很少。所以，为了最大限度地估计雾环境中电磁波的传输效应，取雾的扩展高度为 400 m。

对于不同性质的雾，其高度也会不同。在陆地上用飞机探测的各种雾的平均高度见表3.20。由表 3.21 可知，锋面雾的高度最大，其次是平流雾，一般在三四百米，辐射雾最低，一般只有一二百米。

表 3.20　不同性质的雾的平均高度

雾的类型	雾的平均高度/m
平流雾	320
辐射雾	155
平流辐射雾	260
锋面雾	460

云底高度与云的类型密切相关。例如，卷云、卷层云和卷积云都属于高云，它们都是由小冰晶组成的，云底高度一般在 6 km 以上。高云一般不会降雨，在冬季，北方的卷层云偶尔会降雪。中云包括高层云和高积云，其一般多由水滴、过冷却水滴和冰晶混合组成，云底高度通常在 2.5～6 km。高层云出现时可能产生雨雪天气，而高积云则不会发生雨雪天气。低云包括积云、层积云、雨层云和层云，大部分的低云是由水滴组成的，云底高度一般在 2.5 km 以下，除积云外大部分低云都可能会发生雨雪天气。高云、中云、低云在极地、温带和热带高度也有差异，表 3.21 列出了统计结果。

表 3.21　极地、温带及热带的不同类型云底高度　　　　　km

族	极地	温带	热带
高云	3～4	5～13	6～18
中云	2～4	2～7	2～8
低云	0～2	0～2	0～2

云的高度对于航空气象和天气预报都是很重要的观测项目。云的高度随天气、季节及地形条件而异。根据近几年来的观测资料，其高度在不同地区的变化见表 3.22。

表 3.22　各纬度云高表

纬度		0°	10°	20°	30°	40°	50°	60°	70°
卷云 （卷层云）	最高	18.8	19.2	19.8	17.9	14.8	12.5	11.6	11.0
	夏季	10.8	12	12.2	11.4	10.4	9.0	8.1	7.3
	冬季		11	11.7	11.0	9.5	8.5	6.9	—
卷积云	夏季	6.2	6.6	8.6	8.9	7.8	6.6	5.8	5.3
	冬季		6.2	6.6	7.5	7.5	6.4	5.7	—
高积云 （高层云）	夏季	4.5	4.7	5.3	5.3	5.1	4.1	3.5	3.2
	冬季		4.4	4.7	5.2	4.2	3.6	3.5	—
层积云	夏季	2.4	1.9	1.6	1.5	2.0	1.9	1.6	1.3
	冬季		2.3	2.0	1.5	1.9	1.5	1.4	—
雨层云	夏季	1.7	1.5	1.3	1.1	1.5	1.3	1.2	1.0
	冬季		1.5	1.4	1.4	1.6	1.2	1.0	—
层云	夏季	1.4	1.1	0.8	0.6	0.7	0.8	0.9	0.7
	冬季		1.3	1.0	0.4	0.6	0.5	0.6	—
	最低	—	0.6	0.3	0.1	0.3	0.4	0.5	0.3
积雨云顶	最高	12.5	13	13.8	14.7	13.9	10.8	9.0	7.5
	夏季	5.0	6.0	7.0	8.0	8.6	5.8	4.1	3.6
	冬季		3.6	2.8	2.9	3.4	4.2	4.8	—
积云顶	最高	4.2	4.2	4.2	4.2	4.3	4.9	5.0	4.4
	夏季	1.7	1.7	1.8	2.3	3.0	2.6	2.2	1.9
	冬季		1.7	1.6	1.8	2.1	2.1	1.7	—
积云底	夏季	1.1	1.1	1.0	1.0	1.5	1.6	1.5	1.5
	冬季		1.0	1.0	0.9	1.1	1.0	0.8	—
	最低	0.6	0.5	0.3	0.3	0.5	0.6	0.5	0.3

西安地区云的垂直配置分别为卷云、高层云、层积云、碎雨云，属于混合云系，云的高度大约是 5 km，主体云的高度大约为 6 km。西安地区云高分布见表 3.23。

表 3.23　西安地区云高分布

云类型	高度/km
卷云	≥6
高层云	3.9～6
乱层云	3.9～6
层积云	2～2.9
碎雨云	0.2～2

3.2.2.5　云雾滴谱分布

由于云雾滴尺寸分布的变化较大，根据实测滴谱分布的不同，人们采用不同的模型来描述云雾滴谱。通过对大量实测资料的分析可知，当尺度取线性坐标时，谱型大多是随着尺度的增大而快速上升，达到极大值后，再随着尺度的增加而缓慢下降。目前广泛采用的云雾粒子尺寸分布有广义 Gamma 分布、Gamma 分布以及对数正态分布。

广义 Gamma 云雾滴尺寸分布是由 Deirmandjian 提出的，其数学形式为[6]

$$n_{cf}(r_{cf}) = a_{cf} r_{cf}^{\alpha_{cf}} \exp(-b_{cf} r_{cf}^{\beta_{cf}}) \tag{3.68}$$

式中：r_{cf} 为雾滴半径；$n_{cf}(r_{cf})$ 为单位体积内，半径 r_{cf} 附近、单位半径间隔内的雾滴数，如果 r_{cf} 的单位为 m，则 $n_{cf}(r_{cf})$ 的单位为 m^{-4}，如果 r_{cf} 的单位为 μm，则 $n_{cf}(r_{cf})$ 的单位为 $m^{-3} \cdot \mu m^{-1}$；α_{cf}、β_{cf} 为形状因子；a_{cf}、b_{cf} 为系统参数。

式(3.68)中的形状因子以及系统参数需要在特定地区开展观测实验，通过观测并且分析可观测或者易观测的宏观物理量参数，基于粒子尺寸分布函数的物理意义，建立这些宏观物理量与待定参数之间的关系，从而获得这些参数的统计值。

例如：最可几半径 r_{cf_0} 与 $n_{cf}(r_{cf})$ 的关系为

$$\frac{d[a_{cf} r_{cf}^{\alpha_{cf}} \exp(-b_{cf} r_{cf}^{\beta_{cf}})]}{dr_{cf}} = 0 \tag{3.69}$$

最可几半径 r_{cf_0} 是指统计上看粒子半径取值在 r_{cf_0} 附近的粒子数最多，通过求解式(3.69)可知

$$r_{cf\_0} = \left(\frac{\alpha_{cf}}{b_{cf}\beta_{cf}}\right)^{1/\beta_{cf}} \tag{3.70}$$

另外，单位体积内粒子总数 n_{cf_total} 与 $n_{cf}(r_{cf})$ 的关系为

$$n_{cf\_total} = \int_{r_{cf\_min}}^{r_{cf\_max}} a_{cf} r_{cf}^{\alpha_{cf}} \exp(-b_{cf} r_{cf}^{\beta_{cf}}) dr_{cf} \tag{3.71}$$

云雾含水量 C_w 与 $n_{cf}(r_{cf})$ 的关系为

$$C_w = \int_{r_{cf\_min}}^{r_{cf\_max}} \rho_w \frac{4\pi}{3} r_{cf}^3 a_{cf} r_{cf}^{\alpha_{cf}} \exp(-b_{cf} r_{cf}^{\beta_{cf}}) dr_{cf} \tag{3.72}$$

上述可以通过实验方法观测、分析得到的宏观物理量与待定参数之间的关系比较明确，但是三个方程不能确定四个未知数。根据后续 6.1 节介绍的大气沉降粒子环境中传播与散射基本理论可知，波长为 0.55 μm 的光的衰减系数 α_{atten} 可以表示为 $n_{cf}(r_{cf})$ 的函数。因此在假设式(3.64)中的 $K_{threshold}$ 后，即可通过测量能见度再借助式(3.64)得到能见度 V_b 与式(3.68)中待定参数 α_{cf}、β_{cf} 和 a_{cf}、b_{cf} 的关系。表 3.24 给出了几种云雾滴谱广义 Gamma 分布参数。从表 3.24 可以看出，不同云雾粒子尺寸分布函数的参数差异很大，所以当读者以工程设计和应用为背景使用式(3.68)，且粒子尺寸分布对评估结果影响很大时，切不可随意采用参考文献建议的参数，而应进行实地测量、分析、统计，获得最能代表特定地区的模型参数。

表 3.24　几种云雾滴谱广义 Gamma 分布参数

云型	云底高/m	云顶高/m	含水量/ (g/m^3)	模式半径 $r_0/\mu m$	形状参数		构成
					α	β	
卷层云 Cs	5000.0	7000.0	0.1	40.0	6.0	0.5	冰
低层云 St	500.0	1000.0	0.25	10.0	6.0	1.0	水
雾	0.0	50.0	0.15	20.0	7.0	2.0	水
浓雾	0.0	1500.0	10^{-3}	0.05	1.0	0.5	水
晴空积云 Cu	500.0	1000.0	0.5	10.0	6.0	0.5	水
浓积云 Cu cong	1600.0	2000.0	0.8	5.0	5.0	0.3	水
薄雾	—	—	—	10	3	1	水
中雾	—	—	—	2	6	1	水
Chu – Hogg 模型	—	—	—	1	2	0.5	
海上薄雾	—	—	—	0.05	1	0.5	水
陆地上薄雾	—	—	—	0.07	1	0.5	水

这种广义的 Gamma 分布需要调节的参数较多，实际使用时不太方便。云物理学中许多文献广泛使用的是赫尔基安-马津公式[34]：

$$n_{cf}(r_{cf}) = a_{cf} r_{cf}^2 \exp(-b_{cf} r_{cf}) \tag{3.73}$$

式(3.73)实际上是令式(3.68)中的 $\alpha_{cf} = 2$，$\beta_{cf} = 1$ 的结果，该结果也称为 Gamma 云雾粒子尺寸分布模型。其优点是只有两个控制参数 a_{cf} 和 b_{cf}，且确定 a_{cf} 和 b_{cf} 的方法也可借助于观测、分析宏观物理量，确定特定地区参数。其实，从表 3.24 中可以清楚地看到，对于许多情况下云雾粒子尺寸分布函数的形状因子并不是赫尔基安-马津公式中的 2 和 1。

正所谓"横看成岭侧成峰，远近高低各不同"，从一方面看，式(3.69)～式(3.72)为科学工作者提供了确定粒子尺寸分布函数参数的工程方法，但是从另一方面看，发现式(3.69)～式(3.72)也可以将粒子尺寸分布函数参数表示为宏观物理量的函数，将 $n_{cf}(r_{cf})$ 表示为以宏观可观测物理量为系数的函数表达式。例如，根据式(3.73)中的系数 a_{cf} 和 b_{cf} 就可以表示为能见度 V_b 和含水量 C_w 的函数，a_{cf} 和 b_{cf} 分别表示为[17]

$$a_{cf} = \frac{9.781}{V_b^6 C_w^5} \cdot 10^{15} \tag{3.74}$$

$$b_{cf} = \frac{1.304}{V_b C_w} \cdot 10^4 \tag{3.75}$$

式(3.74)和式(3.75)中能见度的单位是 km，含水量的单位是 g/m^3。因此，根据式(3.66)、式(3.67)和式(3.73)～式(3.75)，可以将平流雾和辐射雾的粒子尺寸谱分布 $n_{cf}(r_{cf})$ 表示为 V_b 或者 C_w 的关系。以 $m^{-3} \cdot \mu m^{-1}$ 为单位的平流雾的粒子尺寸谱表示为[17]

$$n_{cf}(r_{cf}) = 1.059 \cdot 10^7 V_b^{1.15} r_{cf}^2 \exp(-0.8359 V_b^{0.43} r_{cf})$$
$$= 3.73 \cdot 10^5 C_w^{-0.804} r_{cf}^2 \exp(-0.2392 C_w^{-0.301} r_{cf}) \tag{3.76}$$

以 $m^{-3} \cdot \mu m^{-1}$ 为单位的辐射雾的粒子尺寸谱表示为[17]

$$n_{cf}(r_{cf}) = 3.104 \cdot 10^{10} V_b^{1.7} r_{cf}^2 \exp(-4.122 V_b^{0.54} r_{cf})$$

$$= 5.400 \cdot 10^7 C_{\mathrm{w}}^{-1.104} r_{\mathrm{cf}}^2 \exp(-0.5477 C_{\mathrm{w}}^{-0.351} r_{\mathrm{cf}}) \tag{3.77}$$

需要说明的是，式(3.76)和式(3.77)是在假设雾滴的尺度远大于可见光波长，雾滴的衰减系数 $\alpha_{\mathrm{atten}} = 2$ 和门限对比度 $K_{\mathrm{threshold}} = 0.02$ 的情况下导出的。

另一种常用的云雾粒子尺寸分布函数是对数正态模型。对数正态分布函数 $n_{\mathrm{cf}}(r_{\mathrm{cf}})$ 的表达式为[34]

$$n_{\mathrm{cf}}(r_{\mathrm{cf}}) = \frac{n_{\mathrm{cf\_total}}}{\sqrt{2\pi}\, r_{\mathrm{cf}} \ln\sigma_{r_{\mathrm{cf}}}} \exp\left[-\frac{(\ln r_{\mathrm{cf}} - \ln r_{\mathrm{cf\_a}})^2}{2(\ln\sigma_{r_{\mathrm{cf}}})^2}\right] \tag{3.78}$$

其中：$n_{\mathrm{cf\_total}}$ 表示单位体积内所有半径粒子的总数；描述对数正态分布的两个控制参量 $\ln r_{\mathrm{cf\_a}}$ 和 $\ln\sigma_{r_{\mathrm{cf}}}$ 分别是半径 r_{cf} 的几何平均半径和几何标准差。$\ln r_{\mathrm{cf\_a}}$ 和 $\ln\sigma_{r_{\mathrm{cf}}}$ 的取值确定了云滴谱的形状，其离散表达式分别为[34]

$$\ln r_{\mathrm{cf\_a}} = \frac{\sum n_{r_{\mathrm{cfi}}} \ln r_{\mathrm{cfi}}}{n_{\mathrm{cf\_total}}} \tag{3.79}$$

$$\ln\sigma_{r_{\mathrm{cf}}} = \left[\frac{\sum n_{r_{\mathrm{cfi}}} (\ln r_{\mathrm{cfi}} - \ln r_{\mathrm{cf\_a}})^2}{n_{\mathrm{cf\_total}}}\right]^{1/2} \tag{3.80}$$

式中的角标"i"表示第 i 个粒子半径区间，$n_{r_{\mathrm{cfi}}}$ 表示第 i 个半径区间内的云滴数，r_{cfi} 表示第 i 个半径区间的云滴半径。

需要说明的是，分布函数仅描述了云雾滴谱分布的平均状况。因为云雾滴谱的分布随时间、地点、云雾型、云雾中不同部位以及云雾的不同发展阶段而不同。例如，大于 120 μm 的雾滴由于已经具有明显的下落末速度，成为毛毛雨从雾中沉降到地面，一般来说，持续期的云雾其粒子大小分布较均匀，粒子尺寸分布较窄，云雾层稳定，维持时间较久，而初生期和消退期的雾滴尺度相差较大，云雾层多变，维持时间短。

另外，云雾粒子尺寸分布函数与地点、季节等因素有关。以青岛为例，在进行毫米波传播特性实验的研究中，根据海雾对 3 毫米波传播衰减反演的传播路径平均含水量和传播路径上参照物的目测能见度得到的几场典型海雾的雾滴谱特征如表 3.25 所示。从表 3.25 中可以看出，青岛地区海雾的含水量与能见度没有明显的对应关系，这主要是由于不同海雾雾滴尺度的变化所致。湿海雾的含水量可达近 2 g/m³，其平均半径可达近 40 μm。利用含水量和能见度得到的 1999 年 5 月 14 日湿海雾的雾滴尺寸分布为[6]

$$n_{\mathrm{cf}}(r_{\mathrm{cf}}) = 631.2 r_{\mathrm{cf}}^2 \exp(-0.0754 r_{\mathrm{cf}}) \quad (\mathrm{m}^{-3} \cdot \mu\mathrm{m}^{-1}) \tag{3.81}$$

由式(3.81)计算的雾滴尺寸分布如图 3.29 所示。从图 3.29 中可以看出，在湿海雾中有可能存在大量的半径超过 100 μm 的大雾滴，这与在湿海雾中能明显观测到雾滴的沉降及类似毛毛雨的直观观测效果是一致的。

表 3.25　青岛地区海雾雾滴谱特征

测量时间	含水量/(g/m³)	能见度/m	雾滴浓度/(1/cm³)	模式半径/μm	平均半径/μm
14/5/1999	1.73	100	2.75	26.54	39.81
23/5/1999	0.68	150	5.27	15.65	23.47
22/5/1999	0.63	100	20.72	9.66	14.50
4/6/1999	0.24	150	42.29	5.52	8.28

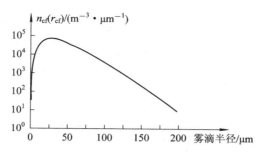

图 3.29　湿海雾的雾滴尺寸分布（$C_w = 1.73$ g/m^3，$V_b = 100$ m）

3.2.2.6　云雾及含水量时空统计分布

　　雾的分布在很大程度上取决于地理条件及气温的不同，所以雾的分布具有很强的区域性和季节性。一般来说，夏、秋季节较冬、春季节容易出现雾；沿海地区较内陆地区容易出现雾；山区地区较平原地区容易出现雾。总而言之，能够同时满足加湿、冷却并且提供凝结核条件的时间、空间就容易形成雾。例如，我国沿海的雾从北部湾、台湾海峡到黄海、渤海的海雾呈带状分布在沿海地带，雾区范围南窄北宽，主要集中在三个沿海地区。雾日最多集中在浙江、福建、台湾海峡和上海等沿海地带，其次是山东半岛渤海湾沿岸，再次是北部湾和海南岛的东北部。海雾发生频率也是南少北多。琼州海峡和北部湾西北部冬、春季雾多，年雾日为 20～30 天；台湾海峡和福建沿海年雾日为 20～35 天；闽浙沿海到长江口一带，年雾日增加到 50～60 天；黄海中部水域年雾日达 50～60 天以上；山东半岛南部成山角和石岛一带海面雾最频繁，年雾日超过 80 天，最长连续雾日超过 25 天，有"雾窟"之称。表 3.26 是各海区海雾的月分布情况[35]。

表 3.26　各海区海雾的月分布情况

站名	项目	月　份												全年
		1	2	3	4	5	6	7	8	9	10	11	12	
大连	平均	1.5	1.6	3.4	4.1	3.8	7.5	11.7	3.4	0.4	0.6	1.2	0.7	39.6
	最多	10	6	9	14	9	18	19	9	3	2	4	4	55
	最少	0	0	0	1	0	0	0	0	0	0	0	0	23
塘沽	平均	1.7	1.6	1.1	0.8	0.3	0.4	0.1	0.2	0.3	0.8	2.4	2.8	12.2
	最多	5	4	4	5	1	1	1	1	2	6	6	6	22
	最少	0	0	0	0	0	0	0	0	0	0	0	0	5
舟山	平均	0.7	1.1	2.7	4.2	3.7	2.1	1.0	0.2	—	—	0.3	0.3	16.3
	最多	4	3	6	10	11	6	4	2	—	—	2	1	29
	最少	0	0	0	0	1	0	0	0	0	0	0	0	3
石浦	平均	3.2	4.0	7.9	10.6	11.6	8.8	2.1	0.2	0.7	1.4	3.0	1.9	55.5
	最多	9	10	13	18	20	14	8	2	4	6	6	6	68
	最少	0	0	1	2	4	2	0	0	0	0	0	0	39

续表

站名	项目	月　份												全年
		1	2	3	4	5	6	7	8	9	10	11	12	
厦门	平均	1.6	1.9	3.0	3.5	2.3	0.3	—	—	—	0.2	0.7	11.5
	最多	9	5	6	11	13	2	—	—	—	2	3	26
	最少	0	0	0	0	0	0	—	—	—	0	0	5
湛江	平均	3.7	6.1	8.6	3.4	0.5	0.1	—	0.2	0.3	0.4	0.4	1.8	25.5
	最多	6	13	15	9	3	1	—	2	2	2	2	5	52
	最少	0	0	1	0	0	0	—	0	0	0	0	0	11
涠洲岛	平均	3.7	4.2	8.2	3.7	—	—	—	—	—	—	0.1	1.3	21.1
	最多	7	10	15	9	—	—	—	—	—	—	1	4	36
	最少	1	0	1	0	—	—	—	—	—	—	0	0	4

　　云量的分布与气旋活动和锋面出现的频率有关。一般在锋面或气旋系统活动的地方，会有广阔连续的云层形成。例如，大西洋和太平洋北部，南极大陆沿岸都是云量很多的地带。在赤道辐合带，南、北两半球的信风在这里相遇，辐合上升，形成了强大的积雨云带。但由于大气环流的季节变动，这一云带的位置并不是恒定的。

　　我国全年总云量的分布特点是：四川、贵州地区为大值区，例如，成都全年平均总云量达 8.4 成，贵阳达 8.2 成。一般说来，35°N 以南云量较多；35°N 以北云量较少。实际上不同月份的云量特征也会发生变化。例如，我国 1 月份有两个少云区和一个多云区：东北、华北、内蒙古、甘肃和新疆为少云区，平均总云量少于 4 成，这个少云区与冬季蒙古高压相对应；金沙江、澜沧江流域亦为少云区，平均总云量小于 3 成；四川、贵州、湖南、广西地带为多云区，平均总云量大于 8 成，此少云区与多云区的分界线大致在昆明与威宁之间。7 月份我国总云量有一个少云区、一个多云区和一个相对较少的少云区：新疆、甘肃和内蒙古一带为少云区，平均总云量小于 5 成；西南地区、中印半岛北部为多云区，平均总云量达 9.5 成，是全年中云量最多、日照时数最少的地区，例如腾冲夏季（6～8 月），由于西南季风最盛，兼受高黎贡山的影响，所以相对湿度比较大，水汽也充沛，经常会出现云层密布、阴雨连绵的气候现象；在长江流域及江南广大地区为相对的少云区，平均总云量为 6.7 成。

　　平均总云量的年变化因测站所在的纬度、地形及离大气活动中心的远近而有不同。表 3.27 是各纬度海洋和陆地的年平均云量。图 3.30 是我国某几个地点的平均总云量年变曲线。零陵云量最大值出现在 3 月，北京、南京、上海则出现在 7 月，而重庆却出现在 10 月。总云量最小值除重庆出现在 8 月外，其余均出现在 12 月。研究各级云量出现的概率是很有意义的。通常在曲线的两端为高值，中间为低值。图 3.31 是南京不同季节各级总云量的频率分布曲线。从图中可以看出，1 月和 10 月南京晴天（0～1 成）和阴天（8～10 成）日数相当多，而云天日数却很少。因为冬季和秋季南京多为反气旋所笼罩，天气晴好，偶尔也有冷锋经过，出现连阴天气。4 月和 7 月阴天日数大幅度增加，而晴天日数相对就减少。显然，这和春季低槽以及夏季梅雨锋天气相关联。

表 3.27　各纬度海洋和陆地的年平均云量(成)

纬度	海洋	陆地	平均
50°～40°N	6.6	5	5.6
40°～30°N	5.2	4	4.5
30°～20°N	4.9	3.4	4.1
20°～10°N	5.3	4	4.7
10°～0°N	5.3	5.2	5.3
0°～10°S	6.7	5.8	6.6
10°～20°S	5.7	4.8	5.4
20°～30°S	5.3	3.8	4.8
30°～40°S	4.9	4.6	4.8
40°～50°S	5	5.6	5.2

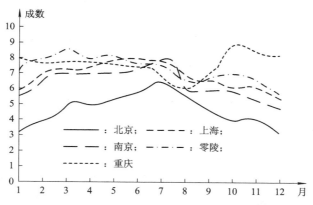

图 3.30　我国某几个地点的平均总云量年变曲线

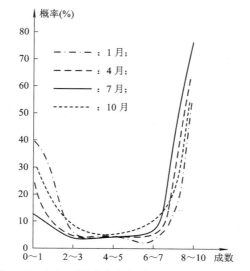

图 3.31　南京不同季节各级总云量的概率分布曲线

从电波传播环境特性角度看，除了了解云雾发生的时空分布特性外，更重要的是需要了解云雾环境的含水量 C_w 或者路径积分含水量 C_{path-w}。当分析雾环境中的传播、散射特性时常用 C_w，当分析云环境中的传播、散射特性时常用 C_{path-w}。

目前尚没有关于雾含水量时空统计分布权威数据库可用。雾环境含水量和能见度的理论关系见式(3.65)，在特定地区需要开展测量工作，获得该地区的含水量统计结果。文献[33]显示，从统计上看，如果雾的能见度为 300 m 量级，则液态含水量的典型值为 0.05 g/m³；如果雾的能见度为 50 m 量级，则液态含水量的典型值为 0.5 g/m³。

与雾环境不同，文献[33]提供了以 kg/m² 为单位的、云环境液态水路径积分含水量时空统计数据库。该数据库按照经度从 0° 至 360°，纬度从北纬 90° 至南纬 90°，分为 1.5°×1.5° 的马斯顿空间方格。每个空间方格提供了年时间概率为 0.1%、0.2%、0.3%、0.5%、1%、2%、3%、5%、10%、20%、30%、50% 的路径积分含水量，见图 3.32～图 3.43。该数据库有数值结果，读者可以自行到 ITU 官方网站获取数据库使用权限。另外，关于云观测数据及结论见文献[36]～[38]。

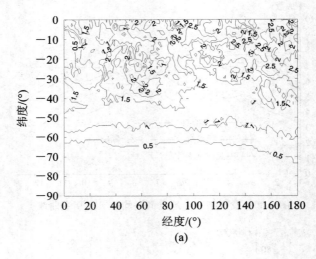

(a)

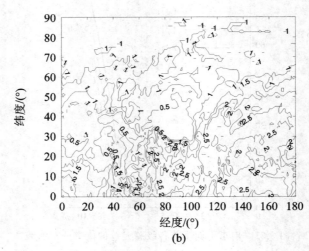

(b)

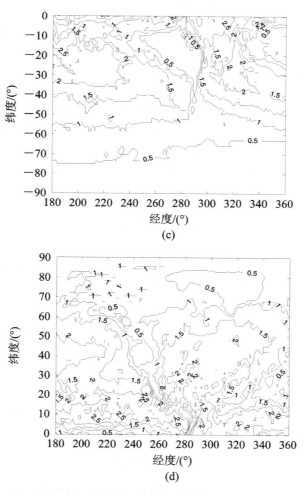

图 3.32　全球 0.1% 年时间概率云路径积分含水量（kg/m²）分布统计结果

（a）经度范围为 0°～180°，纬度范围为 −90°～0°；（b）经度范围为 0°～180°，纬度范围为 0°～90°
（c）经度范围为 180°～360°，纬度范围为 −90°～0°；（d）经度范围为 180°～360°，纬度范围为 0°～90°

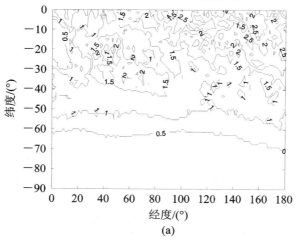

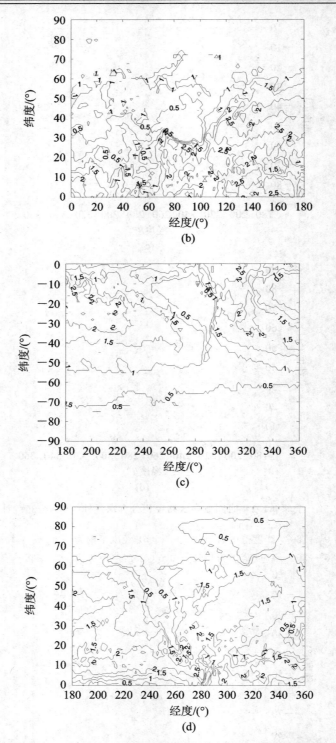

图 3.33 全球 0.2% 年时间概率云路径积分含水量（kg/m²）分布统计结果

（a）经度范围为 0°～180°，纬度范围为 −90°～0°；（b）经度范围为 0°～180°，纬度范围为 0°～90°；
（c）经度范围为 180°～360°，纬度范围为 −90°～0°；（d）经度范围为 180°～360°，纬度范围为 0°～90°

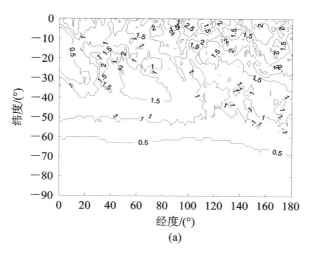

(a)

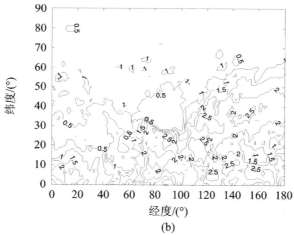

(b)

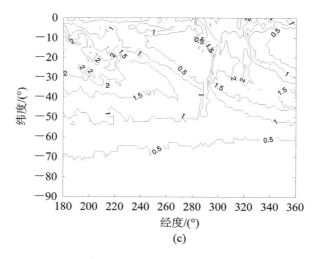

(c)

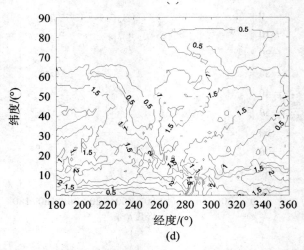

(d)

图 3.34 全球 0.3% 年时间概率云路径积分含水量（kg/m²）分布统计结果

（a）经度范围为 0°～180°，纬度范围为 −90°～0°；（b）经度范围为 0°～180°，纬度范围为 0°～90°；

（c）经度范围为 180°～360°，纬度范围为 −90°～0°；（d）经度范围为 180°～360°，纬度范围为 0°～90°

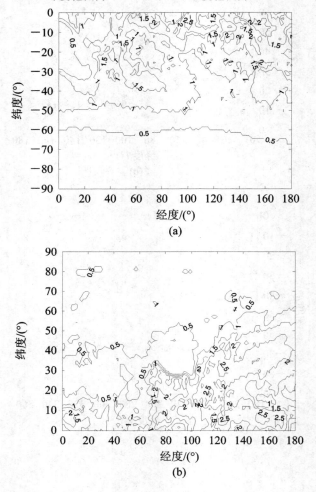

(a)

(b)

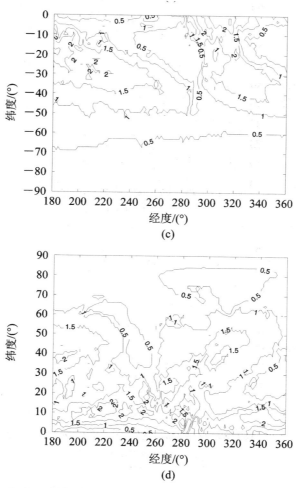

(c)

(d)

图 3.35　全球 0.5% 年时间概率云路径积分含水量(kg/m²)分布统计结果

（a）经度范围为 0°～180°，纬度范围为 −90°～0°；（b）经度范围为 0°～180°，纬度范围为 0°～90°；
（c）经度范围为 180°～360°，纬度范围为 −90°～0°；（d）经度范围为 180°～360°，纬度范围为 0°～90°

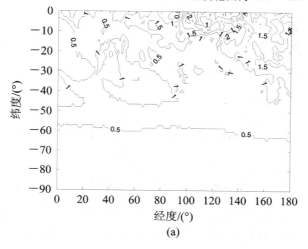

(a)

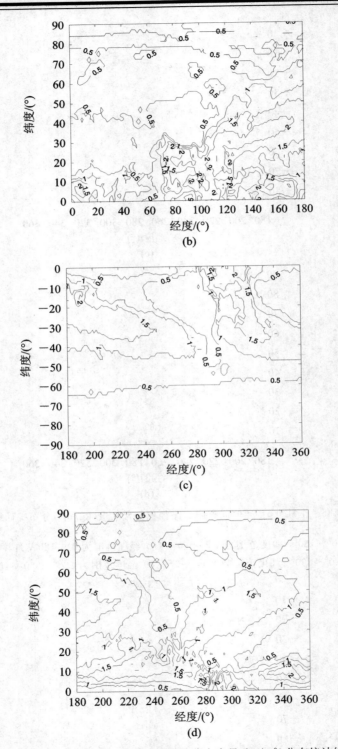

图 3.36　全球 1% 年时间概率云路径积分含水量（kg/m²）分布统计结果

（a）经度范围为 0°～180°，纬度范围为 -90°～0°；（b）经度范围为 0°～180°，纬度范围为 0°～90°；
（c）经度范围为 180°～360°，纬度范围为 -90°～0°；（d）经度范围为 180°～360°，纬度范围为 0°～90°

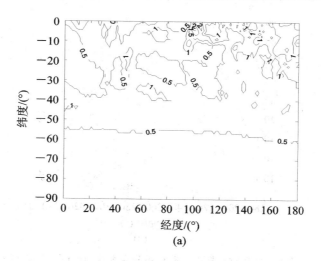

(a)

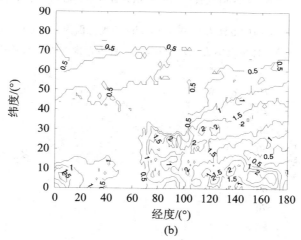

(b)

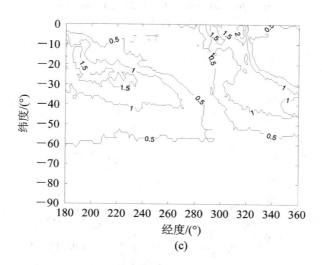

(c)

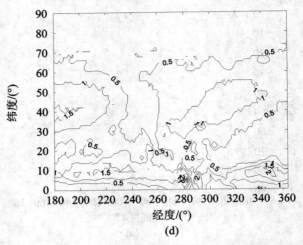

(d)

图 3.37　全球 2% 年时间概率云路径积分含水量(kg/m²)分布统计结果

（a）经度范围为 0°～180°，纬度范围为 −90°～0°；（b）经度范围为 0°～180°，纬度范围为 0°～90°；
（c）经度范围为 180°～360°，纬度范围为 −90°～0°；（d）经度范围为 180°～360°，纬度范围为 0°～90°

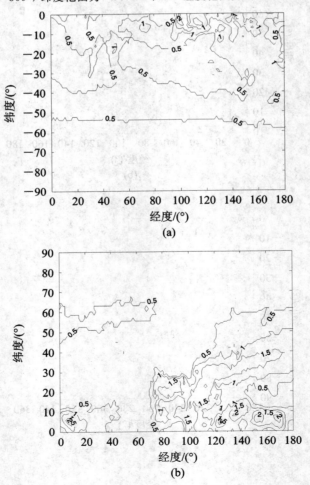

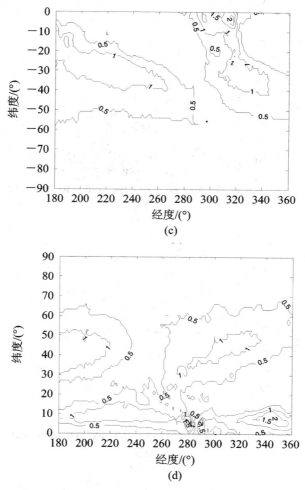

(c)

(d)

图 3.38　全球 3% 年时间概率云路径积分含水量（kg/m²）分布统计结果

（a）经度范围为 0°～180°，纬度范围为 −90°～0°；（b）经度范围为 0°～180°，纬度范围为 0°～90°；
（c）经度范围为 180°～360°，纬度范围为 −90°～0°；（d）经度范围为 180°～360°，纬度范围为 0°～90°

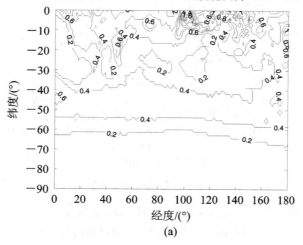

(a)

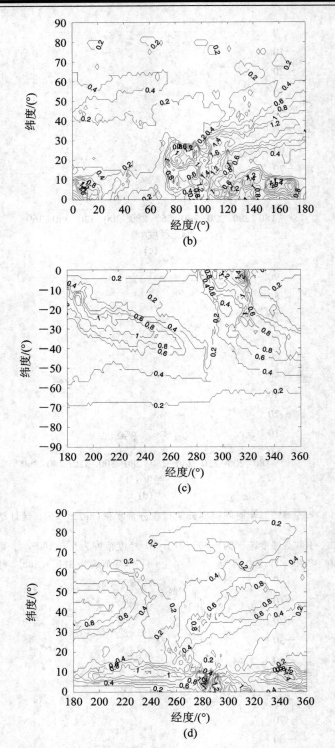

图 3.39　全球 5% 年时间概率云路径积分含水量(kg/m²)分布统计结果

　(a) 经度范围为 0°～180°，纬度范围为 −90°～0°；(b) 经度范围为 0°～180°，纬度范围为 0°～90°；
(c) 经度范围为 180°～360°，纬度范围为 −90°～0°；(d) 经度范围为 180°～360°，纬度范围为 0°～90°

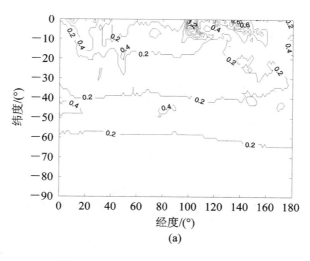

(a)

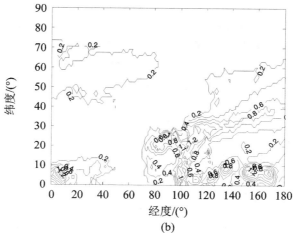

(b)

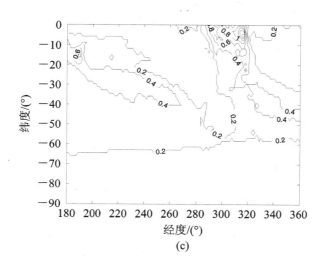

(c)

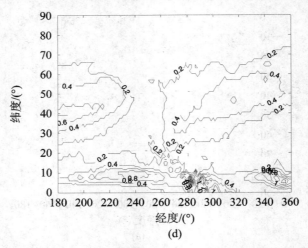

(d)

图 3.40　全球 10％年时间概率云路径积分含水量（kg/m²）分布统计结果

（a）经度范围为 0°～180°，纬度范围为－90°～0°；（b）经度范围为 0°～180°，纬度范围为 0°～90°；
（c）经度范围为 180°～360°，纬度范围为－90°～0°；（d）经度范围为 180°～360°，纬度范围为 0°～90°

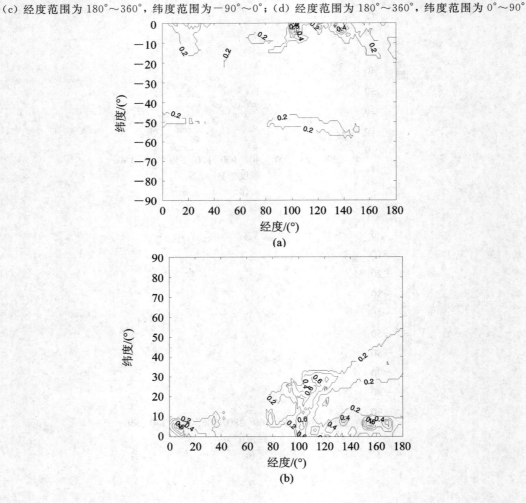

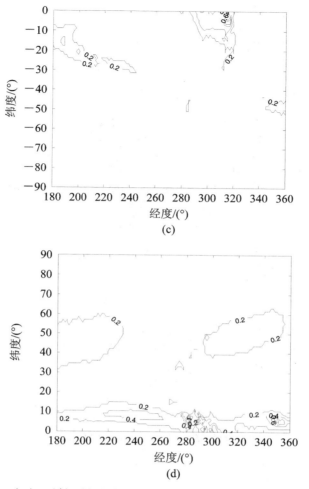

图 3.41　全球 20% 年时间概率云路径积分含水量(kg/m²)分布统计结果

（a）经度范围为 0°~180°，纬度范围为 -90°~0°；（b）经度范围为 0°~180°，纬度范围为 0°~90°；
（c）经度范围为 180°~360°，纬度范围为 -90°~0°；（d）经度范围为 180°~360°，纬度范围为 0°~90°

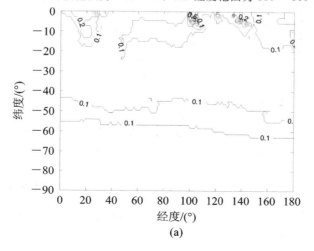

(a)

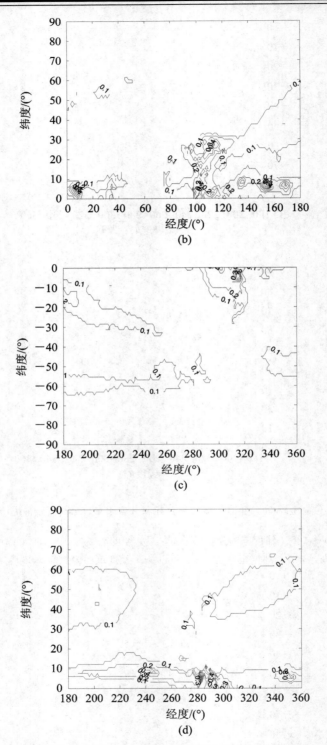

图 3.42　全球 30% 年时间概率云路径积分含水量(kg/m²)分布统计结果

(a) 经度范围为 0°~180°，纬度范围为 -90°~0°；(b) 经度范围为 0°~180°，纬度范围为 0°~90°；

(c) 经度范围为 180°~360°，纬度范围为 -90°~0°；(d) 经度范围为 180°~360°，纬度范围为 0°~90°

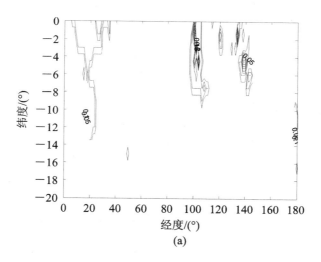

(a)

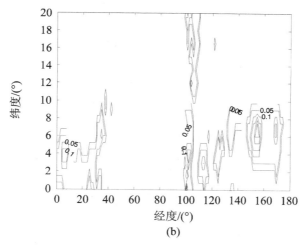

(b)

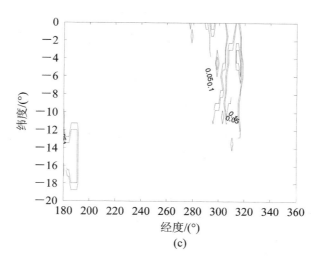

(c)

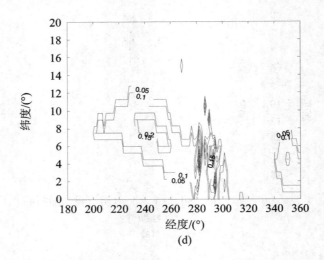

图 3.43　全球 50％年时间概率云路径积分含水量（kg/m²）分布统计结果

(a) 经度范围为 0°～180°，纬度范围为－20°～0°；(b) 经度范围为 0°～180°，纬度范围为 0°～20°；
(c) 经度范围为 180°～360°，纬度范围为－20°～0°；(d) 经度范围为 180°～360°，纬度范围为 0°～20°

3.2.3　冰晶、雪、冰雹

降雪、冰晶环境也是典型的大气水凝物沉降粒子，它们是固态水凝物。由于它们具有晶体结构，所以对无线电子系统的影响极为复杂，特别是极化域的影响更为复杂。例如：打雷时，冰晶层冰晶粒子受到静电作用会出现"阵列"排布，引起地-空链路严重的去极化效应，这种去极化效应的影响远比衰减效应严重，甚至可以由于极化完全适配而短时间中断链路。研究雪、冰晶、冰雹等固态水凝物环境对无线电子系统的影响，首先需要了解它们的物理特性。

3.2.3.1　冰晶

本节后续讨论的雪、冰雹实际上也是冰晶粒子或者冰晶与水的混合物。但是，此处讨论的冰晶特指云层内近乎完全由冰晶粒子组成的冰晶层，例如卷云、卷积云和高纬度地区冬季的高层云内的冰晶区域。

冰晶层的冰晶粒子以完全固态水形式存在，冰晶层一般很高而且比较薄。由于冰晶层内气态水很少，冰晶粒子尺寸凝华增长很慢且粒子间相互碰撞的机会较少，所以冰晶粒子很少有机会增长至很大而形成降雪或者降雨，即使形成降雪或者降雨往往也会由于温度升高而在下降途中被蒸发掉，冰晶层内的冰晶粒子很少降落到地面。因此，学术界对冰晶层的物理特性的了解尚不深入。但是，冰晶层对电磁波的影响极其复杂，在雷电作用下引起的去极化效应甚至可以导致极化完全适配而链路中断，另外，冰晶层对毫米波段、THz 波段、光波段电磁波的影响可能更明显。然而，由于对冰晶电磁波传播环境特性了解欠缺，冰晶层对地-空链路无线电子系统的影响也尚属于探索阶段。

冰晶粒子线度的大致范围为几微米至几千微米（10～3000 μm）[39]，由于冰晶中存在杂质和气泡，因此冰晶的密度比纯冰的密度要小。冰晶形状与环境温度、湿度以及在云中是否经历了碰撞与合并过程有关，主要形状随温度、过饱和度而变化，在不同环境条件下会产生各种各样的形状。冰晶的形状可以归结为以下几大类[39-40]：片状、平面辐射枝状、空间辐射枝状、柱状、不规则晶体状（子弹花状）、针状、帽柱状等。不同类别冰晶的典型形状如表 3.28 所示。

表 3.28　不同类别冰晶的典型形状

名　称	典 型 形 状
片状	
平面辐射枝状	
柱状	
针状	
空间辐射枝状	
帽柱状	
不规则晶体状	

冰晶粒子具体出现哪种形状取决于环境条件，例如：大多数中纬度卷云的冰晶粒子形状主要为柱状、盘状、子弹花状和聚合物状；高纬度的冰晶粒子形状主要为柱状、盘状、聚合物状、子弹花状、准球形；北极边界层云中冰晶粒子形状主要为平面辐射枝状和空间辐射枝状[39]。同一种环境条件下也会出现不同形状粒子，且不同形状粒子所占比例不同。模拟中纬度冰晶粒子时可以使用的粒子形状比例模型为[39]：当冰晶粒子线度小于 70 μm 时，

不同形状粒子比例为 50% 子弹花、25% 六角平板、25% 中空六棱柱；当冰晶粒子线度大于 70 μm 时，不同形状粒子比例为 30% 聚合物、30% 子弹花、20% 六角平板、20% 中空六棱柱。模拟热带卷云内的冰晶粒子时，可以使用的粒子形状比例模型为[39-40]：33.7% 六棱柱、24.7% 子弹花、41.6% 聚合物。Baum 等人探测发现的冰晶粒子形状比例为[39-40]：当冰晶粒子线度小于 60 μm 时，粒子全部为准球形；当冰晶粒子线度大于 60 μm 而小于 100 μm 时，不同形状粒子比例为 15% 子弹花、50% 六棱柱、35% 六角平板；当冰晶粒子线度大于 100 μm 而小于 2000 μm 时，不同形状粒子比例为 45% 中空六棱柱、45% 六棱柱、10% 聚合物；当冰晶粒子线度大于 2000 μm 时，不同形状粒子比例为 97% 子弹花、3% 聚合物。

冰晶粒子空间排列取向与空气动力情况有关，在湍流及风速较小时，冰晶粒子的最大尺度在水平面内随机取向；在风速较大时由于乱流作用，非球形冰晶的最大尺度可能在空间内随机取向[39-40]。当冰晶粒子受到雷电的静电作用力时，可能克服空气动力作用，出现有序排列，一旦出现这种有序排列，则会使冰晶层对电磁波的传播效应出现"异常"变化。例如：静电作用力使得冰晶有序排列后，去极化现象会出现异常恶化，甚至中断链路信号。

由于冰晶的形状复杂，且同一种环境会出现不同形状的粒子，因此冰晶的等效尺寸通常用最相似规则几何体的等体积、等面积特征线度表示。例如，表 3.28 中的片状晶体的等效尺寸可以用与片状冰晶面积相同的圆半径表示，而柱状晶体的等效尺寸则用等长、等体积圆柱的半径表示，聚合物状晶体的等效尺寸则用等体积球半径或者等体积多面体某一面的特征尺寸表示。如果不用等效参数来表示冰晶尺寸，也可以用冰晶粒子的最大线度表示粒子尺寸。因此，分析冰晶尺寸分布谱是非常困难的科学问题。文献[39]和[40]提到表示冰晶尺寸的分布函数有对数正态分布、伽玛分布、双峰伽玛分布、幂指数分布等，其中对数正态分布和伽玛分布是比较常用的冰晶尺寸分布函数。冰晶对数正态分布尺寸分布函数 $N_{ice}(r_{ice})$ 表示为[39-40]

$$N_{ice}(r_{ice}) = \frac{N_{ice\_0}}{\sqrt{2\pi}\, r_{ice}\sigma_{ice}} \exp\left[\frac{-0.5\ln(r_{ice}/r_{ice\_0})}{\sigma_{ice}^2}\right] \tag{3.82}$$

其中：N_{ice} 的单位为 $m^{-3} \cdot \mu m^{-1}$；N_{ice_0} 表示单位体积内冰晶粒子总数；r_{ice} 表示以 μm 为单位的冰晶等效尺度；r_{ice_0} 为平均等效尺度；σ_{ice} 为粒子分布宽度。N_{ice_0}、r_{ice_0} 和 σ_{ice} 都是粒子谱函数待定参数。

冰晶伽玛分布尺寸分布函数 $N_{ice}(D_{ice})$ 表示为[39-40]

$$N_{ice}(D_{ice}) = N_{ice\_0} D_{ice}^{c_{ice}} \exp(-b_{ice}D_{ice}) \tag{3.83}$$

其中：D_{ice} 表示冰晶粒子的最大线度；c_{ice} 和 b_{ice} 是两个待定参数。式(3.82)和式(3.83)中的待定参数需要根据检测数据回归分析得出，例如通过分析诸如用雷达及各种探测手段获得的数据，从而确定这些待定参数。

文献[41]给出了一种根据多普勒雷达探测数据分析冰晶粒子谱分布函数的方法，该方法认为冰晶粒子谱函数可以表示为

$$N_{ice}(D_{ice\_eq}) = N_{ice\_0} F\left(\frac{D_{ice\_eq}}{D_{ice\_m}}\right) \tag{3.84}$$

其中：D_{ice_eq} 表示冰晶的等效直径，即冰晶融化后形成水球的直径；D_{ice_m} 是冰晶的等体积冰晶球的等体积直径；$F(D_{ice\_eq}/D_{ice\_m})$ 表示归一化冰晶粒子谱函数，可以通过多普勒雷达探

测数据分析给出，请读者自行查阅文献[41]。

虽然冰晶层内的冰晶粒子很少降落到地面，但是冰晶粒子由于受到重力作用仍然有沉降运动。文献[41]给出了冰晶粒子沉降末速度 V_{ice_t} 与多普勒探测雷达反射率 Z_{radar} 之间的关系：

$$V_{ice\_t} = a_{ice} Z_{radar}^{b_{ice}} \tag{3.85}$$

其中：V_{ice_t} 的单位为 m/s；a_{ice} 和 b_{ice} 是线性回归系数，文献[41]根据 95 GHz 雷达测量数据得出的结论为 $a_{ice} = 73.2$ 和 $b_{ice} = 0.2463$。

描述冰晶物理特性的另一个重要参数为固态含水量 C_{ice} 和路径积分固态含水量 $C_{path-ice}$。C_{ice} 和 $C_{path-ice}$ 的概念与云雾中液态含水量 C_w 和路径积分液态含水量 C_{path-w} 一致。冰晶环境中路径积分固态含水量统计分布对于分析传播、散射效应极其重要。文献[42]对冰晶环境的冰晶粒子等体积球有效半径、冰晶环境空间分布、路径积分含水量进行了统计分析：冰晶粒子等体积球有效半径全球均值为 48 μm；全球冰晶水平空间发生概率约为 53.26%，也就是说任何一个时刻大约半个地球上空存在冰晶环境。冰晶的发生与气候环境有关，一般情况下热带深对流活动区、太平洋暖池气候区、南美地区、中非地区等区域的气候环境特征容易产生冰晶环境；热带冰晶环境可以延伸至 14 km 高度处，但是由于大、重的冰晶粒子受到重力的作用而发生沉降现象，因此冰晶密度最大的位置通常出现在约 5 km 的融化层高度处，中纬度地区冰晶通常集中于约 5 km 的高空处，而且南半球中纬度地区的冰晶层要比北半球的冰晶层高一些；路径积分含水量的全球众数为 30 g/m^2，CloudSAT 数据的均值为 110 g/m^2，而 CALIPSO 数据的均值为 190 g/m^2。

另外，冰晶环境特性也存在季节变化、日变化周期特性。一般而言，季节变化、日变化规律依然与气候环境特性有关，随着季节、一天时间的推移出现深对流气候特征、风暴径气候特征等支配冰晶现象的气候特征时，对应的季节或者一天的时段即会出现冰晶环境[42]。春、夏、秋、冬四个季节的全球冰晶路径固态含水量分别为 195 g/m^2、203 g/m^2、203 g/m^2 和 190 g/m^2。

冰晶的物理特性、地区差异性非常显著，上述内容从整体上使读者了解了冰晶环境的主要物理特性，它们对于研究特定地区冰晶环境对毫米波段、亚毫米波段、THz 波段以及光波波段电磁波传播的影响还远远不够。当国内外学者掌握了雨、云雾对电磁波的传播效应后，一定会将注意力转向冰晶层，对于冰晶层的特性及其对电磁波传播的影响即将成为现在和未来的热点问题。相对于雨和云雾环境，冰晶形状、尺寸、固态含水量等参数变化极其复杂，所以对于研究电磁波传播特性及其对无线系统影响的问题，最好是能实现实时监测、分析。

3.2.3.2　雪

降雪是固态降雨，当在 0℃ 或者更低的温度以下时，降雪实际就是降落的冰晶，从讨论电波传播环境物理特性的角度讲，降雪与降雨环境所关心的内容完全一致。

降雪的形成条件可以理解为满足降雨的形成条件且雨滴下降过程中大气温度满足固态水存在条件。采用不同的分类标准，可以将雪分为不同类别，但是由于雪的液态含水量对于降雪环境中电波传播、散射特性十分敏感，因此涉及电波传播环境特性的文献，习惯按照雪的液态含水量，将雪分为干雪、略潮雪、潮雪、湿雪和水雪。各类雪的气候条件、成分见表 3.29[18]。

表 3.29　雪的分类及气候条件和成分

分类	气候条件	成分
干雪	下雪开始和结束，湿度接近于 0℃	微粒子群
	雪花，温度在 -14℃～-18℃	冰晶体，小雹，不规则粒子
	雪雹尚未成为雪花，温度在 -5℃～-6℃	两个和多个晶体，不规则粒子
略潮雪	形成高降水率，温度约 0℃	不规则大粒子群
潮雪	雪的融化状态	冰，水粒子和水膜粒子混合
湿雪	潮雪的融化状态	多水分
水雪	湿雪化成雨的状态	化冰为水

　　雪的形状和尺寸复杂多变，其主要受到雪花的形成过程和温度的影响，当温度在 0℃ 以下或者更低时，雪花主要是冰晶粒子，其形状就是冰晶的形状，前述冰晶粒子可能的形状就是雪花可能的形状。一般情况下，在下雪开始和结束且温度为 0℃ 或者更低时，雪粒子为准球形晶体，此时雪粒子的体积较小，等体积球半径约为 1 mm。在下雪中期，当温度在 -1℃～-8℃ 时，雪花多为针状；当温度在 -8℃～-25℃ 时，雪花多为片状、盘状、平面辐射枝状、柱状；当温度在 -25℃ 以下时，雪花多为空心柱状，雪花的线度通常为 1.5～10 mm，最大的雪花可达 15 mm 甚至更大。当大气温度在 0℃ 附近时，雪不是纯冰晶成分，而是冰水混合物，此时雪花多为不规则子弹花状晶体，线度较大，一般在 5 mm 以上。当温度较高时，雪花可能成为冰水混合物，虽然冰依然是晶体，但是雪花已经失去具体的形状而成为"雪渣"，此时可以用雨滴的形状来近似雪花，此时的雪花线度为大雨滴量级，也就是 3～5 mm。自然雪花更复杂、详细的形状分类见表 3.30。

表 3.30　自然雪花的形状分类

形状	说明	形状	说明	形状	说明
	N1a 针状体		C1f 多孔柱		P2b 尾端多扇形星晶体
	N1b 针状束		C1g 固体厚盘		P2c 尾端多盘形树晶体
	N1c 鞘状体		C1h 框架式厚盘		P2d 尾端多扇形数晶体
	N1d 鞘状束		C1i 滚筒形		P2e 多简单扩展盘

形状	说明	形状	说明	形状	说明
	N1e 固体长柱		C2a 多弹形结合体		P2f 多树形扩展盘
	N2a 多针状束结合体		C2b 多柱结合体		P3a 双分支晶体
	N2b 多鞘状束结合体		P1a 六边形盘		P3b 三分支晶体
	N2c 多固体长柱结合体		P1b 扇瓣晶体		P3c 四分支晶体
	C1a 金字塔形		P1c 宽瓣晶体		P4a 12分支晶体
	C1b 杯形		P1d 星晶体		P4b 12分支柱晶体
	C1c 固体子弹形		P1e 普通树柱晶体		P5 畸形晶体
	C1d 固体子弹形		P1f 蕨类晶体		C1d 固体子弹形
	C1e 固体柱		P2a 尾端多盘晶体		P6e 多盘形盘
	P6b 树突盘		CP3d 尾端多滚筒盘		R3c 无霜型霰状雪
	P6c 星晶盘		S1 边叶形		R4a 六边形霰
	P6d 树突星晶体		S2 鱼鳞状星晶体		R4b 块状霰
	P7a 放射形盘状集合体		S3 多弹、柱盘结合体		R4c 锥形霰

形状	说明	形状	说明	形状	说明
	P7b 放射形树突集合体		R1a 结霜针形晶体		I1 冰粒子
	CP1a 盘柱体		R1b 结霜柱形晶体		I2 结霜粒子
	CP1c 树突状		R1c 结霜盘或扇		I3a 破碎分支形
	CP2a 多重冠状柱		R1d 结霜星晶体		I3b 结霜破碎分支形
	CP2b 多盘子弹体		R2a 密霜盘或扇		I4 混杂形
	CP2b 多树突子弹体		R2b 密霜星晶体		G1 微柱形
	CP3a 多针星晶体		R2c 结霜多分支形星晶体		G2 框架形萌芽
					G3 六边微形盘
	CP3b 多柱星晶体		R3a 六边形霰状雪		G4 微星晶体
					G5 微型多盘集合体
	CP3c 尾端多卷轴星晶体		R3b 块形霰状雪		G6 非规则形萌芽

　　描述降雪强度的物理量是降水率或者降水量。降水率、降水量的概念与降雨率、降雨量一致，电波传播空间环境特性领域通常用降水率来描述降雪强度，在此不再赘述。

降雪发生时，雪顶高度也是电波空间环境特性所关心的问题。本书作者在实际科研工作中针对降雪环境分析传播特性时，采用雨顶高度代替降雪环境雪顶高度。

雪粒子降落时雪花姿态摆动幅度可以达到 35°，文献[43]提到实际观察中发现摆动幅度范围为 5°～10° 和 10°～35° 两个区间，而且观察中摆动幅度落在两个区间的概率基本一致。事实上，雪花姿态摆动幅度与风速、雪花形状、含水量等参数密切相关。上述关于雪花下落摆动姿态幅度仅代表文献[43]中所观察到的结果。

雪花末速度与粒子尺寸、形状和含水量有关，因为这些因素决定了空气摩擦力的情形。由于雪花的线度较大且较雨滴轻，所以干雪花下降末速度较雨滴末速度慢，大部分干雪花下降末速度为 1.0～1.5 m/s，含水量大的雪花末速度可达 5.0～6.0 m/s[43]。一个能够适应不同含水量雪花末速度 V_{snow_t} 的半经验模型为[43]

$$V_{snow\_t} = 3.94 \sqrt{\frac{D_{snow\_m}(\rho_{snow} - \rho_{air})}{2}} \tag{3.86}$$

其中：V_{snow_t} 的单位为 m·s^{-1}；ρ_{snow} 表示以 g·cm^{-3} 为单位的雪花密度；ρ_{air} 表示以 g·m^{-3} 为单位的空气密度；D_{snow_m} 表示以 mm 为单位的雪花等体积球平均直径。

常用的雪花粒子尺寸分布谱函数 $N_{snow}(D_{snow})$ 是负指数谱[43]，即

$$N_{snow}(D_{snow}) = N_{snow\_0} \exp(-\Lambda_{snow} D_{snow}) \tag{3.87}$$

其中：$N_{snow}(D_{snow})$ 的单位为 m^{-3}·mm^{-1}；D_{snow} 表示以 mm 为单位冰晶体的等体积球直径；N_{snow_0} 表示粒子数浓度，单位为 m^{-3}·mm^{-1}；Λ_{snow} 表示模型系数，单位为 mm^{-1}。N_{snow_0} 和 Λ_{snow} 分别为[43]

$$N_{snow\_0} = 3.8 \times 10^3 R_{snow}^{-0.87} \tag{3.88}$$

$$\Lambda_{snow} = 25.4 R_{snow}^{-0.48} \tag{3.89}$$

R_{snow} 是以 mm/h 为单位的降水率。不同文献给出的雪粒子尺寸分布函数都是负指数形式，只是由于采用了不同的单位或者粒子尺寸用半径表示，所以 N_{snow_0} 和 Λ_{snow} 与降水率 R_{snow} 的关系式略有不同，在此不再一一列举。

与降雨环境不同，降雪环境降水率时空统计分布尚未有权威可靠的数据可查询。但是一旦需要根据降雪环境传播长期统计特性进行链路余量估计，则需要获得类似降雨率年时间概率统计数据的降雪环境降水率统计分布结果。因此，针对降雪电波传播环境特性测量、分析、建模也是重要的研究方向，不过这已超出本书的研究范围。

3.2.3.3　冰雹

冰雹的形成过程是雷雨云内一个复杂的过程，伴随着云内部微观物理量之间相互作用的运动学和动力学过程。气象学领域中的雷暴理论对其形成、发展、变化等过程具有完备的描述，在此不再赘述。冰雹伴随雷雨出现时，对电磁波的散射作用可以导致降雨环境中传播特性出现异常起伏变化，如果在链路设置考虑降雨影响时没有考虑冰雹效应，则可能导致链路实际性能要比预先计划的差。为了全面系统地分析对流层环境中电磁波传播、散射效应，有必要了解冰雹的形状、大小、降落速度、粒子尺寸分布函数、非球形粒子取向、发生冰雹时冰雹与雨的混合情况、时空分布等物理特性。

冰雹粒子几乎由类球形粒子组成，在分析其散射效应时往往习惯用椭球粒子近似。冰雹可能由含有气泡的冰空气混合物、含有水泡或者表面涂覆水的冰水混合物和单纯的冰粒子冰

组成。冰雹粒子成分与温度有关，一般情况下，冰雹粒子的温度范围为$-20℃\sim0℃$。冰雹粒子成分不同，其电磁特性也不同，直接影响粒子与电磁波的相互作用过程，所以需要设法分析粒子成分比例，然后根据后续 3.5 节中的内容，分析其电磁特性。分析冰雹粒子的密度是探讨冰雹成分比例的有效途径。冰雹粒子密度的取值范围大致为 $0.25\sim0.92$ g/cm³。

冰雹可以认为是最大的水凝物粒子，一般而言，它的尺寸大小用等体积等效直径表示。一般地，冰雹的直径范围为 $1\sim10$ cm，但是也有文献观察到十几厘米甚至更大的冰雹，例如维基百科网络报道的直径为 47 cm 的冰雹。图 3.44 是文献[44]公布的冰雹形状，图中冰雹近似为球形，直径最小约 1 cm，最大约 11 cm。如前所述，冰雹粒子一般近似为椭球形比较合理。受到空气动力学影响，确切地说，冰雹形状是类似雨滴粒子的扁椭球。轴比为 $0.6\sim1$ 的椭球粒子约占 85%，轴比为 $0.4\sim0.6$ 的椭球粒子约占 13%，轴比小于 0.4 的椭球粒子约占 2%[45]。也有文献认为冰雹粒子的轴比为 0.8[45]。本书作者认为，如果能够获得足够多的观察数据，应该可以得到冰雹轴比与等效直径的关系，但是尚未查到类似文献。其实，本书作者也曾观察到非椭球形的冰雹粒子，例如类似圆锥形，甚至完全不规则的冰雹粒子，但是这些形状的冰雹发生概率很小，故在此不再加以分析。

图 3.44　文献[44]中观察到的冰雹形状

冰雹的降落速度由空气动力学推导得出，与粒子密度以及阻力系数有关。冰雹粒子的末速度 V_{hail_t} 可以表示为[44]

$$V_{hail\_t} = \left(\frac{4\rho_{hail}g}{3\rho_{air}C_{drag}}D_{hail}\right)^{1/2} \tag{3.90}$$

其中：V_{hail_t} 的单位为 m·s⁻¹；ρ_{hail} 和 ρ_{air} 分别是以 g·cm⁻³ 为单位的冰雹密度和空气密度；g 是重力加速度，单位为 m·s⁻²；C_{drag} 是阻力系数；D_{hail} 是以 m 为单位的冰粒子等体积球有效直径。

文献[45]给出的冰雹粒子降落末速度公式为

$$V_{hail\_t} = 4.51(D_{hail})^{1/2} \tag{3.91}$$

其中：V_{hail_t} 的单位为 m·s⁻¹；D_{hail} 的单位为 mm。式(3.91)似乎是将式(3.90)中的 ρ_{hail}、ρ_{air}、g 以及 C_{drag} 用文献[45]的环境参数代替后得到的。

冰雹粒子尺寸分布函数大体上分为负指数分布和伽马分布。负指数冰雹粒子谱分布函数 $N_{hail}(D_{hail})$ 表示为[45]

$$N_{hail}(D_{hail}) = N_{hail\_0}\exp(-\Lambda_{hail}D_{hail}) \tag{3.92}$$

其中：$N_{hail}(D_{hail})$ 的单位为 m⁻³·mm⁻¹；D_{hail} 表示以 mm 为单位的冰雹粒子等体积球直径；N_{hail_0} 表示冰雹粒子浓度，单位为 m⁻³·mm⁻¹；Λ_{hail} 表示模型形状参数，单位为

mm^{-1}。$N_{\text{hail\_0}}$ 与 Λ_{hail} 的关系为[45]

$$N_{\text{hail\_0}} = 115 \Lambda_{\text{hail}}^{3.63} \tag{3.93}$$

模型形状参数 Λ_{hail} 与冰雹降水率 R_{hail} 有关，可以表示为[45]

$$\Lambda_{\text{hail}} = \left(\ln \frac{88}{R_{\text{hail}}} \right) / 3.45 \tag{3.94}$$

R_{hail} 的单位为 mm/h，R_{hail} 也是表示冰雹强度的参数。

冰雹粒子尺寸伽马分布函数表示为[44]

$$N_{\text{hail}}(D_{\text{hail}}) = \frac{N_{\text{hail\_0}}}{\Gamma(\alpha_{\text{hail}}) \beta_{\text{hail}}^{\alpha_{\text{hail}}}} D_{\text{hail}}^{\alpha_{\text{hail}}-1} \exp\left(\frac{D_{\text{hail}}}{\beta_{\text{hail}}} \right) \tag{3.95}$$

其中：α_{hail} 和 β_{hail} 表示模型待定参数；$\Gamma(\alpha_{\text{hail}})$ 表示为

$$\Gamma(\alpha_{\text{hail}}) = \int_0^\infty t_v^{\alpha_{\text{hail}}-1} \exp(-t_v) \mathrm{d} t_v \tag{3.96}$$

冰雹粒子沉降过程中的取向规律对于电磁波传播、散射特性也很重要。冰雹粒子在尚未达到匀速运动状态以前的高度时，粒子动力学因素尚不稳定，粒子会发生随机的翻跟头运动，该阶段几乎没有固定的姿态，观测雷达无法捕捉其姿态规律。冰雹粒子在末端运动时，根据大气气流特征，可能出现三种情况：扁椭球粒子短半轴沿铅垂方向发生微小的振动；扁椭球粒子短半轴沿水平方向发生微小的振动；扁椭球粒子短半轴取向按照一定的统计规律分布，使得媒质环境呈现出统计上各向异性特性。

一般情况下，冰雹总是伴随雷暴现象出现，如果出现冰雹单独沉降天气现象，则应该归结为"降雪"。所以，冰雹出现时伴随有特定的气候特征，也就是说冰雹时空分布特征实际是特定气候特征的时空分布规律。容易出现冰雹的气候特征为：很大高度范围内的液态含水量很大，且伴随有强烈上升气流，使得气流中形成较大的水滴，如果此时相当一部分降水云层的温度处于 $-12\,^\circ\mathrm{C} \sim -30\,^\circ\mathrm{C}$，使得冰晶生长率最大化，那么形成的强雷暴天气就会伴随有冰雹[46]。因此，一般情况下，中纬度地区的晚春、初夏容易在强对流雷暴雨中伴随冰雹发生；在山脉延绵线及其附近也容易出现伴随有冰雹的雷暴雨[46]。

如前所述，冰雹是雷雨的伴随现象，也就是说如果降雨环境中出现冰雹现象，则在考虑环境对无线系统的影响时，要同时考虑雨滴粒子和冰雹粒子对电磁波的散射、吸收效应的影响。也就是说，在进行冰雹电波传播环境特性监测、建模、分析时，需要同时评估降雨率和冰雹降水率。其实，这样的问题已经超出本书主题。因为本书的主题是对流层传播、散射特性及其对无线系统的影响，这样的主题是基于环境特性已知的前提下，评估分析传播、散射特性及其对无线系统的影响。关于沉降粒子物理、电磁特性的测量、分析及建模概述见 3.6 节。

3.3　沙　　尘

大气沉降粒子按照其成分特征，可以分为水凝物和非水凝物。大气非水凝物是指对流层大气中除水凝物粒子以外的其他沉降粒子，例如沙尘、尘埃、粉尘等。这些粒子同样会与电磁波发生相互作用产生传播与散射效应，从不同角度影响无线系统。非水凝物沉降粒子以沙尘及粉尘、烟、霾等气溶胶粒子为代表，本节讨论沙尘环境特性，其他非水凝物粒子将在 3.4 节中介绍。

在气象学中，由风刮起、弥散在空中的沙尘粒子使得能见度降至 1 km 以下的天气现象称为沙尘暴。沙尘暴是一种风与沙相互作用的灾害性天气现象，它的形成与地球温室效应、厄尔尼诺现象、森林锐减、植被破坏、物种灭绝、气候异常等因素有着密不可分的关系，且受多种因素的制约，如大气（风力、湍流、大气密度、黏度、水分）、地面（粗糙度、障碍物、温度）、土壤（土壤结构、水分含量）等。当大风经过沙（尘）质地表，产生扬沙（尘），并有部分沙（尘）渗入气流中时，粒径量级为微米、毫米的沙尘随着气流升空、运移、沉降，形成了沙尘暴。沙尘暴可以分为沙暴和尘暴两类。沙暴是指强风将地面沙粒子吹起使空气浑浊，水平能见度小于 1 km 的天气现象，沙暴由半径为几百微米量级的粒子组成；尘暴是由粒子半径为几十微米量级的黏土和沙粉组成，它无明显的上界，高度可达几千米甚至数十千米。一般情况下，沙暴和尘暴总是相伴发生，二者很难明显区分。在沙尘暴发生时，沙粒运动的主要形式是跃移，运动速度是气流速度的 1/3～1/5，而加速度比重力加速度大几个量级。尘土粒子的主要运动形式是悬移，它随气流的跟随性比沙粒强得多[47]。本节将讨论沙尘暴的粒子形状、尺寸、强度等级、粒子尺寸分布及时空分布等。

3.3.1　沙尘暴的粒子形状、尺寸、取向、强度等级及化学成分

沙粒的形状具有复杂的多样性，它取决于地区环境与沙尘的成因。通常沙粒的形状有球形、椭球形或次球形、次棱形和棱角形等。通过分析部分沙粒的实测数据，发现球形或次球形沙粒的数量一般不超过总数的 30%，所以一般情况下沙粒的形状以非球形居多，其粒子尺寸分布在几十微米至几毫米范围内。沙尘暴发生时，尘粒子一般为几十微米量级，沙粒子一般为几百微米、几毫米量级（毫米量级的粒子很少）。图 3.45 是电镜下沙尘粒子形态图[48]。

图 3.45　电镜下沙尘粒子形态图

有关粒子形状的研究最早是由 Mcewan 等人进行的。1985 年 Mcewan 等人[49]在外加静电场的条件下，用显微镜分析了 1972 — 1979 年从 Khartoum 收集的尘暴样品，发现粒子的最可几形状为椭球，并测得椭球的轴比平均值为 $a:b:c=1:0.76:0.53$。1987 年，Ghobrial 和 Sharief[49]考察了 500 个尘土粒子的形状，得到的轴比平均值为 $a:b:c=1:0.75:0.75^2$。

关于粒子的取向问题，在沙尘暴期间，取向是各不相同的，它取决于多种因素，包括风向、风速等。沙尘暴持续的重要阶段是浮尘的出现，它的特点是持续时间较长，并且此时风速很小，粒子分布相对稳定，受重力和自身的风沙尘静电场的作用，呈椭球状尘土粒子

的对称轴在空间近似成线性排列，且椭球的最短轴在垂直方向上，另外两轴在水平面内随机取向[47]。

沙尘暴强度由能见度 V_b 来衡量。根据沙尘暴能见度 V_b 情况，可以对沙尘暴强度进行等级划分。例如，我国沙尘暴强度分为四个等级：当风速为 4～6 级、能见度为 500～1000 m 时，称为弱沙尘暴；当风速为 6～8 级、能见度为 200～500 m 时，称为中沙尘暴；当风速大于 8 级、能见度为 50～200 m 时，称为强沙尘暴；当瞬时最大风速大于或等于 25 m/s、能见度小于 50 m 时，称为特强沙尘暴。我国沙尘暴强度划分标准见表 3.31。

表 3.31　沙尘暴天气强度划分标准

强度	瞬时极大风速（最大）	最小水平能见度
特强沙尘暴	≥25 m/s	0 级：＜50 m
强沙尘暴	≥20 m/s	1 级：50～200m
中沙尘暴	≥17 m/s	2 级：200～500 m
弱沙尘暴	≥10 m/s	3 级：500～1000 m

在元素组成方面，沙尘颗粒的成分涉及 Mg、Al、Si、P、S、Cl、K、Ca、Ti、V、Cr、Mn、Fe、Ni、Cu、Zn、As、Se、Br 和 Pb 等 20 多种元素[48]。研究表明：Al、Fe、Si、Cu、Zn 等地壳元素主要来自局地土壤源；Pb 和 S 等污染元素主要来自外部污染源，Mn、V 和 Cr 来自外部沙尘源。局地土壤源、远距污染源和外部沙尘源是沙尘成分的主要来源[48]。

3.3.2　沙尘暴的浓度

沙尘暴的浓度可以用空间单位体积中单位粒径间隔内沙尘粒子的总个数 N_{dust_0} 来表示，但在沙尘暴期间，N_{dust_0} 是很难测准的物理量。国外学者在研究沙尘暴中微波的传播特性时，通常借助于光学能见度 V_b 来描述 N_{dust_0}。N_{dust_0} 和 V_b 的关系为[47]

$$N_{dust\_0} = \frac{15}{8.868 \times 10^3 \pi V_b \int_0^\infty a_{dust}^2 p(a_{dust}) da_{dust}} \tag{3.97}$$

其中：N_{dust_0} 的单位为 $\text{m}^{-3} \cdot \mu\text{m}^{-1}$；能见度 V_b 的单位为 km；a_{dust} 表示沙尘粒子等体积球等效半径，单位为 μm；$p(a_{dust})$ 表示沙尘粒子等效半径概率密度函数。可见，沙尘暴能见度和等效半径分布概率密度函数或者粒子尺寸分布函数对沙尘暴环境非常重要。

3.3.3　沙尘粒子尺寸分布

实际的沙尘环境是由不同半径的沙尘粒子群构成的，并且不同半径范围内的粒子数各不相同，因此需要用粒子尺寸分布函数来表示沙尘环境中粒子群的分布情况。沙尘粒子尺寸分布理论研究中，通常根据大量观测数据分析结果得出的经验公式来描述谱分布。常用的沙尘环境粒子分布概率密度函数有 6 种：均匀分布、指数分布、麦克斯韦分布、瑞利分布、正态分布以及对数正态分布[48]。

沙尘粒子半径均匀分布概率密度函数表示为[48]

$$p(r_{dust}) = \frac{1}{a_{dust\_max} - a_{dust\_min}} \quad (a_{dust\_min} < r_{dust} \leqslant a_{dust\_max}) \tag{3.98}$$

其中，$a_{\text{dust\_min}}$ 和 $a_{\text{dust\_max}}$ 分别表示沙尘粒子取值最小半径和最大半径。均匀分布意味着在沙尘粒子取值范围内每一个半径附近单位半径变化区间内的概率一致，换句话说就是相同半径变化范围内的沙尘粒子数相同。

沙尘粒子半径指数分布概率密度函数表示为[48]

$$p(r_{\text{dust}}) = \frac{1}{\lambda_{\text{dust\_e}}} \exp\left(-\frac{r_{\text{dust}}}{\lambda_{\text{dust\_e}}}\right) \qquad (r_{\text{dust}} > 0) \qquad (3.99)$$

其中，$\lambda_{\text{dust\_e}}$ 表示沙尘粒子的平均半径。

沙尘粒子半径麦克斯韦分布概率密度函数表示为[48]

$$p(r_{\text{dust}}) = \frac{\sqrt{2}}{\lambda_{\text{dust\_m}}^3 \sqrt{\pi}} r_{\text{dust}}^2 \exp\left(-\frac{r_{\text{dust}}^2}{2\lambda_{\text{dust\_m}}^2}\right) \qquad (r_{\text{dust}} > 0) \qquad (3.100)$$

其中，$\lambda_{\text{dust\_m}}$ 表示沙尘粒子的平均半径。

沙尘粒子半径瑞利分布概率密度函数表示为[48]

$$p(r_{\text{dust}}) = \frac{r_{\text{dust}}}{\lambda_{\text{dust\_r}}^2} \exp\left(-\frac{r_{\text{dust}}^2}{2\lambda_{\text{dust\_r}}^2}\right) \qquad (r_{\text{dust}} > 0) \qquad (3.101)$$

其中，$2\lambda_{\text{dust\_r}}^2$ 表示粒子半径的平方的平均值。

沙尘粒子半径正态分布概率密度函数表示为[48]

$$p(r_{\text{dust}}) = \frac{1}{\lambda_{\text{dust\_r}} \sqrt{2\pi}} \exp\left[-\frac{(r_{\text{dust}} - r_{\text{dust\_0}})^2}{2\lambda_{\text{dust\_r}}^2}\right] \qquad (r_{\text{dust}} > 0) \qquad (3.102)$$

其中，$r_{\text{dust\_0}}$ 表示粒子半径均值，$\lambda_{\text{dust\_r}}^2$ 表示粒子半径的方差。

沙尘粒子半径对数正态分布概率密度函数表示为[48]

$$p(r_{\text{dust}}) = \frac{1}{\lambda_{\text{dust\_ln}} r_{\text{dust}} \sqrt{2\pi}} \exp\left\{-\frac{[\ln r_{\text{dust}} - \langle \ln r_{\text{dust}} \rangle]^2}{2\lambda_{\text{dust\_ln}}^2}\right\} \qquad (r_{\text{dust}} > 0) \qquad (3.103)$$

其中，$\langle \ln r_{\text{dust}} \rangle$ 和 $\lambda_{\text{dust\_ln}}$ 分别表示 $\ln r_{\text{dust}}$ 的均值和方差。表 3.32 给出了我国部分地区的均值和方差。

表 3.32　我国部分地区的 $\langle \ln r_{\text{dust}} \rangle$ 和 $\lambda_{\text{dust\_ln}}$

地区	沙尘类型	$\langle \ln r_{\text{dust}} \rangle$	$\lambda_{\text{dust\_ln}}$	体密度 N_0
腾格里沙漠	爆炸沙尘	-8.489	0.663	6.272×10^6
黄河沙滩	自然风沙	-9.718	0.405	1.630×10^5
	车扬风沙	-9.448	0.481	1.880×10^6

一般情况下，不同地区、不同次沙尘事件或者同一次沙尘事件的不同阶段，沙尘粒子尺寸分布情况差别较大，上述概率密度函数不一定适应所用地区，使用时需要根据当地监测结果进行选择。

3.3.4　沙尘暴的时空分布

沙尘暴易发区大多属中纬度干旱和半干旱地区，这些地区受荒漠化影响和危害比较严重，地表多为沙地和旱地，植被稀少，大风过境，容易形成沙尘暴天气。我国是世界上沙漠及沙漠化土地比较多的国家，沙漠及沙漠化土地的面积约占国土面积的 16%，达到约153.3

万平方千米，主要分布在北纬 $35°\sim50°$、东经 $75°\sim125°$ 之间的大陆盆地和高原，形成了一条西起塔里木盆地，东迄松嫩平原西部，横贯西北、华北、东北地区，长约 4500 km，南北宽约 600 km 的断续弧形沙漠地带。

　　沙尘暴天气的沙源区主要分布在我国西北地区的巴丹吉林沙漠、腾格里沙漠、塔克拉玛干沙漠、乌兰布和沙漠、黄河河套的毛乌素沙地周围。尤其塔克拉玛干沙漠、古尔班通古特沙漠、巴丹吉林沙漠、腾格里沙漠是我国沙尘暴的主要沙尘源区。

　　我国沙尘暴的空间分布基本上与我国沙漠及沙漠化土地分布一致。西北、华北大部、青藏高原和东北平原地区沙尘暴年平均日数普遍大于 1 天，是沙尘暴的主要影响区，其中东经 110° 以西、天山以南大部分地区沙尘暴年平均日数大于 10 天，是沙尘暴的多发区；塔里木盆地及其周围地区、阿拉善和河西走廊东北部是沙尘暴的高频区，沙尘暴年平均日数达 20 天以上，局部接近或超过 30 天，如新疆民丰 36 天、柯坪 31 天、甘肃民勤 30 天等。

　　总的来说，我国沙尘暴的空间分布具有三个显著的特点：地理纬度高，面积大，总体呈东西走向的带状分布。南北最宽处约 11 个纬度，东西长约 34 个经度，总面积近 300 万平方千米；强沙尘暴天气多发区集中。我国西北地区最大的强沙尘暴出现区域是西起吐鲁番、哈密地区，东接蔓延达 1000 km 的甘肃河西走廊，北连内蒙古阿拉善盟，东延伸到河套地区。另外，在北疆克拉玛依地区、南疆和田地区和青海西北部地区还有几个局地性沙尘暴区，基本呈西北—东南分布；沙尘暴天气分散在七大沙漠区或其边缘地区，即分布在古尔班通古特沙漠、塔克拉玛干沙漠、库姆塔格沙漠、柴达木盆地沙漠、巴丹吉林沙漠、腾格里沙漠、乌兰布和沙漠及黄河河套的毛乌素沙地周围。

　　另外，沙尘暴也存在着日变化、月变化、季节变化以及年季变化的规律，这些规律有助于气象部门研究人员宏观上掌握沙尘暴出现的时间结构，具体变化规律详见文献[47]。对于电波传播特性长期统计而言，需要的是类似降雨率年时间概率分布沙尘暴能见度年时间概率统计分布，然而并没有类似电波环境特性数据库，有待于相关工作者在未来建立类似数据库。

3.3.5　沙尘暴垂直空间分布特性

　　沙尘暴无明显的上界，高度可达几千米甚至更高。一般情况下，尘暴扩展高度要比沙暴高一些，考虑地空沙尘暴环境中电磁波传播特性问题时，如果无法获得沙尘暴确切的扩展高度，一般假设沙尘暴高度为 2 km[47]。但是，在地面至 21 m 范围内沙尘暴物理特性变化随高度变化很快，呈现不均匀特性，例如：平均半径、等效半径、能见度及粒子密度等参数随高度发生变化；在 21 m ~ 2 km 的空间范围内，沙尘暴粒子的物理特性基本呈现均匀状态，而且可以近似用 21 m 高度处的物理特性代替；2 km 以上空间即使存在少量沙尘粒子，浓度也很低，可以忽略不计[47]。所以，21 m 以下空间物理特性随高度的变化特性，对于电波传播空间环境特性具有重要的意义。

　　21 m 以下空间的平均半径 $\langle r_{\mathrm{dust}} \rangle$、等体积球等效半径 $r_{\mathrm{dust\_e}}$、能见度 V_{b} 及粒子密度 $N_{\mathrm{dust\_0}}$ 随高度的变化，分别可以近似表示为[47]

$$\langle r_{\mathrm{dust}} \rangle = \langle r_{\mathrm{dust\_}h_0} \rangle \left(\frac{h}{h_0} \right)^{-0.15} \tag{3.104}$$

$$r_{\mathrm{dust\_e}} = r_{\mathrm{dust\_e\_}h_0} \left(\frac{h}{h_0} \right)^{-0.04} \tag{3.105}$$

$$V_b = V_{b\_h_0} \exp[1.25(h - h_0)] \tag{3.106}$$

$$N_{\text{dust\_0}} = N_{\text{dust\_0\_}h_0} \left(\frac{h}{h_0}\right)^{-C_{N\,\text{dust\_0\_}h}} \tag{3.107}$$

其中：h_0 为参考高度，参考高度 h_0 是地面至距离地面 21 m 范围内的某一高度，如果 $h > h_0$，则 h 取正值，否则 h 取负值；$\langle r_{\text{dust\_}h_0}\rangle$、$r_{\text{dust\_e\_}h_0}$、$V_{b\_h_0}$ 及 $N_{\text{dust\_0\_}h_0}$ 是参考高度 h_0 处的取值，实际链路分析计算中这些值需要借助当地气象数据分析获得，或者开展相应测量工作获得。

沙尘暴是典型的非水凝物大气沉降粒子，实际上除了沙尘粒子以外，大气中还存在其他尺度更小的气溶胶非水凝物粒子，下面对这些气溶胶粒子进行简要讨论。

3.4 其他气溶胶沉降粒子

3.4.1 概述

大气气溶胶粒子，即通常在对流层发现的那些颗粒，是自然界和人工生成的固体和液体颗粒的一种复杂的、动力的混合物。从广义上讲，前述的雨、雾、云、冰晶、冰雹、雪以及沙尘粒子也属于大气气溶胶粒子。但是，这里的气溶胶粒子是指除前述沉降粒子以外的、尺寸大致为 $10^{-3} \sim 10^2 \ \mu m$ 的气溶胶粒子。

大气气溶胶粒子包括自然界气溶胶粒子(天然气溶胶粒子)、人为气溶胶粒子。天然气溶胶粒子是由客观的自然现象引起的微小粒子，例如大气光学或者光化学反应、植物动物等自然生物或者海浪、火山爆发等非生物活动以及宇宙空间运动形成的粒子；人为气溶胶粒子是由于人为活动而形成的粒子，例如切割、燃煤、电弧焊等生活、生产活动形成的气溶胶粒子。它们的存在并不影响空气的动力学特性，但是这些沉降粒子同样对与其尺度接近波长的电磁波有重要的影响，例如尘埃、烟等霾粒子对光波段电磁波具有重要的影响效应。

可以根据气溶胶粒子的粒径大小、大气中的滞留时间、化学成分、能见度、是否带有电性等特征差异对气溶胶进行分类。例如：粒子粒径小于 $0.25 \ \mu m$ 时称为亚显气溶胶，粒径约为 $0.25 \sim 10 \ \mu m$ 时称为显微气溶胶，粒径在 $10 \sim 40 \ \mu m$ 之间时称为细型气溶胶，粒径大于 $40 \ \mu m$ 时称为粗气溶胶。按照粒子在空气中滞留时间的长短可以分为降沉气溶胶和悬浮气溶胶。大气中的气溶胶颗粒粒径大于 $10 \ \mu m$ 时，在重力作用下粒子降落较快，在较短时间内便会沉降到地面，这样的气溶胶称为降沉气溶胶，例如破碎、燃烧残余物的结块及研磨粉碎的细碎物质和自然界的刮风及沙尘暴等都属于降沉气溶胶。当粒径小于 $10 \ \mu m$ 时，气溶胶粒子受到的重力和空气动力相当，可以长时间漂浮在大气中，这样的气溶胶称为悬浮气溶胶，该气溶胶往往作为凝结核参与前述的水凝物过程。按照气溶胶粒子的化学成分差异，气溶胶可以分为有机气溶胶、无机气溶胶或者金属气溶胶、非金属气溶胶或者混合气溶胶等，还可以直接按照粒子化学成分命名，例如海水破裂形成的盐雾气溶胶。气溶胶粒子使得光学能见度降低，按照能见度差异可以分为不同的等级，例如轻霾、中霾、重霾以及极重霾等；根据粒子是否带有电荷可以分为电化气溶胶、等离子体气溶胶等。

气溶胶科学是一门较为年轻的边缘且具有完备理论的科学，包含气溶胶运动学、气溶胶动力学及气溶胶应用系统几大部分。整个气溶胶科学从概念、形成、分类、采样检测、采样测量、粒径分布、电学特性、光学特性、运动学、动力学以及气溶胶与其他学科的关联等方面具有完整的体系，读者可以自行阅读文献[50]～[55]。

本书的主题是电磁波在对流层中的传播、散射特性及其对无线系统的影响，对流层空间环境科学特性是其中的一部分，因此，本节只简要介绍气溶胶粒子的形状、尺寸、颗粒密度、颗粒浓度以及气溶胶粒子的尺寸分布问题的结论。另外，本书作者结合文献[50]～[55]，总结编写了 3.4.2 节～3.4.4 节的内容，因此对这些内容不再一一标注参考文献。

3.4.2　气溶胶颗粒形状、尺寸和颗粒密度

液体气溶胶颗粒由于表面张力的作用几乎都是球形的，而固体气溶胶粒子实际具有复杂的形状。但是，在研究其电磁散射特性时假设气溶胶粒子为球形或者椭球形可以获得与测量结果非常接近的计算值。如果更加细致地描述气溶胶粒子的形状，可以分为近似球、近似立方体、近似圆柱、近似旋转椭圆体、球体串等。不同近似体表征其线度的参量也不同，近似球采用半径或者直径，近似立方体则采用边长，近似圆柱采用长度和半径或者直径，近似旋转椭圆体则采用极半径和赤道半径，球体串则采用球体个数及球体半径。

颗粒尺寸是表征气溶胶行为最重要的参数。气溶胶的全部性质都同颗粒尺寸有关，而某些性质则非常强烈地依赖于颗粒的尺寸。而且大多数气溶胶颗粒尺寸的范围是相当广泛的，某种气溶胶中最大颗粒和最小颗粒之间尺寸相差数百倍并不罕见。不仅仅是气溶胶的性质取决于颗粒的尺寸，而且控制这些性质的定律的实质也是随着颗粒尺寸大小不同而改变。这就强调必须用微观方法，并在单个颗粒的基础上，来表征气溶胶的各种性质。气溶胶的平均性质则可借助于对整个尺寸分布积分的办法来求得。评估气溶胶的各种性质是怎样随颗粒尺寸大小而变化对于理解气溶胶性质至关重要。

气溶胶粒子的尺寸大致为 10^{-3}～10^2 μm。不同类型的气溶胶粒子尺寸差别较大。常见的粉尘、熏烟、霭以及烟的大致尺寸如下：粉尘是经过破碎、研磨等使用母体材料机械分散作用而形成的固体颗粒胶，其颗粒尺寸范围从亚微米到可见大小，按照颗粒大小可以分为粗颗粒、细颗粒，粗颗粒直径大于 2 μm 而细颗粒直径小于 2 μm，粉尘的直径一般不会大于 75 μm；熏烟是由蒸汽凝结或者气体燃烧而形成的固体颗粒气溶胶，其颗粒尺寸通常小于 1 μm；烟是由于不完全燃烧而形成的一种可见的气溶胶粒子，颗粒可以是固体或者液体，其颗粒直径一般小于 1 μm；霭是由于凝结或者雾化而产生的淡雾粒子，其颗粒直径范围约为亚微米至 20 μm；烟雾是光化学反应产物，常常伴有水蒸气，其颗粒尺寸一般小于 1 μm 或者 2 μm。按尺度大小可将气溶胶粒子分成三类：尺度小于 0.1 μm 的粒子称为爱根核；尺度大于 0.1 μm 而小于 1.0 μm 的粒子称为大粒子；尺度大于 1.0 μm 的粒子称为巨粒子。

表 3.33 列出了各种气溶胶尺寸以及不同波段波长。通常的灰尘、磨碎的材料以及花粉是微米级或者稍大些的颗粒，而熏烟和烟则是亚微米级或者更小的颗粒。气溶胶颗粒的最小尺寸接近较大气体分子的直径，因而需要用分子运动理论进行描述和研究。最大的颗粒则是肉眼可见颗粒，它们可以由适用于宏观物理的牛顿力学理论进行描述和研究。一般情

况下，气溶胶粒子如果大于 50 μm，则肉眼可见，也就是可以用牛顿力学理论进行描述或者研究。

表 3.33　气溶胶颗粒尺寸范围(只留下半部分参考除尘理论中的内容)

常见大气胶体	颗粒直径/μm	电磁波
烟雾	0.01~1.25	X 射线、紫外线、可见光、近红外线
云和雾	1.25~90	近红外线、远红外线
淡雾	90~450	远红外线
雨	850~10 000	远红外线、微波
典型的颗粒和气体胶体	颗粒直径/μm	电磁波
松香烟	0.01~1	紫外线、可见光
化肥碎石灰	10~1000	远红外线
油烟	0.55~1	紫外线、可见光
飞灰	1~126	近红外线、远红外线
煤灰	1~100	近红外线、远红外线
香烟烟	0.01~1	紫外线、可见光
冶金灰尘和熏烟	0.001~100	X 射线、紫外线、可见光、近红外线、远红外线
氯化铵熏烟	0.1~5	可见光、近红外线
水泥粉尘	1.5~100	近红外线、远红外线
硫浓缩器淡雾	1~20	近红外线、远红外线
海滩砂	90~3500	远红外线、微波
炭黑	0.01~0.45	紫外线
可见含硫淡雾	0.45~4.5	可见光、近红外线
煤粉	4.5~800	近红外线、远红外线
油漆填料	0.1~7	可见光、近红外线
浮选矿粉	7~250	近红外线、远红外线
氧化锌熏烟	0.01~0.7	紫外线、可见光
杀虫剂灰尘	0.85~10	可见光、近红外线
胶体状硅石	0.35~0.7	紫外线
研磨的滑石	0.7~70	可见光、近红外线、远红外线

续表

典型的颗粒和气体胶体	颗粒直径/μm	电磁波
喷雾干燥的奶粉	0.1～10	可见光、近红外线
植物的孢子	10～40	远红外线
碱熏烟	0.1～7.5	可见光、近红外线
花粉	10～100	远红外线
爱根核	0.009～0.35	X 射线、紫外线
磨碎的面粉	1～100	近红外线、远红外线
大气灰尘	0.006～12.5	X 射线、紫外线、可见光、近红外线、远红外线
海盐核	0.04～0.7	紫外线、可见光
喷雾器液滴	1～12.5	近红外线、远红外线
液压喷嘴液滴	16.5～7000	远红外线、微波
燃烧核	0.01～0.1	紫外线
伤害肺部灰尘	0.75～5.5	可见光、近红外线
气压喷嘴液滴	10～100	远红外线
成人红血球	7.2～7.8	近红外线
病毒	0.035～0.07	X 射线、紫外线
细菌	0.45～35	可见光、近红外线、远红外线
人头发	35～300	远红外线
H_2、O_2、CO_2、Cl_2、F_2、CH_4 等气体（在 0℃时根据黏性数据算出的分子直径）	0.0001～0.01	X 射线
CO、N_2、H_2O、HCl、SO_2、C_4H_4 等分子（在 0℃时根据黏性数据算出的分子直径）	0.0001～0.01	X 射线

颗粒的密度是指单位体积的颗粒本身的质量，而不是指气溶胶的密度、浓度或者含量，气溶胶的密度用浓度来表示。颗粒密度的单位是 g/cm^3，气溶胶的密度是单位体积内或者某特定空间内所有半径粒子的总体特性，例如个数、质量等特性。破碎、研磨形成的液体或者固体气溶胶颗粒具有的密度与它们的母体材料密度相同。但是，烟和熏烟等更细小的颗粒密度则远小于相同化学成分的材料密度。气溶胶颗粒密度对于分析路径气溶胶质量含量具有重要意义。表 3.34 列出了常见气溶胶颗粒密度。

表 3.34　常见气溶胶颗粒密度[50]　　　　　　　　　　　　g/cm³

固　体			
铝	2.5～2.8	Carnauba 蜡	1.0
氧化铝	4.0	煤	1.2～1.8
硫化铵	1.8	飞灰	0.7～2.6
石棉	2.4～3.3	飞灰煤胞	0.7～1.0
巧棉、温石棉	2.4～2.6	普通玻璃	2.4～2.8
花岗石	2.4～2.7	聚乙烯甲苯	1.03
铁	7.0～7.9	矿渣硅酸盐水泥	3.2
氧化铁	5.2	石英	2.6
石灰	2.1～2.9	氯化钠	2.2
铅	11.3	硫	1.9～2.1
大理石	2.4～2.8	淀粉	1.5
亚甲蓝	1.26	石膏	2.6～2.8
自然纤维	1～1.6	二氧化铁	4.3
石蜡	0.9	铀染料	1.53
塑料	1～1.6	木材(干)	0.4～1.0
花粉	0.45～1.05	锌	6.9
聚苯乙烯	1.05	氧化锌	5.6
液　体			
酒精	0.7	水银	13.6
双丁基钛酸酯	1.045	油类	0.86～0.94
双乙基已基钛	0.983	聚乙烯甘醇	1.13
癸二酸二辛酯	0.915	硫酸	1.84
盐酸	1.19	水	1.0

3.4.3　气溶胶浓度或者含量

如前所述，气溶胶浓度指单位体积或者某指定空间内所有尺寸的气溶胶粒子的总体特征，例如个数、质量等特性。如果是单位体积空间内所有尺寸粒子的质量，则称之为气溶胶体积含量，单位为 mg/m³、g/m³ 等，其量纲为质量·长度$^{-3}$；如果是单位体积空间内所有尺寸粒子的个数，则称之为气溶胶体积浓度，单位为个/m³、个/cm³，其量纲为长度$^{-3}$。另外，在分析气溶胶对电磁波传播影响时，也会用到路径积分含量或者路径积分浓度，其概念与云雾路径积分含水量一致。路径积分含量的单位为 mg/m²、g/m² 等，其量纲为质量·长度$^{-2}$；路径积分浓度的单位为个/m²、个/cm²，其量纲为长度$^{-2}$。表示浓度的另一种方法是采用单位体积或者特定空间内所有气溶胶粒子的体积或者质量与粒子和背景环境（对于大气气溶胶的背景环境是纯空气）的总体积或者总质量的比值。按照离散随机媒质中波传播理论，分析气溶胶环境中电磁波传播、散射效应时，一般使用体积浓度或者路径积分浓度更方便。实际上，我们遇到的气溶胶浓度范围非常宽泛，图 3.46 是气溶胶浓度范围示意图。

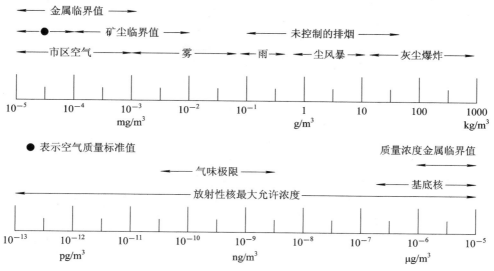

图 3.46　气溶胶浓度范围示意图

在不同地方，气溶胶粒子的浓度分布不一样，它受地理位置、地形、地表性质、人类居住情况、距污染源的远近程度及气象条件的影响。通过对爱根核的观测，一般在海洋上空气溶胶粒子的平均数密度为 10^3 个/cm^3，在田野上空是 10^4 个/cm^3，而城市上空受污染的空气中能达到 10^5 个/cm^3 或更高。

从电波传播空间环境特性角度来分析气溶胶环境时，往往遇到的不是单一的气溶胶粒子和空气组成的混合物，而是多种粒子弥散在空气中的混合物，例如我们熟知的雾霾环境就是由多种化学成分粒子和空气混合而成的气溶胶环境。所以，分析气溶胶环境中电磁波传播、散射特性时，首先需要知道环境中粒子化学成分种类，然后再分析各种类的粒子浓度。分析气溶胶浓度时，需要用到粒子尺寸分布谱函数。

3.4.4　气溶胶粒子的尺寸分布

气溶胶粒子尺寸分布谱函数的概念与大气水凝物及沙尘环境的概念一致，实际上属于粒子线度统计学范畴。也就是说，把单一化学成分的粒子数表示为粒子尺寸分布的函数，或者表示为粒子半径出现概率密度的函数。粒子尺寸分布谱函数和粒径概率密度函数之间的关系见 3.3 节。气溶胶粒子的谱分布习惯采用粒径概率密度函数表述，而粒子浓度则需要根据类似式(3.97)的关系式，通过测量能见度获得粒子浓度。粒子线度统计学具有完备的理论体系，而且适用于所有的离散随机环境，这里不再赘述。

正态分布是一种常用的气溶胶粒径概率密度函数，表示为[50]

$$p(r_{aerosol}) = \frac{1}{\lambda_{aerosol\_r}\sqrt{2\pi}}\exp\left[-\frac{(r_{aerosol}-r_{aerosol\_0})^2}{2\lambda_{aerosol\_r}^2}\right] \qquad (r_{aerosol}>0) \qquad (3.108)$$

其中，$r_{aerosol\_0}$ 表示粒子半径的均值，$\lambda_{aerosol\_r}$ 表示粒子半径的标准偏差，这些参量需要在建模时根据测量数据分析获得，属于时间序列处理领域范畴。

另一种常用的气溶胶粒径概率密度函数是对数正态分布，表示为[50]

$$p(r_{aerosol}) = \frac{1}{\lambda_{aerosol\_ln}r_{aerosol}\sqrt{2\pi}}\exp\left\{-\frac{[\ln r_{aerosol}-\langle\ln r_{aerosol}\rangle]^2}{2\lambda_{aerosol\_ln}^2}\right\} \qquad (r_{aerosol}>0)$$

$$(3.109)$$

其中，$\langle \ln r_{\text{aerosol}} \rangle$ 和 $\lambda_{\text{aerosol\_ln}}$ 分别表示 $\ln r_{\text{aerosol}}$ 的均值和标准偏差。

正态分布和对数正态分布是常用的分布，在实际应用时主要的技术难点在于确定模型特定参数。另外，文献[50]～[55]中还描述了其他适合于特定类型的人工气溶胶的、不常用的气溶胶粒径分布函数，读者可以自行查阅相关文献。

文献[56]给出了专门针对光传播特性的幂次方气溶胶粒径概率密度函数。文献[56]认为粒子半径大于 $0.1~\mu\text{m}$ 的气溶胶粒子，其粒子半径概率密度函数表示为

$$p(r_{\text{aerosol}}) = 0.4343(r_{\text{aerosol}})^{-(v_{\text{p}}+1)} \tag{3.110}$$

其中，v_{p} 是一个常数，其典型值为 3～4。

需要注意的是，这里的粒子半径概率密度函数乘以 3.4.3 节介绍的粒子密度或者粒子浓度，即可得到气溶胶粒子数分布谱，也就是单位体积内单位粒径间隔内的粒子数。气溶胶粒子浓度 $N_{\text{aerosol\_0}}$ 随高度会逐渐下降，一般地，在 5 km 高度以下，$N_{\text{aerosol\_0}}$ 随高度呈现指数降低规律，而在不同高度上的粒子半径概率密度函数认为不变。$N_{\text{aerosol\_0}}$ 随高度变化的规律可以近似表示为[56]

$$N_{\text{aerosol\_0}}(h) = N_{\text{aerosol\_0}}(0)\exp\left(-\frac{h}{H_{\text{p}}}\right) \tag{3.111}$$

其中：$N_{\text{aerosol\_0}}(h)$ 和 $N_{\text{aerosol\_0}}(0)$ 表示高度 h 和地面处的气溶胶浓度；H_{p} 是一个特征高度或者参考高度，取值为 1～1.4 km。特征高度 H_{p} 的物理意义为：单位地面面积上空的粒子总数等于地面浓度乘以特征高度，即

$$H_{\text{p}} = \frac{1}{N_{\text{aerosol\_0}}(0)}\int_0^{h\max} N_{\text{aerosol\_0}}(h)\,\mathrm{d}h \tag{3.112}$$

其中，$h_{\max}$ 为气溶胶的上界高度。显然，特征高度 H_{p} 也与地面浓度 $N_{\text{aerosol\_0}}(0)$ 有关。文献[56]给出了气溶胶环境下能见距离 V_{bm} 与 H_{p} 的对应取值，见表 3.35。

表 3.35　不同能见距离 V_{bm} 条件下 H_{p} 的取值　　　　km

V_{bm}	2	3	4	5	6	8	10	13
H_{p}	0.84	0.9	0.95	0.99	1.03	1/10	1.15	1.23

3.5　沉降粒子介电特性

对流层中沉降粒子对电磁波传播、散射特性的影响主要与传输媒质的介电特性有关。例如，传输媒质复介电常数的虚部主要引起电磁波能量的损失，实部主要引起色散和传输延迟效应等。所以，沉降粒子的介电特性是后续章节分析沉降粒子中电磁波传播、散射特性的重要基础。

2.2.1 节中介绍的电磁特性参数之间的基本关系对于本节依然适用，只是沉降粒子介电特性部分通常只使用介电常数和折射率两个参量而已。对于沉降粒子介电特性问题，实际是混合媒质电磁特性，但是当使用离散随机媒质中波传播与散射理论时，总是针对粒子的散射、吸收特性进行电磁计算，然后结合沉降粒子粒径尺寸分布函数讨论媒质整体效应。当然，如果采用等效理论把沉降粒子环境看做空气和粒子混合而成的等效连续媒质也是一

种研究方法。因此，本节先针对粒子介电特性进行讨论，然后给出混合物介电特性理论。

3.5.1　水凝物粒子介电特性

3.5.1.1　水的介电特性

雨及云雾大气水凝物粒子的主要化学成分为水，因此在分析雨、云雾环境中粒子对电磁波传播、散射特性时，目前文献均采用了水的介电特性。水的介电特性是由水分子构成的，对于不同波段的电磁波，水的复介电常数采用不同的理论描述。当电磁波波长大于 1 mm 时，水的介电特性由水分子的极化理论描述；当电磁波波长小于 1 mm 时，水的介电特性用量子化理论分析水分子的各种谐振运动理论描述[6]。水的复介电常数是温度和频率的复杂函数。

最早的复介电常数由德拜（Debye）给出，德拜模型表示为[18]

$$\varepsilon_r = \varepsilon_\infty + \frac{\varepsilon_s - \varepsilon_\infty}{1 + j\dfrac{\lambda_s}{\lambda}} \tag{3.113}$$

式中：ε_s 为静电场中水的相对介电常数；ε_∞ 为光学极限时水的相对介电常数；λ_s 为松弛波长；λ 为入射电磁波的波长。这四个参数均与温度有密切的关系，表 3.36 给出了不同温度下式（3.113）中的参数值。

表 3.36　德拜公式中的参数值

$T/℃$	ε_s	ε_∞	λ_s
0	88	5.5	3.59
20	80	5.5	1.53
40	73	5.5	0.0859

式（3.113）中没有考虑导电条件虚部的变化，如果考虑导电特性，则式（3.113）表示为

$$\varepsilon_r = \varepsilon_\infty + \frac{\varepsilon_s - \varepsilon_\infty}{1 + j\dfrac{\lambda_r}{\lambda}} - \frac{j\lambda\sigma_{conductivity}}{3 \times 10^8 2\pi\varepsilon_0} \tag{3.114}$$

其中，$\sigma_{conductivity}$ 表示水的电导率，λ_s 和 λ 的单位为 m。

瑞（Ray）基于上述理论，在研究了许多测量结果后，提出了一套与实验相符的水的介电常数经验公式，其实部和虚部分别表示为[18]

$$\varepsilon_{Re} = \varepsilon_\infty + \frac{(\varepsilon_s - \varepsilon_\infty)\left[1 - \left(\dfrac{\lambda_s}{\lambda}\right)^{1-\alpha}\sin\left(\dfrac{\alpha\pi}{2}\right)\right]}{1 + 2\left(\dfrac{\lambda_s}{\lambda}\right)^{1-\alpha}\sin\left(\dfrac{\alpha\pi}{2}\right) + \left(\dfrac{\lambda_s}{\lambda}\right)^{2(1-\alpha)}} \tag{3.115}$$

$$\varepsilon_{Im} = \frac{\sigma_{conductivity}\lambda}{18.8406 \times 10^{10}} + \frac{(\varepsilon_s - \varepsilon_\infty)\left[1 - \left(\dfrac{\lambda_s}{\lambda}\right)^{1-\alpha}\cos\left(\dfrac{\alpha\pi}{2}\right)\right]}{1 + 2\left(\dfrac{\lambda_s}{\lambda}\right)^{1-\alpha}\sin\left(\dfrac{\alpha\pi}{2}\right) + \left(\dfrac{\lambda_s}{\lambda}\right)^{2(1-\alpha)}} \tag{3.116}$$

式（3.115）和式（3.116）中的参数取值如下：

$$\varepsilon_s = 78.56[1 - 4.507 \times 10^{-3}(t-25) + 1.19 \times 10^{-5}(t-25)^2 - 2.8 \times 10^{-8}(t-25)^3] \tag{3.117}$$

$$\varepsilon_\infty = 5.27137 + 2.16474 \times 10^{-2} t - 1.31198 \times 10^{-3} t^2 \tag{3.118}$$

$$\alpha = -\frac{16.8129}{t+273} + 6.09265 \times 10^{-2} \tag{3.119}$$

$$\lambda_s = 8.8386 \times 10^{-4} \exp\left(\frac{2513.98}{t+273}\right) \tag{3.120}$$

$$\sigma_{\text{conductivity}} = 12.5664 \times 10^8 \tag{3.121}$$

式(3.117)~式(3.120)中，t 表示以℃为单位的温度，λ_s 表示以 cm 为单位的松弛波长，所以式(3.115)和式(3.116)中的波长 λ 的单位应为 cm。该模型适用于 $-20℃\sim50℃$ 的温度范围，但没有考虑波长小于 1 mm 时的谐振运动的影响。

图 3.47 是不同温度下水的复介电常数的实部和虚部曲线，频率范围为 $1\sim1000$ GHz。在这个频率范围内折射率的实部变化比较平缓，从 9 下降到 3，且温度越低折射率的实部就越大。在 $10\sim50$ GHz 频率范围内折射率的虚部出现了一个峰值，表明在这个频段出现了一个吸收峰，这与分子吸收理论相符。

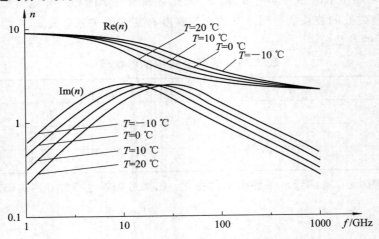

图 3.47　不同温度下水的复介电常数的实部和虚部曲线

除了 Ray 经验公式之外，双 Debye 修正模型也经常被使用：

$$\varepsilon_{\text{Re}} = \frac{\varepsilon_s - \varepsilon_a}{1 + (f/f_p)^2} + \frac{\varepsilon_a - \varepsilon_b}{1 + (f/f_s)^2} + \varepsilon_b \tag{3.122}$$

$$\varepsilon_{\text{Im}} = \frac{f(\varepsilon_s - \varepsilon_a)}{f_p[1 + (f/f_p)^2]} + \frac{f(\varepsilon_a - \varepsilon_b)}{f_s[1 + (f/f_s)^2]} \tag{3.123}$$

其中：$\varepsilon_a = 5.48$；$\varepsilon_b = 3.51$；f 为工作频率(GHz)；f_p 和 f_s 是弛豫频率；其他参数分别表示为

$$\varepsilon_s = 77.66 + 103.3\left(\frac{300}{T} - 1\right) \tag{3.124}$$

$$f_p = 20.09 - 142.4\left(\frac{300}{T} - 1\right) + 294\left(\frac{300}{T} - 1\right)^2 \tag{3.125}$$

$$f_s = 590 - 1500\left(\frac{300}{T} - 1\right) \tag{3.126}$$

其中，T 表示以 K 为单位的温度。双 Debye 公式的适用范围为 $0\sim1000$ GHz。

　　在计算降雨传播特性时通常使用 Ray 经验公式，如 ITU-R 的降雨衰减模型就是利用了 Ray 的水介电常数经验公式得到的；在计算云雾的传播特性时多使用双 Debye 公式。图 3.48 给出了在毫米波段用 Ray 公式计算的水介电常数在不同温度下实部和虚部随波长的变化情况。图 3.49 给出了在毫米波段用双 Debye 公式计算的水介电常数在不同温度下实部和虚部随波长的变化情况。

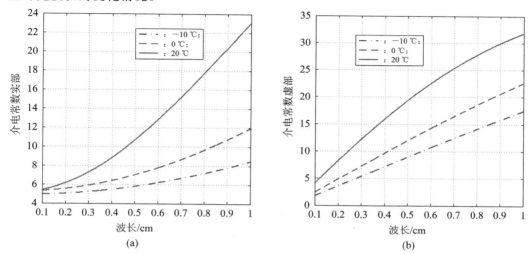

图 3.48　用 Ray 公式计算的水介电常数随波长的变化情况
（a）介电常数实部随波长的变化情况；（b）介电常数虚部随波长的变化情况

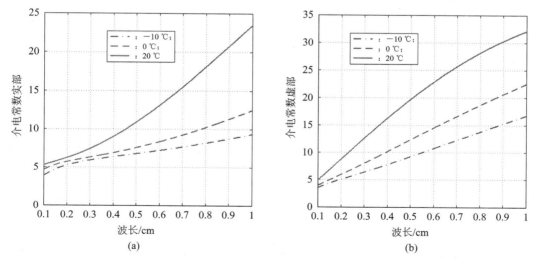

图 3.49　用双 Debye 公式计算的水介电常数随波长的变化情况
（a）介电常数实部随波长的变化情况；（b）介电常数虚部随波长的变化情况

　　水凝物环境对电磁波传播影响非常严重，水的介电特性对于评估传播特性非常重要。

介电特性模型往往具有一定的局限性，如果条件满足，最好能针对实际工程背景，开展水介电特性的测量工作，获得支持所使用介电特性模型的实验数据。表 3.37 给出了 1 THz 以下部分频率介电常数测量结果，供读者参考。

表 3.37　文献[57]给出的水的介电常数测量结果

f/GHz	T/℃	ε_{Re}	ε_{Im}	f/GHz	T/℃	ε_{Re}	ε_{Im}
5	−4	63.81	38.38	10	−4	36.13	40.07
10	0	42.51	40.89	10	10	53.4	38.22
10	20	61.04	32.59	10	30	64.18	27.12
20	0	19.55	30.79	20	10	27.61	35.25
20	20	36.91	36.81	20	30	43.92	35.70
30	0	12.48	22.65	30	10	17.17	27.86
30	20	23.76	32.00	30	30	29.76	34.12
40	0	9.65	17.62	40	10	12.54	22.35
40	20	17.04	26.85	40	30	21.38	30.17
50	10	10.17	18.47	50	20	13.35	22.74
50	30	16.40	26.31	60	10	8.81	15.68
60	20	11.17	19.57	60	30	13.29	23.06
70	10	7.97	13.59	70	20	8.84	17.11
70	30	11.26	20.40	80	20	8.84	15.17
80	30	9.87	18.23	90	20	8.19	13.61
90	30	8.88	16.44	100	20	7.72	12.33
100	30	8.16	14.96	—	—	—	—
176	10	5.71	7.10	176	20	5.73	7.79
176	30	6.28	8.99	176	40	6.24	9.98
205	10	5.41	8.24	205	20	5.58	7.11
205	30	5.85	8.16	205	40	5.78	9.00
234	10	5.35	5.57	234	20	5.55	6.37
234	30	5.60	7.34	234	40	5.68	8.16
264	10	5.29	4.95	264	20	5.35	5.61
264	30	5.36	6.43	264	40	5.51	7.19
288	19	5.42	5.42	293	10	5.21	4.44

f/GHz	$T/℃$	ε_{Re}	ε_{Im}	f/GHz	$T/℃$	ε_{Re}	ε_{Im}
293	20	5.16	4.94	293	30	5.21	5.54
293	40	5.34	6.32	300	30	5.39	5.98
322	10	5.15	4.14	322	20	5.10	4.50
322	30	5.16	5.05	322	40	5.30	5.76
346	19	5.19	4.76	351	10	5.05	3.78
351	20	5.04	4.20	351	30	5.12	4.72
351	40	5.26	5.32	381	10	5.02	3.46
381	20	4.94	3.85	381	30	5.13	4.28
381	40	5.16	4.88	410	10	4.86	3.57
410	20	5.02	3.56	410	30	5.25	3.97
410	40	5.04	4.54	450	30	4.80	4.36
461	19	4.90	3.72	577	19	4.65	3.23
600	30	4.51	3.53	692	19	4.53	2.88
750	30	4.33	3.01	864	19	4.27	2.52
900	30	4.21	2.68	1038	19	4.06	2.26
1050	30	4.08	2.45	—	—	—	—

3.5.1.2 冰的介电特性

在微波波段，冰的复介电常数表达式也是由 Ray 给出的，其形式与式（3.115）和式（3.116）水的复介电常数模型一致，但是各个参数值与水的不一样。对于冰，式（3.115）和式（3.116）中的参数分别为[18]

$$\varepsilon_{\infty} = 3.168 \tag{3.127}$$

$$\sigma = 1.26 \exp\left(-\frac{6291}{t+273}\right) \tag{3.128}$$

$$\alpha = 0.288 + 0.0052t + 0.00023t^2 \tag{3.129}$$

$$\varepsilon_s = 5.27137 + 0.0216474t - 0.00131198t^2 \tag{3.130}$$

$$\lambda_s = 0.0009990288 \exp\left(\frac{6.6435}{t+273}\right) \tag{3.131}$$

图 3.50 所示为温度在 0℃ 和 25℃、频率范围在 1～1000 GHz 时冰的复折射率。其实部与频率和温度无关，近似为 1.78；而其虚部在 $5×10^{-5}～1×10^{-2}$ 之间变化，且温度在 0℃ 时的衰减较 25℃ 时的大。

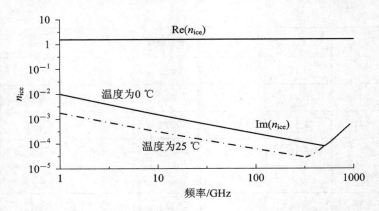

图 3.50　温度为 0℃ 和 25℃，频率为 1~1000 GHz 时冰的复折射率

小于 1000 GHz 时，另一个适用于冰的介电常数的简单模型为[58]

$$\varepsilon_{Re} = 3.15 \tag{3.132}$$

$$\varepsilon_{Im} = \frac{\alpha(T)}{f} + \beta(T)f \tag{3.133}$$

其中：f 表示以 GHz 为单位的电磁波频率；$\alpha(T)$ 和 $\beta(T)$ 为两个关于温度的函数，这两个函数要依赖实验测量结果确定，详见文献[58]。

3.5.1.3　雪的介电特性

降雪粒子不同于冰晶层粒子，冰晶层粒子几乎是完全固态水，因此可以采用前述冰的介电特性进行分析。冰雹往往也含有一定的液态水，此时采用分层粒子电磁散射理论，所以冰雹粒子的水层采用水的介电常数模型，而冰层部分采用冰的介电常数模型。

根据环境温度的不同，雪粒子可以分为干雪、潮雪、湿雪和水雪。对于干雪粒子，可以采用前述冰的介电常数模型。但是，对于含有液态水的雪粒子，由于它是冰晶、水和空气组成的混合物，所以从理论上计算它的介电特性是比较困难的。一般情况下，采用等效均匀媒质介电特性模型来描述雪花的介电特性模型。

假设 ε_1、ε_2、ε_3 分别是水、空气和冰的介电常数，p_1、p_2 和 p_3 分别是水、空气和冰的体积百分数（$p_1 + p_2 + p_3 = 1$），则复合媒质可等效为一种介电常数为 ε_{eff} 的均匀媒质，它们之间的关系为[18]

$$\frac{\varepsilon_{eff} - 1}{\varepsilon_{eff} + u} = p_1 \frac{\varepsilon_1 - 1}{\varepsilon_1 + u} + p_2 \frac{\varepsilon_2 - 1}{\varepsilon_2 + u} + p_3 \frac{\varepsilon_3 - 1}{\varepsilon_3 + u} \tag{3.134}$$

式中，u 是"形状"数。不同类型的雪，u 值是不同的：

$$u = \begin{cases} 2 & \text{（干雪）} \\ 9 & \text{（潮雪）} \\ 20 & \text{（湿雪）} \end{cases} \tag{3.135}$$

对于水雪，由于它已经是水和少量冰的混合物，因此此时不再考虑空气分量，可以按照 3.5.4 节介绍的混合物介电常数理论计算其等效介电常数。

以干雪和湿雪为例，干雪是由冰晶粒子和空气孔组成的。在 10~1000 GHz 之间，冰晶的介电常数为一常数，与温度无关，所以干雪的介电常数只与其密度 ρ_s 有关：

$$\varepsilon_{Re} = (1 + 0.508\rho_s)^3 \tag{3.136}$$

$$\varepsilon_{Im} = \frac{0.379}{(1 - 0.45\rho_s)^2}\varepsilon_2 \tag{3.137}$$

湿雪是干雪和液态水的混合体，所以它的介电常数依赖于冰的液态水的介电特性以及它们的容积率。由于水介电常数的实部和虚部都远大于冰，所以雪的体积湿度 m_V 是决定雪介电常数的最主要因素。雪的介电常数会随 m_V 的增大而增大；其次由于水的介电常数随频率而变化，所以频率也会影响雪的介电常数。在频率为 $3\sim37\ \text{GHz}$、雪密度 ρ_s 为 $0.09\sim0.38\ \text{g/cm}^3$、雪湿度在 $1\%\sim12\%$ 的范围内，湿雪的介电常数表示为

$$\varepsilon_{Re\_w} = A + \frac{Bm_V^x}{1 + (f/f_0)^2} \tag{3.138}$$

$$\varepsilon_{Im\_w} = \frac{C(f/f_0)m_V^x}{1 + (f/f_0)^2} \tag{3.139}$$

式中：f 为频率（GHz）；f_0 为湿雪的有效弛豫频率，$f_0 = 9.07\ \text{GHz}$ 略高于水在 $0\,℃$ 的弛豫频率 $f_{0w} = 8.8\ \text{GHz}$；系数 A、B、C 和 x 分别表示为

$$A = 1.0 + 1.83\rho_s + 0.02m_V^{1.013} \tag{3.140}$$

$$B = 0.073 \tag{3.141}$$

$$C = 0.073 \tag{3.142}$$

$$x = 1.31 \tag{3.143}$$

在较低频率范围内，尤其是在雪湿度较大时，式（3.138）的计算结果会出现明显的误差。研究者们在对大量的测量数据进行拟合后得到了简单易用且精度较高的经验公式，用干雪 ε_{Re} 和雪湿度 m_V 表示 ε_{Re_w}：

$$\varepsilon_{Re\_w} = \begin{cases} \varepsilon_{Re} + 0.206m_V + 0.0046m_V^2 & (0.01\ \text{GHz} \leqslant f \leqslant 1\ \text{GHz}) \\ \varepsilon_{Re} + 0.02m_V + [0.06 - 3.1\times10^{-4}(f-4)^2]m_V^{1.5} & (4\ \text{GHz} \leqslant f \leqslant 12\ \text{GHz}) \end{cases} \tag{3.144}$$

3.5.2　沙尘及其他气溶胶介电特性

沙尘及其他气溶胶粒子的介电特性理论比较复杂，其介电特性主要由粒子化学成分决定。干沙的复介电常数的经验公式为[18]

$$\varepsilon_{Re} = 3 \tag{3.145}$$

$$\varepsilon_{Im} = 60\lambda\sigma = \begin{cases} 1.8\times10^{2\lg f - 2.8}/f & (0.8\ \text{GHz} \leqslant f < 80\ \text{GHz}) \\ 0.0018f & (f \geqslant 80\ \text{GHz}) \end{cases} \tag{3.146}$$

其中，f 表示以 GHz 为单位的频率。

事实上，沙尘粒子往往也是多种成分的混合物，另外含水量对沙尘粒子的介电常数影响非常严重，将式（3.145）和式（3.146）以及水的介电特性计算结果代入 3.5.4 节介绍的混合物介电常数理论，可以计算出不同含水量沙尘的介电常数。毫米波段部分频率测得的沙尘粒子的复介电常数结果如表 3.38 所示[18]。

表 3.38　毫米波段部分沙尘粒子的复介电常数测试结果

沙尘类型	频率	含水量	复介电常数	沙尘类型	频率	含水量	复介电常数
沙土	33 GHz	0%	$2.55 - i0.0343$	黏土、土壤	37 GHz	0%	$2.515 - i0.7353$
		1%	$3.11 - i0.124$			5%	$2.88 - i0.3529$
		2%	$3.34 - i0.288$			10%	$2.29 - i0.728$
土壤、细沙	37 GHz	0%	$2.53 - i0.0063$			15%	$7.088 - i3.5$
		5%	$2.45 - i0.375$			20%	$8.588 - i4.765$
		10%	$4.00 - i1.325$	沙土	94 GHz	0%	$1.85 - i0.0456$
		15%	$6.72 - i3.1875$	细沙	94 GHz	0%	$2.06 - i0.0514$
		20%	$7.375 - i4.1563$	—			—

　　实际上，沙尘粒子的化学成分非常复杂，如果以实际工程应用为背景探索沙尘环境的传播特性，最好是对地表土壤采样，并且开展介电常数测量工作，切不可直接套用参考文献中的介电特性结果。

　　作者尚未找到关于其他化学成分气溶胶粒子介电特性的通用模型。因为气溶胶粒子的尺寸与光波段电磁接近，所以文献从气溶胶粒子光学特性角度给出了气溶胶粒子光波段介电常数的表示方法。文献[50]认为气溶胶粒子光波段折射率 $n_{aerosol\_l} = \sqrt{\varepsilon_{aerosol\_l}}$ 表示为

$$n_{aerosol\_l} = n_{aerosol\_l\_Re} - j \cdot a_{aerosol\_l} \cdot n_{aerosol\_l\_Im} \tag{3.147}$$

其中：$n_{aerosol\_l\_Re}$ 表示实折射率，只影响电磁波的传播速度；$a_{aerosol\_l}$ 与粒子整体材料的以 Np/m 为单位的吸收系数 $\alpha_{absorb\_aerosol}$ 有关，$a_{aerosol\_l}$ 与 $\alpha_{absorb\_aerosol}$ 的关系为[50]

$$a_{aerosol\_l} = \frac{\lambda \alpha_{absorb\_aerosol}}{4\pi} \tag{3.148}$$

其中，λ 为光波的波长，单位为 m。$\lambda = 0.598\ \mu m$ 的钠黄光波段的几种材料的折射率 $n_{aerosol\_l}$ 如表 3.39 所示。

表 3.39　钠黄光波段几种普通材料的折射率

材料	折射率	材料	折射率
真空	1.0	玻璃	1.5~1.72
水蒸气	1.000 25	氯化钠	1.544
空气	1.000 29	石英（SiO_2）	1.544
水	1.333	聚苯乙烯乳胶	1.5905
甘油	1.473	钻石	2.417
D_0P	1.485	炭	1.59~0.631
苯	1.5012	铁	1.51~1.631
冰（H_2O）	1.309	铜	0.62~2.661

3.5.3　介电特性模型适用性分析

物质的介电特性实际是描述物质内部"电"结构与外加电磁场相互作用特性的参数，某种程度上也可以理解为物质的"电"惯性，也就是说，物质保持原来电场特性的参数，或者物质内部"电"结构保持原来分布情形的参数。物质的"电"结构指的是原子核的正电荷及其周围分布的电子负电荷形成的等效带电单元。例如，对于有极分子而言，可以等效为一个电偶极子或者更复杂的电四极子等；对于无极分子而言，可以等效为正负电荷中心重合的、宏观不显电性的带电单元；对于分子内部的原子而言，原子核周围的负电荷，按照量子力学运动规律在原子核形成的势阱周围运动，其运动和分布满足量子态分布。

当外加电磁波的频率 f 比构成物质分子电结构的弛豫频率 f_s 小或者可比时，物质以分子"电"结构单元与电磁波相互作用，最简单的模型就是电偶极子在交变电磁场中的反复"取向极化"、"位移极化"微观运动过程。前述的德拜模型、Ray 模型以及双德拜模型实际上都是按照这种理论推导得出的，详见文献[59]。

当外加电磁波的频率 f 比构成物质分子电结构的弛豫频率 f_s 大很多时，物质与电磁波相互作用中，分子"电"结构的反复"极化"过程远远落后于外加电磁波的电场的变化频率，此时分子"电"结构会出现"极化"运动以外的其他运动形态（例如振动、伸缩、旋转等），并且与外加场发生相互作用。在这种情况下，以德拜模型为基础的所有介电常数模型不再能够完全适用，除了需要分析分子"电"结构的"极化"运动过程外，还需要用量子力学理论分析分子"电"结构其他运动形态与外加电场的相互作用，推导得出介电常数模型结果。2.2 节介绍的大气介电常数就是直接以量子力学理论建立的空气的介电常数。

前述水、冰及沙尘的介电常数结果是以分子"极化"理论和电导损耗为基础的理论模型，所以这些模型的适用范围是 f 小于 f_s 或者 f 与 f_s 可比。对于水和冰的介电常数，虽然 3.5.1 节中提到适应于 1 THz 以下频段，但是同时文献[6]中也提到当频率大于 300 GHz时，以德拜模型为基础的介电常数模型已经不能完全适应。对于冰的介电特性，作者没有查到更确切描述前述模型适用性的文献，但是根据 3.5.1 节的内容可知，当频率高于 1 THz时，3.5.1 节中给出的模型也不适用。而 3.5.2 节中给出的沙尘的介电特性只适用于约小于100 GHz 的情况，而且干沙尘粒子的虚部考虑的是电导损耗给出的等效虚部，而不是材料的吸收损耗所对应的虚部。如果 3.5.2 节中的沙尘的介电特性模型已经考虑了吸收效应，那么可以认为干沙尘粒子在频率小于 100 GHz 时是无吸收材料。

3.5.2 节中文献[50]给出的关于气溶胶粒子的介电特性只适用于光波段，该结果的建模出发点不同于前述两种关于介电特性建模理论基础。本书作者认为，前述两种关于介电特性建模理论同样适用于气溶胶粒子介电特性建模过程，或许由于气溶胶粒子对波长大于光波的电磁波影响很小，因此没有分析波长大于光波的电磁波对应的介电特性。

综上所述，当频率大于 300 GHz 甚至 100 GHz 时，要谨慎使用 3.5.1 节中给出的水的介电特性模型；当频率大于 1000 GHz 时，要谨慎使用 3.5.1 节中给出的冰的介电特性模型。另外，需要核查将 1 THz 作为冰介电常数模型适用性分界线是否具有科学理论依据；当频率大于 100 GHz 时，要谨慎使用 3.5.2 节中给出的干沙尘介电特性模型；3.5.2 节分析的气溶胶粒子介电特性只适用于光波波段电磁波。

如果实际应用或者理论研究涉及的电磁波超出前述介电特性模型的使用范围，则要从分子"电"结构"极化"理论或者原子"电"结构量子化运动理论出发，建立与涉及频率相适应的介电特性模型，切不可盲目套用任何文献中的介电特性结果。关于前述的两种介电特性建模理论，已经远远超出本书的主题内容，读者可以查阅相关文献自行研究。大气水凝物是影响电磁波传播的最重要的沉降粒子，下面详细地分析水的介电特性模型。

静电场条件下，水的介电常数 ε_s 表示为[57]

$$\varepsilon_s = 77.66 + 103.3\theta \tag{3.149}$$

其中，θ 表示将以℃为单位的温度 t 转换为相对逆温的量，θ 表示为

$$\theta = 1 - \frac{300}{273.15 + t} \tag{3.150}$$

另外，也有文献将静电场条件下水的介电常数 ε_s 直接表示为温度 t 的函数[57]：

$$\varepsilon_s = 87.91\exp(-0.00458t) \tag{3.151}$$

当电磁波频率 $f \leqslant 100\ \text{GHz}$ 时，水的介电常数模型为[57]

$$\varepsilon(f) = 0.066\varepsilon_s + \frac{\varepsilon_s - 0.066\varepsilon_s}{1 + \text{j}[f/(20.27 + 146.5\theta + 314\theta^2)]} \tag{3.152}$$

当电磁波频率为 $100\ \text{GHz} < f \leqslant 1000\ \text{GHz}$ 时，水的介电常数模型与式(3.122)和式(3.123)所示的双德拜模型形式一致，但是其中的参数略有不同，分别表示为[57]

$$\varepsilon_a = 0.0671\varepsilon_s \tag{3.153}$$

$$\varepsilon_b = 3.52 + 7.52\theta \tag{3.154}$$

$$f_p = 20.20 + 146.4\theta + 316\theta^2 \tag{3.155}$$

$$f_s = 39.8f_p \tag{3.156}$$

当电磁波频率为 $176\ \text{GHz} < f \leqslant 410\ \text{GHz}$ 时，用修正参数的德拜模型比双德拜模型更合理。修正参数后的德拜模型表示为

$$\varepsilon(f) = 4.83 + 1.4\theta + \frac{\varepsilon_s - 0.066\varepsilon_s}{1 + \text{j}\{f/[22.1\exp(4.99\theta)]\}} \tag{3.157}$$

当电磁波频率为 $1\ \text{THz} < f \leqslant 30\ \text{THz}$ 时，水的介电常数模型表示为[57]

$$\varepsilon(f) = \varepsilon_M(f) + \varepsilon_R(f) \tag{3.158}$$

其中：$\varepsilon_M(f)$ 表示满弛豫和快弛豫响应的贡献，实际就是分子极化理论结果，即双德拜模型；$\varepsilon_R(f)$ 表示两个洛伦兹共振过程的贡献，实际就是分子结构的伸缩振动和分子间振动运动过程的贡献。$\varepsilon_M(f)$ 和 $\varepsilon_R(f)$ 分别为[57]

$$\varepsilon_M(f) = \varepsilon_b + \frac{\varepsilon_s - \varepsilon_a}{1 + \text{j}\dfrac{f}{f_p}} + \frac{\varepsilon_1 - \varepsilon_b}{1 + \text{j}\dfrac{f}{f_s}} \tag{3.159}$$

$$\varepsilon_R(f) = \sum_{i=1}^{2}\left[\frac{A_{R\_1}}{f_{R\_i}^2 - f^2 + i(\Delta f_{R\_i})f} - \frac{A_{R\_i}}{f_{R\_i}^2}\right] \tag{3.160}$$

式(3.160)中：f_{R_1} 和 f_{R_2} 表示洛伦兹共振的两个中心频率；Δf_{R_1} 和 Δf_{R_2} 表示两个共振带的带宽；A_{R_1} 和 A_{R_2} 表示两个共振项的幅度。f_{R_1}、f_{R_2}、Δf_{R_1}、Δf_{R_2}、A_{R_1} 和 A_{R_2} 的取值见表3.40。

表 3.40　洛伦兹共振参数

$f_{R\_1}=5.11\ \text{THz}$	$f_{R\_2}=18.2\ \text{THz}$
$\Delta f_{R\_1}=4.46\ \text{THz}$	$\Delta f_{R\_2}=15.4\ \text{THz}$
$A_{R\_1}=25.03\ \text{THz}$	$A_{R\_2}=282.4\ \text{THz}$

总之，仅仅水的介电常数已经存在不同的模型和结果，这些模型和结果各自考虑不同理论基础，都具有某一方面的正确性。检验理论建模正确性的途径除了充分分析理论基础的合理性、完备性外，另一种途径就是实验测量，二者各有优缺点，实际分析过程中要相互参考，充分分析、探索。表 3.41 列出了频率为 1～30 THz 范围内部分频率点水的介电常数，供读者参考。

表 3.41　1～30 THz 范围内部分频率点、水的介电常数测量结果[57]

f/THz	$T''/℃$	ε_{Re}	ε_{Im}	f/THz	$T''/℃$	ε_{Re}	ε_{Im}
1.038	19	4.06	2.26	1.211	19	3.98	2.11
1.499	19	3.90	1.91	1.799	19	3.81	1.75
2.099	19	3.70	1.66	2.398	19	3.66	1.64
2.698	19	3.59	1.61	2.998	19	3.53	1.69
3.298	19	3.43	1.77	3.897	19	3.20	1.88
4.497	19	3.00	1.89	5.096	19	2.68	1.81
5.696	19	2.44	1.65	6.296	19	2.29	1.44
6.895	19	2.21	1.22	7.495	19	2.22	1.05
7.495	25	2.140	1.181	7.891	25	2.198	1.105
8.094	19	2.25	0.940	8.328	25	2.253	1.063
8.694	19	2.29	0.887	8.817	25	2.287	1.038
9.294	19	2.36	0.872	9.369	25	2.318	1.028
9.893	19	2.39	0.874	9.992	25	2.323	1.039
10.337	25	2.318	1.048	10.493	19	2.38	0.920
10.706	25	2.312	1.059	11.092	19	2.37	0.972
11.104	25	2.299	1.073	11.092	25	2.277	1.084
11.692	19	2.33	1.02	11.992	25	2.252	1.095
12.291	19	2.29	1.06	12.492	25	2.230	1.106
12.891	19	2.24	1.10	13.035	25	2.202	1.115
13.491	19	2.14	1.13	13.625	25	2.156	1.130
14.276	25	2.106	1.140	14.990	25	2.052	1.152
15.778	25	1.990	1.157	16.656	25	1.905	1.150
17.634	25	1.777	1.159	18.737	25	1.665	1.170
19.987	25	1.462	1.115	21.414	25	1.280	0.944
23.060	25	1.186	0.726	24.982	25	1.199	0.572
27.254	25	1.309	0.244	29.979	25	1.456	0.130

另外，也有文献根据双德拜模型考虑快慢弛豫的思想，试图提出 n - 德拜模型考虑物质微观"电"结构的所有形式的运动。n - 德拜模型表示为[60]

$$\varepsilon(f) = \varepsilon_\infty + \frac{\varepsilon_s - \varepsilon_1}{1 + \mathrm{j}(f/f_{s\_1})} + \sum_{i=2}^{n} \frac{\varepsilon_{i\_1} - \varepsilon_i}{1 + \mathrm{j}(f/f_{s\_i})} \tag{3.161}$$

其中，f_{s_i} 表示第 i 弛豫频率，对应着第 i 类运动形态与电磁波的相互作用，目前尚未有文献给出 i 的取值范围及对应的物理意义，也没有给出 ε_i 的确定方法及理论依据。作者认为这种观点不失为理论研究的创新尝试。如果从辩证、批判的角度分析德拜模型，将所有物质微观"电"结构等效为电偶极子模型，可能存在一定的不合理性，因为无法包括洛伦兹共振项。另外，根据近代物理理论可知，微观"电"结构的实际运动状态的确遵循的是量子理论。所以，用经典物理理论模型试图描述量子模式运动状态似乎存在理论兼容方面的不妥。作者认为，如果能够把液态水分子内部微观运动的量子状态用数学模型描述清楚，则有可能获得类似水汽和氧气介电常数模型的精确谱线模型。

3.5.4　混合物质等效介电特性

某种化学成分构成的物质的介电特性可以用介电常数理论建模并且定量分析，例如前述的水的介电常数模型、冰的介电常数模型以及干沙尘介电常数模型。但是，往往工程中遇到的传播环境是两种或者多种物质组成的混合物，而且通过某些手段可以获得混合物各组分的化学成分及混合比例，例如雪花实际就是一种由冰、水、空气组成的混合物，冰雹粒子往往也是水涂覆冰粒子，或者是含有气泡的冰。这种情况下，如果用离散随机媒质中波传播理论研究大气沉降粒子环境中的传播特性，混合物的等效介电常数 $\varepsilon_{\mathrm{eff}}$ 就具有非常重要的意义。混合物等效介电常数模型大致包括：Rayleigh 模型、Bottcher 方程、Berentsveig 公式、Complex Refractive Index Method（CRIM）模型、Bruggeman-Hanai（BH）模型、Maxwell-Garnett 公式。下面逐一介绍，供读者选用。

假设有 n_k 种介电常数分别为 ε_1、ε_2、$\cdots$、ε_{n_k} 的物质组成的混合物，且各自的体积组分比为 p_1、p_2、$\cdots$、p_{n_k}，则等效介电常数 $\varepsilon_{\mathrm{eff}}$ 满足 Rayleigh 模型关系式。Rayleigh 模型表示为[61]

$$\frac{\varepsilon_{\mathrm{eff}} - 1}{\varepsilon_{\mathrm{eff}} + 2} = p_1 \frac{\varepsilon_1 - 1}{\varepsilon_1 + 2} + p_2 \frac{\varepsilon_2 - 1}{\varepsilon_2 + 2} + \cdots + p_{n_k} \frac{\varepsilon_{n_k} - 1}{\varepsilon_{n_k} + 2} \tag{3.162}$$

显然，式（3.134）给出的不同种类的雪的等效介电常数就是用 Rayleigh 模型表示的冰、水、空气三种物质的等效介电常数。

假设有 n_k 种介电常数分别为 ε_1、ε_2、$\cdots$、ε_{n_k} 的物质组成的混合物，且各自的体积组分比为 p_1、p_2、$\cdots$、p_{n_k}，则等效介电常数 $\varepsilon_{\mathrm{eff}}$ 满足 Bottcher 方程。Bottcher 方程表示为[61]

$$\sum_{i=1}^{n_k} p_i \frac{\varepsilon_i - \varepsilon_{\mathrm{eff}}}{\varepsilon_i + 2\varepsilon_{\mathrm{eff}}} = 0 \tag{3.163}$$

假设有 n_k 种介电常数分别为 ε_1、ε_2、$\cdots$、ε_{n_k} 的物质组成的混合物，且各自的体积组分比为 p_1、p_2、$\cdots$、p_{n_k}，则等效介电常数 $\varepsilon_{\mathrm{eff}}$ 满足 Berentsveig 公式。Berentsveig 公式表示为[61]

$$\varepsilon_{\text{eff}} = \overline{\varepsilon}_{\text{eff}} + \frac{\displaystyle\sum_{i=1}^{n_k} p_i \frac{\varepsilon_i - \overline{\varepsilon}_{\text{eff}}}{\varepsilon_i + 2\overline{\varepsilon}_{\text{eff}}}}{\displaystyle\sum_{i=1}^{n_k} p_i \frac{1}{\varepsilon_i + 2\overline{\varepsilon}_{\text{eff}}}} \tag{3.164}$$

其中，$\overline{\varepsilon}_{\text{eff}}$ 表示平均介电常数，

$$\overline{\varepsilon}_{\text{eff}} = \sum_{i=1}^{n_k} p_i \varepsilon_i \tag{3.165}$$

需要特别指出的是，Berentsveig 公式用于表示沙土环境、频率为 100 MHz～9 GHz 的介电常数时，理论结果和实测结果吻合得很好[61]。

假设有 n_k 种介电常数分别为 ε_1、ε_2、$\cdots$、ε_{n_k} 的物质组成的混合物，且各自的体积组分比为 p_1、p_2、$\cdots$、p_{n_k}，则等效介电常数 ε_{eff} 满足 CRIM 模型。CRIM 模型表示为[61]

$$\sqrt{\varepsilon_{\text{eff}}} = \sum_{i=1}^{n_k} p_i \sqrt{\varepsilon_i} \tag{3.166}$$

需要说明的是，各组分粒子尺寸比波长小时，CRIM 模型才成立。

BH 模型适用于两种组分混合物，且能够区分主要物质和次要物质的情形，对于球形或者类球形状粒子更好，例如对于涂覆有水的冰雹、含有气泡的冰雹以及类球形水雪粒子特别适用。假设主要物质的介电常数为 $\varepsilon_{\text{host}}$，次要物质的介电常数为 $\varepsilon_{\text{guest}}$，且次要物质占总物质的体积比例为 p_{guest}，则混合物等效介电常数 ε_{eff} 表示为[61]

$$\frac{\varepsilon_{\text{eff}} - \varepsilon_{\text{guest}}}{\varepsilon_{\text{host}} - \varepsilon_{\text{guest}}} \left(\frac{\varepsilon_{\text{host}}}{\varepsilon_{\text{eff}}} \right)^{u_{\text{BH}}} = 1 - p_{\text{guest}} \tag{3.167}$$

其中，u_{BH} 表示 BH 模型的去极化因子，取值范围为 0～1。调整 u_{BH} 的取值，可以修正次要物质的位置、形状的差异对计算结果真实性的影响，例如冰雹气泡的位置、形状，类球形水雪内雪渣的分布等对介电常数结果的影响。u_{BH} 的取值需要根据实验测量结果回归得出，不满足实验条件时，可以近似取 1/3 代替。

Maxwell-Garnett 公式更适用于分析含有水分的沙尘的等效介电常数。假设干沙尘的介电常数为 $\varepsilon_{\text{dust}}$，水的介电常数为 $\varepsilon_{\text{water}}$，且水的体积含量为 p_{water}，则沙尘粒子的等效介电常数 ε_{eff} 表示为[47]

$$\varepsilon_{\text{eff}} = \varepsilon_{\text{dust}} \left[1 + \frac{3 p_{\text{water}} (\varepsilon_{\text{water}} - \varepsilon_{\text{dust}}) / (\varepsilon_{\text{water}} + 2\varepsilon_{\text{dust}})}{1 - p_{\text{water}} (\varepsilon_{\text{water}} - \varepsilon_{\text{dust}}) / (\varepsilon_{\text{water}} + 2\varepsilon_{\text{dust}})} \right] \tag{3.168}$$

上述等效介电常数用于计算几种不同物质混合物的等效介电常数。但是把这些模型用于将离散随机沉降粒子弥散与空气背景环境时，则非常不利于应用。文献[62]给出了一种将随机分布离散沉降粒子和背景环境组成的传播环境，等效为另一种虚拟连续媒质的方法。该方法考虑粒子尺寸分布、粒子的形状等微观物理特性对等效介电特性的影响，对于后续修正和检验传播模型方面具有重要作用。

将降雪、降雨、沙尘等离散随机粒子和背景组成的电磁波传播环境，其虚拟连续媒质等效介电常数表示为[62]

$$\varepsilon_{\text{eff}} = \varepsilon_{\text{atmosphere}} + \varepsilon_{\text{eff\_1}} + \varepsilon_{\text{eff\_2}} \tag{3.169}$$

其中：$\varepsilon_{\text{atmosphere}}$ 表示大气背景环境介电常数；$\varepsilon_{\text{eff\_1}}$ 表示类球形粒子对等效介电常数的贡献；$\varepsilon_{\text{eff\_2}}$ 表示类椭球粒子对等效介电常数的贡献。$\varepsilon_{\text{eff\_1}}$ 和 $\varepsilon_{\text{eff\_2}}$ 分别为[62]

$$\varepsilon_{\text{eff\_1}} = \int_{D_{\min}}^{D_{\text{critical}}} N(D_{\text{particle\_s}}) \, \text{Section}_{s\_1}(D_{\text{particle\_s}}) \, \text{Section}_{s\_2}(D_{\text{particle\_s}}) \, \mathrm{d}D_{\text{particle\_s}} \quad (3.170)$$

$$\text{Section}_{s\_1}(D_{\text{particle\_s}}) = 4\pi \frac{\varepsilon_0 (\varepsilon_{\text{particle}} - \varepsilon_{\text{atmosphere}})}{\varepsilon_{\text{particle}} + 2\varepsilon_{\text{atmosphere}}} \left(\frac{D_{\text{particle\_s}}}{2} \right)^3 \quad (3.171)$$

$$\text{Section}_{s\_2}(D_{\text{particle\_s}}) = \frac{3\varepsilon_{\text{atmosphere}}}{3\varepsilon_{\text{atmosphere}} - 4\pi \dfrac{\varepsilon_{\text{atmosphere}} (\varepsilon_{\text{particle}} - \varepsilon_{\text{atmosphere}})}{\varepsilon_{\text{particle}} - 2\varepsilon_{\text{atmosphere}}} \left(\dfrac{D_{\text{particle\_s}}}{2} \right)^3} \quad (3.172)$$

$$\varepsilon_{\text{eff\_2}} = \frac{1}{3} \sum_{i=1}^{3} \int_{D_{\text{critical}}}^{D_{\max}} N(D_{\text{particle\_e}}) \, \text{Section}_{e\_1}(L_i, D_{\text{particle\_e}}) \, \text{Section}_{e\_2}(L_i, D_{\text{particle\_e}}) \, \mathrm{d}D_{\text{particle\_e}}$$

$$(3.173)$$

$$\text{Section}_{e\_1}(L_i, D_{\text{particle\_e}}) = \frac{4\pi}{3} \frac{\varepsilon_{\text{atmosphere}} (\varepsilon_{\text{particle}} - \varepsilon_{\text{atmosphere}})}{\varepsilon_{\text{particle}} + L_i (\varepsilon_{\text{particle}} - \varepsilon_{\text{atmosphere}})} \left(\frac{D_{\text{particle\_e}}}{2} \right)^3 \quad (3.174)$$

$$\text{Section}_{e\_2}(L_i, D_{\text{particle\_e}}) = \frac{\varepsilon_{\text{atmosphere}}}{\varepsilon_{\text{atmosphere}} - L_i \dfrac{4\pi}{3} \dfrac{\varepsilon_{\text{atmosphere}} (\varepsilon_{\text{particle}} - \varepsilon_{\text{atmosphere}})}{\varepsilon_{\text{particle}} + L_i (\varepsilon_{\text{particle}} - \varepsilon_{\text{atmosphere}})} \left(\dfrac{D_{\text{particle\_e}}}{2} \right)^3}$$

$$(3.175)$$

其中：$D_{\text{particle\_s}}$ 为球形粒子直径；$D_{\text{particle\_e}}$ 为椭球粒子等效半径；$D_{\min}$ 为所有粒子最小直径；D_{critical} 为粒子近似为球形的临界直径；$D_{\max}$ 为所有粒子最大等效直径；$N(D_{\text{particle\_s}})$ 为近似球形粒子的直径尺寸谱；$N(D_{\text{particle\_e}})$ 为近似椭球粒子的等效直径尺寸谱；$\varepsilon_{\text{particle}}$ 为粒子的介电常数。

3.6 对流层环境物理、电磁特性的测量

理论分析和实验研究是一门学科得以发展的两大动力。实际上，历史上许多科学工作就是这样做的，实验工作有了一个突破，理论工作就跟着上了一层楼，理论工作做着做着不行了，一等又是若干年，又要等待实验工作有所突破，等到实验技术有所发展了，理论工作又有了突破的希望。对流层环境特性也是如此，第 2 章和本章分别介绍了对流层晴空大气环境和沉降粒子环境的物理、电磁特性。这些内容都是前辈根据测量结果结合大气物理理论多年积累的成果。实际上，对流层大气环境是随机过程、随机场问题，其物理特性随空间和时间呈现满变化和快变化特性，而且变化特性也会随时间和空间呈现二次变化。所以，无论相关工作者已经掌握了多少现有的模型、数据结果，在实际工程应用中都需要针对具体应用背景，开展一定量的测试工作，对现有模型进行确认、修正，对现有文献不能提供充分数据和模型的内容进行补充、完善。因此，了解一些对流层环境物理、电磁特性的测量、数据分析以及建模方面的内容，对于提高对流层环境中传播、散射的研究能力具有实际应用意义。

凡是涉及环境物理、电磁特性的测量、分析及建模问题，可以从以下几个方面着手建立测量方案：采用的器件、设备、测试途径、测试手段的测量原理及其优缺点；不同器件、设备、测试途径、测试手段的测量误差；不同器件、设备、测试途径、测试手段的测量动态范围；不同器件、设备、测试途径、测试手段的测量迟滞特性；不同器件、设备、测试途径、

测试手段在测量过程中受到测试环境的影响；获得所需参数需要的测量载体及具体测试步骤；原始数据的处理方法等。由于这些内容是一个独立且学科严重交叉的理论分支，涉及仪器设备、遥感遥测、大气物理学、大气探测、时间序列分析、随机过程随机场等多学科、多领域的综合内容，已经超出本书的范畴，故此处不做介绍。

另外，对于对流层环境物理及电磁特性的测量，选择和设置仪器、设备及测量途径时还需要考虑以下问题：

（1）设置、放置器件、设备的技巧，使得器件、设备对环境测量结果影响足够小。例如：雨滴谱仪边沿要具有避免溅落的特性，否则雨滴撞击边沿产生的溅落水滴落入探测区域会引起严重的雨滴谱测量误差；探测湍流的探头一定要小于湍流结构的最小尺度，否则将观察不到比探头更小的湍流结构参数。

（2）仪器、设备的响应速度要足够快，保证能够有效捕捉测量参数最快的脉动。

（3）仪器、设备具有足够的灵敏度和分辨率，保证能够测量到特性参数的微观变化。

（4）仪器、设备必须足够稳定、甚至要自适应自校正，保证在足够长的观察周期（例如几年甚至几十年）内，仪器内部参数不会显著变化。

（5）仪器、设备必须具有足够强度、防雷电等功能。

本节只对对流层环境物理及电磁特性的测量问题进行简要介绍，从大气物理学、大气探测、湍流、大气遥感等交叉学科中提取一些基本方法、结论供读者参考，以便读者考虑相关研究时获得一些启蒙提示性帮助。读者可以将本节提示的方法、结论及学科方向作为关键词，方便地找到相关领域的文献。

3.6.1　晴空大气环境物理特性测量

与传播环境特征息息相关的晴空大气参数主要是温度、湿度以及湍流特性。虽然风速不是研究对流层环境中电磁波传播效应的直接参数，但是在研究湍流特性以及沉降粒子分布、姿态等问题时是间接参数。因此，风速也是对流层传播环境特性的重要参数。

测量温度变化的原理是，利用处于被测环境中的某些材料热胀冷缩和电阻变化等物理现象。利用热胀冷缩现象制成的测温仪表有常见的水银和酒精等液体温度表。气象上目前用的探空仪和地面温度自记仪则采用双金属片测温元件。另外，常用的测温仪器还有电热偶温度计、金属电阻温度表、晶体管电子测温计、超声温度计、阿斯曼通风干湿表等[63]。

大气湿度测量的仪器也多种多样，气象台或者野外常用干湿球温度表。露点仪也是一种可以自记的、比较精密的测湿仪器。毛发湿度表是一种老式但目前还使用的测湿仪器。采用电学测湿元件更易制成自记仪器。感湿电学元件中使用较广泛的是恒湿盐氯化锂，碳膜湿敏电阻是另一类常用的电子测湿元件。目前公认的最精确的测湿方法是称重法，又称绝对法。而 Lyman-α 湿度计、红外湿度仪和微波折射率仪是三种可测湿度脉动量的常用仪器[63]。

气象水银气压表和沸点气压表是常用的气压测量仪器，但是空盒气压表则更便于携带、使用方便、容易维修，而且采用双金属法和残余气体法补偿后精度更好，无线电探空仪通常都采用空盒气压表[63]。

我国气象台测量和记录风速的仪器主要有 EL 型电接风向风速计、达因式风向风速计。测量风速脉动量常用的仪器设备是热线风速仪[63]。

上述介绍了测量晴空大气三要素及风速的常用仪器，实际上对于晴空大气遥感领域存在更多的探测、反演手段，例如激光雷达、微波多普勒雷达、声雷达、声电结合的 RASS 系统等主动遥感方式和测量大气辐射的被动遥感手段，另外结合 GPS 信号对大气参数反演也成为一个热门的研究方向。这些内容属于大气物理学、大气遥感、大气探测等领域，读者如果在研究对流层的电波传播问题中涉及环境参数测量，可以自行查阅相关文献，综合多种探测仪器、手段获得实际需要的大气参数。

大气湍流结构是晴空大气传播环境中独立的模块，由 2.3 节介绍的湍流理论可知，大气湍流理论模型中存在许多需要实际测量的参数，例如结构常数、相关长度、谱结构参数等。因此，作为电波传播工作者有必要了解一些大气湍流测量方面的基础内容，虽然这些已经完全不属于电波传播研究领域。

湍流的实验方法主要有流动观察和湍流测量[64]。流动观察指直观地观察湍流运动轨迹、流动速度。大气湍流流动显示技术主要有烟迹法、纹影法和激光全息技术[64]。常用的湍流流速测试方法包括毕托管、热丝(热膜)风速仪和激光多普勒测速仪，目前示踪粒子测速方法是较为先进的一种湍流测速方法[64]。

湍流测量是指通过实验的方法测量湍流理论模型的参数，例如湍流强度和特征尺度、湍流谱结构等。由于湍流环境中电磁波的传播问题主要受湍流结构的折射率影响，所以电磁波传播领域主要关心湍流的折射率结构常数、强度、相关性以及谱问题。而折射率结构常数与温度结构常数有关联关系，因此通常通过测量温度结构常数间接测量折射率结构常数。通常用电热偶、电阻温度探测器、电热调节器等高精度温度传感器探测温度随机脉动特性，利用时间序列处理理论建立湍流结构中的温度随机场特性[65]，例如通过探测单点温度起伏方差或者两点温度相关特性分析大气折射率特征尺度。

湍流强度和特征尺度的测量方法有光学或者微波测量方法，实际上是观测光信号或者微波毫米波信号在湍流大气中的传播效应，例如幅度、相位或者其他电磁特征的变化，利用湍流大气中波传播理论对湍流参数的反演方法。常用的光学或者微波测量方法有：双口径闪烁法、双波长闪烁法、双波长闪烁相关法、闪烁空间相关法和多口径闪烁法、电磁信号起伏频谱法等[65]。测量湍流的常用传感器还有机械式探头、电探头、电化学探头等。

另外，在实验室或者特定模拟空间开展湍流运动模拟时需要考虑湍流缩尺效应，也就是在特定空间模拟大气湍流运动规律和参数时，需要考虑"壁区"的条带结构、涡结构和蒸发过程对分析结果的影响，根据实验结果建模时要剔除这些影响[65]。

蒸发波导环境是对流层晴空大气中重要且很薄的一层。蒸发波导环境的诊断和预测问题已在 2.4 节中讨论过，在此不再重复。

3.6.2　大气沉降粒子物理特性测量

大气沉降粒子的物理特性主要包括粒子的形状、尺寸、浓度、沉降速度、姿态以及粒子尺寸分布谱、能见度、含水量、降雨强度、降水强度、物理特性垂直空间分布、物理特性水平空间分布等。

粒子形状测量的方法实际就是设法在不破坏其沉降过程中形状的前提下进行粒子采样，然后观察其形状，用近似的几何结构描述其形状。所以形状观察的主要难点在于粒子采样。对于冰雹、雪、沙尘、冰晶等固态粒子而言，粒子采样比较简单：可以直接在一定面积范围内,用柔软、低温容器对冰雹和雪花直接采样;可以迎着沙尘暴的方向,直接用细孔包过滤采样沙尘暴;可以让飞机、探空气球等载体通过冰晶层,用柔软、低温容器对冰晶采样并获得视频或者图像。对于液态粒子而言,采样比较困难,因为接触式采样会破坏粒子表面张力而破坏粒子原来的形状,特别是雨滴、水雪等较大的液态粒子几乎无法采用接触式取样。所以,对于较大的雨滴、水雪粒子可以采用高速相机从多角度同时拍摄,获取其形状图像。对于较小的云雾粒子,由于其表面张力较大,可以用涂有凡士林和变压器油的混合物、氧化镁或者煤烟等疏水性物质的玻璃片作为采样器暴露于云雾中,云雾粒子会凝结在采样器表面而不破裂,将采样器放置于显微镜下即可观察其形状。

沉降粒子尺度及尺度分布函数是计算沉降粒子环境中传播、散射效应的重要参数。曾经用于雨滴、雪花及冰雹粒子尺寸及尺寸分布的测量方法有方格法、快速摄影法、浸入法、面粉法、滤纸湿斑法等[66]。后来随着研究技术的深入,目前雨滴及雪花粒子尺寸及其分布函数观察方法主要采用雨滴谱仪。雨滴谱仪有光学式雨滴谱仪和撞击式雨滴谱仪两种。德国 OTT 公司的 Parsivel 激光雨滴谱仪、德国 Eigenbrodt 光学雨滴谱仪、美国 DMT 公司生产的 GBPP－100 型雨滴谱仪精度都很高。撞击式雨滴谱仪根据雨滴撞击传感器的垂直冲力来测量雨滴大小,目前用得比较少。雨滴谱仪可以直接测量雨滴、雪花、冰雹粒子的尺寸、沉降速度,可以推导出粒径分布、降水量、降水率、粒子浓度等参数,详细使用方法请阅读任意一款雨滴谱仪的说明书或者文献[66]。

目前针对云雾开发出了自动计数的光电雾滴计数器、雾滴谱仪,例如由美国 Droplet Measurement Technologies 公司生产的 FM－100 型雾滴谱探测仪就是一款十分先进的测量仪器,它可以测量粒子直径、液态含水量、粒子浓度、能见度等参数及其演变过程,其原理和使用方法见文献[66]。另外,最简单的云雾粒子采样器是风洞式捕获器。云雾三用滴谱仪就是用风洞式捕获器原理研制而成的,可以测量云雾滴浓度、含水量及大气盐度[67]。

雾滴谱仪非常先进也很精密,但是相对于雨滴谱仪更昂贵,因此介绍一些其他廉价的测量云雾粒子特性的方法。前述观察云雾粒子形状的方法结合微测距手段也可用于观测云雾粒子尺寸及其分布,即把采样器获得的粒子或者图像在显微镜下进行测量,也可通过数学方法计算出含水量、粒子浓度等参数。对于云雾而言,电磁波传播过程中往往更需要其含水量参数。廉价的测量含水量的方法有称重法、吸水纸法、毛细管法、冻结法、电阻法等,详细原理及使用方法见文献[67]。廉价的测量能见度的方法是利用诸如式(3.65)所示的能见度和含水量的关系进行定标,通过测量体积含水量来得到能见度[67]。

对于沙尘暴环境,前述观测粒子形状的采样手段配合显微测距技术,均可用于观测粒子尺寸及其分布。最常用的沙尘暴粒子含水量的测量方法是称重法,即将采样的沙尘粒子聚集按照烘干不同时间段进行称重,直至重量不变即可计算其含水量。沙尘暴能见度测量方法主要依赖激光、微波雷达等遥感技术。另外,依据雾滴谱仪的测量原理同样可以用于研制沙尘粒子谱仪及其他气溶胶粒子测量仪器。

按照一定的垂直及水平空间分辨率对观测点布阵,然后将仪器设备联网实现同步测量,利用空间时间序列理论和随机场理论进行分析,则可给出沉降粒子特性的垂直、水平空间分布特性。将某一测试点的测量设备按照一定的时间分辨率采样,获得粒子特性时间序列,利用时间序列理论和随机过程理论分析,则可给出粒子特性时间演变特性。

雨滴、雪花、冰雹、沙尘等非球形粒子的姿态是研究电磁波去极化特性的重要参数,但是目前文献很少针对这些非球形粒子姿态测量给出测试方法。本书作者根据激光粒子谱仪的测量原理，提出了一种测试沉降粒子姿态的可行方法，并且已经申报了名为"雨滴谱仪及雨滴倾角测量方法"的专利，专利号为 201510522668.7。

3.6.3 介电常数测量

媒质的介电常数与外形尺寸、物理状态、化学成分、频段均有密切的关系，3.5.3 节简单介绍了介电常数理论模型及其适用性问题，但是，在一些特殊应用场景往往需要测量环境媒质的介电常数，以便检验理论模型的正确性或者开发新的波段无线系统。

到目前为止，媒质的介电常数测量已发展成为一门独立的学科，测量的频率范围为 $10^{-7} \sim 10^{13}$ Hz，湿度范围为 $-200℃ \sim 1650℃$。但是，学术界尚未掌握既能保证准确度又能在所有情况下都可以进行满意测量的各种方法。因此，从 20 世纪 20 年代至今，各种测量方法的研究受到很大的重视，新的测量方法不断出现，能测量的频率范围也不断扩展。

测量方法的选择根据影响介电常数的条件进行划分，故测量方法的选择与媒质的外形尺寸、物理状态、化学成分、频段均有密切的关系。微波测量方法采用的是分布参数系统，是目前众多电磁参数测量方法中比较常用的方法，主要包括谐振法、传输/反射法、自由空间法、开口同轴探针法。图 3.51 是微波测量方法的概括示意图。

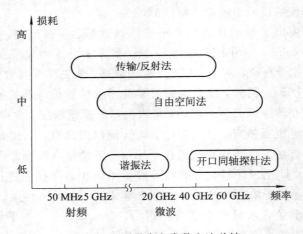

图 3.51　测量介电常数方法总结

谐振法由 Hakki 和 Coleman 提出，因而也被称为 Hakki-Coleman 法。谐振法是将样品作为谐振结构放入谐振腔，根据放入前后其谐振频率和品质因数的变化来反演样品的介电常数的方法。谐振法的具体方法有很多，如矩形腔法、谐振腔微扰法、微带线谐振器法、带状线谐振器法、媒质谐振器法、高 Q 腔法等。谐振法具有测量样品少、测量精度高等优点，但因高损耗材料在谐振腔中产生的扰动测量误差较大，所以无法测量高损耗材料的介电常数，且该方法只能实现单频点或窄频段的介电常数测量，分析和操作都比较复杂；高损耗材料的测量因所需样品尺寸非常小，难以加工。当频率高于 1 GHz 时，可以用波导腔测量介电常数，但是当频率高于 10 GHz 时，由于基模腔太小等原因，对于介电常数的测量提出了新的挑战。

传输/反射法的原理是：在波导或同轴传输线中填充待测媒质试样，当电磁波在传输线中传输，且遇到待测媒质材料时，一部分电磁波直接透射而另一部分被反射，此过程伴随有能量的衰减和相移；利用矢量网络分析仪测得反射系数和透射系数，通过这些参数演算出媒质材料的介电常数。在实际测量过程中，将媒质置入测试系统适当位置作为单端口或双端口网络。双端口情况下，通过测量网络的 S 参数来得到微波的电磁参数；单端口情况下，通过测量复反射系数 $\varGamma$ 来得到材料的复介电常数。因此，常见的方法有填充样品传输线段法、样品填充同轴线终端法和将样品置于开口传输线终端测量的方法。第一种方法通过改变样品长度及测量频率来测量幅度响应，求出 ε_r。这种方法可以测得传输波和反射波极小点随样品长度及频率的变换，同时能够避免复超越方程的迭代求解。但该方法仅限于低、中损耗媒质，对于高损耗媒质，样品中没有多次反射。传输/反射法适用于 ε_r 较大的固体及液体，而对于 ε_r 比较小的气体不太适用。

自由空间法的原理是通过测得传输和反射系数，改变样品数据和频率来得到介电常数的数值。自由空间法与传输/反射法有所不同。传输/反射法要求波导壁和被测材料完全接触，而自由空间法克服了这个缺点。自由空间法保存了传输/反射法可以测量宽频带范围的优点。自由空间法要求材料要有足够的损耗，否则会在材料中形成驻波并且引起误差。因此，这种方法只适用于高于 3 GHz 的高频情况。其最高频率可以达到 100 GHz。

开口同轴探针法的主要原理是将开口同轴探针与被测样品直接紧密接触，由同轴探针发出电磁波信号，当被测材料表面与电磁波信号接触时会产生反射信号，而被测材料的介电常数信息又包含于反射信号中，故利用矢量网络分析仪测量反射系数就可以重建媒质材料的介电常数。该方法操作简单，适用于宽频段液体或半固体材料的测量且为无损测量。测量固体材料时需要材料表面光滑、平整且具有一定厚度，低损耗媒质测量精度低。

另外，固态媒质的介电常数测量方法和液态媒质的电磁参数测量方法有差别。相对于固体、液体和气体的测试方法较少。对于液体，可以采用波导反射法测量其介电常数，误差在 5% 左右。此外，国家标准中给出了在 90℃、工频条件下测量液体损耗角正切及介电常数的方法。

实际环境中，媒质的种类纷繁复杂，使得所用的测试方法和测试系统种类繁多，以满足各种具体材料的测试要求。在真实的测量过程中，测量方法的选择还依赖于可选择测量仪器的种类、测量精度以及外界环境等因素。因此，读者可根据实际背景要求，选择甚至开发合适的测量方法。

3.6.4　对流层环境物理及电磁特性研究趋势

到目前为止，对流层环境物理特性及电磁特性主要依赖于统计特征，即根据大量观测结果，给出不同地区统计分析结果。实际上，对流层环境特性是随机过程随机场问题，时空差异非常明显，如果在实际工程中盲目使用统计结果，则可能出现严重分析错误。随着智能算法、人工智能技术的不断发展，对流层环境特性研究逐渐从统计特性向实时动态研究发展。

另外，目前有关对流层环境物理特性的研究，还主要是以气象为目的的观测途径和手段，专门以电波传播空间环境特性研究为目的的观测网点十分有限，尚不能形成网络形式的观测规模。所以，相关研究的趋势应该是实施以电波传播空间环境特性为目的的专项观测，建成符合时间和空间相关性的立体式观测网络。

关于对流层环境电磁特性的研究结果，主要集中在毫米波、亚毫米波较低波段（小于

1000 GHz)和光波段，近年来盛行的 THz 波段介电特性结果比较稀缺。所以，对流层环境介电特性的研究趋势为精细化、实时化获得全波段介电常数。

思考和训练 3

1. 请思考降雨量及降雨率测量过程中，为何选择直径为 20 cm 的水平空间范围进行测量；为什么 1 分钟累积降雨率才是研究电波传播所需的降雨强度特征参数。

2. 请思考"1 分钟累积降雨率作为降雨环境中电磁波传播特性的需求标准"是如何确定下来的。

3. 文献[7]使用的测试雨滴倾角的方法不能直接给出三维雨滴粒子短轴相对于铅垂方向的倾角，假设现在拥有大量的该方法测出的倾角数据，请设置一个数据转换方案，利用测试数据来获得三维雨滴粒子短轴相对于铅垂方向的倾角。

4. 仔细阅读本章雨滴粒子倾角部分并思考以下问题：本章雨滴粒子末速度部分所给出的结论是否考虑了空气流动影响？依据是什么？

5. 为什么式(3.55)中，同一地区的参数 Q_{y-m-s_1} 和 Q_{y-m-s_2} 的取值会因为传播效应不同而取不同的结果？

6. 了解和学习概率论、统计学甚至随机过程等相关知识后，尝试根据图 3.26 所示的降雨率测量序列，确定式(3.56)和式(3.57)中的参数 $\sigma_{\ln R}$、m_R 和 $\sigma_{\ln(R_2|R_1)}$、m_{R_2} 的方法。

7. 云雾粒子线度为微米量级，且沉降速度缓慢，因此云雾粒子为球形。请思考得到这种结论的逻辑依据。

8. 查阅资料，了解测量云雾粒子最可几半径、含水量、单位体积中粒子总数以及能见度的方法和仪器设备。

9. 云雾粒子谱分布函数部分讨论粒子谱函数与粒子微观物理特性之间的关系，这部分内容对你确定某地区雨滴粒子尺寸谱函数中的参数有何启示？

10. 某科研小组欲测量西安地区雾液态含水量年时间概率分布统计特性，请给出测量、数据处理以及数据分析的方案。

11. 对比云雾、冰晶粒子尺寸对数正态分布函数、伽马分布函数的形式，然后思考冰晶粒子尺寸分布函数待定参数的测定方案。

12. 分析式(3.134)表示的雪的介电常数模型和式(3.162)表示的混合物 Rayleigh 模型，发现式(3.162)中的"2"在式(3.134)中是一个不确定的"形状参数"u。从逻辑上看，式(3.134)是 Rayleigh 模型的应用，但是为何将 Rayleigh 模型中的"2"用"形状参数"u 代替呢？这种差别给你的启发是什么？

13. 理论上讲，冰属于各向异性媒质，也就是其相对介电常数应该是张量，但是 3.5.1.2 节中为何没有提及其各向异性特性。如果要借助 3.5.1.2 节中的理论分析各向异性相对介电常数，你是否有自己的研究思路？

14. 整理、查阅对流层环境物理特性的测量方法。分析提出特定测量方法的驱动思想，尝试提出自己对某种测量方法的改进途径。

15. 整理、查阅介电特性的测量方法。分析提出特定测量方法的驱动思想，尝试提出自已对某种测量方法的改进途径。

★ 本章参考文献

[1]　吴永莲. 气象学基础[M]. 北京：北京师范大学出版社，1987.

[2]　张福学. 电子工程手册[M]. 北京：电子工业出版社，1993.

[3]　OGUCHI T. Electromagnetic wave propagation and scattering in rain and other hydrometeors [C]. Proc. IEEE, 1983, 71(9):1029 - 1078.

[4]　OGUCHI T. Attenuation of electromagnetic wave due to rain with distorted raindrops[J]. J Radio Res Lab (Japan), 1960, 7(33): 467 - 485.

[5]　弓树宏. 雨雾等效介电特性和传播特性的系统辨识研究[D]. 西安：西安电子科技大学，2004.

[6]　赵振维. 水凝物的电波传播特性与遥感研究[D]. 西安：西安电子科技大学，2001.

[7]　SAUNDERS M. Cross Polarization at 18 and 30 GHz due to Rain[J]. IEEE Transaction on Antennas and Propagation, 1971, 19(2): 273 - 227.

[8]　BRUSSAARD G. A Meteorological Model for Rain—Induced Cross Polarization[J]. IEEE Transaction on Antennas and Propagation, 1976: 5 - 11.

[9]　弓树宏，闫道普，王璇，等. 雨滴谱仪及雨滴倾角测量方法：ZL201510522668.7[P].

[10]　International Telecommunication Union. Rain height model for prediction methods: ITU - R P.839 - 3[S]. Geneva:[s.n.], 2008.

[11]　杨瑞科. 对流层地-空路径电磁(光)波传播的若干问题研究[D]. 西安：西安电子科技大学，2003.

[12]　BOUMIS M, FIONDA E, et al. Propagation Effects Due to Atmospheric Gases and Clouds [M].Luxembourg:Office for official publications of the European Community, 2002.

[13]　LOUIS J, IPPOLITO. Propagation Effects Handbook for Satellite Systems Design: Prediction[M]. 5th ed. Springfield, Va: NTIS, 1998.

[14]　江长荫. 雷达电波传播折射与衰减手册[M].北京：国防科工委军标出版发行部，1997.

[15]　International Telecommunication Union. Characteristics of precipitation for propagation modeling: ITU - R P.837 - 5[S]. Geneva:[s.n.], 2008.

[16]　International Telecommunication Union. Guide to the application of the propagation methods of radio communication study group 3: ITU - R P. 1144 [S]. Geneva: [s.n.], 2008.

[17]　董庆生.雨量计收集时间对雨强统计特性的影响[J].电波科学学报,1991(1/2): 173 - 176.

[18]　熊皓. 无线电波传播[M]. 北京:电子工业出版社,2000.

[19]　International Telecommunication Union. Conversion of annual statistics to worst - month statistics:ITU - R P.841 - 4[S]. Geneva:[s.n.], 2008.

[20]　MAX M J L, DE KAMP V. Rain fade slope predicted from rain rate data[J]. Radio Science, 2007, 42(3):RS3006.

[21]　MASENG T，BAKKEN P. Stochastic Dynamic Model of Rain Attenuation[J]. IEEE Transaction on Communications，1981，29(5)：660 - 669.

[22]　ALLASSEUR C，HUSSON L，PCREZ - FONTBAN F. Simulation of Rain Events Time Series with Markov Model[J]. IEEE International Symposium on Personal，2004，4：2801 - 2805.

[23]　PAL P K，NEERAJ A，KISHTAWAL C M. Vertical Structure of Rainfall from TRMM PR Data for Assimilation in GCM[C]. MEGHA - TROPIQUES 2nd Scientific Workshop，July 2 - 6，2001.

[24]　SINKA C，LAKATOS B，BITO J. The Effects of Moving Rain Cell Over LMDS Systems [C]. PM3007，1st International Workshop，July，2002.

[25]　PARABONI A，CAPSONI C，RIVA C. Spatial rain distribution models for the prediction of attenuation in point - to - multipoint and resource - sharing systems in the Ka and V frequency bands[C]. In Proceedings of URSI Commission F Meeting，Open Symposium on Propagation and Remote Sensing 2002，Garmisch - Partenkirchen，Germany，Feb 12 - 15，2002.

[26]　ACTS Project AC215 CRABS：Propagation Planning Procedures for LMDS，1999. http://www.fou.telenor.no/english/ crabs/crabs.html.

[27]　CAPSONI C，FEDI F，MAGISTRONI C，et al. Data and Theory for a New Model of the Horizontal Structure of Rain Cells for Propagation Applications[J]. Radio Science，1987，22(3)，395 - 404.

[28]　FERAL L，SAUVAGEOT H，CASTANET L，et al. A new hybrid model of the rain horizontal distribution for propagation studies：1. Modeling of the rain cell[J]. Radio Science，2016，38(3)：1 - 20.

[29]　SMEDSMO J L，FOUFOULAGEORGIOU E，VURUPUTUR V. On the Vertical Structure of Modeled and Observed Deep Convective Storms：Insights for Precipitation Retrieval and Microphysical Parameterization[J]. Journal of Applied Meteorology，2005，44：1866 - 1884.

[30]　HERZEGH P H，HOBBS P V. The Mesoscale and Microscale Structure and Organization of Clouds and Precipitation in Midlatitude Cyclones. IV：Vertical Air Motions and Microphysical Structures of Prefrontal Surge Clouds and Cold—Frontal Clouds[J]. Journal of the Atmospheric Sciences，2010，38 (8)：1771 - 1784.

[31]　OVER T M. Odeling Space - Time Rainfall at the Mesoscale Using Random Cascades[D]. Thesis - University of Colorado at Boulder，1995.

[32]　AHMED A S，ALI A，ALHAIDER M A. Airborne dust size analysis for tropospheric propagation of millimetric waves into dust storms[J]. IEEE Trans.on GE and RES，1987，25(5)：599 - 693.

[33]　International Telecommunication Union. Attenuation due to clouds and fog：ITU—R P. 840 - 3[S]. Geneva：[s.n.]，2008.

[34]　盛裴轩. 大气物理学[M]. 2 版. 北京：北京大学出版社，2013.

[35] 郭恩铭，张蔷. 雾的宏微观物理结构与人工消雾[M]. 北京：气象出版社，2008.

[36] 邹上进，刘长盛，刘文保. 大气物理学基础[M]. 北京：气象出版社，1982.

[37] http://isccp.giss.nasa.gov/products/browsed2.html

[38] http://www.ospo.noaa.gov/Products/atmosphere/mspps/

[39] KNAP W H, LABONNOTE L C, BROGNIEZ G, et al. Modeling total and polarized reflectances of ice clouds: evaluation by means of POLDER and ATSR - 2 measurements [J]. Applied Optics, 2005, 44(19):4060 - 4073.

[40] 郭学良. 大气物理与人工影响天气[M]. 北京：气象出版社，2010.

[41] DELANOE J, PROTAT A, BOUNIOL D, et al. The Characterization of Ice Cloud Properties from Doppler Radar Measurements[J]. Journal of Applied Meteorology and Climatology, 2007, 46(10): 1682 - 1698.

[42] HONG Y L. Global Ice Cloud Properties and Their Radiative Effects: Satellite Bservations and Radiative Transfer Modeling[D]. Ann Arbor: ProQuest LLC, 2014.

[43] OGUCHI T. Electromagnetic Wave Propagation and Scattering in Rain and Other Hydrometeors[J]. Proceedings of the IEEE, 1983, 71(9):1029 - 1078.

[44] STEVEN R. Hail Damage:Physical Meteorology and Crop Losses[R]. Proc. Fla. State Hort. Soc, 1966, 109: 97 - 103.

[45] BALAKRISHNAN N, ZRNIC D S. Estimation of Rain and Hail Rates in Mixed - Phase Precipitation[J]. Journal of the Atmospheric Sciences, 2010, 47(5): 565 - 583.

[46] FIELD P R , HAND W , CAPPELLUTI G, et al. Hail Threat Standardisation[R]. EASA, 2008, OP.25.

[47] 徐英霞. 沙尘暴与降雨对 Ka 频段地空路径传输效应研究[D]. 西安：西安电子科技大学，2003.

[48] 闵星. 带电沙尘暴对微波传播过程影响的理论研究[D]. 银川：宁夏大学，2015.

[49] GHOBRIAL S I, SHARIEF S M. Microwave attenuation and cross polarization in dust storms[J]. IEEE Trans. on AP, 1987, 35(4): 418 - 427.

[50] 孙聿峰. 气溶胶技术[M]. 哈尔滨：黑龙江科学技术出版社，1989.

[51] 卢正永. 气溶胶科学引论[M]. 北京：原子能出版社，2000.

[52] 张国权. 气溶胶力学[M]. 北京：中国环境科学出版社，1987.

[53] 丹尼斯. 气溶胶手册[M]. 梁鸿富，译. 北京：原子能出版社，1988.

[54] 富克斯. 气溶胶力学[M]. 北京：科学出版社，1960.

[55] 弗里德兰德. 烟、尘和霾气溶胶性能基本原理[M]. 常乐丰，译. 北京：科技出版社，1983.

[56] 吴键，杨春平，刘建斌. 大气中的光传输理论[M]. 北京：北京邮电大学出版社，2005.

[57] VINH N Q, SHERWIN M S, ALLEN S J, et al. High - precision gigahertz - to - terahertz spectroscopy of aqueous salt solutions as a probe of the femtosecond - to - picosecond dynamics of liquid water [J]. The journal of chemical physics,

2015：142－164.

[58] JIANG J H, WU D L. Ice and water permittivities for millimeter and sub－millimeter remote sensing applications[J]. Atmos. Sci., 2004，5(7):146－151.

[59] PETER D. Polar Molecules[M]. New York：Dover Publications Press，1929.

[60] KINDT J T, SCHMUTTENMAER C A. Far－Infrared Dielectric Properties of Polar Liquids Probed by Femtosecond Terahertz Pulse Spectroscopy[J]. Journal of Physical Chemistry，1996:10373－10379.

[61] MOHAMED A M O.Principles and Applications of Time Domain Electrometry in Geoenvironmental Engineering[M]. Boca Raton：Crc Press，2006.

[62] 弓树宏.电磁波在对流层中传输与散射若干问题研究[D].西安：西安电子科技大学，2008.

[63] 邱金桓，陈洪滨.大气物理与大气探测学[M].北京：气象出版社，2005.

[64] 刘士和.工程湍流[M].北京：科学出版社，2011.

[65] 饶瑞中.光在湍流大气中的传播[M].合肥：安徽科学技术出版社，2005.

[66] 郭学良.大气物理与人工影响天气：下[M].北京：气象出版社，2010.

[67] 许绍祖.大气物理基础[M].北京：气象出版社，1993.

第4章 对流层顶及其气候特征

对流层顶是对流层和平流层之间的一个过渡层,其于 19 世纪末 20 世纪初与平流层同时被发现。对流层顶气候学已经成为独立的学科在发展,具有完备的理论体系和研究方法。从电波传播空间环境特性角度看,对流层顶理论往往既不被对流层理论包含也不被平流层理论介绍。所以,许多从事电波传播问题的工作者、特别是刚开始涉及这个领域的人员往往完全忽略了对流层顶环境特性。虽然对流层顶环境对电磁波传播的影响几乎可以忽略,但是从对流层空间环境特性完整性角度考虑,似乎提及对流层顶问题更好,更重要的是,当借助对流层顶系留气球或者其他悬浮物研究电波传输特性时,需要在了解对流层顶及其气候特征的基础上设置实验系统。因此,本章对对流层顶及其气候特征进行简要介绍,以便读者建立比较完整的对流层空间环境理论体系。

4.1 对流层顶概述

4.1.1 对流层顶的发现、确定方法及其成图

19 世纪末,人们通过用风筝和探空气球携带着温度计升入空中的方法对大气进行探测,结果发现平均每升高 1 km 温度会降低 5℃~8℃。这个结论与当时的温度垂直分布概念相吻合。所以,人们根据当时已有的实验数据,通过计算得出结论:大气上界以下的大气层中温度随着高度的增加而不断降低。但是当气球继续升高时这种温度分布状态遭到了破坏。1893 年 3 月 12 日这个现象首次被发现,当时气球在巴黎上空 16 km 高度处的温度是 −21℃,而在 12.5 km 高度处温度骤降为 −51℃。

法国科学家 Tcisserenc de Bort 为了解释这个现象,制作了一个升限达 14 km 高的探空气球,通过对探空结果的分析与检验,得到了一个重要的结论:10~11 km 之上温度不再随着高度的增加而线性降低。基于此结论,他宣布自己发现了一个新的大气层,并命名为"等温层"或"高空逆温层"。他进一步研究得出该层的一些属性及其季节性差异,当该层较低时位于气旋之上,当该层较高时位于反气旋之上。这在当时是很了不起的科学成果。

但是,等温层的发现未能及时得到学术界的认可。几年之后,当等温层被普遍认可时,Tcisserenc de Bort 提议把"等温层"命名为"平流层",把其之下的大气层命名为"对流层"。显然,对流层和平流层之间有一个非常明显的分界面,Xoyk 提议把这个界面命名为"对流层顶"。此命名得到公认并被载入了科学文献。对流层顶就是这样被发现并命名的。

在对流层顶被发现后，人们曾多次尝试研究它的形成原因，并且给出了各种假设。众所周知，大气升温有两个热源：一是地表，它通过吸收部分太阳可见光辐射能后温度升高，然后通过红外辐射的形式提高大气的温度；二是高层大气，其中的臭氧和氧气吸收太阳辐射的大部分紫外线后温度升高，然后再通过分子运动碰撞的形式，将能量传递给其下方的低温大气。所以，最低温度层应该存在于这两个热源之间某一高度层。可以确定的是，对流层顶的存在恰恰与这一最低温度层有关，在这一层内处于辐射平衡状态，对流层顶与对流层界面处会出现温度不连续现象。

从 1909 年，E. Gold 最先对对流层顶的成因进行研究后，先后有 R. Emden、E. A. Milne、R. M. Goody、H. A. Kuoe 等学者对这一问题进行探索，直至 20 世纪 80 年代甚至现在仍有许多学者不断探索对流层顶的成因，读者可以自行阅读文献[1]了解详细的探索过程。遗憾的是，虽然历史上的各种假说、推测都从不同角度解释了对流层顶的成因，但是都未能透彻地解释对流层顶特性的多样性，而且在某些方面还互相矛盾。也就是说，至今人类尚未完全了解影响对流层顶的所有大气过程，所以尚未给出确切的对流层顶的形成原因及形成条件。实际上，对流层顶并不是任何时候都存在的客体，它的客观存在取决于大气运动条件以及影响大气运动状态的各种因素。

所以，迄今为止学术界仍然主要依靠无线电探空仪及基于各种高精度传感技术的探测仪器和探空手段，探测大气剖面数据，确定对流层顶的存在后，综合分析当时大气的运动状态及影响大气运动的微观、宏观数据，不断对对流层顶进行探索。

4.1.2　对流层顶判据

虽然对流层顶被发现已有很长的一个时期了，但是到目前为止还没有关于对流层顶判据的明确概念。因为对流层顶不是两个不同大气层之间明确的物理分界面。在有些地区，对流层顶有时会分裂为若干个面，有时则会整个消失掉。

从目前的研究状态来看，对流层顶的判据主要从温度或者温度梯度特征进行判断。1933 年，Э.Пален 把温度递减率最后降至零的特征面称为对流层顶。20 世纪 40 年代，И. А. Клемин 用图 4.1 所示的温度特征来判断对流层顶。

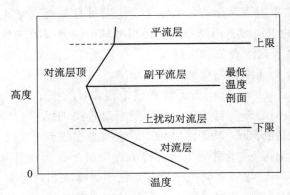

图 4.1　И. А. Клемин 用于判断对流层顶的温度特征曲线示意图

1953 年世界气象组织航空气象委员会曾制定过正式的判据，1957 年航空气象委员会第二次会议又对这些判据进行了审议和修改，最后将温度递减率及其变化作为确定对流层顶判据,具体温度递减率特征见文献[1]。后来,Д. А. Тарасенко 于 1964 年对之前的判据做了仔细研究,并且指出这些判据的缺点和缺陷,但是他并没有给出更合适的判据。

迄今为止,关于对流层顶判据并没有很好的结果。实际上,在没有充分探索清楚对流层顶形成原因之前,探索对流层顶判据优点不符合科学逻辑。所以,在着手研究对流层顶判据之前,研究者应该继续深入分析对流层顶成因以及影响形成对流层顶的因素。

4.1.3 对流层顶在大气过程中的作用

对流层顶虽然很薄,甚至成因、判据等本质问题尚未被人类所掌握,但是对流层顶对整个大气过程、地球环境、电波传播环境特性探索等方面具有非常重要的意义。

首先,对流层顶是个很强的大气阻挡层,它的存在使得地球上的水资源在大气和地表及地下不断循环。如果它发生断裂,许多大气特性都会发生剧烈的变化,比如温度直减率出现不连续、风矢量突变、空气温度骤变等。因此,对流层顶断裂可能会导致地球水资源循环破坏,从而可能影响地球生命的存在。同时,对流层顶也是隔断臭氧从平流层向对流层移动的天然屏障。因此,对流层顶使得地球大气具有相对稳定的成分、结构,使得地球生命得以生存和发展。

其次,对流层顶探测对于电波传播环境空间特性也具有重要意义。研究发现,对流层顶决定着降水、云的上限高度,也决定着和云以及降雨活动有关的天气现象的垂直高度位置。所以,如果能够准确确定、判断对流层顶高度位置,则为对流层空间特性研究提供了新的依据和分析手段。

另外,对流层附近的湿度和气溶胶运动规律,对于大气科学、大气各种天气现象具有重要意义。例如:对流层顶高度对平流层中的气溶胶和臭氧层浓度有重要的影响,对平流层下部的水汽含量也有重要的影响;平流层中直径大于 $0.3~\mu m$ 的气溶胶粒子的路径积分总数与对流层顶高度之间的相关系数大于 0.8,换句话说,就是对流层顶高度伴随平流层中气溶胶粒子路径积分含量而变化。这一规律可以帮助电波传播工作者有效考虑平流层中的气溶胶粒子对光学波段电磁波传播特性的影响。

最后,对流层顶与云、风、湍流运动、臭氧层的运动规律具有非常重要的关联性,同时也决定了对流层和平流层之间的能量及物质的平衡交换过程。由于这些内容与本书电波传播主题的直接关系不大,因此不再赘述。

4.2 对流层顶观测资料气候学整理方法

对流层顶观测资料气候整理的目的和其他气象、气候学整理的目的一样,为了取得一系列指标。这些指标能可靠地反映对流层顶多年的状况,且能满足实际工作的需要。主要包括对流层顶下界的平均高度及其温度、气压和这些要素的均方差、极值、各界限值的频率等。在进行对流层顶观测序列气候学整理时,要遵守数学统计规则,但也会有特殊现象出现,可能和现有观测序列的非连续性及非均一性有关,也可能和测量过程中的仪器误差、随机误差及系统误差有关。这些误差会影响观测资料的可比性。若出现两种地理类型的对流层顶,就要采用特殊的方法来整理这种观测资料。

和整理其他高空观测资料一样，只有在具备详细、时间分辨率满足一定条件的记录序列的情况下，才能把观测序列按观测时间分开，以便分析对流层顶内部细微的变化特征。文献[1]中详细介绍了以下资料的整理方法：对观测序列的要求和对流层顶高度、温度气候指标的计算方法；关于整理极地对流层顶和热带对流层顶高空气候资料中的问题；关于对流层顶观测序列的结合和样本容量的确定方法；对流层顶高度场和温度场的统计分析方法；确定对流层顶特征的高空探测可能间距。读者可以自行查阅相关内容。

4.3　对流层顶的特征参数

对流层顶是介于对流层和平流层之间的过渡层，但是对流层顶不是一个"面"，而是垂直厚度从几百米至不超过 2 km 的薄层，而且该薄层内的温度场、风场、气压场以及气溶胶粒子的分布场既不同于对流层的也不同于平流层的。虽然对流层顶的厚度相对于整个地球大气层的厚度几乎可以忽略，但是对整个地球大气层的运动具有非常重要的意义。

描述对流层顶的特征参数用于分析对流层顶的气候特征及其运动规律。对流层顶的特征参数包括对流层顶中心高度，对流层顶下限高度，对流层顶上限高度，对流层顶厚度，对流层顶内部的温度、压强、湿度场参数，对流层顶内部的风场参数，对流层顶特征参数的变化规律。

对流层顶中心高度是指对流层顶中心高度距离地表的高度。对流层顶中心是指对流层向平流层过渡层内，以地面为主要热源和以平流层内气体为主要热源的交界面。

对流层顶下限高度是指对流层顶薄层的下限位置距地球表面的高度。对流层顶薄层的下限位置是指大气仍然以地面为主要热源，但是大气三要素取值或者随高度变化的梯度相对于对流层内的这些量发生不连续的位置。

对流层顶上限高度是指对流层顶薄层的上限位置距地球表面的高度。对流层顶薄层的上限位置是指大气仍然以平流层大气为主要热源，但是大气三要素取值或者随高度变化的梯度相对于平流层内的这些量发生不连续的位置。

对流层顶厚度是指对流层顶上下限高度位置之间的间距。

对流层顶内部的温度、压强、湿度及气溶胶粒子分布场是指对流层顶薄层内的温度、压强、湿度以及描述气溶胶粒子特征参数的取值及其变化规律。

对流层顶内部的风场参数是指对流层顶薄层内大气环流及其他模式运动的特征参数，例如物质运动矢量分布特性等。

对流层顶特征参数变化规律是指上述描述对流层顶的特征参数随高度、经纬度或者时间的变化规律。

目前尚无文献针对上述参数给出比较权威的数据可供查阅。

4.4　对流层顶气候其他问题

许多学者从发现对流层顶至今一直针对它进行探索，但是迄今为止学术界对这一薄层的认识依然比较模糊、陌生，而且对对流层顶的形成、发展、移动及其观测手段和资料整理、预报方法方面的观点各异，甚至相互矛盾。本书的重点是讨论对流层环境中的电波传输特性，为了结构的完备性，本章依据文献[1]的核心框架结构对对流层顶进行了摘录介绍。因此，对于对流层顶这一薄层的认识还远远不够，需要相关工作者根据自己的工作需求，不断探索对流层顶的形成、发展、移动及其观测手段和资料整理、预报方法。特别是借助对流层顶系留气球或者其他悬浮物研究电波传输特性时，更需要考虑对流层顶的环境特征。

思考和训练 4

查阅有关对流层顶气候特征的最新资料，结合本章的逻辑框架，针对对流层顶气候特征的理论分支，建立更加全面的脉络体系结构。

★本章参考文献

[1] 马霍韦尔. 对流层顶气候学[M]. 张贵银，廖寿发，译. 北京：北京气象出版社,1988.

第 5 章 晴空大气中的传播与散射

对流层晴空大气对电磁波传播的影响主要包括吸收、折射、去极化、路径时延（相移）、散射引起的闪烁效应、大气噪声以及大气边界层反射等。这些传输效应从时域、频域、空间域、极化域以及幅度和相位方面对无线信号产生了影响，直接影响无线系统的性能，而且对不同频段和不同的应用系统影响程度不同。

5.1 大 气 吸 收

大气吸收是无线电波在对流层中传播的基本效应之一。当频率低于 6 GHz 或者 1 GHz 时，通常不考虑大气对无线电波能量的吸收。当频率高于 6 GHz 时，晴空大气中的氧气和水蒸气会对无线电波的能量产生显著的吸收效应，从而造成无线系统接收功率下降。

5.1.1 大气吸收衰减率

近代物理学指出，在电磁波的作用下，气体分子从一种能级状态跃迁至另一种能级状态时会吸收或辐射能量，这种现象称为气体分子的吸收或辐射。对流层中气体的吸收衰减主要是由氧气分子和水汽分子的吸收所导致的。计算大气吸收衰减最精确的模型是考虑氧气和水蒸气的吸收谱线贡献，本书着重研究的是衰减模型，对于其吸收谱线等微观机理不做描述，详细内容可查阅文献[1]。

在对大气吸收衰减率进行研究的过程中，已经形成了许多成熟的计算模型，例如 Liebe 模型、ITU - R 模型、Salonen 模型、CCIR 模型和 Smith 模型等。这些模型归结起来可以分为两大类，一类是基于共振谱线大气折射指数的精确计算模型，另一类是基于精确模型简化的经验模型。二者各有千秋，精确模型计算复杂，需要的参数多，但是计算精度较好；经验模型相对简单，需要的参数少，易于工程快速评估，但是计算精度较差。本书对这些经典模型不再一一介绍，而是按照精确模型和经验模型两类进行介绍，供读者选用。

以 Liebe 为基础的计算模型是基于共振谱线大气折射指数的精确计算模型，该模型适用的频率范围为 1～3000 GHz。频率为 f 的电磁波在空间高度 z 处的大气吸收衰减率表示为[2]

$$\gamma_a(z, f) = 0.1820 f N_{Im}(f) \tag{5.1}$$

其中：大气吸收衰减率 γ_a 的单位为 dB/km；$N_{Im}(f)$ 是与频率有关的大气折射指数虚部，详见 2.2 节；z 的单位取决于温度、湿度计压强剖面数据库中高度的单位；f 的单位由 2.2

节中给出的 $N_{\text{Im}}(f)$ 对频率单位的要求决定。

图 5.1 是利用式 (5.1) 所示的模型计算的频率为 $1 \sim 350$ GHz 时，大气吸收衰减率与频率的关系曲线图，其计算条件为：大气压强为 1013 hPa，水汽密度含量为 7.5 g/m^3，温度为 15℃。从图中可以看出，由于氧气和水汽吸收峰值谱线的影响，大气总衰减曲线并非一条平滑曲线，而是随频率增加震荡上行。在选取无线电设备工作频率时，尤其是毫米波雷达和微波通信，应着重考虑大气的吸收衰减效应，选择合适的窗口频率以获得较好的工作性能。

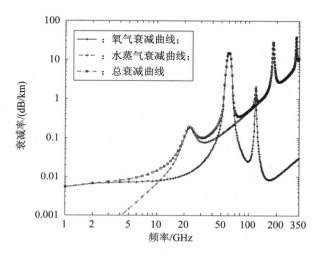

图 5.1　大气吸收衰减率算例

如式 (5.1) 所示的大气吸收衰减率计算模型复杂度主要在于分析大气折射指数虚部 $N_{\text{Im}}(f)$。在有些情况下，只需要大致估计大气吸收衰减，或者无法获得计算 $N_{\text{Im}}(f)$ 所需要的参数，此时简化的经验模型显得尤为重要。ITU－R P.676－9 给出的经验模型为[2]

$$\gamma_a = \gamma_O + \gamma_v \tag{5.2}$$

式中：γ_a 的单位为 dB/km；γ_O 和 γ_v 分别代表氧气和水蒸气的吸收衰减率，其表达式分别为

$$\gamma_O = \begin{cases} \left[\dfrac{7.27}{f^2 + 0.351 r_p^2 r_t^5} + \dfrac{7.5}{(f-57)^2 + 2.44 r_p^2 r_t^5} \right] f^2 r_p^2 r_t^2 \times 10^{-3} & (f < 57 \text{ GHz}) \\[3mm] \dfrac{(f-60)(f-63)}{18} \gamma_O(57) - 1.66 r_p^2 r_t^{8.5} (f-57)(f-60) \\[3mm] \quad + \dfrac{(f-57)(f-60)}{18} & (57 \text{ GHz} \leqslant f \leqslant 63 \text{ GHz}) \end{cases} \tag{5.3}$$

$$\gamma_v = 3.27 \times 10^{-2} r_t + 1.67 \times 10^{-3} \frac{r_t^7 \rho_v}{r_p} + 7.7 \times 10^{-4} \sqrt{f} + \frac{3.79}{(f-22.235)^2 + 9.81 r_p^2 r_t}$$

$$\quad + \frac{11.73 r_t}{(f-183.31)^2 + 11.85 r_p^2 r_t} + \frac{4.01 r_t}{(f-325.153)^2 + 10.44 r_p^2 r_t} \tag{5.4}$$

式 (5.3) 和式 (5.4) 中：频率 f 的单位是 GHz；$r_p = p/1013$，其中 p 是以 hPa 为单位的大气压；$r_t = 288/(t+273)$，其中 t 是以℃为单位的大气温度。式 (5.4) 中，ρ_v 是以 g/m^3 为单

位的水蒸气含量密度。

得出式(5.3)和式(5.4)之后，ITU - R 给出了另一个频率的适用范围为 1～350 GHz，计算 γ_O 和 γ_v 的经验模型。氧气的吸收衰减率 γ_O 表示为

$$\gamma_O = \left[\frac{7.2 r_t^{2.8}}{f^2 + 0.34 r_p^2 r_t^{1.6}} + \frac{0.62 \xi_3}{(54 - f)^{1.16\xi_1} + 0.83 \xi_2} \right] f^2 r_p^2 \times 10^{-3} \tag{5.5}$$

ξ_1、ξ_2、ξ_3 分别为

$$\xi_1 = \varphi(r_p, r_t, 0.0717, -1.8132, 0.0156, -1.6515) \tag{5.6}$$

$$\xi_2 = \varphi(r_p, r_t, 0.5146, -4.6368, -0.1921, -5.7416) \tag{5.7}$$

$$\xi_3 = \varphi(r_p, r_t, 0.3414, -6.5851, 0.2130, -8.5854) \tag{5.8}$$

式(5.6)～式(5.8)中，$\varphi(r_p, r_t, a, b, c, d)$ 表示如下：

$$\varphi(r_p, r_t, a, b, c, d) = r_p^a r_t^b \exp[c(1 - r_p) + d(1 - r_t)] \tag{5.9}$$

水汽吸收衰减率 γ_w 的表达式为

$$\begin{aligned}
\gamma_w = \Bigg\{ & \frac{3.98 \eta_1 \exp[2.23(1 - r_t)]}{(f - 22.235)^2 + 9.42 \eta_1^2} g(f, 22) + \frac{11.96 \eta_1 \exp[0.7(1 - r_t)]}{(f - 183.31)^2 + 11.14 \eta_1^2} \\
& + \frac{0.081 \eta_1 \exp[6.44(1 - r_t)]}{(f - 321.226)^2 + 6.29 \eta_1^2} + \frac{3.66 \eta_1 \exp[1.6(1 - r_t)]}{(f - 325.153)^2 + 9.22 \eta_1^2} \\
& + \frac{25.37 \eta_1 \exp[1.09(1 - r_t)]}{(f - 380)^2} + \frac{17.4 \eta_1 \exp[1.46(1 - r_t)]}{(f - 448)^2} \\
& + \frac{844.6 \eta_1 \exp[0.17(1 - r_t)]}{(f - 557)^2} g(f, 557) + \frac{290 \eta_1 \exp[0.41(1 - r_t)]}{(f - 752)^2} g(f, 752) \\
& + \frac{8.3328 \times 10^4 \eta_2 \exp[0.99(1 - r_t)]}{(f - 1780)^2} g(f, 1780) \Bigg\} f^2 r_t^{2.5} \rho_v \times 10^{-4}
\end{aligned} \tag{5.10}$$

η_1、η_2 和 g 分别为

$$\eta_1 = 0.955 r_p r_t^{0.68} + 0.006 p \tag{5.11}$$

$$\eta_2 = 0.735 r_p r_t^{0.5} + 0.0353 r_t^4 \rho_v \tag{5.12}$$

$$g(f, f_i) = 1 + \left(\frac{f - f_i}{f + f_i} \right)^2 \tag{5.13}$$

基于 VanVleck-Weisskopf 谱线，CCIR 给出了适用于频率低于 57 GHz 的经验模型。氧气的吸收衰减率 γ_O 和水汽的吸收衰减率 γ_w 分别为

$$\gamma_O = \left[0.00719 + \frac{6.09}{f^2 + 0.227} + \frac{4.81}{(f - 57)^2 + 1.50} \right] f^2 \times 10^{-3} \tag{5.14}$$

$$\gamma_w = \left[0.067 + \frac{2.4}{(f - 22.3)^2 + 6.6} + \frac{7.33}{(f - 183.5)^2 + 5} \right] f^2 \rho_v \times 10^{-4} \tag{5.15}$$

5.1.2 大气吸收衰减

5.1.1 节中给出了大气吸收衰减率计算模型，从模型可知吸收衰减率与大气湿度、压强、温度具有密切的关系。由第 2 章可知大气参数随水平空间、垂直空间呈现不均匀分布状态，所以在特定链路中，沿信号传播路径各点的衰减率可能不同。因此，一般情况下，假设从发射点至接收点的路径为 L_{path}，则工作频率为 f 的无线系统的大气吸收路径衰减

$A_{\text{atmosphere}}$ 是随路径位置 l_{path} 变化的衰减率 $\gamma_{\text{a}}(l_{\text{path}},f)$ 对链路路径 L_{path} 的积分结果，即

$$A_{\text{atmosphere}} = \int_{L_{\text{path}}} \gamma_{\text{a}}(l_{\text{path}},f) \mathrm{d}l_{\text{path}} \tag{5.16}$$

其中，$A_{\text{atmosphere}}$ 的单位为 dB。不同文献中给出的大气吸收衰减模型的差异主要体现在如何简化式(5.16)中的积分。

对于地面视距链路，发射天线高度 $h_{\text{transmitter}}$ 和接收天线高度 h_{receiver} 相差很小，一般情况下认为两个高度之间的大气参数随高度的变化可以忽略。另外，地面视距链路水平距离受到地球曲率和地形地物的限制，因此，可以合理地假设大气参数不随水平空间变化。所以，对于地面视距链路而言，式(5.16)可化简为路径上任何一确定点 l_{any} 处的衰减率 $\gamma_{\text{a}}(l_{\text{any}},f)$ 与路径长度 L_{path} 的乘积，即

$$A_{\text{atmosphere}} = \gamma_{\text{a}}(l_{\text{any}},f)L_{\text{path}} \tag{5.17}$$

对于诸如地球站与卫星、空间滞留浮艇、飞机之间互相发射无线信号的地-空倾斜链路，大气参数随高度变化不可忽略，甚至大气参数水平空间的变化也不可忽略。因为获取大气参数或者大气折射指数随空间连续变化的数据库非常不易，所以需要对式(5.16)做近似处理。在忽略大气参数随水平空间变化的前提条件下，计算地-空链路大气吸收衰减 $A_{\text{atmosphere}}$ 的模型可以分为三大类：第一类是忽略大气折射效应的积分模型，一般情况下要求链路仰角满足 $\theta_{\text{elevation}} > 10°$；第二类是忽略大气折射效应的等效路径模型；第三类是考虑大气折射效应的分段求和模型。

在忽略大气折射效应的情况下，$A_{\text{atmosphere}}$ 的积分模型表示为[2-3]

$$A_{\text{atmosphere}} = \int_{h_{\text{earthstation}}}^{h_{\text{critical}}} \frac{\gamma_{\text{a}}(z)}{\sin[\Phi(z)]} \mathrm{d}z \tag{5.18}$$

式中，$\Phi(z)$ 表示路径修正因子，即

$$\Phi(z) = \arccos\left[\frac{(r_{\text{earth}}+h_{\text{earthstation}})n(h_{\text{earthstation}})\cos\theta_{\text{elevation}}}{(r_{\text{earth}}+z)n(z)}\right] \tag{5.19}$$

如图 5.2 所示，式(5.19)中 r_{earth} 表示以 km 为单位的地球半径，$n(z)$ 表示路径上离地面高度 z 处的大气折射率，$h_{\text{earthstation}}$ 是地面站的高度，h_{critical} 是积分高度上限。垂直剖面 $n(z)$ 见 2.2 节中的内容。

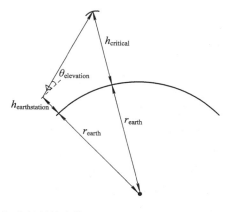

图 5.2 忽略折射效应情况下地-空链路路径积分衰减示意图

如果链路仰角 $\theta_{\text{elevation}} \leqslant 10°$，则大气折射效应不能忽略，此时路径 L_{path} 不是直线而是图 5.3 中所示的曲线。如图 5.3 所示，为了计算式 (5.16) 中的积分，将 L_{path} 涉及的大气高度划分为 n_{layer} 层，第 i_{layer} 层的厚度为 $\delta_{i_{\text{layer}}}$，在该层内的路径长度近似为 $l_{i_{\text{layer}}}$。如果 n_{layer} 足够大，则可以近似认为第 i_{layer} 层内的大气折射率近似均匀，且信号在 i_{layer} 层与 $i_{\text{layer}} + 1$ 层交界处发生折射，该交界面处第 i_{layer} 层内的入射角为 $\alpha_{i_{\text{layer}}}$，该交界面处第 $i_{\text{layer}} + 1$ 层内的出射角为 $\beta_{i_{\text{layer}} + 1}$。在第 i_{layer} 层内的大气衰减率为 $\gamma_{\text{a}\_i_{\text{layer}}}$。当 $i_{\text{layer}} = 1$ 时，$\beta_1 = 90° - \varphi_{\text{elevation}}$；当 $i_{\text{layer}} = n_{\text{layer}}$ 时，不再发生折射效应，该层内传播方向沿直线传播。所以，在考虑大气折射效应的情况下，$A_{\text{atmosphere}}$ 的积分模型表示为[2]

$$A_{\text{atmosphere}} = \sum_{i_{\text{layer}}}^{n_{\text{layer}}} \gamma_{\text{a}\_i_{\text{layer}}} l_{i_{\text{layer}}} \tag{5.20}$$

式中，$l_{i_{\text{layer}}}$ 的表达式为

$$l_{i_{\text{layer}}} = -r_{i_{\text{layer}}} \cos\beta_{i_{\text{layer}}} + 0.5\sqrt{4r_{i_{\text{layer}}}^2 \cos^2\beta_{i_{\text{layer}}} + 8r_{i_{\text{layer}}}\delta_{i_{\text{layer}}} + 4\delta_{i_{\text{layer}}}^2} \tag{5.21}$$

$r_{i_{\text{layer}}}$ 表示第 i_{layer} 层下界面到地球中心的距离，$\delta_{i_{\text{layer}}}$ 表示第 i_{layer} 层的厚度。式 (5.21) 中，当 $i_{\text{layer}} = 1$ 时，$\beta_1 = 90° - \varphi_{\text{elevation}}$，$\beta_{i_{\text{layer}} + 1}$ 可表示为

$$\beta_{i_{\text{layer}} + 1} = \arcsin\left(\frac{n_{i_{\text{layer}}}}{n_{i_{\text{layer}} + 1}} \sin\alpha_{i_{\text{layer}}}\right) \tag{5.22}$$

其中，$n_{i_{\text{layer}} + 1}$ 和 $n_{i_{\text{layer}}}$ 是第 $i_{\text{layer}} + 1$ 和第 i_{layer} 层的折射指数，当 $i_{\text{layer}} = n_{\text{layer}}$ 时，$n_{i_{\text{layer}} + 1} = 1$。式 (5.22) 中 $\alpha_{i_{\text{layer}}}$ 的表达式为

$$\alpha_{i_{\text{layer}}} = \pi - \arccos\left(\frac{-l_{i_{\text{layer}}}^2 - 2r_{i_{\text{layer}}}\delta_{i_{\text{layer}}} - \delta_{i_{\text{layer}}}^2}{2l_{i_{\text{layer}}} r_{i_{\text{layer}}} + 2l_{i_{\text{layer}}}\delta_{i_{\text{layer}}}}\right) \tag{5.23}$$

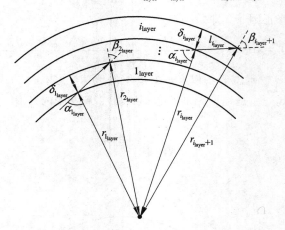

图 5.3 弯曲路径长度计算示意图

对于地-空链路的应用，ITU-R 指出计算大气吸收衰减时积分高度 h_{critical} 至少应该为 30 km，一般要求 100 km。图 5.4 是利用上述模型计算的北京地区 Ka 频段地-空链路大气吸收衰减年变化算例。图中共有 48 个点，给出了北京地区 1~12 月份 00:00、06:00、12:00、18:00 的大气吸收衰减结果，其中 1~4 个点表示 1 月份四个时间点的统计结果，5~8 个点表示 2 月份四个时间点的统计结果，依次类推。

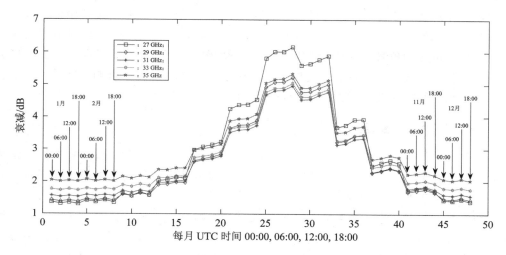

图 5.4　北京地区 Ka 频段地-空链路大气吸收衰减年变化算例(5°链路仰角)

式(5.18)和式(5.20)表示的地-空链路路径衰减模型看似简单,但编程计算时极其复杂,计算中需要调用温度、湿度、压强高度剖面数据库,或者将大气电磁参数高度剖面模型重新离散处理。所以,ITU－R 给出了近似评估大气衰减的简化模型,即[3]

$$A_{\text{atmosphere}} = A_O + A_V \qquad (5.24)$$

式中,A_O 和 A_V 是以 dB 为单位的氧气路径吸收衰减和水汽路径吸收衰减,分别表示为

$$A_O = \gamma_O h_{O\_\text{scale}} \qquad (5.25)$$

$$A_V = \gamma_V h_{V\_\text{scale}} \qquad (5.26)$$

其中,h_{O_scale} 和 h_{V_scale} 分别是以 km 为单位的氧气和水汽的标高或者参考高度,近似地认为从地面至该高度范围内,大气为均匀分布,γ_O 和 γ_V 是在大气压为 1013 hPa、温度为 15℃ 的条件下计算的氧气和水汽的衰减率。h_{O_scale} 和 h_{V_scale} 分别表示为

$$h_{O\_\text{scale}} = \begin{cases} 6 & (f < 57 \text{ GHz}) \\ 6 + \dfrac{40}{(f-118.7)^2+1} & (63 \text{ GHz} < f < 350 \text{ GHz}) \end{cases} \qquad (5.27)$$

$$h_{V\_\text{scale}} = 1.6\left[1 + \frac{3.0}{(f-22.2)^2+5} + \frac{5.0}{(f-183.3)^2+6} + \frac{2.5}{(f-325.4)^2+4}\right] \qquad (5.28)$$

文献[3]还给出了其他用于粗略估计大气地-空路径大气衰减的简化模型,其基本思想就是将随高度变化的大气参数等效为某一个高度范围内虚拟均匀的大气层,从而简化计算过程,读者可以自行查阅文献中的其他类似模型。

5.2　大气折射

如果波的等相位面处的折射率出现不均匀现象,则各点相位传播速度不同,从而出现了等相位面以及波线弯曲,这就是折射现象。由于大气中存在折射指数随垂直空间和水平空间分布不均匀的现象,所以大气折射现象时有发生。折射指数的变化梯度和等相位面相对于大气折射指数变化梯度方向的几何关系共同决定大气折射现象是否发生以及折射的程度。例如：当等相位面法线方向与折射指数变化的梯度方向一致时，虽然存在垂直大气折射指数不均匀现象，但是却不会发生折射现象；当等相位面法线方向与折射指数变化的梯度方向存在一定的夹角时，各点相位传播速度出现差异，从而出现折射现象。折射现象对于无线系统收发天线对准以及测距定位、导航制导精度具有重要的影响，分析计算折射效应对于修正和克服折射效应对无线系统的影响具有重要的意义。

5.2.1 几何光学原理

用几何光学原理来研究无线电波在大气中的折射现象非常方便，因此光学折射定理成为重要基础，射线概念也被用于无线电波。由于无线电波的波长比光波长，因此必须满足一定条件才能使用几何光学的概念。

按照传播主区的概念，如果电磁波的波长越短，则第一菲涅尔区呈现为更狭长，而且主区内的球面波更接近于平面波，逐渐接近射线。所以电磁波波长越短，则在两种媒质界面处的反射和折射就更满足 Snell 定律。如果媒质界面处电参数相差足够小，则此时媒质界面处平面波的反射系数趋于 0，此时没有反射波而只存在折射波，电磁波按照 Snell 定律连续折射而没有反射现象。一般情况下，由于地面链路视线传播链路收发天线高度差距很小，且视线传播距离受限，所以地面视距链路系统很少考虑大气折射效应，折射效应一般总是在地-空链路系统中才考虑。所以，这里先针对球面分层大气环境，讨论按照几何光学研究大气折射的一级近似条件。假设不均匀大气环境中，海拔高度为 h 处的大气折射率为 $n(h)$，该处大气折射率沿垂直向上方向的梯度为 $dn(h)/dh$，波长为 λ 的电磁波沿倾斜路径传播时可以使用几何光学折射定理的一级近似条件表示为[4]

$$\frac{1}{[n(h)]^2}\left|\frac{dn(h)}{dh}\right|\lambda \ll 1 \tag{5.29}$$

对于任意不均匀大气环境，也就是垂直及水平方向同时呈现不均匀特性时，假设不均匀大气环境中，传播路径 l_{path} 处的大气折射率为 $n(l_{path})$，如果 l_{path} 处的切线方向单位矢量表示为 l_{path_0}，则该处大气折射率沿路径 l_{path} 处切线方向的方向梯度为 $l_{path\_0}\,dn(l_{path})/dl_{path}$，在式(5.29)基础上可以将波长为 λ 的电磁波用几何光学折射定理的一级近似条件表示为

$$\frac{1}{[n(l_{path})]^2}\left|\frac{dn(l_{path})}{dl_{path}}\right|\lambda \ll 1 \tag{5.30}$$

5.2.2 射线方程

波动过程实际是波源振动状态在媒质中传播的过程，也就是波源相位传播的过程。波传播过程中某时刻相位相等的曲面称为等相位面。如图 5.5 所示，如果某曲线上各点的切线方向与等相位面在对应点移动的方向一致，则这样的曲线称为波传播过程中的射线，也称波线。射线代表了波传播的轨迹，该射线满足的方程称为射线方程。

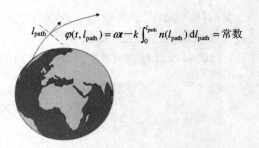

图 5.5　波传播过程中射线示意图

假设电磁波的角频率为 ω，真空中的波数为 k，则在图 5.5 中的射线上 l_{path} 处 t 时刻的

相位 $\varphi(t, l_{path})$ 表示为

$$\varphi(t, l_{path}) = \omega t - k \int_0^{l_{path}} n(l_{path}) \mathrm{d}l_{path} \tag{5.31}$$

该点所在的等相位面表示为

$$\omega t - k \int_0^{l_{path}} n(l_{path}) \mathrm{d}l_{path} = 常数 \tag{5.32}$$

将式(5.32)所表示的等相位面对时间 t 求导数，即可得出该等相位面在 l_{path} 点的传播速度[4]：

$$v = \frac{\mathrm{d}l_{path}}{\mathrm{d}t} = \frac{\omega}{k|\boldsymbol{\nabla}\phi|} \tag{5.33}$$

其中，ϕ 是光程函数，表示为

$$\phi = \int_0^{l_{path}} n(l_{path}) \mathrm{d}l_{path} \tag{5.34}$$

光程函数 ϕ 在某点处的梯度 $\boldsymbol{\nabla}\phi$ 与该点折射率的关系为[4]

$$|\boldsymbol{\nabla}\phi| = n \tag{5.35}$$

式(5.35)称为程函方程，从程函方程可以推导出射线方程[4]：

$$\frac{\partial[\boldsymbol{l}_{path\_0} n(l_{path})]}{\partial l_{path}} = \boldsymbol{\nabla}n(l_{path}) \tag{5.36}$$

由此可见，电磁波在传播过程中其传播路径完全由折射率空间分布决定。

式(5.36)给出了射线方程的一般表达式，当折射率按照球面分层时，射线方程一般化简为[4]

$$(r_{earth} + h)n(h)\cos\theta_{elevation} = (r_{earth} + h_{antenna})n(h_{antenna})\cos\theta_{elevation\_0} \tag{5.37}$$

式中：r_{earth} 是地球半径；$h_{antenna}$ 是发射天线的海拔高度；h 为路径上某点处的海拔高度；$n(h_{antenna})$ 和 $n(h)$ 分别为 $h_{antenna}$ 和 h 处的折射率；$\theta_{elevation\_0}$ 和 $\theta_{elevation}$ 分别为电波初始仰角和路径上海拔高度为 h 处的电波传播仰角。式(5.37)就是球面分层大气中的 Snell 定理，也是最基本的射线方程，根据该式可以获得射线轨迹，进而评估球面大气中的折射效应。

5.2.3　球面分层大气中的大气折射效应

式(5.37)为研究球面分层大气环境中折射效应的基本公式，如果能够通过遥感途径获得特定地区大气垂直分布剖面模型，则可以获得大气折射轨迹，从而分析大气折射效应。在无线电系统中通常考虑折射效应对测距、测角、测速等性能的影响。为了方便分析折射效应的这些影响，定义一些描述折射效应的具体参数很具实际意义。描述折射效应的特性参数包括射线仰角、射线曲率半径、全折射角、无线电距离、角距离等。

由式(5.37)可知，电磁波在球面分层大气中传播时，图 5.6 中的射线仰角会随高度变化而变化。而且，根据式(5.37)可以推出 $\theta_{elevation}$ 随路径 h 的变化率为[1]

$$\frac{\mathrm{d}\theta_{elevation}}{\mathrm{d}h} = \left[\frac{1}{n(h)}\frac{\mathrm{d}n(h)}{\mathrm{d}h} + \frac{1}{r_{earth} + h}\right]\cot\theta_{elevation} = \theta_{elevation\_\Delta n} + \theta_{elevation\_\Delta h} \tag{5.38}$$

其中：$\theta_{elevation\_\Delta n}$ 反映的是折射指数梯度所引起的射线仰角变化；$\theta_{elevation\_\Delta h}$ 反映的是球面几何关系使射线仰角随高度而变化，即使没有折射现象这一项也存在，但是这一项相对于折射效应仪器的仰角变化很小。在已知大气折射率剖面的条件下，根据式(5.38)可以求解任意

高度处射线相对于地球表面的仰角。

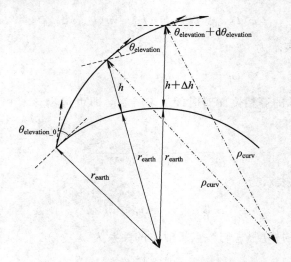

图 5.6　射线仰角及射线曲率半径示意图

从图 5.6 可以看出，弯曲的射线在不同高度处的弯曲程度不同，为了分析和计算这种弯曲程度的差异，引入射线曲率半径的概念。如图 5.6 所示，假设某高度 h 处的曲线，刚好与圆心在 C' 处半径为 ρ_{curv} 的某段圆弧重合，则 ρ_{curv} 为该处曲线的曲率半径，C' 为曲率圆心。结合图 5.6 和式(5.38)推导得出的曲率半径为[1]

$$\rho_{curv} = -\left\{ \frac{n(h_{antenna})(r_{earth} + h_{antenna})\cos\theta_{elevation\_0}}{[n(h)]^2(r_{earth} + h)} \frac{dn(h)}{dh} \right\}^{-1} \tag{5.39}$$

所以，曲率半径与折射率梯度、初始仰角以及路径高度有关。对流层高度相对于地球半径可以认为是小量而忽略不计，也就是说

$$r_{earth} + h_{antenna} \approx r_{earth} + h \tag{5.40}$$

成立。所以，式(5.39)可以近似表示为

$$\rho_{curv} = -\left\{ \frac{n(h_{antenna})\cos\theta_{elevation\_0}}{[n(h)]^2} \frac{dn(h)}{dh} \right\}^{-1} \tag{5.41}$$

更进一步，发射天线处的大气折射率 $n(h_{antenna})$ 和高度 h 处的大气折射率 $n(h)$ 相差很小，则式(5.41)进一步简化为

$$\rho_{curv} = -\left[\frac{\cos\theta_{elevation\_0}}{dh} \frac{dn(h)}{} \right]^{-1} \tag{5.42}$$

此时，大气折射射线曲率半径完全由折射率梯度和初始仰角决定。

需要说明的是，大部分文献中讨论上述概念时，以地-空上行链路为例，所以图 5.6 中的 $\theta_{elevation\_0}$ 是地面处射线仰角。实际上，如果考虑下行链路中的折射效应，则 $\theta_{elevation\_0}$ 是电磁波进入大气层时传播方向与地球表面之间的夹角，见图 5.7。对于下行链路，上述理论表达式依然成立。

全折射角或者射线弯曲角、无线电距离、角距离也是描述折射效应常用的参数。如图 5.8 所示，全折射角 $\tau_{refraction}$ 是沿初始仰角直线传播方向与沿完全射线末端仰角(也就是传出对流层时的射线仰角)直线传播方向之间的夹角，它是表征射线弯曲程度的物理量；无线电

距离实际就是电磁波在传播过程中所经过的轨迹的路程；角距离是"目标"真实位置与"虚假"位置相对于地球中心矢径之间的夹角。

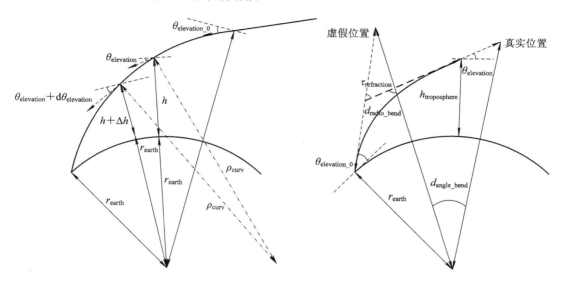

图 5.7　下行链路初始仰角示意图　　　　图 5.8　无线电距离、全折射角及角距离示意图

$\tau_{\text{refraction}}$ 的取值对于地-空链路中的上行链路或者下行链路均一致。$\tau_{\text{refraction}}$ 的取值可以表示为[1]

$$\tau_{\text{refraction}} = \int_{h_{\text{antenna}}}^{h_{\text{troposphere}}} \frac{\cot\theta_{\text{elevation}}}{n(h)} \frac{\mathrm{d}n(h)}{\mathrm{d}h} \mathrm{d}h \tag{5.43}$$

利用式(5.37)将式(5.43)化简为[1]

$$\tau_{\text{refraction}} = -F_\tau \int_{h_{\text{antenna}}}^{h_{\text{troposphere}}} \frac{1}{n(h)} \frac{\mathrm{d}n(h)}{\mathrm{d}h} \frac{\mathrm{d}h}{(r_{\text{earth}}+h)\{[n(h)(r_{\text{earth}}+h)]^2 - F_\tau^2\}} \tag{5.44}$$

其中，F_τ 表示为[1]

$$F_\tau = (r_{\text{earth}} + h_{\text{antenna}})n(h_{\text{antenna}})\cos\theta_{\text{elevation\_0}} \tag{5.45}$$

对于无线电距离 d_{radio}、角距离 d_{angle} 则需要根据图 5.8 中的几何关系，结合具体使用场景自行推导计算公式。文献[1]给出了只考虑大气折射弯曲段情况下，上行链路无线电距离 d_{radio}、角距离 d_{angle} 的计算公式，也就是图 5.8 中的 $d_{\text{radio\_bend}}$ 和 $d_{\text{angle\_bend}}$，分别表示为

$$d_{\text{radio\_bend}} = \int_{h_{\text{antenna}}}^{h_{\text{troposphere}}} \frac{(r_{\text{earth}}+h)n(h)[n(h)-1]\mathrm{d}h}{[n(h)^2(r_{\text{earth}}+h)^2 - F_\tau^2]^{1/2}} + \int_{h_{\text{antenna}}}^{h_{\text{troposphere}}} \cos\theta_{\text{elevation}}\mathrm{d}h \tag{5.46}$$

$$d_{\text{angle\_bend}} = F_\tau \int_{h_{\text{antenna}}}^{h_{\text{troposphere}}} \frac{\mathrm{d}h}{(r_{\text{earth}}+h)\{[n(h)(a+h)]^2 - F_\tau^2\}^{1/2}} \tag{5.47}$$

5.2.4　大气折射的类型

凡提到分类问题，一定会隐含某种分类标准，这里讨论的折射类型是指在球面分层大气情况下，根据地-空链路射线与地球表面相对位置关系给出的几种折射类型。

由式(5.39)以及式(5.41)和式(5.42)可知，大气折射率的梯度决定了射线曲率半径，按照 ρ_{curv} 与地球半径 r_{earth} 之间的关系，可以将折射分为如图 5.9 所示的几种情况。

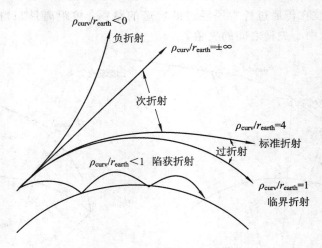

图 5.9　折射类型示意图

当 $\rho_{curv}/r_{earth}=1$ 时，射线平行于地面，称为临界折射，此时信号在地球表面附近滑行传播很远，直至这种折射条件被破坏；当 $\rho_{curv}/r_{earth}<1$ 时，射线反向地面，经过地面反射，形成波导传播，可以实现超视距传播，称为陷获折射；在标准大气情况下，如果 $\rho_{curv}/r_{earth}=4$，则称为标准折射，射线朝地表弯曲，但是可以穿过对流层实现地-空链路传播；在标准折射和临界折射之间，称为过折射，此时射线朝地面弯曲，但是不能回到地面；当 $dn/dh=0$ 时，$\rho_{curv}=\infty$，射线不弯曲；在直线和标准折射之间称为次折射；当 $dn/dh>0$ 时，$\rho_{curv}/r_{earth}<0$，射线向上凹，称为负折射。利用式(5.39)以及式(5.41)和式(5.42)表示的曲率半径，可以推导出发生各种折射时大气折射率梯度的情况，如表 5.1 所示。

表 5.1　折射类型与折射率梯度的对应关系

大气折射基本类型	ρ_{curv}/r_{earth}	$dN/dz\,/(\mathrm{m}^{-1})$	$dM/dz\,/(\mathrm{m}^{-1})$
负折射	<0	>0	>0.157
无折射	$\pm\infty$	0	0.157
正折射	大于 4，小于 ∞	<0	<0.157
标准折射	4	$-0.077\sim0$	$0.080\sim0.157$
过折射	大于 1，小于 4	$-0.157\sim-0.077$	$0\sim0.080$
临界折射	1	-0.157	0
陷获折射	大于 0，小于 1	<-0.157	<0

5.2.5　大气三维折射效应

5.2.3 节讨论了理想状态下，球面分层大气结构的折射效应。但是，真实晴空大气中的确会出现大气水平及垂直空间分布不均匀的情况。当考虑大气的水平变化梯度时，即要处理三维空间的射线追迹问题，此时 Snell 定律已不适用，需要应用 Fermate 原理及其相关的射线方程。实际上，对于三维折射的研究，折射指数随纬度、经度以及高度的三维模式 $n(\mathrm{Lat},\mathrm{Lon},h)$ 而改变，是一个极其重要且困难的问题。

实测与计算表明，在一般的平均状态下，n 的水平梯度远小于其垂直梯度，对仰角和方位角的影响都不大。在某些特殊情况下，特别是在低仰角和超折射状态下，n 的水平梯度可能导致重要的影响。但此时的 $n(\text{Lat}, \text{Lon}, h)$ 极为复杂，实时准确测定其三维分布是非常困难的科学问题，目前这方面的研究结果少之又少。水平不均匀性问题是蒸发波导中传输特性研究的瓶颈技术，详见 5.5 节。本节介绍一种较为简单的算法，以求在概念上说明折射指数水平不均匀性所产生的折射效应，简要说明三维曲率与三维折射指数 $n(\text{Lat}, \text{Lon}, h)$ 的变化关系。

如图 5.10 所示，为了方便起见，假设发射点为直角坐标原点 $(0, 0, 0)$，沿纬线指向东为 x 轴正方向，沿经线指向北为 y 轴正方向，垂直于地面向上为 z 轴正方向，并且已知 $n(x, y, z)$ 分布函数。如图 5.10 所示，假设射线上某点的坐标为 $P(x, y, z)$，以该点为坐标原点建立坐标系 $x'-y'-z'$，其中 $x'-z'$ 平面与包含 P 处射线单元的地心大圆面吻合，且 x' 轴方向取半径为 $r_{\text{earth}} + z$ 的大圆上射线水平投影的方向，z' 轴方向取垂直于地面的方向，y' 轴方向由直角坐标系满足的"右手法则"确定。

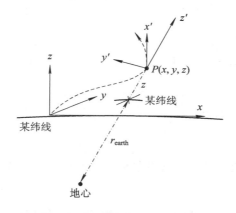

图 5.10　三维折射坐标示意图

在任意一点 P 处，在 $x'-y'-z'$ 坐标系中，根据 Fermate 原理导出的决定该点处射线描迹的方程为[1]

$$\frac{\mathrm{d}^2 z'}{\mathrm{d}x'^2} = \left[1 + \left(\frac{\mathrm{d}z'}{\mathrm{d}x'}\right)^2\right]\left[\frac{1}{n}\frac{\partial n}{\partial z'} + \frac{1}{r_{\text{earth}} + z} - \frac{\mathrm{d}z'}{\mathrm{d}x'}\left(\frac{1}{n}\frac{\partial n}{\partial x'}\right)\right] \tag{5.48}$$

$$\frac{\mathrm{d}^2 y'}{\mathrm{d}x'^2} = \left[1 + \left(\frac{\mathrm{d}z'}{\mathrm{d}x'}\right)^2\right]\left(\frac{1}{n}\frac{\partial n}{\partial y'}\right) \tag{5.49}$$

其中，n 为 P 点处的折射率。P 点处的折射率对 x'、y'、z' 的偏导数由下式决定：

$$\frac{\partial n}{\partial z'} = [-\boldsymbol{\nabla} n(x, y, z)] \cdot \boldsymbol{z}' \tag{5.50}$$

$$\frac{\partial n}{\partial x'} = [-\boldsymbol{\nabla} n(x, y, z)] \cdot \boldsymbol{x}' \tag{5.51}$$

$$\frac{\partial n}{\partial y'} = [-\boldsymbol{\nabla} n(x, y, z)] \cdot \boldsymbol{y}' \tag{5.52}$$

其中，$\boldsymbol{x}'$、$\boldsymbol{y}'$、$\boldsymbol{z}'$ 表示 $x'-y'-z'$ 坐标系各轴的单位矢量。

式(5.48)和式(5.49)分别代表射线上 $P(x, y, z)$ 点处垂直、水平面内的曲率分量，其

中折射率水平梯度 $\partial n/\partial x'$ 和 $\partial n/\partial y'$ 在两个平面内分别影响仰角 $\theta_{elevation}$ 和方位角 $\theta_{azimuth}$ 的变化效应。射线上任一点处 $P(x, y, z)$，假设射线微小变化为 ds，坐标系 $x'-y'-z'$ 中分量对应变化量为 dx、dy、dz，则

$$\frac{dz'}{dx'} = \tan\theta_{elevation} \tag{5.53}$$

$$\frac{dy'}{dx'} = \tan\theta_{azimuth} \tag{5.54}$$

$$\frac{d^2 z'}{dx'^2} = \sec^3\theta_{elevation} \frac{d\theta_{elevation}}{ds} \tag{5.55}$$

$$\frac{d^2 y'}{dx'^2} = \frac{d\theta_{azimuth}}{dx'} \tag{5.56}$$

所以，最后得到

$$\frac{d\theta_{elevation}}{ds} = \rho_r = \frac{\cos\theta_{elevation}}{r_{earth} + z} + \frac{1}{n}\frac{\partial n}{\partial z'}\cos\theta_{elevation} - \frac{1}{n}\frac{\partial n}{\partial x'}\sin\theta_{elevation} \tag{5.57}$$

$$\frac{d\theta_{azimuth}}{dx'} = \rho_{y'} = \sec^2\theta_{elevation}\left(\frac{1}{n}\frac{\partial n}{\partial y'}\right) \tag{5.58}$$

ρ_r 表示射线在垂直平面内相对于地球的相对曲率，$\rho_{y'}$ 表示射线的横向曲率，在 $x'-z'$ 平面内的绝对曲率 $\rho_{x'z'}$ 表示为

$$\rho_{x'z'} = \frac{\cos\theta_{elevation}}{r_{earth} + z} - \rho_r = -\frac{1}{n}\frac{\partial n}{\partial z'}\cos\theta_{elevation} + \frac{1}{n}\frac{\partial n}{\partial x'}\sin\theta_{elevation} \tag{5.59}$$

所以，如果能获得折射率 $n(x, y, z)$ 的确切函数，则可以根据上述理论完成射线描迹过程。实际上，目前几乎没有关于大气折射率三维时空分布的确切函数。

5.3　大气折射指数边界反射

在 20 世纪 50 年代，雷达气象工作者观测到对流层中晴空回波时，曾经试图用大气折射率的强梯度层来解释，但是当时认为实际晴空大气中不会存在这样大的折射率梯度。后来发展起来的湍流散射理论，满意地解释了所观测的大部分对流层回波。因此，大气折射指数边界的反射问题被学术界所搁置。20 世纪 70 年代发展起来的 VHF 和 UHF 大气雷达技术，再次证实了对流层上层及平流层内确实存在菲涅尔反射机制[5]。

5.2.1 节在讨论大气折射问题时指出，如果满足式(5.29)，则电磁波在某一高度处按照 Snell 定律折射传播，而不会发生反射现象。那么反过来思考，如果大气中某高度薄层内满足

$$\frac{1}{[n(h)]^2}\left|\frac{dn(h)}{dh}\right|\lambda \approx 1 \tag{5.60}$$

则有可能发生遵循菲涅尔反射理论模型的反射现象。式(5.60)是发生大气边界反射的必要条件，只有满足式(5.60)的区域横向扩展大于第一菲涅尔区尺度、厚度小于半个波长且界面近似光滑，才能明显地观察到菲涅尔反射现象。

需要说明的是，这里讨论的大气边界反射与后续讨论的大气波导传输具有本质的区别。波导传输的本质是折射过程，信号传输过程中遵循的是折射理论，如果发生波导传输，则信号完全陷获于波导层内；反射发生时，反射信号遵循菲涅尔反射理论模型，还有一部分信号按照 Snell 折射定律发生折射传播；由式(5.60)可知，波长越长越容易产生大气边界反射，而由式(2.90)和式(2.91)可知，波长越短越容易产生波导传播。

一般情况下，球面分层大气很少出现满足式(5.60)的折射率梯度，当湍流现象引起局部足够大梯度时，往往又不能满足强梯度区域横向扩展大于第一菲涅尔区的条件，因此在实际无线系统链路中，很少观察到菲涅尔反射现象。但是，菲涅尔反射机制的确存在于对流层大气中。

当两"气团"之间的折射指数突然不同时，也就是在两种大尺度气流或者湍流交界处出现了满足发生菲涅尔反射的充要条件时，如果忽略了第一菲涅尔区域内边界的弯曲，则此时大气反射系数的大小 $|\rho_{\text{reflection}}|$ 由菲涅尔公式确定，即[6]

$$|\rho_{\text{reflection}}| = \frac{\sin\theta_{\text{grazingangle}} - \left[(\sin\theta_{\text{grazingangle}})^2 - 2|\Delta n|\right]^{1/2}}{\sin\theta_{\text{grazingangle}} + \left[(\sin\theta_{\text{grazingangle}})^2 - 2|\Delta n|\right]^{1/2}} \qquad (5.61)$$

式中：$\theta_{\text{grazingangle}}$ 是掠射角，掠射角实际是相对于反射面的夹角，它与入射角互余；$|\Delta n|$ 是边界上折射指数的变化量。

当 $\theta_{\text{grazingangle}} \leqslant 5°$ 时，$\sin\theta_{\text{grazingangle}} = \theta_{\text{grazingangle}}$。于是式(5.61)可表示为

$$|\rho_{\text{reflection}}| = \frac{\theta_{\text{grazingangle}} - \left[(\theta_{\text{grazingangle}})^2 - 2|\Delta n|\right]^{1/2}}{\theta_{\text{grazingangle}} + \left[(\theta_{\text{grazingangle}})^2 - 2|\Delta n|\right]^{1/2}} \qquad (5.62)$$

当 $\theta_{\text{grazingangle}} < (2|\Delta n|)^{1/2}$ 时，反射系数为 -1，这种情况称为"全内反射"，此时发生了半波损失现象。若 $\sin\theta_{\text{grazingangle}} \gg (2|\Delta n|)^{1/2}$，则式(5.61)可简化为

$$|\rho_{\text{reflection}}| = \frac{|\Delta n|}{2(\sin\theta_{\text{grazingangle}})^2} \qquad (5.63)$$

对于球面分层大气而言，不会出现类似大尺度气流或者湍流交界处的折射指数跃变，反射行为是发生在一个薄层内而且不同于折射行为的物理过程，上述菲涅尔反射会因"形状函数" F_ρ 而减小，此时修正的反射系数的大小 $|\rho_{\text{reflection\_m}}|$ 表示为

$$|\rho_{\text{reflection\_m}}| = |\rho_{\text{reflection}}| F_\rho \qquad (5.64)$$

F_ρ 用来修正反射层对反射系数的影响，其依赖于反射层内折射指数变化的方式。如图 5.11 所示，假设反射层是 Δh 的大气薄层，在该薄层内大气折射率以梯度 $\Delta n/\Delta h$ 线性变化，且该梯度满足式(5.60)所示的条件，而在该反射层上部和下部范围内，大气折射率梯度以不满足式(5.60)所示条件进行缓慢变化。假设反射层以如图 5.11 所示的形式变化，则 F_ρ 表示为

$$F_\rho = \frac{\sin[4\pi(\sin\theta_{\text{grazingangle}})\Delta h/\lambda]}{4\pi(\sin\theta_{\text{grazingangle}})\Delta h/\lambda} \quad (5.65)$$

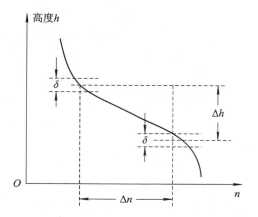

图 5.11　层状气团边界上线性的折射指数

并非所有的反射层都能用这类模型来描述，而且由于大气边界反射现象并不是普遍的大气传播现象，因此至今并未见到通用的反射形状函数模型。然而大气边界反射层的确存在。例如，在开展地面车辆群无线电联网实验时，由于天线后瓣或者旁瓣效应，对周边几公里甚至几十公里外的同频台站形成同频干扰，这样的同频干扰可能就是由于大气边界层反射所引起的。如果读者在从事电波传播实验过程中发现无法用湍流散射理论解释晴空大气回波，可以考虑用大气折射率边界反射机理来解释，所以有必要了解湍流与电磁波相互作用的基本理论。

需要再次说明的是，大气边界反射与后续讨论的大气波导传输[7]具有本质区别。波导传输的本质是折射过程，信号传输过程中遵循的是折射理论，如果发生波导传输，则信号完全陷获于波导层内，没有后向回波。

5.4　大气湍流与电磁波相互作用

5.4.1　概述

大气湍流是分层大气结构局部空间的一种伴随随机现象，2.3 节简要描述了湍流运动的基本理论，实际上湍流结构出现的空间位置也呈现出随机特性。湍流运动导致大气介电特性呈现空间不均匀性，所以当电磁波与湍流结构相互作用时，根据电磁波的波长、湍流结构介电常数空间梯度特性以及湍流结构空间尺度特征，有可能发生散射或者反射、折射传播现象。事实上，虽然科学家们经过几个世纪的研究，但对湍流的基本物理机制依然不十分清楚[8]，电磁波和湍流相互作用过程也尚不十分明确，也就是说电磁波遇到湍流结构时，并没有确切的模型去判断何时发生反射、折射传播效应，何时发生散射传播效应。文献[9]中曾经提到，当无线电波从卫星传至地面站时，如果湍流尺度大于传播菲涅尔区，则可能发生反射、折射现象。

即使现有文献中没有明确的模型或者方法用于判断电磁波与湍流作用时的模式，作为一名电波传播工作者，也应该去思考该问题，尝试去发现或者提出相关方面的结论。根据传播主区理论，本书作者认为下面的结论可能具有参考价值：

当湍流外尺度小于链路传播第一菲涅尔区时，湍流体对电磁波产生衍射效应；当湍流外尺度大于链路传播第一菲涅尔区，折射率区域边界梯度满足关系式 $\lambda|dn/dh|/[n(h)]^2 \approx 1$ 且边界不"光滑"时，湍流体对电磁波产生散射效应；当湍流外尺度大于链路传播第一菲涅尔区，折射率区域边界梯度满足关系式 $\lambda|dn/dh|/[n(h)]^2 \ll 1$ 时，湍流体对电磁波产生折射效应，且无反射现象；当湍流外尺度大于链路传播第一菲涅尔区，折射率区域边界梯度满足关系式 $\lambda|dn/dh|/[n(h)]^2 \approx 1$ 且区域边界"光滑"时，这些折射率不均匀体对电磁波产生折射效应的同时，也会伴随反射现象。

但是，湍流的随机特性使得测量电磁波与湍流体的作用模式非常困难，目前关于电磁波与湍流体相互作用的文献并没有详细考虑具体发生哪种传播模式。目前关于湍流与电磁波的相互作用理论主要分为散射传播理论和视距传播理论（这里的视距链路表示传播主区内，除了湍流体外不存在其他可能引起传播模式的媒质，例如地形、地物、大气沉降粒子）。

散射传播模式理论主要探索湍流体的散射机制、散射截面等问题，其出发点是以湍流体的散射效应为凭借作用，促成某些无线链路实现某些既定目标，例如：对流层超视距散射通信，对流层散射超视距侦查、定位、探测等应用。视距传播理论主要探索湍流体的散射效应，分析由"视距"传播链路接收端信号幅度、相位造成的闪烁效应的统计规律，研究克服和利用这些闪烁效应的技术途径。需要注意的是，湍流散射传播理论和视距传播理论本身就是独立的理论体系，本章 5.4.2 节将讨论大气湍流散射传播理论的主要思想，5.4.3 节将讨论晴空环境非视距传播的其他机理，5.4.4 节将介绍大气湍流的视距传播理论的基本逻辑框架，并没有更深层次地展开这些理论的所有分支。

5.4.2　大气湍流散射传播理论

湍流散射理论又称为对流层湍流结构的不相干散射理论。在 2.3 节中已经指出在对流层中存在着大气的湍流运动，从而出现了各种不同尺度的旋涡。由于它不断地运动和变化，其密度、形状和尺寸也就不断地改变，因此相应的介电常数也在不断地变化，且以随机的方式在某一平均值附近起伏变化。由各种不同起伏值 $\Delta\varepsilon$ 所决定的对流层湍流团称为大气介电特性不均匀体。当无线电波投射到这种不均匀体时，其中每一个区域的不均匀体上都感应电流，这些不均匀体就如同基本偶极子那样，成为一个等效二次辐射体，每个等效二次辐射体均对特定接收点提供一个散射场强分量，这就形成了以湍流介电特性不均匀体散射效应为凭借作用的散射传播模式。这种散射传播模式成功促成了对流层散射超视距通信、对流层散射超视距目标侦测、定位等技术。

如图 5.12 所示，在湍流区域的体积元 δV 内任选一点 O 作为坐标原点，则相对于 O 点位置矢量为 r 的任意 Q 点的介电常数可表示为

$$\varepsilon(\boldsymbol{r},\,t)=\varepsilon_0+\Delta\varepsilon(\boldsymbol{r},\,t) \tag{5.66}$$

式中，$\Delta\varepsilon$ 是介电常数的起伏值，是时间和空间的函数。需要注意的是，δV 应该足够小以至于入射至整个体积元信号保持不变，因此可以看成是平面波；另外，δV 又应该足够大，以使其尺度远大于随机函数 $\Delta\varepsilon$ 的相关距离，同时 δV 的尺度依然小于传播第一菲涅尔区。

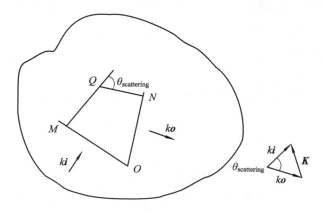

图 5.12　散射体 Q 点产生的场强推导示意图

因为 Q 点体积单元 dV 内的介电常数相对于周围媒质的介电常数的起伏值为 $\Delta\varepsilon$，所以在入射电场 $|\boldsymbol{E}_1|$ 的作用下形成了和周围空间密度不同的位移电流，使体积单元 dV 变成了

一个等效电偶极子，其微分电矩为

$$dp = \Delta\varepsilon(\boldsymbol{r}, t) |\boldsymbol{E}_1| dV \tag{5.67}$$

其中，dp 的单位为 C·m。

dp 在相对于 Q 点位置矢量为 $\boldsymbol{r}_2$ 处的接收点可以形成二次辐射，二次辐射场强由赫兹势函数决定，赫兹势函数表示为

$$dU = \frac{dp}{4\pi\varepsilon_0 |\boldsymbol{r}_2|} \tag{5.68}$$

其中，dU 的单位为 V·m。

接收点的散射场强的大小 dE_2 与赫兹函数的关系为

$$dE_2 = k^2 \sin\alpha \, dU \tag{5.69}$$

式中，dE_2 的单位为 V/m，$k = 2\pi/\lambda$ 表示波数，α 是 $\boldsymbol{E}_1$ 的方向与 $\boldsymbol{r}_2$ 的方向之间的夹角。

将式(5.67)和式(5.68)代入式(5.69)可得

$$dE_2 = \frac{k^2 \sin\alpha |\boldsymbol{E}_1| \Delta\varepsilon_r(\boldsymbol{r}, t)}{4\pi |\boldsymbol{r}_2|} \tag{5.70}$$

式中，$\Delta\varepsilon_r(\boldsymbol{r}, t) = \Delta\varepsilon(\boldsymbol{r}, t)/\varepsilon_0$ 是相对值。

对整个湍流区域进行体积分，得到散射场的瞬时值为

$$E_2 = \frac{k^2 \sin\alpha |\boldsymbol{E}_1|}{4\pi |\boldsymbol{r}_2|} \int_{\delta V} \Delta\varepsilon_r(\boldsymbol{r}, t) e^{j\boldsymbol{K}\cdot\boldsymbol{r}} dV \tag{5.71}$$

式中，$|\boldsymbol{K}| = 2k\sin\theta_{\text{scattering}}/2$，$\boldsymbol{K}$ 的方向如图 5.12 所示，$\theta_{\text{scattering}}$ 表示散射角，也就是入射波传播方向与 $\boldsymbol{r}_2$ 的方向之间的夹角。

根据电磁散射理论，散射截面 Q_s 可以表示为

$$Q_s = 4\pi |\boldsymbol{r}_2|^2 \frac{\text{Re}(E_2 E_2^*)}{\text{Re}(|\boldsymbol{E}_1| |\boldsymbol{E}_1|^*)} = 4\pi |\boldsymbol{r}_2|^2 \text{Re}\left(\frac{E_2}{|\boldsymbol{E}_1|} \frac{E_2^*}{|\boldsymbol{E}_1|^*}\right) \tag{5.72}$$

式中："$*$"表示共轭；Q_s 的单位为 m^2。

因为 $\Delta\varepsilon_r(\boldsymbol{r}, t)$ 是随机函数，为了用 2.3.3 节介绍的 $\Delta\varepsilon_r$ 的理论描述其散射特性，由式(5.71)和式(5.72)将 Q_s 进一步表示为

$$Q_s = \frac{k^4 \sin^2\alpha}{4\pi} \text{Re}\left\{\iint_{\delta V}\int \Delta\varepsilon_r(\boldsymbol{r}_1, t) \Delta\varepsilon_r(\boldsymbol{r}_2, t) e^{j\boldsymbol{K}\cdot(\boldsymbol{r}_1-\boldsymbol{r}_2)} dV_1 dV_2\right\} \tag{5.73}$$

如果假设湍流运动随机场满足空间遍历且均匀各向同性，也就是说空间平均值与空间加权平均值一致，则

$$\langle \Delta\varepsilon_r(\boldsymbol{r}_1, t) \Delta\varepsilon_r(\boldsymbol{r}_2, t) \rangle = \frac{1}{\delta V}\int_{\delta V} \Delta\varepsilon_r(\boldsymbol{r}_1, t) \Delta\varepsilon_r(\boldsymbol{r}_2, t) dV_1 \tag{5.74}$$

其中，$\langle \Delta\varepsilon_r(\boldsymbol{r}_1, t) \Delta\varepsilon_r(\boldsymbol{r}_2, t) \rangle$ 正好是式(2.64)所表示的相关函数，所以式(5.73)简化为

$$Q_s = \frac{k^4 \sin^2\alpha \, \delta V}{4\pi} \text{Re}\left\{\int_{\delta V} B_{\Delta\varepsilon_r}(\boldsymbol{r}_1, \boldsymbol{r}_2) e^{j\boldsymbol{K}\cdot(\boldsymbol{r}_1-\boldsymbol{r}_2)} dV\right\} \tag{5.75}$$

由式(2.74)可知，式(5.75)可以化为

$$Q_s = 2\pi^2 k^4 \sin^2\alpha \, \delta V \, \text{Re}[\Phi_{\Delta\varepsilon_r}(K)] \tag{5.76}$$

其中，$\Phi_{\Delta\varepsilon_r}(K)$ 表示相对介电特性空间随机变化的空间谱。

如前所述，δV 是湍流区域内的一个体积元，实际与电磁波相互作用的是整个湍流区域，前述对 δV 的尺度限制也正是为了满足不同体积元散射信号之间的非相干叠加。为了利用非相干叠加理论求解湍流散射的雷达方程，根据式 (5.75) 和式 (5.76) 可以求出湍流区域内单位体积媒质空间的平均散射截面 $\sigma_s(\theta)$：

$$\sigma_s(\theta) = \frac{k^4 \sin^2\alpha}{4\pi} \mathrm{Re}\left\{ \iint_{\delta V} B_{\Delta\varepsilon_r}(\boldsymbol{r}_1, \boldsymbol{r}_2) \mathrm{e}^{\mathrm{j}\boldsymbol{K}\cdot(\boldsymbol{r}_1 - \boldsymbol{r}_2)}\, \mathrm{d}V \right\} \tag{5.77}$$

$$\sigma_s(\theta) = 2\pi^2 k^4 \sin^2\alpha\, \mathrm{Re}\big[\Phi_{\Delta\varepsilon_r}(K)\big] \tag{5.78}$$

可见，式 (5.77) 和式 (5.78) 分别是从空间域和空间谱域研究湍流散射的基本数学模型，将 2.3 节介绍的相关函数模型和空间谱模型代入式 (5.77) 和式 (5.78) 即可得到对应的平均散射截面。因此，研究湍流散射传播模式特性，实际是设法确定真实湍流空间的空间域相关特性和空间谱域的谱特性。

需要申明的是，实际上湍流是时空变化四维随机函数，在式 (5.77) 和式 (5.78) 的基础上，结合时空随机场理论以及冻结场假设，可以给出单位体积媒质空间的平均散射截面 $\sigma_s(\theta)$ 的空时联合变化结果。受篇幅限制，本书不再讨论空时四维变化情况下的散射特性。

在非相干叠加假设前提下，如果能够得到单位体积媒质空间的平均散射截面 $\sigma_s(\theta)$，则湍流散射雷达方程表示为

$$\frac{P_R}{P_T} = \int_{V_C} \frac{\lambda^2 G_T(\boldsymbol{i}) G_R(\boldsymbol{o})}{(4\pi)^3 R_1^2 R_2^2} \sigma_s(\theta_{\mathrm{scattering}})\, \mathrm{d}V \tag{5.79}$$

其中：P_R、P_T 分别表示接收功率和发射功率；λ 为信号波长；V_C 表示收发天线交叉公共体积空间；$G_T(\boldsymbol{i})$ 表示发射天线在指向 $\mathrm{d}V$ 方向的增益；$G_R(\boldsymbol{o})$ 表示接收天线 $\boldsymbol{o}$ 方向的增益；R_1、R_2 分别表示发射天线和接收天线到 $\mathrm{d}V$ 的距离。

本书重在研究对流层中传播、散射效应的基本理论、方法，所以只推导分析了上述最基础的关于湍流大气散射传播的基本理论，没有详细涉及湍流散射传播模式的其他问题，例如散射传播损耗特性、散射传播信号机信道统计特性、散射传播模式下的抗衰落技术、散射传播模式的工程应用方式、不同应用方式下的系统设备等问题。大气散射传播模式是一个独立的学术分支，如果读者对这些方面感兴趣，可以阅读文献[10]～[12]。

5.4.3 晴空环境非视距传播的其他机理

实际上，关于晴空环境非视距传播的机理，多年来学术界众说纷纭，到目前为止除了5.4.2 节介绍的湍流非相干散射理论外，公认的还有另外两种机理——不规则非相干反射和稳定层相干反射。三种传播机理如图 5.13～图 5.15 所示。

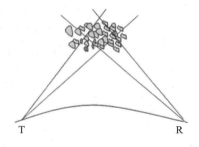

图 5.13 湍流散射传播示意图

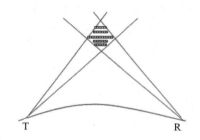

图 5.14 不规则非相干反射传播示意图

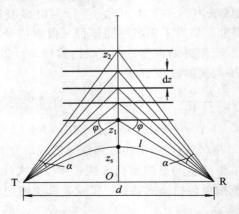

图 5.15 稳定层相干反射示意图

5.4.2 节介绍了图 5.13 所示的湍流散射机理。湍流散射机理认为入射波作用区域任何一点都形成了偶极矩，形成随机偶极矩散射叠加效应，因为不同偶极矩在接收点的相位随机变化，所以呈现出非相干叠加特性。

不规则非相干反射传播示意图如图 5.14 所示。不规则非相干反射认为二次辐射边界并不是湍流运动所形成，而是冷暖空气团交汇处形成的折射率锐变过渡层，这些折射率锐变过渡层强度不等，形状不一，并且随机变化。入射电磁波在每一个锐变过渡层处都发生了类似5.4.2 节所介绍的边界层反射，但是不同边界层处反射之间的相对相位完全随机，所以不同锐变过渡层反射信号在接收点叠加时不会形成恒定的相位关系，从而形成了非相干叠加。

稳定层相干反射的示意图如图 5.15 所示。稳定层相干反射认为二次辐射边界既不是湍流运动形成，也不是冷暖气流之间的交界，而是由于正常分层大气中温度、压强的突然变化，使得在某些高度上出现了满足 5.3 节所介绍的反射现象的边界，当在一定高度范围内出现多个这样的边界时，形成了等效分层媒质，从而使得接收点收到了来自于不同高度的反射叠加，相当于广义多径现象，这些多径之间具有相对稳定的相位关系，表现一定的相干叠加特征。

非相干反射和相干反射形成的非视距传播现象的物理机理完全不同于湍流散射，目前似乎湍流散射更加通用一些。事实上，这三种机制均不能完整、全面地解释所有观察到的晴空大气非视距回波现象。文献[10]对稳定层相干反射实现晴空环境非视距传播机理进行了详细的讨论和分析，下面摘录其主要观点供读者了解。对流层散射超视距传播问题详见文献[10]～[12]。

不规则非相干反射是弗里斯（H. T. Friis）等人的代表性工作[10]。如图 5.16 所示，设大气的相对介电常数沿 z 轴分布不均匀，在 z 处形成厚度为 $\mathrm{d}z$ 的满足 5.3 节中所介绍的反射层。根据 5.3 节知识可知，电磁波在大气内部的界面处，当 $\theta_{\mathrm{grazingangle}} \leqslant 5°$ 时，菲涅尔反射系数为式（5.62）；当 $\theta_{\mathrm{grazingangle}} < (2|\Delta n|)^{1/2}$ 时，反射系数为 -1，这种情况称为"全内反射"，此时发生了半波损失现象。若 $\sin\theta_{\mathrm{grazingangle}} \gg (2|\Delta n|)^{1/2}$，则菲涅尔反射系数为式（5.63）。

根据式（5.63）可知，z 处形成厚度为 $\mathrm{d}z$ 的反射界面的反射系数为

$$\mathrm{d}R = \frac{\dfrac{\mathrm{d}\epsilon_{\mathrm{r}}}{\mathrm{d}z} \cdot \mathrm{d}z}{4(\sin\theta_{\mathrm{grazingangle}})^2} \tag{5.80}$$

相对于 $z=0$ 处，相应的反射分量的相位为[10]

$$\varphi = \frac{4\pi z \sin\theta_{\mathrm{grazingangle}}}{\lambda} \tag{5.81}$$

所以入射信号在该反射面处对接收点的贡献为

$$\mathrm{d}E_{\mathrm{R}} = \frac{-E_0}{4\sin^2\theta_{\mathrm{grazingangle}}} \cdot \frac{\mathrm{d}\varepsilon_{\mathrm{r}}}{\mathrm{d}z}\mathrm{e}^{-\mathrm{j}\frac{4\pi z \sin\theta_{\mathrm{grazingangle}}}{\lambda}}\mathrm{d}z \tag{5.82}$$

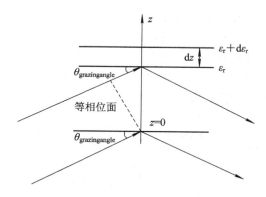

图 5.16　非相干反射接收信号辅助示意图

假设对流层中存在这样反射界面的等效厚度为 h，总的反射场为[10]

$$E_{\mathrm{R}} = \frac{-E_0}{4\sin^2\theta_{\mathrm{grazingangle}}} \int_0^h \frac{\mathrm{d}\varepsilon_{\mathrm{r}}}{\mathrm{d}z}\mathrm{e}^{-\mathrm{j}\frac{4\pi z \sin\theta_{\mathrm{grazingangle}}}{\lambda}}\mathrm{d}z \tag{5.83}$$

显然，这样的一个等效反射过程实际是相干叠加，相位随高度变化具有确定的规律。但是，如果大气气流使得在大气中随机地存在着这样的反射过程有许多个，而每个不同反射过程在接收点的相位彼此没有特定的规律，则接收点的总功率是每一个反射过程回波功率之和，也就是说接收点场强的大小为

$$E_{\mathrm{T}} = \sqrt{\sum_{i=1}^{N_{\Delta\varepsilon_{\mathrm{r}}}} |E_{\mathrm{R\_}i}|^2} \tag{5.84}$$

其中：$E_{\mathrm{R\_}i}$ 由式(5.83)计算；$N_{\Delta\varepsilon_{\mathrm{r}}}$ 表示大气中存在的类似反射过程，$N_{\Delta\varepsilon_{\mathrm{r}}}$ 本身就是由大气环境决定的随机数，每个过程的入射场强近似相同，但是 $\theta_{\mathrm{grazingangle}}$ 随机变化，且 $\Delta\varepsilon_{\mathrm{r}}$ 随机变化。目前尚无文献给出确定 $N_{\Delta\varepsilon_{\mathrm{r}}}$、$\theta_{\mathrm{grazingangle}}$、$\Delta\varepsilon_{\mathrm{r}}$ 的理论模型，这也正是该理论被湍流散射理论取代的原因。

文献[10]给出了每个等效反射面不同大小时的反射场的计算方法，读者可以自行阅读相关内容。本书作者认为非相干反射理论的关键是建立评估 $N_{\Delta\varepsilon_{\mathrm{r}}}$、$\theta_{\mathrm{grazingangle}}$、$\Delta\varepsilon_{\mathrm{r}}$ 的理论模型，而不是每个等效反射的反射系数。

相干反射与非相干反射的主要区别在于大气结构。形成相干反射回波的大气稳定，可以近似为球面分层大气，不同位置的等效反射层仅仅是高度的函数，而且 $\Delta\varepsilon_{\mathrm{r}}$ 随高度变化的趋势一致，也就是反射回波相对相位依次滞后一个特定的值，且 $\theta_{\mathrm{grazingangle}}$ 也是依次变化或者近似不变的。所以，每个等效反射场依然由式(5.83)计算，但是总场为

$$E_{\mathrm{T}} = \sqrt{\left(\sum_{i=1}^{N_{\Delta\varepsilon_{\mathrm{r}}}} \boldsymbol{E}_{\mathrm{R\_}i}\right)^2} \tag{5.85}$$

对式(5.85)中的 E_{R_i} 求和时，E_{R_i} 的大小由式(5.83)计算，将最底层等效反射层回波信号相位作为参考相位，然后确定 E_{R_i} 的指向。对于相干反射理论，目前最关键的问题是评估 $N_{\Delta_{\varepsilon_r}}$ 和 Δ_{ε_r} 的取值。稳定相干反射更详细的理论可以查阅文献[10]。实际上，用前述任何一种理论机制都无法完全解释所有晴空大气回波现象。

5.4.4 大气湍流的视距传播理论

将大气湍流与电磁波相互作用的过程分为散射传播和视距传播分别讨论比较方便，因为在两种场合下电磁波表现出几乎不同的性质。在散射传播模式下，接收信号是完全非相干波，而且一旦湍流结构消失散射波也就消失了。但是，在视距传播模式下，大气湍流结构对接收信号的贡献可以理解为广义多径信号的影响，如图 5.17 所示，接收信号由相干波和非相干波组成，而且如果湍流结构消失，接收信号就成为完全相干波，也就是仅受到大气衰减作用的直接入射波。

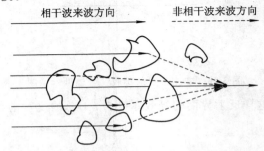

图 5.17　湍流结构在视距链路中作用的示意图

根据大气湍流介电常数起伏 $\Delta_{\varepsilon_r}(r, t)$ 的特性，大气湍流的视距传播理论又分为弱起伏和强起伏两种情况。当不同尺度的相对独立的湍流结构体之间的距离大于 5 倍波长时，可以认为空间分布比较稀疏，此时不用考虑二次多径传播的影响，也就是只考虑单次散射即可，这就是所谓的弱起伏情形。反之，则需要考虑多次散射效应，称之为强起伏情形。另外，根据入射波的不同特征，大气湍流的视距传播理论还可以分为平面波、球面波、波束、连续波、脉冲波等情形。

文献[12]针对湍流媒质中的波动问题进行了详细的研究。湍流媒质中的视距传播理论是对流层传播与散射及其对无线系统影响的重要部分，但是限于篇幅，本节重点分析弱起伏条件下平面波视距链路中的湍流散射效应。因为对于微波在地球大气中的视距传播，弱起伏理论是适用的，但对于光波传播而言，弱起伏理论的适用范围不超过几公里[12]。本章的重点为微波、毫米波的对流层传播与散射及其对无线系统的影响。关于强起伏条件下波传播的研究方法，将在第 7 章中讨论。

另外，还存在区分强弱湍流环境的其他方法：从多重散射理论上讲，当不同尺度的相对独立的湍流结构体之间的距离大于 5 倍波长时，则认为是弱起伏湍流情形。但是，湍流属于连续随机媒质，根本不可能像随机离散大气沉降粒子一样区分出相对独立的湍流结构体，更不可能确定它们之间的距离，所以这种方法只是一种理论概念；因为湍流在视距链路中的作用实际上是广义多径传播效应，所以在视距链路中湍流的存在主要引起接收信号的幅度和相位出现快速变化，即幅度、相位闪烁。因此，工程中往往根据幅度起伏方差判断是否为弱起伏，如果对数幅度起伏 $\ln(A/A_0)$ 的方差小于 $0.2 \sim 0.5$，则为弱起伏湍流环境，反之则为强起伏湍流环境[12]。对于地球大气而言，一般情况下，如果大气结构常数 C_n 大于 $10^{-7}\,\mathrm{m}^{-1/3}$，则为强起伏湍流[12]。

下面着重分析弱起伏条件下，湍流随机散射多径引起幅度和相位起伏的问题。需要注意的是，视距链路中湍流的散射效应实际上也具备影响接收信号的时域、频域、空间域、极化域特性的机理，例如湍流散射广义多径信号使得接收脉冲波形畸变，散射信号矢量叠加引起极化状态发生改变，散射效应使得接收信号到达角分布发生变化，湍流结构移动或者湍流结构内部介电特性随时间变化而引起的附加频移等，读者可以自行探索这些内容。

如式(2.62)所示，湍流媒质中相对介电常数 ε_r 是空间位置和时间的随机函数，如果忽略 ε_r 随时间变化带来的频移现象，则可以假设 ε_r 仅仅是空间位置的函数，即

$$\varepsilon_r = \varepsilon_r(\boldsymbol{r}) = n^2(\boldsymbol{r}) \tag{5.86}$$

在这种假设下，进一步假设波的所有场量的时间变化因子为 $\mathrm{e}^{-\mathrm{j}\omega t}$，则根据麦克斯韦方程组可以获得湍流媒质中的波长方程为[12]

$$\nabla \times \nabla \times \boldsymbol{E}(\boldsymbol{r}) - \omega^2 \mu_0 \varepsilon_0 \varepsilon_r(\boldsymbol{r}) \boldsymbol{E}(\boldsymbol{r}) = 0 \tag{5.87}$$

式(5.87)中左边第一项 $\nabla \times \nabla \times \boldsymbol{E}(\boldsymbol{r})$ 可以表示为

$$\nabla \times \nabla \times \boldsymbol{E}(\boldsymbol{r}) = -\nabla^2 \boldsymbol{E}(\boldsymbol{r}) + \nabla(\nabla \cdot \boldsymbol{E}(\boldsymbol{r})) \tag{5.88}$$

另外，在无源区域 $\nabla \cdot [\varepsilon_r(\boldsymbol{r}) \boldsymbol{E}(\boldsymbol{r})] = 0$，所以式(5.87)可以进一步表示为

$$\nabla^2 \boldsymbol{E}(\boldsymbol{r}) + \omega^2 \mu_0 \varepsilon_0 \varepsilon_r(\boldsymbol{r}) \boldsymbol{E}(\boldsymbol{r}) + \nabla \left[\frac{\nabla \varepsilon_r(\boldsymbol{r})}{\varepsilon_r(\boldsymbol{r})} \cdot \boldsymbol{E}(\boldsymbol{r}) \right] = 0 \tag{5.89}$$

把式(5.89)表示为折射率 $n(\boldsymbol{r})$ 的形式为

$$\nabla^2 \boldsymbol{E}(\boldsymbol{r}) + k_0^2 n^2(\boldsymbol{r}) \boldsymbol{E}(\boldsymbol{r}) + 2\nabla \left[\frac{\nabla n(\boldsymbol{r})}{n(\boldsymbol{r})} \cdot \boldsymbol{E}(\boldsymbol{r}) \right] = 0 \tag{5.90}$$

假设湍流结构存在时，$\boldsymbol{E} = E_y \boldsymbol{y}$ 且沿 x 方向传播，$n^2 \approx \langle n \rangle^2 + 2 \langle n \rangle \Delta n$，其中 $\langle n \rangle$ 和 Δn 分别表示折射率平均值和折射率起伏量，如果近似认为 $\langle n \rangle = 1$，则 $n^2 \approx 1 + 2\Delta n$。所以式(5.90)中的第二项 $k_0^2 n^2(\boldsymbol{r}) \boldsymbol{E}(\boldsymbol{r})$ 表示为

$$k_0^2 n^2(\boldsymbol{r}) E_y = k_0^2 E_y + k_0^2 2\Delta n E_y \tag{5.91}$$

第三项 $2\nabla \left[\dfrac{\nabla n(\boldsymbol{r})}{n(\boldsymbol{r})} \cdot \boldsymbol{E}(\boldsymbol{r}) \right]$ 表示为

$$2\nabla \left[\frac{\nabla n(\boldsymbol{r})}{n(\boldsymbol{r})} \cdot E_y \boldsymbol{y} \right] \approx 2\nabla \left[\frac{\partial \Delta n}{\partial y} E_y \right]$$

$$= 2 \left[\left(\frac{\partial^2 \Delta n}{\partial y \partial x} E_y + \mathrm{j} k_0 \frac{\partial \Delta n}{\partial y} E_y \right) \boldsymbol{x} + \frac{\partial^2 \Delta n}{\partial y^2} E_y \boldsymbol{y} + \frac{\partial^2 \Delta n}{\partial y \partial z} E_y \boldsymbol{z} \right] \tag{5.92}$$

式(5.92)表明如果式(5.90)中第三项不能忽略，则折射率不均会导致去极化效应。

一般情况下，当入射波长远小于折射率起伏的相关距离时，可以忽略第三项，也就是去极化效应[12]，此时式(5.90)近似表示为

$$(\nabla^2 + k^2 n^2) \boldsymbol{E}(\boldsymbol{r}) = [\nabla^2 + k^2(1 + \Delta n)^2] \boldsymbol{E}(\boldsymbol{r}) = 0 \tag{5.93}$$

式(5.93)中任一场分量标量 $U(\boldsymbol{r})$ 表示为

$$(\nabla^2 + k^2 n^2) U(\boldsymbol{r}) = [\nabla^2 + k^2(1 + \Delta n)^2] U(\boldsymbol{r}) = 0 \tag{5.94}$$

如果式(5.90)中第三项不能忽略，假设 y 方向极化波 $\boldsymbol{E} = E_y \boldsymbol{y}$ 沿 x 方向入射至湍流区域，则通过湍流媒质后，会产生 z 方向极化的场分量，即 $\boldsymbol{E} = E_y \boldsymbol{y} + E_z \boldsymbol{z}$，也就是原来入射波的极化状态发生了改变。其 z 方向场分量 E_z 满足：

$$(\nabla^2 + k^2 n^2)E_z = -2E_y\left(\frac{\partial^2 n_1}{\partial y \partial z}\right) \tag{5.95}$$

式(5.94)是弱湍流媒质中视距传播理论的基本表达式,值得注意的是式(5.94)忽略了湍流媒质的去极化效应,对于弱起伏情况,可以采用 Born 近似和 Rytov 近似获得式(5.94)的解[12]。

Born 近似是将式(5.94)的解 $U(\boldsymbol{r})$ 展开成为级数形式:

$$U(\boldsymbol{r}) = U_0(\boldsymbol{r}) + U_1(\boldsymbol{r}) + U_2(\boldsymbol{r}) + \cdots \tag{5.96}$$

然后将式(5.96)代入式(5.94)获得近似解。其中 $U_0(\boldsymbol{r})$ 和 $U_m(\boldsymbol{r})$ 分别由式(5.97)和式(5.98)求得:

$$(\nabla^2 + k^2)U_0(\boldsymbol{r}) = 0 \tag{5.97}$$

$$U_m(\boldsymbol{r}) = 2k^2 \int_{v'} \frac{\exp(\mathrm{j}k|\boldsymbol{r} - \boldsymbol{r}'|)}{4\pi|\boldsymbol{r} - \boldsymbol{r}'|} \Delta n(\boldsymbol{r}')U_{m-1}(\boldsymbol{r}')\mathrm{d}v' \tag{5.98}$$

Rytov 近似是将式(5.94)的解 $U(\boldsymbol{r})$ 展开成为级数形式:

$$U(\boldsymbol{r}) = \mathrm{e}^{[\psi_0(\boldsymbol{r}) + \psi_1(\boldsymbol{r}) + \psi_2(\boldsymbol{r}) + \cdots]} \tag{5.99}$$

然后将式(5.99)代入式(5.94)获得近似解。其中 $\psi_0(\boldsymbol{r})$ 表示没有折射率起伏的解,由下式求得:

$$\nabla^2\psi_0 + (\boldsymbol{\nabla}\psi_0)^2 + k^2 = 0 \tag{5.100}$$

然后由 $\psi_0(\boldsymbol{r})$ 和下面的方程求解 $\psi_1(\boldsymbol{r})$:

$$\nabla^2\psi_1 + 2\boldsymbol{\nabla}\psi_0 \cdot \boldsymbol{\nabla}\psi_1 = -(\boldsymbol{\nabla}\psi_1 \cdot \boldsymbol{\nabla}\psi_1 + k^2\Delta n) \tag{5.101}$$

$\psi_2(\boldsymbol{r})$ 可以表示为

$$\psi_2(\boldsymbol{r}) = \frac{U_2(\boldsymbol{r})}{U_0(\boldsymbol{r})} - \frac{1}{2}\left[\frac{U_1(\boldsymbol{r})}{U_0(\boldsymbol{r})}\right]^2 \tag{5.102}$$

在已知 $\psi_0(\boldsymbol{r}), \psi_1(\boldsymbol{r}), \cdots, \psi_{m-1}(\boldsymbol{r})$ 的条件下令 $\psi(\boldsymbol{r}) = \psi_0(\boldsymbol{r}) + \psi_1(\boldsymbol{r}) + \cdots + \psi_{m-1}(\boldsymbol{r}) + \psi_m(\boldsymbol{r})$,然后代入

$$\nabla^2\psi + (\boldsymbol{\nabla}\psi)^2 + k^2(1 + \Delta n) = 0 \tag{5.103}$$

求解 $\psi_m(\boldsymbol{r})$ 的表达式。

Rytov 近似解和 Born 近似解可以用于描述大气湍流对视距传播接收信号幅度和相位的统计特性。由于 Rytov 近似解比 Born 近似解的精度高,所以通常采用 Rytov 近似求解式(5.94)的解。当 $\Delta n \neq 0$ 时,式(5.94)的复振幅解为

$$U(\boldsymbol{r}) = A\exp(\mathrm{j}S) = \mathrm{e}^{\psi(\boldsymbol{r})} \tag{5.104}$$

式(5.104)表示湍流影响条件下视距链路接收的瞬时复信号。当 $\Delta n = 0$ 时,式(5.94)的复振幅解为

$$U_0(\boldsymbol{r}) = A_0\exp(\mathrm{j}S_0) = \mathrm{e}^{\psi_0(\boldsymbol{r})} = \langle U(\boldsymbol{r})\rangle \tag{5.105}$$

式(5.105)表示湍流影响条件下视距链路接收信号的平均值。式(5.104)和式(5.105)的结果与入射至湍流区域的信号特性有关,所以定义信道衰落系数 h 表示湍流对信号的影响程度及规律,h 表示为

$$h = \frac{U(\boldsymbol{r})}{U_0(\boldsymbol{r})} = \exp\left[\ln\left(\frac{A}{A_0}\right)\right]\exp[\mathrm{j}(S - S_0)] = \chi\exp(\mathrm{j}\varphi) \tag{5.106}$$

则任意时刻的瞬时值可以表示为

$$U(\boldsymbol{r}) = hU_0(\boldsymbol{r}) = \chi\exp(\mathrm{j}\varphi)U_0(\boldsymbol{r}) \tag{5.107}$$

所以,弱起伏视距传播理论实际就是设法研究 χ 和 φ 所遵循的统计规律,这隶属于随

机过程随机场领域。有关弱起伏条件下 χ 和 φ 的统计特性详见 7.3.1 节。对于地-空链路毫米波、亚毫米波无线系统，χ 和 φ 所遵循的概率密度函数分别表示为[13]

$$p(\chi) = \frac{1}{\sqrt{2\pi}\sigma_\chi} \exp\left(-\frac{\chi^2}{2\sigma_\chi^2}\right) \tag{5.108}$$

$$p(\varphi) = \frac{1}{\sqrt{2\pi}\sigma_\varphi} \exp\left(-\frac{\varphi^2}{2\sigma_\varphi^2}\right) \tag{5.109}$$

其中，σ_χ^2 和 σ_φ^2 分别为 χ 和 φ 的方差。σ_χ^2 和 σ_φ^2 与大气环境参数、天线口径有关，这些内容将在第 8 章讨论无线系统信道时再次提及，相关内容详见文献[13]。

需要再次强调的是，视距链路中湍流的散射效应也具备影响接收信号的时域、频域、空间域、极化域特性的机理，相关内容需要结合本节介绍的传播理论，针对具体问题进行具体分析。

5.5　大气波导传输特性

大气波导是由于大气表面层折射指数随高度迅速下降而形成的一种区别于标准大气的异常大气结构，它能够使电波射线向下弯曲的曲率大于地球表面的曲率，从而将电磁能量陷获在波导结构内形成大气波导传播。

大气波导包括陆地表面波导、海洋蒸发波导以及悬空波导。陆地表面波导地形、地物极其复杂，一般很难利用表面波导实现超视距传播；悬空波导离地面大约几百米甚至几千米，也没有可能有目的地利用悬空波导实现超视距传播。但是，蒸发波导出现概率高、结构稳定，下界面为海面，上界面大约几十米且覆盖面广，很容易实现人为目的的超视距传播。所以讨论大气波导传输特性时，主要针对蒸发波导环境中的传播特性。表面波导和悬空波导考虑其突发负面影响，例如悬空波导有可能随机地陷获低仰角地-空链路信号，形成信号中断，或者将地面基站信号通过悬空波导对其他超视距通信系统造成干扰，这些内容将在第 7 章中进行讨论。

蒸发波导环境中信号的真实传播过程极其复杂。如图 5.18 所示，信号与上界面作用过程实际是折射过程；当信号折射回到波导下界面海面时，实际情况并不是发生镜面反射，而是发生了海面粗糙面散射，所以从理论上讲信号每次与海面相互作用都有可能产生一个后向回波信号，也就是说如果在蒸发波导中发射一个回波信号，就能够收到满足一定时延规律的一串回波信号；实际超视距传输过程中波导环境特性可能发生水平不均匀显现，出现三维折射现象。

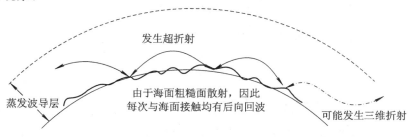

图 5.18　蒸发波导中传输示意图

从理论上讲，蒸发波导环境中传输特性包括时域、频域、极化域、空间域、幅度和相位等方面的问题。但是，去极化和时域波形畸变主要来自于海面散射、目标散射以及波导环境水平方向不均匀性。有关波导环境水平方向不均匀性产生电磁去极化的理论详见 5.6节。蒸发波导环境中如果有可能产生频域方面的多普勒效应，则可能是海浪涌动所引起，海面散射不属于本书的讨论范围，读者可以阅读相关文献，分析是否需要评估海面散射所致的多普勒效应，以及如何评估多普勒效应。所以，本节主要讨论蒸发波导对信号幅度、相位、空间域的影响，也就是讨论路径衰减、传输轨迹、时延、空间覆盖、距离误差及角度误差等方面的问题。

5.5.1 蒸发波导环境中的射线描迹

根据 Maxwell 方程，若波矢量 $\boldsymbol{k}=k\hat{\boldsymbol{k}}=nk_0\hat{\boldsymbol{k}}$，则无损耗各向同性媒质中的均匀平面波场可表示为[7]

$$\begin{cases} \boldsymbol{E}(\boldsymbol{r})=\boldsymbol{E}_0\mathrm{e}^{-\mathrm{j}nk_0\hat{\boldsymbol{k}}\cdot\boldsymbol{r}} \\ \boldsymbol{H}(\boldsymbol{r})=\boldsymbol{H}_0\mathrm{e}^{-\mathrm{j}nk_0\hat{\boldsymbol{k}}\cdot\boldsymbol{r}} \end{cases} \tag{5.110}$$

其中，$\boldsymbol{H}_0$ 和 $\boldsymbol{E}_0$ 之间的关系为 $\boldsymbol{H}_0=n\hat{\boldsymbol{k}}\times\boldsymbol{E}_0/\eta_0$，$k_0$ 和 η_0 分别是自由空间的波数和阻抗，$\hat{\boldsymbol{k}}$ 示电波传播方向的单位矢量。

若波前定义为常数相位平面，即 $S(\boldsymbol{r})=n(\boldsymbol{r})\hat{\boldsymbol{k}}\cdot\boldsymbol{r}=$ 常数，与波前垂直的就是几何光学理论的电波射线。如果把空间当作是连续渐变的非均匀媒质，则 $n(\boldsymbol{r})$ 是空间 $\boldsymbol{r}$ 处的折射率。当电磁波的波长很短而且空间媒质特性随位置变化十分缓慢时，场所在局部区域可以近似认为是均匀媒质，则在其中传播的电磁波局部地表现为平面波特性。根据式(5.110)可知，局部电磁场可以近似表示为

$$\begin{cases} \boldsymbol{E}(\boldsymbol{r})=\boldsymbol{E}_0(\boldsymbol{r})\mathrm{e}^{-\mathrm{j}k_0S(\boldsymbol{r})} \\ \boldsymbol{H}(\boldsymbol{r})=\boldsymbol{H}_0(\boldsymbol{r})\mathrm{e}^{-\mathrm{j}k_0S(\boldsymbol{r})} \end{cases} \tag{5.111}$$

其中，$\boldsymbol{H}_0$ 和 $\boldsymbol{E}_0$ 是空间位置矢量 $\boldsymbol{r}$ 处的缓变函数。若假定 $\mu=\mu_0$、$\varepsilon=n^2\varepsilon_0$，则将式(5.111)代入 Maxwell 方程可得

$$\begin{cases} \nabla\times\boldsymbol{E}=\mathrm{e}^{-\mathrm{j}k_0S}(\nabla\times\boldsymbol{E}_0-\mathrm{j}k_0\nabla S\times\boldsymbol{E}_0)=-\mathrm{j}\omega\mu_0\boldsymbol{H}_0\mathrm{e}^{-\mathrm{j}k_0S} \\ \nabla\times\boldsymbol{H}=\mathrm{e}^{-\mathrm{j}k_0S}(\nabla\times\boldsymbol{H}_0-\mathrm{j}k_0\nabla S\times\boldsymbol{H}_0)=\mathrm{j}n^2\omega\varepsilon_0\boldsymbol{E}_0\mathrm{e}^{-\mathrm{j}k_0S} \end{cases} \tag{5.112}$$

若假定 $|\nabla\times\boldsymbol{E}_0|\ll|\mathrm{j}k_0\nabla S\times\boldsymbol{E}_0|$、$|\nabla\times\boldsymbol{H}_0|\ll|\mathrm{j}k_0\nabla S\times\boldsymbol{H}_0|$，并省略因子 $\mathrm{e}^{-\mathrm{j}k_0S}$，则得到高频近似式为

$$\begin{cases} -\mathrm{j}k_0\nabla S\times\boldsymbol{E}_0=-\mathrm{j}\omega\mu_0\boldsymbol{H}_0 \\ -\mathrm{j}k_0\nabla S\times\boldsymbol{H}_0=\mathrm{j}n^2\omega\varepsilon_0\boldsymbol{E}_0 \end{cases} \tag{5.113}$$

令 $k_0=\omega\sqrt{\mu_0\varepsilon_0}$，并重新定义矢量 $\hat{\boldsymbol{k}}=\nabla S/n$，将其代入式(5.113)，有

$$\begin{cases} \boldsymbol{E}_0=-\dfrac{\eta_0}{n}\hat{\boldsymbol{k}}\times\boldsymbol{H}_0 \\[2mm] \boldsymbol{H}_0=\dfrac{n}{\eta_0}\hat{\boldsymbol{k}}\times\boldsymbol{E}_0 \end{cases} \tag{5.114}$$

式(5.114)隐含着场的横向边界条件，即 $\hat{\boldsymbol{k}}\cdot\boldsymbol{E}_0=\hat{\boldsymbol{k}}\cdot\boldsymbol{H}_0=0$。根据式(5.114)的相容性关系，通过矢量变换：

$$\hat{\boldsymbol{k}} \times (\hat{\boldsymbol{k}} \times \boldsymbol{E}_0) = \hat{\boldsymbol{k}}(\hat{\boldsymbol{k}} \cdot \boldsymbol{E}_0) - \boldsymbol{E}_0(\hat{\boldsymbol{k}} \cdot \hat{\boldsymbol{k}}) = -\boldsymbol{E}_0(\hat{\boldsymbol{k}} \cdot \hat{\boldsymbol{k}}) = \frac{\eta_0}{n}\hat{\boldsymbol{k}} \times \boldsymbol{H}_0 = -\boldsymbol{E}_0 \tag{5.115}$$

则根据单位矢量条件 $\hat{\boldsymbol{k}} \cdot \hat{\boldsymbol{k}} = 1$ 可得

$$|\boldsymbol{\nabla} S|^2 = n^2 \tag{5.116}$$

式(5.116)就是程函方程,通过它即可确定射线的波前相位函数 $S(\boldsymbol{r})$。所有的射线都垂直于常数相位平面,因此所有的射线都指向 $\boldsymbol{\nabla} S$ 或 $\hat{\boldsymbol{k}}$ 方向。根据式(5.116)可从 Fermat 原理证明,当在一个波长的距离上媒质的折射指数 n 没有剧烈变化时,射线理论就是波动理论的一级近似。

当某一曲线上各点的切线与等相面移动方向一致时,称该曲线为射线,这样对电波折射问题的研究就可归结为对射线轨迹的研究。射线经相平面 $S(\boldsymbol{r}) = S_A$ 上一点 $\boldsymbol{r}$ 沿梯度 $\boldsymbol{\nabla} S$ 的方向移动一段距离 $d\boldsymbol{r}$(见图 5.19),则 $d\boldsymbol{r}$ 的长度 $dl = (d\boldsymbol{r} \cdot d\boldsymbol{r})^{1/2}$。矢量 $d\boldsymbol{r}/dl$ 是沿梯度 $\boldsymbol{\nabla} S$ 方向的单位矢量,所以它一定等于 $\hat{\boldsymbol{k}}$。于是可得射线的定义方程:

$$\frac{d\boldsymbol{r}}{dl} = \hat{\boldsymbol{k}} \Rightarrow \frac{d\boldsymbol{r}}{dl} = \frac{1}{n}\boldsymbol{\nabla} S \Rightarrow n\frac{d\boldsymbol{r}}{dl} = \boldsymbol{\nabla} S \tag{5.117}$$

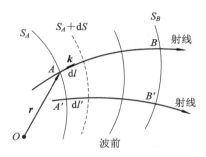

图 5.19　波前与射线的关系

程函方程(5.116)确定了相平面函数,反过来相平面函数又确定了射线。若略去相函数 S,就可根据折射指数直接描述射线方程。若沿射线使用微分算符

$$\frac{d}{dl} = \frac{d\boldsymbol{r}}{dl} \cdot \boldsymbol{\nabla} \tag{5.118}$$

对式(5.117)微分,则有

$$\frac{d}{dl}\left(n\frac{d\boldsymbol{r}}{dl}\right) = \frac{d}{dl}(\boldsymbol{\nabla} S) = \left(\frac{d\boldsymbol{r}}{dl} \cdot \boldsymbol{\nabla}\right)\boldsymbol{\nabla} S = \frac{1}{n}(\boldsymbol{\nabla} S \cdot \boldsymbol{\nabla})\boldsymbol{\nabla} S \tag{5.119}$$

使用微分恒等式

$$\boldsymbol{\nabla}(\boldsymbol{\nabla} S \cdot \boldsymbol{\nabla} S) = 2(\boldsymbol{\nabla} S \cdot \boldsymbol{\nabla})\boldsymbol{\nabla} S \tag{5.120}$$

将式(5.119)化简为

$$\frac{d}{dl}\left(n\frac{d\boldsymbol{r}}{dl}\right) = \frac{1}{n}(\boldsymbol{\nabla} S \cdot \boldsymbol{\nabla})\boldsymbol{\nabla} S = \frac{1}{2n}\boldsymbol{\nabla}(\boldsymbol{\nabla} S \cdot \boldsymbol{\nabla} S) = \frac{1}{2n}\boldsymbol{\nabla}(n^2) \tag{5.121}$$

则射线方程为

$$\frac{d}{dl}\left(n\frac{d\boldsymbol{r}}{dl}\right) = \boldsymbol{\nabla} n \tag{5.122}$$

对线性分层的高度空间,折射指数仅是高度 z 的函数,而与距离 x 无关(见图 5.20)。假定 Φ 是射线在 (x, z) 处切线与垂直方向的夹角,则有

$$dx = dl \sin\Phi$$
$$dz = dl \cos\Phi \tag{5.123}$$

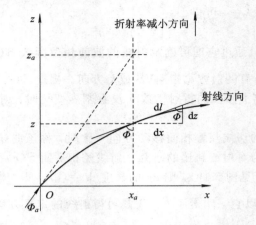

图 5.20 射线传播参数关系

由于 $\partial n / \partial x = 0$，射线方程在 x 方向可表示为

$$\frac{d}{dl}\left(n\frac{dx}{dl}\right) = 0 \Rightarrow n\frac{dx}{dl} = \text{常数} \Rightarrow n\sin\phi = \text{常数} \tag{5.124}$$

式(5.124)就是不均匀媒质中的广义 Snell 定律，其中的常数可通过入射点处 $z=0$、$x=0$ 的初值确定。如果取常数为 $n_a \sin\Phi_a$，则式(5.124)表示为

$$n\sin\Phi = n_a \sin\Phi_a \tag{5.125}$$

利用 $dz = dl\cos\Phi$，射线方程的 z 分量可表示为

$$n\cos\Phi = \sqrt{n^2 - n^2\sin^2\Phi} = \sqrt{n^2 - n_a^2 \sin^2\Phi_a} \tag{5.126}$$

若大气的不均匀性是缓变的，应用射线理论逐层分析可清晰地得到电波传播的物理轨迹。射线的曲线图可通过 x、z 间的关系得到，由于 $dx = dz\tan\Phi$，所以

$$\frac{dx}{dz} = \tan\Phi = \frac{n\sin\Phi}{n\cos\Phi} = \frac{n_a \sin\Phi_a}{\sqrt{n^2(z) - n_a^2\sin^2\Phi_a}} \tag{5.127}$$

对式(5.127)积分，则有

$$x = \int_0^z \frac{n_a \sin\Phi_a}{\sqrt{n^2(z') - n_a^2\sin^2\Phi_a}}dz' \tag{5.128}$$

由于射线的弯曲，位置 (x, z) 处的物体对入射点而言似乎位于 (x, z_a)，若定义虚高度 $z_a = x\cot\Phi_a$，将其代入式(5.128)，有

$$z_a = \int_0^z \frac{n_a \cos\Phi_a}{\sqrt{n^2(z') - n_a^2\sin^2\Phi_a}}dz' \tag{5.129}$$

可以看出，式(5.128)是对大气折射引起的弯曲电波射线在空间任一位置坐标 (x, z) 的表示，而式(5.129)则是射线在直射路径下在相同水平距离处所到达的高度位置。若采用线性分段方法对大气折射指数在高度分层，利用式(5.125)和式(5.128)则可对电波射线的传播路径进行射线描迹。由此可获得大气波导空间的折射率 n（或者折射指数 N、修正折射指数 M）剖面。假设蒸发波导空间修正折射指数剖面为[7]

$$M(z) = M(z_0) + 0.125(z - z_0) - 0.125 \cdot d \cdot \ln\left(\frac{z}{z_0}\right) \tag{5.130}$$

其中，z 是海面上垂直高度，z_0 是粗糙面的动力学高度，$M(z_0)$ 是 z_0 处的修正折射指数，d 是蒸发波导高度。令 $z_0 = 0.00015$ m、$d = 30$ m、$M(z_0) = 339$，根据式 (5.130) 可以计算出波导强度为 $\Delta M = 49.5228$。由式 (2.92) 计算得知，能够被捕获的电波射线的最大仰角为 $0.5732°$。假设架高为 30 m，对仰角为 $-5° \sim 5°$ 范围内的射线均匀划分，利用式 (5.125) 和式 (5.128) 进行射线描迹，结果如图 5.21 所示。

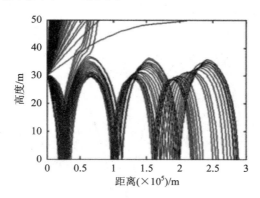

图 5.21　蒸发波导中的射线传播

　　需要说明的是，这里的射线描迹方法没有考虑大气折射率水平不均匀性，如果考虑大气折射率水平不均匀性，则会出现三维折射，也就是说射线会偏离 $x - z$ 平面。三维折射问题需要利用 5.2.5 节介绍的三维折射方程进行描迹。三维折射问题极其复杂，也是目前工程应用中亟待解决的问题。

5.5.2　时延特性及距离误差

　　传输时延可以理解为特定接收点接收到无线信号的时间相对于发射天线发射信号时间的滞后时间。蒸发波导相对于悬空波导和陆地表面波导更加稳定、出现概率更高，对于实现超视距无线通信、探测等无线系统更具有实际意义，所以本小节多以蒸发波导环境中的超视距传输为例进行分析。对于蒸发波导超视距雷达系统而言，如果海况相对于雷达工作频率不能看作是平面，那么从理论上讲发射一个脉冲后会收到一系列脉冲串，且每一个回波脉冲的时延都不同，而且呈现一定的规律。这样的时延特性可以结合 5.5.1 节介绍的二维折射射线描迹理论计算的时延特性，在实际工程中判断波导特性参数是否存在水平不均匀性。

　　由波导环境的折射效应知，时延应该表示为

$$\tau = \int_0^S \frac{n(s)\mathrm{d}s}{30} \tag{5.131}$$

其中：$n(s)$ 表示射线轨迹上相对于射线起点距离为 s 处的折射率；S 为射线长度。式 (5.131) 中的 $\mathrm{d}s$ 与射线描迹参量 $\mathrm{d}x$、$\mathrm{d}z$ 的关系为

$$\mathrm{d}s = \sqrt{(\mathrm{d}x)^2 + (\mathrm{d}z)^2} \tag{5.132}$$

对于蒸发波导超视距雷达系统，时延是式 (5.131) 计算结果的 2 倍。

距离误差对于雷达系统更有实际意义。距离误差是指雷达系统根据时延计算得到的距离与实际几何距离之间的差异。波导环境中超视距雷达探测距离误差表示为

$$\Delta x_s = \frac{c\tau}{2} - x_s \tag{5.133}$$

其中，x_s表示目标地面视距距离，也就是射线上某点对应的坐标 x。如图 5.22 所示，射线与海面每次相互作用时，对应的地面距离与弧线长度存在一定误差。有文献表明，当蒸发波导超视距探测地面距离为 400 km 时，距离误差可达 400 m。

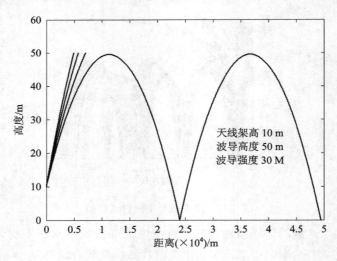

图 5.22 地面距离与弧线距离示意图

5.5.3 覆盖盲区及覆盖范围

如图 5.21 所示，在大气波导的折射传播过程中，射线只能覆盖其所经过的区域，该区域称为覆盖区域，而不能覆盖的区域称为覆盖盲区。评估覆盖盲区对于大气波导环境超视距(一般情况下，蒸发波导环境才具有实现超视距无线系统的实用意义)无线系统具有重要的实用意义。

在不考虑信号强度的前提下，覆盖盲区和覆盖范围完全可以由射线描迹结果分析得出，覆盖盲区和覆盖范围与波导高度、强度、天线架高、天线架设状态及天线波束宽度有关，但是无法通过一个理论关系式直接计算得出，因为覆盖盲区和覆盖范围随传播距离也在发生变化。在实际应用中，在确定波导环境参数、天线架设高度、架设状态以及天线波束宽度的情况下，结合射线描迹理论和雷达实际探测范围，通过分析能够形成波导折射传播的边沿射线，以此来评估特定空间的覆盖盲区或者覆盖范围。

如图 5.23 所示，天线架高为 10 m，天线波束覆盖了正负仰角，且波束宽度大于波导环境的临界仰角。如果系统以探测海面目标或者与海面目标通信，那么在边沿射线第一跳时延范围内，其覆盖范围应该是正仰角边沿射线与负仰角边沿射线之间的距离差，即图 5.23 中实线单箭头的长度，约为 20 km；在边沿射线第二跳时延范围内，其覆盖范围应该是正仰角边沿射线与负仰角最大值射线之间的距离，即图 5.23 中虚线单箭头的长度，约为 30 km。如果接收机处理信号时对于时延进行了限制，则图 5.23 中虚线双箭头之间的区域可能成为

覆盖盲区，该区域是否成为覆盖盲区取决于边沿射线之间的其他射线是否能够落在该区域，且时延能落在接收机信号处理时隙内。对于从事电波传播专业的学者或者工程师而言，需要结合射线描迹理论与雷达、通信等方面的专业知识，根据雷达、通信等系统的工作过程特点，评估特定区域是否为覆盖盲区或者覆盖区域。

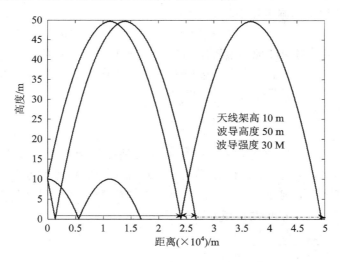

图 5.23　覆盖盲区及覆盖范围分析示例

5.5.4　传输损耗

大气波导环境中的传输损耗是大气波导中传输特性的重要方面，目前有三种基本理论可分析大气波导中的传输损耗——几何光学理论、波导模理论和抛物型方程法[14]，它们各有优缺点，实际应用中可以联合使用。

大气波导环境中，传输损耗 L_D 可以表示为

$$L_D = L_b + L_m \tag{5.134}$$

其中：L_b 表示基本传输损耗；L_m 表示媒质吸收效应产生的损耗。L_b 损耗的能量是由于扩散效应和特定传播模式引起的接收功率减小，产生基本传输损耗过程中没有能量转化，但是形成 L_m 的物理机理是媒质吸收效应，伴随有电磁能向内能转化的过程。L_m 的计算过程可以按照 5.1.1 节中介绍的理论及模型计算射线上 s 处的吸收衰减率 $\gamma_a(s)$，然后结合 5.5.1 节中的射线描迹方法，将 $\gamma_a(s)$ 整个射线积分，L_m 表示为

$$L_m = \int_0^S \gamma_a(s)\mathrm{d}s \tag{5.135}$$

基本传输损耗 L_b 的计算方法可以按照前述三种理论计算获得，这里仅对抛物型方程法进行较为详细的描述，而对另外两种方法只介绍最基本的来龙去脉。按照几何光学理论，信号沿射线从 s_a 传播至 s_b 后，基本传输损耗 L_b 表示为[14]

$$L_b = 20\lg \frac{\left| \boldsymbol{E}(s_b) \right|}{\left| \boldsymbol{E}(s_a) \right|} \tag{5.136}$$

其中，$\left| \boldsymbol{E}(s_b) \right|$ 和 $\left| \boldsymbol{E}(s_a) \right|$ 分别表示 s_b 和 s_a 处的电场强度矢量的幅度，需要通过求解射线上的电场输运方程获得它们，详见文献[14]。

按照波导模理论，信号传播至距离场源 r 处后，基本传输损耗 L_b 表示为[14]

$$L_b = 32.45 + 20\lg f + 20\lg r - \text{ECMS} \tag{5.137}$$

$$L_b = 32.45 + 20\lg f + 20\lg r - \text{EIMS} \tag{5.138}$$

其中：f 表示以 MHz 为单位的信号频率；r 的单位为 km；ECMS 和 EIMS 分别表示相干路径损耗和非相干路径损耗，它们的单位为 dB。计算 ECMS 和 EIMS 的方法见文献[14]。

基于抛物型方程的基本传输损耗 L_b 表示为

$$L_b = 32.45 + 20\lg f + 10\lg x - 20\lg |q| \tag{5.139}$$

其中：x 表示空间某点对应的地面位置距场源对应地面位置的距离，单位为 km，也就是射线描迹过程的横坐标；q 表示射线描迹过程中 (x,z) 点电场的水平极化分量的幅度 v 或者垂直极化分量的幅度 u。q 满足抛物型方程[7]：

$$\partial_z^2 q + \partial_x^2 q + 2jk\partial_x q + k^2\left(n^2 - 1 + \frac{2z}{a_e}\right)q = 0 \tag{5.140}$$

其中：$k = \omega\sqrt{\mu_0\varepsilon_0}$ 为真空中的波数；$n = \sqrt{\mu_r\varepsilon_r}$ 为传播空间折射率；a_e 为地球半径；$2z/a_e$ 代表的是地球曲面，如果去掉，则该方程表示平地面上传播的抛物方程，一般实际的计算高度远远小于地球半径，因此这个是可以忽略的。式(5.140)还可以近似表示为窄角抛物型方程和宽角抛物型方程。窄角抛物型方程表示为

$$\frac{\partial q(x,z)}{\partial x} = \frac{jk}{2}\left[\frac{1}{k^2}\frac{\partial^2}{\partial z^2} + n(x,z)^2 - 1\right]q(x,z) \tag{5.141}$$

宽角抛物型方程表示为

$$\frac{\partial q(x,z)}{\partial x} = jk\left(\sqrt{1 + \frac{1}{k^2}\frac{\partial^2}{\partial z^2}} - 1\right)q(x,z) + jk[n(x,z) - 1]q(x,z) \tag{5.142}$$

抛物型方程的常用求解方法有两种，一种是 Hardin 和 Tappert 于 1973 年提出的分步傅里叶变换法(Split-Step Fourier Transform，SSFT)，另一种是 Dockery、Kuttler 等人在 SSFT 算法基础上提出的混合连续傅里叶变换(MFT)的思想后实现的混合离散傅里叶变换法(DMFT)。除了上述两种方法外，还有有限差分法和有限元法。不论采用哪种方法求解抛物型方程，都涉及边界条件处理、初始场确定、地形处理三种问题。下面在简要介绍这些方面的基本理论后，介绍 SSFT 的求解过程。

1. 边界条件

对于抛物型方程来说，上边界主要是一个吸收边界，用于截断 SSFT 和 DMFT 的计算区域。在设置上边界时，必须要在有限的高度范围内使电波传播满足 Sommerfeld 辐射条件，即电磁波在到达上边界时被完全吸收而不会向计算区域内反射或透射出计算区域。这种吸收边界的设置相对简单，例如通过 Hanning Window、Cosine-taper (Tukey)窗等窗函数即可实现吸收边界设置。Cosine-taper(Tukey)窗函数的表达式如下：

$$\text{WIND}(z) = \begin{cases} 1 & (0 \leqslant z < 0.75z_{\max}) \\ 0.5 + 0.5\cos\left[\dfrac{4\pi(z - 0.75z_{\max})}{z_{\max}}\right] & (0.75z_{\max} \leqslant z \leqslant z_{\max}) \end{cases} \tag{5.143}$$

式(5.143)表明从初始距离处开始，在每一步进上计算出的场分布都要乘以窗函数，其物理意义就是：在 $0 \sim 3z_{\max}/4$ 高度范围内，场保持原来的大小，不作任何衰减，在 $3z_{\max}/4 \sim z_{\max}$ 高度范围内，场幅按窗函数所限制的规律平滑地逐渐衰减至 0，即在最大高度处场被完全吸收。在 SSFT 算法中，z 是离散化处理的，$z_{\max} = N_{\text{fft}}\Delta z$，$N_{\text{fft}}$ 为傅里叶变化的尺度，

Δz 为高度步长。

对于下边界条件，可以将其统一地写成第三类混合边界条件：

$$\beta \frac{\partial q(x,z)}{\partial z}\bigg|_{z=0} + \alpha q(x,z)\big|_{z=0} = 0 \tag{5.144}$$

当下边界可以看做是光滑理想导体边界时，

$$\begin{cases} \alpha = 1,\ \beta = 0 & (初始场水平极化) \\ \alpha = 0,\ \beta = 1 & (初始场垂直极化) \end{cases} \tag{5.145}$$

当下边界是光滑良导体边界时，

$$\begin{cases} \alpha = \begin{cases} \mathrm{j}k\sqrt{\mu_r/\left(\varepsilon_r + \dfrac{\mathrm{j}\sigma}{\omega\varepsilon_0}\right)} & (初始场垂直极化) \\ \mathrm{j}k\sqrt{\left(\varepsilon_r + \dfrac{\mathrm{j}\sigma}{\omega\varepsilon_0}\right)/\mu_0} & (初始场水平极化) \end{cases} \\ \beta = 1 \end{cases} \tag{5.146}$$

当下边界是光滑阻抗边界时，

$$\begin{cases} \alpha = \mathrm{j}k\sin\theta\left(\dfrac{1-\Gamma}{1+\Gamma}\right) \\ \beta = 1 \end{cases} \tag{5.147}$$

其中：Γ 为菲涅尔反射系数或者形成波导传播方向的散射系数；θ 为掠射角。

2. 初始场的确定

对于初始场来说，整个初始场是自由空间的分布，把下边界看成是光滑理想导体边界。计算初始场的方法有很多，在这里采用简单的抛物型方程模型计算已经离散过后每个网格的初始场。根据镜像原理以及光滑地面的反射系数，可以得到上半空间的初始场的 P 空间分布为

$$U_i(0,p) = \begin{cases} c_a s\left[f(\alpha_d)\mathrm{e}^{-\mathrm{j}pa_h} - f(-\alpha_d)\mathrm{e}^{\mathrm{j}pa_h}\right] & (水平极化) \\ c_a s\left[f(\alpha_d)\mathrm{e}^{-\mathrm{j}pa_h} + f(-\alpha_d)\mathrm{e}^{\mathrm{j}pa_h}\right] & (垂直极化) \end{cases} \tag{5.148}$$

其中，$\alpha_d = \arcsin(p_i)$，$c_a = (1-p_i^2)^{-3/4}$，$s = \dfrac{\sqrt{\lambda}}{z_{\max}}$，$\alpha_h$ 为天线发射高度，$p_i = i\Delta\theta$，$\Delta\theta = \Delta p/k$，$f$ 为天线方向图。最后如果计算水平极化，则采用离散正弦变换（DST）将 P 空间变换成 Z 空间；如果计算垂直极化，则采用离散余弦变换（DCT）。式（5.148）中 $U(x,z)$ 与式（5.140）中 q 表示的 $u(x,z)$ 的关系为

$$U(x,z) = \exp(\mathrm{j}kx)u(x,z) \tag{5.149}$$

离散正弦变换（DST）和逆变换（IDST）表示为

$$F_S(i\Delta p) = \sum_{m=1}^{N-1} \omega_S(m\Delta z)\sin\left(\frac{\pi im}{N}\right) \tag{5.150}$$

$$\omega_S(m\Delta z) = \frac{2}{N}\sum_{m=1}^{N-1} F_S(i\Delta p)\sin\left(\frac{\pi im}{N}\right) \tag{5.151}$$

离散余弦变换（DCT）和逆变换（IDCT）表示为

$$F_{\mathrm{C}}(i\Delta p) = \sum_{m=1}^{N-1} \omega_{\mathrm{C}}(m\Delta z)\cos\left(\frac{\pi im}{N}\right) \qquad (5.152)$$

$$\omega_{\mathrm{C}}(m\Delta z) = \frac{2}{N}\sum_{m=1}^{N-1} F_{\mathrm{C}}(i\Delta p)\cos\left(\frac{\pi im}{N}\right) \qquad (5.153)$$

3. 地形处理

对于地形，有多种处理方法，如地形遮蔽模型、全局共形变换模型、分段（局部）共形变换模型、移位变换模型、宽角移位变换模型、边界平移模型等，这些模型的主要思想就是地形遮蔽和坐标变换。这里简要介绍边界平移模型。

如图 5.24 和图 5.25 所示，设某一电波传播到某一距离点 D_1 处，其地表上方波阵面上的场为 $u(x, m\Delta z)$，$m = 1, 2, 3, \cdots, N$，N 为 SSFT 的变换尺度。经过一个步进后，波阵面传到 D_2，D_1 与 D_2 的高度差为 T_x，则 T_x 包含的高度网格为 $N_t = \mathrm{Int}\left(\frac{T_x}{\Delta z}\right)$，显然 $T_x - N_t\Delta z < \Delta z$。

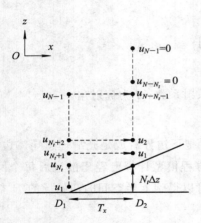

图 5.24　上升地形示意图

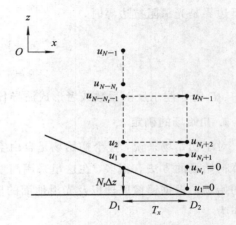

图 5.25　下降地形示意图

在用边界平移模型计算 D_2 处的场分布时，如果 D_2 处是上升地形，即 $T_x > 0$，则首先由 D_1 处的场分布计算出 D_2 处的场分布，再将此场分布的网格序号往下平移 N_t，这样，D_2 处最大高度上所对应的网格序号就由 $N-1$ 下降为 $N-N_t-1$（最高点 N 处的场分布为 0，因此忽略），再将超出最大高度的第 $(N-N_t) \sim (N-1)$ 个网格点上的场设为零，就得到 D_2 处从地表起至最大高度处各网格上的场分布，即

$$u_{\mathrm{new}}(D_2, i\Delta z) = \begin{cases} u(D_2, (i+N_t)\Delta z) & (i = 1, 2, 3, \cdots, N-N_t-1) \\ 0 & (i = N-N_t, \cdots, N-1) \end{cases} \qquad (5.154)$$

如果 D_2 处是下降地形，即 $T_x < 0$，同样，将 D_2 处场分布的网格序号往上平移 N_t，将不高于 $N_t\Delta z$ 的各高度网格点上的场也设为 0，即

$$u_{\mathrm{new}}(D_2, i\Delta z) = \begin{cases} u(D_2, (i-N_t)\Delta z) & (i = N_t+1, \cdots, N-1) \\ 0 & (i = 1, 2, 3, \cdots, N_t) \end{cases} \qquad (5.155)$$

显然，进行边界平移之后，每个步进的场分布包含的元素是一样的。

4. 分步傅里叶变换法(SSFT)

将式(5.142)重写为

$$\frac{\partial q(x,z)}{\partial x}=[A(x,z)+B(z)]q(x,z) \tag{5.156}$$

其中，A、B 分别为

$$A(x,z)=jkm(x,z) \tag{5.157}$$

$$B(z)=j\sqrt{\frac{\partial^2}{\partial z^2}+k^2} \tag{5.158}$$

其中，$m=(x,z)=n-2$。若 m 是一个常数，满足 $\partial n/\partial z=0$，则式(5.147)的分步解可以做以下简单的阐述。因为算符 $A(x,z)$、$B(z)$ 可以互换，即 $AB[f]=BA[f]$，则方程的解可以写成

$$q(x+\Delta x,z)=\exp\left[\int_x^{x+\Delta x}(A+B)\mathrm{d}x\right]q(x,z)\approx\exp[(A+B)\Delta x]q(x,z) \tag{5.159}$$

在这里的近似是考虑在 Δx 范围内传播环境中的折射率变化非常微小，由于

$$AB[f]=BA[f] \tag{5.160}$$

$$\exp[(A+B)\Delta x]=\exp(A\Delta x)\exp(B\Delta x) \tag{5.161}$$

所以方程(5.156)写成

$$q(x+\Delta x,z)=v(x,z)\exp(jk(n-2)\Delta x) \tag{5.162}$$

其中

$$v(x,z)=\exp(B\Delta x)q(x,z) \tag{5.163}$$

把 $v(x,z)$ 展开成幂级数，可得

$$v(x,z)=\left[1+j\Delta x\sqrt{k^2+\frac{\partial^2}{\partial z^2}}-\frac{1}{2}(\Delta x)^2\left(k^2+\frac{\partial^2}{\partial z^2}\right)+\cdots\right]q(x,z) \tag{5.164}$$

定义傅里叶变换为

$$P_q(x,p)=\mathscr{F}[q(x,z)]=\int_{-\infty}^{+\infty}q(x,z)\exp(-jpz)\mathrm{d}z \tag{5.165}$$

其逆变换为

$$q(x,z)=\mathscr{F}^{-1}[P_q(x,z)]=\int_{-\infty}^{+\infty}P_q(x,z)\exp(jpz)\mathrm{d}p \tag{5.166}$$

那么有

$$\mathscr{F}\left[\sqrt{k^2+\frac{\partial^2}{\partial z^2}}\,q\right]=\sqrt{k^2-p^2}\,P_q(x,p) \tag{5.167}$$

对式(5.164)两边做傅里叶变换，得

$$P_v(x,p)=\left[1+j\Delta x\sqrt{k^2-p^2}-\frac{1}{2}(\Delta x)^2(k^2-p^2)+\cdots\right]P_q(x,p)$$

$$\approx\exp(j\Delta x\sqrt{k^2-p^2})P_q(x,p) \tag{5.168}$$

对式(5.168)两边做逆变换，得

$$v(x, z) = \mathscr{F}^{-1}[\exp(\mathrm{j}\Delta x \sqrt{k^2 - p^2})P_v(x, p)] \tag{5.169}$$

把式(5.169)代入式(5.159)，得

$$q(x + \Delta x, z) = \exp[\mathrm{j}k(n-2)\Delta x]\mathscr{F}^{-1}[\exp(\mathrm{j}\Delta x \sqrt{k^2 - p^2})P_q(x, p)] \tag{5.170}$$

这就是宽角抛物型方程的 SSFT 算法。

同理：窄角抛物型方程的 SSFT 算法的结果为

$$q(x + \Delta x, z) = \exp\left(\mathrm{j}k(n^2 - 1)\frac{\Delta x}{2}\right)\mathscr{F}^{-1}\left[\exp\left(\frac{\mathrm{j}\Delta x p^2}{2k}\right)P_q(x, p)\right] \tag{5.171}$$

上述结果可以用 FFT 或者快速正弦（余弦）变换实现。在离散处理时，P 空间里 $p_{max} = k\sin\theta_{max}$，$\theta_{max}$ 为传播最大仰角。SSFT 算法一般适用于理想的光滑导体为下边界的情况；当下边界条件并非如此或者$\partial n/\partial z \neq 0$ 时，会带来误差。

图 5.26 和图 5.27 是蒸发波导环境中传输损耗的两个算例，其中参数选取为：天线高度为 10 m；PJ 蒸发波导模型；水平极化信号；信号频率为 10 GHz，天线主轴水平发射，波束宽度为 10 度。需要注意的是，这两个算例没有包含大气吸收损耗。

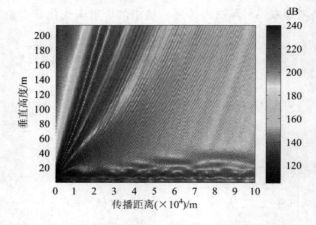

图 5.26　蒸发波导中传输损耗算例

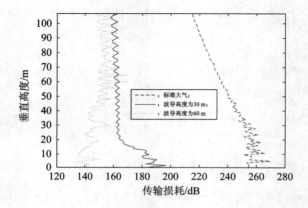

图 5.27　传输损耗随高度的变化情况

5.5.5　大气波导传输损耗工程模型

大气波导中传输损耗理论的计算过程非常复杂，而且往往需要太多的环境参数细节特征。为了满足工程中粗略估计大气波导传输损耗的需求，文献[4]给出了大气波导中传输损耗估计的工程应用模型。该模型用于计算大气波导传输损耗年时间概率统计结果，模型假定地球表面光滑，年时间概率为 p 的大气波导传输损耗表示为

$$A_a(p) = A_f + A_{gt}(p) + A_v(p) \tag{5.172}$$

其中：A_f 表示天线与大气波导结构间的固定耦合衰减，按式（5.173）给出的模型计算；$A_{gt}(p)$ 表示大气气体吸收路径损耗，按式（5.135）计算；$A_v(p)$ 表示大气波导中和时间百分数与角距离有关的损耗，按式（5.178）计算。

$$A_f = 10 + 20\lg(d_{LO} + d_{LT}) - 20\lg d + A_{CO} + A_{CT} \tag{5.173}$$

其中

$$d_{LO} = \sqrt{0.002a_e h_{Oz}} \tag{5.174}$$

$$d_{LT} = \sqrt{0.002a_e h_{Tz}} \tag{5.175}$$

$$A_{CO} = \begin{cases} -\exp(-0.25d_{CO}^2)\{1 + \tanh[0.07(50 - h_O)]\} & (\omega \geqslant 0.75,\ d_{CO} \leqslant \min(d_{LO}, 3)) \\ 0 & (\text{其他条件}) \end{cases} \tag{5.176}$$

$$A_{CT} = \begin{cases} -\exp(-0.25d_{CT}^2)\{1 + \tanh[0.07(50 - h_T)]\} & (\omega \geqslant 0.75,\ d_{CT} \leqslant \min(d_{LT}, 3)) \\ 0 & (\text{其他条件}) \end{cases} \tag{5.177}$$

式（5.174）～式（5.177）中：a_e 是中等折射条件下的等效地球半径；h_{Oz} 和 h_{Tz} 分别为雷达天线和目标的离地高度，单位为 m；d 表示天线至目标的地面距离；d_{CO} 和 d_{CT} 分别为雷达天线和目标到海岸的距离；h_O 和 h_T 分别为雷达天线和目标的海拔高度，单位为 m；ω 是路径长度和目标距离之比。

$$A_v(p) = \gamma_d\theta + A(p) \tag{5.178}$$

式（5.178）中：

$$\gamma_d = 5 \times 10^{-2} a_e f^{\frac{1}{3}} \tag{5.179}$$

$$\theta = \frac{d - d_{LO} - d_{LT}}{a_e} \tag{5.180}$$

$$A(p) = -12 + \left(1.2 + \frac{d}{250}\right)\lg\frac{p}{\beta} + 12\left(\frac{p}{\beta}\right)^{\Gamma} \tag{5.181}$$

$$\beta = \beta_0\mu_2 \tag{5.182}$$

$$\beta_0 = 7\mu_1(0.18F_{Lat}F_{Lon}\beta_\tau)^{1.5} \tag{5.183}$$

$$\mu_1 = \tau + (1 - \tau)\exp\left(-\frac{d_{tm}}{15}\right) \tag{5.184}$$

$$\tau = 0.1 + 0.22\exp\left(-\frac{d_{lm}}{20}\right) \tag{5.185}$$

$$F_{\text{Lat}} = \begin{cases} 1 & (|\varphi| \leqslant 53°) \\ 10^{0.057(|\varphi|-53)} & (53° < |\varphi| < 60°) \\ 2.5 & (|\varphi| \geqslant 60°) \end{cases} \qquad (5.186)$$

$$F_{\text{Lon}} = 10^{\frac{4}{15}\cos(2\psi-60)} \qquad (5.187)$$

$$\mu_2 = \left[\frac{500d^2}{a_e(\sqrt{h_{\text{Oz}}} + \sqrt{h_{\text{Tz}}})^2}\right]^{\alpha} \quad (\mu_2 \leqslant 1) \qquad (5.188)$$

$$\alpha = -0.6 - \frac{4}{3} \times 10^{-3}d(1 - e^{-s}) \qquad (5.189)$$

$$s = 6.7 \times 10^{-3}[d(1-\omega)]^{1.6} \qquad (5.190)$$

$$\Gamma = 0.17\exp[0.027\beta + 0.15(4 + \lg\beta)^{1.4}] \qquad (5.191)$$

式(5.179)～式(5.191)中：f 是以 GHz 为单位的频率；d_{tm} 表示陆地(含内陆和海岸)最大连续路径长度；d_{lm} 表示内陆最大连续路径长度；φ 和 ψ 分别表示地理纬度和经度；β_r 表示雷达站所在地区底层大气折射率梯度小于 -100 N/km 的时间百分数。全球折射率梯度小于 -100 N/km 年度时间百分数等值线详见文献[4]。

5.6　晴空大气中的去极化效应

如 1.2.4 节所述，去极化效应指的是电磁波在传播过程中极化状态发生变化的现象。去极化效应从极化域或者与极化域相关的角度影响无线系统的性能，例如：影响通信系统频率复用技术开发，使得不同极化通道的隔离度变坏，通信信道的电磁干扰增强，不同通道间互相干扰；由单极化通信系统引起的极化适配损耗，影响接收信号强度，这对于功率受限系统极其重要；去极化效应改变了雷达系统回波信号的极化特性，使得极化域识别目标产生模糊等。因此，研究传播环境产生的去极化效应极其重要。1.2.4 节已经表明，晴空大气环境具备了产生去极化效应的机理，所以有必要了解晴空大气环境计算去极化效应的理论及其工程应用模型。

5.6.1　去极化效应中的基本概念

去极化效应常用交叉极化分辨率(XPD)或交叉极化隔离度(XPI)表示。XPD 是指发射单一极化信号时，接收点场的同极化分量与交叉极化分量的功率比；XPI 是指用同一频率同时传输两路互为正交的极化信号时，其中一种极化波的同极化分量与另一种极化波的交叉极化分量在接收点的功率比。XPD 或 XPI 越大，表示去极化效应越小。

假设发射一个左旋圆极化信号 E_L，在接收点同时接收到左旋圆极化信号 E_{LL} 和右旋圆极化信号 E_{RL}，则以 dB 为单位的左旋圆极化的去极化分辨率 XPD_L 表示为

$$\text{XPD}_L = 20\lg\frac{E_{\text{LL}}}{E_{\text{RL}}} \qquad (5.192)$$

同样，右旋圆极化的去极化分辨率 XPD_R 表示为

$$\text{XPD}_R = 20\lg\frac{E_{\text{RR}}}{E_{\text{LR}}} \qquad (5.193)$$

假设用同一频率同时传输左旋圆极化信号 E_L 和右旋圆极化信号 E_R，左旋圆极化信号在接收点产生的左旋圆极化信号为 E_{LL}，右旋圆极化信号在接收点产生的左旋圆极化信号为 E_{LR}，则以 dB 为单位的左旋圆极化的交叉隔离度 XPI_L 表示为

$$XPI_L = 20\lg \frac{E_{LL}}{E_{LR}} \tag{5.194}$$

同样，右旋圆极化的去极化隔离度 XPI_R 表示为

$$XPI_R = 20\lg \frac{E_{RR}}{E_{LR}} \tag{5.195}$$

有的文献中关于去极化效应用去极化(Depolarization)D 表示，D 定义为发射单一极化信号时，接收点场的交叉极化分量与同极化分量的功率比。去极化分辨率 XPD 与去极化 D 的值互为相反数，例如 XPD 为 40 dB 对应的去极化 D 为 -40 dB，XPD 为 10 dB 对应的去极化 D 为 -10 dB。

5.6.2　晴空大气去极化的计算理论

如 1.2.4 节所述，由于大气折射指数水平不均匀性、反射面横向倾斜和湍流散射作用分别导致地-空链路、地面移动通信链路和对流层散射链路的信号极化状态的等效分解分量的参数发生了变化，所以形成了去极化效应。但是，由于地面移动通信系统链路收发端之间相距较小，且受复杂、随机分布的地形、地物的影响，几乎不存在单一的视距传播情景，所以地面移动通信链路中的重点似乎是多径传播、穿透损耗等相关的信道效应；另一方面，对流层散射通信系统的主要问题是分析散射损耗以及由湍流结构随机变化所引起的快衰落等传播效应，但很少有文献分析去极化效应在信道参数中的影响。另外，实际工作中也很少有用户或单位要求定量分析晴空大气环境在移动通信和对流层散射链路中的去极化效应。所以，本节主要针对地-空链路中的去极化效应进行讨论。

地-空路径传播主要考虑折射指数水平不均匀所致的去极化。当折射指数仅随高度变化时，收发点间的射线限于收发点垂线所确定的平面内是二维曲线，这时射线的弯曲不会引起极化面的偏转，所以不会产生去极化现象。但是，当折射指数出现水平不均匀性时，射线就会被折射出垂直平面而成为如图 5.28 所示的具有三维坐标的空间曲线，由此而出现的射线在水平方向的偏转效应必将引起极化方向的改变。

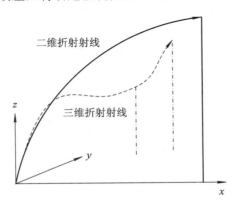

图 5.28　大气折射指数水平不均匀引起折射波与入射波不共面示意图

为了方便起见，本书中以线极化基条件下的传输矩阵进行讨论，对于圆极化基的情况只需要在线极化结果基础上进行极化传输矩阵变化即可。大气对线极化波的传输矩阵方程为[1]

$$\begin{bmatrix} E_H \\ E_V \end{bmatrix} = \begin{bmatrix} T_{11} & T_{12} \\ T_{21} & T_{22} \end{bmatrix} \begin{bmatrix} E_H^0 \\ E_V^0 \end{bmatrix} \tag{5.196}$$

其中：E_H^0、E_V^0 分别表示发射信号的水平及垂直极化信号分量；E_H、E_V 分别表示接收信号的水平及垂直极化信号分量；T_{11}、T_{12} 和 T_{21}、T_{22} 表示信道的传输矩阵元素。T_{11} 和 T_{22} 的物理意义是，当发射水平和垂直信号时，传播环境对于接收端接收到的同极化分量的幅度和相位的影响，而 T_{12} 和 T_{21} 则表示发射信号在接收端交叉极化通道内干扰信号的幅度和相位的影响。

研究传播环境去极化效应的关键在于得到 T_{11}、T_{12} 和 T_{21}、T_{22} 的表达式，它们分别表示为[1]

$$T_{11,12} = \frac{n_T^{0.5}}{2n_R^{1.5}} a_{H,V} \left\{ \frac{2n_T - a_K t_R}{a_H^2 + a_V^2} [a_H \cos(\Phi_R - \Phi_T) + a_V \cos\theta_T \sin(\Phi_R - \Phi_T)] - t_R \sin\theta_T \right.$$
$$\left. \cdot \sin(\Phi_R - \Phi_T) \right\} \pm \left(\frac{n_T}{n_R} \right)^{0.5} \frac{a_{H,V}}{a_H^2 + a_V^2} [a_V \cos(\Phi_R - \Phi_T) - a_H \cos\theta_T \sin(\Phi_R - \Phi_T)] \tag{5.197}$$

$$T_{21,22} = \frac{n_T^{0.5}}{2n_R^{1.5}} a_{H,V} \left\{ \frac{2n_T - a_K t_R}{a_H^2 + a_V^2} [-a_H \cos\theta_R \sin(\Phi_R - \Phi_T) + a_V \cos\theta_R \cos\theta_T \sin(\Phi_R - \Phi_T) \right.$$
$$\left. + a_V \sin\theta_R \sin\theta_T] + t_R [-\cos\theta_R \sin\theta_T \cos(\Phi_R - \Phi_T) + \sin\theta_R \cos\theta_T] \right\} \pm \left(\frac{n_T}{n_R} \right)^{0.5}$$
$$\cdot \frac{a_{H,V}}{a_H^2 + a_V^2} [a_V \cos\theta_R \sin(\Phi_R - \Phi_T) + a_H \cos\theta_R \cos\theta_T \cos(\Phi_R - \Phi_T)$$
$$+ a_H \sin\theta_R \sin\theta_T] \tag{5.198}$$

式(5.197)和式(5.198)中：n_T 表示发射点处的折射指数，对于地-空路径链路而言，n_T 表示地面发射站处的大气折射指数；n_R 表示接收点处的折射指数，对于卫星通信系统地-空路径链路而言，n_R 表示对流层顶的折射指数；a_H、a_K、a_V 是单位矢量 $\boldsymbol{a}$ 在射线上任意一点坐标系 KHV 中沿 H、V 和 K 方向的分量（KHV 坐标系沿波面向前移动，K 沿波的传播方向，H 和 V 与 K 垂直且相互正交，H 沿平行于地面方向，三个单位矢量 $\boldsymbol{H}$、$\boldsymbol{V}$ 及 $\boldsymbol{K}$ 满足 $\boldsymbol{H} \times \boldsymbol{V} = \boldsymbol{K}$），$\boldsymbol{a}$ 是表征大气三维不均匀性的矢量，也就是射线上任意一点的切线方向的单位矢量；θ_T 和 Φ_T 表示发射点射线的初始角；θ_R 和 Φ_R 表示接收点射线的角度，对于地-空链路，θ_R 和 Φ_R 表示电波从对流层顶射出的角度。

θ_T、Φ_T 以及 θ_R、Φ_R 分别满足以下关系：

$$\cos^2\Phi_T = \frac{a_x^2}{4n_T^2} \left\{ \frac{2n_T^2}{d^2} - \frac{a_x}{d} \pm \left[\left(\frac{2n_T^2}{d^2} - \frac{a_x}{d} \right)^2 - \frac{a^2}{d^2} \right]^{1/2} \right\} \tag{5.199}$$

$$\cot\theta_T = \frac{a_x}{a_y} \sin\Phi_T \tag{5.200}$$

$$\cos\Phi_R = -\frac{a_y}{a_z} \frac{\cos\theta_T}{\sqrt{\sin^2\theta_T - \frac{a_x d}{n_T}}} \tag{5.201}$$

$$\cos\theta_{\mathrm{R}} = -\frac{\cos\theta_{\mathrm{T}}}{\sqrt{\sin^2\theta_{\mathrm{T}} - \dfrac{a_x d}{n_{\mathrm{T}}}}} \tag{5.202}$$

其中：a_x、a_y、a_z 表示矢量 $\boldsymbol{a}$ 在发射点固定在地面上直角坐标系 xyz 中沿 x、y、z 的分量，直角坐标的 y 轴指向接收点，x、y、z 相互正交且单位矢量满足 $\boldsymbol{x}\times\boldsymbol{y}=\boldsymbol{z}$；$d$ 表示收发点之间的距离，对于卫星通信系统地-空路径链路而言，d 表示地面站与射线传出对流层顶之间的距离。

根据圆极化与线极化之间的关系可得到大气对圆极化波去极化传输矩阵的方程：

$$\begin{bmatrix} E_{\mathrm{R}} \\ E_{\mathrm{L}} \end{bmatrix} = \frac{1}{\sqrt{2}}\begin{bmatrix} 1 & \mathrm{j} \\ 1 & -\mathrm{j} \end{bmatrix}\begin{bmatrix} T_{11} & T_{12} \\ T_{21} & T_{22} \end{bmatrix}\left(\frac{1}{\sqrt{2}}\begin{bmatrix} 1 & \mathrm{j} \\ 1 & -\mathrm{j} \end{bmatrix}\right)^{-1}\begin{bmatrix} E_{\mathrm{R}}^0 \\ E_{\mathrm{L}}^0 \end{bmatrix} \tag{5.203}$$

上式可以简写为

$$\begin{bmatrix} E_{\mathrm{R}} \\ E_{\mathrm{L}} \end{bmatrix} = \begin{bmatrix} T_{11}' & T_{12}' \\ T_{21}' & T_{22}' \end{bmatrix}\begin{bmatrix} E_{\mathrm{R}}^0 \\ E_{\mathrm{L}}^0 \end{bmatrix} \tag{5.204}$$

由 5.6.1 节中的去极化概念可知，对于线极化和圆极化而言，交叉极化分辨率可分别表示为

$$\mathrm{XPD}_H = 20\lg\left|\frac{T_{11}}{T_{21}}\right| \tag{5.205}$$

$$\mathrm{XPD}_V = 20\lg\left|\frac{T_{22}}{T_{12}}\right| \tag{5.206}$$

$$\mathrm{XPD}_R = 20\lg\left|\frac{T_{11}'}{T_{21}'}\right| \tag{5.207}$$

$$\mathrm{XPD}_L = 20\lg\left|\frac{T_{22}'}{T_{12}'}\right| \tag{5.208}$$

5.6.3　晴空大气去极化效应统计预测模型

晴空大气状态下的去极化效应总是与多径传播的同极化深衰落相关联，通常都是通过 CPA 来预测 XPD。一般基于对同极化衰减的结果评估晴空去极化分辨率的统计分布，常用模型有以下三种：

第一种模型是基于交叉极化信号符合条件对数正态分布而得出的。去极化分辨率的中值为

$$\mathrm{Median(XPD)} = -\mathrm{CPA} + C_1 \quad (\mathrm{CPA} > 15\ \mathrm{dB}) \tag{5.209}$$

第二种模型是基于交叉极化信号符合 Nakagami-Rice 分布而得出的。去极化分辨率的均方根值表示为

$$\mathrm{RMS(XPD)} = -\mathrm{CPA} + C_2 \tag{5.210}$$

第三种模型是基于去极化分辨率的统计分布遵循瑞利分布而得出的。去极化分辨率为

$$\mathrm{XPD} = -\mathrm{CPA} + C_3 \tag{5.211}$$

式（5.209）～式（5.211）中：CPA 是同极化衰减；C_1、C_2、C_3 是由经验确定的参数，有文献表明这些参数取值为 30～57 不等，具体取值与气候特征有关，但是没有文献说明取值与气候特征的关联关系。

图 5.29 是三亚地区晴空大气去极化年均值分布,给出了 1～12 月份 00:00、06:00、12:00、18:00 的去极化统计结果,图中共有 48 个点,其中 1～4 个点表示 1 月份 4 个时间点的统计结果,5～8 个点表示 2 月份 4 个时间点的统计结果,依此类推。

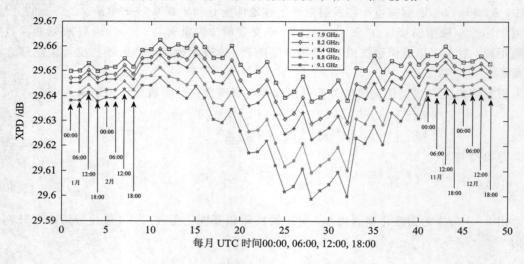

图 5.29 三亚地区晴空大气去极化年均值分布

5.6.4 晴空大气环境产生去极化效应的其他机理

晴空大气环境除了大气水平不均匀、反射面横向倾斜以及湍流散射作用外,还有其他机理能够形成去极化效应。一种去极化效应机理是天线对准失配,另一种是边界层反射形成的多径叠加。

如图 5.30 所示,由于折射效应使得原来主轴几何对准的接收天线相对于来波出现了未对准状态,显然来波的电场矢量极化基相对于接收天线的极化基出现了变化。如果是水平极化波,则对准失配不会形成去极化,但是其他任何极化状态的波在来波极化基上分解开后,总会出现相对于接收天线极化基的正交分量,因此出现了去极化现象。

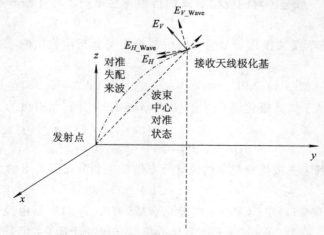

图 5.30 对准失配引发去极化效应的示意图

如图 5.31 所示，假设收发天线均为水平极化，当没有多径时，来波极化与接收天线极化状态一致，因此接收端没有正交极化分量。假设出现图中的大气反射多径，则接收点电场矢量叠加后依然是线极化，但是极化方向发生了变化，因此可以分解为发射波的同极化分量和与之正交的极化分量，从而出现了去极化现象。这种机理通常出现在地面链路中。

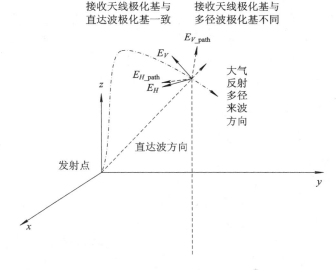

图 5.31 多径叠加导致去极化效应的示意图

如果根据折射效应获得波达方向与几何对准方向之间的夹角，则对准失配去极化效应很容易通过计算得到。对于垂直线极化而言，假设波达方向与几何到达方向之间的夹角为 θ_{arrive}，则去极化效应 $\text{XPD}_{V\_\text{direction}}$ 可以表示为

$$\text{XPD}_{V\_\text{direction}} = 20\lg \frac{\cos\theta_{\text{arrive}}}{\sin\theta_{\text{arrive}}} \tag{5.212}$$

对于水平线极化而言，平面折射效应不产生对准失配去极化效应。对于圆极化及任意角度线极化而言，需要先将圆极化分解为水平及垂直极化分量，然后再投影计算得到圆极化的去极化效应。

如果计算获得多径波相对于直达波之间的角度分布，则根据矢量叠加原理，可以推导得到去极化效应的计算公式。在忽略多次反射的前提下，如果收发天线及发射点与直达波方向不共面，则发射波到达接收点的概率几乎为 0，所以可以合理假设收发天线及发射点与直达波共面。对于垂直线极化而言，假设多径波达方向与直达波波达方向之间的夹角为 θ_{arrive}，则在忽略干涉效应的前提下，去极化效应 $\text{XPD}_{V\_\text{multipath}}$ 表示为

$$\text{XPD}_{V\_\text{multipath}} = 20\lg \frac{1 + \cos\theta_{\text{arrive}}}{\sin\theta_{\text{arrive}}} \tag{5.213}$$

对于水平线极化而言，多径效应只产生干涉效应，而不产生去极化效应。对于圆极化及任意角度线极化而言，需要先将圆极化及任意线极化分解为水平及垂直极化分量，然后再投影计算得到圆极化的去极化效应。

理论和实践表明，晴空大气条件下，最重要的去极化机理是多径传播。多径传播可能来自于大气层结的折射、反射现象，大气反射主要指发生在大气边界层的反射现象，折射

多径效应大多数来自悬空波导折射现象，也可能来自地形、地物的反射现象。在多数电路中，地形、地物反射往往可以设法避免，但是大气层结产生多径射线却难以避免[14-15]，而且大气多径现象产生的去极化效应是随机变量。文献将大气反射和大气悬空波导折射多径现象引起的大气多径极化分辨率 XPD_{total_clear} 在统计上表示为[14-15]

$$XPD_{total\_clear} = 10lg[y_{reference}(t)] + XPD_{0\_clear} \tag{5.214}$$

其中：XPD_{0_clear} 是多径干涉以外的所有现象引发的去极化效应；$y_{reference}(t)$ 是一个与大气参数有关的复杂的函数，具体表达形式不在此赘述。本书作者认为，文献[15]中给出的式 (5.214) 的统计结果远远无法从统计上给出晴空大气环境中的 XPD_{total_clear}，但是这样的研究思路可以指引电波传播工作者对晴空大气去极化效应的研究方向。

5.6.5 非理想双极化天线对去极化效应的影响

通常情况下，去极化效应对频率复用系统影响较为严重，而对于单极化系统的影响是可能引起极化适配损耗。极化适配损耗问题将在第 7 章中讨论，这里主要针对频率复用系统，讨论收发天线为非理想状态时，综合评估接收信号的去极化分辨率的方法。

前述去极化计算模型只考虑了晴空大气传输环境的去极化效应，这些模型计算得出的 XPD 是假设发射天线是理想双极化天线时理想双极化接收天线所接收的信号 XPD 值。但是，实际天线不可能是完全理想双极化天线，所以收发天线的非理想状态和大气去极化效应共同影响接收端信号的去极化分辨率。假设收发天线本身的去极化分辨率分别为 $XPD_{antenna\_R}$ 和 $XPD_{antenna\_T}$，晴空大气产生的去极化效应为 $XPD_{atmosphere}$。若不考虑信号相位的细微影响，则接收端信号的去极化分辨率 XPD_{total} 为

$$XPD_{total} = -10lg(10^{-XPD_{antenna\_R}/10} + 10^{-XPD_{antenna\_T}/10} + 10^{-XPD_{atmosphere}/10}) \tag{5.215}$$

若考虑信号相位的细微影响，则接收端信号的去极化分辨率 XPD_{total} 为

$$XPD_{total} = -20lg(10^{-XPD_{antenna\_R}/20} + 10^{-XPD_{antenna\_T}/20} + 10^{-XPD_{atmosphere}/20}) \tag{5.216}$$

晴空环境产生去极化效应一定时，不考虑相位影响的计算结果比考虑相位影响的计算结果略微大一些。

5.7 晴空大气噪声

前面研究表明，大气吸收是影响无线电系统性能的重要原因。其实，为了保持热平衡，与电磁波相互作用的任何吸收媒质不仅对电磁信号产生衰减，同时也成为辐射电磁波的源[16]。物质内部微观能态发生变化时也会产生电磁辐射。来自宇宙中星体的这种辐射成为射电天文的信息源，从地球表面发出的这种辐射可以用于遥感。但是，这种辐射却是通信系统不希望出现的、也不可以预测的、对携带消息的信号造成干扰的电波，称之为噪声或者背景噪声、天空噪声。产生背景噪声的源很多，包括：宇宙中热气体或者其他物质辐射噪声，大气辐射噪声，大气中沉降粒子辐射噪声，地球表面、太阳表面或者其他星体辐射噪声[16]。

在一定频段，噪声功率通常由噪声温度或者亮度温度表示。噪声温度等于在对应波段辐射相同功率的黑体的物理温度。噪声温度 T_n 与接收到的噪声功率 P_n 的关系为[16]

$$P_n = k_B T_n B_n \tag{5.217}$$

其中：k_B 为玻尔兹曼常数；B_n 为带宽。

对流层晴空大气气体与电磁波相互作用时，也会辐射噪声功率，称为大气气体辐射噪声。如果频率低于 1 GHz，大气气体辐射噪声温度小于几 K 可以被忽略。但是在高频段（比如 Ku、Ka、毫米波段、THz 波段），大气气体辐射噪声随着频率的增加很快增大。大气不仅衰减信号，也产生噪声，二者同时降低系统接收信号的信噪比，影响无线系统的性能，所以大气气体辐射噪声不能被忽略，需要在系统设计时加以考虑。

某固定的频段内，根据辐射理论，来自大气的辐射噪声温度 T_B（Britness Temperature）表示为[16]

$$T_B = \int_0^\infty T(l)\kappa(l)e^{-\tau(l)}dl + T_\infty e^{-\tau_\infty} \tag{5.218}$$

其中：$T(l)$ 表示大气物理温度沿传播路径的函数；$\kappa(l)$ 表示吸收系数沿传播路径的函数；T_∞ 表示由无限大光学深度 τ_∞ 得出的宇宙背景噪声温度；$\tau(l)$ 表示大气光学深度随传播路径变化的函数，即

$$\tau(l) = \int_0^l \kappa(l')dl' \tag{5.219}$$

令 $\kappa(l) = \kappa$，κ 为平均吸收系数，$T(l) = T_m$，T_m 为平均温度，则 $\tau(l) = \kappa l$，所以式(5.218)表示为

$$T_B = T_m \int_0^{L_0} e^{-\kappa l}\kappa dl + T_\infty e^{-\tau_\infty} \tag{5.220}$$

式(5.220)表示积分包括从地面到大气顶部 L_0 的所有大气辐射元素，T_m 表示环境平均温度，κ 是平均吸收系数，τ 表示从地面到大气顶部 L_0 的光学深度。

大气气体辐射噪声通过影响接收天线的 G/T（天线增益与噪声温度的比值，单位为 dB/K），影响通信链路的传输速率和误码率，从而影响通信质量。G 代表有效天线增益，T 代表系统噪声温度，分别表示为[16]

$$G = G_{vac}(dB) - A_{gas}(dB) \tag{5.221}$$
$$T = T_{vac}(K) + T_{gss}(K) \tag{5.222}$$

其中：G_{vac} 代表真空状态天线增益；A_{gas} 代表大气衰减，包括气体吸收衰减；T_{vac} 代表真空状态下噪声温度，T_{gas} 代表大气噪声温度。大气衰减和辐射噪声引起 G/T 相对真空状态下 G/T 的变化量 $\Delta(G/T)$ 表示为[16]

$$\Delta(G/T) = -A_{gas}(dB) - 10\lg\left(\frac{T_{vac} + T_{gas}}{T_{vac}}\right) \tag{5.223}$$

当电波通过大气时，气体分子对厘米波、毫米波信号有吸收和散射作用，气体与电波相互作用的机理主要是分子的吸收和辐射。对流层大气中，气体吸收主要是由于氧气分子和水蒸气[16]。水蒸气有 29 条吸收线，频率高达 1079 GHz，氧气有 44 条吸收线，频率高达 834 GHz，臭氧吸收相对较弱，频率约为 100 GHz[16]。其他气体对电波吸收衰减也有贡献，但是对电波传播影响都比较微弱。

对于大气中气态物质吸收辐射，式(5.220)可以化简为[16]

$$T_{gas} = T_m(1 - e^{-\tau_0}) = T_m(1 - e^{-\kappa L_0}) = T_m(1 - 10^{-\frac{A_{gas}(dB)}{10}}) \tag{5.224}$$

大气吸收衰减理论见 5.1 节。

5.8   晴空大气幅度闪烁统计特性

5.4.4 节所介绍的湍流大气影响下的视距传播理论表明，大气湍流的散射作用相当于随机广义多径传播效应，所以接收信号的幅度和相位出现随机起伏变化，也就是晴空大气幅度和相位闪烁。式（5.108）和式（5.109）描述了幅度和相位瞬时随机变化的概率密度函数，换句话说利用式（5.108）和式（5.109）可以模拟大气湍流影响作用下的瞬时信号，相关问题在第 8 章中进行讨论。但是，对于链路预算中需要估计发射功率量级而言，应针对大气湍流引起的幅度衰落现象做长期统计研究，分析特定年时间概率对应的衰落深度，将该衰落深度等效为衰减，然后在设置链路发射功率时加以考虑。对于这样的需求，通常关心幅度衰落强度，也称之为闪烁强度 σ_A。闪烁强度 σ_A 实际是信号随机幅度 A 的标准差，定义为

$$\sigma_A = \sqrt{\langle A^2 \rangle - \langle A \rangle^2} = \sqrt{\sigma_A^2} \tag{5.225}$$

需要注意的是，式（5.225）定义的闪烁强度 σ_A 与式（5.108）中的对数振幅标准差 σ_χ 有一定联系，但是绝对不能简单等同，特别是在数值取值方面。对数振幅标准差 σ_χ 的定义为

$$\sigma_\chi = \sqrt{(\ln A - \ln \langle A \rangle)^2} = \sqrt{\sigma_\chi^2} \tag{5.226}$$

所以，读者在阅读到不同文献中给出的闪烁研究结果时，要注意区分其给出的是 σ_χ 还是 σ_A。

一般情况下，当需要把闪烁衰落等效为路径损耗而考虑系统发射功率余量时，则用到 σ_A^2，也就是说如果 0.01% 年时间概率对应的 σ_A 为 5 dB，则为了满足 99.99% 的通信可靠度，需要为闪烁留下的功率余量为 10 dB。如果需要根据对数振幅起伏 $\ln A - \ln \langle A \rangle$ 的概率密度，按照 5.4.4 节中的理论分析闪烁发生时信道的衰落系数，则需要将 σ_χ 代入对数振幅的概率密度函数得出闪烁作用下信号幅度的响应系数。

分析大气闪烁的典型方法在文献[17]中的 2.4 节有详细的介绍，本书不再赘述。下面摘录文献[17]中计算 σ_A 的核心部分。σ_A 与以下因素有关：以 GHz 为单位的信号频率 f，某地区至少 1 年周期的环境以 ℃ 为单位的平均温度，某地区至少 1 年周期的地面平均相对湿度 H，链路仰角 $\theta_{\text{elevation}}$，以 m 为单位的天线物理口径 D_{antenna}，天线的效率 η_{antenna}。年时间概率百分概率 p 对应的闪烁强度 σ_A 表示为

$$\sigma_A = f_p \cdot \sigma_{\text{ref}} \cdot f \cdot \frac{g(x)}{(\sin \theta_{\text{elevation}})^{1.2}} \tag{5.227}$$

式（5.227）中 f 的取值范围为 4～20 GHz，f_p 是年时间百分概率计算因子，f_p 表示为

$$f_p = -0.061 \cdot (\lg p)^3 + 0.072 \cdot (\lg p)^2 - 1.71 \cdot \lg p + 3.0 \tag{5.228}$$

式（5.228）中 p 的取值范围为 0.01～50。式（5.227）中 $g(x)$ 表示天线平均因子，$g(x)$ 表示为

$$g(x) = \sqrt{3.8637(x^2+1)^{\frac{11}{12}} \sin\left[\frac{11}{6}\arctan\left(\frac{1}{x}\right)\right] - 7.0835 x^{\frac{5}{6}}} \tag{5.229}$$

式（5.229）中 x 是与天线有效直径 D_{aeff}、有效路径长度 L_{eff} 有关的中间变量，x 表示为

$$x = 1.22 D_{\text{aeff}}^2 \cdot \frac{f}{L_{\text{eff}}} \tag{5.230}$$

式 (5.230) 中的 D_{aeff} 和 L_{eff} 分别表示为

$$D_{aeff} = \sqrt{\eta_{antenna}} D_{antenna} \qquad (5.231)$$

$$L_{eff} = \frac{2H_{turbulence}}{\sqrt{(\sin\theta_{elevation})^2 + 2.35 \times 10^{-4}} + \sin\theta} \qquad (5.232)$$

式 (5.232) 中的 $H_{turbulence}$ 表示湍流层的高度，其取值与实际环境有关，文献 [17] 中的推荐值为 1000 m。式 (5.227) 中的 σ_{ref} 表示幅度标准差的参考值，σ_{ref} 表示为

$$\sigma_{ref} = 3.6 \times 10^{-3} + 10^{-4} \times N_{0\_wet} \qquad (5.233)$$

其中，N_{0_wet} 是 2.2.1 节中介绍的大气常折射指数中与湿度有关的项，其取值和计算方法见 2.2.1 节。另外，文献 [18] 也是专门讨论 N_{0_wet} 的文献。

5.9　晴空大气环境的其他传输特性

晴空大气中的传播和散射特性是任意无线系统无法避免的问题，本章介绍了典型的理论和模型。但是，晴空大气环境并非只有这些传播效应需要研究，随着无线电子技术的不断发展，可能原来不关注的传输问题已成为关键问题，这就需要结合具体的系统特征研究其他传输特性，例如大气传输特性还有大气折射影响的散焦损耗特性、低仰角多径及到达角起伏、闪烁动态变化特性、散射回波模式识别等。

大气折射影响下产生的散焦损耗就是仰角小于 3° 时，倾斜链路场景下特有的传输特性。当收发端链路仰角小于 3° 时需要考虑穿透大气时产生的散焦损耗 $L_{defocus}$。以 dB 为单位的 $L_{defocus}$ 表示为[19]

$$L_{defocus} = \pm 10\lg(F_{defocus}) \qquad (5.234)$$

其中，$F_{defocus}$ 表示以 Np 为单位的散焦损耗。$F_{defocus}$ 的经验模型表示为[19]

$$F_{defocus} = 1 - \frac{F_{numerator}}{F_{denominator}} \qquad (5.235)$$

当发射天线海拔高度小于接收天线海拔高度时，式 (5.234) 中的"±"取"−"，反之当发射天线海拔高度大于接收天线海拔高度时取"+"。

式 (5.235) 中的分母 $F_{denominator}$ 和分子 $F_{numerator}$ 分别表示为

$$F_{denominator} = (F_{denominator\_1} + F_{denominator\_2} + F_{denominator\_3})^2 \qquad (5.236)$$

$$F_{numerator} = F_{numerator\_1} + F_{numerator\_2} + F_{numerator\_3} \qquad (5.237)$$

式 (5.236) 中的 $F_{denominator\_1}$、$F_{denominator\_2}$ 和 $F_{denominator\_3}$ 分别表示为

$$F_{denominator\_1} = 1.728 + 0.5411\theta_{elevation} + 0.03723(\theta_{elevation})^2 \qquad (5.238)$$

$$F_{denominator\_2} = h_{altitude\_lower}[0.1815 + 0.06272\theta_{elevation} + 0.0138(\theta_{elevation})^2] \qquad (5.239)$$

$$F_{denominator\_3} = (h_{altitude\_lower})^2(0.01727 + 0.008288\theta_{elevation}) \qquad (5.240)$$

式 (5.237) 中的 $F_{numerator\_1}$、$F_{numerator\_2}$ 和 $F_{numerator\_3}$ 分别表示为

$$F_{numerator\_1} = 0.5411 + 0.07446\theta_{elevation} \qquad (5.241)$$

$$F_{numerator\_2} = h_{altitude\_lower}(0.006272 + 0.0276\theta_{elevation}) \qquad (5.242)$$

$$F_{numerator\_3} = (h_{altitude\_lower})^2 0.08288 \qquad (5.243)$$

式 (5.238) ～式 (5.243) 中：$\theta_{elevation}$ 表示收发端之间以度为单位的几何直线仰角；$h_{altitude\_lower}$ 表

示收发天线中海拔高度较低的天线的海拔高度,单位为 km。

低仰角多径及到达角起伏效应也是低仰角状态时关心的传输特性,虽然至今尚无低仰角多径及到达角起伏效应的数学模型,但是低仰角多径衰落效应确实存在于毫米波及以上波段地卫无线链路。到达角的波动可以被认为是射线偏离了其正常路径,到达角起伏在夏季更高,这与夏季表面折射指数增加的结果相符合。通常情况下,到达角起伏也和射线弯曲一样,与 $1 \sim 100$ GHz 之间的频率无关。在发射机通过大气到达接收机的过程中同时存在多个可能的路径,沿不同路径传播的射线以不同的幅度和相位到达接收机,因此形成了干涉,这种现象称为多径。为了将发生在大气中通常以折射为本质的多径现象与地面路径的反射多径区别开,经常使用大气多径这样的术语。对于 $1 \sim 10$ GHz 频率范围的地面路径,大气多径是最常见的传播中断现象,因为反射面(通常情况是地面)靠近射线路径。只有把 k 值从通常的 4/3 做轻微改变才可以将地面包含在第一菲涅尔区。对于链路仰角高于 $10°$ 的星-地路径,无论是由于来自地面、建筑物或者山峰侧面进入天线波束射线分量而形成的反射多径,还是由于大气折射而形成的大气多径,它们都几乎不存在。另一方面,如果仰角足够低使得波束宽度包含了地面,则由于地面反射形成的相消、相长干涉有可能发生。大多数工作场景下,地球站的波束宽度将不包含天线前面的地面。然而,对于极低仰角路径(低于 5℃),大气多径发生的可能性变得非常高。

多径通常会导致从几十秒到几分钟相对较长时间的信号衰落,特别是由于倾斜或抬高的波导以及光滑海面形成的多径。这是因为大尺度、稳定的大气或者海面是有益于产生多径的必要条件。虽然发生相消干涉的程度(衰落程度)本身不具有频率选择性,但是单个多径效应是有频率选择性的,因为只有单一频率的信号才具有能导致在接收处精确对消的两个相位路径。地面微波工程师称这一现象为带内失真。比如,对于 50 MHz 的带宽,在任意时刻多径衰落只会影响瞬时带宽中的几兆赫。如果由于出现在射线路径的微风或者降雨使得大气变得混乱,则多径的可能性将大为减少。

闪烁的动态特性也是对流层传输特性的重要内容。闪烁的动态特性包括电平通过率、功率谱密度平均斜率、衰落频率或者速度、衰落持续时间等,这些问题实际已经是随机信道的内容,相关内容可查阅文献[20]。

需要注意的是,对流层闪烁实际由两种不同的成分叠加而成。第一种闪烁分量是完全由低层对流层大气折射指数小尺度变化而引起的闪烁效应,它是能量弥散效应而不是吸收损耗过程产生的效应,它对噪声没有贡献。第二种闪烁分量是由发生在云边沿且部分在云内部的湍流混合而引起的闪烁,湍流混合是云中饱和空气和云周围的干空气发生混合的过程。这样的闪烁成分一般比晴空大气中发生的闪烁更强烈而且有吸收的元素,吸收元素将引起相对完全晴空条件下噪声温度的增强。5.4.4 节和 5.8 节中的理论及模型似乎更适用于大气闪烁的第一种闪烁分量;对于第二种闪烁分量而言,文献[20]将其称为"云闪烁"。文献[20]中的 Vanhoenacker 模型可用于讨论"云闪烁"特征。

另外,原来工程上只是利用 5.4.2 节和 5.4.3 节中的理论,分析散射传播接收信号特征即可满足散射超视距系统所关心的散射损耗、接收信号衰落特征参数。近几年,有学者提出了基于对流层散射传输的辐射源被动侦查、定位技术,显然 5.4.2 节和 5.4.3 节中的理论不能完全解决该问题,相关问题将在第 8 章中讨论。

所以,作为一名电波传播工作者,一定要利用发展的思维和自己的智慧思考问题,在掌握前辈已经总结的基本理论和规律的基础上，继续不断探索、发现电波传播的新规律，不断对现有模型进行发展、修正和应用，并结合工程技术的发展提出恰当的研究方法，以解决所遇到的新问题。

思考和训练 5

1. 以 dB/km 为单位的衰减率和以 Np/m 为单位的吸收衰减率的关系是什么？

2. 5.2 节中讨论折射效应时，默认为地-空链路收发端中的一端处于对流层以外，请思考如果收发端均位于对流层内部，这部分理论是否仍然适用，如何使用。

3. 在标准大气情况下，如果 $\rho_{curv}/r_{earth}=4$，则称为标准折射，射线朝地表弯曲，但是可以穿过对流层实现地-空链路传播。请思考如果大气环境不是标准大气，应如何确定发生标准折射时的大气梯度结果。

4. 式(5.71)中 $|r_2|$ 精确的物理意义是什么？为何可以将其放在积分号外边？

5. 请思考：湍流散射理论是否需要考虑强起伏和弱起伏的情形；是否也可以根据入射波特性分不同情形考虑；5.4.2 节中的理论是否通用，如不通用，需要如何修正适用于不同的入射波情形。

6. 非视距传播与超视距传播有何异同？

7. 根据 XPD 和 XPI 的定义，分析二者的细微差异。

8. 假设某通信链路环境测得的去极化分辨率 XPD 为 20 dB，而该双极化频率复用系统要求每路通道的信干比(信号功率和干扰功率的比值)要大于 30 dB，请根据去极化 XPD 的概念分析该环境中的双极化系统能否正常工作，并阐述理由。

9. 请推导圆极化波由于对准失配形成的去极化分辨率的计算公式。

10. 如果考虑干涉效应，式(5.212)呈现为什么样的结果？如何考虑大气随机特性作用下的去极化效应？

11. 整理、查阅 ITU - R、COST 等国际科学研究机构提供的最新研究报告中，有关晴空大气环境中电波传播的文件资料，对照本章所介绍的基本理论，思考电波在对流层晴空大气中传输时，还需要考虑哪些传输效应。

★本章参考文献

[1]　熊皓. 无线电波传播[M]. 北京：电子工业出版社，2000.

[2]　International Telecommunication Union. Attenuation by atmospheric gases：ITU - R. P.676 - 7[S]. Geneva：[s.n.]，2008.

[3]　BOUMIS M, FIONDA E, FISER O, et al. Chapter 2.1：Propagation Effects Due to Atmospheric Gases and Clouds[M]//Office for official publications of the European Community. COST Project 255. Luxembourg：[s.n.]，2002.

[4]　江长荫. 雷达电波传播折射与衰减手册[M]. 北京：国防科工委军标出版发行部，1997.

[5]　焦中生，沈超玲，张云. 气象雷达原理[M]. 北京：气象出版社，2005.

[6] 霍尔 M P M. 对流层传播与无线电通信[M]. 梁卓英，张忠治，译. 北京：国防工业出版社，1984：1-38.

[7] 赵小龙. 电磁波在大气波导环境中的传播特性及其应用研究[D]. 西安：西安电子科技大学，2008.

[8] 饶瑞中. 光在湍流大气中的传播[M]. 合肥：安徽科学技术出版社，2005.

[9] ALLNUTT J E. 星地电波传播[M]. 2 版. 吴岭，朱宏权，弓树宏，译. 北京：国防工业出版社，2017.

[10] 张明高. 对流层散射传播[M]. 北京：电子工业出版社，2004.

[11] 刘圣民，熊兆飞. 对流层散射通信技术[M]. 北京：国防工业出版社，1982.

[12] ISHIMARU A. Wave propagation and scattering in random media[M]. New York：IEEE Press，1997.

[13] GONG S H，WEI D X，XUE X W，et al. Study on the Channel Model and BER Performance of Single – Polarization Satellite – Earth MIMO Communication Systems at Ka Band[J]. IEEE Transaction on Antennas and Propagation，2014，62(10)：5282-5297.

[14] 焦培南，张忠治. 雷达环境与电波传播特性[M]. 北京：电子工业出版社，2007.

[15] 谢益溪. 电波传播：超短波·微波·毫米波[M]. 北京：电子工业出版社，1990.

[16] 弓树宏. 电磁波在对流层中传输与散射若干问题研究[D]. 西安：西安电子科技大学，2008.

[17] International Telecommunication Union. Propagation data and prediction methods requied for the design of Earth—space telecommunication systems：ITU – R P.618 – 9 [S].Geneva：[s.n.]，2008.

[18] International Telecommunication Union. The radio refractive index—its formula and refractivity data：ITU – R P.453 – 9[S]. Geneva：[s.n.]，2008.

[19] International Telecommunication Union. Effects of tropospheric refraction on radiowave propagation：ITU – R P.834 – 6[S]. Geneva：[s.n.]，2008.

[20] IPPOLITO L J. Propagation Effects Handbook for Satellite Systems Design—Section 2：Prediction[M]. 5th ed. Springfield，Va：NTIS，1998：26-224.

第 6 章　大气沉降粒子中的传播与散射

云、雨、雪、雾、冰雹、冰晶、沙尘、尘埃、霾等大气沉降粒子的几何尺寸最小可至纳米量级，最大为毫米量级，因此大气沉降粒子对毫米波、亚毫米波、太赫兹波甚至光波信号的影响，远比对波长较长的短波、厘米波的影响严重。本章主要介绍电磁波在大气沉降粒子中的传播与散射的基本理论、方法和模型。本章在大气沉降粒子中电磁波传播特性通用理论的基础上，以两条主线进行讨论：一条主线是讨论沉降粒子环境的非视距传输问题，实际是雷达探测问题；另一条主线是分析沉降粒子环境对视距链路无线系统产生的传输效应，讨论衰减、相移、去极化、附加噪声、接收信号的时间空间起伏特性。6.1 节介绍大气沉降粒子中电磁波传播与散射的基本理论。本章主要讨论大气沉降粒子环境对视距链路的衰减、相移、去极化、附加噪声、接收信号的时间空间起伏特性。对于大气沉降粒子环境的非视距传输问题，也就是雷达探测问题，只在 6.1.6 节中给出雷达方程，有关沉降粒子的雷达探测问题请读者自行查阅气象雷达等专业资料，不过本章内容为阅读气象雷达奠定了很好的理论基础。

6.1　大气沉降粒子中电磁波传播与散射的基本理论

当电磁波与大气沉降粒子相遇时，传播主区内的粒子群对电磁波产生散射和吸收两种效应，因此呈现出宏观上观测到的传输特性。由于传播主区内的粒子群处于随机分布状态，所以传输特性也呈现出随机特征。对于随机离散分布群粒子形成的传输特性，最简单的建模方法就是先考虑单个粒子对电磁波的散射和吸收特征，然后再考虑离散群聚粒子对传输特性的总贡献。本节主要介绍单个粒子对电磁波的散射和吸收效应，以及群聚离散随机分布粒子中的电磁波传播与散射理论。

6.1.1　单个粒子对电磁波的散射和吸收

当电磁波照射一个粒子时，一部分入射能量被粒子散射掉，另一部分入射能量则被粒子吸收。如果假定入射波是平面波，那么分析散射和吸收的现象就非常方便了。如图 6.1 所示，设粒子的相对介电常数为 $\varepsilon_r(r) = \varepsilon_{r\_Re}(r) + j\varepsilon_{r\_Im}(r)$，其特征线度为 D，当一列线极化平面电磁波

$$\boldsymbol{E}_i(\boldsymbol{r}) = e_i \exp(-jk\boldsymbol{i} \cdot \boldsymbol{r}) \qquad (6.1)$$

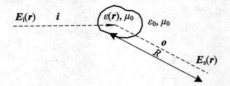

图 6.1 媒质体对平面波的散射

照射该粒子时，单位矢量 o 所指方向、距离粒子为 R 处的散射场，在远场近似条件 $R > D^2/\lambda$ 满足时可以表示为[1]

$$\boldsymbol{E}_s(\boldsymbol{r}') = \boldsymbol{f}(\boldsymbol{o}, \boldsymbol{i}) \frac{\exp(-\mathrm{j}kR)}{R} = \frac{\boldsymbol{S}(\boldsymbol{o}, \boldsymbol{i})}{\mathrm{j}k} \frac{\exp(-\mathrm{j}kR)}{R} \tag{6.2}$$

式(6.1)和式(6.2)中：e_i 表示入射平面波极化方向单位矢量；i 表示入射平面波入射方向单位矢量；入射平面波幅度 $|\boldsymbol{E}_i(\boldsymbol{r})|$ 为 1；$\boldsymbol{f}(\boldsymbol{o}, \boldsymbol{i})$ 和 $\boldsymbol{S}(\boldsymbol{o}, \boldsymbol{i})$ 分别为散射振幅矢量和散射函数矢量。$\boldsymbol{f}(\boldsymbol{o}, \boldsymbol{i})$ 和 $\boldsymbol{S}(\boldsymbol{o}, \boldsymbol{i})$ 包含了沿 i 方向传播的具有单位振幅的平面波照射到粒子上时，远场处 o 方向散射波的振幅、相位和极化状态。

此时，粒子的微分散射截面 $\sigma_d(\boldsymbol{o}, \boldsymbol{i})$ 为[1]

$$\sigma_d(\boldsymbol{o}, \boldsymbol{i}) = \lim_{R \to \infty} \left(\frac{R^2 |\boldsymbol{S}_s|}{|\boldsymbol{S}_i|} \right) = |\boldsymbol{f}(\boldsymbol{o}, \boldsymbol{i})|^2 = \frac{\mathrm{d}P_s/\mathrm{d}\Omega}{|\boldsymbol{S}_i|} \tag{6.3}$$

其中，

$$\boldsymbol{S}_i = \frac{1}{2} \mathrm{Re}(\boldsymbol{E}_i \times \boldsymbol{H}_i^*) = \frac{\boldsymbol{i} |\boldsymbol{E}_i|^2}{2\eta_0} = \frac{\boldsymbol{i}}{2\eta_0} \tag{6.4}$$

$$\boldsymbol{S}_s = \frac{1}{2} \mathrm{Re}(\boldsymbol{E}_s \times \boldsymbol{H}_s^*) = \frac{\boldsymbol{o} |\boldsymbol{E}_s|^2}{2\eta_0} = \frac{\boldsymbol{o} |\boldsymbol{f}(\boldsymbol{i}, \boldsymbol{o})|^2}{2\eta_0 R^2} \tag{6.5}$$

式(6.3)~式(6.5)中：$\boldsymbol{S}_i$ 和 $\boldsymbol{S}_s$ 分别表示入射波和散射波的能流密度矢量；$\eta_0 = (\mu_0/\varepsilon_0)^{1/2}$ 是自由空间的特征阻抗；$\mathrm{Re}(\cdot)$ 表示取复数的实部；$\mathrm{d}P_s/\mathrm{d}\Omega$ 表示单位矢量 o 方向单位立体角范围内的散射功率。从式(6.3)可以看出 $\sigma_d(\boldsymbol{o}, \boldsymbol{i})$ 具有"面积/单位立体角"的量纲。$\sigma_d(\boldsymbol{o}, \boldsymbol{i})$ 用于度量粒子对入射波 $\boldsymbol{E}_i(\boldsymbol{r})$ 在单位矢量 o 方向的散射能力，它仅是散射波传播方向 o 相对于入射波传播方向 i 所呈夹角 θ_s 的函数。

如果将 $\sigma_d(\boldsymbol{o}, \boldsymbol{i})$ 对 4π 立体角积分，则积分表达式为

$$\int_{4\pi} \sigma_d(\boldsymbol{o}, \boldsymbol{i}) \mathrm{d}\Omega = \int_{4\pi} \left(\frac{\mathrm{d}P_s/\mathrm{d}\Omega}{|\boldsymbol{S}_i|} \right) \mathrm{d}\Omega = \frac{\int_{4\pi} \mathrm{d}P_s}{|\boldsymbol{S}_i|} = \frac{P_s}{|\boldsymbol{S}_i|} \tag{6.6}$$

显然，P_s 表示粒子对入射波 $\boldsymbol{E}_i(\boldsymbol{r})$ 在各个方向散射功率的总和，所以 $\int_{4\pi} \sigma_d(\boldsymbol{o}, \boldsymbol{i}) \mathrm{d}\Omega$ 可以度量粒子对入射波 $\boldsymbol{E}_i(\boldsymbol{r})$ 的散射能力。如果将式(6.6)变形为

$$P_s = |\boldsymbol{S}_i| \cdot \int_{4\pi} \sigma_d(\boldsymbol{o}, \boldsymbol{i}) \mathrm{d}\Omega = |\boldsymbol{S}_i| \cdot \sigma_s \tag{6.7}$$

则可以看出 $\int_{4\pi} \sigma_d(\boldsymbol{o}, \boldsymbol{i}) \mathrm{d}\Omega = \sigma_s$ 表示一个虚拟的面积，用入射波的能流密度矢量的模乘以这个面积，即可获得这个粒子朝各个方向对入射散射功率的综合。所以，定义 $\sigma_s = \int_{4\pi} \sigma_d(\boldsymbol{o}, \boldsymbol{i}) \mathrm{d}\Omega$ 为该粒子的散射截面，它是度量粒子对入射波 $\boldsymbol{E}_i(\boldsymbol{r})$ 散射能力的物理量。散射截面 σ_s 为

$$\sigma_s = \frac{P_s}{|\boldsymbol{S}_i|} = \int_{4\pi} |\boldsymbol{f}(\boldsymbol{o}, \boldsymbol{i})|^2 \, \mathrm{d}\Omega \tag{6.8}$$

同样，如果有一个虚拟的面积 σ_a，用入射波的能流密度矢量的模乘以这个面积，即可获得这个粒子对入射波 $\boldsymbol{E}_i(\boldsymbol{r})$ 吸收的总功率 P_a，则 σ_a 可以度量粒子对入射波的吸收能力，将其定义为吸收截面，即

$$\sigma_a = \frac{P_a}{|\boldsymbol{S}_i|} \tag{6.9}$$

显然，入射波的能流密度矢量的模乘以 $\sigma_s + \sigma_a$，则表示该粒子对入射波 $\boldsymbol{E}_i(\boldsymbol{r})$ 散射功率和吸收功率的和，可以描述粒子对入射波 $\boldsymbol{E}_i(\boldsymbol{r})$ 的消光效应。所以，定义粒子的消光截面为 σ_t，即

$$\sigma_t = \sigma_s + \sigma_a \tag{6.10}$$

根据前向散射定理[1]可知，σ_t 与前向散射振幅矢量和前向散射函数矢量的关系为

$$\sigma_t = \sigma_a + \sigma_s = \frac{4\pi}{k} \mathrm{Im}[\boldsymbol{f}(\boldsymbol{i}, \boldsymbol{i})] \cdot \boldsymbol{e}_i = \frac{4\pi}{k^2} \mathrm{Re}[\boldsymbol{S}(\boldsymbol{i}, \boldsymbol{i})] \cdot \boldsymbol{e}_i \tag{6.11}$$

需要注意的是，如果入射波不是线极化波，则 $\boldsymbol{f}(\boldsymbol{o}, \boldsymbol{i})$ 和 $\boldsymbol{S}(\boldsymbol{o}, \boldsymbol{i})$ 不再是简单的矢量，而是矩阵形式，分别称为散射振幅矩阵和散射函数矩阵，于是式(6.2)表示为矩阵形式[1]：

$$\begin{bmatrix} E_{s\perp} \\ E_{s\parallel} \end{bmatrix} = \frac{\exp(-\mathrm{j}kR)}{R} \begin{bmatrix} f_{11}(\boldsymbol{o}, \boldsymbol{i}) & f_{12}(\boldsymbol{o}, \boldsymbol{i}) \\ f_{21}(\boldsymbol{o}, \boldsymbol{i}) & f_{22}(\boldsymbol{o}, \boldsymbol{i}) \end{bmatrix} \begin{bmatrix} E_{i\perp} \\ E_{i\parallel} \end{bmatrix}$$

$$= \frac{\exp(-\mathrm{j}kR)}{\mathrm{j}kR} \begin{bmatrix} S_1(\boldsymbol{o}, \boldsymbol{i}) & S_4(\boldsymbol{o}, \boldsymbol{i}) \\ S_3(\boldsymbol{o}, \boldsymbol{i}) & S_2(\boldsymbol{o}, \boldsymbol{i}) \end{bmatrix} \begin{bmatrix} E_{i\perp} \\ E_{i\parallel} \end{bmatrix} \tag{6.12}$$

如果用 $\boldsymbol{F}_M(\boldsymbol{o}, \boldsymbol{i})$ 和 $\boldsymbol{S}_M(\boldsymbol{o}, \boldsymbol{i})$ 表示散射幅度矩阵和散射函数矩阵，则前向散射定理表示为

$$\sigma_t = \frac{4\pi}{k} \mathrm{Im}[\boldsymbol{e}_i \cdot \boldsymbol{F}_M(\boldsymbol{i}, \boldsymbol{i}) \cdot \boldsymbol{e}_i] = \frac{4\pi}{k^2} \mathrm{Re}[\boldsymbol{e}_i \cdot \boldsymbol{S}_M(\boldsymbol{i}, \boldsymbol{i}) \cdot \boldsymbol{e}_i] \tag{6.13}$$

前述的 $\boldsymbol{f}(\boldsymbol{o}, \boldsymbol{i})$、$\boldsymbol{S}(\boldsymbol{o}, \boldsymbol{i})$、$\sigma_s$、$\sigma_a$ 以及 σ_t 都是研究沉降粒子环境中电磁波传输特性的基础物理量。本节只介绍了这些物理量的基本概念及相互关系，计算这些物理量的具体理论极其复杂，并且这些物理量的计算隶属于电磁场边值问题，具体计算方法要根据粒子形状特征采取恰当的方法。例如：对于球形粒子等规则形状粒子可以采用 Mie 理论[1]等解析解法；对于类球形粒子等不具备规则几何形状的粒子，可以采用点匹配法[2]、T 矩阵法[2]以及弗雷德霍姆积分法[2]等数值解法。本书重在讨论对流层环境中电磁波的传输特性，不再赘述相关问题。

为了描述散射媒质对入射电磁波的极化状态的影响过程，需要利用 Mueller 散射矩阵 $\boldsymbol{M}_M$ 将入射波的极化状态 Stokes 矩阵 $\boldsymbol{M}_{S\_i}$ 与散射波的极化状态 Stokes 矩阵 $\boldsymbol{M}_{S\_s}$ 联系起来，它们的关系为[1]

$$\boldsymbol{M}_{S\_s} = \boldsymbol{M}_M \boldsymbol{M}_{S\_i} \tag{6.14}$$

其中，$\boldsymbol{M}_{S\_i}$ 和 $\boldsymbol{M}_{S\_s}$ 分别表示为

$$\boldsymbol{M}_{S\_i} = \begin{bmatrix} I_i \\ Q_i \\ U_i \\ V_i \end{bmatrix} \tag{6.15}$$

$$\boldsymbol{M}_{S\_s} = \begin{bmatrix} I_s \\ Q_s \\ U_s \\ V_s \end{bmatrix} \tag{6.16}$$

式(6.15)和式(6.16)中矩阵元素分别表示为

$$\begin{cases} I_i = |E_{i\parallel}|^2 + |E_{i\perp}|^2 \\ Q_i = |E_{i\parallel}|^2 - |E_{i\perp}|^2 \\ U_i = 2\mathrm{Re}(E_{i\parallel} E_{i\perp}^*) \\ V_i = 2\mathrm{Im}(E_{i\parallel} E_{i\perp}^*) \end{cases} \tag{6.17}$$

$$\begin{cases} I_s = |E_{s\parallel}|^2 + |E_{s\perp}|^2 \\ Q_s = |E_{s\parallel}|^2 - |E_{s\perp}|^2 \\ U_s = 2\mathrm{Re}(E_{s\parallel} E_{s\perp}^*) \\ V_s = 2\mathrm{Im}(E_{s\parallel} E_{s\perp}^*) \end{cases} \tag{6.18}$$

式(6.14)中媒质的 Mueller 散射矩阵 $\boldsymbol{M}_M$ 表示为

$$\boldsymbol{M}_M = \frac{1}{k^2 R^2} \begin{bmatrix} M_{M\_11} & M_{M\_12} & M_{M\_13} & M_{M\_14} \\ M_{M\_21} & M_{M\_22} & M_{M\_23} & M_{M\_24} \\ M_{M\_31} & M_{M\_32} & M_{M\_33} & M_{M\_34} \\ M_{M\_41} & M_{M\_42} & M_{M\_43} & M_{M\_44} \end{bmatrix} \tag{6.19}$$

式(6.19)中的各元素分别表示为

$$\begin{cases} M_{M\_11} = \dfrac{|S_1|^2 + |S_2|^2 + |S_3|^2 + |S_4|^2}{2} \\[2mm] M_{M\_12} = \dfrac{|S_2|^2 - |S_1|^2 + |S_4|^2 - |S_3|^2}{2} \\[2mm] M_{M\_13} = \mathrm{Re}(S_2 S_3^* + S_1 S_4^*) \\ M_{M\_14} = \mathrm{Im}(S_2 S_3^* - S_1 S_4^*) \\ M_{M\_21} = \dfrac{|S_2|^2 - |S_1|^2 - |S_4|^2 + |S_3|^2}{2} \\[2mm] M_{M\_22} = \dfrac{|S_2|^2 + |S_1|^2 - |S_4|^2 - |S_3|^2}{2} \\[2mm] M_{M\_23} = \mathrm{Re}(S_2 S_3^* - S_1 S_4^*) \\ M_{M\_24} = \mathrm{Im}(S_2 S_3^* + S_1 S_4^*) \\ M_{M\_31} = \mathrm{Re}(S_2 S_4^* + S_1 S_3^*) \\ M_{M\_32} = \mathrm{Re}(S_2 S_4^* - S_1 S_3^*) \\ M_{M\_33} = \mathrm{Re}(S_1 S_2^* + S_3 S_4^*) \\ M_{M\_34} = \mathrm{Im}(S_2 S_1^* + S_4 S_3^*) \\ M_{M\_41} = \mathrm{Im}(S_4 S_2^* + S_1 S_3^*) \\ M_{M\_42} = \mathrm{Im}(S_4 S_2^* - S_1 S_3^*) \\ M_{M\_43} = \mathrm{Im}(S_1 S_2^* - S_3 S_4^*) \\ M_{M\_44} = \mathrm{Re}(S_1 S_2^* - S_3 S_4^*) \end{cases} \tag{6.20}$$

需要注意的是，如果粒子呈现随机运动，则应讨论粒子散射特性的时间相关、空间相关等问题。由于这些问题涉及较多随机过程和随机场内容，因此不便在本书中展开说明，读者可结合本章基础理论，查阅有关随机媒质中的波传播的专业资料，了解相关内容。

6.1.2　沉降粒子环境中电磁波的传输问题分类

正如第 3 章所描述的一样，大气沉降粒子环境实际是不同物质成分的离散粒子按照一定的尺寸分布、空间分布和运动规律弥散于大气中的群聚随机离散粒子。群聚随机离散粒子与电磁波的相互作用过程极其复杂，不同的链路情形、不同稠密程度的粒子分布条件下，需要考虑的问题也不同。例如：稠密分布粒子情况下需要考虑粒子之间的二次及高次散射效应，而稀疏分布情况下则可以使用单次散射或者一阶多重散射近似处理问题；对于视线传播链路而言，更关心沉降粒子对信号的衰减、相移、去极化、附加噪声、接收信号的时空起伏变化统计特性等，而诸如雷达探测、链路间相互干扰等针对大气沉降粒子环境的非视线散射传播问题，更关心基于雷达方程的群粒子散射截面、散射场的时空变化统计特性等问题，当然入射信号到达散射区域的过程和散射信号到达接收端的过程实际又是视线传播问题。

也就是说，按照粒子分布稠密程度以及链路几何结构不同，沉降粒子环境中电磁波传输问题可以分为四类：稀疏分布视线传输、稀疏分布非视线传输以及稠密分布视线传输和稠密分布非视线传输。

视线传输和非视线传输很好区分，如果收发天线配对波束之间的连线为几何直线，则为视线传输，否则为非视线传输。但是对于稀疏分布和稠密分布而言，目前并没有统一的判据用于定义稠密和稀疏分布。有文献表明，如果粒子平均间距大于 5 倍波长，则可以认为是稀疏分布沉降粒子环境[3]。文献[1]显示，如果粒子所占的体积相对于随机媒质总体积而言小于 0.1%，则称之为稀薄随机媒质，可用单次散射和一阶多重散射近似方法；当粒子的体积百分比超过 1% 时，可以采用漫射近似方法；如果粒子所占体积百分比为 0.1%～1%，则上述两种近似方法均失效，需要采用输运理论考虑粒子的多重散射。对于本书所关心的对流层沉降粒子环境而言，文献[1]和[2]表明单次散射近似和一阶多重散射近似可以很好地处理毫米波及以上波段的传输特性问题。所以本章主要采用单次散射近似和一阶多重散射近似方法，讨论稀疏分布粒子环境中视线和非视线链路中的传输特性的理论方法，并且在理论通用模型的基础上介绍不同沉降粒子环境中评估传输特性的工程模型。

单次散射是指入射信号与粒子相互作用以后，散射场直接到达接收天线，而不再受其他粒子吸收和散射的影响，如图 6.2(a) 所示。一阶多重散射近似是指入射信号与粒子相互作用以后，散射场到达接收天线之前还会遇到其他散射粒子，但是只考虑这些粒子的散射、吸收效应对散射场的衰减作用，而不考虑二次以上的高次散射场对接收场的贡献，如图 6.2(b) 所示。多重散射和扩散近似是处理稠密分布的两种近似模型，使用漫射近似时粒子的稠密程度要比使用多重散射近似时更加严重，而且处理两种散射模型的理论也不同，多重散射模型要使用输运理论[1]，漫射近似散射模型需要从输运方程推导得出的漫射方程处理此时的多重散射问题[1]。

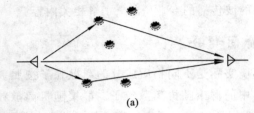

经粒子散射的电磁波不会再遇到其他粒子

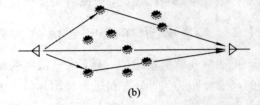

经粒子散射的电磁波会遇到其他粒子，但是由于粒子较稀薄，二次散射波经过其他粒子散射回到接收点的概率很小，并且散射引起的衰减需要考虑

(a)　　　　　　　　　　　　**(b)**

图 6.2　单次散射及一阶多重散射近似示意图

(a) 单次散射近似；(b) 一阶多重散射近似

6.1.3　沉降粒子环境中的衰减及相移理论

如 6.1.1 节所述，当电磁波遇到大气沉降粒子时，一部分能量由于散射效应而不能到达接收天线，另一部分能量由于吸收效应而转化成内容，所以电磁波沿原来方向传播的能量减少了。也就是说，随机分布沉降粒子的散射和吸收效应，是沉降粒子环境产生衰减效应的物理机理。根据电磁散射理论可知，当沉降粒子等效直径远小于波长时，吸收效应更加明显，当沉降粒子等效直径与波长可比时，散射效应更加明显[1]。实际上，在分析沉降粒子环境中的衰减效应时，总是直接分析其消光效应，而不去具体量化其散射和吸收的贡献。

对于实际大气沉降粒子，稀疏分布是十分合理的近似[2]，所以假设如图 6.3 所示沿 y 方向的线极化平面波通过半无限大稀疏分布沉降粒子区域时，受第一菲涅尔区内 $(x, y, 0)$ 处直径为 D 的粒子的影响而忽略去极化效应时接收点 $(0, 0, z)$ 处的电场的复振幅表示为[2]

$$E = E_0 \exp(-\mathrm{j}kz) + E_0 \frac{S(D, 0)}{\mathrm{j}kr} \exp(-\mathrm{j}kr) \tag{6.21}$$

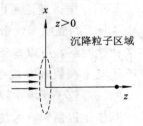

图 6.3　平面波通过半无限大沉降粒子环境示意图

式 (6.21) 中：右边第一项表示直接沿 z 轴方向入射至 $(0, 0, z)$ 的信号；第二项表示 $(x, y, 0)$ 处直径为 D 的粒子的散射场，r 表示粒子到接收点的距离，所以 r 表示为

$$r = \sqrt{x^2 + y^2 + z^2} \tag{6.22}$$

由于 6 GHz 以上电磁波受到大气沉降粒子的衰减效应比较明显，所以这些波段信号的波长较小，菲涅尔区半径较小，因此可以合理假设 $z \gg x$ 和 $z \gg y$ 成立，且利用

$$\left(1+\frac{x^2+y^2}{z^2}\right)^{1/2}=1+\frac{1}{2}\,\frac{x^2+y^2}{z^2}+\frac{\frac{1}{2}\left(\frac{1}{2}-1\right)}{2!}\left(\frac{x^2+y^2}{z^2}\right)^2+\cdots\approx1+\frac{x^2+y^2}{2z^2}$$

$$(6.23)$$

所以式(6.22)进一步表示为

$$r\approx z+\frac{x^2+y^2}{2z}$$

$$(6.24)$$

将式(6.24)代入式(6.21)时，在球面波扩散因子中近似认为 $r\approx z$，而相位因子中则利用式(6.24)的形式，所以式(6.21)重写为

$$E=E_0\exp(-jkz)+E_0\exp(-jkz)\,\frac{S(D,0)}{jkz}\exp\left(-jk\,\frac{x^2+y^2}{2z}\right)$$

$$(6.25)$$

令 $E_i=E_0\exp(-jkz)$，则式(6.25)表示为

$$E=E_i+E_i\,\frac{S(D,0)}{jkz}\exp\left(-jk\,\frac{x^2+y^2}{2z}\right)$$

$$(6.26)$$

依据单次散射假设可知，$(0,0,z)$ 的散射场应该等于 $0\sim z$ 范围内，整个菲涅尔区内所有粒子的叠加，即

$$E=E_i\left[1+\int_{D_{\min}}^{D_{\max}}\int_0^L\int_{-\infty}^{+\infty}\int_{-\infty}^{+\infty}N(D)\,\frac{S(D,0)}{jkz}\exp\left(-jk\,\frac{x^2+y^2}{2z}\right)dx\,dy\,dz\,dD\right]$$

$$(6.27)$$

其中：$D_{\min}$ 和 $D_{\max}$ 分别表示粒子的最小直径和最大直径；L 表示传播距离；$N(D)$ 为粒子尺寸谱函数。式(6.27)可以进一步表示为

$$E=E_i\left\{1+\int_{D_{\min}}^{D_{\max}}N(D)S(D,0)\left[\iint_0^L\int_{-\infty}^{+\infty}\int_{-\infty}^{+\infty}\frac{1}{jkz}\exp\left(-jk\,\frac{x^2+y^2}{2z}\right)dx\,dy\,dz\right]dD\right\}$$

$$(6.28)$$

其中 $\int_0^L\int_{-\infty}^{+\infty}\int_{-\infty}^{+\infty}\frac{1}{jkz}\exp\left(-jk\,\frac{x^2+y^2}{2z}\right)dx\,dy\,dz$ 进一步表示为

$$\iiint\frac{e^{-jk\frac{x^2+y^2}{2z}}}{jkz}dx\,dy\,dz=\int\frac{1}{jkz}\left(\iint e^{\frac{-jk}{2z}\rho^2}\rho\,d\rho\,d\theta\right)dz=\int\frac{2\pi}{k^2}\left[e^{\frac{-jk}{2z}\rho^2}\,\bigg|_0^\infty\right]dz=-\frac{2\pi}{k^2}L$$

$$(6.29)$$

所以，式(6.27)最后表示为

$$E=E_i\left[1-\frac{2\pi}{k^2}L\int_{D_{\min}}^{D_{\max}}S(D,0)N(D)dD\right]$$

$$(6.30)$$

如果把群聚沉降粒子和背景等效为一种有耗连续媒质，则 $(0,0,z)$ 可以表示为

$$E=E(0)e^{-jk_sL}$$

$$(6.31)$$

把式(6.31)在 $L=0$ 处展开，有

$$E\approx E(0)(1-jk_sL)$$

$$(6.32)$$

当 $L=0$ 时，式(6.31)式(6.32)中的 $E(0)$ 与式(6.30)中的 E_i 相等，所以式(6.32)表示为

$$E\approx E_i(1-jk_sL)$$

$$(6.33)$$

对比式(6.33)和式(6.30)，可知

$$k_s=-j\frac{2\pi}{k^2}\int_{D_{\min}}^{D_{\max}}S(D,0)N(D)dD$$

$$(6.34)$$

为了表示沉降粒子环境相对于真空传播的附加效应，定义沉降粒子环境的等效复折射

率为

$$n_{p\_Re} - j n_{p\_Im} = n_e - 1 = \frac{k_s}{k} = -j \frac{2\pi}{k^3} \int_{D_{min}}^{D_{max}} S(D, 0) N(D) dD \tag{6.35}$$

其中，n_e 表示沉降粒子环境与真空环境的等效折射率。显然，$(n_e - 1)k$ 表示沉降粒子环境相对于真空传播环境的附加波数，也就是沉降粒子环境的附加效应。

假设不考虑背景环境条件群聚粒子的等效媒质折射率为 $N = N_{Re} + N_{Im}$，则该环境条件下传播距离 L 后的场强表示为

$$E = E_i e^{-j(N_{Re} - j N_{Im})kL} = E_i e^{-N_{Im}kL} e^{-j N_{Re}kL} \tag{6.36}$$

其中：E_i 表示群聚等效媒质的入射场复振幅；$e^{-N_{Im}kL}$ 表示群聚粒子的附加衰减系数；$N_{Re}kL$ 表示群聚粒子的附加相移。如果定义衰减为

$$A_{dB} = 20 \lg \left| \frac{E_i}{E} \right| = 20 \lg \left(\frac{E_i}{E_i e^{-kN_{Im}L}} \right) = 20 \lg(e^{kN_{Im}L}) \tag{6.37}$$

则将式(6.37)进一步化简，得到

$$A_{dB} = \left\{ 8.686 \frac{2\pi}{k^2} \int_{D_{min}}^{D_{max}} Re[S(D, 0)] N(D) dD \right\} L \tag{6.38}$$

其中，L 是以 m 为单位的传播距离，因此以 dB/km 为单位的衰减率表示为

$$\gamma_{dB/km} = 8.686 \times 10^3 \frac{2\pi}{k^2} \int_{D_{min}}^{D_{max}} Re[S(D, 0)] N(D) dD \tag{6.39}$$

同理，由式(6.36)可知，以°/km 为单位的相移率表示为

$$\beta_{°/km} = 57.296 \times 10^3 \frac{2\pi}{k^2} \int_{D_{min}}^{D_{max}} Im[S(D, 0)] N(D) dD \tag{6.40}$$

如果入射波是如图 6.3 所示的沿 x 方向的线极化平面波，则推导过程不变，只需对 $S(D, 0)$ 区分即可，图 6.3 中沿 x、y 方向极化分别为垂直极化和水平极化。因为任意极化状态波均可分解为水平极化和垂直极化的叠加，所以通常只评估水平、垂直极化的衰减特性。为了考虑水平极化和垂直极化的区别，将式(6.39)和式(6.40)重写为

$$\gamma_{dB/km\_H(V)} = 8.686 \times 10^3 \frac{2\pi}{k^2} \int_{D_{min}}^{D_{max}} Re[S_{H(V)}(D, 0)] N(D) dD$$

$$= -8.686 \times 10^3 \frac{2\pi}{k} \int Im[f_{H, v}(D, 0)] N(D) dD \tag{6.41}$$

$$\beta_{°/km\_H(V)} = 57.296 \times 10^3 \frac{2\pi}{k^2} \int_{D_{min}}^{D_{max}} Im[S_{H(V)}(D, 0)] N(D) dD$$

$$= -57.296 \times 10^3 \frac{2\pi}{k} \int_{D_{min}}^{D_{max}} Re[f_{H(V)}(D, 0)] N(D) dD \tag{6.42}$$

式(6.41)和式(6.42)是计算所有大气沉降粒子衰减率和相移率的通用理论模型，关键是如何确定大气沉降粒子的尺寸分布谱函数和单个粒子的散射幅度函数。沉降粒子中的总附加衰减和总附加相移表示为

$$A_{dB\_H(V)} = \gamma_{dB/km\_H(V)} L_{e\_km} \tag{6.43}$$

$$\beta_{°\_H(V)} = \beta_{°/km\_H(V)} L_{e\_km} \tag{6.44}$$

由于沉降粒子环境具有空间分布不均匀性，所以式(6.43)和式(6.44)中的 L_{e_km} 是通过沉降粒子环境以 km 为单位的等效路径长度，而不是几何路径长度。

另外需要说明的是,沉降粒子环境中衰减理论模型推导过程不止本书中这一种方法,也有文献按照强度传输微分方程

$$\frac{\mathrm{d}I}{\mathrm{d}z} = -\left(\sum \sigma_{\mathrm{t}}\right)I \tag{6.45}$$

进行推导。其中,I 表示图 6.3 中坐标 z 处波的强度(即平均能流密度),σ_{t} 表示沉降粒子的消光截面。其实 6.1.1 节中的前向散射定理正是利用两种不同的方法推导衰减后得出的结论。但是这种方法的缺点是不能给出沉降粒子环境的附加相移特征,不能说明波场的传播细节。读者可以自行查阅关于降雨衰减理论模型的其他推导过程。

6.1.4　沉降粒子环境中的去极化理论

沉降群聚粒子的去极化效应主要是由于随机分布的非球对称粒子对电磁信号的散射、吸收效应而形成的对特征波的差分衰减、差分相移所致,非球对称粒子的尺寸分布、倾角分布直接影响去极化效应的严重程度。如图 6.4 所示,假设沉降粒子沿电磁波传播路径统计均匀,传播方向为 z 方向,群聚粒子存在区间为 $z=0$ 至 $z=l$,则控制电场变化的微分方程为[4-5]

$$\frac{\mathrm{d}\boldsymbol{E}}{\mathrm{d}z} = \boldsymbol{M}\boldsymbol{E} \tag{6.46}$$

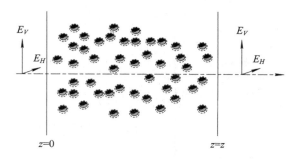

图 6.4　电磁波通过沉降群聚粒子示意图

式(6.46)中:$\boldsymbol{E}$ 是由元素 E_H 和 E_V 组成的列矢量;$\boldsymbol{M}$ 为二阶方阵,即

$$\boldsymbol{M} = \boldsymbol{M}_0 \boldsymbol{M}' \tag{6.47}$$

其中,$\boldsymbol{M}_0$ 代表自由空间的传播特性,是对角元素为 $-\mathrm{j}k$ 的对角矩阵,即

$$\boldsymbol{M}_0 = \begin{bmatrix} -\mathrm{j}k & 0 \\ 0 & -\mathrm{j}k \end{bmatrix} \tag{6.48}$$

$\boldsymbol{M}'$ 表示群聚粒子的影响,包含所有不同尺寸、不同取向离散分布粒子的前向散射矩阵的总和。$\boldsymbol{M}$ 的元素分别为[4]

$$M_{11} = -\mathrm{j}k - \frac{\mathrm{j}2\pi}{k} \iiint \left[f_x(D,\gamma)\cos^2\theta - f_y(D,\gamma)\sin^2\theta \right] N(D,\theta,\gamma)\mathrm{d}D\mathrm{d}\theta\mathrm{d}\gamma \tag{6.49}$$

$$M_{22} = -\mathrm{j}k - \frac{\mathrm{j}2\pi}{k} \iiint \left[f_x(D,\gamma)\sin^2\theta - f_y(D,\gamma)\cos^2\theta \right] N(D,\theta,\gamma)\mathrm{d}D\mathrm{d}\theta\mathrm{d}\gamma \tag{6.50}$$

$$M_{12} = M_{21} = -\frac{\mathrm{j}2\pi}{k} \iiint \left[f_x(D,\gamma) - f_y(D,\gamma) \right]\sin\theta\cos\theta N(D,\theta,\gamma)\mathrm{d}D\mathrm{d}\theta\mathrm{d}\gamma \tag{6.51}$$

式(6.49)～式(6.51)中：f_x 和 f_y 为单个非球形旋转对称粒子对沿粒子 x 特征方向极化和沿粒子 y 特征方向极化的电磁波的前向散射振幅，非球形粒子的散射振幅可以采用点匹配法、T 矩阵法、弗雷德霍姆积分法[2]等方法计算。对于任意旋转对称轴非球形粒子，y 特征方向是对称轴方向，x 特征方向是与 y 特征方向正交的任意方向。例如，对于 3.2.1 节中介绍的扁椭球雨滴粒子而言，y 特征方向是椭球粒子的短半轴，x 特征方向是平行于长半轴所在平面的某一方向。对于柱形粒子而言，y 特征方向是沿柱形粒子轴线的方向，x 特征方向是沿柱形粒子半径的方向；对于任意旋转对称轴非球形粒子而言，γ 和 θ 的定义可参照 3.2.1 节中的雨滴粒子倾角的定义；$N(D, \theta, \gamma)$ 为具有特定尺寸和倾角分布的粒子尺寸分布函数。

式(6.46)的解为

$$\boldsymbol{E} = \boldsymbol{T}\boldsymbol{E}^0 \tag{6.52}$$

其中：$\boldsymbol{E}^0$ 为 $z=0$ 时的入射场；$\boldsymbol{T}$ 为传输矩阵，其元素由以下公式给出：

$$T_{11} = \cos^2\phi\, \mathrm{e}^{\lambda_2 z}(G + \tan^2\phi) \tag{6.53}$$

$$T_{12} = T_{21} = -\cos^2\phi\, \mathrm{e}^{\lambda_2 z}(1-G)\tan\phi \tag{6.54}$$

$$T_{22} = \cos^2\phi\, \mathrm{e}^{\lambda_2 z}(1 + G\tan^2\phi) \tag{6.55}$$

其中

$$\phi = \frac{1}{2}\arctan\left(\frac{2M_{12}}{M_{11} - M_{12}}\right) \tag{6.56}$$

$$G = \mathrm{e}^{(\lambda_1 - \lambda_2)z} \tag{6.57}$$

λ_1 和 λ_2 为矩阵 $\boldsymbol{M}$ 的本征值，由下式给出：

$$\left.\begin{array}{c}\lambda_1 \\ \lambda_2\end{array}\right\} = \frac{1}{2}\{M_{11} + M_{22} \pm [(M_{11} - M_{22})^2 + (2M_{12})^2]^{1/2}\} \tag{6.58}$$

所以，根据 5.6 节中的有关去极化的基本概念，可以得到水平极化波和垂直极化波的去极化分辨率：

$$\mathrm{XPD}_H = 20\lg\frac{E_{HH}}{E_{VH}} = 20\lg\left|\frac{T_{11}}{T_{21}}\right| = 20\lg\left|\frac{G + \tan^2\phi}{(1-G)\tan\phi}\right| \tag{6.59}$$

$$\mathrm{XPD}_V = 20\lg\frac{E_{VV}}{E_{HV}} = 20\lg\left|\frac{T_{22}}{T_{12}}\right| = 20\lg\left|\frac{1 + G\tan^2\phi}{(1-G)\tan\phi}\right| \tag{6.60}$$

同样，可得右旋和左旋极化波的去极化分辨率：

$$\mathrm{XPD}_R = 20\lg\frac{E_{RR}}{E_{LR}} = 20\lg\left|\frac{T'_{11}}{T'_{21}}\right| = 20\lg\left|\frac{(1+G)\mathrm{e}^{2j\phi}}{1-G}\right| \tag{6.61}$$

$$\mathrm{XPD}_L = 20\lg\frac{E_{LL}}{E_{RL}} = 20\lg\left|\frac{T'_{22}}{T'_{12}}\right| = 20\lg\left|\frac{(1+G)\mathrm{e}^{-2j\phi}}{1-G}\right| \tag{6.62}$$

其中，T_{11}、T_{12}、T_{21} 和 T_{22} 与 T'_{11}、T'_{12}、T'_{21} 和 T'_{22} 之间的关系见式(5.203)及式(5.204)。

本小节介绍的计算理论，对于所有沉降粒子环境均适用。理论计算去极化分辨率的关键在于计算非球形粒子散射特性、获取粒子倾角及尺寸分布函数。根据具体恶劣气象环境发生时的粒子谱分布、倾角谱分布等具体参数，分析不同特征极化波相对具体粒子的散射振幅，然后根据式(6.49)～式(6.62)计算具体环境中的去极化分辨率 XPD。需要特别说明的是，球形对称粒子不会产生去极化效应，而且如果线极化波的极化方向严格沿非球形粒子(椭球或者其他轴对称粒子)的对称轴也不会产生去极化效应。实际应用中，分析去极化特性计算模型是在理论模型的基础上进行合理近似和简化，从而获得具体沉降环境去极化特性统计特性的实用模型，相关内容见 6.3 节。

6.1.5　沉降粒子环境中的视线传播理论

当视线链路电磁波穿过雨、雪、沙尘等沉降粒子环境后，接收天线接收的信号不仅受到随机分布粒子的衰减影响，同时还接收到随机分布粒子的散射信号。换句话说，沉降粒子环境相当于随机多径传播效应，使得没有沉降粒子时通信环境所符合的某种多径传播特点发生变化，信道相应系数也发生变化，如果无线系统不能应对沉降粒子带来的这种变化，那么系统性能将会受到影响或者系统完全崩溃。所以，了解沉降粒子环境中的视线传播理论具有重要的意义。

如图 6.5 所示，一平面简谐电波信号通过沉降粒子环境(半无限媒质)受到随机分布粒子散射多径场的影响，r 处的场 $u(r)$ 由平均场 $\langle u(r) \rangle$ 和起伏场 $u_f(r)$ 构成，接收电压 $V(r)$ 由平均电压 $\langle V(r) \rangle$ 和起伏电压 $V_f(r)$ 构成[1]，即

$$u(r) = \langle u(r) \rangle + u_f(r) \tag{6.63}$$

$$V(r) = \langle V(r) \rangle + V_f(r) \tag{6.64}$$

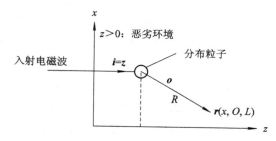

图 6.5　电磁波受沉降粒子环境散射多径作用的示意图

为研究问题方便，认为起伏场 $u_f(r)$ 是来自 $0 \leqslant z \leqslant L$ 内所有粒子的散射场之和，而忽略了 $z > L$ 区域后向散射的贡献，所以平均场 $\langle u(r) \rangle$ 和起伏场 $u_f(r)$ 表示为[1]

$$\langle u(r) \rangle = E_i \exp\left(jk_p L - \frac{\gamma}{2}\right) \tag{6.65}$$

$$u_f(r) = E_i \frac{f(o, z)}{R} \exp\left(jk_p z' + jk_p R - \frac{\gamma_0}{2} - \frac{\gamma_1}{2}\right) \tag{6.66}$$

其中

$$\gamma_0 = \int_{D_{min}}^{D_{max}} \int_0^{z'} N(D)\sigma_t(D) \, dz \, dD \tag{6.67}$$

$$\gamma_1 = \int_{D_{min}}^{D_{max}} \int_0^R N(D)\sigma_t(D) \, dR \, dD \tag{6.68}$$

同样，总强度 I_t 是相干强度 I_c 和非相干强度 I_i 之和，可以分别写为[1]

$$I_t = \langle |u|^2 \rangle = I_c + I_i \tag{6.69}$$

$$I_c = |\langle u \rangle|^2 = E_i^2 \exp(-\gamma) \tag{6.70}$$

$$I_i = \langle |u_f|^2 \rangle = E_i^2 2\pi \int_{D_{\min}}^{D_{\max}} \int_0^{\frac{\pi}{2}} \sin\theta \, \frac{|f(\theta, D)|^2}{\sigma_t(D)} g(\gamma, \theta) \mathrm{d}\theta \mathrm{d}D \tag{6.71}$$

式(6.65)~式(6.71)中：$k_p = n_p k$ 是恶劣气象环境中的波数，n_p 是由 3.5.4 节中的模型计算得到的沉降粒子环境的等效折射率，k 是自由空间的波数；$f(o, z)$ 是恶劣气象环境中分布粒子的散射函数；D 是粒子的直径；$\sigma_t(D)$ 是直径为 D 的粒子的消光截面；$f(\theta, D)$ 是直径为 D 的粒子的散射函数；θ 是 z 与 o 之间的夹角；$N(D)$ 是粒子分布谱；γ 和 $g(\gamma, \theta)$ 分别为[1]

$$\gamma = \int_{D_{\min}}^{D_{\max}} \int_0^L N(D) \sigma_t(D) \mathrm{d}z \mathrm{d}D \tag{6.72}$$

$$g(\gamma, \theta) = \frac{\exp(-\gamma) - \exp(-\gamma/\mu)}{1 - \mu} \tag{6.73}$$

其中 $\mu = \cos\theta$。

由多径传播理论可知，起伏场 $u_f(\mathbf{r})$ 也可以写为[1]

$$u_f(\mathbf{r}) = \sum A_i \exp(\mathrm{j}\varphi_i) = A \exp(\mathrm{j}\varphi) \tag{6.74}$$

根据中心极限定理可知起伏场的相位服从 $0 \sim 2\pi$ 的均匀分布，而幅度服从瑞利分布[1]：

$$P(\varphi) = \frac{1}{2\pi} \tag{6.75}$$

$$P(A) = \frac{A}{\sigma^2} \exp\left(-\frac{A^2}{2\sigma^2}\right) = \frac{2A}{P_{\text{diff}}} \exp\left(-\frac{A^2}{P_{\text{diff}}}\right) \tag{6.76}$$

式(6.75)和式(6.76)中：σ^2 是幅度随机变量的方差；$P_{\text{diff}} = 2\sigma^2$ 代表散射场或者非相干场、起伏场的平均功率，$P_{\text{diff}} = I_i A_e$，$A_e$ 表示接收天线的有效截面。由式(6.63)~式(6.74)可知 $P(A)$ 是频率的函数，对于窄带信号，可以由载频 ω_0 计算的幅度概率密度函数代替整个脉冲的概率密度函数；对于宽带脉冲，需要进行傅里叶积分，读者可以自行探讨。

由前述讨论结果可知，随机沉降粒子的散射多径效应，使得信号在视线传播链路接收端呈现起伏变化。对于平面波入射情况，从统计上看入射信号方向的不同接收点信号符合相同类型的统计规律，例如均为式(6.75)和式(6.76)所示的瑞利分布，但是 σ^2 不同。也就是说，本小节给出了视线链路情况下，某一点接收信号统计特征的基本方法，但是对于具体无线系统，需要根据系统功能结合本小节的基本理论和随机过程随机场理论分析具体需要的统计矩特征，例如不同点之间接收信号的空间相关函数、同一点不同时刻的时间相关函数等。另外需要特别说明的是，本小节给出的研究理论只考虑了无限大空间中沉降粒子散射多径影响下某接收点相干场和非相干场特征的研究方法，在具体地形、地物环境下，需要结合地形、地物多径分布特征，利用本小节的理论方法，评估沉降粒子出现前后相干场和非相干场的特征，相关内容会在 6.6 节进行讨论。

6.1.6 沉降粒子环境中的非视线传输理论

无论是沉降粒子环境中的视线链路或者非视线链路，其电磁波传输理论的本质都是离散粒子的散射和吸收效应，但是有必要将沉降粒子环境中的视线传播和非视线传输问题分开讨论，因为两种场合接收信号的性质不同，且两种情形的应用场景不同。6.1.5 节中介绍的视线传播理论通常用于分析沉降粒子环境对地-空视距无线系统或者地面视距无线系统接收信号的影响，此时沉降粒子的散射场是不得不面对的附加信号，当沉降粒子消失时，如果不考虑地形、地物环境的影响，则接收信号就归结为直达波信号，如果考虑地形、地物环境的影响，则接收信号归结为地形、地物环境影响下的多径叠加信号。但是，本节介绍的非视线传输理论通常用于分析单双站雷达探测、沉降粒子导致的链路间相互干扰等问题，此时散射场作为主要研究对象，需要借助散射场实现某种目的，例如通过分析散射场识别、分析散射区域沉降粒子的特性，或者通过分析散射场达到特定目的的干扰或者消除、避免特定干扰，当沉降粒子消失时，无线系统的探测功能随即丧失或者链路间的干扰随即消失。

　　另外，沉降粒子环境中视线传播理论和非视线传输理论的研究内容也不同。6.1.5 节中视线传播理论旨在研究受沉降粒子散射影响下，接收点相干场、非相干场的统计特征。而本节介绍的非视线传输理论则以雷达方程为出发点，旨在探讨如何有效计算散射场大小及其特征。如图 6.6 所示，假设发射天线 A_T 与接收天线 A_R 的波束交叉区域为 V，区域 V 内微分体积元 dV 与 A_T 和 A_R 之间的距离分别为 R_1 和 R_2，令 i 和 o 分别为入射波入射至 dV 方向上的单位矢量和从 dV 至接收天线散射波传播方向的单位矢量，在一阶多重散射近似条件下，发射功率 P_T 与接收功率 P_R 之间的关系为[1]

$$\frac{P_R}{P_T}=\frac{\eta_T \eta_R \lambda^2}{(4\pi)^3}\int_{D_{min}}^{D_{max}}\int_V \frac{G_T(i)G_R(o)}{R_1^2 R_2^2}N(D)\sigma_{bi}(D,o,i)\exp(-\gamma_1-\gamma_2)dVdD \quad (6.77)$$

其中：λ 为信号的波长；η_T 和 η_R 分别为发射天线和接收天线的效率；$G_T(i)$ 和 $G_R(o)$ 分别为发射天线和接收天线的增益；$N(D)$ 为粒子尺寸分布谱；D_{min} 和 D_{max} 分别为粒子的最小直径和最大直径；$\sigma_{bi}(D,o,i)$ 表示直径为 D 的单个粒子的双站雷达截面；γ_1 为入射波从发射天线至 dV 过程中的消光系数；γ_2 为散射波从 dV 至接收天线过程中的消光系数。

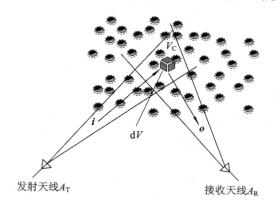

图 6.6　沉降粒子环境中非视线传输示意图

双站雷达截面 $\sigma_{bi}(D,o,i)$ 与 6.1.1 节中介绍的微分散射截面 $\sigma_d(o,i)$ 的关系为[1]

$$\sigma_{bi}(o,i)=4\pi\sigma_d(o,i) \quad (6.78)$$

γ_1 和 γ_2 分别表示为

$$\gamma_1=\int_0^{R_1}\rho\,\sigma_t ds \quad (6.79)$$

$$\gamma_2 = \int_0^{R2} \rho \, \sigma_t \, \mathrm{d}s \tag{6.80}$$

对于单站雷达,式(6.77)表示为

$$\frac{P_R}{P_T} = \frac{\eta_T \eta_T \lambda^2}{(4\pi)^3} \int_{D_{\min}}^{D_{\max}} \int_V \frac{G_T(i) G_T(-i)}{R_1^4} N(D) \sigma_b(D, -i, i) \exp(-2\gamma_1) \mathrm{d}V \mathrm{d}D \tag{6.81}$$

其中,$\sigma_b(D, -i, i)$ 表示后向散射截面,其与 6.1.1 节中的后向微分散射截面 $\sigma_d(-i, i)$ 的关系为

$$\sigma_b(-i, i) = 4\pi \sigma_d(-i, i) \tag{6.82}$$

式(6.77)和式(6.81)正是分析散射非视线传输平均功率的基本方程。文献[1]中针对窄波束情况对式(6.77)和式(6.81)进行了简化,式(6.77)表示为

$$\frac{P_R}{P_T} = \frac{\eta_T \eta_R \lambda^2 G_T(i_0) G_R(o_0)}{(4\pi)^3 R_{10}^2 R_{20}^2} \rho \sigma_{bi}(o_0, i_0) \exp(-\gamma_1 - \gamma_2) V_C \tag{6.83}$$

其中:i_0 和 o_0 分别为发射天线指向收发天线波束中心轴线交叉点的单位矢量和从收发天线波束中心轴线交叉点指向接收天线的单位矢量;R_{10} 和 R_{20} 分别表示收发天线波束中心轴线交叉点到发射天线和接收天线的距离;V_C 表示收发天线之间的公共交叉体积,即[6]

$$V_C = \frac{\pi^{3/2}}{8(\ln 2)^{3/2}} \frac{R_{10}^2 R_{20}^2 \theta_1 \theta_2 \varphi_1 \varphi_2}{[R_{10}^2 \varphi_1^2 + R_{20}^2 \varphi_2^2]^{1/2} \sin \theta_s} \tag{6.84}$$

其中,θ_1、φ_1、θ_2、φ_2 是发射天线和接收天线方向图垂直和水平方向的半功率宽度,θ_s 是 i_0 和 o_0 之间的夹角。式(6.81)在窄波束情况下近似表示为

$$\frac{P_R}{P_T} = \frac{\eta_T \eta_T \pi \lambda^2 [G_T(i_0)]^2 \theta_1 \varphi_1}{8(4\pi)^3 \ln 2} \int_0^\infty \frac{\rho \sigma_b}{R^2} \exp(-2\gamma) \mathrm{d}R \tag{6.85}$$

另外,ITU-R P.452 专门针对降雨散射引起地-空链路之间散射干扰的问题给出了数值积分方法,由于本书篇幅有限,不再详细介绍该方法,读者可以自行查阅文献[7]。文献[7]中介绍的方法,对于求解任意情况下式(6.77)和式(6.81)所示的积分也有效。

6.2 衰减特性实用模型

6.1.3 节给出了沉降粒子环境衰减特性和相移特性的通用理论模型,该模型从理论上阐明了沉降粒子环境发生衰减和相移的物理机理。但是,在实际应用中往往很难获得模型所需要的所有参数,或者计算极其复杂,因此,在评估具体特定沉降粒子环境中的衰减特性时,往往不直接使用 6.1.3 节中介绍的通用模型,而是在这些理论模型基础上进行恰当的近似、变形,结合实际测试比对获得更简洁、易用的实用模型。本节将介绍典型沉降粒子环境的衰减特性实用模型。

6.2.1 降雨衰减模型

对于 6 GHz 以上波段的无线电子系统而言,系统设置中遇到的难点之一就是评估和克服降雨及其他沉降粒子环境对信号带来的衰减问题。其中降雨产生的衰减尤为严重,例如,对 C 波段卫星通信影响不大的降雨可能引起 Ku 波段通信中断,对 Ku 波段几乎无影响

的云层将会对 30 GHz 频段产生影响。降雨对 Ka 波段引起的降雨衰减比 Ku 波段更为严重，暴雨时甚至可以引起高达数十分贝的信号衰减，从而导致信号中断。降雨衰减成为制约 6 GHz 以上波段无线电子系统开发、应用的一个显著问题。所以，降雨衰减是沉降粒子环境衰减特性中最受关注的热点问题。

就目前状态而言，降雨衰减分为三大类问题：一是研究降雨衰减长期统计特性预报模型；二是研究降雨衰减空间相关特性；三是研究降雨衰减实时预报模型。

降雨衰减长期统计特性预报就是预报特定地区降雨衰减的年时间概率分布规律，民用系统一般关心特定地区 0.01％年时间概率衰减值 $A_{0.01}$。军用系统一般关心 0.001％年时间概率衰减值 $A_{0.001}$。$A_{0.01}$ 的物理意义是指一年内降雨衰减大于该值的时间占全年的 0.01％。降雨衰减长期统计特性预报结果主要为功率储备对抗雨衰技术提供技术参数。

降雨衰减空间相关特性实际属于降雨衰减长期统计特性模型，只是在关注长期统计特征的时候需要基于 3.2.1.13 节中研究降雨水平空间分布特性的结果，关注相同时间概率衰减的空间相关特征。降雨衰减空间相关特征主要为空间分级对抗雨衰技术提供技术参数。

降雨衰减实时预报模型是近几年兴起的研究方向，相对于时空长期统计特征而言，目前尚未有公认成熟的模型可用。降雨衰减实时预报技术旨在预报某次降雨事件中，衰减值的实时变化规律，希望根据当前衰减值预报下一时刻的衰减值。降雨衰减实时预报技术主要为自适应功率控制对抗雨衰技术提供参数。

本小节注重降雨衰减模型的介绍，即主要介绍降雨长期特征预报模型和降雨衰减实时预报模型，而不涉及抗雨衰技术问题，降雨衰减对抗技术将在第 7 章中做简要介绍。

6.2.1.1　降雨环境特征衰减计算模型

根据 6.1.3 节可知，降雨衰减的计算模型为

$$A_{dB} = \gamma_{dB/km} L_{e\_km} \tag{6.86}$$

其中，降雨衰减率 $\gamma_{dB/km}$ 由式（6.39）计算，L_{e_km} 为通过雨区的等效路径。所以，雨衰长期统计特征实用模型主要研究两个问题：一个问题是如何根据式（6.39）获得更加简便的降雨率计算模型；另一个问题是如何获得降雨率长期统计特征对应的等效路径模型。

Olsen 等基于负指数雨滴谱，把 Mie 系数进行级数展开，给出了降雨的特征衰减，其表达式如下[2]：

$$\gamma_{dB/km} = a_r R(1)^{b_r} \tag{6.87}$$

其中，a_r 和 b_r 是与波极化有关的回归系数，分别表示为

$$\begin{cases} a_r = \dfrac{1}{2}[a_H + a_V + (a_H - a_V)\cos^2\theta\cos2\tau] \\ b_r = \dfrac{1}{2a_r}[a_H b_H + a_V b_V + (a_H b_H - a_V b_V)\cos^2\theta\cos2\tau] \end{cases} \tag{6.88}$$

式中：a_H、a_V 和 b_H、b_V 为水平极化和垂直极化的回归系数；θ 为链路仰角；τ 为极化倾角，$\tau = 0°$ 表示水平极化，$\tau = 90°$ 表示垂直极化，$\tau = 45°$ 表示圆极化。式（6.87）中的 $R(1)$ 表示降雨率，而且必须是 1 分钟累积降雨率。

a_H、a_V 和 b_H、b_V 与入射波频率、雨滴尺寸分布、环境温度等物理因素有关。所以，降雨环境特征衰减的主要问题就是如何获得特定地区合理的系数，以保证计算精度。ITU - R P.838[8] 给出了不同频率下 a_H、a_V 和 b_H、b_V 的推荐值，见表 6.1。

表 6.1　ITU-R 推荐的 a_H、a_V 和 b_H、b_V

频率/GHz	a_H	b_H	a_V	b_V
1	0.000 025 9	0.9691	0.000 030 8	0.8592
1.5	0.000 044 3	1.0185	0.000 057 4	0.8957
2	0.000 084 7	1.0664	0.000 099 8	0.9490
2.5	0.000 132 1	1.1209	0.000 146 4	1.0085
3	0.000 139 0	1.2322	0.000 194 2	1.0688
3.5	0.000 115 5	1.4189	0.000 234 6	1.1387
4	0.000 107 1	1.6009	0.000 246 1	1.2476
4.5	0.000 134 0	1.6948	0.000 234 7	1.3987
5	0.000 216 2	1.6969	0.000 242 8	1.5317
5.5	0.000 390 9	1.6499	0.000 311 5	1.5882
6	0.000 705 6	1.5900	0.000 487 8	1.5728
7	0.001 915	1.4810	0.001 425	1.4745
8	0.004 115	1.3905	0.003 450	1.3797
9	0.007 535	1.3155	0.006 691	1.2895
10	0.012 17	1.2571	0.011 29	1.2156
11	0.017 72	1.2140	0.017 31	1.1617
12	0.023 86	1.1825	0.024 55	1.1216
13	0.030 41	1.1586	0.032 66	1.0901
14	0.037 38	1.1396	0.041 26	1.0646
15	0.044 81	1.1233	0.050 08	1.0440
16	0.052 82	1.1086	0.058 99	1.0273
17	0.061 46	1.0949	0.067 97	1.0137
18	0.070 78	1.0818	0.077 08	1.0025
19	0.080 84	1.0691	0.086 42	0.9930
20	0.091 64	1.0568	0.096 11	0.9847
21	0.1032	1.0447	0.1063	0.9771
22	0.1155	1.0329	0.1170	0.9700
23	0.1286	1.0214	0.1284	0.9630
24	0.1425	1.0101	0.1404	0.9561
25	0.1571	0.9991	0.1533	0.9491
26	0.1724	0.9884	0.1669	0.9421

频率/GHz	a_H	b_H	a_V	b_V
27	0.1884	0.9780	0.1813	0.9349
28	0.2051	0.9679	0.1964	0.9277
29	0.2224	0.9580	0.2124	0.9203
30	0.2403	0.9485	0.2291	0.9129
31	0.2588	0.9392	0.2465	0.9055
32	0.2778	0.9302	0.2646	0.8981
33	0.2972	0.9214	0.2833	0.8907
34	0.3171	0.9129	0.3026	0.8834
35	0.3374	0.9047	0.3224	0.8761
36	0.3580	0.8967	0.3427	0.8690
37	0.3789	0.8890	0.3633	0.8621
38	0.4001	0.8816	0.3844	0.8552
39	0.4215	0.8743	0.4058	0.8486
40	0.4431	0.8673	0.4274	0.8421
41	0.4647	0.8605	0.4492	0.8357
42	0.4865	0.8539	0.4712	0.8296
43	0.5084	0.8476	0.4932	0.8236
44	0.5302	0.8414	0.5153	0.8179
45	0.5521	0.8355	0.5375	0.8123
46	0.5738	0.8297	0.5596	0.8069
47	0.5956	0.8241	0.5817	0.8017
48	0.6172	0.8187	0.6037	0.7967
49	0.6386	0.8134	0.6255	0.7918
50	0.6600	0.8084	0.6472	0.7871
51	0.6811	0.8034	0.6687	0.7826
52	0.7020	0.7987	0.6901	0.7783
53	0.7228	0.7941	0.7112	0.7741
54	0.7433	0.7896	0.7321	0.7700
55	0.7635	0.7853	0.7527	0.7661
56	0.7835	0.7811	0.7730	0.7623
57	0.8032	0.7771	0.7931	0.7587

续表二

频率/GHz	a_H	b_H	a_V	b_V
58	0.8226	0.7731	0.8129	0.7552
59	0.8418	0.7693	0.8324	0.7518
60	0.8606	0.7656	0.8515	0.7486
61	0.8791	0.7621	0.8704	0.7454
62	0.8974	0.7586	0.8889	0.7424
63	0.9153	0.7552	0.9071	0.7395
64	0.9328	0.7520	0.9250	0.7366
65	0.9501	0.7488	0.9425	0.7339
66	0.9670	0.7458	0.9598	0.7313
67	0.9836	0.7428	0.9767	0.7287
68	0.9999	0.7400	0.9932	0.7262
69	1.0159	0.7372	1.0094	0.7238
70	1.0315	0.7345	1.0253	0.7215
71	1.0468	0.7318	1.0409	0.7193
72	1.0618	0.7293	1.0561	0.7171
73	1.0764	0.7268	1.0711	0.7150
74	1.0908	0.7244	1.0857	0.7130
75	1.1048	0.7221	1.1000	0.7110
76	1.1185	0.7199	1.1139	0.7091
77	1.1320	0.7177	1.1276	0.7073
78	1.1451	0.7156	1.1410	0.7055
79	1.1579	0.7135	1.1541	0.7038
80	1.1704	0.7115	1.1668	0.7021
81	1.1827	0.7096	1.1793	0.7004
82	1.1946	0.7077	1.1915	0.6988
83	1.2063	0.7058	1.2034	0.6973
84	1.2177	0.7040	1.2151	0.6958
85	1.2289	0.7023	1.2265	0.6943
86	1.2398	0.7006	1.2376	0.6929
87	1.2504	0.6990	1.2484	0.6915
88	1.2607	0.6974	1.2590	0.6902

频率/GHz	a_H	b_H	a_V	b_V
89	1.2708	0.6959	1.2694	0.6889
90	1.2807	0.6944	1.2795	0.6876
91	1.2903	0.6929	1.2893	0.6864
92	1.2997	0.6915	1.2989	0.6852
93	1.3089	0.6901	1.3083	0.6840
94	1.3179	0.6888	1.3175	0.6828
95	1.3266	0.6875	1.3265	0.6817
96	1.3351	0.6862	1.3352	0.6806
97	1.3434	0.6850	1.3437	0.6796
98	1.3515	0.6838	1.3520	0.6785
99	1.3594	0.6826	1.3601	0.6775
100	1.3671	0.6815	1.3680	0.6765
120	1.4866	0.6640	1.4911	0.6609
150	1.5823	0.6494	1.5896	0.6466
200	1.6378	0.6382	1.6443	0.6343
300	1.6286	0.6296	1.6286	0.6262
400	1.5860	0.6262	1.5820	0.6256
500	1.5418	0.6253	1.5366	0.6272
600	1.5013	0.6262	1.4967	0.6293
700	1.4654	0.6284	1.4622	0.6315
800	1.4335	0.6315	1.4321	0.6334
900	1.4050	0.6353	1.4056	0.6351
1000	1.3795	0.6396	1.3822	0.6365

如果需要计算的频率不在表 6.1 中，则需要用 a_r 和 f 的对数插值以及 b_r 和 f 的线性插值进行计算。对数插值法和线性插值法表示为[4]

$$\begin{cases} a_r(f) = \lg^{-1}\left\{ \lg\left[\dfrac{a_r(f_2)}{a_r(f_1)}\right] \cdot \dfrac{\lg(f/f_1)}{\lg(f_2/f_1)} + \lg[a_r(f_1)] \right\} \\ b_r(f) = \left\{ [b_r(f_1) - b_r(f_2)] \cdot \dfrac{\lg(f/f_1)}{\lg(f_2/f_1)} + b_r(f_1) \right\} \end{cases} \tag{6.89}$$

其中：f 是需要计算的频率；f_1 和 f_2 是表 6.1 中的两个频率点的值，通常情况下 f_1 和 f_2 分别取离 f 最近的两个值，且 $f_1 < f < f_2$；$a_r(f_1)$、$a_r(f_2)$ 和 $b_r(f_1)$、$b_r(f_2)$ 分别为用式 (6.88) 计算的频率 f_1 和 f_2 两个频率点的系数值。

同时，Olsen 等在球形雨滴模型下给出了一组 $1 \sim 1000 \text{ GHz}$ 频率范围内 a_r 和 b_r 参数的解析公式[4]：

$$\begin{cases} a_r = c_a f^{da} \\ b_r = c_b f^{db} \end{cases} \tag{6.90}$$

其中

$$\begin{cases} c_a = 6.39 \times 10^{-5}, \ d_a = 2.03 & (f < 2.9 \text{ GHz}) \\ c_a = 4.21 \times 10^{-5}, \ d_a = 2.42 & (2.9 \text{ GHz} \leqslant f < 54 \text{ GHz}) \\ c_a = 4.09 \times 10^{-2}, \ d_a = 0.699 & (54 \text{ GHz} \leqslant f < 180 \text{ GHz}) \\ c_a = 3.38, \ d_a = 2.03 & (180 \text{ GHz} \leqslant f) \end{cases} \tag{6.91}$$

$$\begin{cases} c_b = 0.851, \ d_b = 0.158 & (f < 8.5 \text{ GHz}) \\ c_b = 1.41, \ d_b = -0.0779 & (8.5 \text{ GHz} \leqslant f < 25 \text{ GHz}) \\ c_b = 2.63, \ d_b = -0.272 & (25 \text{ GHz} \leqslant f < 164 \text{ GHz}) \\ c_b = 3.38, \ d_b = 0.0126 & (164 \text{ GHz} \leqslant f) \end{cases} \tag{6.92}$$

显然，式(6.90)给出的参数不能分析不同极化信号的降雨衰减差异。

文献[4]中给出了两个计算 a_H、a_V 和 b_H、b_V 的解析模型，其中一个为

$$\begin{cases} a_H = 2.5292 \times 10^{-7} f^{5.8688 - 1.2697 \lg f} \\ b_H = 2.2698 - 1.2154 \lg f + 0.2293 \lg^2 f \\ a_V = 2.3053 \times 10^{-7} f^{2.8370 - 1.2509 \lg f} \\ b_V = 2.2142 - 1.1765 \lg f + 0.2239 \lg^2 f \end{cases} \tag{6.93}$$

另一个为

$$\begin{cases} a_H = 3.8794 \times 10^{-5} f^{2.7474 - 1.7941 \ln f + 1.1805 \ln^2 f - 0.2022 \ln^3 f} \\ b_H = \dfrac{(1.0564 \ln f - 1.9256)^2 + 0.9437}{(1.1141 \ln f - 2.0940)^2 + 0.7181} \\ a_V = 3.5807 \times 10^{-5} f^{2.634 - 1.6171 \ln f + 1.0940 \ln^2 f - 0.1877 \ln^3 f} \\ b_V = \dfrac{(1.0246 \ln f - 1.9462)^2 + 0.9048}{(1.1073 \ln f - 2.1584)^2 + 0.6972} \end{cases} \quad (1 \text{ GHz} \leqslant f \leqslant 20 \text{ GHz}) \tag{6.94}$$

$$\begin{cases} a_H = \dfrac{5.2522 \times 10^{-5} f^2}{1 - 0.1950 \ln f + 6.2033 \times 10^{-5} f^2} \\ b_H = 0.6828 + \dfrac{0.5018}{1 + 2.0946 \times 10^{-4} f^{2.2862}} \\ a_V = \dfrac{7.9130 \times 10^{-5} f^2}{1 - 0.1865 \ln f + 5.9357 \times 10^{-5} f^2} \\ b_V = 0.6833 + \dfrac{0.4494}{1 + 1.8700 \times 10^{-4} f^{2.2803}} \end{cases} \quad (20 \text{ GHz} < f \leqslant 400 \text{ GHz}) \tag{6.95}$$

文献[5]中还介绍了其他关于降雨特征衰减的参数，包括 Din 和 Ajayi 特征衰减参数，见表 6.2。IEEE 802.16cc-99/24 给出的适用于不同雨滴谱的参数，见表 6.3～表 6.6。图 6.7 和图 6.8 是对表 6.1～表 6.6 参数随频率变化关系的可视化比较结果。

表 6.2　Din 和 Ajayi 特征衰减参数

频率/GHz	a_H			b_H		
	Din	Ajayi	ITU-R	Din	Ajayi	ITU-R
4	0.001 768	0.000 650 6	0.000 644 9	0.8370	1.0720	1.2100
6	0.014 07	0.001 848	0.001 745	0.8128	1.2140	1.3070
8	0.024 41	0.004 724	0.004 536	0.9235	1.2730	1.3270
10	0.035 49	0.010 63	0.010 10	0.9810	1.2520	1.2760
12	0.045 69	0.020 15	0.018 82	1.0050	1.2040	1.2170
15	0.073 70	0.040 07	0.036 68	1.0043	1.1390	1.1540
20	0.1162	0.081 95	0.075 08	1.0040	1.0830	1.0990
25	0.1553	0.133	0.124	1.0152	1.0550	1.0610
30	0.1922	0.198	0.187	1.0239	1.0240	1.0200
35	0.2282	0.276	0.263	1.0242	0.9860	0.9789
40	0.2642	0.367	0.350	1.0172	0.9437	0.9391
45	0.2959	0.465	0.442	1.0070	0.9022	0.9032
50	0.3327	0.562	0.536	0.9930	0.8649	0.8725
60	0.3862	0.727	0.707	0.9700	0.8089	0.8621
70	0.4224	0.847	0.851	0.9522	0.771 2	0.7930

表 6.3　IEEE 802.16cc-99/24 提供的特征衰减参数 I（Gamma 雨滴谱，0℃）

f/GHz	a_H	b_H	a_V	b_V
5.0	0.223E−2	0.105E+1	0.178E−2	0.104E+1
6.0	0.324E−2	0.103E+1	0.271E−2	0.108E+1
7.0	0.454E−2	0.111E+1	0.394E−2	0.110E+1
8.0	0.635E−2	0.113E+1	0.555E−2	0.111E+1
9.0	0.862E−2	0.113E+1	0.756E−2	0.112E+1
10.0	0.114E−1	0.113E+1	0.100E−1	0.112E+1
11.0	0.143E−1	0.113E+1	0.129E−1	0.111E+1
12.0	0.180E−1	0.113E+1	0.162E−1	0.111E+1
13.0	0.221E−1	0.112E+1	0.200E−1	0.110E+1
14.0	0.267E−1	0.112E+1	0.241E−1	0.110E+1
15.0	0.317E−1	0.111E+1	0.286E−1	0.109E+1
16.0	0.371E−1	0.111E+1	0.336E−1	0.109E+1
17.0	0.429E−1	0.110E+1	0.389E−1	0.106E+1

f/GHz	a_H	b_H	a_V	b_V
18.0	0.492E−1	0.110E+1	0.446E−1	0.108E+1
19.0	0.559E−1	0.110E+1	0.507E−1	0.108E+1
20.0	0.631E−1	0.110E+1	0.572E−1	0.106E+1
21.0	0.708E−1	0.109E+1	0.541E−1	0.107E+1
22.0	0.791E−1	0.109E+1	0.715E−1	0.107E+1
23.0	0.379E−1	0.109E+1	0.793E−1	0.106E+1
24.0	0.975E−1	0.109E+1	0.877E−1	0.106E+1
25.0	0.108	0.108E+1	0.966E−1	0.106E+1
26.0	0.119	0.108E+1	0.106	0.106E+1
27.0	0.130	0.107E+1	0.116	0.105E+1
28.0	0.143	0.107E+1	0.127	0.105E+1
29.0	0.156	0.106E+1	0.136	0.104E+1
30.0	0.170	0.106E+1	0.150	0.104E+1
35.0	0.252	0.103E+1	0.220	0.102E+1
40.0	0.349	0.998	0.305	0.991
45.0	0.455	0.968	0.401	0.963
50.0	0.567	0.938	0.504	0.936
55.0	0.682	0.910	0.611	0.909
60.0	0.800	0.884	0.722	0.885
65.0	0.918	0.862	0.833	0.864
70.0	0.103E+1	0.843	0.944	0.845
75.0	0.114E+1	0.828	0.105E+1	0.830
80.0	0.124E+1	0.815	0.123E+1	0.817
85.0	0.133E+1	0.805	0.130E+1	0.807
90.0	0.139E+1	0.798	0.135E+1	0.800
95.0	0.143E+1	0.792	0.135E+1	0.794
100.0	0.145E+1	0.789	0.138E+1	0.790

表 6.4　IEEE 802.16cc-99/24 提供的特征衰减参数 Ⅱ（对数正态分布，0℃）

f/GHz	a_H	b_H	a_V	b_V
5.0	0.206E-2	0.112E+1	0.160E-2	0.112E+1
6.0	0.305E-2	0.117E+1	0.257E-2	0.115E+1
7.0	0.452E-2	0.119E+1	0.393E-2	0.117E+1
8.0	0.663E-2	0.120E+1	0.577E-2	0.118E+1
9.0	0.934E-2	0.119E+1	0.814E-1	0.117E+1
10.0	0.126E-1	0.118E+1	0.110E-1	0.116E+1
11.0	0.163E-1	0.117E+1	0.144E-1	0.115E+1
12.0	0.207E-1	0.116E+1	0.183E+1	0.113E+1
13.0	0.256E-1	0.115E+1	0.227E+1	0.112E+1
14.0	0.308E-1	0.114E+1	0.275E+1	0.111E+1
15.0	0.366E-1	0.113E+1	0.326E-1	0.110E+1
16.0	0.428E-1	0.112E+1	0.382E-1	0.109E+1
17.0	0.495E-1	0.112E+1	0.442E-1	0.109E+1
18.0	0.495E-1	0.111E+1	0.506E-1	0.108E+1
19.0	0.644E-1	0.111E+1	0.575E-1	0.108E+1
20.0	0.727E-1	0.110E+1	0.647E-1	0.107E+1
21.0	0.816E-1	0.110E+1	0.725E-1	0.107E+1
22.0	0.913E-1	0.109E+1	0.808E-1	0.106E+1
23.0	0.102	0.109E+1	0.897E-1	0.106E+1
24.0	0.113	0.108E+1	0.991E-1	0.105E+1
25.0	0.125	0.106E+1	0.109	0.105E+1
26.0	0.183	0.107E+1	0.120	0.104E+1
27.0	0.152	0.106E+1	0.132	0.103E+1
28.0	0.167	0.105E+1	0.144	0.103E+1
29.0	0.183	0.104E+1	0.157	0.102E+1
30.0	0.200	0.103E+1	0.171	0.101E+1
35.0	0.297	0.978	0.252	0.969
40.0	0.405	0.930	0.346	0.926
45.0	0.510	0.889	0.442	0.887
50.0	0.605	0.854	0.533	0.853
55.0	0.689	0.624	0.516	0.825

f/GHz	a_H	b_H	a_V	b_V
60.0	0.764	0.799	0.690	0.800
65.0	0.833	0.777	0.759	0.779
70.0	0.898	0.758	0.823	0.760
75.0	0.957	0.742	0.882	0.745
80.0	0.101E+1	0.728	0.936	0.732
85.0	0.105E+1	0.715	0.981	0.721
90.0	0.108E+1	0.710	0.102E+1	0.713
95.0	0.110E+1	0.703	0.104E+1	0.706
100.0	0.111E+1	0.699	0.106E+1	0.702

表 6.5　IEEE 802.16cc-99/24 提供的特征衰减参数Ⅲ（L-P雨滴谱，0℃）

f/GHz	a_H	b_H	a_V	b_V
5.0	0.210E-2	0.119E+1	0.176E-2	0.119E+1
6.0	0.320E-2	0.122E+1	0.279E-2	0.122E+1
7.0	0.466E-2	0.123E+1	0.432E-2	0.123E+1
8.0	0.721E-2	0.121E+1	0.912E-2	0.122E+1
9.0	0.102E-1	0.119E+1	0.644E-1	0.120E+1
10.0	0.138E-1	0.117E+1	0.123E-1	0.118E+1
11.0	0.176E-1	0.116E+1	0.161E-1	0.116E+1
12.0	0.222E-1	0.115E+1	0.204E-1	0.115E+1
13.0	0.272E-1	0.114E+1	0.251E-1	0.113E+1
14.0	0.327E-1	0.113E+1	0.303E-1	0.112E+1
15.0	0.388E-1	0.112E+1	0.350E-1	0.111E+1
16.0	0.455E-1	0.111E+1	0.419E-1	0.110E+1
17.0	0.528E-1	0.111E+1	0.485E-1	0.110E+1
18.0	0.607E-1	0.110E+1	0.556E-1	0.109E+1
19.0	0.694E-1	0.109E+1	0.532E-1	0.108E+1
20.0	0.789E-1	0.108E+1	0.714E-1	0.108E+1
21.0	0.891E-1	0.108E+1	0.803E-1	0.107E+1
22.0	0.100	0.107E+1	0.898E-1	0.107E+1
23.0	0.112	0.106E+1	0.100	0.106E+1
24.0	0.125	0.105E+1	0.111	0.105E+1

续表

f/GHz	a_H	b_H	a_V	b_V
25.0	0.139	0.104E+1	0.123	0.105E+1
26.0	0.153	0.103E+1	0.135	0.104E+1
27.0	0.169	0.102E+1	0.148	0.103E+1
28.0	0.185	0.101E+1	0.162	0.102E+1
29.0	0.203	0.100E+1	0.177	0.101E+1
30.0	0.221	0.993	0.192	0.100E+1
35.0	0.325	0.948	0.282	0.962
40.0	0.443	0.908	0.385	0.923
45.0	0.565	0.874	0.498	0.891
50.0	0.690	0.843	0.514	0.865
55.0	0.817	0.815	0.733	0.843
60.0	0.946	0.790	0.855	0.824
65.0	0.108E+1	0.769	0.978	0.808
70.0	0.121E+1	0.750	0.110E+1	0.794
75.0	0.133E+1	0.734	0.122E+1	0.782
80.0	0.144E+1	0.721	0.133E+1	0.772
85.0	0.154E+1	0.710	0.143E+1	0.764
90.0	0.161E+1	0.703	0.151E+1	0.758
95.0	0.166E+1	0.697	0.157E+1	0.754
100.0	0.169E+1	0.693	0.161E+1	0.750

表 6.6　IEEE 802.16cc-99/24 提供的特征衰减参数 Ⅳ（M-P 雨滴谱，0℃）

f/GHz	a_H	b_H	a_V	b_V
5.0	0.210E-2	0.119E+1	0.176 E-2	0.116 E+1
6.0	0.320E-2	0.122E+1	0.279 E-2	0.119 E+1
7.0	0.486E-2	0.123E+1	0.432 E-2	0.119 E+1
8.0	0.721E-2	0.121E+1	0.644 E-2	0.118 E+1
9.0	0.102E-1	0.119E+1	0.912E-2	0.116 E+1
10.0	0.136E-1	0.117E+1	0.123 E-1	0.114 E+1
11.0	0.176E-1	0.116E+1	0.161 E-1	0.113 E+1
12.0	0.222E-1	0.115E+1	0.204 E-1	0.111 E+1
13.0	0.272E-1	0.114E+1	0.251 E-1	0.110 E+1

f/GHz	a_H	b_H	a_V	b_V
14.0	0.327E−1	0.113E+1	0.303 E−1	0.109 E+1
15.0	0.388E−1	0.112E+1	0.358 E−1	0.108 E+1
16.0	0.455E−1	0.111E+1	0.419 E−1	0.107 E+1
17.0	0.528E−1	0.111E+1	0.485 E−1	0.106 E+1
18.0	0.607E−1	0.110E+1	0.556 E−1	0.106 E+1
19.0	0.694E−1	0.109E+1	0.532 E−1	0.105 E+1
20.0	0.789E−1	0.108E+1	0.714 E−1	0.104 E+1
21.0	0.891E−1	0.108E+1	0.803 E−1	0.104 E+1
22.0	0.100	0.107E+1	0.898 E−1	0.103 E+1
23.0	0.112	0.106E+1	0.100	0.103 E+1
24.0	0.125	0.105E+1	0.111	0.102 E+1
25.0	0.139	0.104E+1	0.123	0.101 E+1
26.0	0.153	0.103E+1	0.135	0.100 E+1
27.0	0.169	0.102E+1	0.148	0.997
28.0	0.185	0.101E+1	0.162	0.990
29.0	0.203	0.100E+1	0.177	0.982
30.0	0.221	0.993	0.192	0.975
35.0	0.325	0.948	0.282	0.937
40.0	0.443	0.908	0.385	0.901
45.0	0.565	0.874	0.498	0.869
50.0	0.690	0.843	0.514	0.841
55.0	0.817	0.815	0.733	0.815
60.0	0.946	0.790	0.855	0.791
65.0	0.108E+1	0.769	0.978	0.770
70.0	0.121E+1	0.750	0.110 E+1	0.752
75.0	0.133E+1	0.734	0.122 E+1	0.736
80.0	0.144E+1	0.721	0.133 E+1	0.723
85.0	0.154E+1	0.710	0.143 E+1	0.713
90.0	0.161E+1	0.703	0.151 E+1	0.705
95.0	0.166E+1	0.697	0.157 E+1	0.699
100.0	0.169E+1	0.693	0.161 E+1	0.694

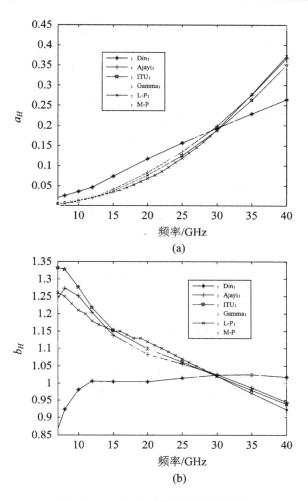

图 6.7　a_H 和 b_H 随频率的变化关系

（a）a_H 随频率的变化关系；（b）b_N 随频率的变化关系

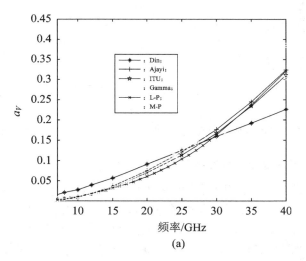

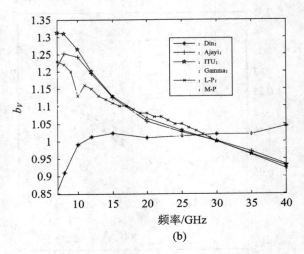

(b)

图 6.8 a_v 和 b_v 随频率的变化关系

（a）a_v 随频率的变化关系；（b）b_v 随频率的变化关系

如果获得了计算特征衰减模型的参数 a_r 和 b_r，则可以根据 3.2.1.9 节中介绍的降雨率年时间概率统计特征计算不同年时间概率对应的降雨特征衰减。通常情况下，都是计算 0.01％年时间概率对应的特征衰减，不同特征衰减计算模型的差异主要体现在模型参数取值方面。图 6.9 所示为不同参数条件下北京地区圆极化 Ka 波段 0.01％年时间概率的特征衰减结果。

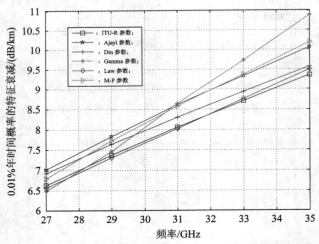

图 6.9   不同参数条件下北京地区圆极化 Ka 波段 0.01％年时间概率的特征衰减结果（5°仰角）

6.2.1.2   降雨环境等效路径计算模型

降雨衰减是学术界和工程界最关心的沉降粒子衰减，除了计算特征衰减的模型参数以外，不同降雨衰减模型的差异主要体现在等效路径和 0.01％年时间概率降雨衰减与其他年时间概率衰减之间的转化方面。本小节在 6.2.1.1 小节所介绍的计算特征衰减的简便模型基础上，主要介绍用于分析长期统计特征的 0.01％年时间概率降雨对应的等效路径模型。0.01％年时间概率降雨衰减与其他年时间概率衰减之间的转化模型将在 6.2.1.3 小节中讨论。

由 3.2.1.13 小节可知，当降雨发生时，降雨率在水平和垂直空间分布显示出一定的不均匀特性，也就是说空间不同点的 1 分钟累积降雨率不同，所以利用式(6.87)计算空间不同点的特征衰减结果也不同。如果要按照式(6.86)计算降雨环境路径衰减，则必须把穿过雨区的几何路径长度折合为计算特征衰减时所用的降雨率情况对应等量衰减的等效长度 L_{e_km}。特定降雨事件中 L_{e_km} 的定义表示为

$$L_{e\_km} = \frac{1}{\gamma_{dB/km}} \int_{L_0} \gamma(s) ds = \frac{1}{\gamma_{dB/km}} \sum \gamma(s) \Delta s \tag{6.96}$$

其中：$\gamma(s)$ 为穿过雨区几何路径上某点处由式(6.87)计算的特征衰减；ds 和 Δs 分别为路径微元和路径求和单元，单位均为 km(Δs 的取值要足够小，使得降雨率大小沿 Δs 取值几乎不变，也就是说 Δs 是降雨空间变化的空间相干距离)；L_0 为几何路径距离；$\gamma_{dB/km}$ 是利用某点 1 分钟降雨率测量结果由式(6.87)计算的特征衰减。L_{e_km} 也是长期统计特征，需要针对某一地区一定时间(至少大于一年)内，每一场降雨的等效路径结果，然后给出不同年时间概率对应的等效路径。一般情况下，主要分析年时间概率为 0.01% 的降雨率对应的等效路径 L_{e_km}。

实际上，研究特定地区降雨环境等效路径的统计特征极其复杂，需要消耗大量的人力、物力，而且地-空链路和地面链路等效路径的研究方法略有差异，地-空链路等效路径需要同时考虑降雨率水平空间和垂直空间分布不均匀特性，而地面链路只需要考虑降雨率水平空间不均匀特性。

地面视距链路雨衰等效路径模型有 Moupfouma 模型、CETUC 模型、Garcia 模型、China 模型、Brazil 模型[5] 以及 ITU-R 模型[9] 等。ITU-R 模型地面链路降雨衰减预测采用等效路径长度计算模型：

$$L_{e\_km} = L_0 \times r_F \tag{6.97}$$

其中，r_F 为路径缩减因子，即

$$r_F = \begin{cases} \dfrac{1}{1 + \dfrac{L_0}{35 e^{-0.015 R_{0.01}}}} & (R_{0.01} \leqslant 100 \text{ mm/h}) \\ \\ \dfrac{1}{1 + \dfrac{L_0}{35 e^{-1.5}}} & (R_{0.01} > 100 \text{ mm/h}) \end{cases} \tag{6.98}$$

$R_{0.01}$ 是年时间概率为 0.01% 的降雨率。

地-空链路降雨衰减统计特征模型非常多，文献[5]和[10]对这些模型进行了介绍，例如：Assis-Einloft Improved 模型、Australian 模型、Brazil 模型、Bryant 模型、Crane Global 模型、Crane two components 模型、EXCELL 模型、Garcia 模型、ITU-R P.618-5 模型、ITU-R P.618-6 模型、ITU-R P.618-9 模型、Karasawa 模型、Leitao-Watson 模型、Matricciani 模型、Misme-Waldteufel 模型、SAM 模型、Svjatogor 模型、DAH 模型、Manning 模型、UK 模型、Japan 模型，以及我国赵振维、林乐科等提出的 China 模型等。每一种地-空链路降雨衰减模型都对应着自己的等效路径分析方法，不同的等效路径模型实际是采用了3.2.1.13小节所介绍的不同雨胞下的降雨率水平及垂直空间分布结果。由于本书篇幅限制，不对所有模型进行一一介绍，下面主要介绍 ITU-R P.618-9 和 China 模

型中的等效路径评估模型。

ITU-RP.618-9 中的等效路径模型同时考虑了降雨率水平空间和垂直空间分布不均匀特性，该模型计算等效路径过程如下[11]：

第一步：由 3.2.1.8 小节介绍的雨顶高度模型确定雨顶高度 h_R。

第二步：计算通过雨区的斜路径长度，即

$$L_s = \begin{cases} \dfrac{h_R - H_s}{\sin\theta} \text{ (km)} & (\theta \geqslant 5°) \\[3mm] \dfrac{2(h_R - H_s)}{[\sin^2\theta + 2(h_R - H_s)/R_e]^{1/2} + \sin\theta} \text{ (km)} & (\theta < 5°) \end{cases} \tag{6.99}$$

式中：H_s 为站点海拔高度；θ 为链路仰角；R_e 为等效地球半径，取 8500 km。

第三步：计算 0.01% 年时间概率降雨率对应的水平路径校正因子 $r_{H0.01}$，即

$$r_{H0.01} = \frac{1}{1 + 0.78\sqrt{L_s \cdot \cos\theta \cdot \gamma_{\text{dB/km}\_0.01}/f} - 0.38[1 - \exp(-2L_s\cos\theta)]} \tag{6.100}$$

式中：f 为工作频率，单位为 GHz；$\gamma_{\text{dB/km}\_0.01}$ 是由式(6.87)计算的 0.01% 年时间概率降雨率对应的特征衰减。

第四步：计算水平校正后的雨区路径长度 L_r，即

$$L_r = \begin{cases} L_s r_{H0.01} & (\xi > \theta) \\[2mm] \dfrac{h_R - H_s}{\sin\theta} & (\xi \leqslant \theta) \end{cases} \tag{6.101}$$

其中，$\xi = \arctan[(h_R - H_s)/(L_s \cdot \cos\theta \cdot r_{H0.01})]$。

第五步：计算垂直路径缩减因子 $r_{V0.01}$，即

$$r_{V0.01} = \frac{1}{1 + \sqrt{\sin\theta}\left[31(1 - e^{-\theta/(1+\chi)})\sqrt{L_r \cdot \gamma_{\text{dB/km}\_0.01}}/f^2 - 0.45\right]} \tag{6.102}$$

其中

$$\chi = \begin{cases} 36 - |\text{Lat}| & (|\text{Lat}| < 36°) \\ 0 & (|\text{Lat}| \geqslant 36°) \end{cases} \tag{6.103}$$

Lat 表示地面站纬度。

第六步：计算通过雨区的等效路径长度，即

$$L_{e\_km} = L_r r_{V0.01} \tag{6.104}$$

文献[12]基于中国测量的统计数据，提出了一种新的地-空链路降雨衰减预测方法，即由赵振维、林乐科等提出的 China 模型，该模型的等效路径表示为

$$L_{e\_km} = L_0 r_{0.01} \tag{6.105}$$

其中：L_0 代表传播雨区倾斜路径几何长度；$r_{0.01}$ 代表 0.01% 年时间概率降雨率对应的路径调节因子，表示为

$$r_{0.01} = \frac{1}{0.477 L_G^{0.633} R_{0.01}^{0.073 \cdot a_r} f^{0.123} - 10.579[1 - \exp(-0.024 L_G)]} \tag{6.106}$$

a_r 是 6.2.1.1 小节中的特征衰减模型参数，L_G 代表斜路径的水平投影，其与链路仰角 θ 的关系为

$$L_G = L_0 \cos\theta \tag{6.107}$$

另外，文献[13]还给出了任意年时间概率 1 分钟累积降雨率 $R(1)$ 情况下等效路径评估模型，该模型将等效路径 L_{e_km} 用 $R(1)$ 和链路仰角 θ 表示为

$$L_{e\_km} = \frac{1}{0.00741 \cdot R(1)^{0.766} + (0.232 - 0.00018 \cdot R(1)) \cdot \sin\theta} \tag{6.108}$$

关于等效路径的模型还有很多，读者可自行查阅文献[10]，了解其他模型的表现形式，并且领悟其建模思路。

6.2.1.3　雨衰长期统计特性预报

如果等效路径由式(6.108)计算，则可以直接通过 3.2.1.9 小节介绍的降雨率时间概率统计特性获取某地区的降雨率年时间概率分布结果，通过 6.2.1.1 小节的模型计算特征衰减，然后由式(6.86)计算降雨衰减年时间概率分布。但是，大部分等效路径模型都给出了 0.01% 年时间概率降雨率 $R_{0.01}$ 对应的等效路径结果，例如 6.2.1.2 小节介绍的 ITU-R 等效路径模型和 China 模型，所以只能由式(6.86)计算得到 0.01% 年时间概率对应的降雨衰减 $A_{0.01}$。不同的降雨衰减统计特性模型之间的差异，除了体现在特征衰减计算参数和等效路径计算模型不同外，第三点差异就是由 $A_{0.01}$ 获得任意时间概率 p 对应的降雨衰减 A_p 的模型不同。

对于地面链路而言，由 $A_{0.01}$ 获得 A_p 的 ITU-R 计算模型为[9]

$$A_p = A_{0.01} \times \begin{cases} 0.07 p^{-(0.855+0.139\lg p)} & (|\text{Lat}| < 30°) \\ 0.12 p^{-(0.546+0.043\lg p)} & (其他) \end{cases} \tag{6.109}$$

其中，$|\text{Lat}|$ 是地面链路的纬度。其他模型可以查阅文献[5]，在此不再一一给出。

对于地-空链路而言，由 $A_{0.01}$ 获得 A_p 的计算模型很多，详见文献[10]。下面主要介绍 ITU-R P.618-9 和 China 模型中由 $A_{0.01}$ 获得 A_p 的计算公式。ITU-R P.618-9 模型中由 $A_{0.01}$ 获得 A_p 的表达式为[11]

$$A_p = A_{0.01} \left(\frac{p}{0.01}\right)^{-[0.655+0.033\ln p - 0.045\ln A_{0.01} - z\sin\theta(1-p)]} \tag{6.110}$$

其中，p 的取值范围为 $0.001 \sim 10.0$。如果 $p \geq 1$，则 $z=0$；如果 $p<1$，则

$$z = \begin{cases} 0 & (|\text{Lat}| \geq 36°) \\ -0.005(|\text{Lat}| - 36) & (\theta \geq 25°, |\text{Lat}| < 36°) \\ -0.005 - (|\text{Lat}| - 36) + 1.8 - 4.25\sin\theta & (\theta < 25°, |\text{Lat}| < 36°) \end{cases} \tag{6.111}$$

China 模型中由 $A_{0.01}$ 获得 A_p 的表达式为

$$A_p = A_{0.01} \left(\frac{p}{0.01}\right)^{-\eta} \tag{6.112}$$

其中，η 表示为

$$\eta = 0.854 - 0.026\ln\left(\frac{1+p}{p}\right) - 0.022\ln(1+A_{0.01}) - 0.03\ln(f) - 0.226(1+p) \tag{6.113}$$

图 6.10 是利用 ITU-R 模型由不同的特征衰减参数计算得到的北京地区仰角为 5°链路的 0.01% 年时间概率降雨衰减结果。可见，由不同特征衰减参数计算得到的路径衰减差别很大，所以确定和获得特定地区特征衰减参数对于评估路径衰减统计特征非常关键。

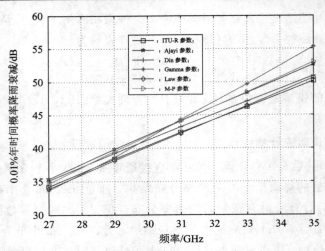

图 6.10　北京地区不同参数 0.01％衰减结果（5°仰角）

6.2.1.4　基于测量数据确定 a_H、a_V 和 b_H、b_V 的方法

降雨衰减是 6 GHz 以上波段无线系统设置首要考虑的问题之一，也是国际上最受关注的沉降粒子衰减特性问题，因此存在许多关于雨衰预报的模型。不同模型的主要差异体现在三个方面：计算特征衰减所需要的模型参数；计算等效路径的模型；由 $A_{0.01}$ 获得 A_p 的模型。文献[10]对现存的大部分模型在当地的检验情况作了分析，发现这些模型在当地均具有很好的适用性，但是从图 6.10 可以看出，不同参数计算结果之间的差异很大。所以，在一个特定地区对雨衰进行评估时，最为关键的问题有三个：确定或者获得适合当地降雨特征的特征衰减参数；确定或者获得适合当地使用的等效路径模型；确定或者获得适合当地使用的由 $A_{0.01}$ 计算 A_p 的模型。等效路径模型以及由 $A_{0.01}$ 计算 A_p 的模型需要多年统计数据回归分析，几乎不可能在特定地区短时间内建立可靠的模型。但是，可以借助雨滴谱仪测量 1 分钟累积降雨率序列，通过恰当的方法得到适合当地计算特征衰减的参数 a_H、a_V 和 b_H、b_V。在保证特征衰减计算精度的基础上，利用不同的等效路径模型以及由 $A_{0.01}$ 计算 A_p 的模型评估雨衰，分析雨衰计算结果的差异，对于提高雨衰评估具有重要的实用价值。下面介绍一种基于降雨率测量序列确定 a_H、a_V 和 b_H、b_V 的方法。

为了结合降雨率测量数据，利用式（6.87）得到 a_H、a_V 和 b_H、b_V，将式（6.87）两边分别取对数得到

$$\log(\gamma_{\text{dB/km}}) = \log(a_r) + b_r \log[R(1)] \tag{6.114}$$

显然，$R(1)$ 可以通过 3.6.2 节中介绍的方法获得，如果能够通过测量或者其他计算途径得到"准确"获取与 $R(1)$ 序列对应的 $\gamma_{\text{dB/km}}$ 序列，则将新序列 $\log(\gamma_{\text{dB/km}})$ 与 $\log[R(1)]$ 在直角坐标系中标注、连线，其中 b_r 为斜率，$\log(a_r)$ 为截距。

可以通过测量或者 3.5.4 节中介绍的等效介电常数理论，计算获得与测量 $R(1)$ 序列所对应的 $\gamma_{\text{dB/km}}$。如果测量或者计算 $\gamma_{\text{dB/km}}$ 过程中选择水平极化波，则借助式（6.114）所示的线性关系获得 a_H 和 b_H；如果测量或者计算 $\gamma_{\text{dB/km}}$ 过程中选择垂直极化波，则借助式（6.114）所示的线性关系获得 a_V 和 b_V。

$\gamma_{\text{dB/km}}$ 与 3.5.4 节中的等效介电常数 ε_{eff} 的关系为[5]

$$\gamma_{\text{dB/km}} = \frac{20 \times 10^3 \pi f_{\text{Hz}} \sqrt{\mu_0}}{\ln(10) \quad \sqrt{\varepsilon_0}} \left[- \operatorname{Im}(\varepsilon_{\text{eff}}) \right] \tag{6.115}$$

其中：f_{Hz}是以 Hz 为单位的频率；ε_0 和 μ_0 是真空中的介电常数和真空磁导率。如果式 (3.173)~式(3.175)中只计算 L_1 或者 L_2，则得到水平极化波对应的等效介电常数，从而由式(6.115)计算得到的衰减率是水平极化波衰减率；如果只计算 L_3，则得到垂直极化波对应的等效介电常数，从而由式(6.115)计算得到的衰减率是垂直极化波衰减率。

本书作者利用德国 OTT 公司的 Parsivel 激光雨滴谱仪连续观测记录 2010 年和 2011 年的降雨物理特性测量情况，将测量结果用于式(3.173)~式(3.175)计算等效介电常数，计算时将雨滴等效为球形和椭球形粒子，椭球形粒子特性由 3.2.1.3 小节中的理论获得。图 6.11 是 2011 年 7 月 5 日西安地区降雨率测量结果，图 6.12 是降雨率为 7.6 mm/h 时雨滴粒子尺寸分布谱分析统计结果。根据雨滴谱仪记录的结果，利用式(6.115)计算对应降雨率的衰减率。

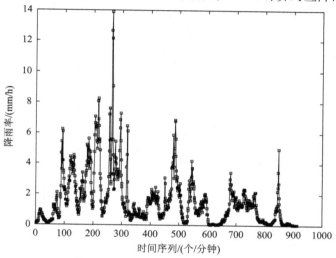

图 6.11　2011 年 7 月 5 日西安地区降雨率测量结果

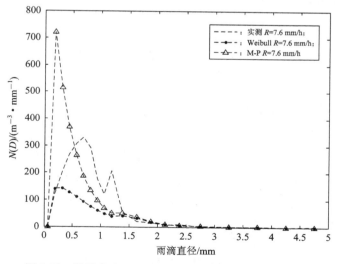

图 6.12　降雨率为 7.6 mm/h 时的雨滴谱测量统计结果

由于不同降雨时间的衰减率各不相同，所以将不同降雨事件出现的降雨率接近的记录近似为降雨率相等，统计其对应的雨滴谱，计算其等效介电常数和特征衰减，将降雨率和衰减率取均值作为式（6.114）的参量。表 6.7 列出了以部分降雨率为中心时计算频率为 20 GHz 的衰减率结果，将其求平均值作为降雨率 20 GHz 电磁波对应的衰减率结果，其他频率处理方法类似。表 6-7 中，当降雨率很小时，水平极化和垂直极化衰减率相同，这是因为小降雨率时粒子半径几乎为球形。

表 6.7　利用测量雨滴谱计算频率为 20 GHz 时对应降雨的衰减率

R /(mm/h)	H /(dB/km)	V /(dB/km)	R /(mm/h)	H /(dB/km)	V /(dB/km)	R /(mm/h)	H /(dB/km)	V /(dB/km)
0.0400	0.0092	0.0092	0.231	0.0579	0.0579	0.502	0.1037	0.0996
0.0400	0.135	0.0135	0.232	0.0475	0.0438	1.007	0.0989	0.832
0.0400	0.0120	0.0120	0.223	0.0486	0.0486	1.225	0.2699	0.2695
0.0390	0.0108	0.0108	0.2510	0..0269	0.0266	1.225	0.2636	0.2636
0.0420	0.0098	0.0098	0.2480	0.0666	0.0666	1.2420	0.2735	0.2735
0.0400	0.0104	0.0104	0.2500	0.0674	0.0674	1.2590	0.2332	0.2253
0.0410	0.0102	0.0102	0.2460	0.0630	0.0630	1.2500	0.2619	0.2619
0.0390	0.0095	0.0095	0.2490	0.0592	0.0592	1.2500	0.3057	0.3057
0.0380	0.0092	0.0092	0.2500	0.0418	0.0418	1.2520	0.2923	0.2923
0.0400	0.0096	0.0096	0.2520	0.0561	0.0561	1.2530	0.1892	0.1848
0.0390	0.0105	0.0105	0.2530	0.0562	0.0562	1.2580	0.2110	0.2002
0.0400	0.0094	0.0094	0.2460	0.2569	0.0569	1.2560	0.2080	0.1945
0.0440	0.0110	0.0110	0.2540	0.0594	0.0594	1.2550	0.2585	0.2585
0.0390	0.0106	0.0106	0.2580	0.0384	0.0348	1.2570	0.2553	0.2470
0.0400	0.0100	0.0100	0.2550	0.0613	0.0613	1.2500	0.1646	0.1429
000400	0.0106	0.0106	0.2510	0.0324	0.0252	1.2490	0.2638	0.2638
0.0420	0.0110	0.0110	0.2510	0.0523	0.0523	1.2430	0.1762	0.1597
0.0380	000086	0.0086	0.2510	0.0627	0.0627	1.2500	0.2793	0.2793
0.0400	0.0087	0.0087	0.2470	0.0559	0.0559	2.007	0.2931	0.2702
0.0400	0.0205	0.0205	0.2510	0.0510	0.0510	2.001	0.1351	0.1309
0.05	0.0112	0.0112	0.2490	0.0557	0.0557	2.0200	0.4899	0.4899
0.054	0.0103	0.0103	0.492	0.1228	0.1228	2.0180	0.4380	0.4269

续表

R/(mm/h)	H/(dB/km)	V/(dB/km)	R/(mm/h)	H/(dB/km)	V/(dB/km)	R/(mm/h)	H/(dB/km)	V/(dB/km)
2.0160	0.3587	0.3489	0.30160	0.5832	0.5644	5.2790	0.9343	0.8292
2.0100	0.3497	0.3244	3.0870	0.3133	0.2725	6.0280	0.5696	0.4505
2.0200	0.3265	0.3101	2.9970	0.3610	0.2955	6.0970	0.4361	0.2975
0.0230	0.3813	0.3720	3.0190	0.3600	0.3163	5.9970	0.8291	0.7252
2.0090	0.3073	0.2711	3.0030	0.3682	0.2926	6.0230	1.0588	0.9895
2.0080	0.2914	0.2555	3.0140	0.3134	0.2575	5.9350	0.8448	0.7812
1.9800	0.1666	0.1331	3.0830	0.6867	0.6867	7.3420	0.8422	0.7160
1.9990	0.2770	0.1968	3.0420	0.3900	0.3554	7.0760	1.3652	1.3217
1.9110	0.1322	0.0591	2.9540	0.5761	0.5678	7.1260	0.8424	0.6934
2.0010	0.3578	0.3464	3.9850	0.5846	0.5421	6.9840	0.8982	0.7893
2.0060	0.4579	0.4579	3.9160	0.5538	0.4934	7.0260	0.6546	0.5090
1.9170	0.0818	0.0487	3.9970	0.3377	0.2797	6.8020	0.8624	0.8016
2.0380	0.3726	0.3628	3.9990	0.5933	0.5257	8.2750	0.6306	0.4704
2.221	0.2582	0.2285	5.0730	0.7978	0.7545	8.0700	1.3288	1.2383
2.281	0.2585	0.2376	5.2520	0.9328	0.9129	9.0740	0.9935	0.7803
3.0200	0.4238	0.3851	5.3980	0.4794	0.2960	9.4940	1.0622	0.8499

　　将表 6.7 中的每一组降雨率和对应的衰减率分别求平均值，得到不同频率的降雨率和对应衰减率变量，分别依照式（6.114）进行运算处理。表 6.7 中列出了 0.04 mm/h、0.25 mm/h、0.5 mm/h、1.25 mm/h、2 mm/h、3 mm/h、5 mm/h、6 mm/h、7 mm/h、8 mm/h、9 mm/h 附近的降雨率和衰减率，然后求平均值作为式（6.114）变量进行处理。图 6.13 和图 6.14 是表 6.7 中数据处理结果，图中横坐标是降雨率取以 10 为底的对数的结果，纵坐标是特征衰减取以 10 为底的对数的结果。从图 6.13 和图 6.14 中可以看出，20 GHz 水平极化参数和垂直极化参数为

$$\begin{cases} a_H = 0.1479, \ b_H = 0.8517 \\ a_V = 0.1396, \ b_V = 0.8300 \end{cases} \tag{6.116}$$

　　将 2010 年和 2011 年测量的降雨物理特征数据对不同频率进行同样的处理，可以得出适合西安地区的所有频率的特征衰减参数。表 6.8 分别列出了 20～50 GHz 对应的参数，其中“西安”代表根据西安地区雨滴谱计算得到的参数，“ITU - R”代表 ITU - R 推荐参数。图 6.15 和图 6.16 是利用表 6.8 中参数计算降雨衰减率的比较结果。

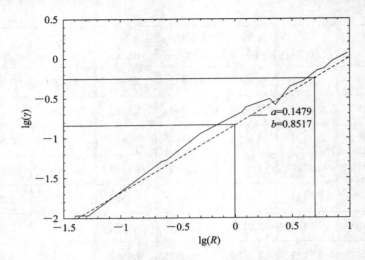

图 6.13　20 GHz 水平极化数据处理算例

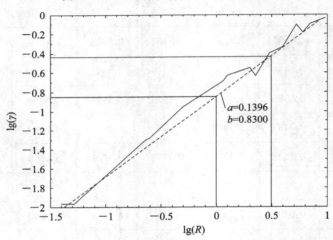

图 6.14　20 GHz 垂直极化数据处理算例

表 6.8　西安地区参数结果及 ITU－R 推荐参数比较

f/GHz	a_H		b_H		a_V		b_V	
	西安	ITU－R	西安	ITU－R	西安	ITU－R	西安	ITU－R
20	0.1479	0.0751	0.8517	1.099	0.1396	0.0691	0.8300	1.065
25	0.1995	0.1240	0.8200	1.061	0.1778	0.113	0.8000	1.003
30	0.2672	0.1870	0.7833	1.020	0.2521	0.167	0.7780	1.000
35	0.3890	0.2630	0.7767	0.979	0.3846	0.233	0.7685	0.963
40	0.4898	0.3500	0.7654	0.939	0.4786	0.31	0.7619	0.929
45	0.5623	0.4420	0.7576	0.903	0.5495	0.393	0.7429	0.897
50	0.6607	0.5360	0.7200	0.873	0.6457	0.479	0.7037	0.868

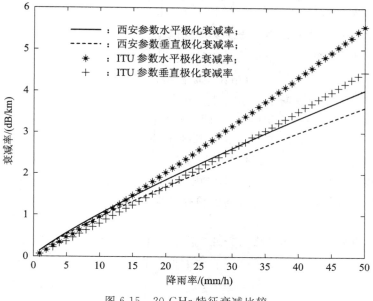

图 6.15　20 GHz 特征衰减比较

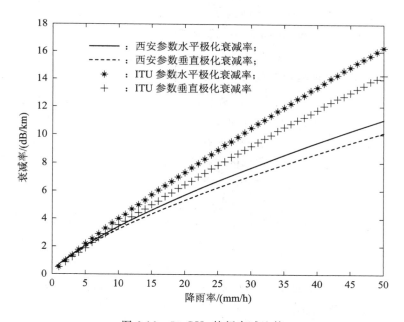

图 6.16　50 GHz 特征衰减比较

　　计算降雨特征衰减的参数 a_H、a_V 和 b_H、b_V 的取值与频率、环境温度、雨滴谱分布特征等参数有关,但是受频率和雨滴谱分布特征的影响最为明显,通过本方法的测量、分析和计算结果可以看出,ITU - R 推荐的参数计算其他地区相同降雨率的降雨衰减率差别较大,而且随着频率和降雨率的增加差别越来越大。以西安地区为例,50 GHz 的信号在降雨率为 50 mm/h 时特征衰减率差异可达 6 dB,25 mm/h 降雨率时特征衰减率差异可达 3 dB。可见,用 ITU - R 推荐的参数计算其他地区的降雨衰减误差不可忽略,为了更好地评估降雨衰减特性,非常有必要根据当地降雨特征进行参数修正,对精确评估降雨衰减特性有重要的理论意义和实用价值。

6.2.1.5 降雨衰减频率比例因子及其他问题

降雨衰减长期统计特性预报模型基本结构已经成熟，也就是确定核实特征衰减模型参数、等效路径模型、$A_{0.01}$ 和 A_p 之间相互关联模型。除了 a_H、a_V 和 b_H、b_V 可以利用 6.2.1.4 小节中的方法，通过短期数据进行修正外，等效路径模型及 $A_{0.01}$ 和 A_p 之间相互关联模型几乎不可能短期修正完毕。换句话说，如果一个地区具体链路参数的降雨衰减模型经过核实后，这些较为可靠的雨衰数据对于修正其他不同情境下的雨衰具有重要的价值。所以，为了利用具体链路参数条件下，通过计算、实测对比获得的特定频率的可靠衰减数据，直接获得可靠的同样链路参数的其他频率的雨衰，ITU 提出了降雨衰减频率比例因子模型；同样，为了用某种极化状态可靠的数据去预报其他极化状态的雨衰数据，也提出了极化比例因子。

另外，为了有效评估最坏月降雨衰减，需要利用 3.2.1.11 小节中的理论，分析长期统计特性与最坏月降雨衰减之间的关联关系；为了评估降雨衰减空间分布关联关系，需要利用 3.2.1.13 小节中的降雨率雨胞、雨区不均匀特性，分析空间分集条件下，降雨衰减长期统计特性问题。

降雨衰减频率比例因子、极化比例因子、降雨衰减季节统计特性、空间分集条件下长期统计特性等问题在 ITU-R P.618 的不同版本中均有介绍，读者可以自行查阅，本书不再摘录说明。

6.2.1.6 基于非 1 分钟累积时间降雨率的雨衰预报模型

6.2.1.1～6.2.1.3 小节中的雨衰统计特征评估方法必须利用 1 分钟累积降雨率 $R(1)$。但是获得多年统计的 1 分钟累积降雨率数据，相对于气象部门记录的 1 小时累积降雨率数据要难得多。因此，文献[14]提出了一种利用 1 小时累积分布的降雨率统计数据预报降雨衰减的模型，可以将各地气象部门积累的 1 小时累积分布数据用于降雨衰减特性预报。文献[14]中的模型表示为

$$A_{pH} = A_{ITU-R\ model} - K_H \tag{6.117}$$

其中：A_{pH} 代表用 1 小时累积降雨数据计算得到年时间概率 p 的降雨衰减；$A_{ITU-R\ model}$ 代表直接将 1 小时累积的降雨率代入 ITU-R 模型计算得到的降雨衰减；K_H 代表修正补偿因子。K_H 可以表示为

$$K_H = -0.25666 - (0.060952 \times R_H) - (0.0034327 \times R_H^2) \tag{6.118}$$

其中，R_H 代表 1 小时累积降雨率。

文献[14]中给出的模型，实际是将不同时间累积降雨率转换过程直接融入修正因子 K_H，从本质上看与原来的预报模型没有差别，但是由于长时间累积的降雨率资料比 1 分钟累积降雨率要丰富，同时数据更新也较快，所以建立利用非 1 分钟累积降雨率雨衰预报模型对于卫星通信的开发、应用和自适应抗衰减技术发展具有十分重要的意义。但是，不同累积时间降雨率之间的转化关系对于不同地区有所不同。所以，要在特定的地区结合仅有 1 分钟累积降雨率数据，利用气象部门可以提供的较丰富的非 1 分钟累积降雨率数据，建立适合该地区的降雨衰减修正因子，建立类似式（6.117）所示的非 1 分钟累积降雨率雨衰预报模型。

利用非 1 分钟累积降雨率预报雨衰统计特征的过程可以概括为以下几步[5]:

第一步:获得特定地区的 1 分钟累积降雨率统计数据。可以利用 3.6.2 节中介绍的测量方法,测量分析特定地区的 1 分钟累积降雨率,或者依据 3.2.1.9 小节中介绍的降雨率统计特征数据库获得该地区的数据。当然,从建模有效性角度考虑,最好是能获得特定地区的测量结果。

第二步:获得对应地区的非 1 分钟累积降雨率,并且按照统计年时间概率的方法得到对应年时间概率的非 1 分钟累积降雨率统计结果。例如:如果将表 3.8 中给出的不同雨区时间概率为 0.001%、0.003%、0.01%、0.03%、0.1%、0.3%、1%对应的 1 分钟累积降雨率值作为某地区的 1 分钟累积降雨率数据,则需要通过统计该地区非 1 分钟累积降雨率数据获得该地区时间概率为 0.001%、0.003%、0.01%、0.03%、0.1%、0.3%、1%对应的非 1 分钟累积降雨率值。

第三步:验证、获得适合该地区的特征参数计算模型、等效路径分析模型以及 A_p、$A_{0.01}$ 之间的关联模型。

第四步:将第二步获得的非 1 分钟累积降雨率代入第三步确定的降雨衰减模型,得到非 1 分钟累积降雨率预报的雨衰结果。

第五步:将该地区 1 分钟累积降雨衰减测量序列作为标准结果,或者将第一步获得的 1 分钟累积降雨率数据代入第三步确定的降雨衰减模型,获得降雨衰减标准结果。为了能保证所建模型的有效性,最好能获得测量结果。

第六步:分析比对第四步和第五步获得的雨衰结果,回归获得利用 t 分钟累积降雨率预报雨衰的修正因子 K_t。

6.2.1.7　降雨衰减实时预报模型

毫米波段通信具有通信容量大、波束窄、终端尺寸小和抗干扰能力强、电磁兼容性好、设备更易小型化、天线体积小等优势,开发毫米波段和将新型通信体制应用在毫米波段(例如 MIMO 技术)是未来通信等系统研究的热点问题。

电波传播特性研究是通信系统设计的重要部分,直接影响通信系统的性能,大气环境对电磁波的折射、反射、散射、衰减、相移和去极化、闪烁等传播、散射效应直接影响信号传输容量、速率、信号质量和系统稳定性,这些传输效应在毫米波段更加显著,已经成为制约毫米波技术应用的主要问题之一。

毫米波段通信系统遇到的难点之一是评估和克服降雨及其他对流层环境(例如:雪、雾、沙尘等)对信号带来的衰减问题。其中降雨产生的衰减尤为严重,例如,对 C 波段卫星通信影响不大的降雨可能引起 Ku 波段通信中断,对 Ku 波段几乎无影响的云层将会对 30 GHz频段产生影响。降雨对 Ka 波段引起的降雨衰减比对 Ku 波段更为严重,暴雨时甚至可以引起高达数十分贝的信号衰减,导致信号中断,降雨衰减成为制约毫米波无线通信技术开发、应用的一个显著问题。

降雨衰减长期统计特性模型相对成熟,可以提供较高精度的预报结果,但是长期统计预报结果抗雨衰要依赖于系统的固定功率储备或者用空间分集技术。因为降雨事件是在时间和空间分布较稀少事件,也是短期随机过程事件,因此衰减特性也是短期动态随机过程。随着通信系统频段不断增长,在较高频段雨衰达到很高的水平,所以使用固定功率储备或者采用空间分集技术不再符合费效比。例如,三亚地区 9.1 GHz 链路 0.01%衰减最高约

37 dB，如果按照功率储备保证 99.99% 的通信可靠度，则对于雨衰问题的功率储备为 37 dB，但是这些功率在一年内只有约 52 分钟起作用。同样，地面站空间分集需要至少两个相距 33 km 以上的地面站同时对卫星处于工作状态，以保证一个链路因降雨衰减而中断时另一链路不受降雨影响，但是两个链路同时工作的大部分时间处于冗余状态。因此，自适应抗雨衰技术受到了学术界的重视，而自适应功率控制抗雨衰技术需要研究降雨衰减的实时动态行为，以便自适应系统跟踪衰减的变化。所以，研究和预报降雨衰减的实时动态特性对于自适应抗衰落技术非常重要。

学术界对于降雨衰减实时动态预报非常关注，曾经出现的模型大致有[15]：线性回归模型、统计方程模型、马尔科夫链模型、自适应线性滤波模型、神经网络模型、基于雨衰序列斜率变化的预报模型、ARIMA 模型、ARIMA-GARCH 模型。但是，这些模型均是基于特定区域的测量数据建立的模型，或者仅仅给出了特定地区的雨衰序列变化特性，或者仅仅给出了研究动态特性的理论思路。然而，雨衰与降雨的类型、雨滴谱分布、降雨的空间不均匀分布特性密切相关，而且这些特性随时间和空间随机变化。所以，由于前述给定参数的模型或者基于特定变化特性回归建立的模型，不适用于其他国家和地区。

因为实测降雨衰减时间序列与股票或者外汇成交率相似，所以用来评估经济现象中动态特性的 ARIMA（单整自回归移动平均过程）模型，可以用来分析和预报降雨衰减的短期动态特性，通过测量某时刻的衰减值，预测衰减未来的变化趋势。文献[15]将遗传算法的思想与 ARIMA 模型结合，并结合西安地区的 1 分钟降雨率及雨衰测量序列和雨衰仿真序列，建立了基于改进遗传算法的雨衰动态预报模型，也就是 GA-ARIMA 模型。由于该模型在实际使用中结合预报反馈结果，基于模型参数数据库不断进行调整预报参数，因此该模型具有良好的自适应功能，可以将不同国家、地区积累的 ARIMA 模型参数方便地用于其他国家和地区，实现了将不同国家、地区的测量数据回归模型参数共享、共用的目的。该模型应该最有可能实现雨衰实时动态预报的工程目的。

ARIMA 模型是一个序列进行 d 次差分后的 ARMA（自回归平均滑动）模型。ARMA 模型为

$$A_t = \sum_{i=1}^{p} \varphi_i A_{t-i} - \sum_{i=1}^{q} \theta_i \varepsilon_{t-i} + \varepsilon_t \tag{6.119}$$

式中：A_t 表示 t 时刻的观察值；A_{t-i} 表示 $t-i$ 时刻的值；ε_{t-i} 是随机扰动项，为白噪声序列；φ_i 和 θ_i 是模型参数；p 和 q 代表模型阶次。

ARMA 模型只能运用于预测平稳时间序列，对于非平稳时间序列，由于它的非线性特征，通过线性的 ARMA 模型预测将会有较大的偏差。在应用 ARMA 模型之前必须先进行模型的稳定性分析。只有判定目标序列为稳定序列才可以运用 ARMA 进行预测。对于非平稳序列，已经有许多方法能从非平稳的时间序列中构造平稳的时间序列，如 ARIMA。

ARIMA 模型是将时间序列进行 k 阶 r 次差分后的 ARMA 模型。ARIMA 模型为

$$\Delta_k^r A_t = \sum_{i=1}^{p} \varphi_i \Delta_k^r A_{t-i} - \sum_{i=1}^{q} \theta_i \varepsilon_{t-i} + \varepsilon_t \tag{6.120}$$

其中 Δ 为差分算子。序列的 k 阶 1 次差分表示为

$$\Delta_k^1 X_t = X_t - X_{t-k} \tag{6.121}$$

序列的 k 阶 2 次差分表示为

$$\Delta_k^2 X_t = \Delta_k^1 X_t - \Delta_k^1 X_{t-k} \tag{6.122}$$

通过差分可以消除其非平稳性。

　　建立时间序列预报模型通常包括三个步骤：模型的识别；模型参数的估计；模型的诊断与检验，如图 6.17 所示。

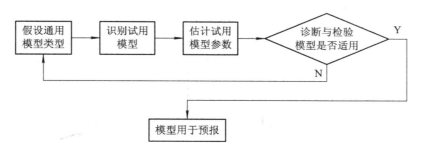

图 6.17　ARIMA 建模过程示意图

　　模型的识别主要依赖于分析时间序列的相关图与偏相关图。模型识别之前首先要判断序列是否平稳，如果平稳则可对模式进行识别，如果不平稳则要对数据进行差分，直到序列平稳。一般地，如果自相关函数很快衰减至 0，则认为平稳；如衰减缓慢，则认为不平稳。图 6.18 是非平稳序列和平稳序列的自相关函数示例，理论分析详见文献[16]～[18]，图中 ACF 表示自相关函数，PACF 表示偏相关函数。

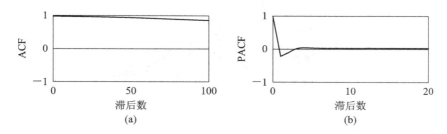

图 6.18　非平稳序列和平稳序列的自相关函数

(a) 非平稳序列；(b) 平稳序列

　　随机过程 $x(t)$ 的时间间隔为 s 的自相关函数 $\mathrm{ACF}(s)$ 表示为

$$\mathrm{ACF}(s) = \frac{\mathrm{Cov}(x_t, x_{t+s})}{\sqrt{D(x_t)D(x_{t+s})}} \tag{6.123}$$

其中：$\mathrm{Cov}(x_t, x_{t+s})$ 表示 t 时刻和 $t+s$ 时刻随机变量 x_t 和 x_{t+s} 之间的协方差；$D(x_t)$ 和 $D(x_{t+s})$ 分别表示 t 时刻和 $t+s$ 时刻随机过程的方差。由式（6.123）得到的随机序列的 $\mathrm{ACF}(s)$ 的表达式为

$$\mathrm{ACF}(s) = \rho(s) = \frac{c(s)}{c(0)} \tag{6.124}$$

如果测量的序列 A_t 平稳，则 $c(i)$ 表示为

$$c(i) = \frac{1}{N} \sum_{t=1}^{N-i} (A_t - \overline{A})(A_{t+i} - \overline{A}) \tag{6.125}$$

其中，$\overline{A}$ 表示测量序列的平均值，即

$$\overline{A} = \frac{1}{N}\sum_{t=1}^{N}A_t \qquad (6.126)$$

对于测量的衰减时间序列而言，ACF(s)可以通过时间序列处理软件直接获得，例如文献[19]中介绍的 SPSS 软件。图 6.19 是利用图 6.11 所测时间序列仿真的雨衰时间序列，图 6.20 是图 6.19 雨衰时间序列自相关函数分析结果。基于测量的降雨事件序列，仿真雨衰时间序列的方法有两种。最简单的一种，是利用 6.2.1.1 小节介绍的指数模型计算特征衰减序列，然后利用式(6.108)计算不同降雨率情况下的等效路径序列，再将特征衰减序列和等效路径序列相乘。另一种方法比较复杂，是借助降雨率空间分布转化概率模型，结合 6.2.1.1 小节介绍的特征衰减序列进行仿真。另外，也可以通过一些模型，赋予雨衰初始值，然后直接仿真雨衰时间序列。本部分重在介绍动态雨衰预报模型，获得雨衰时间序列的方法将在 6.2.1.8 小节中介绍。图 6.20 说明图 6.19 中的雨衰序列不平稳，因为其自相关函数没有很快减小至 0。

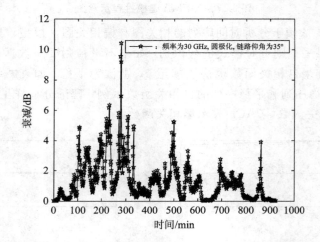

图 6.19　基于 2011 年 7 月 5 日降雨事件序列仿真的雨衰序列

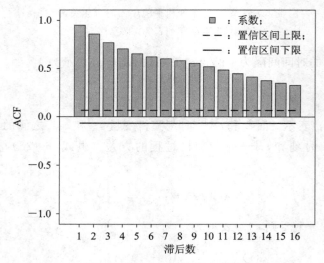

图 6.20　图 6.19 所示衰减序列的自相关函数 ACF

　　从建模角度讲，只要有一组时间序列不平稳，则说明 ARMA 模型不能通用于该物理现象。所以，对于降雨衰减而言，有必要对时间序列进行差分，建立 ARIMA 模型。当然，为了建模过程简便，差分阶数和次数一定从最低阶最低次进行，差分进行后判断平稳性决定是否改变差分的阶数和次数。所以，首先将图 6.19 中的序列进行 1 阶 1 次差分，获得如图 6.21 所示的差分序列。利用 SPSS 软件分析图 6.21 所示的序列，得到图 6.22 所示的 ACF 结果。

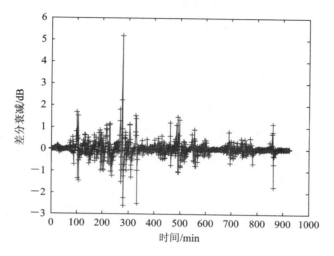

图 6.21　对图 6.19 中的衰减序列进行 1 阶 1 次差分后的序列

　　图 6.22 表示对于 2011 年 7 月 15 日降雨事件形成的衰减序列而言，取 $k=r=1$ 的差分过程可以使得差分后序列在滞后数为 7 以后，自相关函数落入置信区间，也就是近似为 0。对基于西安地区 2010 年和 2011 年两年降雨率时间序列仿真的雨衰序列进行分析，发现 $k=r=1$ 的差分过程可以满足差分后雨衰序列满足平稳的条件。换句话说，式(6.120)所示的模型中，$k=r=1$ 通过西安地区 2010 年和 2011 年两年的测量数据检验。

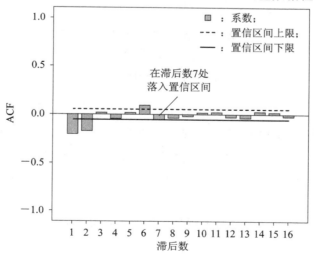

图 6.22　图 6.21 所示差分序列的 ACF 图

为了继续确定式（6.120）所示模型中的 p 和 q，需要引入时间序列的偏相关函数 PACF。随机过程 $x(t)$ 的时间间隔为 s 的偏相关函数 $\mathrm{PACF}(s)$ 表示 t 时刻和 $t+s$ 时刻时随机变量 x_t 和 x_{t+s} 在 x_{t+1}，x_{t+2}，$\cdots$，x_{t+s-1} 已知情况下的条件协方差，即

$$\mathrm{PACF}(s) = \frac{\mathrm{Cov}(x_t, x_{t+s})}{\sqrt{D(x_t)D(x_{t+s})}}\bigg|_{(x_{t+1}, x_{t+2}, \cdots, x_{t+s-1})} \tag{6.127}$$

同样，获得测试序列 PACF 的方法是求解方程：

$$\rho(j) = \phi_{s1}\rho(j-1) + \cdots + \phi_{s(s-1)}\rho(j-s+1) + \phi_{ss}\rho(j-s) \quad (j=1, 2, \cdots, s) \tag{6.128}$$

其中，$\rho(j)$ 由式（6.124）计算得到。由式（6.128）解出的 ϕ_{ss} 就是所需要的 PACF，也就是说

$$\mathrm{PACF}(s) = \phi_{ss} \tag{6.129}$$

SPSS 软件已经将利用式（6.128）和式（6.129）处理测量时间序列的过程嵌入其内核函数中。利用 SPSS 软件可以直接获得 PACF。图 6.23 是图 6.21 中差分序列的 PACF 结果。

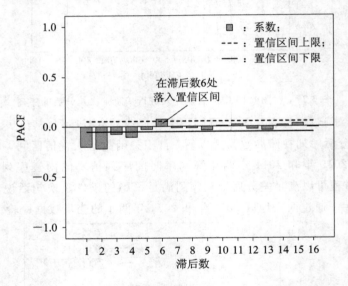

图 6.23 　图 6.21 中的差分序列的 PACF 结果

如果经过 k 阶 r 次差分的时间序列 $\Delta_k^r A_t$ 平稳，则可以通过分析 $\Delta_k^r A_t$ 的 ACF 和 PACF，按照以下原则确定式（6.120）所示模型中的 p 和 q：如果 $\Delta_k^r A_t$ 的 $\mathrm{ACF}(s)$ 和 $\mathrm{PACF}(s)$ 分别在滞后时间 $n_{1\mathrm{L}}$ 和 $n_{2\mathrm{L}}$ 后落入 SPSS 软件设定的"置信区间"，则 $q = n_{1\mathrm{L}}$，$p = n_{1\mathrm{L}} - n_{2\mathrm{L}}$。例如：图 6.22 中的 ACF 在 $n_{1\mathrm{L}} = 7$ 后截断，而图 6.23 中的 PACF 在 $n_{2\mathrm{L}} = 6$ 后截断，所以 $q = 7$ 而 $p = 1$。

对于西安地区 2011 年 7 月 5 日的雨衰序列而言，式（6.120）进一步表示为[15]

$$\Delta^1 A_t = (A_t - A_{t-1}) = \varphi \Delta^1 A_{t-1} - \sum_{i=1}^{7} \theta_i \varepsilon_{t-i} + \varepsilon_t \tag{6.130}$$

降雨衰减实时预报模型表示为[15]

$$A_t = A_{t-1} + \varphi \Delta^1 A_{t-1} - \sum_{i=1}^{7} \theta_i \varepsilon_{t-i} + \varepsilon_t \tag{6.131}$$

为了消除差分序列均值不为 0 带来的系数估计误差，可以给式(6.131)中引入一个常数 μ，将 $\Delta^1 A_t$ 用 $\Delta^1 \widetilde{A}_t = \Delta^1 A_t - \mu$ 代替，所以式(6.131)进一步表示为[15]

$$A_t = A_{t-1} + \varphi \Delta^1 \widetilde{A}_{t-1} - \sum_{i=1}^{7} \theta_i \varepsilon_{t-i} + \varepsilon_t + \mu \tag{6.132}$$

式(6.132)所示模型的参数 φ 和 θ_i 的理论求解过程见文献[15]，在此不再详细介绍。许多时间序列处理软件已经将理论求解过程嵌入其内核函数中，可以直接通过雨衰时间序列输出指定参数的模型系数，例如 SAS 软件、R 软件、Eview 软件、SPSS 软件等。另外，文献[15]也介绍了式(6.132)所示模型的对建模序列的检验过程，即分析预报序列和原始序列的残差，如果残差符合白噪声特性，则检验通过。文献[15]对西安地区 2010 年和 2011 年两年的仿真雨衰序列，以及对直接模拟雨衰序列数据进行检验，发现 ARIMA(1，1，7) 均能通过 ACF 和 PACF 及残差白噪声检验。表 6.9 是由 SPSS 计算得到 2010 年 10 次降雨事件的 ARIMA(1，1，7)模型参数。

表 6.9　由 SPSS 计算得到 2010 年 10 次降雨事件的 ARIMA(1，1，7)模型参数

日期＼系数	2010 0314	2010 0329	2010 0331	2010 0414	2010 0420	2010 0421	2010 0513	2010 0514	2010 0516	2010 0517
μ	0.0074	0.0028	0.0135	−0.0001	0.0110	−0.0025	0.0033	−0.0032	−0.0002	−0.0111
φ	−0.8539	−0.7514	−0.2116	−0.9939	0.3002	0.4004	0.8891	0.7422	0.4198	−0.9387
θ_1	−0.5715	−0.4952	0.1541	−0.7961	0.4536	0.6727	1.0027	0.9088	0.5884	−0.8684
θ_2	0.3768	0.3945	0.2512	0.3441	0.0832	0.0748	0.0884	0.0967	−0.0050	0.5681
θ_3	0.1358	0.2459	0.0364	0.1900	0.0413	−0.0948	−0.0837	−0.1184	0.0770	0.5912
θ_4	−0.0230	0.0059	−0.0343	0.0641	−0.0039	0.0409	−0.0686	0.0401	−0.0132	0.0470
θ_5	−0.0613	−0.0967	0.0124	0.0958	0.0287	−0.0371	0.0343	−0.0640	0.0407	0.0864
θ_6	0.010 21	−0.0096	−0.0110	0.1349	0.0073	−0.0777	0.0174	0.0117	0.0700	0.2061
θ_7	−0.0191	0.0376	0.0704	0.0685	−0.0421	0.1050	0.0087	0.0399	0.0421	0.0467

虽然 ARIMA(1，1，7)均能通过所有的测量和仿真序列 ACF 和 PACF 及残差白噪声检验，但是表 6.9 表明不同的测量、仿真数据训练的模型参数差异比较大，几乎没有完全相同的两组结果，因为雨衰与降雨的类型、雨滴谱分布、降雨的空间不均匀分布特性密切相关，而且这些特性随时间和空间随机变化。图 6.24～图 6.26 是用 2010 年 3 月 14 日的测量衰减训练 ARIMA(1，1，7)模型的参数预报 2010 年 3 月 14 日、5 月 16 日、7 月 25 日的雨衰结果和实测结果比较，可以发现预报结果误差较大，即使是 3 月 14 日的预报结果也并不理想。图 6.24(b)～图 6.26(b)是图 6.24(a)～图 6.26(a)中截取的一部分数据。

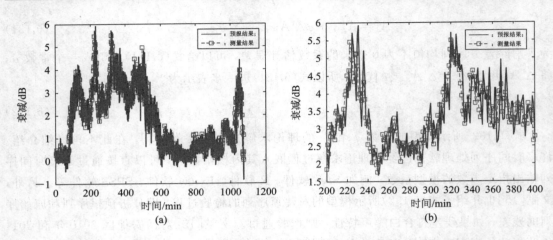

图 6.24　用 2010 年 3 月 14 日的参数预报 3 月 14 日的衰减

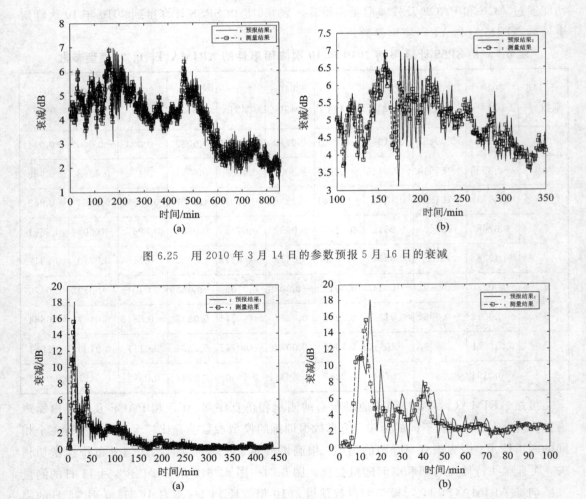

图 6.25　用 2010 年 3 月 14 日的参数预报 5 月 16 日的衰减

图 6.26　用 2010 年 3 月 14 日的参数预报 7 月 25 日的衰减

由此可见，ARIMA 可以通过各地区的数据跳过复杂的估计步骤直接确定参数来进行预测，所以 ARIMA 预报模型对雨衰动态特性具有重要的意义。但是 ARIMA 不适合工程应用，因为对每次预报数据进行参数训练时，可能会因由当前测量降雨计算得到的雨衰序列或者当前测量到的雨衰序列数据不足而导致模型参数没有包含降雨所体现出来的所有随机信息，从而影响后续预报精度，或者预报提前量不能满足自适应系统跟踪雨衰变化。虽然直接应用过去或者别的地区的历史数据建模可以解决数据不足的问题，但是由于不同场雨或者同一场雨中不同的时刻预报模型参数不同，导致预报结果误差较大，即使能够即时训练预报结果，误差也比较大（见图 6.24）。所以单纯地使用 ARIMA 不能满足工程应用的实时预报雨衰动态特性的需求。针对这一问题，文献[15]将遗传算法的思想引入 ARIMA 模型，得到了 MGA-ARIMA 模型。

MGA-ARIMA 模型可以将不同国家、地区及不同时段建立起来的模型参数作为数据库，例如表 6.9 就可以作为数据库中的一部分，在实际工程应用中实时选择恰当模型参数的组合，保证 ARIMA 模型的预报精度和实用性。MGA-ARIMA 模型详细建模过程如下：

第一步：依据测量雨衰序列或者可靠的仿真雨衰序列，估计得到 ARIMA(1，1，7) 模型的参数数据库，如表 6.9 所示。如果数据库中的数据来自于更多的国家、地区或者更长的观测时间，则数据库越使用效果越好。

第二步：使用 K - NN 聚类方法[15]，从数据库中聚类得到 m 组参数作为子数据库，m 作为遗传算法"染色体"长度。例如，选出 4 组参数，则 $m=4$，每一组参数称为"染色体"的一个"基因"。聚类过程中，可以将当地降雨测量序列模拟雨衰序列的一次或者几次 ARIMA(1，1，7) 模型参数作为聚类中心。事实上，聚类挑选是为了针对庞大数据库，而减少优化的时间和复杂度。如果数据库不是很复杂，建议不用聚类挑选，直接将数据库全部数据作为优化组合对象。

第三步：遗传算法初始化，确定种群数 N。假定第二步确定的染色体长度为 m，则种群数 N 最大值 $N_{\max}$ 为

$$N_{\max}=2^m \tag{6.133}$$

N 越大则遗传算法越复杂，实用中可以根据实际情况选取一个恰当的值。

第四步：遗传算法编码。随机生成 N 个 $1\times m$ 的 0、1 数组，表示预报参数的初始情况，例如，$m=4$、$N_{\max}=16$。为了方便说明问题，可以取 $N=4$，即随机生成如下组合：

$$1101 \qquad 1010 \qquad 0101 \qquad 1011 \tag{6.134}$$

其中，每一个 $1\times m$ 的"染色体"也可称为一种"方案"，代表一种参数的组合方式，每个"方案"组合的列数 i 对应挑选出的第 i 组参数，数值为 1 表示使用该组参数，数值为 0 表示不使用该组参数。

第五步：根据编码结果，求解每一"方案"的平均值，将其作为 ARIMA 模型预设参数。假设选出的 4 组参数为表 6.9 中的 20100314、20100329、20100331、20100414 训练所得参数，例如"方案"1101，代表用第一组、第二组和第四组参数均值作为模型参数，则由组合 (6.134)所示的"生物体"得到的预设预报参数如表 6.10 所示。

表 6.10　预设基因组合得到的预报模型参数

参数 生物体	ε_t	φ_1	θ_1	θ_2	θ_3	θ_4	θ_5	θ_6	θ_7
1101	0.0032	−0.8664	−0.6209	0.3718	0.1906	0.0157	−0.0207	0.0452	0.0290
1010	0.0105	−0.5328	−0.2087	0.3140	0.0861	−0.0286	−0.0245	−0.0004	0.0257
0101	0.0011	−0.8726	−0.6456	0.3693	0.2180	0.0350	−0.0005	0.0627	0.0530
1011	0.0068	−0.6865	−0.4045	0.3240	0.1208	0.0023	0.0156	0.0447	0.0399

第六步：确定遗传算法的适应函数。这里将 ARIMA 参数进行预报结果与真实结果的残差的倒数作为自适应函数实行遗传算法。

$$f_t = \frac{1}{A_t - \text{ARIMA}(A_1, A_2, \cdots, A_{t-1}, \varphi, \theta)^2} \tag{6.135}$$

其中，A_t 表示真实衰减结果，当然也可以根据遗传算法理论选取其他的适应函数。由式 (6.135) 计算得到预设"方案"对应的适应函数 f_1、f_2、$\cdots$、f_m。

第七步：遗传算法复制过程。求解适应函数的和，即

$$f_1 + f_2 + \cdots + f_m = F \tag{6.136}$$

在 $0 \sim F$ 之间随机取 m 个数，D_1、D_2、$\cdots$、D_m，把 f_1、f_2、$\cdots$、f_m 和 D_1、D_2、$\cdots$、D_m 用示意图形式表示出来，D_i 落在哪个区间则复制哪个"方案"。图 6.27 所示为 $m=4$ 的示例。

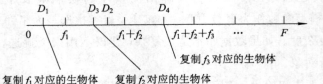

图 6.27　复制过程示意图

第八步：遗传算法交叉过程。这里采用"一致交叉"法则，当然也可以采用遗传算法理论中介绍的其他交叉法则。"一致交叉"法则是选出一个 $1 \times m$ 的 0、1 序列，称为"交叉法则"序列，其中"1"代表"或"运算，"0"代表"与"运算。在 $0 \sim m$ 之间随机取 m 个数 E_1、E_2、$\cdots$、E_m，类似复制的原则制定交叉法则。图 6.28 所示为 $m=4$ 时采用"交叉法则"序列的示例。

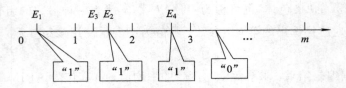

图 6.28　确定"交叉法则"序列示意图

图 6.28 所示"交叉法则"序列为

$$1\quad1\quad1\quad0 \tag{6.137}$$

其意思为第一至三位交叉用"或"运算，第四位交叉用"与"运算。

将类似组合(6.134)所示的"生物体"进行交叉，每一个"生物体"可以随机地和其余 $N-1$ 个"生物体"其中的一个按"交叉法则"序列进行交叉运算，例如组合(6.134)中第一个"生物体"和第二个"生物体"用序列(6.137)所示的法则进行交叉的结果为

$$\left.\begin{array}{l}1101\\1010\end{array}\right\}\xrightarrow{\ 1110\ }1110 \tag{6.138}$$

交叉得到新的 $N'(N'{\leqslant}N)$ 个 $1{\times}m$ 的"生物体"组成的组合。

第九步：遗传算法基因突变过程。将第八步中得到的"生物体"组合进行基因突变。假设突变概率为 p，则在 $0\sim1$ 之间随机取 N' 个随机数 y_1、y_2、$\cdots$、$y_{N'}$，如果 $y_j{\geqslant}p$，则第 j 个"生物体"不变异，否则进行变异。定义 p/m 为"位"突变概率，同样在 $0\sim1$ 之间随机取 m 个随机数 k_1、k_2、$\cdots$、k_m，如果 $k_i{\geqslant}p/m$，则生物体第 i 位不变，否则由"1"变"0"或者由"0"变"1"。

"基因突变"过程完成后，转入第五步重新循环，直到计算的适应函数大于设定的门限为止，则说明找到了最优的参数组合，用最优参数组合进行雨衰动态预报。MGA - ARIMA 预报模型过程如图 6.29 所示。

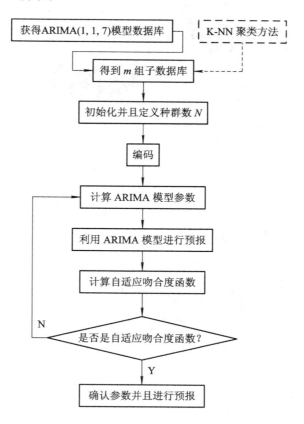

图 6.29　MGA - ARIMA 模型建模流程图

以上模型中的遗传算法模块过程可以全程开启，也可为了减少计算时间进行阶段性开启，对预报参数进行"实时"调整。不过，由于真实衰减情况无论如何都不可能提前获得，也就是上面的 GA 训练过程只能滞后 τ 执行，换句话说就是 t 时刻系统所用的参数是 $t-\tau$ 时刻的最优参数。但是，滞后训练并不影响本模型的预报精度，因为"当地本次降雨"引起雨衰随机过程 t 时刻与 $t-\tau$ 时刻的相关性，相对于其他地区或者本地区其他降雨引起衰减的相关性要好。

为了检验 MGA – ARIMA 模型的预报功能，基于表 6.9 所示的 ARIMA 预报模型参数，用 MGA – ARIMA 模型预报 2010 年测量的其他衰减序列情况，结果表明吻合程度要比没有用 MGA – ARIMA 模型前好得多。部分计算结果见图 6.30～图 6.32，其中图 6.30(b)～图 6.32(b)是图 6.30(a)～图 6.32(a)的局部细节比较结果。计算过程中没有使用 K – NN 聚类方法，训练中 $m=10$，$N=30 \neq N_{\max}$，$p=0.3$，$f_t > 10^4$ 时训练结束。从图中可以看出 MGA – ARIMA(1，1，7)模型的预报结果几乎与测量结果完全吻合。

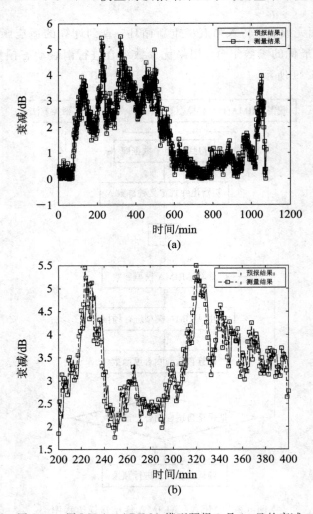

图 6.30　用 MGA – ARIMA 模型预报 3 月 14 日的衰减

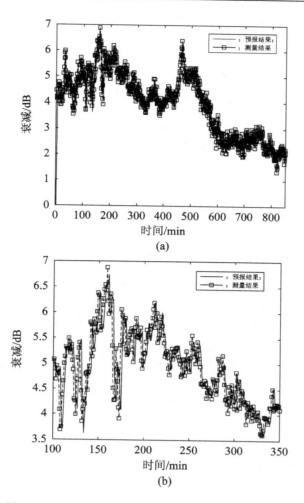

图 6.31　用 MGA – ARIMA 模型预报 5 月 16 日的衰减

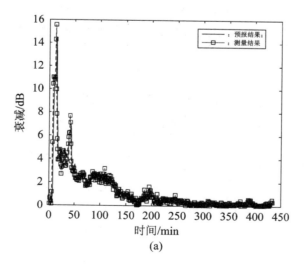

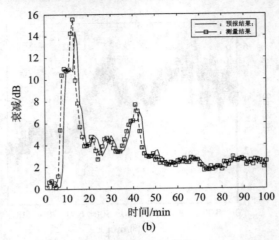

图 6.32　用 MGA－ARIMA 模型预报 7 月 25 日的衰减

由图 6.30～图 6.32 可以看出，将遗传算法的思想与 ARIMA 模型结合，建立了基于遗传算法思想的雨衰动态预报 MGA－ARIMA(1，1，7)模型，该模型预报结果几乎与测量结果完全吻合，因为引入了遗传算法，即使模型数据库中没有 5 月 16 日和 7 月 25 日的训练参数，预报结果也与测量结果几乎完全吻合。这些结果说明，该模型具有良好的自适应功能，可以方便地将不同国家和地区得到的 MGA－ARIMA(1，1，7)模型参数作为数据库进行共享，只要数据库积累的足够丰富，就可以在任何国家和地区直接应用于自适应功率控制系统。表 6.11 和表 6.12 是西安地区 2010 年 5 月 25 日至 9 月 7 日测量雨衰数据训练得到的 ARIMA(1，1，7)模型参数。表 6.9、表 6.11 和表 6.12 的数据可以作为参数数据库供其他国家和地区的研究人员在应用 MGA－ARIMA 模型时使用，当然数据库还不充足，需要相关研究人员不断进行测量研究，只要数据库不断积累丰富，MGA－ARIMA 模型就可以方便地用于任何国家和地区的雨衰动态特性预报。MGA－ARIMA 实时雨衰模型有望刷新雨衰动态特性预报技术，对于自适应抗雨衰技术具有重要的理论意义和实用价值，对于研究毫米波段信道衰落动态特性和抗衰落技术具有重要的应用价值。

表 6.11　西安地区 2010 年 5 月 25 日至 7 月 17 日测量雨衰序列的 ARIMA(1，1，7)模型参数

日期 参数	2010 0525	2010 0626	2010 0629	2010 0702	2010 0703	2010 0707	2010 0708	2010 0709	2010 0713	2010 0717
ε_t	−0.0398	−0.0044	0.0031	0.0048	0.0016	0.1117	0.0005	0.0073	−0.0014	0.0025
φ_1	0.6992	0.9339	0.9499	0.9861	0.9027	0.4701	0.9765	0.9442	−0.4123	−0.5459
θ_1	0.9512	0.9411	0.9849	0.9408	1.0241	0.3397	1.0874	0.8416	−0.1428	−0.3366
θ_2	−0.1464	0.0587	−0.1577	0.0594	0.0916	0.0192	−0.0141	0.1827	0.0907	0.3576
θ_3	−0.0234	−0.0278	−0.0651	0.0176	−0.1529	−0.1238	−0.0483	−0.1419	0.0914	0.1639
θ_4	0.0800	−0.0052	0.1182	0.0638	0.0263	0.1180	0.0543	0.0886	0.0457	0.0738
θ_5	−0.0661	0.0021	0.0879	−0.0079	0.00001	−0.0395	−0.0579	0.0685	0.0533	0.0241
θ_6	0.0633	0.0690	0.1196	−0.0700	−0.0153	0.1145	0.0291	−0.0984	0.1217	0.0953
θ_7	0.1413	−0.0379	−0.0879	−0.0038	0.0262	0.1027	−0.0506	0.0589	−0.0043	0.1467

表 6.12　2010 年 7 月 22 日至 9 月 7 日测量雨衰序列的 ARIMA(1，1，7)模型参数

日期 参数	2010 0722	2010 0723	2010 0724	2010 0725	2010 0729	2010 0822	2010 0823	2010 0824	2010 0905	2010 0907
ε_t	0.0003	0.0022	−0.0001	−0.0342	0.0282	−0.0001	0.0020	−0.0008	0.0023	−0.0002
φ_1	0.9805	0.9402	−0.9808	0.5369	0.9963	−0.2875	0.9471	0.8018	0.9454	0.9275
θ_1	1.1063	0.8208	−0.8796	0.2480	0.8512	−0.0176	1.0975	0.9072	1.1393	1.1213
θ_2	0.0215	0.1506	0.1622	0.2937	0.3041	0.2472	0.0256	−0.0377	0.0547	−0.0413
θ_3	−0.1379	0.0742	0.1030	0.0793	−0.0246	0.1632	−0.0339	−0.0256	−0.1588	−0.0735
θ_4	0.0372	−0.0529	0.0100	−0.0251	−0.0453	0.1996	−0.0915	0.0003	0.0131	0.0029
θ_5	0.0250	0.0413	−0.0940	−0.0966	0.0066	0.0177	0.0049	−0.0040	−0.0897	−0.0072
θ_6	−0.1103	0.0065	−0.1479	0.1857	−0.0456	0.0644	0.0083	−0.0010	0.0050	−0.0016
θ_7	0.0580	−0.0405	−0.0933	0.3149	−0.0464	−0.0739	−0.0256	0.0723	0.0364	−0.0007

6.2.1.8　降雨衰减时间序列获取方法

6.2.1.7 小节中介绍的 MGA - ARIMA 模型具有良好的自适应功能，可以方便地将不同国家和地区得到的 MGA - ARIMA(1，1，7)模型参数作为数据库进行共享，只要数据库积累的足够丰富，就可以在任何国家和地区直接应用于自适应功率控制系统。所以，获取不同地区、不同链路参数的降雨衰减时间序列，利用 SPSS 软件得到诸如表 6.9、表 6.11 和表 6.12 所示的参数，对于使用 MGA - ARIMA 模型显得尤为重要。

获得雨衰时间序列的方法可以分为两大类，一类是直接测量降雨衰减获得时间序列，另一类是仿真获得雨衰时间序列。测量获得的雨衰时间序列当然是最能代表实际情况的序列，但是需要的人力、物力投入巨大，而且不容易反映更多链路参数特征。基于对测量雨衰序列的特征，或者基于雨衰序列的理论计算模型，通过计算机仿真技术获得时间序列相对直接测量而言需要的人力、物力更小，更容易获得更多链路参数情景的序列。虽然仿真获得的序列可能不能完全客观地反映雨衰序列的真实情况，但是完全可以满足建立更加多样化的 MGA - ARIMA 模型参数数据库的要求。下面介绍仿真途径获得雨衰时间序列的方法。

监测 1 分钟累积分布降雨率数据，相对直接监测降雨衰减要简单。最简单的仿真降雨衰减序列的方法是通过任何一款符合测量时间分辨率精度要求的雨量计、雨滴谱仪，记录降雨事件发生时候的 1 分钟累积分布降雨率，并利用 6.2.1.1 小节中介绍的指数模型计算特征衰减序列，然后利用式(6.108)计算不同降雨率情况下的等效路径序列，再将特征衰减序列和等效路径序列相乘。显然，式(6.108)提供的等效路径可能不符合实际的雨区、雨胞空间分布结构，但是这样的数据同样可以携带有降雨衰减状态之间变化的某些特征，利用这些数据通过 SPSS 等软件获得的 ARIMA(1，1，7)模型参数，在进行遗传算法确定 MGA - ARIMA 模型实际预报数据时，依然具有实用价值。

另一种方法是基于降雨率观测数据，按照降雨事件发生时的某些气象参数，利用特征衰减对路径积分的方法，仿真更加接近实际情况的路径衰减。假设降雨率观测仪所在的位置为 0，则降雨率观测仪记录的第 i 时刻 0 位置的降雨率记为 R_{i_0}，第 i 时刻、距 0 位置 s km 处的降雨率记为 R_{i_s}。按照文献[20]的研究结果可知，在第 i 时刻、距 0 位置 s_1 km 处的降雨率 $R_{i\_s_1}$ 已知的条件下，s_2 处的降雨率 $R_{i\_s_2}$ 所遵循的概率分布函数为

$$p(R_{i\_s_2} < R_x \mid R_{i\_s_1}) = \frac{1}{\sqrt{2\pi}\,\sigma_{i\_s_2} R_x} e^{-\ln^2(R_x/mi\_s_2)/[2(\sigma_{i\_s_2})^2]} \tag{6.139}$$

其中：$m_{i\_s_2}$ 和 $\sigma_{i\_s_2}$ 分别表示 $R_{i\_s_1}$ 已知条件下 $R_{i\_s_2}$ 的均值和标准差。$m_{i\_s_2}$ 和 $\sigma_{i\_s_2}$ 表示为

$$m_{i\_s_2} = (m_R)^{1-e^{-B_s(s_2-s_1)}} (R_{i\_s_1})^{e^{-B_s(s_2-s_1)}} \tag{6.140}$$

$$\sigma_{i\_s_2} = \sigma_{\ln R} \sqrt{1 - e^{-2B_s(s_2-s_1)}} \tag{6.141}$$

其中：m_R 为某次降雨事件过程中 0 位置处的时间序列的均值；$\sigma_{\ln R}$ 表示 0 位置处的时间序列取自然对数后的标准差；B_s 为降雨率空间动态特性参数。实际上，B_s 又是一个新的需要确定的参数，可以理解为降雨率随水平距离的相对变化率。文献[20]中推荐 B_s 的取值为 0.776 km^{-1}。

假设链路路径在地面水平投影总距离为 S，如果把 S 平分为长度为 Δs 的离散路径，则共有 N_s 段。假设降雨率测量仪位置为 0，0 位置处所观测时间序列中的第 i 时刻的降雨率为 R_{i_0}，则均可以按照式(6.139)求解出其他任意位置 $n_s\Delta s$ 处最大概率的降雨率 $R_{i\_n_s\Delta s}$。故第 i 时刻路径总衰减为

$$A_i = \frac{1}{\cos\theta} \sum_{n_s=1}^{N_s} \left[a_r (R_{i\_n_s\Delta s})^{b_r} \right] \Delta s \tag{6.142}$$

其中，a_r 和 b_r 是 6.2.1.1 小节中计算特征衰减的模型参数，由式(6.88)计算得到。对于地-空链路，S 可以用预定高度 h_R 和链路仰角 θ 表示为

$$S = \frac{h_R}{\tan\theta} \tag{6.143}$$

如果不具备降雨率时间序列测量数据，也可以根据对历史降雨数据的统计规律，直接仿真降雨衰减事件序列。根据文献[21]和[22]，模拟得到的雨衰序列 $A(t)$（其中 t 是采样时间 t_s 的整数倍）中的每个值都是遵循概率分布 $p(A)$ 的随机数。$p(A)$ 表示为[21]

$$p(A) = \frac{m_A}{2A\sigma_A} \mathrm{sech}\left[\frac{\pi m_A \ln(A/m_A)}{2\sigma_A}\right] \tag{6.144}$$

其中，m_A 和 σ_A 分别是序列的均值和方差。假设仿真开始值 $A(0 \times t_s) = A_0$，则产生第二个值时，m_A 和 σ_A 依赖于 A_0 的取值，它们之间的关系为[21]

$$m_A = A_0 \tag{6.145}$$

$$\sigma_A = A_0 \sqrt{\beta_1 t_s} \tag{6.146}$$

第三个及其他采样 $A(i \cdot t_s)(i \geqslant 3)$ 取值时，m_A 和 σ_A 依赖于 $A((i-1)t_s)$ 和 $A((i-2)t_s)$ 的取值，它们的关系为[21]

$$m_A = A((i-1)t_s) \left[\frac{A((i-1)t_s)}{A((i-2)t_s)}\right]^{\alpha_2} \tag{6.147}$$

$$\sigma_A = A((i-1)t_s)\sqrt{\beta_2 t_s} + A((i-1)t_s)\gamma_2 \left[1 - \exp\left(-\left|\ln\frac{A((i-1)t_s)}{A((i-2)t_s)}\right|\right)\right] \tag{6.148}$$

其中，β_1、β_2、α_2 和 γ_2 的取值与采样时间步长 t_s、气候特点、链路仰角和使用频段有关[21]。文献[21]中推荐的验证过的参数为

$$\beta_1 = \begin{cases} 6.0 \times 10^{-4}\,\text{s}^{-1} & (t_s = 1\ \text{s}) \\ 8.7 \times 10^{-4}\,\text{s}^{-1} & (t_s = 10\ \text{s}) \end{cases} \tag{6.149}$$

$$\alpha_2 = \begin{cases} 0.4 & (t_s = 1\ \text{s}) \\ 0.77 & (t_s = 10\ \text{s}) \end{cases} \tag{6.150}$$

$$\beta_2 = \begin{cases} 2.0 \times 10^{-4}\,\text{s}^{-1} & (t_s = 1\ \text{s}) \\ 2.9 \times 10^{-4}\,\text{s}^{-1} & (t_s = 10\ \text{s}) \end{cases} \tag{6.151}$$

$$\gamma_2 = \begin{cases} 0.43 & (t_s = 1\ \text{s}) \\ 0.25 & (t_s = 10\ \text{s}) \end{cases} \tag{6.152}$$

该方法产生的雨衰序列不是注重仿真衰减值为多大，而是注重仿真衰减随机过程的时间动态特性，所以产生的序列可以通过乘以比例因子（例如限定衰减最大值）而再现某次真实的衰减事件序列。图 6.33 是文献[21]中图 1 所示的一个例子。该方法产生的雨衰序列的其他特点、优越性及其验证详见文献[21]。

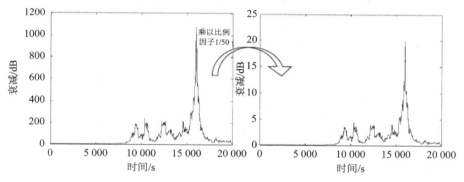

图 6.33 仿真序列特点说明

图 6.34 是作者仿真的时间序列例子，这些序列可以通过乘以比例因子而代表某一次真实的事件，见图 6.35 和图 6.36。图 6.36 中图(b)是由图(a)乘以比例因子 12 以后得到的结果。图 6.36(b)与图 6.35 非常接近。由 SPSS 等软件分析这些时间序列可以建立 ARIMA 模型的参数，将这些参数作为 MGA-ARIMA 模型的参数数据库。

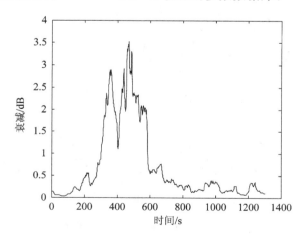

图 6.34 仿真产生的雨衰时间序列

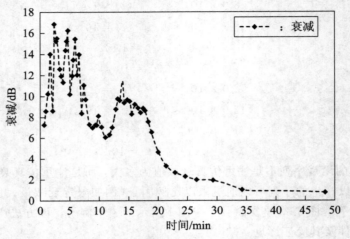

图 6.35　文献[21]中测量得到的雨衰时间序列

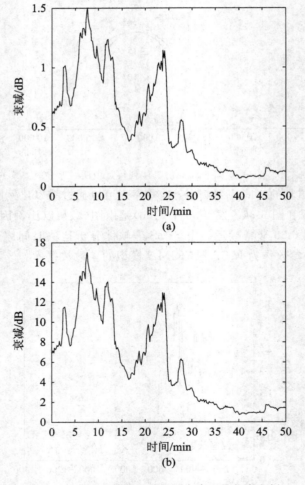

图 6.36　通过比例因子获得雨衰序列的仿真实例

6.2.2 降雪、冰晶(融化层)、冰雹环境中的衰减

降雪、冰晶、冰雹等固态水凝物粒子引起衰减的机理与降雨的相似,也是由于粒子对电磁波的散射和吸收而导致。6.1.3 节中的计算理论对于降雪、冰晶(融化层)、冰雹固态水凝物粒子依然适用。但是,正如 3.2.3 节中所述那样,固态水凝物粒子的形状复杂且多变,因此使得计算这些固态水凝物粒子的散射特性很复杂,很难找到一种几何模型全面描述这些粒子的形状。本书利用融化层冰晶类球形粒子的散射理论来计算降雪等固态水凝物群聚粒子中的衰减和相移特性。固态水凝物群聚粒子中水平极化和垂直极化的衰减率和相移率分别如下[23]:

$$\gamma_{dB/km\_H} = 8.686 \times 10^3 \int_{a_{\min}}^{a_{\max}} \sigma_{tH}(a) \left[Q + (1-Q) \frac{(a_{s0} + k_s a)^3}{a^3} \right]^{1/3} N(a) da \tag{6.153}$$

$$\gamma_{dB/km\_V} = 8.686 \times 10^3 \int_{a_{\min}}^{a_{\max}} \sigma_{tV}(a) \left[Q + (1-Q) \frac{(a_{s0} + k_s a)^3}{a^3} \right]^{1/3} N(a) da \tag{6.154}$$

$$\beta_{°/km\_H} = 10^3 \int_{a_{\min}}^{a_{\max}} \delta_H(a) \left[Q + (1-Q) \frac{(a_{s0} + k_s a)^3}{a^3} \right]^{1/3} N(a) da \tag{6.155}$$

$$\beta_{°/km\_H} = 10^3 \int_{a_{\min}}^{a_{\max}} \delta_V(a) \left[Q + (1-Q) \frac{(a_{s0} + k_s a)^3}{a^3} \right]^{1/3} N(a) da \tag{6.156}$$

其中:$k_s = 1.37$;$a_{s0} = 0.0051$ cm;Q 是质量含水量;$N(a)$ 是粒子的尺寸分布谱,a 是粒子半径,固态水凝物粒子尺寸分布谱见 3.2.3 节。

式(6.153)和式(6.154)中的 σ_{tH} 和 σ_{tV} 表示单个粒子的消光截面;式(6.155)和式(6.156)中的 δ_H 和 δ_V 表示单个粒子的相移。当电波传播方向垂直于粒子短半轴,即粒子没有倾斜时,在 Rayleigh 近似下,它们的表达式分别为[23]

$$\sigma_{tH(V)} = \sigma_{aH(V)} + \frac{2}{3} \sigma_{H(V)} \tag{6.157}$$

$$\delta_{H(V)} = \frac{180}{\pi} \frac{\lambda^2}{2\pi} x^3 \frac{3L_{H(V)} |\varepsilon - 1|^2 + 3\text{Re}(\varepsilon_r) - 3}{|3 + 3L_{H(V)}(\varepsilon_r - 1)|^2} \tag{6.158}$$

其中:下标 $H(V)$ 表示水平或者垂直极化;ε_r 表示冰水混合物的等效介电常数(详见 3.5 节);$\sigma_{aH(V)}$ 和 $\sigma_{H(V)}$ 分别是水平极化波和垂直极化波的吸收截面和前向散射截面,表示为[23]

$$\sigma_{H(V)} = \frac{\lambda^2}{\pi} x^6 \frac{|\varepsilon_r - 1|^2}{|3 + 3L_{H(V)}(\varepsilon_r - 1)|^2} \tag{6.159}$$

$$\sigma_{aH(V)} = \frac{3\lambda^2}{\pi} x^3 \frac{\text{Im}(\varepsilon_r)}{|3 + 3L_{H(V)}(\varepsilon_r - 1)|^2} \tag{6.160}$$

式(6.158)~式(6.160)中:$x = 2\pi a/\lambda$;$L_{H(V)}$ 是水平极化波和垂直极化波的极化因子,分别表示为[23]

$$L_V = \frac{1}{1 - R_0^2} \left[1 - \frac{R_0}{\sqrt{1 - R_0^2}} \arctan\left(\frac{\sqrt{1 - R_0^2}}{R_0} \right) \right] \tag{6.161}$$

$$L_H = \frac{1 - L_V}{2} \tag{6.162}$$

其中,$R_0 = 1 - a$,$0.55 \leqslant R_0 \leqslant 0.975$。

以上结果为电波传播方向与粒子短半轴垂直情况计算公式,也即粒子没有倾斜情况下水平链路传输情况计算公式。当为斜路径传输时,水平极化信号计算公式不变,垂直极化公式为[23-24]

$$\sigma_{tV\_slant} = \sigma_{tV}\sin^2\alpha + \sigma_{tH}\cos^2\alpha \tag{6.163}$$

$$\delta_{V\_slant} = \delta_V\sin^2\alpha + \delta_H\cos^2\alpha \tag{6.164}$$

其中,α 表示电波传播方向与粒子短半轴之间的夹角。α 与链路仰角 θ_0、雪粒子倾角 θ_{slant} 之间的关系为

$$\alpha = 90 + \theta_0 \pm \theta_{slant} \tag{6.165}$$

雪粒子倾斜角最大值约为 22°。

降雪环境中波长大于 1.5 cm,温度为 0℃,$R < 10$ mm/h 情况下,降雪引起的衰减率可以由以下经验公式计算[24]:

$$\gamma_{dB/km} = 0.00349\frac{R^{1.6}}{\lambda^4} + 0.00224\frac{R}{\lambda} \tag{6.166}$$

其中,λ 表示波长,单位为 cm。

总衰减 $A_{dB\_H(V)}$ 表示为

$$A_{dB\_H(V)} = \gamma_{dB/km\_H(V)}L_{e\_km} \tag{6.167}$$

其中,L_{e_km} 表示等效路径,单位为 km,等效路径的定义与 6.2.1.2 小节中介绍的相同。对于固态水凝物群聚粒子,尚无文献介绍其等效路径的评估模型。实用中降雪环境的等效路径可以用降雨环境的等效路径代替,对于冰晶层可以近似用几何路径代替。因为冰雹通常会伴随降雨出现,所以冰雹的影响应该是在降雨衰减的基础上,加一个考虑冰雹出现时的修正因子,但是尚无文献给出具体的结果,本书作者也尚无这方面的研究结果。

6.2.3 云、雾环境中的衰减

雾是由直径为微米量级水汽凝结粒子(水汽或者冰晶粒子)悬浮在大气中形成的汽溶胶系统,这些粒子的尺度很小,所以通常认为是球形粒子。6.1.3 节中的计算理论对于云雾粒子依然适用,而且对于毫米波、亚毫米波段电磁波而言可以用 Rayleigh 近似求解其散射特性。

云、雾大气衰减模型在 ITU-R P.840[25] 和 COST255[10] 以及文献[26]和[27]中均有详细的讨论。COST255 中介绍的有 Rayleigh 液态水吸收模型、Salonen-Uppala 统计模型、Dissanayake 等提出的云雾衰减模型,文献[26]和[27]中还介绍了有关云雾衰减的经验、半经验模型,读者可以自行了解。下面只给出 ITU-R P.840-3 中的计算模型。

ITU-R 云、雾衰减率公式表示为[25]

$$\gamma_{dB/km\_cf} = K_l M \tag{6.168}$$

其中:K_l 表示特征衰减系数,单位为 dB/km;M 表示液态水含量,单位为 g/m³,云雾含水量概念及时空分布见 3.2.2 节。K_l 表示为

$$K_l = \frac{0.819f}{\varepsilon_{r\_Im}(1+\eta^2)} \tag{6.169}$$

其中:f 表示频率,单位为 GHz;η 表示为

$$\eta = \frac{2+\varepsilon_{r\_Re}}{\varepsilon_{r\_Im}} \tag{6.170}$$

ε_{r_Re} 和 ε_{r_Im} 表示用 3.5.1 节中介绍的双 Debye 公式计算的水的相对介电常数的实部和虚部。

对于仰角为 θ 的地-空链路，云、雾总衰减表示为[25]

$$A = \frac{LK_l}{\sin\theta} \qquad (5° \leqslant \theta \leqslant 90°) \tag{6.171}$$

其中，L 为路径液态水积分含水量，单位为 kg/m^2，云雾含水量概念及时空分布见 3.2.2 节。图 6.37 是文献[25]给出的云雾特征衰减随频率和温度变化的一个算例。

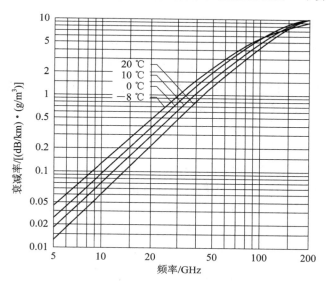

图 6.37　云雾特征衰减随频率和温度的变化关系

6.2.4　沙尘环境中的衰减

风沙天气使得空中悬浮着很多沙尘粒子，这些粒子对电磁波的吸收和散射造成了电磁波的衰减。6.1.3 节中的计算理论对于云雾粒子依然适用。处理沙尘环境中的衰减有两种方法，一种是将沙尘粒子等价为球形粒子，另一种是将沙尘粒子等价为椭球形粒子。对于尘土粒子而言，将粒子等价为球形粒子更加合理。对于沙粒子而言，将粒子等价为椭球形粒子更加合理。

当把粒子等效为球形粒子时，可由 Mie 理论计算粒子的散射特性，按照 6.1.3 节中的计算理论计算沙尘环境中的衰减率。由 Mie 散射理论计算得到的衰减率为[28]

$$\gamma_{dB/km} = 1.7372 \times 10^4 k_0^{-2} N\pi \int_{a_{min}}^{a_{max}} k_0^3 a^3 \frac{3\varepsilon_{r\_Im}}{(\varepsilon_{r\_Re} + 2)^2 + \varepsilon_{r\_Im}^2} p(a) da$$

$$+ 1.7372 \times 10^4 k_0^{-2} N\pi \int_{a_{min}}^{a_{max}} \frac{2}{3} k_0^6 a^6 \frac{[(\varepsilon_{r\_Re} - 1)(\varepsilon_{r\_Re} + 2) + \varepsilon_{r\_Im}^2] - 9\varepsilon_{r\_Im}^2}{[(\varepsilon_{r\_Re} + 2)^2 + \varepsilon_{r\_Im}^2]^2} p(a) da$$

$$\tag{6.172}$$

其中：k_0 为自由空间传播常数，单位为 m^{-1}；a_{min} 和 a_{max} 是能影响毫米波传播的空间中沙尘粒子的最小半径和最大半径；N 为单位体积中的粒子数；$p(a)$ 为粒子等效半径概率密度函数；a 为粒子半径，单位为 mm；ε_{r_Re} 和 ε_{r_Im} 分别为沙尘粒子的相对介电常数的实部和虚部。N 和 $p(a)$ 见 3.3 节，ε_{r_Re} 和 ε_{r_Im} 见 3.5.2 节。

式(6.172)中右边第一项是媒质的吸收效应，正比于 a^3/λ；第二项是媒质的散射效应，正比于 a^6/λ^4，所以此项可以忽略。将式(3.97)代入式(6.172)后的简化结果为

$$\gamma_{\mathrm{dB/km}} = 30k_0 \frac{3\varepsilon_{\mathrm{r\_Im}}}{V_b \left[(\varepsilon_{\mathrm{r\_Re}}+2)^2 + \varepsilon_{\mathrm{r\_Im}}^2\right]} \cdot a_e = -\frac{0.6287f}{V_b} a_e \mathrm{Im}\left[\frac{(\varepsilon_{\mathrm{r\_Re}} - j\varepsilon_{\mathrm{r\_Im}}) - 1}{(\varepsilon_{\mathrm{r\_Re}} - j\varepsilon_{\mathrm{r\_Im}}) + 2}\right]$$

(6.173)

其中，f、V_b 的单位分别取 GHz、km，a_e 表示为

$$a_e = \frac{\int_{a_{\min}}^{a_{\max}} a^3 p(a)\mathrm{d}a}{\int_{a_{\min}}^{a_{\max}} a^2 p(a)\mathrm{d}a}$$

(6.174)

可见 a_e 具有长度的量纲，称之为加权等效半径，单位为 mm。值得注意的是，与式(6.173)对应的以 °/km 为单位相移率的表达式为

$$\beta = \frac{4.15f}{V_b} a_e \mathrm{Re}\left[\frac{(\varepsilon_{\mathrm{r\_Re}} - j\varepsilon_{\mathrm{r\_Im}}) - 1}{(\varepsilon_{\mathrm{r\_Re}} - j\varepsilon_{\mathrm{r\_Im}}) + 2}\right]$$

(6.175)

当把粒子等效为椭球形粒子时，需要计算水平极化波和垂直极化波的散射振幅，按照 6.1.3 节中的计算理论计算沙尘环境中的衰减率。由于沙尘粒子的尺寸比毫米波、亚毫米波长小很多，所以可以用 Rayleigh 近似条件下的椭球粒子的前向散射振幅的近似形式。沿椭球粒子三个轴中第 i 个轴方向的线极化波，入射于粒子轴长分别为 a、b 和 c 的椭球粒子时，散射振幅在 Rayleigh 近似条件下，前向散射振幅 $f_i(0)$ 表示为[28]

$$f_i(0) \approx jk^3 \frac{abc}{3} \frac{1}{A_i + \dfrac{1}{\varepsilon_r - 1}} = k^2 \frac{abc}{3}(L_i' - jL_i'')$$

(6.176)

其中：$\varepsilon_r = \varepsilon_{\mathrm{r\_Re}} - j\varepsilon_{\mathrm{r\_Im}}$；$L_i'$ 和 L_i'' 分别表示为

$$L_i' = \mathrm{Re}\left[\frac{1}{A_i + 1/(\varepsilon_r - 1)}\right] \qquad (i = 1, 2, 3)$$

(6.177)

$$L_i'' = \mathrm{Im}\left[\frac{1}{A_i + 1/(\varepsilon_r - 1)}\right] \qquad (i = 1, 2, 3)$$

(6.178)

A_i 是椭球极化因子，表示为

$$A_i = \frac{abc}{2}\int_0^\infty \frac{\mathrm{d}s}{(s + a_i^2)\sqrt{(s+a)^2(s+b)^2(s+c)^2}} \qquad (i = 1, 2, 3)$$

(6.179)

式中，$a_1 = a$，$a_2 = b$，$a_3 = c$，并且有 $A_1 + A_2 + A_3 = 1$，对于"小"椭球，应用椭球积分得知，A_i 近似满足

$$A_1 : A_2 : A_3 = a^{-1} : b^{-1} : c^{-1}$$

(6.180)

根据沙尘椭球粒子轴比特征

$$a : b : c = 1 : 0.75 : 0.75^2$$

(6.181)

得到椭球极化因子 A_i 为[28]

$$A_1 = 0.243, \quad A_2 = 0.324, \quad A_3 = 0.432$$

(6.182)

把式(6.176)代入式(6.41)得到

$$\gamma_{\mathrm{dB/km\_}i} = 2.099 \times 10^2 \frac{fL_i''}{V_b}\left(\frac{\bar{b}}{\bar{a}}\right)\bar{a}_e$$

(6.183)

其中：$\bar{a}$ 和 $\bar{b}$ 表示沙尘粒子轴 a 和轴 b 的平均值；$\bar{a}_e$ 表示以 $\bar{a}$ 按照式（6.174）定义的平均加权等效半径。式（6.183）中，$i=1$，2 对应水平极化波，$i=3$ 对应垂直极化波。

由于椭球粒子水平面上的两个轴在水平面内随机取向，因而对水平极化波来说，衰减系数和相移系数分别为

$$\gamma_{dB/km\_H} = \frac{1}{2}(\alpha_1 + \alpha_2) = 2.099 \times 10^2 \frac{f}{V_b} \cdot \frac{1}{2}(L_1'' + L_2'') \cdot \left(\frac{\bar{b}}{\bar{a}}\right)\bar{a}_e \tag{6.184}$$

对于垂直极化波，则为

$$\gamma_{dB/km\_V} = 2.099 \times 10^2 \frac{f}{V_b} L_3'' \left(\frac{\bar{b}}{\bar{a}}\right)\bar{a}_e \tag{6.185}$$

其中，$\bar{b}/\bar{a}$ 及 $p(\bar{a})$ 见 3.3 节沙尘的物理特性。与式（6.184）和式（6.185）对应的以 °/km 为单位相移率的表达式为

$$\beta_{°/km\_H} = 1.3848 \times 10^3 \frac{f}{V_b} \cdot \frac{1}{2}(L_1' + L_2') \cdot \left(\frac{\bar{b}}{\bar{a}}\right)a_e \tag{6.186}$$

$$\beta_{°/km\_V} = 1.3848 \times 10^3 \frac{f}{V_b} L_3' \left(\frac{\bar{b}}{\bar{a}}\right)a_e \tag{6.187}$$

对于地面路径而言，沙尘环境的路径衰减 $A_{dB\_H(V)}$ 表示为

$$A_{dB\_H(V)} = \gamma_{dB/km\_H(V)} L_{e\_km} \tag{6.188}$$

其中，L_{e_km} 表示等效路径，单位为 km，等效路径的定义与 6.2.1.2 小节中介绍的相同。对于沙尘群聚粒子而言，地面链路等效路径需要研究能见度水平空间不均匀特性，但是目前尚无文献给出具体的等效路径模型，在实际应用中只好通过沙尘环境的几何路径近似代替。如果实际应用中发现按几何路径计算的结果与实测结果差异较大，那么只好按照 6.2.1.2小节中介绍的等效路径的定义，结合衰减测量结果，对地面路径沙尘环境等效路径问题展开研究。

对于地-空路径而言，根据 3.3.5 节中介绍的沙尘环境垂直空间分布特性可知，地面 $1 \sim 21$ m 范围内，沙尘环境加权等效半径以及能见度随高度变化非常明显，而 21 m ~ 2 km 范围内，物理特性几乎为线性变化。如图 6.38 所示，假设地面站高度为 h_0，沙尘上界面高度为 h_s，h_s 一般取为 2 km，则路径衰减 $A_{dB\_H(V)}$ 表示为

$$A_{dB\_H(V)} = A_{m\_H(V)} + A_{s\_H(V)} \tag{6.189}$$

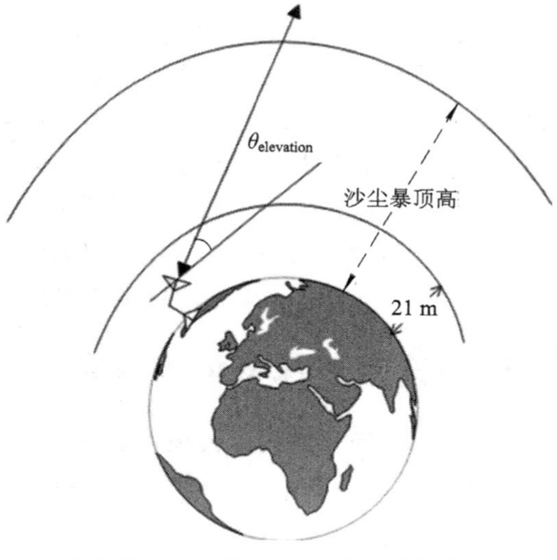

图 6.38　沙尘暴中地-空链路示意图

其中，$A_{m\_H(V)}$ 表示 h_0 至 21 m 范围的路径衰减。A_{m_H} 和 A_{m_V} 分别表示为

$$A_{m\_H} = \int_{h_0}^{21} \frac{1}{\sin\theta_{elevation}} 2.099 \times 10^2 \frac{f}{V_b(h)} \cdot \frac{1}{2}(L_1'' + L_2'') \cdot \left(\frac{\bar{b}}{\bar{a}}\right)\bar{a}_e(h)dh \tag{6.190}$$

$$A_{m\_V} = \int_{h_0}^{21} \frac{1}{\sin\theta_{elevation}} 2.099 \times 10^2 \frac{f}{V_b(h)} L_3'' \left(\frac{\bar{b}}{\bar{a}}\right)\bar{a}_e(h)dh \tag{6.191}$$

其中，$\bar{a}_e(h) = \bar{a}_{e\_h_0}\left(\dfrac{h}{h_0}\right)^{-0.04}$，$V_b(h)$ 由式(3.106)计算，参考高度 h_0 可以取为沙尘暴观测仪所在的高度。式(6.189)中，$A_{s\_H(V)}$ 表示 21 m 至 h_s 范围内的路径衰减，A_{s_H} 和 A_{s_V} 分别表示为

$$A_{s\_H} = \frac{h_s - 21}{\sin\theta_{\text{elevation}}} \times \frac{1}{2} \times 2.099 \times 10^2 \frac{f}{V_b(21)} \cdot \frac{1}{2}(L_1'' + L_2'') \cdot \left(\frac{\bar{b}}{a}\right)\bar{a}_e(21) \quad (6.192)$$

$$A_{s\_V} = \frac{h_s - 21}{\sin\theta_{\text{elevation}}} \times \frac{1}{2} \times 2.099 \times 10^2 \frac{f}{V_b(21)} \cdot L_3'' \left(\frac{\bar{b}}{a}\right)\bar{a}_e(21) \quad (6.193)$$

其中，$\bar{a}_e(21)$ 和 $V_b(21)$ 分别表示 21 m 处的加权等效半径和能见度。路径相移的求解过程与路径衰减过程完全相同。

6.3 去极化实用模型

6.1.4 节间接分析了沉降粒子环境去极化效应的通用理论模型，该模型从理论上阐明了沉降粒子环境发生去极化效应的物理机理。但是，在实际应用中往往很难获得模型所需要的所有参数，或者计算极其复杂，因此，在评估具体特定沉降粒子环境中的去极化特性时，往往不直接使用 6.1.4 节中介绍的通用模型，而是在这些理论模型基础上进行恰当的近似、变形，再结合实际测试比对获得更简洁、易用的实用模型。本节将介绍典型沉降粒子环境去极化效应参数 XPD 的实用模型。

评估晴空大气去极化分辨率 XPD 的实用模型是基于测量结果统计特性而获得的。但是对于沉降粒子环境而言，获得相对 6.1.4 节中介绍的理论模型更加简单的去极化工程模型的方法有以下几种思路：基于 6.1.4 节中介绍的理论模型，假设 6.1.4 节中的 $N(D, \theta, \gamma)$ 与雨滴的尺寸无关，且雨滴的倾角 θ 和 γ 的概率分布相互独立，然后将 6.1.4 节中的理论模型简化；观测同极化衰减 A 与交叉极化分辨率 XPD 之间的统计关联特性，结合理论分析结果，建立利用同极化衰减 A 与 XPD 之间关联的半经验模型；直接建立 XPD 与传播链路特性参数、频率以及环境特性参数之间的半经验模型。

6.3.1 降雨环境去极化模型

6.3.1.1 简化的雨致去极化理论模型

根据 3.2.1.3 小节中的内容可知，雨滴粒子的形状为球形和扁椭球形，球形粒子对电磁波没有去极化效应。对于图 3.4 和图 3.5 所示扁椭球形粒子而言，两个特征方向分别为沿短半轴的方向和与短半轴正交的某方向(也就是平行于长半轴所在平面的方向)。如图 6.39 所示，如果雨滴倾角参数选极化面(也就是垂直于传播方向的平面作为参考面)，则式(6.194)中 γ 是短半轴与极化面之间的夹角，θ 是短半轴在极化面内的投影与垂直极化方向(平行于地面的方向为水平极化方向，与水平极化方向正交的方向为垂直极化方向)之间的夹角，详见图 3.21。γ 和 θ 的取值范围分别为 $-\pi/2 \leqslant \gamma \leqslant -\pi/2$，$0 \leqslant \gamma < 2\pi$。为了简化 6.1.4 节中计算去极化效应的理论模型，假设雨滴的倾角 (θ, γ) 与雨滴的尺寸无关，且雨滴的倾角 θ 和 γ 的概率分布相互独

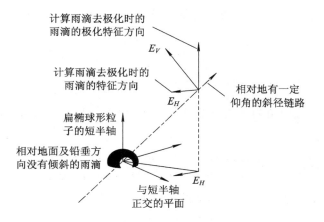

计算雨滴去极化时的
雨滴的极化特征方向

E_V

计算雨滴去极化时的
雨滴的特征方向

E_H

相对地有一定
仰角的斜径链路

扁椭球形粒
子的短半轴

相对地面及铅垂方
向没有倾斜的雨滴

与短半轴
正交的平面

E_H

图 6.39　扁椭球形粒子特征方向示意图

立，则与倾角分布有关的雨滴尺寸分布 $N(D, \theta, \gamma)$ 可表示为[4]

$$N(D, \theta, \gamma) = \rho(\theta)\rho(\gamma)N(D) \tag{6.194}$$

式中：$N(D)$ 为雨滴尺寸分布；$\rho(\theta)$ 和 $\rho(\gamma)$ 分别是 θ 和 γ 的概率分布函数。对于任意倾角 γ 的扁椭球形粒子的特征波的前向散射振幅 $f_x(D, \gamma)$ 和 $f_y(D, \gamma)$，与 $\gamma = 0$ 的扁椭球形粒子的特征波的前向散射振幅 $f_x(D, 0)$ 和 $f_y(D, 0)$ 之间的关系近似为[4]

$$f_x(D, \gamma) - f_y(D, \gamma) \approx [f_x(D, 0) - f_y(D, 0)]\cos^2\gamma \tag{6.195}$$

在式(6.195)近似条件下，式(6.58)表示的本征值为

$$\lambda_{1,2} = -jk_{1,2} \tag{6.196}$$

式中，k_1 和 k_2 是两个特征极化的传播常数，表示为[4]

$$\left.\begin{array}{c} k_1 \\ k_2 \end{array}\right\} = \frac{1}{2}[k_x + k_y \pm m_\theta m_\gamma(k_x - k_y)] \tag{6.197}$$

其中

$$k_{x,y} = k + \frac{2\pi}{k}\int f(D, 0)N(D)\mathrm{d}D \tag{6.198}$$

$$m_\theta = [\langle\cos 2\theta\rangle^2 + \langle\sin 2\theta\rangle^2]^{1/2} \tag{6.199}$$

$$m_\gamma = \langle\cos^2\gamma\rangle \tag{6.200}$$

则差分传播常数表示为

$$k_1 - k_2 = m_\theta m_\gamma(k_x - k_y) \tag{6.201}$$

如果假设 θ 和 γ 均服从高斯分布，它们的均值和方差分别为 θ_0、σ_θ 和 γ_0、σ_γ，则

$$m_\theta = \mathrm{e}^{-2\sigma_\theta^2} \tag{6.202}$$

$$m_\gamma = \frac{1}{2}(\cos 2\gamma_0 \mathrm{e}^{-2\sigma_\gamma^2} + 1) \tag{6.203}$$

$$\phi = \frac{1}{2}\arctan\left(\frac{\langle\sin 2\theta\rangle}{\langle\cos 2\theta\rangle}\right) = \theta_0 \tag{6.204}$$

如果近似认为扁椭球形粒子的短半轴相对于铅垂方向的偏离角度的均值为零，则假设 γ_0 与链路仰角 Δ 相等就是合理的，即 $\gamma_0 = \Delta$ 近似成立。如果 $\sigma_\gamma \leqslant \sigma_\theta$，则式(6.201)中的 $m_\theta m_\gamma$ 可以进一步化简为[4]

$$m_\theta m_\gamma = m\cos^2\Delta = \mathrm{e}^{-2\sigma^2}\cos^2\Delta \tag{6.205}$$

其中

$$m = \mathrm{e}^{-2\sigma^2} \tag{6.206}$$

$$\sigma^2 = \sigma_\theta^2 + \frac{1}{2}\ln\left[\frac{1+\cos 2\Delta}{1+\exp(-2\sigma_\gamma^2)\cos 2\Delta}\right] \tag{6.207}$$

所以对于具有极化倾角为 τ 的任意线极化波通过长度为 L 的均匀雨区，则 XPD 可以表示为[4]

$$\mathrm{XPD} = 20\lg\left|\frac{\exp(-jk_1L)\cos^2(\phi-\tau)+\exp(-jk_2L)\sin^2(\phi-\tau)}{[\exp(-jk_1L)-\exp(-jk_2L)]\sin(\phi-\tau)\cos(\phi-\tau)}\right| \tag{6.208}$$

根据一阶小变量近似方法，式(6.208)可以化简为[4]

$$\mathrm{XPD} \approx -20\lg\left|\frac{1}{2}m\cos^2\Delta\mid\Delta k\mid\sin 2(\theta_0-\tau)\right| \tag{6.209}$$

其中 $\mid\Delta k\mid=\sqrt{(\Delta\alpha)^2+(\Delta\beta)^2}$，$\Delta\alpha=-\mathrm{Im}(k_x-k_y)L$ 表示差分衰减，$\Delta\beta=\mathrm{Re}(k_x-k_y)L$ 表示差分相移。

根据二阶小变量近似方法，式(6.208)可以化简为[4]

$$\mathrm{XPD} \approx -20\lg\left|\frac{1}{2}m\cos^2\Delta\mid\Delta k\mid\sin 2(\theta_0-\tau)\right|-\frac{1}{2}\Delta A_{xy}m\cos^2\Delta\cos 2(\theta_0-\tau) \tag{6.210}$$

其中，$\Delta A_{xy}=20\Delta\alpha\lg\mathrm{e}$，表示雨滴常数倾角模型下两个特征极化波的差分衰减。实际应用中，去极化效应通常以同极化衰减来预报。

6.3.1.2　基于同极化衰减的雨致去极化预报模型

关于降雨导致的去极化效应研究，Oguchi 等采用传输矩阵分析方法建立了传输矩阵计算模型，得到了多种条件下传输矩阵的近似表达式[29-30]。大量测试证明，降雨引起的去极化分辨率 XPD 和同极化衰减 CPA 之间存在某种函数关系，实际应用中需要用同极化衰减 CPA 来估算交叉极化分辨率 XPD。Nowland 于 1977 年推导出 XPD 与 CPA 之间的函数关系式。Mauri 和 Vasseur 分别于 1987 年和 1996 年给出了他们的去极化分辨率预报模型[31]。Fukuchi 于 1990 年提出了预报模型[32]。Van de Kamp 于 1999 年提出了 Van de Kamp 模型[33]，将适用于 Ka 波段的由同极化衰减预报去极化分辨率的模型引入 ITU-R，并且推广至 V 波段[31]。利用同极化衰减预报去极化分辨率其他的预报模型还有 Chun、Stuzman 和 Runyon 提出的模型，Nowland、Sharofsky 和 Olsen 提出的模型，Dissanayake 等人提出的预报模型[34-38]。

Nowland 于 1977 年用小宗量近似来简化雨媒质中波传播理论推导得到 XPD 的表达式，再作了进一步的近似，得出的预报模型为

$$\mathrm{XPD}_p = U - V\lg A_p \tag{6.211}$$

其中：A_p 为利用 6.2 节中的降雨衰减长期统计特性计算的年时间概率 p 的降雨衰减；XPD_p 是年时间概率 p 对应的去极化分辨率的取值；U 和 V 为待定参量。为了更实用的设计目的，Olsen 和 Nowland 于 1978 年得到了关于系数 U 和 V 的半经验公式：

$$U = 30\lg f - 40\lg(\cos\theta) - 20\lg(\sin^2\mid\varphi-\tau\mid) + 0.0053\sigma \tag{6.212}$$

$$V = \begin{cases} 20 & (8\ \text{GHz} \leqslant f \leqslant 15\ \text{GHz}) \\ 23 & (15\ \text{GHz} < f \leqslant 35\ \text{GHz}) \end{cases} \tag{6.213}$$

式(6.212)中：θ 是电路仰角；τ 是相对于水平方向入射波的极化倾斜角；φ 是雨滴的有效倾斜角；f 是以 GHz 为单位的频率；σ 是雨滴倾斜角为高斯分布的标准偏差。

1980 年 Chun 给出了一个关于差分衰减常数和差分相移常数预报圆极化波去极化 D 的模型，该模型适用于 10 GHz 以下频段，表示为

$$D_{\text{cir}}(\text{dB}) = 10\lg\{0.25[\sqrt{(\Delta\alpha)^2 + (\Delta\beta)^2}\,L]^2 e^{-4\sigma^2}\} \tag{6.214}$$

式中：$\Delta\alpha$ 和 $\Delta\beta$ 表示差分衰减常数和差分相移常数；L 表示穿过雨区的等效路径；σ 表示雨滴倾角的标准方差。该模型的预报结果有时需要加一个约 2 dB 由 0℃ 等温线以上的冰粒子引起的去极化。式(6.214)进一步表示为

$$\text{XPD}_{\text{cir}}(\text{dB}) = 11.5 + 20\lg f(\text{GHz}) - 40\lg(\cos\theta) - 20\lg A\,(\text{dB}) \tag{6.215}$$

其中，θ 为链路仰角，单位为度。

1982 年，Chun 给出了另一个关于去极化预报的模型，XPD 与 CPA 的关系表示为

$$\text{XPD}(\text{dB}) = 11.5 + 20\lg f - 20\lg A_p - C_\tau - C_\beta + C_\sigma - C_x \tag{6.216}$$

式中：$C_\beta = 40\lg(\cos\beta)$，$\beta$ 为链路仰角，单位为度；$C_\sigma = 0.0052\sigma_p^2$，$\sigma_p$ 是雨滴倾角起伏；C_τ 和 C_x 分别表示为

$$C_\tau = 10\lg\{0.5[1 - \cos(4\tau)\exp(-0.0024\sigma_\varphi^2)]\} \tag{6.217}$$

$$C_x = 0.075\cos^2\beta\cos(2\tau)A_p \tag{6.218}$$

其中，$\tau = 45°$ 表示圆极化，σ_φ 是雨滴倾角标准方差。

Flock 模型是由 Flock 于 1983 年提出的，该模型对于频率高于 10 GHz 的模型非常精确，但是对于 10 GHz 以下频段的计算精度，目前尚未查到文献进行评估，但是也没有文献提出该模型不能适用于 10 GHz 以下频段。Flock 模型表示为

$$\text{XPD}_p(\text{dB}) = 5.8 - 13.4\lg A_p \tag{6.219}$$

ITU-R 给出了一个适合于 8~35 GHz 频段的预报模型，对于给定概率的 XPD，模型表示为

$$\text{XPD}_p(\text{dB}) = (U - V\lg A_p - C_\tau - C_\beta + C_\sigma)[1 - 0.5(0.3 + 0.1\lg p)] \tag{6.220}$$

其中：A_p 表示同概率的同极化衰减；$C_\tau = 10\lg[1 - 0.484(1 + \cos(4\tau))]$，如果 $\tau = 45°$，则表示圆极化；$C_\beta = 40\lg\beta$，如果 $\beta \leqslant 60°$，则表示链路仰角；$C_\sigma = 0.0052\sigma_p^2$，对应概率为 1%、0.1% 和 0.01% 时，σ_p 分别为 0°、5° 和 10°；U 和 V 分别表示为

$$U = 30\lg f \tag{6.221}$$

$$V = \begin{cases} 12.8f^{0.19} & (8\ \text{GHz} \leqslant f \leqslant 20\ \text{GHz}) \\ 22.6 & (20\ \text{GHz} < f \leqslant 35\ \text{GHz}) \end{cases} \tag{6.222}$$

Dissanayake-Haworth-Watson Analytical 模型适用于 9~30 GHz 的频段，XPD 与同极化衰减 A_p 之间的关系表示为

$$\text{XPD}_p(\text{dB}) = U' - V'\lg A_p - C_\tau' - C_\beta' + C_\sigma' \tag{6.223}$$

其中：$C_\tau' = 20\lg[\sin(2\tau)]$，如果 $\tau = 45°$，则表示圆极化；$C_\beta' = 40\lg(\cos\beta)$，如果 $\beta \leqslant 60°$，则表示链路仰角；$C_\sigma = 17.37\sigma_p^2$，$\sigma_p$ 是雨滴倾角，单位为 rad；$V' = 20$；U' 表示为

$$U' = 84.8 - 88.8 \cdot x \cdot f^y + (50.32 \cdot x \cdot f^y - 21.9) \lg f \tag{6.224}$$

其中，$x = 0.759$，$y = 0.08$。

Stuzman-Runyon 模型是 Stuzman 于 1984 年研究得出的关于同极化衰减和去极化分辨率之间关系的模型，模型表示为

$$\text{XPD}_p(\text{dB}) = 17.31 \lg f - 19 \lg A_p - C_\tau - C_\beta + C_\sigma + 9.5 - \lg r \tag{6.225}$$

式中：$C_\beta = 42 \lg(\cos\beta)$，$\beta$ 为链路仰角，单位为度；$C_\sigma = 0.0052\sigma_p^2$，$\sigma_p$ 是雨滴倾角起伏；r 表示非球形雨滴的轴比率；C_τ 表示为

$$C_\tau = 10 \lg\{0.5[1 - \cos(4\tau)\exp(-0.0024\sigma_\varphi^2)]\} \tag{6.226}$$

其中 $\tau = 45°$ 表示圆极化，σ_φ 是雨滴倾角标准方差。

Nowland-Sharofsky-Olsen 模型是 Nowland 等研究得出的关于 CPA 与 XPD 之间关系的模型，该模型表示为

$$\text{XPD}_p(\text{dB}) = 26 \lg f - V \lg A_p - C_\tau - C_\beta + C_\sigma + 4.1 + (V - 20)\lg L \tag{6.227}$$

式中：$C_\beta = 40 \lg(\cos\beta)$，$\beta$ 为链路仰角，单位为度；$C_\sigma = 0.0052\sigma_p^2$，$\sigma_p$ 是雨滴倾角起伏；L 表示通过雨区的距离；$C_\tau = 10 \lg|\sin(2\tau)|$，其中 $\tau = 45°$ 表示圆极化；V 是与频率有关的常数，表示为

$$V = \begin{cases} 20 & (8\,\text{GHz} \leqslant f \leqslant 15\,\text{GHz}) \\ 23 & (15\,\text{GHz} < f \leqslant 35\,\text{GHz}) \end{cases} \tag{6.228}$$

Van de Kamp 模型是 Van de Kamp 于 1999 年的研究结果，该模型适用的频率范围为 11～30 GHz，XPD 与 CPA 之间的关系表示为

$$\text{XPD}_p(\text{dB}) = 20 \lg f - 16.3 \lg A_p - C_\tau - C_\beta - C_x + 8 \tag{6.229}$$

式中：$C_\beta = 40 \lg(\cos\beta)$，$\beta$ 为链路仰角，单位为度；L 为通过雨区的距离；$C_\tau = 20 \lg|\sin(2\tau)|$，其中 $\tau = 45°$ 表示圆极化；$C_x = 0.075\cos^2\beta\cos(2\tau)A_p$。

由于去极化问题严重影响了频率复用技术的应用，所以关于去极化效应的研究一直以来受到人们的关注，以上所给出的模型都是 2000 年以前的预报模型，2008 年的 ITU－R 给出了关于水汽凝结体引起去极化分辨率的最新研究结果。该研究结果的适用范围为 8 GHz≤f≤35 GHz 和链路仰角小于 60°。该模型表示为[39]

$$\text{XPD}_p(\text{dB}) = 30 \lg f - V \lg A_p + C_\tau + C_\theta + C_\sigma \tag{6.230}$$

式中：

$$V = \begin{cases} 12.8 f^{0.19} & (8\,\text{GHz} \leqslant f \leqslant 20\,\text{GHz}) \\ 22.6 & (20\,\text{GHz} < f \leqslant 35\,\text{GHz}) \end{cases} \tag{6.231}$$

$$C_\tau = -10 \lg[1 - 0.484(1 + \cos 4\tau)] \tag{6.232}$$

其中 τ 表示极化倾角，$\tau = 45°$ 表示圆极化；C_θ 表示为

$$C_\theta = -40 \lg(\cos\theta) \tag{6.233}$$

其中 θ 表示链路仰角；C_σ 表示为

$$C_\sigma = 0.0052\sigma^2 \tag{6.234}$$

σ 是雨滴的倾角方差，σ 对应时间概率为 1%、0.1%、0.01%、0.001% 时，分别取值为 0°、5°、10°、15°。

通过频率比例，模型可以对 $4\,\text{GHz} \leqslant f \leqslant 30\,\text{GHz}$ 频段之间不同极化方式去极化分辨率进行换算，换算关系为

$$\text{XPD}_2(\text{dB}) = \text{XPD}_1 - 20\lg\left[\frac{f_2\sqrt{1 - 0.484(1 + \cos 4\tau_2)}}{f_1\sqrt{1 - 0.484(1 + \cos 4\tau_1)}}\right] \quad (4\,\text{GHz} \leqslant f_1, f_2 \leqslant 30\,\text{GHz})$$

(6.235)

式(6.235)主要用于测试数据或者分析数据频率外推。

6.3.2　冰晶环境去极化效应

大气中冰晶沉降粒子实际还可以细分为沉降冰晶和稳定悬浮冰晶。降雪、冰雹实际是沉降冰晶，而出现在 0℃ 同温层以上的冰晶粒子是悬浮冰晶。这些冰晶粒子受到大气动力的影响，往往可以较长时间地停留在云层。这些悬浮冰晶的去极化效应可以独立于降雨事件而存在，特别是当悬浮冰晶受到云层电场力作用而出现排列取向后，往往可以对地-空链路形成严重的去极化效应。虽然，冰晶的去极化机理也是对特征极化波产生了差分衰减和差分相移，但是由于冰晶粒子的形状及运动规律复杂多变，且目前尚未有文献给出有关冰晶粒子形状及运动规律的准确数学模型，所以，悬浮冰晶的单独去极化效应规律尚未被电波传播工作者所掌握。

或许因为降雨事件发生时悬浮冰晶往往更易受到电场力的作用，所以目前许多文献将冰晶的去极化效应作为降雨(水)去极化效应的伴随现象加以考虑。从统计角度看，年时间概率 p 对应的冰晶环境的去极化分辨率 $\text{XPD}_{\text{ice},p}$ 与降雨环境形成的相同年时间概率去极化分辨率 $\text{XPD}_{\text{rain},p}$ 之间的关联关系为

$$\text{XPD}_{\text{ice},p}(\text{dB}) = \text{XPD}_{\text{rain},p} \cdot 0.5 \cdot (0.3 + 0.1\lg p)$$

(6.236)

降雨环境和冰晶产生的共同决定的去极化分辨率 XPD_p 表示为

$$\text{XPD}_p(\text{dB}) = \text{XPD}_{\text{rain},p} - \text{XPD}_{\text{ice},p}$$

(6.237)

6.3.3　降雪及沙尘环境去极化模型

到目前为止，有关沙尘、雪粒子的形状、倾角分布以及去极化效应的数据远比降雨要少，因此关于降雪及沙尘的去极化模型远没有降雨的去极化效应丰富，目前尚缺乏类似于降雨环境的去极化分辨率和同极化衰减之间的关联模型。降雪和沙尘环境去极化模型，主要依赖于假设粒子倾角一致且不变，测量、计算差分衰减和差分相移来计算去极化效应，也就是将 6.1.4 节中的理论简化后计算去极化效应。如果能测得或者计算得到入射波的极化状态，分解为雪或者沙尘粒子的两个特征极化波之间的以奈培为单位的差分衰减 ΔA_{Np} 和以弧度为单位的差分相移 $\Delta\beta_{\text{rad}}$，则环境对于该入射波产生的去极化分辨率表示为

$$\text{XPD}(\text{dB}) = 20\lg\left|\frac{\exp[-(\Delta A_{\text{Np}} + \text{j}\Delta\beta_{\text{rad}})] + 1}{\exp[-(\Delta A_{\text{Np}} + \text{j}\Delta\beta_{\text{rad}})] - 1}\right|$$

(6.238)

对于沙尘环境，如果不考虑粒子倾斜角，则对于水平链路而言，两个特征极化波就是对应的 6.2.4 节中的水平和垂直极化波。需要注意的是，电波传播领域所说的水平极化波指的是平行于地球表面方向的极化波，而垂直极化波则是与水平极化波正交方向的极化

波。由 6.2.4 节中的式(6.184)~式(6.187)可知，ΔA_{Np} 和 $\Delta \beta_{\text{rad}}$ 可以表示为

$$\Delta A_{\text{Np}} = \frac{(\gamma_{\text{dB/km\_H}} - \gamma_{\text{dB/km\_V}}) L_{\text{e\_km}}}{8.686} \tag{6.239}$$

$$\Delta \beta_{\text{rad}} = \frac{\pi (\beta_{°/\text{km\_H}} - \gamma_{°/\text{km\_V}}) L_{\text{e\_km}}}{180} \tag{6.240}$$

对于地-空路径，计算差分衰减和相移时许多文献仍然用 6.2.4 节中的积分过程计算，但是实际需要考虑粒子倾角的影响。

由于圆极化波受到沙尘暴去极化的影响比线极化更为严重，Ghobrial 于 1987 年研究得出了以下适应于圆极化波的预报模型：

$$\text{XPD(dB)} = 91.6 - 20\lg(f \cdot d) + 21.4\lg V_{\text{b}} \tag{6.241}$$

式中：f 表示频率，单位为 GHz；d 表示穿过沙尘的路径长度，单位为 km；V_{b} 表示能见度，单位为 km。

对于降雪环境的去极化效应而言，从地面链路测试结果得出的结论为[40]：干雪可以引起严重的差分相移，但是引起的差分衰减很小，可以引起较为明显的去极化效应，干雪的去极化效应甚至比雨严重；干雪的严重去极化效应与其形状特征有关；对于湿雪而言，能产生严重的差分衰减而不产生明显的相移，湿雪相对于干雪而言去极化效应相对较小。目前并没有类似于降雨一样的系统的预报模型，如果要计算降雪中的去极化效应，需按照 6.2.2 节中的衰减和相移表达式，计算 ΔA_{Np} 和 $\Delta \beta_{\text{rad}}$，再利用式(6.238)计算特定入射波的去极化分辨率。

6.4　沉降粒子环境附加噪声

如 5.7 节中所述，为了保持热平衡，与电磁波相互作用的任何吸收媒质不仅仅对电磁信号产生衰减，同时也成为辐射电磁波的源。大气沉降粒子也不例外，在吸收电磁波能量的同时，也会形成附加噪声影响无线系统。对于微波、毫米波段，大气中的水凝物（例如云、雨、雪、冰晶等）是辐射噪声的主要来源，而其他粒子（比如沙尘、烟雾等粒子）辐射噪声并不重要，因为烟雾、沙尘等粒子主要是沉降、覆盖在天线罩上，影响天线噪声。气体吸收电磁波是由于气体分子转动状态和振动状态发生改变而产生的，所以气体吸收存在吸收谱线。对于水凝物，分子的转动状态和振动状态发生改变时并没有对电磁信号产生吸收，水凝物是通过电磁波与媒质中的电荷发生作用而产生的吸收，所以衰减随频率增加而增加，直到光学极限。吸收和散射都能导致降雨衰减，但是只有吸收对辐射噪声有贡献。

5.7 节中介绍的基本辐射理论对于大气沉降粒子依然成立。根据文献[6]的分析结果，可以推断大气沉降粒子产生的噪声温度与衰减有类似式(5.224)的关系。也就是说，由雨、雪、雾、云等其中一种沉降粒子而产生的噪声温度 T_{p} 可以用沉降粒子吸收衰减 A_{a} 表示为[5]

$$T_{\text{p}} = T_{\text{m}}\left(1 - 10^{-\frac{A_{\text{a}}(\text{dB})}{10}}\right) \tag{6.242}$$

式中的 T_m 是沉降粒子环境的路径平均温度，可以近似用环境平均温度代替。值得注意的是，严格意义上讲应用 6.1.3 节中的理论计算式(6.242)中的 A_a 时，需要单独计算粒子的吸收效应。但是，实际上工程中评估沉降粒子环境噪声时，直接以消光效应计算衰减效应。换句话说，如果按照 6.1.3 节中的理论直接计算式(6.242)中的 A_a，则估计的环境噪声略微大一些。

从理论上讲，任何媒质环境传输效应都包括对电磁信号的时域、频域、空间、极化、幅度和相位域方面的影响。对于传统的无线系统而言，更关心沉降粒子的衰减、相移和去极化。随着无线电子技术的不断发展，可能需要考虑除衰减、相移、去极化以外的其他传输特性，例如多普勒展宽、起伏信号空间相关性、散射互耦、对接收信号包络概率密度的影响等。有关起伏信号空间相关性的问题，实际上在随机媒质波传播领域已经进行了深入的研究，本书不再赘述这些内容，读者可以自行查阅文献[1]。散射互耦实际是影响毫米波、亚毫米波 MIMO 无线技术的负面效应，相关内容将在第 8 章中进行介绍。下面分析沉降粒子中的多径信道包络概率密度的影响。

6.5　沉降粒子对多径信道包络概率密度的影响

无论是移动通信或固定通信，还是地面链路通信或地-空链路通信，对于任何无线通信系统，由于复杂地形、地物的存在，使得信号可能在收、发天线之间沿一条以上路径传播，即无线信道多径传输现象。图 6.40 是一个多径传输的示意图。多径传输现象是发生在无线信道中严重限制通信系统性能的现象之一。多径传输是由于大气的反射、折射或者由于受到建筑物以及其他物体的反射等原因引起的。20 世纪五六十年代首次观察到多径传输效应对无线电系统的影响，并且分析对流层高频散射系统中的多径传输效应[5]。在多径信道的研究中，多径波可以分为仿射波成分、非仿射波成分、漫射波成分[41]。

多径传输信道是典型的随参信道，设发送端信号为

$$s(t) = A_s \cos \omega_0 t \qquad (6.243)$$

其中：A_s 为信号幅度；ω_0 为载波角频率。设多径信道一共有 n 条路径，各路径具有时变损耗和时变传输延时，且各路径到达接收端的信号相互独立，则接收端接收到的信号为

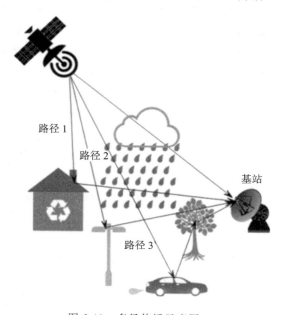

图 6.40　多径传播示意图

$$r(t) = \sum_{i=1}^{n} a_i(t) \cos \omega_0 [t - \tau_i(t)] \qquad (6.244)$$

其中：$a_i(t)$ 表示第 i 路径到达接收端随时间变化的信号幅度；$\tau_i(t)$ 表示第 i 路径信号随时间变化的传输时延。设 $\varphi_i(t) = -\omega_0 \tau_i(t)$ 表示第 i 路径到达的随机相位，则式(6.244)表示为

$$r(t) = \sum_{i=1}^{n} a_i(t)\cos[\omega_0 t + \varphi_i(t)] \tag{6.245}$$

式(6.245)可以等价地表示为

$$r(t) = X(t)\cos\omega_0 t - Y(t)\sin\omega_0 t \tag{6.246}$$

其中，

$$X(t) = \sum_{i=1}^{n} a_i(t)\cos\varphi_i \tag{6.247}$$

$$Y(t) = \sum_{i=1}^{n} a_i(t)\sin\varphi_i \tag{6.248}$$

将式(6.246)等价地表示为

$$r(t) = V(t)\cos[\omega_0 t + \varphi(t)] \tag{6.249}$$

其中

$$V(t) = \sqrt{X^2(t) + Y^2(t)} \tag{6.250}$$

$$\varphi(t) = \arctan\left[\frac{X(t)}{Y(t)}\right] \tag{6.251}$$

分别表示接收信号的随机包络和随机相位。

为了定量地描述衰落信道对接收机性能的影响，首先必须对随机衰落信道中的接收机接收信号的功率或电压包络进行定量描述，所以研究接收信号的统计特性显得尤为重要。为了理解和研究接收信号的所有一阶统计特性和二阶统计特性，例如信号均值、电平通过率、衰落持续时间等，研究和分析接收信号的包络概率密度函数 $f(r)$ 很有必要。显然，由于随机地形、地物形成了多径传播，因此接收信号呈现随机变化。同时，6.1.5 节中介绍的沉降粒子环境中的视线传输理论表明，由于沉降粒子具有随机散射效应，因此视线传输链路接收端信号的幅度呈现为瑞利分布，而相位为 $0\sim2\pi$ 的均匀分布的随机变化特征。

但是，实际遇到的问题经常是复杂且多变的，假设没有雨、雪、沙尘等天气现象发生时通信环境本身可能符合某种多径传播特点，那么当这些气象现象发生时，电波传播模式是原来的各路径仅受到衰减作用，还是由于受到随机离散沉降粒子散射作用而成为完全离散随机媒质环境传播模式，或者两种传播模式同时在起作用。也就是说，当只考虑地形、地物环境时，建立的信道包络概率密度函数 $f(r)$ 在发生沉降粒子环境条件下如何变化，其参数如何确定。所以，研究雨、雪、沙尘等天气现象发生时某种多径传播环境下的包络概率密度特性，对精细描述信道衰落特性有重要的意义。

本小节基于 6.1.5 节中介绍的基本理论和文献[41]和[42]中给出的 I-SLAC(独立、开阔地区随机信道)模型的概率密度函数，结合电波传播的本质，分析雨、雪、沙尘等气象条件时，特定多径传输环境的传播模式及其包络概率密度函数；以降雨环境为例，仿真、计算相干场与非相干场的分布特征，分析降雨环境时特定多径环境下的包络概率密度函数，研究沉降粒子环境对多径传输后接收信号包络概率密度函数被影响的规律。

文献[41]和[42]给出的如表 6.13 所列出的结果，已经从理论上指明了所有关于多径问题的概率密度。表 6.13 从理论上包含了降雨环境模型，瑞利分布模型就是降雨非相干场的分布模型，因为降雨本身就是一种典型的随机信道模型。表 6.13 中所列出的模型可以推广至不同的链路来分析问题。所以，本小节关心的问题是，针对晴空条件下特定多径传播环境下的接收信号包络概率密度，当雨、雪、沙尘等天气现象发生时，应该如何结合文献[41]和[42]中的研究结果，利用电波传播的物理过程，给出一个合理、准确的接收信号包络概率密度。文献[41]和[42]中给出的 TWPD 模型建模过程，可用于研究本小节所关心的问题。换句话说，本小节关心的问题是图 6.40 中地面站在有雨前后，接收的信号包络概率密度是否一致。

表 6.13　不同多径衰落模型包络概率密度函数

PDF	包络概率密度函数表达式	特征函数	$E\{R\}/V$	$E\{R^2\}/V^2$
单波无衰落	$\delta(\rho - V_1)$	$J_0(V_1 \rho)$	V_1	V_1^2
双波简单衰落	$\dfrac{2\rho}{\pi \sqrt{4V_1^2 V_2^2 - (V_1^2 + V_2^2 - \rho^2)^2}}$ $\|V_1 - V_2\| \leqslant \rho \leqslant V_1 + V_2$	$J_0(V_1 v) J_0(V_2 \rho)$	$\dfrac{2(V_1 + V_2)}{\pi} \cdot$ $E\left[\dfrac{4V_1 V_2}{(V_1 + V_2)^2}\right]$	$V_1^2 + V_2^2$
瑞利无穷多径	$\dfrac{2\rho}{P_{\text{diff}}} \exp\left(\dfrac{-\rho^2}{P_{\text{diff}}}\right)$	$\exp\left(\dfrac{-\rho^2 P_{\text{diff}}}{4}\right)$	$\sqrt{\dfrac{\pi P_{\text{diff}}}{4}}$	P_{diff}
莱斯主波成分	$\dfrac{2\rho}{P_{\text{diff}}} \exp\left(\dfrac{-\rho^2 - V_1^2}{P_{\text{diff}}}\right) I_0\left(\dfrac{2V_1 \rho}{P_{\text{diff}}}\right)$	$J_0(V_1 \rho) \cdot$ $\exp\left(\dfrac{-\rho^2 P_{\text{diff}}}{4}\right)$	无闭式解	$P_{\text{diff}} + V_1^2$
TWPD	$\dfrac{2\rho}{P_{\text{diff}}} \exp\left(\dfrac{-\rho^2}{P_{\text{diff}}} - K\right) \cdot$ $\Gamma(\rho, P_{\text{diff}}, K, \Delta)$	$J_0(V_1 \rho) J_0(V_2 \rho) \cdot$ $\exp\left(\dfrac{-\rho^2 P_{\text{diff}}}{4}\right)$	无闭式解	$V_1^2 + V_2^2 + P_{\text{diff}}$

注：详细参数见文献[41]和[42]，其中

$$K = \frac{V_1^2 + V_2^2}{P_{\text{diff}}} \quad \Delta = \frac{2V_1 V_2}{V_1^2 + V_2^2} \quad \Gamma(\rho, P_{\text{diff}}, K, \Delta) = \sum_{j=1}^{M} a_j \Psi\left[\frac{2\rho}{P_{\text{diff}}}, K, \Delta\cos\left(\frac{\pi(j-1)}{2M-1}\right)\right]$$

$$\Psi(x, K, \alpha) = \frac{1}{2}\exp(\alpha K) I_0\left(x\sqrt{2K(1-\alpha)}\right) + \frac{1}{2}\exp(-\alpha K) I_0\left(x\sqrt{2K(1+\alpha)}\right)$$

$$M = \left[\frac{1}{2}K\Delta\right]_{\text{取整}}$$

对于单波模型，如果不考虑雨滴散射功率即通信系统中满足自由空间视距传播条件的情况，则为无衰落信道，而一旦恶劣气象环境发生，则可能呈现瑞利衰落分布或者莱斯衰落分布，所以恶劣气象散射环境下该信道信号包络概率密度函数为

$$f_{\text{RO\_w}}(\rho) = \begin{cases} \dfrac{2\rho}{P_{\text{diffr}}} \exp\left(\dfrac{-\rho^2}{P_{\text{diffr}}}\right) & (I_i \geqslant I_c) \\ \dfrac{2\rho}{P_{\text{diffr}}} \exp\left(\dfrac{-\rho^2 - V_{1r}^2}{P_{\text{diffr}}}\right) I_0\left(\dfrac{2V_{1r}\rho}{P_{\text{diffr}}}\right) & (I_i \ll I_c) \end{cases} \tag{6.252}$$

式中，P_{diffr} 和 V_{1r} 分别表示有沉降粒子时产生的非相干功率与相干电平，它们表示为

$$P_{\text{diffr}} = \begin{cases} (I_i + I_c) A_e & (I_i \geqslant I_c) \\ I_i A_e & (I_i \ll I_c) \end{cases} \tag{6.253}$$

$$V_{1r} = V_1 \exp\left(-\frac{\gamma_1}{2}\right) \tag{6.254}$$

其中，A_e 代表接收天线的有效截面，γ_1 代表光学深度，见 6.1.5 节。

对于双波模型，如果不考虑随机分布粒子散射功率和其他对流层大气传输效应，比如大气闪烁起伏，则为干涉型衰落；但是一旦受对流层沉降粒子散射环境的影响，则可能呈现瑞利、莱斯、TWPD 分布特点。当两路径受到雨滴散射作用，非相干强度与相干强度可比或者非相干强度大于相干强度时，接收信号严格地讲应该是两个方差不同的瑞利分布随机信号的叠加，考虑到各路径的方差差别不大，遵循模型既接近实际情况又尽量简单的原则，所以将其近似成瑞利分布；当两路径其中一路径的相干强度明显大于非相干强度时，接收信号呈现为莱斯分布；当两路径虽然都受到雨滴散射作用，但是相干强度都明显大于非相干强度时，接收信号呈现为 TWPD 分布。它们的概率密度函数写为

$$f_{RT}(\rho) = \begin{cases} \dfrac{2\rho}{P_{diffr}}\exp\left(\dfrac{-\rho^2}{P_{diffr}}\right) & \text{(Rayleigh)} \\ \dfrac{2\rho}{P_{diffr}}\exp\left(\dfrac{-\rho^2-V_r^2}{P_{diffr}}\right)I_0\left(\dfrac{2V_r\rho}{P_{diffr}}\right) & \text{(Rician)} \\ \dfrac{2\rho}{P_{diffr}}\exp\left(\dfrac{-\rho^2}{P_{diffr}}-K_r\right)\Gamma(\rho,P_{diffr},K_r,\Delta_r) & \text{(TWPD)} \end{cases} \quad (6.255)$$

式 (6.255) 中的参量为

$$P_{diffr} = \begin{cases} (I_{1i}+I_{1c}+I_{2i}+I_{2c})A_e & \text{(Rayleigh)} \\ (I_{1i}+I_{1c}+I_{2i})A_e \text{ 或} (I_{1i}+I_{2c}+I_{2i})A_e & \text{(Rician)} \\ (I_{1i}+I_{2i})A_e & \text{(TWPD)} \end{cases} \quad (6.256)$$

$$V_r = \begin{cases} V_1\exp\left(-\dfrac{\gamma_1}{2}\right) & (I_{2i}\geqslant I_{2c},\ I_{1i}\ll I_{1c}) \\ V_2\exp\left(-\dfrac{\gamma_2}{2}\right) & (I_{1i}\geqslant I_{1c},\ I_{2i}\ll I_{2c}) \end{cases} \quad (6.257)$$

$$K_r = \frac{V_1^2\exp(-\gamma_1)+V_2^2\exp(-\gamma_2)}{P_{diffr}} \quad (6.258)$$

$$\Delta_r = \frac{2V_1\exp(-\gamma_1/2)V_2\exp(-\gamma_2/2)}{V_1^2\exp(-\gamma_1)+V_2^2\exp(-\gamma_2)} \quad (6.259)$$

应当指出，就对流层而言即使是晴空大气状态，大气的闪烁效应也使得不存在表 6.13 所列的理想单波模型和双波模型，它们只是一种理想化模型。为了研究问题方便，以上分析恶劣气象环境对它们包络概率密度影响时，仍然没有考虑大气闪烁等效应，如果考虑大气闪烁等效应，则式 (6.252) 和式 (6.255) 中的 P_{diffr} 应该包括起伏场平均功率和湍流散射场平均功率，湍流闪烁场平均功率 $P_{scin}=2\sigma_{scin}^2$，$\sigma_{scin}^2$ 为 5.8 节中介绍的闪烁强度。降雨条件下由于大气湿度、压强等参数发生变化，闪烁强度也会发生变化，详见文献[43]和 5.8 节。虽然离散随机媒质的非相干场理论和湍流闪烁理论已经取得了相当的成果，降雨条件下的信号闪烁也有一些实测结果，但同时考虑雨、雪等环境作用和大气湍流闪烁效应作用的精细物理过程和传播模式，是一个非常复杂的问题。

对于莱斯模型，在晴空条件下，如果主波信号经过恶劣气象散射环境相干强度远大于非相干强度，则概率密度还服从莱斯分布，只是漫射功率应该考虑原来漫射功率的衰减和主波信号附加产生的散射功率。附加散射功率在 6.1.5 节中已经讨论过，但是原有的漫射功率需要

根据具体链路和具体环境统计得出，所以这里得出的式(6.260)是一个待定参数公式。

$$f_R(\rho) = \begin{cases} \dfrac{2\rho}{P'_{\text{diff}} + P_{\text{diffr}}} \exp\left(\dfrac{-\rho^2 - V_1^2 \exp(-\gamma_1)}{P'_{\text{diff}} + P_{\text{diffr}}}\right) I_0\left(\dfrac{2V_1 \exp(-\gamma_1/2)\rho}{P'_{\text{diff}} + P_{\text{diffr}}}\right) & (I_c \gg I_i) \\[4mm] \dfrac{2\rho}{P'_{\text{diff}} + P_{\text{diffr}}} \exp\left(\dfrac{-\rho^2}{P'_{\text{diff}} + P_{\text{diffr}}}\right) & (I_i > I_c) \end{cases}$$

$$(6.260)$$

式中：P'_{diff} 表示受到恶劣气象环境衰减以后的漫射功率；P_{diffr} 表示主波信号在恶劣气象环境传播后产生的散射功率贡献，即

$$P_{\text{diffr}} = \begin{cases} I_i A_e & (I_c \gg I_i) \\ (I_c + I_i) A_e & (I_i > I_c) \end{cases} \qquad (6.261)$$

对于瑞利分布多径模型，在降雨散射环境下只需要考虑原有漫射功率的衰减，式(6.262)也是一个待定参数公式。

$$f_R(\rho) = \frac{2\rho}{P'_{\text{diff}}} \exp\left(\frac{-\rho^2}{P'_{\text{diff}}}\right) \qquad (6.262)$$

式(6.262)中，P'_{diff} 表示受到恶劣气象环境衰减以后的漫射功率。

应当指出的是，为了研究问题方便，研究莱斯模型和瑞利模型时，没有考虑晴空状态下的漫射信号和随机多径信号由离散粒子产生的散射功率，仅仅考虑传输环境对它们的衰减作用，也就是没有考虑漫射信号的二次以上的叠加效应。

下面以降雨环境和 Weibull 雨滴谱为例，仿真降雨环境下相干强度和非相干强度比值随频率、光学深度、降雨率之间的关系和起伏场的概率分布特点，以及降雨环境下单波模型和双波模型包络概率密度及累积分布特点。本章旨在研究非相干场对多径信道包络概率密度的影响，所以仿真、计算中雨滴近似取为球形，利用 Mie 理论计算雨区相干场、非相干场和光学深度。如果雨滴粒子为椭球形，则需要利用 T 矩阵法或者点匹配法等方法计算雨滴粒子的吸收和散射截面。图 6.41～图 6.46 是降雨环境下相干强度和非相干强度比值随光学深度、降雨率、频率之间的关系和起伏场的概率分布特点。

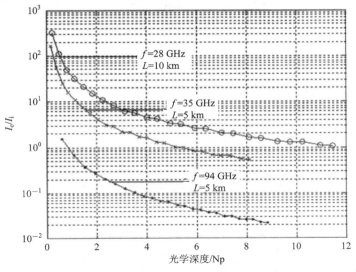

图 6.41　I_c/I_i 随光学深度的变化关系

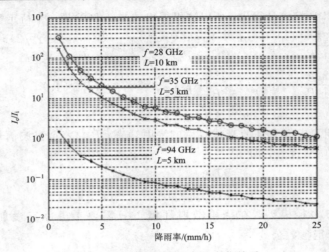

图 6.42　I_c/I_i 随降雨率的变化关系

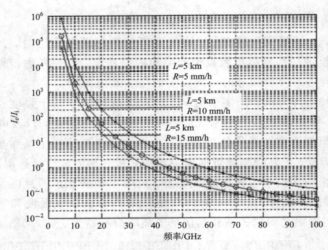

图 6.43　I_c/I_i 随频率的变化规律

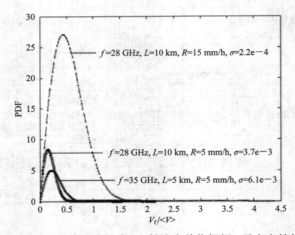

图 6.44　$V_f/\langle V \rangle$ 的概率密度分布（入射波为单位振幅，无方向性接收天线）

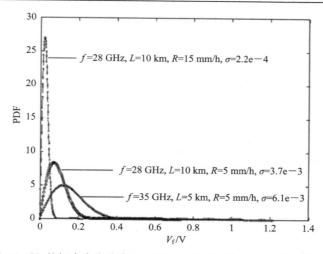

图 6.45　V_f 的概率密度分布（入射波为单位振幅，无方向性接收天线）

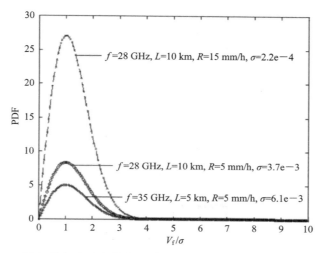

图 6.46　V_f/σ 的概率密度分布（入射波为单位振幅，无方向性接收天线）

从图 6.41～图 6.44 可以看出，接收点相干场和非相干场的比值是传播距离、降雨率、电波频率的函数，总体看来其规律是光学深度较小时接收场主要是相干场，但是随着光学深度的增大，相干场迅速减小、非相干场迅速增大，降雨环境的散射特点表现得非常明显，而且一定传播路径条件下，随着频率的升高，相干场与非相干场的比值迅速下降，散射起伏特点几乎在所有降雨情况下都需要考虑。文献[44]中指出，雨滴非相干散射导致的信号快衰落与晴空大气闪烁是同一数量级，所以不能忽略，文中计算结果与文献[44]中的分析结果相一致。

从图 6.44～图 6.46 可以看出，雨区信号起伏场概率密度函数分布与传播距离、降雨率、电波频率有关，但是总体看来概率密度函数分布情况主要由起伏方差决定。雨区起伏信号的概率密度函数分布情况还与入射信号与接收天线的有效截面有关，图 6.44～图 6.46 作为算例，为了计算天线有效接收截面简单、方便，只计算了单位振幅入射波和理想无方向性天线在完全匹配情况下接收信号起伏场的概率密度分布情况。如果实际应用中为高增益、窄波束天线，则需要考虑集中在窄波束内的有效散射粒子。文献[45]讨论了少数散射粒子的散射问题，根据文献[45]"粒子数为 5 个、6 个时，散射场强度分布逐渐趋于瑞利分布"可知，在窄波束条件下雨滴的随机散射场即起伏场也符合瑞利分布。因为文中考虑离散随机媒质中的非相干场对接收信号的包络概率密度影响时，基于非相干场符合瑞利分布。同时文献[44]指出，雨滴非相干散射导致的接收信号包络的起伏变化与晴空湍流所致的接收信号闪烁效应是同一个数量级，因为毫米波段卫星通信（这些波段天线通常采用窄波束、高增益天线）中晴空大气所致的闪烁不能忽略，所以在窄波束条件下，雨滴、雪等粒子的散射场影响也不能忽略，文中处理问题的方法可以使用，计算高增益、窄波束定向天线的有效截面即可。

图 6.47～图 6.49 是降雨环境下单波模型和双波模型包络概率密度特点。图 6.50 是考虑降雨影响时单波模型概率累积分布（CDF）函数算例，图 6.51 是只考虑雨衰时双波模型概率累积分布（CDF）函数算例，图 6.52 是雨衰和散射效应同时考虑时双波模型概率累积分布（CDF）函数算例。

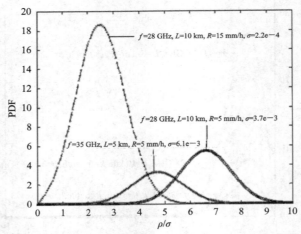

图 6.47 单波模型在降雨环境中的概率密度分布（入射波为单位振幅，无方向性接收天线）

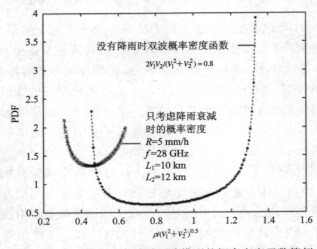

图 6.48 只考虑降雨衰减时双波模型的概率密度函数算例

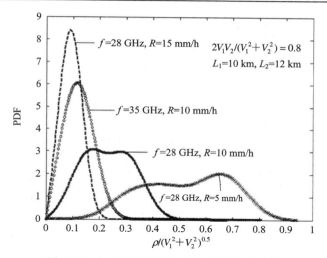

图 6.49　考虑降雨散射时双波模型 PDF 算例

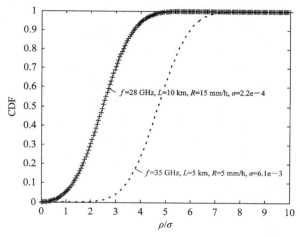

图 6.50　考虑降雨散射时单波模型 CDF 算例

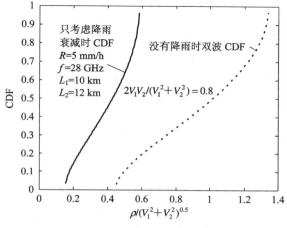

图 6.51　只考虑雨衰时双波模型 CDF 算例

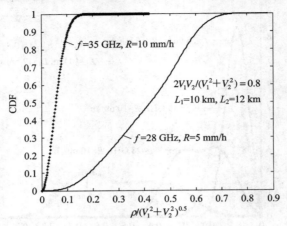

图 6.52 考虑降雨散射时双波模型 CDF 算例

从图 6.47～图 6.49 可以看出，在降雨环境的影响下单波模型和双波模型的概率密度函数变化很大，这说明在降雨情况下信号衰落特性与无降雨时几乎完全不同，降雨环境对多径信道中信号包络概率密度函数的影响不可忽略。由图 6.49 可以看出，接收信号包络概率分布随着降雨率的增大从双波分布模式过渡成莱斯分布和瑞利分布模式，而且频率越高这种过渡过程越快。

从图 6.50～图 6.52 可以看出，在降雨环境的影响下单波模型和双波模型的 CDF 分布与无降雨时的差别很大，这说明降雨环境对多径信道中信号包络概率密度函数的影响不可忽略。

准确预测和计算接收信号包络概率密度对于分析信道的特性非常重要，例如电平交叉率、衰落持续时间等，而且这些特性对于系统的设计至关重要。通过仿真、计算降雨环境对多径信道中信号包络概率密度的影响，探讨得知其他气象环境对于多径信道包络概率密度的影响不容忽视，例如降雪、沙尘等，需要根据具体气候和通信链路特点，考虑可能发生的天气现象而采取适当的抗衰落措施。

6.6 沉降粒子的多普勒频偏

衰减、相移、去极化、附加噪声等传播特性，实际上均是考虑了沉降粒子静态分布时散射、吸收、辐射效应对电磁信号的影响。事实上，大气沉降粒子都以一定的速度向地面沉降，特别是降雨、降雪、冰雹降水气象过程中的沉降粒子。我们知道，收发机或者媒质运动都可能引起信号多普勒频偏现象。所以，当电磁波通过降雨、降雪、冰雹等沉降粒子区域时，需要对粒子运动所引起的多普勒频偏加以考虑。

当考虑粒子运动时，单个粒子的时间相关微分散射截面 $\sigma_d(\boldsymbol{o}, \boldsymbol{i}, \tau)$ 定义为[1]

$$\sigma_d(\boldsymbol{o}, \boldsymbol{i}, \tau) = \sigma_d(\boldsymbol{o}, \boldsymbol{i}) \langle \exp(\mathrm{j}\boldsymbol{k}_s \cdot \boldsymbol{V}\tau) \rangle \qquad (6.263)$$

其中：$\sigma_d(\boldsymbol{o}, \boldsymbol{i})$ 是 6.1.1 节中介绍的静止粒子的微分散射截面；$\tau = t_1 - t_2$，t_1 和 t_2 表示粒子在两个时刻接收该粒子的散射场；$\langle \cdot \rangle$ 表示对内部函数求加权均值；$\boldsymbol{k}_s$ 表示为

$$\boldsymbol{k}_s = k(\boldsymbol{i} - \boldsymbol{o}) \qquad (6.264)$$

$\boldsymbol{V}$ 表示粒子的运动速度矢量，对于雨、雪、冰雹等沉降粒子而言通常由平均速度 $\boldsymbol{U}$ 和起伏速度 $\boldsymbol{V}_f$ 构成，表示为

$$V = U + V_f \tag{6.265}$$

所以，式（6.263）表示为[1]

$$\sigma_d(o, i, \tau) = \sigma_d(o, i)\chi(k_s\tau)\exp(jk_s \cdot U\tau) \tag{6.266}$$

其中，$\chi(k_s\tau)$ 表示起伏速度 V_f 的特征函数，即

$$\chi(k_s\tau) = \langle\exp(jk_s \cdot V_f\tau)\rangle \tag{6.267}$$

因此，与时间相关微分散射截面 $\sigma_d(o, i, \tau)$ 所对应的时间频谱 $W_d(o, i, \omega)$ 表示为[1]

$$W_d(o, i, \omega) = 2\int_{-\infty}^{+\infty}\sigma_d(o, i, \tau)e^{j\omega t}d\tau \tag{6.268}$$

假设 $V_f = 0$，则式（6.268）变为

$$W_d(o, i, \omega) = 2\sigma_d(o, i)\int_{-\infty}^{+\infty}\exp(jk_s \cdot U\tau)e^{j\omega t}d\tau = 2\sigma_d(o, i)\delta(\omega + k_s \cdot U) \tag{6.269}$$

因为 $k_s = k(i - o)$，$k = \omega_0/c$，所以根据式（6.269）可得[1]

$$\frac{\omega}{\omega_0} = -(i - o) \cdot \left(\frac{U}{c}\right) = -2\sin\left(\frac{\theta}{2}\right)\left(\frac{U_d}{c}\right) \tag{6.270}$$

其中，θ 是散射角，U_d 表示速度 U 在 k_s 方向的投影。注意到式（6.269）给出的是 ω 与 ω_0 的频偏，所以接收到散射波的频率为[1]

$$\omega + \omega_0 = \omega_0\left[1 + 2\sin\left(\frac{\theta}{2}\right)\left(\frac{U_d}{c}\right)\right] \tag{6.271}$$

该式适用于降雨、冰雹等重粒子，因为这些粒子的运动速度在接近地面时几乎不发生变化。但是对于雪花而言，其起伏速度 V_f 不能忽略，$W_d(o, i, \omega)$ 表示为[1]

$$W_d(o, i, \omega) = 2\sigma_d(o, i)\int_{-\infty}^{+\infty}\chi(k_s\tau)\exp(jk_s \cdot U\tau)e^{j\omega t}d\tau \tag{6.272}$$

此时，必须考虑 V_f 所满足的概率密度函数，求解其特征函数后，对式（6.272）进行积分。文献[1]假设 V_f 在直角坐标系中各个方向都具有相同方差的正态分布，给出了式（6.272）的积分结果，但是，这样的结果不适用于"飘飘荡荡"下落的雪花。

对于单次散射近似，需要考虑最大速度粒子形成的多普勒频偏，即可求得最大多普勒频偏。对于多次散射近似，需要考虑入射波从进入群聚粒子区后，经过多少次散射最后到达接收点，显然每经过一次散射都要经过一次频偏，每散射一次频偏积累一次。

显然，单次散射观点对于求解衰减、相移、去极化、附加噪声可以成立，而对于多普勒频偏问题，对雨区、雪区利用单次散射近似完全不合理，此时需要用统计的观点分析任何一个时刻粒子空间统计分布特征，结合链路特征得出射线穿过雨区时统计上经历了多少个粒子，然后给出统计上的多普勒频偏积累结果。

6.7　沉降粒子环境中非相干信号功率角度分布

根据 6.1.5 节中介绍的沉降粒子环境中视线传播理论可知，受到沉降粒子的随机散射影响，图 6.53 中接收点的接收信号由平均场 $\langle u(r)\rangle$ 和起伏场 $u_f(r)$ 构成，接收信号总强度 I_t 由相干强度 I_c 和非相干强度 I_i 构成，见式（6.63）和式（6.69）。相干场是指 i_0 方向上直射场经过雨区受到雨滴衰减和相移之后到达接收天线的场；非相干场是指由其他方向上空间中随机分布的雨滴粒子受到直射场照射后散射到接收天线的场。由于雨滴粒子在空间中

是随机分布的，接收天线接收到的雨滴粒子散射场也是从各个方向上到达的，所以，接收到的总强度呈现一定的角度分布，即

$$I_T(i) = I_c \delta(i - i_0) + I_i(i) \tag{6.273}$$

接收功率角度分布可以表示为

$$P_T(i) = I_T(i) A_{eff}(i) m_P(i) \tag{6.274}$$

其中：i_0 和 i 分别表示入射波和来波方向的单位矢量，在特定的坐标下，i_0 和 i 可以表示为方位角该坐标下方向基矢量的函数；$A_{eff}(i)$ 表示接收天线在 i 方向的有效接收面积；$m_P(i)$ 表示接收天线在 i 方向与来波极化状态的匹配因子。

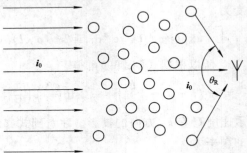

图 6.53　沉降粒子环境中非相干信号功率角度
扩展的机理示意图

式 (6.274) 中，$A_{eff}(i)$ 是天线本身的属性；$m_P(i)$ 是天线极化方向图与来波极化状态共同决定的量，需要具体问题具体分析。而 $I_T(i)$ 是与入射波极化和沉降粒子环境有关的量，下面给出 $I_T(i)$ 的评估方法。

考虑任意极化的平面波入射到半无限大平行板随机媒质中，其中包含具有一定尺寸分布的沉降粒子，如图 6.54 所示。在 xyz 坐标系中，区域 $0 < z < L$ 为沉降粒子区域，入射场的方向为 i_0，i_0 与 z 轴之间的夹角为 θ_i。由 6.1.1 节和 6.1.5 节的基本理论可知，在坐标为 $(0, 0, L)$ 处的接收天线接收到的场可以表示为

$$u(0, 0, L) = \begin{bmatrix} u_H(0, 0, L) & u_V(0, 0, L) \end{bmatrix}^T \tag{6.275}$$

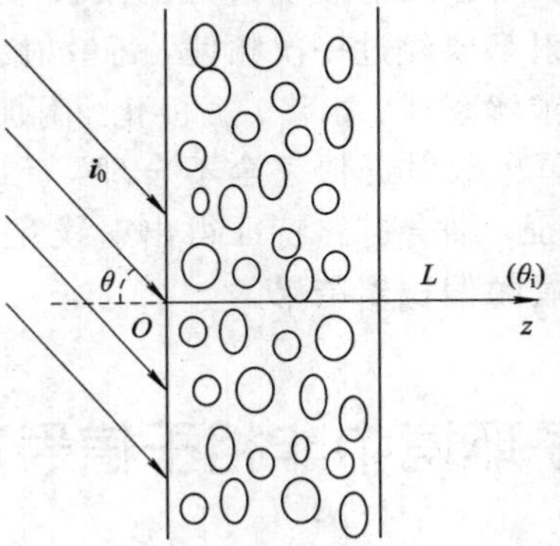

图 6.54　平面波入射无限大平行板
随机媒质示意图

式 (6.275) 中的 $u(0, 0, L)$ 包括相干场（平均场）$\langle u(0, 0, L) \rangle$ 和非相干场（起伏场）$u_f(0, 0, L)$，分别写成

$$\begin{cases} \langle \boldsymbol{u}(0,0,L) \rangle = \begin{bmatrix} \langle u_H(0,0,L) \rangle & \langle u_V(0,0,L) \rangle \end{bmatrix}^T \\ \boldsymbol{u}_f(0,0,L) = \begin{bmatrix} u_{f\_H}(0,0,L) & u_{f\_V}(0,0,L) \end{bmatrix}^T \end{cases} \quad (6.276)$$

其中，下标 H 和 V 分别代表水平极化和垂直极化。于是式(6.275)可写成

$$\begin{bmatrix} u_H(0,0,L) \\ u_V(0,0,L) \end{bmatrix} = \begin{bmatrix} \langle u_H(0,0,L) \rangle \\ \langle u_V(0,0,L) \rangle \end{bmatrix} + \begin{bmatrix} u_{f\_H}(0,0,L) \\ u_{f\_V}(0,0,L) \end{bmatrix} \quad (6.277)$$

因此，接收天线接收到的总强度 $I_t(0,0,L)$ 为

$$I_t(0,0,L) = I_c(0,0,L) + I_f(0,0,L) \quad (6.278)$$

其中，$I_c(0,0,L)$ 为相干强度，$I_f(0,0,L)$ 为非相干强度。

6.1.4 节的基本理论表明，沉降粒子环境的空间分布对于毫米波以上波段属于稀疏分布，适用于一阶多重散射近似。这里假设总的非相干场是对区域 $0 < z < L$ 内所有沉降粒子的散射场求和，那么总的非相干强度是对这个区域所有非相干强度求和。

根据一阶多重散射近似，平均场和相干强度分别写成

$$\begin{bmatrix} \langle u_H(0,0,L) \rangle \\ \langle u_V(0,0,L) \rangle \end{bmatrix} = \begin{bmatrix} u_{0\_H} \exp\left(\dfrac{jkL}{\cos\theta_i} - \dfrac{\tau_{c\_H}}{2} \right) \\ u_{0\_V} \exp\left(\dfrac{jkL}{\cos\theta_i} - \dfrac{\tau_{c\_V}}{2} \right) \end{bmatrix} \quad (6.279)$$

$$I_c = u_{0\_H}^2 \exp(-\tau_{c\_H}) + u_{0\_V}^2 \exp(-\tau_{c\_V}) \quad (6.280)$$

式(6.279)中：θ_i 是入射方向矢量 $\boldsymbol{i}_0$ 和坐标轴 z 的夹角；u_{0_H} 和 u_{0_V} 分别是入射波的水平极化波分量和垂直极化波分量的振幅；$k = 2\pi/\lambda$，是空间波数；τ_{c_H} 和 τ_{c_V} 是光学厚度，表示为

$$\begin{cases} \tau_{c\_H} = \displaystyle\int_{D_{\min}}^{D_{\max}} \int_0^{\frac{L}{\cos\theta_i}} N(D) \sigma_{t\_H}(D) \, dr \, dD \\ \tau_{c\_V} = \displaystyle\int_{D_{\min}}^{D_{\max}} \int_0^{\frac{L}{\cos\theta_i}} N(D) \sigma_{t\_V}(D) \, dr \, dD \end{cases} \quad (6.281)$$

其中，$N(D)$ 是第 3 章中介绍的粒子尺寸分布函数，$\sigma_{t\_H}(D)$ 和 $\sigma_{t\_V}(D)$ 分别是水平极化波和垂直极化波的消光截面，$D_{\min}$ 和 $D_{\max}$ 分别是空间中沉降粒子的最小直径和最大直径或者等效线度。

考虑到粒子的空间分布和尺寸分布相互独立，式(6.281)可写成

$$\begin{cases} \tau_{c\_H} = \displaystyle\int_0^{\frac{L}{\cos\theta_i}} dr \int_{D_{\min}}^{D_{\max}} N(D) \sigma_{t\_H}(D) \, dD \\ \tau_{c\_V} = \displaystyle\int_0^{\frac{L}{\cos\theta_i}} dr \int_{D_{\min}}^{D_{\max}} N(D) \sigma_{t\_V}(D) \, dD \end{cases} \quad (6.282)$$

定义单位体积所有粒子的平均消光截面为

$$\langle \sigma_t \rangle = \frac{\displaystyle\int_{D_{\min}}^{D_{\max}} N(D) \sigma_t(D) \, dD}{\displaystyle\int_{D_{\min}}^{D_{\max}} N(D) \, dD} \quad (6.283)$$

则式(6.282)化简为

$$\begin{cases} \tau_{c\_H} = \rho \langle \sigma_{c\_H} \rangle \dfrac{L}{\cos\theta_i} \\ \tau_{c\_V} = \rho \langle \sigma_{c\_V} \rangle \dfrac{L}{\cos\theta_i} \end{cases} \quad (6.284)$$

在已知入射方向 $\boldsymbol{i}_0(\theta_i,\varphi_i)$ 的前提下，根据式(6.279)可将相干强度表示为

$$I_c(\boldsymbol{i}) = I_c\delta(\boldsymbol{i} - \boldsymbol{i}_0) \tag{6.285}$$

这里 $\boldsymbol{i}$ 是在 xyz 坐标系内的波达方向。因为相干强度是某一确定方向上的，所以对于角度功率谱分布来说，相干强度的贡献不大。下面考虑非相干强度的角度分布。

如图 6.55 所示，入射波沿 $\boldsymbol{i}_0(\theta_i,\varphi_i)$ 方向入射到雨区，接收天线的坐标为 $(0,0,L)$，首先考虑在区域 $0 < z < L$ 内，距离接收天线为 r_1 的 $\mathrm{d}V$ 内单个粒子沿着 $\boldsymbol{o}(\theta,\varphi)$ 方向上散射到接收天线的场，粒子的直径为 D，$\mathrm{d}V$ 在坐标系 xyz 下的坐标为 (x,y,z)，那么起伏场表示为

$$
\begin{bmatrix}
u_{f\_H}(D,0,0,L) \\
u_{f\_V}(D,0,0,L)
\end{bmatrix}
=
\begin{bmatrix}
\dfrac{\exp(\mathrm{j}kr_1)}{r_1}\left[f_{11}(D,\boldsymbol{i}_0,\boldsymbol{o})u'_{0\_H}\exp\left(\dfrac{-\tau_{1\_H}}{2}\right) + f_{12}(D,\boldsymbol{i}_0,\boldsymbol{o})u'_{0\_V}\exp\left(\dfrac{-\tau_{1\_V}}{2}\right) \right] \\
\dfrac{\exp(\mathrm{j}kr_1)}{r_1}\left[f_{21}(D,\boldsymbol{i}_0,\boldsymbol{o})u'_{0\_V}\exp\left(\dfrac{-\tau_{1\_H}}{2}\right) + f_{22}(D,\boldsymbol{i}_0,\boldsymbol{o})u'_{0\_V}\exp\left(\dfrac{-\tau_{1\_V}}{2}\right) \right]
\end{bmatrix}
\tag{6.286}
$$

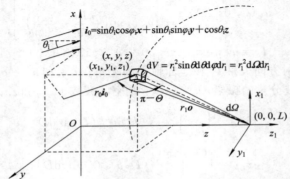

图 6.55 非相干强度角度分布推导示意图

式(6.286)中的 u'_{0_H} 和 u'_{0_V} 分别为入射到雨滴粒子电磁波的水平分量和垂直分量的振幅，即

$$
\begin{cases}
u'_{0\_H} = u_{0\_H}\exp\left(\mathrm{j}kr_0 - \dfrac{\tau_{0\_H}}{2}\right) \\[2mm]
u'_{0\_V} = u_{0\_V}\exp\left(\mathrm{j}kr_0 - \dfrac{\tau_{0\_V}}{2}\right) \\[2mm]
r_0 = \dfrac{L - r_1\cos\theta}{\cos\theta_i}
\end{cases}
\tag{6.287}
$$

式(6.286)和式(6.287)中的光学厚度 τ_{0_H}、τ_{0_V}、τ_{1_H}、τ_{1_V} 分别表示为

$$
\begin{cases}
\tau_{0\_H} = \displaystyle\int_{D_{\min}}^{D_{\max}} N(D)\mathrm{d}D\langle\sigma_{c\_H}\rangle r_0 \\[3mm]
\tau_{0\_V} = \displaystyle\int_{D_{\min}}^{D_{\max}} N(D)\mathrm{d}D\langle\sigma_{c\_V}\rangle r_0 \\[3mm]
\tau_{1\_H} = \displaystyle\int_{D_{\min}}^{D_{\max}} N(D)\mathrm{d}D\langle\sigma_{c\_H}\rangle r_1 \\[3mm]
\tau_{1\_V} = \displaystyle\int_{D_{\min}}^{D_{\max}} N(D)\mathrm{d}D\langle\sigma_{c\_V}\rangle r_1
\end{cases}
\tag{6.288}
$$

式(6.286)中的 f_{11}、f_{12}、f_{21}、f_{22} 分别是直径为 D 的单个粒子散射振幅矩阵里的元素，它们都是散射角 Θ 的函数，可以用散射函数 S_1、S_2、S_3、S_4 来表示，即

$$\begin{cases} f_{11} = \dfrac{1}{jk} S_1(D, \cos\Theta) \\[2mm] f_{12} = \dfrac{1}{jk} S_4(D, \cos\Theta) \\[2mm] f_{21} = \dfrac{1}{jk} S_3(D, \cos\Theta) \\[2mm] f_{22} = \dfrac{1}{jk} S_2(D, \cos\Theta) \end{cases} \tag{6.289}$$

在 xyz 坐标系中，$\boldsymbol{i}_0$ 和 $\boldsymbol{o}$ 表示为

$$\begin{cases} \boldsymbol{i}_0 = \sin\theta_i\cos\varphi_i\boldsymbol{x} + \sin\theta_i\sin\varphi_i\boldsymbol{y} + \cos\theta_i\boldsymbol{z} \\ \boldsymbol{o} = \sin\theta\cos\varphi\boldsymbol{x} + \sin\theta\sin\varphi\boldsymbol{y} + \cos\theta\boldsymbol{z} \\ \cos\Theta = \boldsymbol{i}_0 \cdot \boldsymbol{o} = \cos\theta_i\cos\theta + \sin\theta_i\sin\theta\cos(\varphi_i - \varphi) \end{cases} \tag{6.290}$$

θ_i 和 θ 分别是单位矢量 $\boldsymbol{i}_0$、$\boldsymbol{o}$ 与 $\boldsymbol{z}$ 的夹角，φ_i 和 φ 分别是 $\boldsymbol{i}_0$、$\boldsymbol{o}$ 在 xy 平面上的投影和 $\boldsymbol{x}$ 的夹角。

如果粒子是球对称粒子，那么有

$$f_{12} = f_{21} = 0 \tag{6.291}$$

把式(6.291)代入式(6.286)，得

$$\begin{bmatrix} u_{f\_H}(D, 0, 0, L) \\ u_{f\_V}(D, 0, 0, L) \end{bmatrix} = \begin{bmatrix} \dfrac{\exp(jkr_1)}{r_1}\left[f_{11}(D, \boldsymbol{i}_0, \boldsymbol{o})u'_{0\_H}\exp\left(\dfrac{-\tau_{1\_H}}{2}\right) \right] \\ \dfrac{\exp(jkr_1)}{r_1}\left[f_{22}(D, \boldsymbol{i}_0, \boldsymbol{o})u'_{0\_V}\exp\left(\dfrac{-\tau_{1\_V}}{2}\right) \right] \end{bmatrix} \tag{6.292}$$

那么体积元 $\mathrm{d}V$ 内所有粒子散射到接收天线的强度 $\mathrm{d}I_f(\boldsymbol{r})$ 为

$$\begin{aligned} \mathrm{d}I_f(D, (D, 0, 0, L)) &= \int_{D_{\min}}^{D_{\max}} \left[|u_{f\_H}(D, (D, 0, 0, L))|^2 + |u_{f\_V}(D, (D, 0, 0, L))|^2 \right] N(D)\mathrm{d}V\mathrm{d}D \\ &= \int_{D_{\min}}^{D_{\max}} |u_{f\_H}(D, (D, 0, 0, L))|^2 N(D)\mathrm{d}V\mathrm{d}D \\ &\quad + \int_{D_{\min}}^{D_{\max}} |u_{f\_V}(D, (D, 0, 0, L))|^2 N(D)\mathrm{d}V\mathrm{d}D \end{aligned} \tag{6.293}$$

其中

$$\begin{aligned} &\int_{D_{\min}}^{D_{\max}} |u_{f\_H}(D, \boldsymbol{r})|^2 N(D)\mathrm{d}V\mathrm{d}D \\ &= \int_{D_{\min}}^{D_{\max}} \frac{|f_{11}(D, \cos\Theta)|^2}{r_1^2} u_{0\_H}^2 \exp(-\tau_{1\_H} - \tau_{0\_H}) N(D)\mathrm{d}V\mathrm{d}D \end{aligned} \tag{6.294}$$

$$\begin{aligned} &\int_{D_{\min}}^{D_{\max}} |u_{f\_V}(D, \boldsymbol{r})|^2 N(D)\mathrm{d}V\mathrm{d}D \\ &= \int_{D_{\min}}^{D_{\max}} \frac{|f_{22}(D, \cos\Theta)|^2}{r_1^2} u_{0\_V}^2 \exp(-\tau_{1\_V} - \tau_{0\_V}) N(D)\mathrm{d}V\mathrm{d}D \end{aligned} \tag{6.295}$$

定义沉降粒子区域散射振幅模的方均值。散射振幅模的方均值代表的是粒子区域单个粒子散射场能量的期望，即

$$\langle\,|\,f_{11(22)}(\cos\Theta)\,|^2\rangle=\frac{\int_{D_{\min}}^{D_{\max}}N(D)\,|\,f_{11(22)}(\cos\Theta)\,|^2\mathrm{d}D}{\int_{D_{\min}}^{D_{\max}}N(D)\mathrm{d}D} \tag{6.296}$$

把式(6.296)代入式(6.293)，得

$$\mathrm{d}I_\mathrm{f}(0,0,L)=\frac{\int_{D_{\min}}^{D_{\max}}N(D)\mathrm{d}D}{r_1^2}\{\langle\,|\,f_{11}(\cos\Theta)\,|^2\rangle u_{0\_H}^2\exp(-\tau_{1\_H}-\tau_{0\_H})$$
$$+\langle\,|\,f_{22}(\cos\Theta)\,|^2\rangle u_{0\_V}^2\exp(-\tau_{1\_V}-\tau_{0\_V})\}\mathrm{d}V \tag{6.297}$$

为了方便分析，在接收天线处建立坐标系 $x_1y_1z_1$，坐标系原点为 xyz 坐标系下的 $(0,0,L)$。在 $x_1y_1z_1$ 坐标系下，$\mathrm{d}V$ 的坐标为 (x_1,y_1,z_1)。值得注意的是，$x_1y_1z_1$ 坐标系只是坐标系 xyz 的平移，坐标变换关系为

$$\begin{cases}x_1=x\\y_1=y\\z_1=z+L\end{cases} \tag{6.298}$$

所以在 $x_1y_1z_1$ 坐标系下，$\boldsymbol{o}$ 仍然是 (θ,φ) 方向。将 (x_1,y_1,z_1) 写成球坐标形式，即 (r_1,θ,φ)，所以以下关系成立：

$$\mathrm{d}V=r_1^2\sin\theta\mathrm{d}\theta\mathrm{d}\varphi\mathrm{d}r_1=r_1^2\mathrm{d}\Omega\mathrm{d}r_1 \tag{6.299}$$

把式(6.299)代入式(6.297)，得

$$\mathrm{d}I_\mathrm{f}(0,0,L)=\frac{\int_{D_{\min}}^{D_{\max}}N(D)\mathrm{d}D}{r_1^2}\{\langle\,|\,f_{11}(\cos\Theta)\,|^2\rangle u_{0\_H}^2\exp(-\tau_{1\_H}-\tau_{0\_H})$$
$$+\langle\,|\,f_{22}(\cos\Theta)\,|^2\rangle u_{0\_V}^2\exp(-\tau_{1\_V}-\tau_{0\_V})\}r_1^2\mathrm{d}\Omega\mathrm{d}r_1 \tag{6.300}$$

式(6.300)表示体积元 $\mathrm{d}V$ 内所有粒子散射到接收天线的强度。对式(6.300)在 r_1 上进行积分就得到立体角 $\mathrm{d}\Omega$ 内所有粒子散射强度：

$$I_{\mathrm{f}\_\mathrm{d}\Omega}=\int_0^R\mathrm{d}I_\mathrm{f}(0,0,L)\mathrm{d}r_1 \tag{6.301}$$

式(6.301)中，R 为从地面接收天线处沿方向 (θ,φ) 到达云层（$z=0$ 平面）的距离，很容易得出 $R=L/\cos\theta$。

定义 $I_\mathrm{f}(\theta,\varphi)$ 为

$$I_\mathrm{f}(\theta,\varphi)=\frac{I_{\mathrm{f}\_\mathrm{d}\Omega}}{\mathrm{d}\Omega}=\int_0^R\frac{\mathrm{d}I_\mathrm{f}}{\mathrm{d}\Omega}\mathrm{d}r_1 \tag{6.302}$$

式(6.302)表示接收天线接收到来自 (θ,φ) 方向的非相干强度。$I_\mathrm{f}(\theta,\varphi)$ 就是非相干强度的角度分布函数。把式(6.288)代入式(6.302)，得

$$I_\mathrm{f}(\theta,\varphi)=\int_0^{\frac{L}{\cos\theta}}\frac{\rho}{r_1^2}\{\langle\,|\,f_{11}(\cos\Theta)\,|^2\rangle u_{0\_H}^2\exp(-\tau_{1\_H}-\tau_{0\_H})$$
$$+\langle\,|\,f_{22}(\cos\Theta)\,|^2\rangle u_{0\_V}^2\exp(-\tau_{1\_V}-\tau_{0\_V})\}r_1^2\mathrm{d}r_1 \tag{6.303}$$

利用式(6.288)对式(6.303)进行积分，得

$$I_\mathrm{f}(\mu,\varphi)=\begin{cases}\dfrac{\mu_\mathrm{i}\rho}{\mu_\mathrm{i}-\mu}[\langle\,|\,f_{11}(\cos\Theta)\,|^2\rangle g_H+\langle\,|\,f_{22}(\cos\Theta)\,|^2\rangle g_V]&(\mu\neq\mu_\mathrm{i})\\[3mm]\dfrac{\rho L}{\mu}[\langle\,|\,f_{11}(\cos\Theta)\,|^2\rangle g_{1\_H}+\langle\,|\,f_{22}(\cos\Theta)\,|^2\rangle g_{1\_V}]&(\mu=\mu_\mathrm{i})\end{cases}$$

$$\tag{6.304}$$

式(6.304)中:

$$\begin{cases} \mu = \cos\theta, \ \mu_i = \cos\theta_i \\[2mm] g_{H(V)} = \dfrac{u_{0\_H(V)}^2 \left[\exp\left(\dfrac{-\gamma_{H(V)}L}{\mu_i} \right) - \exp\left(\dfrac{-\gamma_{H(V)}L}{\mu} \right) \right]}{\gamma_{H(V)}} \\[4mm] g_{1\_H(V)} = u_{0\_H(V)}^2 \exp\left(\dfrac{-\gamma_{H(V)}L}{\mu_i} \right) \\[2mm] \gamma_{H(V)} = \rho \langle \sigma_{t\_H(V)} \rangle \end{cases} \tag{6.305}$$

类似于式(6.304),将式(6.285)也写为 μ、μ_i 和 φ、φ_i 的表示形式:

$$I_c(\mu, \varphi) = I_c \delta(\mu - \mu_i) \delta(\varphi - \varphi_i) \tag{6.306}$$

那么总强度的角度分布可以写成

$$I_t(\mu, \varphi) = I_c(\mu, \varphi) + I_f(\mu, \varphi) \tag{6.307}$$

所以,接收功率角分布式(6.274)也表示为

$$P_T(\theta, \varphi) = I_t(\mu, \varphi) A_{eff}(\theta, \varphi) m_P(\theta, \varphi) \tag{6.308}$$

其中:$A_{eff}(\theta, \varphi)$ 是天线 (θ, φ) 方向上的有效孔径,它与波长 λ 增益函数 $G(\theta, \varphi)$ 的关系为

$$A_{eff}(\theta, \varphi) = \frac{\lambda^2}{4\pi} G(\theta, \varphi) \tag{6.309}$$

A_{eff} 是天线本身的属性;m_P 是天线极化方向图与来波极化状态共同决定的量,需要具体问题具体分析。

以图 6.56 所示的卫星通信雨中下行链路为例,把雨滴粒子近似成球形粒子,对于球形粒子来说,$f_{11}(\cos\Theta)$ 对应的是水平极化波的散射振幅,$f_{22}(\cos\Theta)$ 对应的是垂直极化波的散射振幅,雨滴谱选 3.2.1.4 小节中给出的 M-P 雨滴尺寸分布谱,利用 6.2 节中介绍的方法计算上述模型中需要的衰减,并由本节介绍的模型计算图 6.56 所示链路中接收点信号的角度扩展特征。计算中假设入射至对流层雨区的场量幅度为 1。

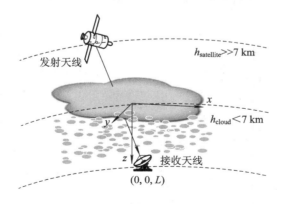

图 6.56 角度扩展仿真链路示意图

图 6.57~图 6.60 分别给出了入射波频率为 30 GHz、60 GHz,90 GHz,120 GHz 时不同降雨率 R 条件下的散射振幅模的方均值 $\langle |f_{11(22)}(\cos\Theta)|^2 \rangle$ 随散射角的变化情况。

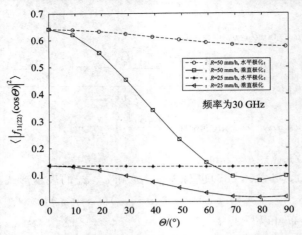

图 6.57   30 GHz 时不同降雨率 R 条件下的 $\langle |f_{11(22)}(\cos\Theta)|^2 \rangle$

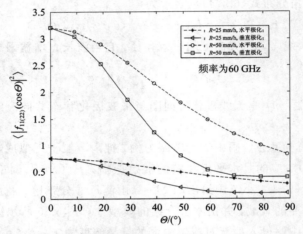

图 6.58   60 GHz 时不同降雨率 R 条件下的 $\langle |f_{11(22)}(\cos\Theta)|^2 \rangle$

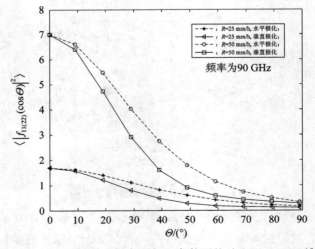

图 6.59   90 GHz 时不同降雨率 R 条件下的 $\langle |f_{11(22)}(\cos\Theta)|^2 \rangle$

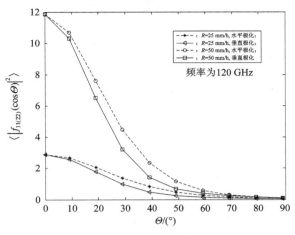

图 6.60　120 GHz 时不同降雨率 R 条件下的 $\langle |f_{11(22)}(\cos\Theta)|^2 \rangle$

从图 6.57～图 6.60 可以看出，随着散射角的增大，散射振幅的方均值逐渐减小。对于不同极化的入射波，除了 $\Theta = 0°$ 时，散射振幅的方均值不同，水平极化波的散射振幅方均值要大于垂直极化波的。入射波频率增高时，由入射波极化引起的散射振幅的方均值的差异变小。

图 6.61 和图 6.62 给出了 $G(\theta,\varphi)=1$，$m_{\mathrm{P}}(\theta,\varphi)=1$，入射波为水平极化，频率为 90 GHz，入射方向分别为 $(\theta_i,\varphi_i)=(\pi/4,\pi/4)$、$(\theta_i,\varphi_i)=(\pi/4,0)$，传播距离 $L=1$ km 时功率角分布算例。

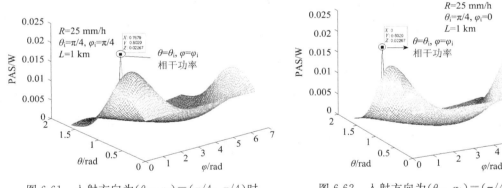

图 6.61　入射方向为 $(\theta_i,\varphi_i)=(\pi/4,\pi/4)$ 时　　　　图 6.62　入射方向为 $(\theta_i,\varphi_i)=(\pi/4,0)$ 时
　　　接收功率二维分布　　　　　　　　　　　　　　　接收功率二维分布

正如前面所讨论的，从图 6.61 和图 6.62 可以看出降雨引起的角度扩展是由各个方向上雨滴粒子散射到接收天线的非相干功率所引起的，可以看出最大功率方向偏离了入射波方向。由于无限大平行板是关于 φ 方向上对称的，建立合适的坐标系总能使得 $\varphi_i=0$，不失一般性，考虑入射方向为 $(\theta_i,0)$，此时角度功率谱分布关于 $\varphi=0$ 平面对称。图 6.63～图 6.74 给出了 $G(\theta,\varphi)=1$，$m_{\mathrm{P}}=1$，入射方向为 $(\theta_i,0)$，θ_i 分别为 0、$\pi/6$，$\varphi=0$ 平面上非相干功率的角度分布。

图 6.63～图 6.66 给出了降雨率为 $R=12.5$ mm/h，入射波频率分别为 30 GHz、60 GHz、90 GHz、120 GHz、150 GHz，两种极化状态下，传播距离 $L=1$ km，非相干角度功率谱在 $\varphi=0$ 平面上的分布。图中，$\theta=0$ 的左边为 $\varphi=0$，右边为 $\varphi=\pi$，后面的图类似。

通过图 6.63～图 6.66 可以看出，对于确定的降雨环境，频率越高，非相干功率越集中在入射方向，即前向散射特性越明显，也意味着非相干功率的角度分布越窄。在相同的环境下，当入射波频率非常低时，前向散射特性会被破坏，尤其是在水平极化波入射的时候，这种现象称为宽角散射。

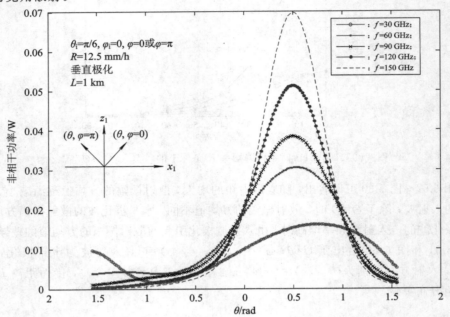

图 6.63　入射方向为 $(\theta_i, \varphi_i) = (\pi/6, 0)$ 的垂直极化波非相干功率角度分布

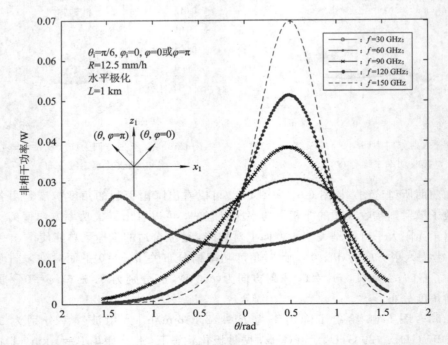

图 6.64　入射方向为 $(\theta_i, \varphi_i) = (\pi/6, 0)$ 的水平极化波非相干功率角度分布

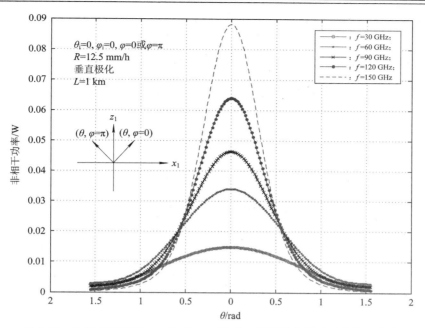

图 6.65　入射方向为$(\theta_i, \varphi_i)=(0,0)$的垂直极化波非相干功率角度分布

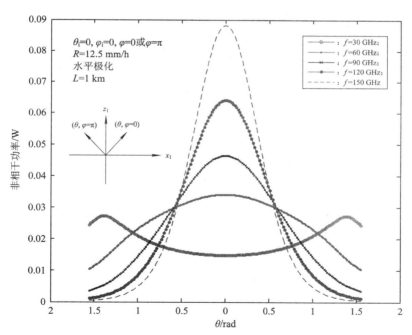

图 6.66　入射方向为$(\theta_i, \varphi_i)=(0,0)$的水平极化波非相干功率角度分布

　　由于在低频段不同的极化状态差异较大，所以选取 30 GHz 作为一个算例。图 6.67～图 6.70 给出了 30 GHz 入射波两种极化状态下降雨率分别为 12.5 mm/h 和 50 mm/h、传播距离分别为 1 km 和 3 km 时的非相干功率角度分布。通过图 6.67～图 6.70 可以看出，在低频段时，随着降雨率的增大，前向散射特性会体现出来。

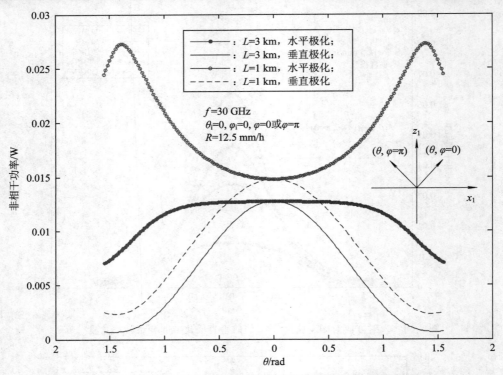

图 6.67 $\theta_i = 0$、30 GHz 信号不同传播距离时的非相干功率角度分布

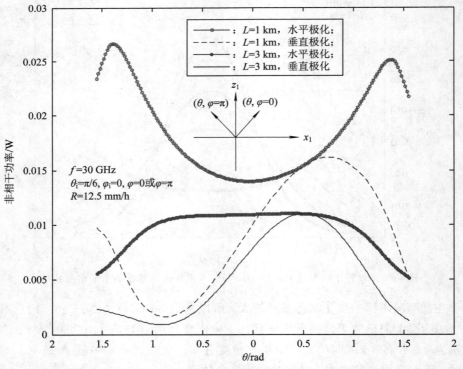

图 6.68 $\theta_i = \pi/6$、30 GHz 信号不同传播距离时的非相干功率角度分布

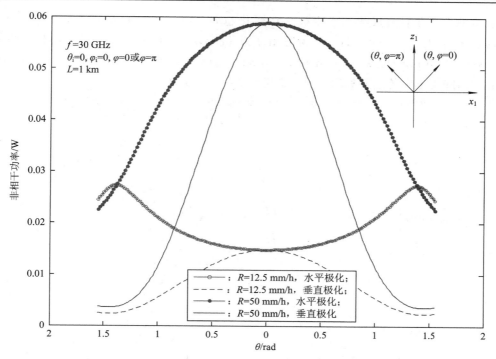

图 6.69　$\theta_i = 0$、30 GHz 信号不同降雨率时的非相干功率角度分布

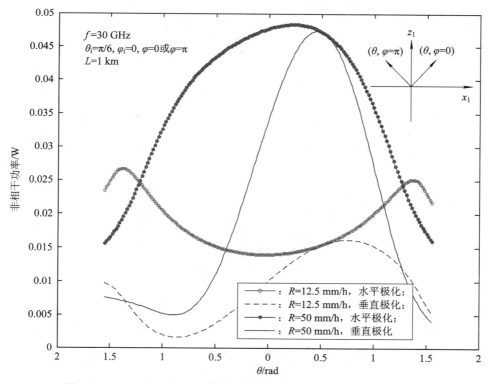

图 6.70　$\theta_i = \pi/6$、30 GHz 信号不同降雨率时的非相干功率角度分布

在高频段由于垂直极化和水平极化在变化趋势上没有太大的差异，所以图 6.71～图 6.74 以水平极化、$f = 90$ GHz 为例给出了非相干功率角度分布，其中降雨率分别为 7.5 mm/h、12.5 mm/h、25 mm/h 和 50 mm/h，传播距离分别为 1 km 和 3 km。从图中可以看出，当降雨率和传播距离增大时，非相干功率将会减小。

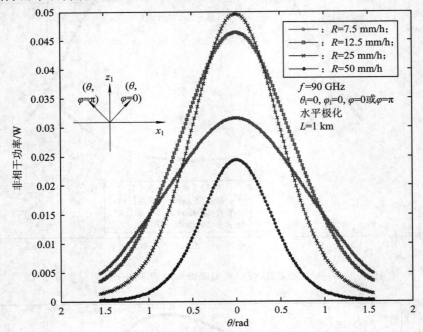

图 6.71　$\theta_i = 0$、$L = 1$ km 时 90 GHz 非相干功率角度分布

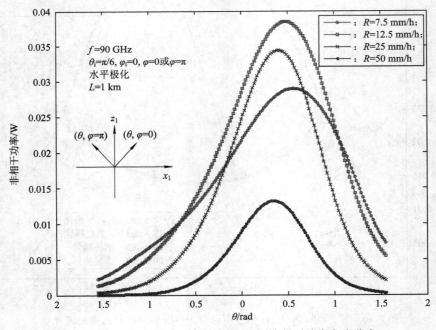

图 6.72　$\theta_i = \pi/6$、$L = 1$ km 时 90 GHz 非相干功率角度分布

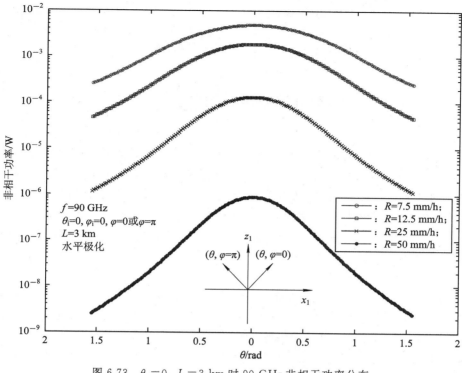

图 6.73　$\theta_i = 0$、$L = 3$ km 时 90 GHz 非相干功率分布

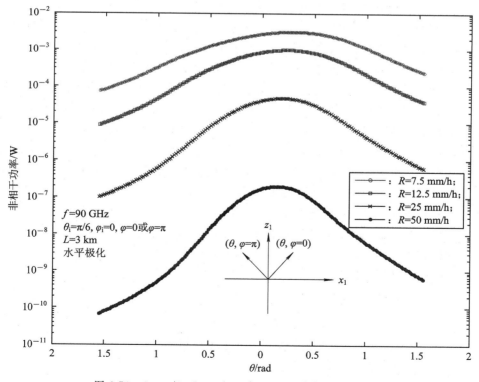

图 6.74　$\theta_i = \pi/6$、$L = 3$ km 时 90 GHz 非相干功率分布

从上述图中可以看出，影响非相干角度功率谱的因素非常多，例如，降雨率、雨顶高度、入射波的极化状态、频率、入射角度等，所以对于借助非相干功率特性实现某些功能的系统需要根据实际情况优化链路参数。

6.8　沉降粒子环境中的其他传输效应

沉降粒子环境中的传播和散射特性是任意无线电子系统无法避免的问题，本章介绍了典型的理论和模型，但并不是沉降粒子环境只有这些传输效应需要研究，随着无线电子技术的不断发展，可能原来不关注的传输问题会变为关键问题，这就需要研究人员结合具体的系统特征研究其他传输特性。例如，对于降雨衰减很高的毫米波高频段无线系统，需要考虑最坏月统计特性问题；衰减和去极化效应模型的比例因子模型；对流层闪烁对去极化效应的影响；随着毫米波 MIMO 星-地通信技术的发展，需要考虑散射互耦、信道系数空间相关性等。

最坏月问题可以根据 3.2.1.11 小节中的将年降雨率数据转化为最坏月降雨率数据，用 6.2.1 节中的模型分析最坏月的降雨衰减统计特性。实际上，最坏月降雨衰减主要针对一些降雨较多的地区使用，为了避免年时间概率统计分布结果漏掉少见的特严重降雨导致的衰减，文献[46]专门介绍了降雨衰减最坏月概率分布预测方法，但是本书作者更倾向于使用 3.2.1.11 小节中的将年降雨率数据转化为最坏月降雨率数据，用 6.2.1 节中的模型分析最坏月的降雨衰减统计特性，因为这样可以避免经验模型多次转换带来的误差。

比例因子模型是为了根据少有某些频率、链路参数下测量的数据，去推算其他频率或者同频率其他链路参数情况的传输特性，这种方法获得的预测数据可靠性比较差，对于理论研究仿真可以使用，但在真实工程应用中本书作者不提倡用这样的预报方法获取传输特性，特别是对于较高频率的无线通信系统的工程设置。文献[27]中对现有的降雨环境传输特性比例因子进行了较为详细的介绍。对于雷达探测领域，则需要分析沉降粒子的反射率因子。

另外，星-地链路毫米波 MIMO 无线通信技术是近几年来学术界提出的可能克服对流层环境对毫米波制约状态的潜力技术。随着对毫米波星-地无线通信技术的探索，学术界发现在该技术牵引下除了关心本章所介绍的传输效应外，还需要分析散射互耦、空间相关特性、去相关技术等。由于这些问题需要结合毫米波 MIMO 技术展开讨论，所以本章不再对这些问题进行描述，相关问题将在第 8 章中讨论。

作为一名电波传播工作者，一定要利用发展的思维和自己的智慧，在掌握前辈已经总结的基本理论和规律的基础上，继续不断探索、发现电波传播的新规律，不断对现有模型进行研究、修正和应用，不断结合工程技术的发展提出恰当的研究方法，以解决所遇到的新问题。

思考和训练 6

1. 平面波假设使得处理电磁波与单个粒子相互作用过程非常方便，那么在实际应用中如何判断能否按照平面波假设处理问题呢？

2. 你认为 6.1.2 节中描述的两种区分稀疏分布和稠密分布的方法各自的优缺点是什么？能否设置一些实验或者计算分析点，具体定量给出你分析优缺点的依据。分析各自优点和缺点后，尝试提出一种更加合理的方法来区分稀疏分布和稠密分布的方法。

3. 领悟 6.1.3 节中定义沉降粒子环境的复折射率时表示为 $n_{p\_Re} - jn_{p\_Im} = n_e - 1 = k_s/k$ 的物理意义，谈谈自己的理解和看法。

4. 结合第 3 章介绍的粒子尺寸谱的物理意义，解释 6.1.4 节中 $N(D, \theta, \gamma)$ 的物理意义。

5. 结合 5.6 节和 6.1.4 节中的理论，写出水平极化波、圆极化波对应的 XPI 的理论计算模型。

6. 6.2.1.1 小节中降雨环境特征衰减模型中 τ 为极化倾角，$\tau = 0°$ 表示水平极化，$\tau = 90°$ 表示垂直极化，$\tau = 45°$ 表示圆极化，那么其他任意极化状态的电磁波衰减特性如何计算，例如任意方向线极化、椭圆极化。

7. 6.2.4 节中推导沙尘环境衰减特性时，是否类似于 6.2.2 节中分析降雪环境衰减一样，也考虑了沙尘粒子倾角分布问题。假设 6.2.4 节所给计算方法中所需的参数全部精确已知，则用该计算公式计算的结果比实际结果偏大还是偏小。请读者思考，在 6.2.4 节中给出的理论模型基础上，如何将沙尘粒子倾角参数考虑进来。

8. 6.2.2 节和 6.2.4 节中分析降雪和沙尘衰减时，都用到了 Rayleigh 近似散射的结果，但是实际上当频率增加时波长减小，可能使得理论计算结果与实际结果出现偏差，请思考实际工程中如何确定模型是否适用，如果不适用又该如何探索新的理论模型。

9. 依据 6.2.1.2 小节中等效路径定义的解释，设置一个研究某地区降雨环境等效路径统计特征的实验方案。

10. 请查阅文献[27]中给出的其他降雨衰减长期统计特性预报模型，分析不同雨衰统计特性预报模型的建模思路是否相同，以及不同模型之间的主要区别。

11. 请思考在工程中如何测量衰减效应和去极化效应。

12. 去极化模型中多次提到差分衰减和差分效应，请思考：有没有方法测量差分衰减和差分相移；工程中如何测量一个信号的相位；如果没有昂贵的矢量信号分析仪，有没有办法测量一个信号的相位。

13. 在工程中假设具备接收大气噪声的设备，请思考如何从总噪声中分离出降雨噪声、云噪声以及气体噪声。

14. 假设已知某地形、地物环境中降雨发生前后的信号包络概率密度分别为表 6.14 中的双波衰落和式(6.255)中的莱斯模型，请分析在相同的门限电平条件下，两种衰落环境中哪个信道的掉线率更高。

15. 请思考如何根据 6.6 节中的多普勒频偏结果，分析群粒子中的多普勒频偏。

16. 整理、查阅 ITU－R、COST 等国际科学研究机构提供的最新研究报告中有关大气沉降粒子中电波传播的文件资料，对照本章所介绍的基本理论，思考电磁波在对流层中传输时，还需要考虑哪些传输效应。

★ 本章参考文献

[1] ISHIMARU A. Wave propagation and scattering in random media[M]. New York:

IEEE Press，1997.

[2]　熊皓. 无线电波传播[M]. 北京：电子工业出版社，2000.

[3]　LIN D P，CHEN H Y. Volume Integral Equation Solution of Extinction Cross Section by Raindrops in the Range 0.6～100 GHz[J].IEEE Transaction on Antennas and Propagation，2001，49(3)：494－499.

[4]　赵振维. 水凝物的电波传播特性与遥感研究[D]. 西安：西安电子科技大学，2001.

[5]　弓树宏. 电磁波在对流层中传输与散射若干问题研究[D]. 西安：西安电子科技大学，2008.

[6]　HO C, SLOBIN S, GRITTON K. Atmospheric Noise Temperature Induced by Clouds and Other Weather Phenomenaat SHF Band（1～45 GHz）[C]//JET Propulsion Laboratory Calisornia Institute of Technology. Prepared for the United States Air Force Spectrum，Efficient Technologies for Test and Evaluation and Advanced Range Telemetry for Edwards Air Force Base. California：[s.n.]，2005：5－119.

[7]　GIBBINS C J，CIRSTEA S. Final Report on Project AY4209：Development of a numerical － integration rain scatter method for Recommendation ITU － R P. 452 [M]. Oxfor：dshire OX110QX.

[8]　International Telecommunication Union. Specific attenuation model for rain for use in prediction methods：ITU－R P.838－3[S]. Geneva：[s.n.]，2008.

[9]　张丽娜. Ka 频段通信链路雨衰特性研究[D]. 西安：西安电子科技大学，2011.

[10]　KAMP M V D，MARTELLUCCI A，PARABONI A. Chapter 2.2：Rain Attenuation[M]//Office for official publications of the European Community. COST Project 255. Luxembourg：[s.n.]，2002.

[11]　International Telecommunication Union. Propagation data and prediction methods requied for the design of Earth － space telecommunication systems：ITU － R P.618 － 9[S]. Geneva：[s.n.]，2008.

[12]　ZHAO Z W，LIN L K，LIU Y N. Prediction Models for Rain effects on Earth － space Links [C]. Radio Science Conference. Asia － Pacific，Aug 24—27，2004：K22－K25.

[13]　SHIH S P，CHU Y H. Ka Band Propagation Experiments of Experimental Communication Payload on ROCSAT － 1 － Preliminary Results [J]. TAO.，Supplementary Issue，1999：145－164.

[14]　CHOI D Y. Rain attenuation prediction model by using the 1 － hour rain rate without 1 － minute rain rate conversion [J]. IJCSNS International Journal of Computer Science and Network Security，2006，6(3A)：130－133.

[15]　GONG S H，YAN D P，WANG X. A practical MGA － ARIMA model for forecasting real － time dynamic rain － induced attenuation[J]. Radio Science，2013,48：208－225.

[16]　易丹辉. 数据分析与 Eviews 应用[M]. 北京：中国统计出版社，2002：1－132.

[17]　BOX G E P，JENKINS G M，等. 时间序列分析预测与控制[M]. 3 版. 北京：中国统计出版社，1997.

[18]　项静恬，杜金观，史久恩. 动态数据处理：时间序列分析[M]. 北京：气象出版

社，1986.

[19]　郝黎仁. SPSS 实用统计分析[M]. 北京：中国水利出版社，2003.

[20]　KAMP M V D, MAX M G L. Rain fade slope predicted from rain rate data[J].
Radio Science, 2016, 42(3).

[21]　KAMP M V D. Rain attenuation as a markov process: how to make an event[C]//
Workshop of COST Action 280. Noordwijk, Nether lands: [s. n.], 2003: 1 - 8.

[22]　MORITA K, SAKAGAMI S, MURATA S, et al. A method for estimating cross -
polarisation discrimination ratio during multipath fading[J]. Trans Inst. Electron.
Comm. Engrs., 1979, 62 - B: 998 - 1005.

[23]　ZHANG W, TERVONEN J K, SALONEN E T. Backward and forward scattering
by the melting layer composed of spheroidal hydrometeors at 5∼100GHz[J]. IEEE
Transaction on Antennas and Propagation, 1996, 44(9): 1208 - 1219.

[24]　OGUCHI T. Electromagnetic Wave Propagation and Scattering in Rain and Other
Hydrometeors[J]. Proceedings of the IEEE, 1983, 71(9): 1029 - 1078.

[25]　International Telecommunication Union. Attenuation due to clouds and fog: ITU - R
P.840 - 3[S]. Geneva: [s.n.], 2008.

[26]　杨瑞科. 对流层地-空路径电磁(光)波传播的若干问题研究[D]. 西安：西安电子科技
大学，2003.

[27]　IPPOLITO L J. Propagation Effects Handbook for Satellite Systems Design —
Section 2: Prediction[M]. 5th ed. Springfield, Va: NTIS, 1998: 26 - 224.

[28]　徐英霞. 沙尘暴与降雨对 Ka 频段地空路径传输效应研究[D]. 西安：西安电子科技
大学，2003.

[29]　OGUCHI T. Scattering from hydrometeors: A survey[J]. Radio Science,
1981, 16(5): 691 - 730.

[30]　OGUCHI T. Scatering properties of Pruppacher and Piter form raindrops and cross
polarization due to rain: Calculations at 11, 13, 19.3, and 34.8GHz[J]. Radio
Science, 1977, 12(1): 41 - 45.

[31]　KAMP M V D, et. al. Chapter 2.4: Rain and Ice Depolarisation[M]//Office for
official publications of the European Community. COST Project 255. Luxembourg:
[s.n.], 2002.

[32]　FUKUCHI H. Prediction of depolarisation distribution on earth - space paths[J].
IEEE Proceedings, 1990, 137(6): 10.

[33]　KAMP M V D. Depolarisation due to rain: the XPD - CPA relation[J]. Int. J. Sat.
Com., 2001, 9(3): 285 - 301.

[34]　CHU T S. A semi - empirical formula for microwave depolarization versus rain on
earth - space paths[J]. IEEE Trans. Commun., 1982, 35: 2550 - 2554.

[35]　STUTZMAN W L, RUNYON D L. The relationship of rain - induced cross -
polarisation discrimination to attenuation for 10 to 30 GHz earth - space radio links
[J]. IEEE Trans. Antennas Propagat, 1984, AP - 32(7): 705 - 710.

[36] NOWLAND W L, OLSEN R L, SHKAROFSKY I P. Theoretical relationship between rain depolarisation and attenuation[J]. Electronics Letters, 1977, 13(22): 676-678.

[37] DISSANAYAKE A W, HAWORTH D P, WATSON P A. Analytical models for cross-polarization on earth-space radio paths for frequency range 9~30GHz[J]. Ann Telecommunic., 1980, 35(6): 398-404.

[38] DISSANAYAKE A W, ALLNUT J E, HAIDARA F. A Prediction Model that Combines Rain Attenuation and Other Propagation Impairments Along Earth-Satellite Paths[J]. IEEE Trans. on Antennas and Propagation, 1997, 45(10): 1546-1558.

[39] International Telecommunication Union. Propagation data and prediction methods required for the design of Earth-space telecommunication systems: ITU-R P.618-9[S]. Geneva: [s.n.], 2008.

[40] 谢益溪, 等. 电波传播: 超短波·微波·毫米波[M]. 北京: 电子工业出版社, 1990.

[41] 德金. 空-时无线信道[M]. 朱世华, 任品毅, 王磊, 译. 西安: 西安交通大学出版社, 2004: 1-102.

[42] DOUGLAS O, REUDINK. Properties of Mobile Radio Propagation Above 400MHz [J]. IEEE Transaction on Vehicular Technology, 1974, VT-23(4): 143-159.

[43] GARCIA P, RIERA J M, BENARROCH A. Statistics of dry and wet scintillation in Madrid using Italsat 50GHz beacon[M]. [S.l.: s.n.], 2002: 1-9.

[44] OTUNG I E, EVANS B G. Tropospheric scintillation and the influence of wave polarisation[J]. Electronics Letters 15th, 1996, 32(4): 307-308.

[45] DABA J S, BELL M R. Statistics of the Scattering Cross-Section of a Small Number of Random Scatterers[J]. IEEE Transaction on Antennas and Propagation, 1995, 43(8): 773-783.

[46] International Telecommunication Union. Conversion of annual statistics to worst-month statistics: ITU-R P.841-4[S]. Geneva: [s.n.], 2008.

第7章　对流层大气中的光传输特性

第 5 章和第 6 章介绍的部分传播理论对于大气中的光传输理论依然适用，例如折射的机理、衰减的机理、视线传输和非视线传输的基本理论等。同时，电磁波与大气环境媒质相互作用时，不同波长的入射波往往体现出不同的结果，不同波段无线系统关注的传输特性也不同。例如：在毫米波段、亚毫米波段考虑大气折射时，可以认为折射率与频率无关，但是在光波段则需要考虑折射率随波长的变化关系；毫米波、亚毫米波受到霾等更小的沉降粒子影响可以忽略，但是光波段信号需要考虑这些更小沉降粒子的影响；大气湍流对毫米波段、亚毫米波段信号的影响远比对光波段信号的影响小等。第 5 章和第 6 章中给出的计算模型，都是针对毫米波、亚毫米波电磁波的。本章简要分析对流层大气中的光传输特性。

7.1　对流层大气对光的衰减

与毫米波、亚毫米波不同，大气气体分子不仅仅吸收光辐射，同时其他分子能够对波形成明显的散射效应，所以大气气体分子对光的散射效应也是产生衰减的物理机理。也就是说，光在对流层大气中的传播衰减 A_t 主要来自于气体分子的吸收衰减 A_{ma}、气体分子的散射衰减 A_{ms}、沉降粒子的吸收衰减 A_{pa} 和沉降粒子的散射衰减 A_{ps}。A_t 表示为[1]

$$A_t = A_{ma} + A_{ms} + A_{pa} + A_{ps} \tag{7.1}$$

7.1.1　气体分子的吸收衰减

分子的吸收衰减率随波的变化非常复杂，许多分子吸收带的复杂性导致大气对光吸收随波长呈现震荡的形式。气体分子对光波段的吸收衰减很小，例如对于 $1.06\ \mu m$ 的激光而言，大气中的水汽、二氧化碳、臭氧、氮气等的主要分子基本上无吸收作用，根据标准大气模型计算得到的大气分子吸收衰减率大约为 $4.343 \times 10^{-6}\ dB/km$[2]。在红外、可见光和紫外区域，大气吸收分子主要是 H_2O、CO_2、O_2 和 O_3，各种气体分子的吸收谱线共同组成了吸收谱带群，且当吸收谱线非常密集时，吸收谱带对光信号产生了连续的吸收，当波长区域中吸收较弱或是不存在吸收时形成了我们所说的"大气窗口"。大气窗口的光谱段主要有：波长为 $8 \sim 14\ \mu m$ 的远红外波段，波长为 $3.5 \sim 5.5\ \mu m$ 的中红外波段，波长为 $1.5 \sim 1.8\ \mu m$ 的近红外波段和波长为 $0.3 \sim 1.3\ \mu m$ 的可见光波段。

在计算单色光的分子吸收效应时，除了要考虑与单色光波长相应的谱线吸收之外，还应考虑大气分子尤其是水汽在大气窗口区的连续吸收。在 $20\ km$ 以下的低层大气中，对于光信号，Lorenta 给出了单一谱线的吸收衰减率公式[1-3]：

$$\gamma_{ma\_dB/km} = 4.343 \cdot \frac{S}{\pi} \cdot \frac{\gamma_L}{(v - v_0)^2 + \gamma_L^2} \tag{7.2}$$

式中：γ_L 为洛伦兹谱线半宽度，单位为 cm^{-1}，在近地大气中取值范围为 $10^{-2} \sim 10^{-1} \, cm^{-1}$，同时文献[4]也介绍了关于 γ_L 的理论分析模型，γ_L 的取值是大气的压强、温度及湿度的复杂函数；v 和 v_0 分别为光的波数和吸收谱线的中心波数，单位为 cm^{-1}；S 为谱线的积分强度，其物理意义与 2.2.1 节中介绍的谱线强度的意义一致，只是在光波段需要考虑气体分子的更加精细的微观量子状态，通过求解辐射的量子理论求得，具体介绍见文献[4]，S 的取值是大气的压强、温度及湿度的复杂函数。另外，气体分子的吸收谱线也极其复杂，高分辨率实验指出，H_2O 在 2.7 μm 处的两个带就有 4000 条谱线[4]，大气气体的谱线数量超过了 10 万条[1]。文献[5]给出了如表 7.1 所示的常见大气分子对应的吸收谱线中心波长。另外，文献[4]也给出了比表 7.1 更加详细的吸收谱线介绍，0.3~24 μm 的吸收谱线见表 7.2。

表 7.1 常见大气分子对应的吸收谱线中心波长

吸收分子	主要吸收光谱的中心波长/μm
H_2O	0.72，0.82，0.93，1.13，1.38，1.46，1.87，2.66，3.15，6.26，11.7，12.6，13.5
CO_2	1.4，1.6，2.05，4.3，5.2，9.4，10.4
O_2	4.7，9.6

表 7.2 大气在 0.3~24 μm 范围内的吸收谱线

波数/cm^{-1}	波长/μm	吸收分子	吸收强度	波数/cm^{-1}	波长/μm	吸收分子	吸收强度
29 400	0.3400	O_2	VW	15 671	0.6379	O_2	M
20 940	0.4774	O_4	VW	15 348	0.6513	H_2O	VW
18 394	0.5436	H_2O	W	14 523	0.6884	O_2	S
17 495	0.5714	H_2O	VW	14 494	0.6897	$O^{16}O^{17}$	VW
17 384	0.5750	O_3	VW	14 486	0.6901	$O^{16}O^{18}$	W
17 324	0.5770	O_4	VW	14 343	0.6970	O_2	W
17 248	0.5796	O_2	M	14 319	0.6981	H_2O	M
17 023	0.5872	O_2	VW	14 221	0.7032	H_2O	W
16 899	0.5915	H_2O	M	13 831	0.7227	H_2O	M
16 898	0.5918	H_2O	W	5861	1.71	CH_4	VW
16 822	0.5942	H_2O	W	5775	1.73	CH_4	VW
16 605	0.6020	O_3	VW	5331	1.87	H_2O	VS
15 900	0.6288	O_2	M	5235	1.91	H_2O	S
15 892	0.6288	O_4	VW	5100	1.96	CO_2	S
15 832	0.6314	H_2O	W	4978	2.01	CO_2	S

续表

波数/cm^{-1}	波长/μm	吸收分子	吸收强度	波数/cm^{-1}	波长/μm	吸收分子	吸收强度
4853	2.06	CO_2	S	2600	3.85	CH_4	M
5132	1.95	CO_2	M	2664	3.91	N_2O	M
4965	2.02	CO_2	M	2462	4.06	N_2O	M
4808	2.08	CO_2	M	2349	4.26	CO_2	VS
5046	1.98	$C^{13}O^{16}$	W	2283	4.38	$C^{13}O^{16}$	M
4887	2.05	$C^{13}O^{16}$	M	2260	4.42	N_2O	W
4748	2.10	$C^{13}O^{16}$	VW	2224	4.51	N_2O	S
5042	1.98	$C^{12}O^{16}O^{18}$	VW	2161	4.63	H_2O	S
4905	2.04	$C^{12}O^{16}O^{18}$	W	2143	4.67	CO	M
4791	2.09	$C^{12}O^{16}O^{18}$	VW	2130	4.69	CO_2	M
4735	2.11	N_2O	VW	2105	4.75	O_3	M
4667	2.14	H_2O	M	2093	4.79	CO_2	M
4630	2.16	N_2O	VW	2057	4.87	H_2O	M
4546	2.20	CH_4	M	2077	4.81	CO_2	S
4420	2.26	N_2O	VW	1933	5.18	CO_2	M
4390	2.28	N_2O	VW	1595	6.27	H_2O	VS
4313	2.32	CH_4	M	1556	6.43	H_2O	W
4260	2.35	CH_4	VW	1403	7.14	HDO	S
4216	2.37	CH_4	M	1306	7.66	CH_4	S
4123	2.43	CH_4	M	1285	7.78	N_2O	M
3756	2.66	H_2O	VS	1167	8.54	N_2O	M
3657	2.74	H_2O	S	1064	9.39	CO_2	M
3714	2.69	CO_2	VS	961	10.4	CO_2	M
3613	2.77	CO_2	VS	1043	9.6	O_3	S
3481	2.87	N_2O	M	792	12.6	CO_2	M
3366	2.97	N_2O	M	741	13.5	CO_2	M
3151	3.17	H_2O	S	720	13.9	CO_2	M
3019	3.31	CH_4	S	667	15	CO_2	VS
2823	3.55	CH_4	M	618	16.2	CO_2	M
2798	3.57	N_2O	M	589	17.0	N_2O	M
2724	3.67	HDO	M				

　　注：VS 表示极强，在光谱区内吸收率为 100%；S 表示强；M 表示中等强度，在大气质量为 1 时，带的结构能用光谱仪显示出来；W 表示弱，在大气质量为 1 时，带的结构正好能被检测出来；VW 表示极弱，在大气质量为 1 时，带的结构才能被检测出来。

对 20 km 以上的大气环境，大气压强降低使得碰撞不再是气体分子吸收的主要原因，气体分子的吸收由热运动所决定，此时单谱线对应的吸收衰减率表示为[4]

$$\gamma_{ma\_dB/km} = 4.343 \cdot \frac{S}{\gamma_d} \cdot \left(\frac{\ln 2}{\pi}\right)^{0.5} \cdot \exp\left[-\frac{(v-v_0)^2 \ln 2}{\gamma_d^2}\right] \tag{7.3}$$

式中，γ_d 为多普勒展宽半宽度，主要由温度决定。γ_d 表示为[4]

$$\gamma_d = \frac{v_0}{c}\left(\frac{2k_B T}{m_m}\ln 2\right)^{-0.5} \tag{7.4}$$

式中：c 为光速；m_m 为气体分子质量；k_B 为玻尔兹曼常数；T 为开氏温度。如果考虑所有谱线的贡献，则气体分子吸收衰减率表示为

$$\gamma_{ma\_dB/km} = 4.343 \sum_{i=1}^{N_p}\left\{\frac{S_i}{\gamma_{d\_i}} \cdot \left(\frac{\ln 2}{\pi}\right)^{0.5} \cdot \exp\left[-\frac{(v-v_{0\_i})^2 \ln 2}{\gamma_{d\_i}^2}\right] + \frac{S_i}{\pi} \cdot \frac{\gamma_{L\_i}}{(v-v_{0\_i})^2 + \gamma_{L\_i}^2}\right\} \tag{7.5}$$

气体分子路径吸收衰减 A_{ma} 是衰减率 $\gamma_{ma\_dB/km}$ 沿传播路径的积分，表示为

$$A_{ma} = \int_{h_1}^{h_2} \frac{\gamma_{ma\_dB/km}(h)}{\sin\theta(h)}dh \tag{7.6}$$

式中：$\theta(h)$ 表示路径某处对应高度 h 处的射线仰角；$\gamma_{ma\_dB/km}(h)$ 表示路径某处对应高度 h 处的气体分子吸收衰减率。如果不考虑折射效应，则 $\theta(h)$ 是路径初始仰角，为一个常数。

7.1.2　气体分子的散射衰减

由光的分子瑞利散射理论得到的气体分子散射所引起光波段的衰减率表示为[1]

$$\gamma_{ms\_dB/km} = 4.343 \cdot \frac{8\pi^3(n^3-1)^2}{3N_m\lambda^4} \cdot \frac{6+3\cdot 0.035}{6-7\cdot 0.035} \tag{7.7}$$

式中：n 是 2.2.1 节中所介绍的光波段的气体折射率；N_m 表示单位体积的气体分子数，可以根据气体状态方程表示为温度、压强和水汽压的函数；λ 是以 μm 为单位的波长。干空气分子的散射衰减率可以近似表示为[3]

$$\gamma_{ms\_dB/km} = 4.343 \cdot 1.09 \times 10^{-3}\lambda^{-4.05} \tag{7.8}$$

与式（7.8）类似，气体分子路径散射衰减 A_{ms} 是衰减率 $\gamma_{ms\_dB/km}$ 沿传播路径的积分，表示为

$$A_{ms} = \int_{h_1}^{h_2} \frac{\gamma_{ms\_dB/km}(h)}{\sin\theta(h)}dh \tag{7.9}$$

7.1.3　沉降粒子的衰减

大气沉降粒子对光产生衰减效应的物理机理依然是随机分布粒子对光的散射和吸收效应所致。也就是说，式（7.1）中的 A_{pa} 和 A_{ps} 可以共同表示为 A_{pQ}，表示由于粒子的消光效应所致。沉降粒子对光的衰减理论模型，依然可以表示为式（6.39）和式（6.41），唯一不同的是，由于光波场更短，导致求解消光截面的具体过程与毫米波、亚毫米波的不同。另外，由于光波长更短，所以粒子平均间距大于 5 倍波长的单次散射近似假设更容易满足。

降雨是影响毫米波、亚毫米波衰减特性最为严重的沉降粒子，但是由于光波相对于毫米波更短，所以与光波长在同一数量级的气溶胶、霾粒子对光的衰减贡献最为严重，其次是与光波长接近的云雾、霭及尘埃粒子，而雨、雪、冰雹、冰晶等较大粒子对光的衰减贡献最弱。

如果气溶胶、霾粒子半径概率密度函数取为 3.4.4 节中介绍的幂分布，则气溶胶、霾粒子引起的衰减率表示为[4]

$$\gamma_{\text{aerosol\_dB/km}} = 4.343 \cdot 0.4343 \cdot N_{\text{aerosol\_0}} \cdot \pi \cdot \left(\frac{2\pi}{\lambda}\right)^{v_{\text{p}}-2} \int_{x_1}^{x_2} \frac{Q_{\text{e}}(x)}{x^{v_{\text{p}}-1}} dx \tag{7.10}$$

其中：λ 是以 μm 为单位的波长；$N_{\text{aerosol\_0}}$ 是 3.4.4 节中介绍的气溶胶粒子浓度；v_{p} 是 3.4.4 节中介绍的幂分布概率密度模型中的参数；Q_{e} 是粒子的消光截面与几何截面的比值，其计算方法见文献[4]；x 与气溶胶粒子半径 r_{aerosol} 的关系为 $x = 2\pi r_{\text{aerosol}}/\lambda$。气溶胶粒子的路径衰减 A_{aerosolQ} 可以表示为

$$A_{\text{aerosolQ}} = \int_{h_1}^{h_2} \frac{\gamma_{\text{aerosol\_dB/km}}(h)}{\sin\theta(h)} dh \tag{7.11}$$

由于大部分云雾粒子的尺度都比光波段波长大，因此可以把云雾粒子的消光截面与几何截面的比值近似地取为 2，于是云雾粒子对光的衰减率 $\gamma_{\text{cf\_dB/km}}$ 表示为

$$\gamma_{\text{cf\_dB/km}} = 4.343 \cdot 2 \cdot N_{\text{cf\_0}} \cdot \pi \cdot \frac{\int_{r_{\min}}^{r_{\max}} (r_{\text{cf}})^3 n_{\text{cf}}(r_{\text{cf}}) dr_{\text{cf}}}{\int_{r_{\min}}^{r_{\max}} (r_{\text{cf}})^2 n_{\text{cf}}(r_{\text{cf}}) dr_{\text{cf}}} \tag{7.12}$$

其中：$N_{\text{cf\_0}}$ 表示云雾粒子浓度；r_{cf} 表示云雾粒子半径；$n_{\text{cf}}(r_{\text{cf}})$ 表示粒子半径概率密度函数。云雾路径衰减 A_{cfQ} 同样可以表示为

$$A_{\text{cfQ}} = \int_{h_1}^{h_2} \frac{\gamma_{\text{cf\_dB/km}}(h)}{\sin\theta(h)} dh \tag{7.13}$$

对于沙尘环境而言，往往大半径的粒子需要用类似于云雾的计算理论，即将式(7.12)中的参数换为沙尘物理特性参数。对于沙尘环境中的尘埃小粒子，则需要利用气溶胶粒子理论分析其衰减，即将式(7.10)中的参数用尘埃物理特性参数代替。对于降水而言，即使毛毛雨情形，其粒子也可以按照云雾的大粒子近似方法处理，所以降雨衰减只需将式(7.12)中的物理特性参数用降雨的物理特性参数代替即可。

7.1.4 对流层大气中光衰减实用模型

7.1.1 节和 7.1.2 节中介绍的模型计算过程复杂，需要的参数繁多，但是这些模型从物理角度勾勒出了衰减产生的内在细节。在实际工程应用中，往往不可能获得那些理论模型的精细参数。为了能够快速、简单地评估对流层大气对光的衰减程度，往往不直接使用 7.1.1 节和 7.1.2 节中介绍的理论模型，而使用一些实用简洁的模型。

如果大气中的沉降粒子可以忽略，则认为传播环境满足"清洁"大气环境。在"清洁"大气环境条件下，假设光链路仰角为 θ，则链路的路径大气衰减可以表示为[4]

$$A_{\text{gas\_dB}} = 4.343 \cdot \gamma_{\text{gas\_Np/km}}(0) \frac{\int_0^{h_{\max}} \rho(h) f_{\text{m}}(\theta) dh}{\rho(0)} \tag{7.14}$$

其中：$\gamma_{\text{gas\_Np/km}}(0)$ 表示海平面高度上的以奈培为单位的衰减系数；$\rho(0)$ 表示海平面高度上的气体密度；$\rho(h)$ 表示高度 h 处的气体密度；$f_{\text{m}}(\theta)$ 表示链路仰角修正函数；$h_{\max}$ 表示积分高度上限。$\gamma_{\text{gas\_Np/km}}(0)$ 可以通过实验的方法快速测量获得。

如果链路仰角大于 30°，则 $f_{\text{m}}(\theta)$ 表示为

$$f_{\text{m}}(\theta) = \frac{1}{\sin\theta} \tag{7.15}$$

如果链路仰角小于 30°，则需要考虑地球曲率和大气折射效应，$f_{\text{m}}(\theta)$ 表示为

$$f_{\mathrm{m}}(\theta) = \left\{ \left[\rho(0) - \rho(h_{\max}) \right] \frac{\int_0^{h_{\max}} \rho(h)\,\mathrm{d}h}{\rho(0)} \right\}^{-1} \left\{ 1 - \left(\frac{2}{R_{\mathrm{e}} + h} \right)^2 \left[\frac{n(0)}{n(h)} \right] \cos\theta \right\}^{-0.5} \quad (7.16)$$

其中：R_{e} 表示地球半径；$n(0)$ 和 $n(h)$ 分别表示海平面处和高度 h 处的大气折射率。

对于沉降粒子而言，对光影响最为严重的是气溶胶小粒子环境。气溶胶小粒子环境的实用衰减率模型表示为[3-4]

$$\gamma_{\mathrm{aerosol\_dB/km}} = 4.343 \cdot \frac{3.912}{V_{\mathrm{b}}} \left(\frac{\lambda}{0.55} \right)^{-f_{\mathrm{q}}} \quad (7.17)$$

其中：V_{b} 为能见度，单位为 km；λ 是以 $\mu\mathrm{m}$ 为单位的波长；f_{q} 是与波长和能见度有关的系数。当波长为 $1 \sim 14\ \mu\mathrm{m}$ 时，f_{q} 的取值为[3-4]

$$f_{\mathrm{q}} = \begin{cases} 1.6 & (V_{\mathrm{b}} \geqslant 50\ \mathrm{km}) \\ 1.3 & (6\ \mathrm{km} \leqslant V_{\mathrm{b}} < 50\ \mathrm{km}) \\ 0.585 V_{\mathrm{b}}^{1/3} & (V_{\mathrm{b}} < 6\ \mathrm{km}) \end{cases} \quad (7.18)$$

文献[6]中报道的结果认为，当能见度小于 0.5 km 时，衰减率与波长无关，f_{q} 表示为

$$f_{\mathrm{q}} = \begin{cases} 1.6 & (V_{\mathrm{b}} \geqslant 50\ \mathrm{km}) \\ 1.3 & (6\ \mathrm{km} \leqslant V_{\mathrm{b}} < 50\ \mathrm{km}) \\ 0.16 V_{\mathrm{b}} + 0.34 & (1\ \mathrm{km} < V_{\mathrm{b}} < 6\ \mathrm{km}) \\ V_{\mathrm{b}} - 0.5 & (0.5\ \mathrm{km} < V_{\mathrm{b}} \leqslant 1\ \mathrm{km}) \\ 0 & (V_{\mathrm{b}} \leqslant 0.5\ \mathrm{km}) \end{cases} \quad (7.19)$$

对于降水类型的大沉降粒子而言，对光形成的衰减率 $\gamma_{\mathrm{R\_dB/km}}$ 可以表示为[3]

$$\gamma_{\mathrm{R\_dB/km}} = 4.343 \cdot 0.21 R^{0.74} \quad (7.20)$$

其中，R 为 1 分钟累积时间降水率，单位为 mm/h。

为了对不同天气状态下不同波长的衰减率有个直观认识，表 7.3～表 7.6 给出了典型天气状态下的衰减率结果，供读者参考，这些结果来自于文献[3]。

表 7.3　晴天（清洁）状态下的衰减率

$\lambda/\mu\mathrm{m}$	衰减率/(dB/km)	$\lambda/\mu\mathrm{m}$	衰减率/(dB/km)
0.3371	0.235	1.06	0.087
0.488	0.176	1.536	0.0644
0.6328	0.139	3.392	0.0323
0.6943	0.128	10.591	0.0101
0.86	0.106	27.9	0.0027 3

表 7.4　能见度为 5 km 时气溶胶粒子环境的衰减率

$\lambda/\mu\mathrm{m}$	衰减率/(dB/km)	$\lambda/\mu\mathrm{m}$	衰减率/(dB/km)
0.3371	1.14	1.06	0.427
0.488	0.858	1.536	0.314
0.6328	0.678	3.392	0.158
0.6943	0.622	10.591	0.494
0.86	0.514	27.9	0.0133

表 7.5　不同云雾环境的衰减率

λ/μm	0.488	0.694	0.16	4.0	10.6
雨层云/dB	128	130	132	147	136
高层云/dB	108	109	112	130	83.9
层云Ⅱ/dB	100	101	103	104	104
浓积云/dB	69.2	69.8	71.3	81.0	67.6
层云Ⅰ/dB	43.5	43.8	44.4	48.2	50.9
积雨云/dB	45.3	46.0	47.1	59.6	24.8

表 7.6　不同能见度雾环境 1.06 μm 光衰减率

天气条件	能见度	衰减率/(dB/km)
重雾	40~70 m	392~220
浓雾	70~250 m	220~58
中雾	250~500 m	58~28.2
轻雾	500~1000 m	28.2~13.4
薄雾	1~2 km	13.4~6.3
雾或霾	2~4 km	6.2~2.9
轻霾	4~10 km	2.9~1.03
晴	10~20 km	1.03~0.45
晴朗	20~50 km	0.45~0.144
非常晴朗	50~150 km	0.144~0.03

7.2　晴空分层大气对光的折射

对于毫米波、亚毫米甚至更低频率的无线系统而言，除定位功能的系统外，折射效应并不那么重要。但是，对于光波段（特别是激光）无线系统而言，折射效应显得尤为重要，因为折射效应直接影响光学系统的对准和捕获问题。由于光学系统（特别是激光）一般为窄波束工作状态，波束稍微偏移就会导致对准和捕获完全失败。

5.2 节中介绍的折射理论，对于光波完全成立。唯一需要注意的是，在使用折射理论时，需要应用 2.2.1 节中所介绍的光波段的气体折射率参数。

7.3 大气湍流中的光传输理论

7.3.1 弱湍流中的光传输理论

5.4.4 节中给出的式(5.108)和式(5.109)可以很好地分析湍流大气对毫米波、亚毫米波无线链路接收信号的影响。但是，相对于毫米波、亚毫米波，光受湍流的影响更加严重，因此本节在 5.4.4 节的基础上，继续讨论弱起伏湍流环境中光传输理论结果。如 5.4.4 节所述，在弱起伏湍流情况下，可以采用 Born 近似和 Rytov 近似获得式(5.94)的解，由于 Rytov 近似解比 Born 近似解的精度高，所以通常采用 Rytov 近似解。在 Rytov 近似条件下，湍流中的波动方程(5.94)的解表示为[4]

$$\frac{U(\boldsymbol{r})}{U_0(\boldsymbol{r})} = \exp\left[\left(\frac{\ln A}{A_0}\right)\right]\exp[\mathrm{j}(S - S_0)] = \chi\exp(\mathrm{j}\varphi) \tag{7.21}$$

其中：χ 是对数振幅起伏；φ 为相位起伏。因为湍流运动是符合一定规律的随机现象，所以，χ 和 φ 是空间和时间的随机函数。也就是说，弱湍流中光的传输理论实际就是设法研究 χ 和 φ 所遵循的统计规律，这隶属随机过程随机场领域。

如图 7.1 所示，假设平面波从 $z=0$ 沿 z 轴入射至半无限大弱起伏湍流空间，则 χ 和 φ 可以表示为[4]

$$\chi(\boldsymbol{p}, z) \approx \frac{k^2}{2\pi}\int_v \frac{\Delta n(z', \boldsymbol{\rho}')}{|z - z'|}\sin\left[\frac{k\,|\boldsymbol{\rho} - \boldsymbol{\rho}'|^2}{2\,|z - z'|}\right]\mathrm{d}V' \tag{7.22}$$

$$\varphi(\boldsymbol{\rho}, z) \approx \frac{k^2}{2\pi}\int_v \frac{\Delta n(z', \boldsymbol{\rho}')}{|z - z'|}\cos\left[\frac{k\,|\boldsymbol{\rho} - \boldsymbol{\rho}'|^2}{2\,|z - z'|}\right]\mathrm{d}V' \tag{7.23}$$

如图 7.1 所示，式(7.22)和式(7.23)中的 $|z-z'|$ 是散射体所在横向平面到观察点所在平面的纵向距离，$\boldsymbol{\rho}$ 和 $\boldsymbol{\rho}'$ 分别表示散射体在散射平面和观察点在观察平面内到 z 轴的距离，$|\boldsymbol{\rho}-\boldsymbol{\rho}'|$ 代表观察点相对散射体的横向位移，$\Delta n(z', \boldsymbol{\rho}')$ 表示散射平面内某点的折射率起伏。

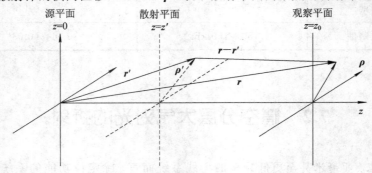

图 7.1 χ 和 φ 解析表达式中参数示意图

显然，因为 $\Delta n(z', \boldsymbol{\rho}')$ 是随机函数，所以 χ 和 φ 也是随机函数。对于一个随机函数，通常有两种方法分析其统计特征，一种是直接讨论其统计矩，另一种是分析其谱特征。为了分析 χ 和 φ 的统计特征，首先将 $\Delta n(z', \boldsymbol{\rho}')$ 表示为空间谐波函数 $\mathrm{e}^{\mathrm{j}\boldsymbol{\kappa}\cdot\boldsymbol{\rho}}$ 的展开形式[4]：

$$\Delta n(z', \boldsymbol{\rho}') = \int e^{j\boldsymbol{K} \cdot \boldsymbol{\rho}} \, dv(z', \boldsymbol{K}) \tag{7.24}$$

其中，$\boldsymbol{K}$ 表示折射率空间波数。将式(7.24)代入式(7.22)和式(7.23)，并且利用汉克尔变换关系[4]和关系式

$$\int_0^{2\pi} e^{j|\boldsymbol{K}| \cdot |\boldsymbol{\rho}'| \cos\xi} \, d\xi = 2\pi J_0(|\boldsymbol{K}| \cdot |\boldsymbol{\rho}'|) \tag{7.25}$$

得到 χ 和 φ 展开为空间谐波函数 $e^{j\boldsymbol{K} \cdot \boldsymbol{\rho}}$ 的表示形式[4]：

$$\chi(\boldsymbol{\rho}, z) = \int e^{j\boldsymbol{K} \cdot \boldsymbol{\rho}} \left[k \int_0^z dz' dv(z', \boldsymbol{K}) \right] \sin\left(\frac{|\boldsymbol{K}|^2 |z - z'|}{2k} \right) \tag{7.26}$$

$$\varphi(\boldsymbol{\rho}, z) = \int e^{j\boldsymbol{K} \cdot \boldsymbol{\rho}} \left[k \int_0^z dz' dv(z', \boldsymbol{K}) \right] \cos\left(\frac{|\boldsymbol{K}|^2 |z - z'|}{2k} \right) \tag{7.27}$$

式(7.26)和式(7.27)就是用 $\Delta n(z', \boldsymbol{\rho}')$ 的展开系数 $dv(z', \boldsymbol{K})$ 所表示的 χ 和 φ 的最后形式。对于随机函数 χ 和 φ，重点讨论其均值、相关函数，或者分析 χ 和 φ 展开为 $e^{j\boldsymbol{K} \cdot \boldsymbol{\rho}}$ 时其系数的均值和方差。

因为 $\Delta n(z', \boldsymbol{\rho}')$ 是在均值基础上的起伏，所以 $\langle \Delta n(z', \boldsymbol{\rho}') \rangle = 0$。因此，$\chi$ 和 φ 的均值都为 0。当 Δn 为均匀随机场时，如图 7.1 中 $z = z_0$ 的观察平面上，位置矢量差为 $\Delta\boldsymbol{\rho} = \boldsymbol{\rho}_2 - \boldsymbol{\rho}_1$ 的两点的 χ 和 φ 的相关函数 B_χ 和 B_φ 为[4,7,8,9]

$$B_\chi(z_0, \Delta\boldsymbol{\rho}) = (2\pi)^2 k^2 \int_0^{z_0} dz' \int_0^\infty |\boldsymbol{K}| \, d|\boldsymbol{K}| \, J_0(|\boldsymbol{K}| \cdot |\Delta\boldsymbol{\rho}|) \left[\sin\left(\frac{|\boldsymbol{K}|^2 |z_0 - z'|}{2k} \right) \right]^2 \Phi_{\Delta n}(\boldsymbol{K}) \tag{7.28}$$

$$B_\varphi(z_0, \Delta\boldsymbol{\rho}) = (2\pi)^2 k^2 \int_0^{z_0} dz' \int_0^\infty |\boldsymbol{K}| \, d|\boldsymbol{K}| \, J_0(|\boldsymbol{K}| \cdot |\Delta\boldsymbol{\rho}|) \left[\cos\left(\frac{|\boldsymbol{K}|^2 |z_0 - z'|}{2k} \right) \right]^2 \Phi_{\Delta n}(\boldsymbol{K}) \tag{7.29}$$

当 Δn 为局部均匀随机场时，如图 7.1 中 $z = z_0$ 的观察平面上，位置矢量差为 $\Delta\boldsymbol{\rho} = \boldsymbol{\rho}_2 - \boldsymbol{\rho}_1$ 的两点的 χ 和 φ 的结构函数 D_χ 和 D_φ 为[4,7,8,9]

$$D_\chi(z_0, \Delta\boldsymbol{\rho}) = 2 \cdot (2\pi)^2 k^2 \int_0^{z_0} dz' \int_0^\infty |\boldsymbol{K}| \, d|\boldsymbol{K}| \, [1 - J_0(|\boldsymbol{K}| \cdot |\Delta\boldsymbol{\rho}|)]$$
$$\left[\sin\left(\frac{|\boldsymbol{K}|^2 |z_0 - z'|}{2k} \right) \right]^2 \Phi_{\Delta n}(\boldsymbol{K}) \tag{7.30}$$

$$D_\varphi(z_0, \Delta\boldsymbol{\rho}) = 2 \cdot (2\pi)^2 k^2 \int_0^{z_0} dz' \int_0^\infty |\boldsymbol{K}| \, d|\boldsymbol{K}| \, [1 - J_0(|\boldsymbol{K}| \cdot |\Delta\boldsymbol{\rho}|)]$$
$$\left[\cos\left(\frac{|\boldsymbol{K}|^2 |z_0 - z'|}{2k} \right) \right]^2 \Phi_{\Delta n}(\boldsymbol{K}) \tag{7.31}$$

其中，$\Phi_{\Delta n}(\boldsymbol{K})$ 是 2.3.3 节中介绍的折射率起伏 Δn 的空间谱。如果 Δn 为均匀且各向同性或者局部均匀且各向同性，则式(7.28)~式(7.31)表示为

$$B_\chi(z_0, |\Delta\boldsymbol{\rho}|) = (2\pi)^2 k^2 \int_0^{z_0} dz' \int_0^\infty |\boldsymbol{K}| \, d|\boldsymbol{K}| \, J_0(|\boldsymbol{K}| \cdot |\Delta\boldsymbol{\rho}|) \left[\sin\left(\frac{|\boldsymbol{K}|^2 |z_0 - z'|}{2k} \right) \right]^2 \Phi_{\Delta n}(|\boldsymbol{K}|) \tag{7.32}$$

$$B_\varphi(z_0, |\Delta\boldsymbol{\rho}|) = (2\pi)^2 k^2 \int_0^{z_0} dz' \int_0^\infty |\boldsymbol{K}| \, d|\boldsymbol{K}| \, J_0(|\boldsymbol{K}| \cdot |\Delta\boldsymbol{\rho}|) \left[\cos\left(\frac{|\boldsymbol{K}|^2 |z_0 - z'|}{2k} \right) \right]^2 \Phi_{\Delta n}(|\boldsymbol{K}|) \tag{7.33}$$

$$D_\chi(z_0, \mid \Delta\boldsymbol{\rho} \mid) = 2 \cdot (2\pi)^2 k^2 \int_0^{z_0} \mathrm{d}z' \int_0^\infty \mid \boldsymbol{K} \mid \mathrm{d} \mid \boldsymbol{K} \mid [1 - \mathrm{J}_0(\mid \boldsymbol{K} \mid \cdot \mid \Delta\boldsymbol{\rho} \mid)]$$

$$\left[\sin\left(\frac{\mid \boldsymbol{K} \mid^2 \mid z_0 - z' \mid}{2k} \right) \right]^2 \Phi_{\Delta n}(\mid \boldsymbol{K} \mid) \tag{7.34}$$

$$D_\varphi(z_0, \mid \Delta\boldsymbol{\rho} \mid) = 2 \cdot (2\pi)^2 k^2 \int_0^{z_0} \mathrm{d}z' \int_0^\infty \mid \boldsymbol{K} \mid \mathrm{d} \mid \boldsymbol{K} \mid [1 - \mathrm{J}_0(\mid \boldsymbol{K} \mid \cdot \mid \Delta\boldsymbol{\rho} \mid)]$$

$$\left[\cos\left(\frac{\mid \boldsymbol{K} \mid^2 \mid z_0 - z' \mid}{2k} \right) \right]^2 \Phi_{\Delta n}(\mid \boldsymbol{K} \mid) \tag{7.35}$$

从理论上讲，由式(7.28)～式(7.35)获得 χ 和 φ 的相关函数或者结构函数，就可以通过观察平面上某一点的光信号的幅度和相位结果，根据相关函数或者结构函数的结果，预判、分析其他点光信号的幅度和相位结果。但是，如果工程中希望模拟出不同时刻、空间各点的幅度和相位的整体分布结果，则式(7.28)～式(7.35)给出的 χ 和 φ 的相关函数或者结构函数显得非常不方便。如果能够获得将 χ 和 φ 展开为空间谐波函数 $e^{\mathrm{j}\boldsymbol{K}\cdot\boldsymbol{\rho}'}$ 的展开形式，并且获得其系数的均值和方差，则可以方便地将不同时刻空间各点的幅度和相位的整体分布结果模拟出来。因为 χ 和 φ 的均值都为 0，所以如果这些系数存在，则均值一定为 0。χ 和 φ 展开为空间谐波函数 $e^{\mathrm{j}\boldsymbol{K}\cdot\boldsymbol{\rho}'}$ 的系数的方差定义为 χ 和 φ 的功率谱。对于均匀随机场 Δn，χ 和 φ 的功率谱分别表示为[9]

$$F_\chi(z_0, \boldsymbol{K}) = 2\pi k^2 \int_0^{z_0} \left\{ \sin\left[\frac{\mid \boldsymbol{K} \mid^2 \mid z_0 - z' \mid}{2k} \right] \right\}^2 \Phi_{\Delta n}(\boldsymbol{K}) \mathrm{d}z' \tag{7.36}$$

$$F_\varphi(z_0, \boldsymbol{K}) = 2\pi k^2 \int_0^{z_0} \left\{ \cos\left[\frac{\mid \boldsymbol{K} \mid^2 \mid z_0 - z' \mid}{2k} \right] \right\}^2 \Phi_{\Delta n}(\boldsymbol{K}) \mathrm{d}z' \tag{7.37}$$

对于均匀其各向同性随机场 Δn，χ 和 φ 的功率谱分别表示为[9]

$$F_\chi(z_0, \mid \boldsymbol{K} \mid) = 2\pi k^2 \int_0^{z_0} \left\{ \sin\left[\frac{\mid \boldsymbol{K} \mid^2 \mid z_0 - z' \mid}{2k} \right] \right\}^2 \Phi_{\Delta n}(\mid \boldsymbol{K} \mid) \mathrm{d}z' \tag{7.38}$$

$$F_\varphi(z_0, \mid \boldsymbol{K} \mid) = 2\pi k^2 \int_0^{z_0} \left\{ \cos\left[\frac{\mid \boldsymbol{K} \mid^2 \mid z_0 - z' \mid}{2k} \right] \right\}^2 \Phi_{\Delta n}(\mid \boldsymbol{K} \mid) \mathrm{d}z' \tag{7.39}$$

由文献[4]可知，式(7.36)～式(7.39)可以化简为

$$F_\chi(z_0, \boldsymbol{K}) = \pi k^2 z_0 \left(1 - \frac{k}{\mid \boldsymbol{K} \mid^2} \sin \frac{\mid \boldsymbol{K} \mid^2 z_0}{k} \right) \Phi_{\Delta n}(\boldsymbol{K}) \tag{7.40}$$

$$F_\varphi(z_0, \boldsymbol{K}) = \pi k^2 z_0 \left(1 + \frac{k}{\mid \boldsymbol{K} \mid^2} \sin \frac{\mid \boldsymbol{K} \mid^2 z_0}{k} \right) \Phi_{\Delta n}(\boldsymbol{K}) \tag{7.41}$$

$$F_\chi(z_0, \mid \boldsymbol{K} \mid) = \pi k^2 z_0 \left(1 - \frac{k}{\mid \boldsymbol{K} \mid^2} \sin \frac{\mid \boldsymbol{K} \mid^2 z_0}{k} \right) \Phi_{\Delta n}(\mid \boldsymbol{K} \mid) \tag{7.42}$$

$$F_\varphi(z_0, \mid \boldsymbol{K} \mid) = \pi k^2 z_0 \left(1 + \frac{k}{\mid \boldsymbol{K} \mid^2} \sin \frac{\mid \boldsymbol{K} \mid^2 z_0}{k} \right) \Phi_{\Delta n}(\mid \boldsymbol{K} \mid) \tag{7.43}$$

文献[4]、[9]和[10]在上述结果基础上，分别讨论了平面波、球面波、波束、脉冲波通过柯尔莫哥洛夫湍流时的相关函数、结构函数以及空间谱的特征和结果，读者可以自行查阅相关内容。

7.3.2 强湍流中的光传输理论

7.3.1 节讨论了弱起伏湍流中的光传输理论，对于柯尔莫哥洛夫谱，其使用范围为对数

振幅起伏方差 $\sigma_\chi^2 = 0.307 C_n^2 k^{7/6} L^{11/6} < 0.2 \sim 0.5$。成熟的弱起伏理论能解决弱湍流下的大部分问题。由于湍流媒质统计特性的复杂性和实验条件的难以控制性，以及传播路径上的均匀性假设、气象要素均匀性的假设、冻结湍流的假设等很难确定在多大程度上成立，因此将实验结果与理论结果做严格地比较是困难的。

当对数振幅起伏方差超过 $0.2 \sim 0.5$ 这一极限时，可以将起伏看成为强起伏。例如，在湍流大气中 C_n 的范围对于弱起伏为 $10^{-9}\ \mathrm{m}^{-1/3}$，对于强起伏为 $10^{-7}\ \mathrm{m}^{-1/3}$。因此，对于微波在地球大气中视距传播，一般弱起伏理论是适用的。但对于光波传播，弱起伏理论的适用范围只有几公里。当湍流增强、距离增大时，无论是 Born 近似还是 Rytov 近似，都不再能解释实验现象，这就促使很多学者在理论上作进一步的探索，以求解释在强湍流条件下的光传播特性，特别是所谓"闪烁饱和效应"。

处理强湍流问题的一种方法就是试图发展一种严格的数学解，也就是依然从标量波动方程(5.94)出发，即从方程

$$(\nabla^2 + k^2 n^2) U(\boldsymbol{r}) = [\nabla^2 + k^2 (1 + \Delta n)^2] U(\boldsymbol{r}) = 0 \tag{7.44}$$

出发。针对光传播的特点，做出合理假设，推导场的各阶矩应该满足的方程，通过各阶矩方程直接求解各阶矩结果。如前所述，矩可以反映不同量的空间分布情况，如果通过对相关函数求解傅里叶变化获得场量的功率谱，则可以分析场量随时间的动态分布。最早基于式(7.44)介绍矩方程的是前苏联学者克利亚斯金和塔塔尔斯基，他们假设光传播过程是一个马尔科夫过程，由此推导各阶矩方程，这一方法称为马尔科夫近似。下面简要介绍马尔科夫统计矩方程的主要思想。

从式(7.44)出发进行适当的假设，可获得沿图 7.1 中 z 轴传播的准光学近似抛物方程[4]：

$$2jk \frac{\partial U(\boldsymbol{r})}{\partial z} + \nabla_T^2 U(\boldsymbol{r}) + 2k^2 \Delta n U(\boldsymbol{r}) = 0 \tag{7.45}$$

其中，$\boldsymbol{\nabla}_T$ 为垂直于光传播方向平面内的微分算符，表示为

$$\boldsymbol{\nabla}_T = \frac{\partial^2}{\partial x^2} + \frac{\partial^2}{\partial y^2} \tag{7.46}$$

式(7.45)中，Δn 为随机函数，所以式(7.45)是随机微分方程，其解也为随机函数。如果对式(7.45)进行恰当变形并求加权均值，构造出各阶矩应该满足的微分方程，则可以直接求解得出场量 $U(\boldsymbol{r})$ 的统计矩。一阶矩为平均振幅，表明了光场经湍流传播后光场分布未受破坏的部分，换句话说，均值应该是没有湍流时所观察到的结果。空间某点的二阶矩为场的平均强度。两点的二阶矩是场的相关性。单点的四阶矩表达了光强的起伏特性，两点的四阶矩表达了光强的空间相关性[9]。

例如，对式(7.45)求平均，则得到关于场量 $U(\boldsymbol{r})$ 的一阶矩微分方程[4]：

$$2\mathrm{j}k \frac{\partial \langle U(\boldsymbol{r}) \rangle}{\partial z} + \nabla_T^2 \langle U(\boldsymbol{r}) \rangle + 2k^2 \langle \Delta n U(\boldsymbol{r}) \rangle = 0 \tag{7.47}$$

显然，式(7.47)中除了 $\langle U(\boldsymbol{r}) \rangle$ 以外，还有另一个位置函数 $\langle \Delta n U(\boldsymbol{r}) \rangle$。如果构造更高阶的矩方程，则会引入更多的位置函数，而且在同一方程内会出现关于场量 $U(\boldsymbol{r})$ 的不同阶次的矩。因此，求解式(7.47)非常困难。

如果能设法将 $\langle \Delta n U(\boldsymbol{r}) \rangle$ 中的已知统计性的 Δn 与 $U(\boldsymbol{r})$ 分离开，则可以非常方便地克

服上述困难。为了将 $\langle \Delta n U(\boldsymbol{r}) \rangle$ 中的已知统计性的 Δn 与 $U(\boldsymbol{r})$ 分离开，前苏联学者克利亚斯金和塔塔尔斯基采用以下两个假设[4, 9]：折射率起伏 Δn 是均值为 0 的高斯随机场，其性质完全由其相关函数 $B_{\Delta n}(\boldsymbol{r}_2 - \boldsymbol{r}_1) = \langle \Delta n(\boldsymbol{\rho}_2, z_2), \Delta n(\boldsymbol{\rho}_1, z_1) \rangle$ 决定；相关函数 $B_{\Delta n}$ 沿光传播方向 z 轴为 δ 函数，而在垂直于光传播方向的 xy 平面内为各向同性，也就是

$$B_{\Delta n}(\Delta \boldsymbol{r}) = \langle \Delta n(\boldsymbol{\rho}_2, z_2), \Delta n(\boldsymbol{\rho}_1, z_1) \rangle = \delta(z_2 - z_1) A_{\Delta n}(\Delta \boldsymbol{\rho}, z_1)$$
$$= \delta(z_2 - z_1) A_{\Delta n}(| \Delta \boldsymbol{\rho} |, z_1) \tag{7.48}$$

成立。式(7.48)中，$\Delta \boldsymbol{r}$、$\Delta \boldsymbol{\rho}$ 和 $| \Delta \boldsymbol{\rho} |$ 分别为

$$\begin{cases} \Delta \boldsymbol{r} = \boldsymbol{r}_2 - \boldsymbol{r}_1 \\ \Delta \boldsymbol{\rho} = \boldsymbol{\rho}_2 - \boldsymbol{\rho}_1 \\ | \Delta \boldsymbol{\rho} | = | \boldsymbol{\rho}_2 - \boldsymbol{\rho}_1 | \end{cases} \tag{7.49}$$

在上述假设下，在湍流媒质中传播的光场可以看做是马尔科夫随机过程，由此可以获得光场的各阶统计矩的闭合方程[9]。

根据式(7.48)和式(2.74)可知，$A_{\Delta n}(| \Delta \boldsymbol{\rho} |, z_1)$ 和 Δn 的空间谱 $\Phi_{\Delta n}(| \boldsymbol{K} |)$ 之间的关系为[4, 9]

$$A_{\Delta n}(| \Delta \boldsymbol{\rho} |, z_1) = 4\pi^2 \int \Phi_{\Delta n}(| \boldsymbol{K} |) J_0(| \boldsymbol{K} \cdot \Delta \boldsymbol{\rho} |) | \boldsymbol{K} | d | \boldsymbol{K} | \tag{7.50}$$

如果 $| \Delta \boldsymbol{\rho} | = 0$，则式(7.50)变为

$$A_{\Delta n}(0, z_1) = 4\pi^2 \int \Phi_{\Delta n}(| \boldsymbol{K} |) | \boldsymbol{K} | d | \boldsymbol{K} | \tag{7.51}$$

在马尔科夫近似条件下，$U(\boldsymbol{r})$ 的一阶矩（平均场或者相干场）微分方程(7.47)在图 7.1 中垂直 z 轴的某个平面上的 $U(\boldsymbol{\rho}, z)$ 变为[9]

$$2\mathrm{j}k \frac{\partial \langle U(\boldsymbol{\rho}, z) \rangle}{\partial z} + \nabla_T^2 \langle U(\boldsymbol{\rho}, z) \rangle + \mathrm{j}k^3 A_{\Delta n}(0, z) \langle U(\boldsymbol{\rho}, z) \rangle = 0 \tag{7.52}$$

其中，方程左边第三项表示折射率起伏 Δn 对接收场的影响。所以，如果空间没有湍流，则接收场 $U_0(\boldsymbol{\rho}, z)$ 应满足[9]：

$$2\mathrm{j}k \frac{\partial \langle U_0(\boldsymbol{\rho}, z) \rangle}{\partial z} + \nabla_T^2 \langle U_0(\boldsymbol{\rho}, z) \rangle = 0 \tag{7.53}$$

因此，式(7.52)的解为

$$\langle U(\boldsymbol{\rho}, z) \rangle = U_0(\boldsymbol{\rho}, z) \exp \left[-\frac{1}{2} k^2 \int_0^z A_{\Delta n}(0, z') \mathrm{d}z' \right] = U_0(\boldsymbol{\rho}, z) \exp \left[-\int_0^z \alpha_{\Delta n}(z') \mathrm{d}z' \right] \tag{7.54}$$

显然，如果 Δn 的空间谱 $\Phi_{\Delta n}(| \boldsymbol{K} |)$ 不随路径变化，则 $A_{\Delta n}(0, z')$ 为常数，于是式(7.54)变得非常简单。式(7.54)的物理意义是，在湍流影响下，某接收点的平均场等于不考虑湍流影响时场受到湍流散射作用衰减后的结果。显然，平均场的幅度的平方也就是相干场 $I_c(\boldsymbol{\rho}, z)$ 表示为

$$I_c(\boldsymbol{\rho}, z) = | \langle U(\boldsymbol{\rho}, z) \rangle |^2 = | U_0(\boldsymbol{\rho}, z) |^2 \exp \left[-2 \int_0^z \alpha_{\Delta n}(z') \mathrm{d}z' \right]$$
$$= I_0(\boldsymbol{\rho}, z) \exp \left[-2 \int_0^z \alpha_{\Delta n}(z') \mathrm{d}z' \right] \tag{7.55}$$

在图 7.1 中，垂直 z 轴的某个平面内的两点的场量 $U(\boldsymbol{\rho}_1, z)$ 和 $U(\boldsymbol{\rho}_2, z)$ 的二点二阶矩，即空间相关函数表示为

$$B(\boldsymbol{\rho}_1, \boldsymbol{\rho}_2, z) = \langle U(\boldsymbol{\rho}_1, z) \quad U^*(\boldsymbol{\rho}_2, z) \rangle \tag{7.56}$$

在马尔科夫近似条件下,式(7.56)所示的二点二阶矩 $B(\boldsymbol{\rho}_1, \boldsymbol{\rho}_2, z)$ 满足微分方程[9]:

$$2jk \frac{\partial B}{\partial z} + (\nabla_{T1}^2 - \nabla_{T2}^2)B + 2jk^3[A_{\Delta n}(0, z) - A_{\Delta n}(\boldsymbol{\rho}_1 - \boldsymbol{\rho}_2, z)]B = 0 \tag{7.57}$$

对于图 7.1 中 $z = 0$ 的平面,光尚未受到湍流的影响,所以光强为完全相干的平面波,也就是说,如果入射光的幅度为 1,则相关函数为

$$B(\boldsymbol{\rho}_1, \boldsymbol{\rho}_2, 0) = \langle U(\boldsymbol{\rho}_1, 0) \quad U^*(\boldsymbol{\rho}_1, 0) \rangle = 1 \tag{7.58}$$

因为马尔科夫假设 Δn 在垂直于光传播方向的 xy 平面内为各向同性,所以 $B(\boldsymbol{\rho}_1, \boldsymbol{\rho}_2, z)$ 只和 $|\Delta\boldsymbol{\rho}| = |\boldsymbol{\rho}_1 - \boldsymbol{\rho}_2|$ 有关,因此式(7.57)的解为[9]

$$B(|\Delta\boldsymbol{\rho}|, z) = \exp\left\{-k^2 \int_0^z [A_{\Delta n}(0, z') - A_{\Delta n}(|\Delta\boldsymbol{\rho}|, z')]dz'\right\}$$

$$= \exp\left\{-(2\pi k)^2 \int_0^z dz' \int |\boldsymbol{K}| \left[1 - J_0(|\boldsymbol{K}| \cdot |\Delta\boldsymbol{\rho}|)\right]\Phi_{\Delta n}(|\boldsymbol{K}|)d|\boldsymbol{K}|\right\}$$

$$\tag{7.59}$$

其中,指数项的量纲刚好正比波的结构函数,也即式(7.34)和式(7.35)的和,因此相关函数 $B(|\Delta\boldsymbol{\rho}|, z)$ 与波的结构函数的关系为[9]

$$B(|\Delta\boldsymbol{\rho}|, z) = \exp\left\{-\frac{1}{2}[D_\chi(|\Delta\boldsymbol{\rho}|, z) + D_\varphi(|\Delta\boldsymbol{\rho}|, z)]\right\} \tag{7.60}$$

在图 7.1 中,垂直 z 轴的某个平面内的四点的场量 $U(\boldsymbol{\rho}_1, z)$、$U(\boldsymbol{\rho}_2, z)$、$U(\boldsymbol{\rho}_3, z)$、$U(\boldsymbol{\rho}_4, z)$ 的四点四阶相关矩表示为

$$B_4(\boldsymbol{\rho}_1, \boldsymbol{\rho}_2, \boldsymbol{\rho}_3, \boldsymbol{\rho}_4, z) = \langle U(\boldsymbol{\rho}_1, z) \quad U(\boldsymbol{\rho}_2, z) \quad U^*(\boldsymbol{\rho}_3, z) \quad U^*(\boldsymbol{\rho}_4, z) \rangle \tag{7.61}$$

则四点四阶矩满足的方程为[9]

$$2jk \frac{\partial B_4}{\partial z} + (\nabla_{T1}^2 + \nabla_{T2}^2 - \nabla_{T3}^2 + \nabla_{T4}^2)B_4 + 2jk^3 F_{22}B_4 = 0 \tag{7.62}$$

其中,F_{22} 表示为

$$F_{22} = 4A_{\Delta n}(0, z) + 2A_{\Delta n}(|\boldsymbol{\rho}_1 - \boldsymbol{\rho}_2|, z) + 2A_{\Delta n}(|\boldsymbol{\rho}_3 - \boldsymbol{\rho}_4|, z) - 2A_{\Delta n}(|\boldsymbol{\rho}_1 - \boldsymbol{\rho}_3|, z)$$
$$- 2A_{\Delta n}(|\boldsymbol{\rho}_1 - \boldsymbol{\rho}_4|, z) - 2A_{\Delta n}(|\boldsymbol{\rho}_2 - \boldsymbol{\rho}_3|, z) - 2A_{\Delta n}(|\boldsymbol{\rho}_2 - \boldsymbol{\rho}_4|, z) \tag{7.63}$$

虽然四点四阶矩也表达了垂直于光传播方向的某平面内的任意四点光场量之间的相关特性,但是物理意义更加明确且广泛。应用的四阶矩是两点四阶矩和单点四阶矩。单点四阶矩表示了某点处随机光强平方的平均值,表示为

$$B_4(\boldsymbol{\rho}_1, z) = \langle U(\boldsymbol{\rho}_1, z) \quad U(\boldsymbol{\rho}_1, z) \quad U^*(\boldsymbol{\rho}_1, z) \quad U^*(\boldsymbol{\rho}_1, z) \rangle = \langle I^2(\boldsymbol{\rho}_1, z) \rangle$$

$$\tag{7.64}$$

光强的起伏方差定义为单点四阶矩和式(7.55)所示的相干场平方的差,也就是强度闪烁指数 σ_I^2,表示为

$$\sigma_I^2 = \langle I^2(\boldsymbol{\rho}_1, z) \rangle - [I_c(\boldsymbol{\rho}, z)]^2 \tag{7.65}$$

两点四阶矩表示两点之间随机光强的相关函数 $B_I(\boldsymbol{\rho}_1, \boldsymbol{\rho}_2, z)$,表示为

$$B_4(\boldsymbol{\rho}_1, \boldsymbol{\rho}_2, z) = \langle U(\boldsymbol{\rho}_1, z) \quad U(\boldsymbol{\rho}_2, z) \quad U^*(\boldsymbol{\rho}_1, z) \quad U^*(\boldsymbol{\rho}_2, z) \rangle$$

$$= \langle I(\boldsymbol{\rho}_1, z) \quad I(\boldsymbol{\rho}_2, z) \rangle = B_I(\boldsymbol{\rho}_1, \boldsymbol{\rho}_2, z) \tag{7.66}$$

可见,对于强湍流情况下借助前苏联学者克利亚斯金和塔塔尔斯基采用两点假设,成功地建立了在垂直于光传播的某平面上的光场量的各阶矩,因此评价了光传播受湍流影响的结

果。如前所述,各阶矩特征可以描述垂直于光传播方向的某平面上的不同物理量的空间分布情况,但是不易于模拟不同物理量在该平面上随时间的动态变化过程。所以,为了模拟光场量随时间的动态变化过程,可以对场量二点二阶矩进行傅里叶变化来获得场量的功率谱。

处理强湍流情况下的光传播问题,另一种方法是 Huygens-Fresnel 相位近似法,其根本思想是借助于 Huygens-Fresnel 原理,将湍流的作用看做衍射屏,直接写出垂直于光传播的某平面上各点的场量解,然后借助随机场理论求解场的各阶矩。读者可以自行查阅文献[4]、[9] 和 [10],了解相关内容。

7.4 对流层大气对光的去极化(偏振)效应

光信号在对流层大气中传播时,其极化状态(偏振状态)也会发生变化。1.2 节、5.6 节、6.1.1 节和 6.1.4 节中分析的有关极化状态改变的基本理论,都可以用于分析对流层环境影响光信号极化状态的机理。也就是说,对流层环境对影响光信号极化状态的基本原理是电磁波与媒质作用过程中对特征极化波产生了差分衰减和差分相移。

实际上,5.6.1 节中介绍的 XPD、XPI 概念完全可以直接用于描述光的去极化效应。但是,光学文献中似乎更习惯于用退偏振度 D_e 来衡量传播过程产生的去极化效应。假设某种偏振状态的完全偏振光在对流层环境中传输一段距离后,退偏振度 D_e 定义为[7]

$$D_e = \frac{I_\perp}{I_\parallel} \times 100\% \qquad (7.67)$$

其中:$I_\perp$ 表示接收光信号中与入射波偏振状态正交的分量的强度;$I_\parallel$ 表示接收光信号中与入射波偏振状态相同的分量的强度。D_e 可以用来描述接收光信号的极化状态,也可以用来描述传播环境对光信号极化状态影响的严重程度。如果 $D_e = 0$,则表示接收信号的极化状态与发射信号的极化状态一致,也就是环境对信号的极化状态没有影响;如果 $D_e = 1$,则表示接收信号成为非偏光,或者与入射光偏振态完全不同的全偏振状态,具体结果取决于媒质对光信号相位的作用是否具有恒定的响应。对于对流层环境而言,一般情况下环境对光信号的相位作用不具有恒定响应,也就是 $I_\parallel$ 与 $I_\perp$ 分量之间不具备恒定的相位差。所以,如果 $D_e \neq 0$,则说明完全偏振光经过对流层环境作用后,接收端的光信号为部分偏振光或者非偏光。

目前,几乎找不到定量分析对流层环境中光的退偏振度 D_e 的计算模型,换句话说,相关领域几乎尚属空白,仍然是理论探索前沿领域。下面罗列一些作者所搜集到的有关结果,供读者形成粗略认知。

大气气体分子散射作用对光的退偏振度大约为 0.035[1]。单个球形粒子与完全偏振光相互作用后,各个方向接收的散射光均为完全偏振光,但是随机分布的多个球形粒子多次散射后可能会产生退偏现象,即使所有散射物体都是球体,多次散射效应也可以造成高达40%的退偏振度[7]。文献[7]通过蒙特卡洛方法模拟的雾的退偏振效应结果认为,衰减越大,退偏振效应越明显,这一点与对流层对毫米波、亚毫米波的去极化效应规律一致。文献[7]的实验结果表明,如果其他条件相同,雾的含水量越大,则退偏振效应越严重,且雾的退偏振效应与入射光的偏振状态有关。文献[8]表明,相同环境的退偏振效应与光的

频率依赖关系非常明显，就大气气体分子散射退偏振而言，532 nm 的激光的退偏振度为
0.000 366。当激光垂直进入大气悬浮冰晶层时，光几乎全部反射，反射光不发生退偏效应；
当激光斜入射至悬浮冰晶层时，光的反射和折射同时产生退偏振效应，而且白天的退偏振
效应小于夜间的[8]。大气霾等气溶胶粒子的退偏振效应很小，微弱的退偏振效应来自于多
重散射[8]。沙尘的退偏振度的取值范围为 0.15～0.3，尘埃的退偏振度大约为 0.06～0.15[8]。
烟雾的退偏振效应小于沙尘环境的[8]。表 7.7 给出了退偏振度范围与云相的关系。

表 7.7　退偏振度范围与云相的关系[8]

退偏振比	云相位	说　明
$\delta \leqslant 0.03$	水滴	若不考虑多重散射，直径为 10～2000 μm 时为 0
$\delta \leqslant 0.15$	水云	—
$\delta < 0.25$	水云主导的混合云	—
$0.15 < \delta < 0.25$	水云、冰云混合云	—
$0.38 < \delta < 0.5$	冰云	动态范围为 0.2～0.8，当水云厚度为 150 m 时，云顶的退偏振比可达到 0.4（多重散射），直径为 20～100 μm 时为 0.38，直径大于 350 μm 时大于 0.8

7.5　对流层中光的其他传输特性

大气对光的衰减、折射、去极化以及湍流中光传输问题是对流层中最典型的传输特性。
但是，由于光波波长更短，量子特性更加明显，波束更加窄，几乎可以看做射线，因此对不
同的光波段无线电子系统而言，除了上述传输特性外，还有其他一些更加具体的传输问题
需要解决。例如，激光无线电子系统会特别关注光束漂移、源像抖动、波阵面空间相干性、
光强空间分布以及为了研究自适应光学补偿技术而分析等晕角等特性。对于激光波段雷达
而言，文献[11]中甚至提出了大气湍流的新效应，主要包括湍流间隙效应、强散射效应概
率增强、强起伏相干半径增加、闪烁残余效应、二次传输相位效应、湍流后向散射放大及相
关现象、相位共轭镜反射效应、随机定位和定向散射体系统的后向散射增强效应、随机局
部波导效应、湍流增透效应。总之，一切都在发展变化中，所有电波传播工作者需要用发
展的目光，从独立思维的角度根据基本传输理论，针对具体问题独立思考、独立分析，然后
发现问题、解决问题。

思考和训练 7

1. 光在湍流大气中的传输特性参数不外乎幅度域、相位域、空间域、极化域、频率域、
时域几个方面，但是目前有关文献似乎更加注重介绍随机场理论初步、弱起伏湍流中的光
传输理论、强起伏湍流中的传输理论。当我们从电波传播的角度来分析大气湍流对光传输
的影响时，要学会将弱起伏湍流中的光传输理论、强起伏湍流中的传输理论中介绍的结果

转化为传播领域所关心的特性参数。例如，从电波传播角度看空间域传输特性参数，实际指的是广义多径中的到达角分布问题；幅度域传输特性参数指的是衰减或者损耗；相位域传输特性参数指的是附加相移。请读者根据 7.3 节中介绍的基本理论，自行思考如何将这些理论结果转化为光信道建模中需要的参数。

2. 大气湍流中光的强度起伏和相位起伏是重要传输特性参数，请查阅文献[11]整理强度起伏和相位起伏的概率密度模型，然后用计算机模拟不同模型的起伏数据。

3. 7.5 节中描述了文献[11]中给出的大气湍流新效应，请思考这些新的传输效应的本质是什么，如何评估和分析这些传输效应。

4. 整理、查阅 ITU－R、COST 等国际科学研究机构提供的最新研究报告中有关光信号传播的文件资料，对照本章所介绍的基本理论，思考光在对流层中传输时，还需要考虑哪些传输效应。

★ 本章参考文献

[1] 祖耶夫 B E. 光信号在地球大气中的传输[M]. 北京：科学出版社，1987.

[2] 马春林. 大气传输特性对激光探测性能影响研究[D]. 西安：西安电子科技大学，2008.

[3] 安然. 大气介质对激光传输的影响[D]. 西安：西安工程大学，2013.

[4] 吴键，杨春平，刘建斌. 大气中的光传输理论[M]. 北京：北京邮电大学出版社，2005.

[5] 高磊. 无线激光通信链路的大气传输理论及研究[D]. 无锡：江南大学，2013.

[6] KIM I I, MCARTHUR B, KOREVAAR E J. Comparison of laser beam propagation at 785 nm and 850 nm in fog and haze for optical wireless communication[J]. Optical Wireless Communication III, Pro SPIE, 2000, 42(14)：26－37.

[7] 徐娟. 大气的光散射特性及大气对散射光偏振态的影响[D]. 南京：南京信息工程大学，2005.

[8] 张薇. 水汽云气溶胶激光雷达偏振通道设计与校正研究[D]. 青岛：中国海洋大学，2013.

[9] 饶瑞中. 光在湍流大气中的传播[M]. 合肥：安徽科学技术出版社，2005.

[10] ISHIMARU A. Wave propagation and scattering in random media[M]. New York：IEEE Press，1997.

[11] 张逸新，迟泽英. 光波在大气中的传输与成像[M]. 北京：国防工业出版社，1997.

第 8 章　对流层环境对无线系统的影响

　　对流层中存在有层状大气结构、湍流大气结构、大气沉降粒子等随机变化的媒质信道，所以，对流层大气环境对电磁波的折射、反射、散射、衰减、相移、去极化、闪烁、波导、附加噪声和多普勒频移等的传播、散射效应都是随机过程或者随机场问题，这些随机的传播与散射效应从时域、空间域、极化域、频率域以及幅度和相位影响无线系统的信号。传播、散射效应对信号的影响，最终体现在无线系统的容量、误码率、稳定性、可靠度、发现概率、虚警概率、定位制导精度和分辨率等特定系统的性能指标上。不同的传播、散射效应在不同频段、不同无线系统的体现程度不同，所以在设置无线系统、开发新的通信体制时，需要根据它们的应用环境，充分考虑对流层传播环境的传播、散射效应，以保证无线系统的性能指标需求。

　　实际上，由于不同频率、不同功能目的的系统所需要考虑的问题分门别类，所以，讨论对流层环境对无线系统的影响是个极其困难、复杂且门类繁多的问题。显然，用一章的篇幅不可能针对具体的系统进行详细讨论，本章分 4 节从 4 个方面考虑对流层环境对无线系统的影响。

　　8.1 节主要讨论对流层环境媒质信道响应系数与传播、散射特性的关系，重点解决无线系统信道建模中如何考虑对流层环境的影响问题。8.2 节主要考虑对流层传输特性的"凭借"与"限制"效应，旨在引导读者有效应用"凭借"效应而克服、对抗"限制"效应，并且引导读者有意识地通过特定的技术将"限制"效应转化为"凭借"效应。8.3 节分析星-地链路采用MIMO 技术而将散射衰落的"限制"效应转化为"凭借"效应时需要考虑的新的传输问题。8.4节介绍对流层晴空大气人工变态技术的设想及应用前景。

　　总之，研究对流层环境中电波传播的目的就是在充分掌握对流层环境物理、电磁特性的基础上，研究电磁波在对流层环境中发生的传播与散射效应，分析发生不同传播、散射效应的机理，研究评估、计算各种传播、散射效应的方法和模型，研究各种传播与散射效应对电磁波传播的"凭借"与"限制"两种影响，针对各种传播与散射效应对不同的无线电子系统的影响进行预测、修正、克服和利用，使系统工作性能与对流层环境信道特性达到良好匹配。

8.1　对流层环境媒质信道响应系数

　　本节旨在将对流层中所有传输特性与无线信道模型中的信道系数相关联，因此以最简单的单收、单发、单极化无线系统为例进行说明。一个单收、单发、单极化无线系统的信道

模型可以表示为[1]

$$y(t) = \int_{\tau} H(t, \tau) x(t - \tau) d\tau + n(t) \tag{8.1}$$

其中：$x(t)$ 为 t 时刻发射信号；$y(t)$ 为 t 时刻接收信号；$H(t, \tau)$ 为时变信道系数；τ 为时延；$n(t)$ 为 t 时刻噪声，它的均值为 0，方差为 $\sigma_n^2(t)$。

在一个信号持续时间内，假设频率平坦、时不变信道（时不变信道指的是信道的时间衰落特性在信号持续时间内相同），可将式(8.1)化简为[1]

$$y(t) = H x(t) + n(t) \tag{8.2}$$

信道响应复系数 H 应该包括除噪声以外的所有媒质信道对发射信号的影响，也就是说，H 包含发射机、接收机、收发天线、连接线缆等所有硬件系统以及传播环境所导致的一切效应，对发射信号 $x(t)$ 的幅度和相位的影响。对于一个特定的无线系统，所有硬件系统的影响和自由空间扩散损耗可以看作一个复常数 H_0，例如信号在连接电缆、发射机、接收机、收发天线等硬件系统以"路"的形式传播时产生的损耗系数、放大系数和附加相移。而传播环境所引起的传输效应为随环境特性变化的复系数 $H_{environment}$，表示传播环境对信号的幅度和相位的影响。所以，式(8.2)进一步表示为

$$y(t) = \{h_0 \cdot h_{environment} \exp[-j(\varphi_0)] \exp[-j(\varphi_{environment})]\} x(t) + n(t) \tag{8.3}$$

其中：$h_0 = |H_0|$，表示硬件系统及扩散损耗对信号幅度的影响；$h_{environment} = |H_{environment}|$，表示传播环境对信号幅度的影响；$\varphi_0 = \angle H_0$，表示硬件系统及自由空间传播形成的附加相位；$\varphi_{environment} = \angle H_{environment}$，表示传播环境产生的附加相位。

本节主要目的是将对流层中的所有传输效应与 $h_{environment}$ 和 $\varphi_{environment}$ 建立逻辑关系，便于读者将电波传播的概念与信道系数能够对应起来。考虑到对流层环境的随机散射效应，一般情况下，$h_{environment}$ 和 $\varphi_{environment}$ 都会呈现随机特性。$h_{environment}$ 和 $\varphi_{environment}$ 表示为

$$h_{environment} = h_{environment\_a} \cdot h_{environment\_f} \tag{8.4}$$

$$\varphi_{environment} = \varphi_{environment\_a} + \varphi_{environment\_f} \tag{8.5}$$

其中：$h_{environment\_a}$ 和 $\varphi_{environment\_a}$ 分别表示环境媒质的平均信道增益和平均附加相位；$h_{environment\_f}$ 和 $\varphi_{environment\_f}$ 分别表示媒质环境的信道增益起伏和附加相位起伏。信道系数的随机起伏是由随机散射形成的广义多径效应引起的。

直接影响 $h_{environment\_a}$ 的传播效应是衰减，间接影响 $h_{environment\_a}$ 的传播效应包括折射、去极化、多普勒频偏。折射效应使得接收天线与来波之间出现对准失配，去极化效应使得接收天线与来波之间出现极化失配，多普勒频偏使得接收机内部处理信号的频率参数与来波频率之间出现频率失配，因而造成了信道增益 $h_{environment\_a}$ 的估算错误。将折射效应的轨迹参数与 $h_{environment\_a}$ 建立定量的数学模型非常复杂，在实用中应尽量避免这些现象的影响。例如，尽量使得无线链路仰角大于 5°或者 10°而避免明显的折射现象，因为折射效应对于无线电频段系统可能只是间接影响估计信道增益的误差，但是对于光波段窄波束系统会由于折射而使得信号无法捕获。路径总衰减 A_{T_dB}、多普勒频偏等效衰减系数 $m_{\Delta f}$ 以及极化失配系数 m_P 与 $h_{environment\_a}$ 的关系为

$$h_{environment\_a} = m_P m_{\Delta f} 10^{-A_{T\_dB}/20} \tag{8.6}$$

其中，A_{T_dB} 的单位为 dB。

A_{T_dB} 可以表示为[2]

$$A_{T\_dB} = A_{G\_dB} + \sqrt{(A_{R\_dB} + A_{C\_dB})^2 + (A_{S\_dB})^2} + A_{D\_dB} \tag{8.7}$$

其中：A_{G_dB} 表示第 5 章中介绍的大气吸收衰减；A_{R_dB} 和 A_{C_dB} 分别表示第 6 章中介绍的降雨或者降雪衰减和云雾衰减；A_{S_dB} 表示第 5 章中介绍的湍流散射引起的衰减；A_{D_dB} 表示第 6 章中介绍的沙尘衰减。当然，在某一链路中不可能同时出现所有这些衰减，例如降雨衰减和沙尘衰减同时出现的概率几乎为 0，所以使用式（8.6）所示的关系时，需要根据具体链路地域和时间特点，判断到底考虑哪些传输效应。一般来说，晴空大气同时考虑 A_{G_dB} 和 A_{C_dB}，特殊地区和时间出现沙尘暴环境时同时考虑 A_{G_dB}、A_{C_dB} 和 A_{D_dB}，降水环境发生时同时考虑 A_{G_dB}、A_{C_dB} 和 A_{R_dB}。考虑这些衰减效应时，最大的难点是如何获得这些衰减同时出现在链路中时对应的环境参数。对于地面视距链路，上述关系依然可以使用，只是 $A_{C\_dB}(p)$ 仅表示雾衰减而已。式（8.7）主要用于统计总衰减统计特性分析，统计分析中把衰落效应等效为衰减，以便考虑功率余量问题，或者用于计算一定年时间概率的平均衰减。

假设系统工作频率为 f_0，传输过程中多普勒频偏为 Δf，如果频率处理系统依然在 f_0 处处理，则可以引入附加等效路径多普勒频偏等效衰减系数 $m_{\Delta f}$，$m_{\Delta f}$ 表示为

$$m_{\Delta f} = \cos\left\{\frac{2\pi \cdot \Delta f}{c} \int_0^{L_{\Delta f}} [n(l) - 1]\mathrm{d}l\right\} \tag{8.8}$$

或者

$$m_{\Delta f} = \sin\left\{\frac{2\pi \cdot \Delta f}{c} \int_0^{L_{\Delta f}} [n(l) - 1]\mathrm{d}l\right\} \tag{8.9}$$

其中：$L_{\Delta f}$ 表示发生多普勒效应后的传播总路径长度；$n(l)$ 表示路径 l 处的折射率。如果路径 l 处没有大气沉降粒子，则 $n(l)$ 由 2.2.1 节中介绍的折射率计算公式计算；如果 l 处存在大气沉降粒子，则 $n(l)$ 由 3.5.4 节中介绍的等效介电常数模型计算。

文献[3]中给出了极化失配因子 m_P 与去极化分辨率 XPD 之间关系的详细过程。对于左、右旋圆极化而言，极化失配因子 m_{P_LHCP} 和 m_{P_RHCP} 分别表示为[3]

$$m_{P\_LHCP} = \frac{1}{2} \frac{\left[\left(\dfrac{x_L + 1}{x_L - 1}\right) + 1\right]^2}{\left(\dfrac{x_L + 1}{x_L - 1}\right)^2 + 1} \tag{8.10}$$

$$m_{P\_RHCP} = \frac{1}{2} \frac{\left[\left(\dfrac{1 + x_R}{1 - x_R}\right) - 1\right]^2}{\left(\dfrac{1 + x_R}{1 - x_R}\right)^2 + 1} \tag{8.11}$$

其中，x_L 和 x_R 与左、右旋圆极化的去极化分辨率 XPD_{LHCP} 和 XPD_{RHCP} 之间的关系为[3]

$$x_L = 10^{\frac{\mathrm{XPD}_{LHCP}}{20}} \tag{8.12}$$

$$x_R = 10^{\frac{\mathrm{XPD}_{RHCP}}{20}} \tag{8.13}$$

对于水平极化和垂直极化而言，极化失配因子 m_{P_H} 和 m_{P_V} 分别表示为[3]

$$m_{P\_H} = \frac{1}{2} + \frac{\left\{\left[\dfrac{(1+\cos 2\tau)x_H - (1-\cos 2\tau)}{(1+\cos 2\tau) - (1-\cos 2\tau)x_H}\right] - 1\right\}\cos(2\tau)}{2\left\{\left[\dfrac{(1+\cos 2\tau)x_H - (1-\cos 2\tau)}{(1+\cos 2\tau) - (1-\cos 2\tau)x_H}\right] + 1\right\}} \tag{8.14}$$

$$m_{P\_V} = \frac{1}{2} - \frac{\left\{\left[\dfrac{(1-\cos 2\tau)x_V - (1+\cos 2\tau)}{(1-\cos 2\tau) - (1+\cos 2\tau)x_V}\right] - 1\right\}\cos(2\tau)}{2\left\{\left[\dfrac{(1-\cos 2\tau)x_V - (1+\cos 2\tau)}{(1-\cos 2\tau) - (1+\cos 2\tau)x_V}\right] + 1\right\}} \tag{8.15}$$

其中，x_H 和 x_V 与左、右旋圆极化的去极化分辨率 XPD_H 和 XPD_V 之间的关系为[3]

$$x_H = 10^{\frac{\text{XPD}_H}{20}} \tag{8.16}$$

$$x_V = 10^{\frac{\text{XPD}_V}{20}} \tag{8.17}$$

式(8.14)和式(8.15)中，τ 表示椭圆极化来波的长轴与接收线极化天线极化参考平面之间的夹角，在对流层沉降粒子环境中，可以用非球形旋转对称粒子的旋转轴与铅垂方向之间的夹角代替。

直接影响 $\varphi_{\text{environment\_a}}$ 的传播效应是附加相移，间接影响 $\varphi_{\text{environment\_a}}$ 的传播效应有折射效应和多普勒频偏。折射效应改变了电波传播的几何路径，所以使得估计 $\varphi_{\text{environment\_a}}$ 出现误差，但是在计算附加相移效应时如果直接按照考虑折射效应的路径积分，则可以消除该项误差。假设系统工作频率为 f_0，传输过程中多普勒频偏为 Δf，如果频率处理系统依然在 f_0 处处理，则可以引入等效路径附加相移 $\Delta\varphi_{\text{environment\_a\_}\Delta f}$，即

$$\Delta\varphi_{\text{environment\_a\_}\Delta f} = \frac{2\pi \cdot \Delta f}{c}\int_0^{L\Delta f}[n(l)-1]\mathrm{d}l \tag{8.18}$$

其中，$L_{\Delta f}$ 表示发生多普勒效应后的传播总路径长度，$n(l)$ 表示路径 l 处的折射率。所以，沿路径 L_{bend} 的传播环境引起的附加相移 $\varphi_{\text{environment\_a}}$ 表示为

$$\varphi_{\text{environment\_a}} = \frac{2\pi}{\lambda}\left\{\int_0^{L\text{bend}}[n(l)-1]\mathrm{d}l\right\} + \Delta\varphi_{\text{environment\_a\_}\Delta f} \tag{8.19}$$

如果路径 l 处没有大气沉降粒子，则 $n(l)$ 由 2.2.1 节中介绍的折射率计算公式计算；如果 l 处存在大气沉降粒子，则 $n(l)$ 由 3.5.4 节中介绍的等效介电常数模型计算。需要注意的是，计算 $\varphi_{\text{environment\_a}}$ 时考虑的环境参数要与计算 $h_{\text{environment\_a}}$ 时考虑的环境参数一致。

信道系数 $h_{\text{environment\_a}}$ 和 $\varphi_{\text{environment\_a}}$ 分别表示某个信号持续时间内，信道对接收信号的平均幅度和平均相位的响应，也就是说，$h_{\text{environment\_a}} \cdot h_0|x(t)|$ 表示接收信号的平均幅度，$-(\varphi_{\text{environment\_a}} + \varphi_0) + \angle x(t)$ 表示该信号在接收机内部的平均相位。当宏观传播环境一定后，$h_{\text{environment\_a}}$ 和 $\varphi_{\text{environment\_a}}$ 是常数状态。例如：晴空大气环境下，温度、湿度、压强、云的含水量等参数确定后，$h_{\text{environment\_a}}$ 和 $\varphi_{\text{environment\_a}}$ 应该呈现为常数；在降雨环境下，大气的温度、湿度、压强、云的含水量以及降雨率等参数确定后，$h_{\text{environment\_a}}$ 和 $\varphi_{\text{environment\_a}}$ 也应该呈现为常数。就研究特定宏观条件下的系统性能而言，掌握 $h_{\text{environment\_f}}$ 和 $\varphi_{\text{environment\_f}}$ 规律更加重要。

任意随机"多径"叠加都可以影响 $h_{\text{environment\_f}}$ 和 $\varphi_{\text{environment\_f}}$ 的规律，包括地形、地物反射、衍射形成的随机多径，也包括对流层大气环境中的湍流结构和沉降粒子的随机散射效应。地形、地物反射、衍射随机多径问题已经成为电波传播领域的一个独立分支，也是经典而全新的科学问题，目前较为成熟且有望解决该问题的方法是射线追踪算法，但是射线追踪算法的工程应用中还存在许多致命性制约问题，也就是说尚不能精确地形、地物影响下特定场景中的多径分布，故本书不对这些问题加以讨论，只考虑湍流及沉降粒子随机散射影响下，$h_{\text{environment\_f}}$ 的取值规律。

在晴空条件下，大气湍流散射是导致接收信号幅度和相位随机起伏的主要机理，即闪烁

效应。晴空大气环境下幅度衰落用自然对数幅度起伏 $\chi = \mathrm{lb}(A/A_0)$ 表示，其中 A 表示接收信号瞬间幅度，A_0 表示接收信号平均幅度，χ 符合 0 均值高斯分布，χ 的概率密度函数为式(5.108)。总滞后相位相对于平均相位的差相位 φ 的概率密度函数为式(5.109)。因为在第 5 章中没有详细讨论式(5.108)和式(5.109)中的参数取值规律，因此这里重复写出该公式：

$$p(\chi) = \frac{1}{\sqrt{2\pi}\,\sigma_\chi} \exp\left(-\frac{\chi^2}{2\sigma_\chi^2}\right) \tag{8.20}$$

$$p(\varphi) = \frac{1}{\sqrt{2\pi}\,\sigma_\varphi} \exp\left(-\frac{\varphi^2}{2\sigma_\varphi^2}\right) \tag{8.21}$$

按照式(8.20)获得的随机数 χ 与晴空状态下信道的随机幅度系数 $h_{\text{environment\_f\_clear}}$ 的关系为

$$h_{\text{environment\_f\_clear}} = \exp(\chi) \tag{8.22}$$

按照式(8.21)获得的随机数 φ 与晴空状态下信道的随机相位 $\varphi_{\text{environment\_f\_clear}}$ 的关系为

$$\varphi_{\text{environment\_f\_clear}} = \varphi \tag{8.23}$$

式(8.20)和式(8.21)中，σ_χ^2 和 σ_φ^2 分别表示 χ 和 φ 的方差，σ_χ^2 和 σ_φ^2 分别表示为[4]

$$\sigma_\chi^2 = 0.307 C_n^2 \left(\frac{2\pi}{\lambda}\right)^{7/6} (L_{\text{Tpath}})^{11/6} - 0.742 C_n^2 \left(\frac{2\pi}{\lambda}\right)^{1/6} (L_{\text{Tpath}})^{17/6} (L_{\text{Tout}})^{-2} \tag{8.24}$$

$$\sigma_\varphi^2 = 0.782 C_n^2 \left(\frac{2\pi}{\lambda}\right)^2 L_{\text{Tpath}} (L_{\text{Tout}})^{5/3} - 0.307 C_n^2 \left(\frac{2\pi}{\lambda}\right)^{7/6} (L_{\text{Tpath}})^{11/6} \tag{8.25}$$

其中：C_n 是 2.3.3 节中介绍的折射率起伏 Δn 的结构常数，单位为 $\mathrm{m}^{-1/3}$；L_{Tout} 是湍流的外尺度，单位为 m；L_{Tpath} 是通过湍流区域的等效路径长度，单位为 m。对于地-空路径而言，L_{Tpath} 可以表示为以 m 为单位的湍流的平均高度 $H_{\text{turbulence}}$ 和链路仰角 θ 的表达式[4]：

$$L_{\text{Tpath}} = \frac{2H_{\text{turbulence}}}{\sqrt{\sin^2\theta + 2H_{\text{turbulence}}/8500000} + \sin\theta} \tag{8.26}$$

对于地面链路而言，L_{Tpath} 可以近似用路径几何长度代替。如果考虑天线等效口径 $D_{\text{eff\_antenna}}$ 的影响，则 σ_χ^2 和 σ_φ^2 分别用 $\sigma_{\chi\_D}^2$ 和 $\sigma_{\varphi\_D}^2$ 代替，它们分别表示为[4]

$$\sigma_{\chi\_D}^2 = \sigma_\chi^2 \left\{ 3.8637(x_D^2 + 1)^{11/12} \sin\left[\frac{11}{6}\arctan\left(\frac{1}{x_D}\right)\right] - 7.0835 x_D^{5/6} \right\} \tag{8.27}$$

$$\sigma_{\varphi\_D}^2 = \sigma_\varphi^2 \left\{ 2.4 - 3.8637(x_D^2 + 1)^{11/12} \sin\left[\frac{11}{6}\arctan\left(\frac{1}{x_D}\right)\right] - 7.0835 x_D^{5/6} \right\} \tag{8.28}$$

其中 x_D 表示为

$$x_D = 0.0584 \frac{2\pi}{\lambda L_{\text{Tpath}}} D_{\text{eff\_antenna}}^2 \tag{8.29}$$

如 6.1.5 节所述，沉降粒子环境下，接收天线除了接收直射信号外，还能接收到随机分布雨滴粒子的散射信号，所以即使沉降粒子环境的强度随时间恒定不变，接收信号也会出现衰落现象。随机分布粒子散射导致的接收信号的包络概率密度问题，6.7 节中已经作了讨论和分析。如果忽略地形、地物的影响，在沉降粒子环境中接收天线除了接收到相干功率外，还会接收到沉降粒子散射的起伏功率，所以接收信号幅度用莱斯分布表示是合理的，接收信号概率密度函数分布表示为[4]

$$p(r) = \frac{2r}{P_{\text{diff}}} \exp\left(\frac{-r^2 - V^2}{P_{\text{diff}}}\right) \mathrm{I}_0\left(\frac{2rV}{P_{\text{diff}}}\right) \tag{8.30}$$

式中：V 表示平均场强值，即直射信号场强值；P_{diff} 表示起伏信号功率，即随机散射信号的平均功率；$I_0(\cdot)$ 表示零阶修正贝塞尔函数。需要注意的是，式(8.30)并不是沉降粒子环境影响下的信道系数 $h_{environment\_f\_particles}$。因为信道起伏系数乘以平均信号应该等于瞬时信号，所以

$$r = h_{environment\_f\_particles} \cdot V \tag{8.31}$$

因此，$h_{environment\_f\_particles}$ 的概率密度函数为

$$p(h_{environment\_f\_particles}) = 2K_{Rice} h_{environment\_f\_particles} \cdot$$
$$\exp[-K_{Rice}(h^2_{environment\_f\_particles} + 1)]I_0(2K_{Rice} h_{environment\_f\_particles}) \tag{8.32}$$

其中 $K_{Rice} = V^2/P_{diff}$，它是相干功率与非相干功率的比值。在沉降粒子环境中，K_{Rice} 可以写为

$$K_{Rice} = \frac{\exp(-A_{Np})}{2\pi \int_{Dmin}^{Dmax} \int_0^{\theta_A} \sin\Theta \frac{|f(\Theta, D)|^2}{\sigma_t(D)} g(A_{Np}, \Theta) d\Theta dD} \tag{8.33}$$

其中：A_{Np} 是以奈培为单位的衰减；Θ 是散射角；D 是粒子等效直径；$f(\Theta, D)$ 是散射振幅；$\sigma_t(D)$ 是消光截面；$g(A_{Np}, \Theta)$ 是关于 A_{Np} 和 Θ 的函数。以 dB 为单位的衰减 A_{dB} 与以 Np 为单位的衰减 A_{Np} 之间的关系为[4]

$$A_{Np} = \frac{A_{dB}}{8.686} \tag{8.34}$$

$g(A_{Np}, \Theta)$ 表示为[4]

$$g(A_{Np}, \Theta) = \frac{\exp(-A_{Np}) - \exp(-A_{Np}/\cos\Theta)}{1 - \cos\Theta} \tag{8.35}$$

6.1.5 节中已经证明，起伏信号的相位服从 $0 \sim 2\pi$ 的均匀分布，也就是说，沉降粒子环境随机散射引起的相位起伏 $\varphi_{environment\_f\_particles}$ 的概率密度函数表示为

$$\varphi_{environment\_f\_particles} = \frac{1}{2\pi} \tag{8.36}$$

式(8.6)和式(8.19)解决了式(8.4)和式(8.5)中的平均信道增益 $h_{environment\_a}$ 和平均信道附加相位 $\varphi_{environment\_a}$。如果在计算 $h_{environment\_a}$ 和 $\varphi_{environment\_a}$ 时没有考虑大气沉降粒子，则式(8.4)和式(8.5)中的 $h_{environment\_f}$ 和 $\varphi_{environment\_f}$ 分别由式(8.22)和式(8.23)获得。如果在计算 $h_{environment\_a}$ 和 $\varphi_{environment\_a}$ 时考虑了某种或者某几种大气沉降粒子环境，则式(8.4)和式(8.5)中的 $h_{environment\_f}$ 和 $\varphi_{environment\_f}$ 分别表示为

$$h_{environment\_f} = h_{environment\_f\_clear} \cdot h_{environment\_f\_particles} \tag{8.37}$$

$$\varphi_{environment\_f} = \varphi_{environment\_f\_clear} + \varphi_{environment\_f\_particles} \tag{8.38}$$

其中，$h_{environment\_f\_clear}$ 和 $\varphi_{environment\_f\_clear}$ 分别由式(8.22)和式(8.23)获得，$h_{environment\_f\_particles}$ 和 $\varphi_{environment\_f\_particles}$ 分别由式(8.32)和式(8.36)获得。

由式(8.4)和式(8.5)即可获得某种宏观对流层环境条件下的实时信道衰落系数，当然，如果系统需要考虑电离层以及地表地形、地物的影响，则需要在式(8.6)和式(8.19)中继续考虑电离层衰减相移，地形、地物穿透损耗及附加相移，在式(8.37)和式(8.38)中继续考虑电离层幅度和相位闪烁，地形、地物多径引起的幅度和相位闪烁。本节给出的获得式(8.4)和式(8.5)的方法可以评估对流层对系统性能的单独影响。在某种宏观条件下，$h_{environment\_a}$ 和 $\varphi_{environment\_a}$ 是一个固定的值，但是 $h_{environment\_f}$ 和 $\varphi_{environment\_f}$ 可以按照概率密度函数生成无数个随机数，$h_{environment\_a}$ 和 $\varphi_{environment\_a}$ 与 $h_{environment\_f}$ 和 $\varphi_{environment\_f}$ 的组合就是对应宏观条件下系统信道的真实响应的一个状态。

获得式(8.2)中的信道系数 H 后，继续讨论信道中的噪声 $n(t)$。噪声 $n(t)$ 是均值为 0、

方差为 $\sigma_n^2(t)$ 的随机数，所以对于信道建模仿真而言，最重要的就是获得特定环境下的 $\sigma_n^2(t)$。$\sigma_n^2(t)$ 与系统噪声温度 T_{sys} 之间的关系为[4]

$$\sigma_n^2(t) = \frac{1.38 \times 10^{-23} B_n T_{sys}}{2} \tag{8.39}$$

其中，B_n 是以 Hz 为单位的接收机带宽。实际上，T_{sys} 包含所有硬件系统热噪声温度、地面噪声温度、宇宙噪声温度、对流层环境噪声温度等，所以 T_{sys} 表示为

$$T_{sys} = \sum_{i=1}^{N_{noise}} T_{noise\_i} \tag{8.40}$$

其中，T_{noise_i} 表示某种噪声源的噪声温度。在不同链路结构考虑的噪声源不同，例如，对于地面链路，可以忽略宇宙噪声，对于星-地链路，在地面接收机可以忽略地面噪声，所以具体考虑哪些噪声源需要具体问题具体分析。对流层环境噪声温度 $T_{troposphere}$ 表示为

$$T_{troposphere} = T_m(1 - 10^{-\frac{A_{T\_dB}}{10}}) \tag{8.41}$$

其中：T_m 表示环境的路径平均物理温度；A_{T_dB} 是由式(8.7)确定的路径总衰减。

到此为止，已将对流层环境中发生的传输效应转化为信道建模中需要的信道系数，这对于把电波传播理论结果应用于系统性能分析和评估具有重要的意义。需要注意的是，在分析所有信道参数时，一定要考虑相同的宏观条件。

8.2　"凭借"与"限制"效应及其应用与对抗

8.1 节的意义体现在对现存无线电子技术的信道建模和性能评估方面。但是，为特定无线电子系统建立信道模型并不是研究电波传播的全部目的。实际上，环境媒质对于电波传输方面具有两面性，有时候表现为"限制"效应，成为实现无线电子系统预期功能的障碍，有时候也表现为"凭借"效应，成为实现特定无线电子系统预期功能的凭借机制。所以，电波传播的主要目的还包括，尽可能发现媒质信道更多的"凭借"效应，实现新的无线电子系统，同时也包括发现、改进对"限制"效应的对抗方法，或者设法将"限制"效应通过恰当的手段转化为"凭借"效应。关于"凭借"效应的应用和"限制"效应的对抗，永远是一个相互博弈的过程，需要电波传播工作者不断探索、发现。对抗"限制"效应分为两个方面：一方面是消除这种传播效应；另一方面是通过特定的技术克服这种传播效应所带来的误差或者影响，最高境界的对抗就是将"限制"效应直接转化为"凭借"效应。"凭借"效应的应用也包括两个方面：一方面是改进现存的应用技术；另一方面是发现某种传播效应新的"凭借"效应，最高境界的应用就是使得某种传播效应在我方看来是"凭借"效应，而在对抗方看来是"限制"效应。

本节旨在针对特定的传播效应，从作者理解的角度分析其"凭借"和"限制"效应，介绍对"限制"效应的对抗技术，讨论对"凭借"效应的应用。

8.2.1　折射的"凭借"与"限制"效应及其应用与对抗

折射现象通常是收发端相对于地球表面呈现为低仰角（一般是指链路仰角小于 $10°$ 时）特有的一种大气传输现象。折射的机理、射线描迹方法以及折射所关心的一些特性参数详见 5.2 节。折射现象在不同的场合可以同时表现为"凭借"和"限制"效应，本部分主要从宏

观角度讨论关于折射现象的"凭借"和"限制"效应的应用与对抗。

8.2.1.1 折射现象的"凭借"效应及其应用

折射现象作为"凭借"效应的应用技术，需要相关工作者不断探索、发现。折射现象作为"凭借"效应最为典型的应用就是 5.5 节中介绍的蒸发波导超视距雷达。微波超视距雷达是现代微波通信技术、现代电波环境预测技术和现代信号处理技术相结合的产物。从第二次世界大战开始，人们就开展了有关低空大气波导的研究工作。这一期间，人们对波模理论进行了相当详细的研究，并从实验室得到了有关大气波导的大量研究报告。

20 世纪六七十年代，人们对大气波导的认识逐步深入，对此，美国环境局下属的对流层电波传播研究所开展了较为系统的研究，其成果集中反映在"无线电气象学 E337"中。圣地亚哥的航海电子研究中心（NELC）、辐射实验室，日本的电报电话公司，汉堡大学等收集了世界范围的数据，开展了全面的实验工作，进行了宽阔海面蒸发波导中的电波传播研究；美国海军环境预报研究所（NEPRF），对地表蒸发波导开展了粗略的预测计算和模型研究。在此期间，另一个很有意义的工作是美国海军研究生院（NPGS）和 NEPRF 开展的大气波导和新的微气象相结合的基础研究。20 世纪 80 年代，美国的约翰·霍普金斯大学应用物理实验室（JHU/APL）研制的对流层电磁抛物方程程序（TEMPER）已与系统模拟一起应用于美国海军训练和各种舰船系统设计中。荷兰和原西德等国的国防实验室也开展了对海洋大气蒸发波导的研究工作[5-6]。

从 20 世纪 50 年代开始，苏联在海上大气波导传播条件下进行了不同频段（几百兆赫至几十吉赫）无线电波传播损耗随距离变化的测量工作。在萨哈林岛/库页岛上建立了长期观测站，每个观测站上安装了无线电发收天线设备，并在靠近海边架设了高达几十米、伸向海洋中的斜拉杆，在斜拉杆顶端垂下的缆绳上安装有可以上下移动的气象参数测量装置，可以精确地观测和记录距海面不同高度的各种气象参数。同时，还先后派出大型测量船，在日本海、美国海域、太平洋、印度洋和其他海域进行了大量的海上大气波导层高度和传输损耗的测量和研究工作。

以下关于蒸发波导超视距雷达应用方面的介绍主要摘自文献[5]和[6]。

20 世纪八九十年代，美国进行了将大气波导传播投入应用的研究工作，如美国海军研究所（NRL）于 1989 年进行的海军电子战中蒸发波导遥测方法的研究，K. D. Anderson 等人于 1991 年进行的海上蒸发波导通信实验室的研究和 1993 年进行的蒸发波导下低飞目标检测的研究。

意大利、乌克兰等国的科学家在低空大气波导的研究中也做了大量细致的工作，他们曾在印度洋、大西洋和太平洋地区进行了实验测试，获得了北半球海洋洋面至南纬 40 度海洋洋面测试数据，确认了利用海上蒸发波导的超视距雷达的最大作用距离可达几百公里，得到了各种条件下的作用距离、可探测到低飞目标的高度、最佳电波波长和天线高度等有使用价值的数据。

中国电波传播研究所从 20 世纪 60 年代开始，在青岛至上海之间开展了跨海传播实验测量和大气波导预报研究工作，并同时在上海开展了气球探测大气波导的实验研究。从 20 世纪 70 年代起，分别在沿海和内地开展了低空大气波导的专题实验研究，近几年又在中国黄海和南海海域完成了大规模的海上探测实验，获取了大量的实验数据。通过对大气波导传播理论的深入研究，分别从射线理论和波模理论推导出大气波导传播的临界角和临界频率的计算公式，给出了在海面蒸发波导传播条件下的 RCS 计算模型。

载舰雷达需要随时随地在不同的海域、海况下执行任务，所面对的大气波导会有所不同，从而影响雷达的探测能力。要达到最佳的探测效果和得到尽可能高的定位精度，必须提高对海、陆杂波的抑制能力，随时更换不同的工作方式、工作频率，实现与周围环境的匹配，最大限度地利用大气波导。这通常需大量的基础研究工作，积累相应海域、海况和四季温度下形成大气波导的有关技术资料，建立相应的数据库，以此来建立不同条件下探测距离的修正技术。就目前发展概况而言，利用微波雷达进行超视距探测的关键工程技术如下：

（1）蒸发波导及参数近实时预测技术。微波雷达只有在探测路径上存在大气波导传播的条件下，才有可能进行超视距目标的探测。因此，必须针对当前工作海域，利用实测的气象、水文参数和专门的大气波导传播预测模型及算法，比较准确地估计和预报海上蒸发波导或表面波导的存在，以及波导层的厚度、延伸范围和持续时间等参数的微波雷达超视距探测性能。

（2）工作频率和入射角选择。利用大气波导效应，只要选择合适的工作频率和入射角，就可以使微波雷达进行较佳的超视距探测。因此，必须根据本地区计算给出的海上蒸发波导中传播的临界频率和临界角参数，选出合适的工作频率和入射角（天线高度）以进行超视距探测工作。

（3）超视距探测威力的计算。由于微波雷达超视距探测距离直接受雷达天线与波导层高度是否匹配，以及目标高度等因素的影响，所以超视距探测威力的计算应根据不同的大气波导传播条件考虑传播路径损耗值来求解。

针对上述关键工程问题，美国取得了最为成熟的系统技术，执行相关内容的软件是AREPS，该系统发展历程如图 8.1 所示。

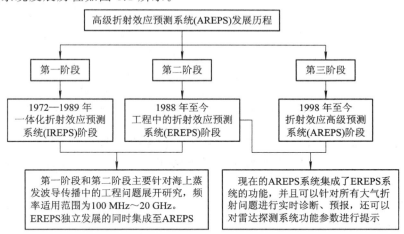

图 8.1　AREPS 发展历程示意图

8.2.1.2　折射现象的"限制"效应及其对抗

折射现象对于导航、定位、测距、引导对准等根据电磁波来波的方向，以推算电磁波的辐射源、反射散射源或者接收源位置为目的的无线电子系统均表现为"限制"效应。例如，如图 8.2 所示的激光通信系统，如果地面发射机以几何直线参数对准卫星的真实位置，则由于折射效应，使得激光信号以曲线的形式通过大气，而指向同一个位置，由于激光波束很窄，所以折射效应使得收发机之间捕获失败，通信完全中断。所以，折射效应成为低仰角地-空窄波束通信系统的严重"限制"效应。又如，如图 8.3 所示的雷达探测系统，地面雷达以特定仰角发射雷达信号，雷达信号被空中目标所反射或者散射后再次回到雷达天线，并且被检测定位。如果在信号处理过程中没有考虑折射效应，则会错误地认为目标处于图8.3所示的虚假位置，导致定位失败。另外，如图8.4所示，悬空波导的捕获折射也有可能将地-空链路信号捕获，使得收发端之间的信号中断，从而导致无线系统的功能完全丧失；或者，由于悬空波导的捕获折射，使得地面链路出现多径干涉衰落。

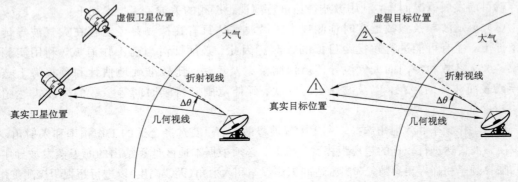

图 8.2　折射影响激光通信系统对准的示意图　　　图 8.3　折射对雷达探测系统影响的示意图

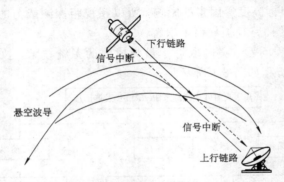

图 8.4　悬空波导捕获地-空链路信号的示意图

就折射效应而言，目前消除其"限制"效应的手段至少有两种：一种是改变链路仰角而避免折射现象出现；另一种是利用射线描迹的方法获得射线轨迹，通过几何关系将折射带来的各种误差消除掉。

一般情况下，折射现象在低仰角链路体现得比较明显，如果链路仰角大于某特定角度（一般指链路仰角大于10°），则折射现象不会出现，因而通过控制链路仰角可以消除折射现象而对抗其"限制"效应。

文献[7]针对雷达探测系统详细介绍了折射误差修正方法，这种对抗技术实际就是依赖于射线描迹技术获得射线轨迹，通过几何关系将折射带来的各种误差消除掉。文献[7]中的误差修正内容包括高度误差修正、仰角误差修正、距离误差修正、俯视目标修正、俯角误差修正、测速误差及多参数联合修正等，由于篇幅限制，这里不再摘录相关内容，读者可以自行查阅相关内容。实际上，文献[7]中给出的误差修正原理很容易理解，本书作者认为执行文献[7]所提供方法的过程中，需要突破的关键工程问题为：获得特定地区近实时高精度分辨率大气折射率剖面；大气折射率减小到1的高度，也就是射线从弯曲再次成为直线的高度。本书作者也正在寻求适合工程应用的相关途径。

当然，文献[7]中提出的折射误差修正方法对于其他功能目的的无线电子系统具有借鉴作用。但是，要试图通过射线描迹获得射线轨迹，借助几何关系消除所有参数误差，首先要解决的工程问题就是上述两大难题。

另外，如果借助目前较为成熟的星-地激光测距系统的原理，利用激光窄波束特性，借助无人机、热气球等悬、浮空设备，就可以获得某地区近实时高精度分辨率大气折射率剖面。这是本书作者在执行一项课题时提出的方法，已申请发明专利"大气折射率剖面的反演方法"，申请号为"201710318222.1"。该方法的核心观点是，通过激光测距设备设法测量图 8.5 中射线在不同高度的可分辨全折射角 $\tau_{\text{refraction}}$，结合地面测量折射率结果，根据式 (5.43)进行迭代，求解出不同射线段内的折射率梯度和不同分段点处的折射率取值。

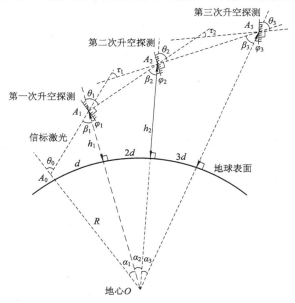

图 8.5 借助折射的"凭借"效应实时测量大气折射率剖面的机理

同时值得注意的是，大气波导超视距传播现象也会从"凭借"效应的应用转化为"限制"效应。例如，地面移动通信系统往往因为悬空波导超视距传播而形成网内同频干扰，如图 8.6 所示，某省某年的 3～8 月内 TD－LTE 大气波导导致的干扰现象频繁发生，共有 52 天出现了因大气波导导致的网内干扰。

周日	周一	周二	周三	周四	周五	周六		周日	周一	周二	周三	周四	周五	周六
3月	2	3	4	5	6	7			6月	2	3	4	5	6
8	9	10	11	12	13	14		7	8	9	10	11	12	13
15	16	17	18	19	20	21		14	15	16	17	18	19	20
22	23	24	25	26	27	28		21	22	23	24	25	26	27
29	30	31	4月	2	3	4		28	29	30	7月	2	3	4
5	6	7	8	9	10	11		5	6	7	8	9	10	11
12	13	14	15	16	17	18		12	13	14	15	16	17	18
19	20	21	22	23	24	25		19	20	21	22	23	24	25
26	27	28	29	30	5月	2		26	27	28	29	30	31	8月
3	4	5	6	7	8	9		2	3	4	5	6	7	8
10	11	12	13	14	15	16		9	10	11	12	13	14	15
17	18	19	20	21	22	23		16	17	18	19	20	21	22
24	25	26	27	28	29	30		23	24	25	26	27	28	29
31								30	31					

图 8.6 某省某年 3～8 月出现大气波导干扰的标注日期

针对大气波导对移动通信系统形成的网内同频干扰，本书作者为某公司提出了基于对消法的干扰消除技术，并且设置了独立的干扰对消仪，只需要将该对消仪端口与基站天线相连，并且设置参数即可，对消仪原理如图 8.7 所示。

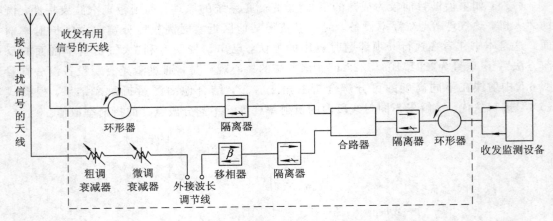

图 8.7　针对悬空波导所致的网内同频干扰对消仪原理示意图

8.2.2　散射和反射的"凭借"与"限制"效应及其应用与对抗

对流层反射现象通常是运动规律完全不同的气流交界处所形成的过渡层导致的一种特有的电波传播现象，5.3 节中已经介绍了其基本理论。当电磁波遇到大气中的湍流结构和沉降粒子时，通常会发生散射现象。由于 5.4 节中介绍了电磁波与大气湍流的相互作用过程，6.1 节中介绍了沉降粒子散射的基本理论，因此本节主要从宏观上探索散射、反射的"凭借"与限制"效应及其应用和对抗。

8.2.2.1　散射和反射现象的"凭借"效应及其应用

对流层散射现象在某种情况下可以呈现为"凭借"效应。对流层散射最为典型的"凭借"效应，就是实现对流层散射超视距通信技术。对流层散射通信是在视距通信的发展过程中，特别是在第二次世界大战期间雷达设备能力增强的基础上被发现的。实测表明，在几百公里远的距离上接收的信号功率比球形地面上经典绕射理论预测值要强几百 dB 以上。在强大收发设备能力下，通信距离可以远至 1000 km[8-10]。在解析散射传播机理方面，概括起来主要有 5.4 节中介绍的湍流理论、不相干反射理论和相干反射理论，这三种理论都可以在某种程度上解释对流层远距离传播的现象与实测的大部分结果，但是都不能作出全面的、完整的解释，目前比较完整和成熟的理论是湍流散射理论。

对流层散射通信具有以下一些突出优点：可靠性高；单跳跨距大；保密性好；军事意义重大，因为基本不受雷电、激光、磁暴、电离层扰动、太阳黑子，尤其是不受核爆炸的影响（只要这种爆炸不伤害站址本身）[8-10]。

与其他通信方式一样，对流层散射通信具有以下固有的缺点[8-10]：

（1）由于对流层散射损耗大，为了可靠通信，发射机输出的功率应很大，一般大于150 W，个别的甚至高达 100 kW。天线尺寸一般都很大，有的天线直径达几十米。接收机也较为复杂。每套通信设备的体积和重量相当庞大，对移动设备不利。

（2）由于对流层散射信道是一种变参信道，一般说来，无论是在时域、频域，还是在空间域都存在选择性衰落现象。

以上缺点可以局部地得到克服。

随着卫星通信的发展，对流层散射通信技术的用途将更局限于某些特殊用途。但是，由于近十多年来，利用后向散射机制探测中低层大气结构，受到普遍重视并得到发展，目前各种中层—平流层—对流层雷达系统的建立与探测工作正方兴未艾，另外对流层散射通信技术的军事意义十分重大，所以对流层散射通信技术的研究仍然具有非常重要的意义[8-10]。

对流层散射通信需要进一步深入研究的问题和发展趋势包括：对流层散射传播理论方面（一是传播机制问题，二是传播特性及其改善途径问题）[9-12]；散射通信体制的研究；对流层散射设备的研究；衰落信道的统计特性；信道改变技术（逐步把散射信道改成为恒参信道）等。对流层散射通信技术详细介绍可查阅文献[9]～[12]。

另外，近几年有学者提出借助湍流散射的"凭借"效应实现如图 8.8 所示的基于对流层散射传输的辐射源被动侦查、定位技术。

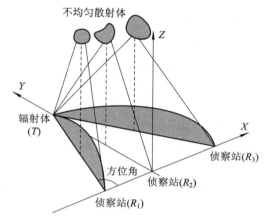

图 8.8　基于散射传播的辐射源被动侦查、定位示意图

该项技术与散射通信技术存在本质的区别，具体如下：

（1）对流层散射通信问题收、发端信息已知，只需要借助大气中的湍流结构、相干反射层或者不规则非相干反射层，作为入射信号的折射率边界，形成二次辐射中继传播而实现信号的非视线或者超视距传播即可。所以，没有必要深入、实时了解湍流边界层特征，只需要在链路预算时按照 5.4.2 节和 5.4.3 节的理论，分析散射损耗，给出发射功率余量即可。实际通信应用场景下，主要关心链路衰落统计特征，基于衰落统计特征做出抗衰落技术即可。然而，对于辐射源被动侦查、定位问题，其主要目的是借助接收信号分析发射端特征。所以，实现辐射源被动侦查、定位，需要实景、实时甄别超视距传播的具体机理，实时或者准实时获取形成二次辐射的边界特征，基于具体的传播机制结合接收信号的特征，反演发射端特征。

（2）由于通信问题的本质是中继信号，所以通信过程中无需考虑散射区域散射体结构的相关性。但是，对于辐射源被动侦查、定位问题，必须使得两个以上接收端接收来自于相同统计规律的"二次辐射"边界的回波信号，否则分析发射源信息会出现错误。也就是说，图 8.8 中的"二次辐射"边界必须是同一种机制，且它们的运动统计规律必须一致。

所以，为了实现该项技术，需要在 5.4.2 节和 5.4.3 节的理论基础上，深入研究以下散射传播问题：接收信号特征与回波机制之间的关联问题；散射回波信号特征与定位理论之间的关联问题等。

大气湍流及沉降粒子散射现象作为"凭借"效应的另一类无线电子系统就是大气主动遥感系统，也就是利用大气湍流及沉降粒子对电磁波的散射回波，作为研究大气湍流及沉降粒子物理特性的手段。大气湍流及沉降粒子散射现象作为"凭借"效应在大气遥感领域的应用，起源于 20 世纪 60 年代，相关方面已经成为独立科学领域。对流层传播与散射理论在该领域是重要的学术分支，主要体现在遥感原始数据解译、分析、处理等方面。

对流层反射现象机理明确，而且在无线电实践系统的确收到了对流层反射回波，例如文献[8]给出了实验中观察到的如图 8.9 所示的对流层反射回波。正如 5.3 节所述那样，对流层反射现象发生必须满足以下条件：式（5.60）的区域横向扩展大于第一菲涅尔区尺度，厚度小于半个波长，且界面近似光滑。所以，对流层反射现象不是经常出现的现象，目前尚未有文献将对流层反射现象作为"凭借"效应加以应用。

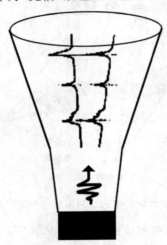

图 8.9 文献[8]公布的对流层反射回波波形

8.2.2.2 散射和反射现象的"限制"效应及其对抗

如前所述，对流层反射现象并不是经常出现的现象，该现象总是表现为"限制"效应，即表现为对地面链路形成反射多径所致的快衰落、深衰落，有可能导致突然的信号中断。

对流层散射现象的"限制"效应至少包括以下两个方面：

（1）随机多径导致的快衰落、深衰落。大气湍流闪烁已经成为毫米波、亚毫米波及光波段无线电子系统的主要制约因素，文献[13]～[16]对相关问题进行了详细的讨论。沉降粒子散射也使得接收信号出现幅度和相位的快衰落。如图 6.41～图 6.43 所示，在某些条件下雨滴粒子的散射作用使得非相干功率（即雨滴散射功率）大于相干功率（即视线方向的来波功率），如果按照传播的信号处理技术进行滤波处理，则可能将大部分功率滤掉而使信号中断。

（2）散射现象导致的不同无线系统链路间的相互干扰。雨滴群聚粒子散射可能导致如

图 8.10 所示的卫星无线链路之间的相互干扰，大气湍流散射也能导致如图 8.11 所示的长距离系统间的相互干扰，文献[13]针对该现象进行了系统的研究和讨论。

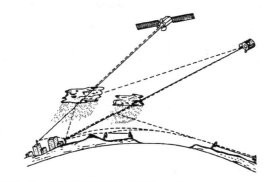

图 8.10 雨滴群粒子散射导致卫星链路间干扰的示意图

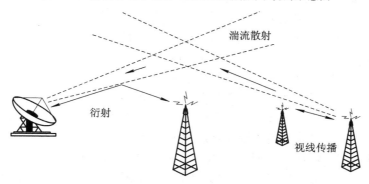

图 8.11 湍流散射形成系统间干扰的示意图

分集接收是对抗散射快衰落的传统技术，广义上讲，在接收端通过几个快衰落特性不相关的信道对同一接收信息接收就可以称为分集接收，通过宏观特性不同的媒质空间构造这样的信道就是空间分集接收，通过不同频率在同一媒质空间构造这样的信道就是频率分集，通过宏观特性相同但是来波方向不同的方式构造这样的信道就是角度分集，通过不同极化方式在同一媒质空间构造这样的信道就是极化分集，通过不同方式编码构造这样的分集就是编码分集，通过不同时隙重复接收信号的途径构造这样的信道就是时间分集，通过不同的解调方式构造这样的信道就是解调分集。

分集发射也是对抗快衰落的传统技术。分集发射可以理解为在发射端通过几个快衰落特性不相关的信道向同一接收端发射信息。当然，也可以通过空间、频率、角度、极化、时间、编码、调制等途径，构造这样的快衰落特性不相关的信道。

如果收发端同时采取分集途径，则构造出快衰落特性不同的信道就是收发分集。实际上，广义上的分集是试图消除深衰落传播效应，或者避开深衰落现象。

但是，随着技术的发展，为了进一步优化接收信号的质量，会在接收端通过合成器将接收到的信号进行二次信号处理，然后再合并起来。这种接收端加上二次信号处理并合并的分集接收技术，就是希望将"限制"效应直接转化为"凭借"效应，这种分集实际就是 MIMO 无线技术的一种模式。

分集技术特别是接收端具有信号处理并合并的分集技术是无线通信技术的重要分支，不少文献都用一整章或者几章来讨论这一问题。例如，文献[9]用三章来介绍分集问题；文献[11]虽然主要讨论散射传播问题，但是也用了一章来介绍分集问题。上述关于分集的介绍是本书作者在自己的理解基础上，用不太严密的语言对分集技术所作的描述，旨在让初次接触分集技术的读者建立核心思想。需要深入了解分集技术的读者可自行查阅相关文献。

为了寻求对抗散射所导致干扰的"限制"效应，需要分析干扰形成的基本要素——电磁干扰源、耦合途径（或称为耦合通道）、敏感设备。从理论上讲，只要将干扰三要素中的一个消除，电磁干扰的问题就不再存在，所以抗干扰技术需要围绕这三个要素展开。对流层散射干扰源是执行特定任务的无线链路，所以强制关停无线链路似乎不可能，但是可以结合受干扰链路特征，根据第 5 章和第 6 章介绍的湍流及沉降粒子的散射特征，改变干扰源链路的频率、极化等参数，设法降低到达被干扰链路的散射信号强度。对流层散射干扰的通道是大气折射率不均匀体和大气沉降粒子，如果在不影响、破坏大气环境的前提下，能找到恰当的途径改变散射体的特征，设法降低到达被干扰链路的散射信号强度，这不失为一条可取途径。对流层散射干扰的敏感设备就是被干扰链路的接收机，如果结合干扰链路特征，根据第 5 章和第 6 章介绍的湍流及沉降粒子的散射特征，改变被干扰链路的频率、极化等参数，设法提高被干扰链路的信干比，则可以成功实现抗干扰技术。

当然，对流层散射和反射现象的"限制"效应远不止这两种，例如，雷达气象杂波也是对流层散射和反射现象呈现为"限制"效应的典型案例，因此也随即出现了抑制气象杂波的研究领域。常用的抑制杂波技术有：从系统硬件角度消除，该技术主要依赖于分析目标回波信号与雨杂波信号的差异，通过设置合理的硬件将雨杂波抑制于接收机外；从信号处理技术角度，即从时域、频域、空间域、极化域、幅度域、相位域进行滤波消除杂波，该技术主要依赖于分析目标回波信号与雨杂波信号的差异，通过设置合理检波、滤波技术手段，而将随目标信号一同进入接收机的雨杂波滤掉；从时域、频域、空间域、极化域特征，对雷达发射电磁波的特征状态进行选择，以消除杂波；综合应用上述两种或者几种手段消除杂波，随着抑制雨杂波技术的不断发展，逐渐开始综合使用上述两种或者多种技术联合抑制雨杂波。

8.2.3　衰减的"凭借"与"限制"效应及其应用与对抗

对流层衰减现象是气体分子及沉降粒子对电磁波的吸收和散射作用所导致的结果，当然吸收和散射对不同波长电磁波的衰减现象的贡献不同。5.1 节、6.1 节及 6.2 节已经介绍了大气吸收衰减和沉降粒子衰减的基本理论，本节主要从宏观上探索衰减现象的"凭借"与"限制"效应及其应用和对抗。

8.2.3.1　衰减现象的"凭借"效应及其应用

对于衰减现象可能更多的是分析其"限制"效应，实际上对流层衰减现象在大气遥感领域也可以表现为"凭借"效应。首先，分析大气吸收衰减特性是分析大气辐射特性的重要依据，是建立大气被动遥感技术的重要基础，以传输信息为目的的系统一定选择衰减小的频段作为候选频率，但是被动遥感系统可以通过选择衰减大的频段作为候选频率。另外，目前大气遥感系统大部分是依赖分析主动或者被动回波来分析大气特性，可以称之为"回波式"大气遥感。从理论上讲，可以发展"透过式"遥感系统，也就是双站雷达的特殊形式，通过改变接收端或者发射端的位置，选择衰减敏感的频率作为工作频率，即通过分析幅度信息(当然也可以分析其他方面的信息)反演大气剖面参数。

8.2.3.2　衰减现象的"限制"效应及其对抗

衰减现象直接影响信号的幅度、功率,影响接收信号的信噪比参数,一切与信噪比有关的性能参数均会随衰减的增加而恶化,甚至导致链路中断。对抗衰减的常用方法包括恒定功率余量、分集技术、自适应功率控制、在特定系统为了优化具体参数采取的特殊的信号处理手段。

恒定功率余量是根据衰减现象的长期统计特性,结合系统对于通信可靠度的需求,设置一个恒定的功率发射余量,以保证克服衰减对系统性能的限制。例如:某无线系统要求年时间概率为 99.99% 的可靠度,则需要分析对系统工作频率衰减最严重环境的年时间概率 0.01% 的衰减,一般地,毫米波段、亚毫米波段应该是雨衰最为严重,而光波段则是云雾衰减最为严重。假设 0.01% 的衰减为 20 dB,则需要在自由空间链路预算所需发射功率的基础上再加 20 dB。

分集技术一般针对时间和空间出现为稀少事件的大气沉降粒子环境,例如,降雨、降雪、浓雾、沙尘等环境。分集的概念与 8.2.2.2 小节中介绍的概念一致,其核心目的就是通过合适的分集途径,使得所构造的多个信道中的一个或几个不受衰减的影响。例如,在星-地链路中采取的如图 8.12 所示的轨道分集技术,就是使得图中"2"和"3"卫星对地面的链路不会通过雨区,因而避免雨衰的影响。

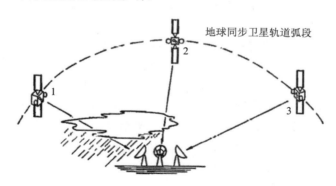

图 8.12　卫星通信中轨道分集示意图

恒定功率余量对于毫米波低频段无线系统基本具有很好的"费效比",可以有效解决对流层环境衰减的困扰。但是,随着工作频率的增加,对流层环境衰减更加严重,恒定功率余量设置的值太高,而这部分功率在一年的大部分时间是浪费行为。大功率发射信号给空间发射设备的供电系统带来了巨大的压力,特别是仅依靠太阳能电池供电的空间发射设备。分集技术有效解决了巨大功率余量的困扰,但是多设备同时工作,特别是诸如图 8.12 所示的通过增加空间设备的分集途径,使得人力、财力耗费巨大,因此也不符合"费效比"。后来,为了发展毫米波卫星通信技术,提出了用于对抗卫星通信系统雨衰效应的自适应功率控制技术。自适应功率控制就是根据衰减特性实时预报结果,然后在需要的时候提高发射功率,而在不需要的时候降低发射功率。自适应功率控制从理论上讲既可用于上行链路,也可用于下行链路或者两者都可以,但是因为卫星转发器的功率有限,所以自适应功率控制方法一般不用于下行链路。

上行链路功率控制通常以开环、闭环和反馈环路的形式应用于工程中。其中：闭环功率控制主要是利用地球站自身的转发器来估计上行链路的衰减；反馈环路主要是地球站把接收到的信号电平送到中心控制站，然后网络中心的地球站根据控制中心发出的控制信号来调整发射功率以补偿该链路的衰减；开环功率控制主要依靠一些独立的方法，如监测卫星信标信号或辐射计测量来估计上行链路的衰减问题。

上行链路功率控制的三种形式中，开环功率控制是最简单的，因为该方法可用于一个单独的地球站而不用考虑全系统；而闭环功率控制由于转发器的利用还依靠于卫星网络的结构，所以实用性较小；反馈环路功率控制则需要考虑全系统，比较复杂。

在控制精度方面，闭环和反馈环路都能提供较高的控制精度，而对于开环功率控制，可利用频率接近发射频率的信标来估计上行链路的衰落，从而调整功率，这种方法也可以得到与闭环和反馈环路相接近的精度。基于此原因，世界无线电行政大会于 1992 年分配了用于 Ka 频段卫星通信系统的上行链路的信标频率。但是考虑到地面站需建立一个复杂的馈电系统和一个专用的频率不同于下行链路频率的接收信标，给地球站造成了额外的负担，特别是对于甚小孔径终端，负担更重，会影响终端用户的使用，因此有必要提出另一种方法，即利用频率接近下行链路频率的信标取代上行链路信标去估计上行链路的衰落。由于上行链路和下行链路并不是直接相干的，所以如果把信号在传输过程中引起衰落的因素考虑进去，再根据一定的频率比例关系进行转换，把下行链路的衰落变换到上行链路，就可以估算出地球站以上行工作频率工作时的衰落量，再进一步对功率进行调整，即可得到较高的控制精度。

由于上行链路功率控制的基本工作原理是将上行链路的衰减量作为参量去调整发射功率以补偿上行链路的损耗，但是对于降雨而言，雨强是随着时间的推移而变化的，相应的由降雨引起的衰减也会变化，上、下行链路上的雨衰值之间的关系同样会发生变化，因此需要 6.2.1.7 小节中介绍的雨衰实时预报技术，为上行链路功率控制提供技术支撑。在没有获得降雨衰减实时预报技术之前，通过采用实时频率变换的方法来估计上行链路的衰减，从而实现上行链路功率控制。但是，实际上降雨引起的上、下行链路衰减量与上、下行频率的实时频率变换关系是降雨的类型、雨滴尺寸分布、温度和沿传播路径上的雨强分布的函数。日本和 COMSAT 通过实验证明了，即使在一个单一的降雨事件过程中，其上、下行链路的衰减量的比例关系与频率的比例关系也不是恒定的。换句话说，自适应功率控制技术的核心问题是实现 6.2.1.7 小节中介绍的雨衰实时预报技术。

当然，自适应功率控制技术也可以用于对抗其他环境引起的衰减，例如：降雪、沙尘暴、云雾等，研究针对其他环境的自适应功率控制技术的核心问题，随即转为实现对应环境衰减现象的实时预报技术。

对于卫星通信系统，也常使用特殊的信号处理手段，以对抗衰减的"限制"效应。例如：在低信噪比条件下，系统中通常使用自适应前向纠错编码以减少出错概率；在自适应 TDMA 系统中，可以通过减少衰减信道的数据速率来增加信道余量，要实现这种方法，必须预留帧时隙，以便提供这种速率缩减突发；低频备份的自适应应用的方法是在衰减严重的情况下，可以将 Ka 频段的业务在低频发射，一旦衰减情况变好，就恢复到原来的频段，这样使用低频段分配或一部分作为高容量 Ka 频段的备份，可能获得的卫星容量是低频段的几倍，而传播可靠性几乎相同；自适应 CDMA 等其他一些抗衰对策也都是行之有效的抗衰对策。

8.2.4　去极化的"凭借"与"限制"效应及其应用与对抗

晴空大气和沉降粒子均能引起对流层去极化现象。5.6 节介绍了晴空大气中的去极化理论，6.1.4 节和 6.3 节介绍了大气沉降粒子的去极化理论。去极化现象在不同的无线电子系统同样可以呈现"凭借"与"限制"效应，本节主要从宏观上探索去极化现象的"凭借"与"限制"效应及其应用与对抗。

8.2.4.1　去极化现象的"凭借"效应及其应用

对流层大气的去极化现象可以作为沉降粒子环境物理特性主动遥感技术的"凭借"效应。例如：用正交偏振法测定沉降粒子的尺寸分布谱非球形特征参数的技术，就是借助不同非球形特征的大气沉降粒子对电磁波产生的去极化效应的差异而实现的一种近现代雷达探测技术。解决去极化现象的"凭借"效应测定大气沉降粒子非球形特征的技术，也被光学波段雷达所采纳。7.4 节中介绍的对流层大气对光的退偏效应，也可以作为检测大气微小沉降粒子非球形特征参数的"凭借"效应。

大气沉降粒子的去极化现象作为"凭借"效应的应用，体现在气象杂波抑制领域。通过使用圆极化波作为主动雷达的探测信号消除降雨杂波技术，就是将类球形粒子对圆极化波散射回波的去极化特征作为"凭借"效应而实现的一项技术。A. B. Schneider 和 P. D. L. Williams 在 1976 年发现，球形粒子对圆极化波的后向散射回波为反向圆极化波，也就是球形粒子的后向散射回波没有同极化波，产生的去极化效应为 $-\infty$，而类球形粒子的后向散射回波中同极化分量也很小[17]。他们提出，如果雷达用圆极化波去探测球形雨滴以外的目标，那么球形雨滴的后向回波由于与天线的极化状态几乎正交而使雨杂波不能进入接收天线，因此采用圆极化波可以有效抑制雨杂波。

8.2.4.2　去极化现象的"限制"效应及其对抗

对于不同的无线系统，去极化现象的"限制"效应体现程度不同。对于单极化无线电子系统，对流层传播环境的去极化现象使得波与接收天线之间出现极化失配，此时去极化现象的"限制"效应实际是一个等效的衰减。利用表 3.8 中提供的西安、北京、三亚地区的降雨率长期统计数据，按照 6.3 节中给出的 ITU-R 去极化计算模型计算去极化，利用 8.1 节中介绍的极化失配因子 m_p 理论计算西安、北京、三亚地区的 m_p 统计特性，计算中考虑了冰晶的去极化效应，计算时链路仰角为 10°，计算线极化时粒子倾角为 5°，计算结果见图 8.13～图 8.15。

由图 8.13～图 8.15 可以看出，圆极化波极化失配比水平、垂直极化波极化失配要严重。三亚地区圆极化波极化情况下 0.01% 时间概率极化失配因子接近 0.3，北京地区圆极化波极化情况下 0.01% 时间概率极化失配因子接近 0.6，西安地区圆极化波极化情况下 0.01% 时间概率极化失配因子接近 0.8。西安、北京、三亚地区水平、垂直极化波极化情况下极化失配几乎可以忽略，极化失配因子接近 0.9。如果要保证 99.99% 的通信可靠度，则水平、垂直极化波极化情况下极化失配损失功率要接近 10%，圆极化波极化情况下极化失配损失功率要达近 70%。如果在链路性能分析和链路功率储备预算中不考虑极化失配因子，则会严重影响系统性能。

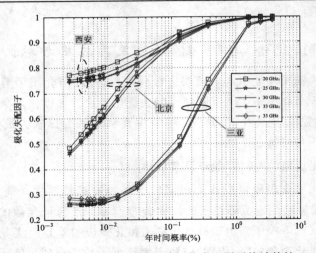

图 8.13　地-空链路圆极化波极化失配因子统计特性

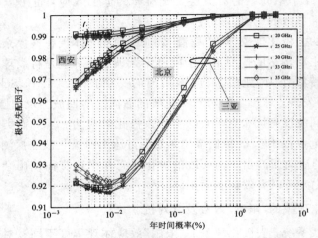

图 8.14　地-空链路垂直极化波极化失配因子统计特性

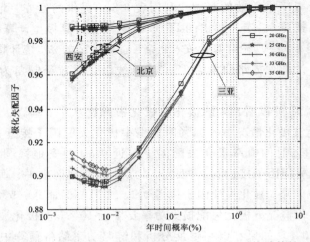

图 8.15　地-空链路水平极化波极化失配因子统计特性

对于双极化频率复用系统，去极化则使得频率复用系统的两个正交极化的同频信道之间出现相互干扰，导致信干比下降，甚至因无法提取信息而使系统功能完全失效，从而成为双极化频率复用系统首要的"限制"效应。对于从极化域提取目标信息的雷达探测系统而言，对流层环境的附加去极化对目标回波信息成为"污染"作用，从而成为从极化域解译目标特征的首要"限制"效应。总而言之，对于任何利用电磁波极化域实现某种特定目标的无线电子系统，去极化现象表现为首要的"限制"效应。

从理论上讲，消除去极化现象的途径不外乎以下三种：改变发射端特征克服去极化现象；在接收端施加特殊的处理方式克服去极化现象；依据对流层环境形成去极化现象的机理，改变引起去极化现象的媒质信道特性，从而克服去极化现象。

对于卫星通信系统的双极化频率复用链路，采取的是在接收端施加特殊的处理方式克服去极化现象的"限制"效应。在接收端采取的主要技术包含还原法、对消法和混合法。还原法和对消法实际上等效于在接收端对信号作用传输矩阵的逆阵，使得信道中产生的去极化现象消除。所以，还原法和对消法的核心难题是根据 6.1.4 节求得传输矩阵 M。还原法是根据 M 中元素的差分衰减和差分相移，在接收端进行补偿，通俗地讲就是将差分衰减和差分相移量用放大器和相移器进行还原。还原法原理图见图 8.16。对消法的原理是通过 M，计算出两路信道中的去极化干扰信号的幅度和相位，然后通过乘法电路乘以干扰信号的等幅反相信号，将干扰信号对消。对消法原理图如图 8.17 所示。混合法与对消法的不同之处是，将两路信道中的干扰信号用还原法还原，然后再馈入其本来的归属信道，以提高信噪比。混合法原理图如图 8.18 所示。

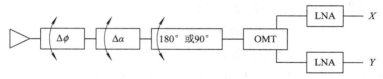

图 8.16　还原法原理图

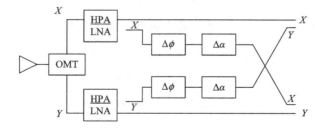

图 8.17　对消法原理图

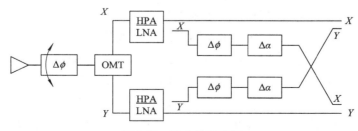

图 8.18　混合法原理图

8.2.5 附加噪声的"凭借"与"限制"效应及其应用与对抗

为了保持热平衡，与电磁波相互作用的任何吸收媒质不仅仅对电磁信号产生衰减，同时由于吸收电磁波能量而引起物质内部微观能态发生变化，当微观能态发生变化时形成电磁辐射。对流层环境也会形成类似辐射，这种电磁辐射进入接收天线，导致接收信号信噪比降低和 G/T 减小，影响无线电子系统的通信质量。同时，由于这种电磁辐射与物质的材料、温度、形状及表面状态密切相关，因而这种电磁辐射也成为了被动遥感的信息源。因此，附加噪声也同时表现出"凭借"和"限制"效应，本节主要从宏观上探索对流层附加噪声的"凭借"与"限制"效应及其应用与对抗。

8.2.5.1 附加噪声的"凭借"效应及其应用

就目前技术状态而言，对流层附加噪声的"凭借"效应主要体现在被动式大气遥感领域。被动式大气遥感就是利用微波辐射计接收大气环境的自发辐射，然后根据大气辐射的波谱特征，分析大气环境的物理特征，它是一项近现代新型科学技术。借助大气辐射特性作为"凭借"效应而发展的被动式大气遥感设备起源于 20 世纪 40 年代，60 年代实现了星载被动式大气遥感，70 年代以来世界各国从实际需要出发，在原理、技术、观测途径、分析数据等方面发展了被动式大气微波遥感，将其广泛应用于大气环境的温度、湿度、云中的含水量、降水强度以及臭氧等微量成分的观测中。

8.2.5.2 附加噪声的"限制"效应及其对抗

对流层附加噪声的"限制"效应主要体现在无线电子系统接收信号信噪比的降低方面。凡是与信噪比有关的系统性能参数均受到附加噪声"限制"效应的影响，所以在无线电子系统中通常不去设法对抗附加噪声问题，而是设法提高信噪比或者发展低信噪比状态下的信号处理技术。

8.2.6 其他传播效应的"凭借"与"限制"效应及其应用与对抗

电波传播本来就是无线电子系统设置的重要组成部分，所以第 5 章～第 7 章所提及的任何传播效应，从理论上讲都或多或少地对系统性能产生"凭借"或者"限制"效应。对于具体的特定的传播效应到底是"凭借"效应还是"限制"效应，以及影响程度如何，取决于无线电子系统的工作原理和功能目的。

对于电波传播工作者而言，首先要针对现有无线电子技术，结合对流层环境中的传播、散射特性，尽可能发现对系统功能有益的"凭借"效应，尽可能发现对系统有害的"限制"效应，或者设法将"限制"效应转化为"凭借"效应；另外，要结合不同电波传播、散射特性的特点，尽可能提出新的技术途径，尽可能发现让"凭借"和"限制"效应在恰当的条件下转换的途径，促进无线电子技术的发展。例如，文献[18]提出的极低频天线小型化技术就是借鉴了大气沉降粒子散射产生多普勒效应的原理；文献[19]提出的截断蒸发波导传播的方法，就是借鉴了蒸发波导超视距传输中的折射特征，让大气折射效应在我方看来是"凭借"效应，而在对抗方看来是"限制"效应。

8.3　散射衰落效应的应用实例
——毫米波星-地 MIMO 通信技术

毫米波星-地 MIMO 通信技术是将对流层散射快衰落的"限制"效应转化为"凭借"效应的典型实例。但是，借助 MIMO 技术将散射衰落效应转化为"凭借"效应后，又对电波传播提出了新的挑战。本节在简介星-地 MIMO 技术的基础上，分析发展该技术需要考虑的其他传播问题。

8.3.1　MIMO 通信技术简介

无线通信技术的应用极为普及，并且继续高速发展，人们对无线通信速度和质量的要求越来越高，应用领域也在不断扩大。但是，无线电频谱资源日益紧张以及现有的通信体制存在通信速度和频谱利用率低等问题，与用户对无线通信速度和质量的要求以及应用领域的扩大成为一对矛盾。众所周知，MIMO 无线通信技术被认为是能够解决该矛盾的有效途径，它并行地发送和接收数据，将随机快衰落转化为有益因素，使通信系统的传输速率、

频谱利用率和通信质量大幅度提高，堪称现代通信领域技术突破，MIMO 通信技术已经成为未来无线通信系统的发展方向之一[20-22]。

一个单收、单发、单极化无线系统的信道模型可以表示为式(8.1)。如果系统为如图 8.19 所示的具有 m_T 个发射天线和 m_R 个接收天线的单极化 MIMO 通信系统，则其模型表示为

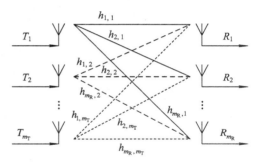

图 8.19　MIMO 系统原理图

$$y(t) = \int_\tau \boldsymbol{H}(t, \tau)\boldsymbol{x}(t-\tau)\mathrm{d}\tau + \boldsymbol{n}(t) \qquad (8.42)$$

其中：$\boldsymbol{x}(t)$ 为 t 时刻发射信号向量；$\boldsymbol{y}(t)$ 为 t 时刻接收信号向量；$\boldsymbol{H}(t, \tau)$ 为时变信道矩阵，其中元素 $h_{i,j}(t, \tau)(i=1, 2, \cdots, m_R; j=1, 2, \cdots, m_T)$ 表示发射天线 j 与接收天线 i 之间的时变信道参数，τ 表示时延；$\boldsymbol{n}(t)$ 为 t 时刻噪声向量，其中元素 $n_i(t)$ 表示通过接收天线 i 进入接收机的噪声，它的均值为 0，方差为 $\sigma_{n\_i}^2(t)$。

在一个信号持续时间内，在频率平坦、时不变信道(时不变信道指的是信道的时间衰落特性在信号持续时间内相同)的假设下可将式(8.1)化简为式(8.2)，在同样的条件假设下，式(8.42)可化简为

$$\boldsymbol{y}(t) = \boldsymbol{H}\boldsymbol{x}(t) + \boldsymbol{n}(t) \qquad (8.43)$$

式中，$\boldsymbol{H}$ 为信道矩阵，其中元素 $h_{i,j}(i=1, 2, \cdots, m_R; j=1, 2, \cdots, m_T)$ 表示发射天线 j 与接收天线 i 之间的信道参数。

根据发射端各天线发射的信息是否相同，MIMO 通信技术又可以分为空间分集和空间复用两种模式。如果是空间分集模式，则各发射端天线在同一个等效发射时隙内发射的信息相同；如果是空间复用模式，则各发射端天线在同一个发射时隙内发射的信息不同。空

间分集模式可以有效降低因快衰落而导致的误码率，但是空间复用模式除了能有效对抗快衰落外，还可以提高信道容量和频谱利用率。当然，MIMO 通信技术也可以与 SISO 通信技术的其他技术融合使用，例如将双极化频率复用技术和 MIMO 技术结合，则可以形成频率复用 MIMO 技术。如果从复用和分集角度对频率复用 MIMO 技术进行讨论，则可以分为四种模式：极化复用空间分集、极化复用空间复用、极化分集空间复用和极化分集空间分集。对于最简单的单极化 2×2 系统，如果采用传输分集，则式(8.43)进一步表示为

$$\begin{bmatrix} y_{11} & y_{12} \\ y_{21} & y_{22} \end{bmatrix} = \begin{bmatrix} h_{11} & h_{12} \\ h_{21} & h_{22} \end{bmatrix} \begin{bmatrix} x_1 & -x_2^* \\ x_2 & x_1^* \end{bmatrix} + \begin{bmatrix} n_{11} & n_{12} \\ n_{21} & n_{22} \end{bmatrix} \tag{8.44}$$

如果采用空间复用技术，则式(8.43)进一步表示为

$$\begin{bmatrix} y_1 \\ y_2 \end{bmatrix} = \begin{bmatrix} h_{11} & h_{12} \\ h_{21} & h_{22} \end{bmatrix} \begin{bmatrix} x_1 \\ x_2 \end{bmatrix} + \begin{bmatrix} n_1 \\ n_2 \end{bmatrix} \tag{8.45}$$

式(8.44)中：y_{11} 和 y_{21} 分别表示第一个和第二个接收天线在第一个时隙接收的数据；x_1 和 x_2 分别表示第一个和第二个发射天线在第一个时隙发射的数据；n_{11} 和 n_{21} 分别表示在第一个接收时刻输入第一个和第二个接收天线的噪声；y_{12} 和 y_{22} 分别表示第一个和第二个接收天线在第二个时隙接收的数据；$-x_2^*$ 和 x_1^* 分别表示第一个和第二个发射天线在第二个时隙发射的数据；n_{12} 和 n_{22} 分别表示在第二个接收时刻输入第一个和第二个接收天线的噪声。所以，从等效发射时隙的角度看，相当于在每一个时隙发射的信息相同。换句话说，实际上分集技术中也有复用效果，但是该技术牺牲了更多的时间域，所以该种模式有效改善了信息传输正确率，但是在信息传输速率方面没有改善。

式(8.45)中：y_1 和 y_2 为接收数据；x_1 和 x_2 为发射数据；n_1 和 n_2 为噪声。可以看出，空间复用技术在每个时隙都并行地发送两个不同信息，所以该技术通过接收分集保证了传送信息的正确性，通过发射复用提高了信息的传输速率。

MIMO 无线技术就是将"限制"效应的随机多径传播现象有效地转化为"凭借"效应的典型案例，实现了对抗多径随机快衰落的最高境界。

8.3.2 星-地毫米波 MIMO 通信系统设置需要考虑的新问题

毫米波通信技术的优越性非常明确，也是国际无线电电子系统的研究热点问题。国际研究动态表明 MIMO 通信技术必将在毫米波段开发应用，不少文献针对毫米波 MIMO 通信问题进行了某一方面的研究：

文献[23]和[24]对毫米波 MIMO 通信技术进行了概述；文献[25]～[33]针对毫米波 MIMO 通信方面在室内环境开展研究；文献[34]～[37]在室外晴空状态下开展毫米波 MIMO 系统短距离传输性能方面的研究；文献[38]～[40]针对毫米波 MIMO 系统天线方面进行了研究；文献[40]～[54]针对毫米波 MIMO 信道特性、容量及误码性能、时空编码方面进行了研究，但没有考虑对流层环境的影响；文献[55]～[59]中特别指出研究毫米波 MIMO 通信技术需要考虑对流层传输效应的影响。

另外，近年来，人们开始关注 MIMO 通信技术在地-卫通信系统中的应用，文献[21]对地-卫通信系统采用 MIMO 技术进行了综述，文献[60]～[63]针对地-卫 MIMO 通信问题进行了讨论，文献[4]对星-地毫米波 MIMO 信道及误码率性能进行了研究。所以，毫米波地-卫 MIMO 信道和通信性能的研究是一个新颖而具有重要意义的研究课题。

文献[4]研究表明，毫米波星-地 MIMO 通信技术可以有效地将大气闪烁效应转化为凭借效应，借助丰富、随机的散射传播特征，支撑 MIMO 信道子信道之间的正交特性，将散射信号有效地利用起来，提高了接收信噪比，有效缓解了对流层环境对毫米波卫星通信技术的制约。文献[4]同时指出，当借助对流层散射衰落支撑 MIMO 通信技术子信道之间的正交特性时，对流层闪烁衰落似乎又是时间上的稀少事件，因此如何保证大部分时间子信道之间的正交特性显得尤为重要。另一方面，互耦效应可以降低 MIMO 通信系统性能，那么沉降粒子及大气湍流的散射效应是否具备形成互耦的机理，互耦特性如何呢？也就是说，毫米波星-地 MIMO 通信技术在克服了许多问题的基础上，又有新的传输效应需要分析研究。就目前而言，至少需要评估对流层沉降粒子的互耦特性，需要研究子信道之间的空间相关性，探索其去相关技术。本节主要讨论沉降粒子的散射互耦特性和信道空间相关性及去相关技术。

8.3.2.1 散射互耦

考虑互耦作用后，MIMO 系统信道模型即式（8.43）变为[64]

$$y(t) = C^R H C^T x(t) + n(t) = H_C x(t) + n(t) \qquad (8.46)$$

其中：C^R 和 C^T 分别是接收端和发射端的耦合矩阵；H_C 代表考虑互耦效应之后的信道矩阵。有不少文献研究了阵列天线之间近场互耦效应对信道特性的影响，例如文献[64]～[67]。将 MIMO 技术应用至毫米波段时，由于毫米波天线具有高增益、窄波束的特性，所以相互之间由近场作用引起互耦的机会降低，但是并不意味着毫米波 MIMO 系统不需要考虑互耦对信道及系统性能的影响。如图 8.20 所示，对于一个毫米波 MIMO 通信系统，发射端天线 A、B 各自和

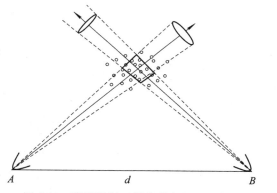

图 8.20 降雨散射互耦的形成机理示意图

空间站通信时，波束可能在空间相交，但空间中无大量散射体时 A、B 之间也是独立互不影响的。如果空间中有大气湍流、雨、雪、冰雹等大量散射体存在，则天线 A 发出的电磁波会由于散射作用而向各个方向散射。位于 A、B 两个天线波束公共体积的散射体散射的电磁波引起了发射场相互交换，A 发射信号的部分电磁波能量被天线 B 接收，影响天线 B 的辐射特性；同样，天线 B 也可以通过散射作用影响天线 A 的辐射特性，进而影响到整个 MIMO 通信系统的工作性能，这就是"散射互耦"的机理。所以，设置毫米波星-地 MIMO 系统时，需要考虑互耦效应的信道矩阵。

互耦作用的大小可以用互阻抗或互耦系数来衡量，这里使用散射互阻抗来衡量两个天线之间散射互耦作用的大小。图 8.20 中，天线 B 相对于天线 A 的散射互阻抗 Z_{S_BA} 定义为[68]

$$Z_{S\_BA} = \frac{V_{S\_BA}}{I_A} \qquad (8.47)$$

其中：I_A 是假设天线 A 处于发射状态时，馈源上电流的幅值；V_{S_BA} 是假设天线 B 处于接收模式时，天线 A 的辐射场入射至天线 A 和 B 波束公共区域后，沉降粒子对入射场的散射场在天线 B 形成的开路电压。同样可以定义天线 A 相对于天线 B 的散射互阻抗 Z_{S_AB} 为

$$Z_{S\_AB} = \frac{V_{S\_AB}}{I_B} \tag{8.48}$$

下面利用 6.1 节中的基本理论推导降雨环境中的散射互阻抗理论模型，以抛物面天线为例进行计算、仿真和分析。

降雨环境下，毫米波 MIMO 通信系统天线阵元之间通过雨滴粒子的散射而产生互耦作用。根据反射面天线的接收过程可知，图 8.20 中天线 B 相对于天线 A 的散射互阻抗 Z_{S_BA}，是由于沉降粒子对天线 A 入射场的散射场入射至天线 B 的反射面，然后被反射至天线 B 的馈源形成了感应电动势，因此在天线 B 形成开路电压 V_{S_BA}。所以，式（8.47）进一步表示为

$$Z_{S\_BA} = -\frac{V_{S\_BA}}{I_A} = -\frac{\int_l \boldsymbol{E}_{S\_BA} \cdot \mathrm{d}\boldsymbol{l}}{I_A} = -\frac{\boldsymbol{E}_{S\_BA\_0} \cdot \boldsymbol{l}_0}{I_A} \tag{8.49}$$

式中：$\boldsymbol{E}_{S\_BA}$ 是天线 A 经过散射耦合到天线 B 馈源上 $\mathrm{d}\boldsymbol{l}$ 处的电场矢量幅度；$\boldsymbol{E}_{S\_BA\_0}$ 是馈源中心点处的电场；$\boldsymbol{l}_0$ 是馈源的等效长度。

对于面天线，$\boldsymbol{E}_{S\_BA\_0}$ 表示为

$$\boldsymbol{E}_{S\_BA\_0} = -\frac{\mathrm{j}\omega\mu_0}{4\pi} \iint_s \boldsymbol{J}_\tau \frac{\exp(-\mathrm{j}kr)}{r} \mathrm{d}s \tag{8.50}$$

其中：$\boldsymbol{J}_\tau$ 是由于空间中粒子的散射而在天线表面 $\mathrm{d}s$ 处产生的电流密度；r 是面元 $\mathrm{d}s$ 到馈源的距离；ω 是散射波的角频率；μ_0 是真空的磁导率。表面电流密度表明散射场的关系可以表示为

$$\boldsymbol{J}_\tau = \frac{2\boldsymbol{n} \times \boldsymbol{r} \times \boldsymbol{E}_{S\_R}}{\eta} \tag{8.51}$$

式中：$\boldsymbol{n}$ 是面天线的法向单位矢量；$\boldsymbol{r}$ 是散射波传播方向的单位矢量；$\boldsymbol{E}_{S\_R}$ 是散射场在天线表面 $\mathrm{d}s$ 处的电场矢量；η 是环境媒质的波阻抗，表示为

$$\eta = \sqrt{\frac{\varepsilon_{\mathrm{eff}}}{\mu_0}} \tag{8.52}$$

其中，$\varepsilon_{\mathrm{eff}}$ 是 3.5.4 节中介绍的降雨环境的等效介电常数。

式（8.51）中的 $\boldsymbol{E}_{S\_R}$ 是所有粒子在天线表面 $\mathrm{d}s$ 处的电场矢量的叠加，表示为

$$\boldsymbol{E}_{S\_R} = \int_{D_{\min}}^{D_{\max}} \int_{V_C} \boldsymbol{E}_S(D) N(D) \mathrm{d}V \mathrm{d}D \tag{8.53}$$

其中：V_C 表示两个天线的公共体积；D 是 V_C 范围内的某个雨滴的直径；$D_{\min}$ 和 $D_{\max}$ 分别是直径取值的最小值和最大值；$N(D)$ 表示雨滴粒子尺寸分布谱函数；$\boldsymbol{E}_S(D)$ 是直径为 D 的雨滴粒子的散射场。

如图 8.21 所示，将雨滴近似为球形粒子，由 Mie 理论可知 $\boldsymbol{E}_S(D)$ 的 θ 和 φ 分量分别表示为[14]

$$E_{S\_\theta}(D) = E_A \exp(-\gamma_1 - \gamma_2) \frac{S_2(D, \theta_s)}{\mathrm{j}kr_2} \exp[-\mathrm{j}k(r_2 + r_1)]\cos\varphi_s \tag{8.54}$$

$$E_{S\_\varphi}(D) = -E_A \exp(-\gamma_1 - \gamma_2) \frac{S_1(D, \theta_s)}{\mathrm{j}kr_2} \exp[-\mathrm{j}k(r_2 + r_1)]\sin\varphi_s \tag{8.55}$$

式（8.54）和式（8.55）中：r_1 表示天线 A 口径到雨滴的距离；r_2 表示天线 B 表面元 $\mathrm{d}s$ 到雨

滴的距离；E_A 是交叉波束范围内雨滴粒子的入射场；$S_1(D,\theta_s)$、$S_2(D,\theta_s)$ 是散射幅度函数[14]；θ_s 是散射角；φ_s 是散射方位角；γ_1、γ_2 分别是入射波和散射波穿过媒质的衰减。

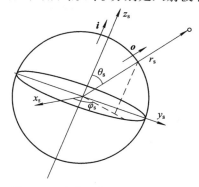

图 8.21　球形雨滴粒子散射示意图

由于毫米波系统天线具有高增益、窄波束的特性，因此为了方便分析问题给出如下合理假设：

将入射场近似为平面波，也就是说图 8.22(a) 中在交叉波束内的任意两个粒子 P_1 和 P_2，其散射角在半功率波束范围内满足 $\theta_{s1}\approx\theta_{s2}$，而且近似等于粒子位于波束主轴交点 P_c 时的散射角 θ_s；

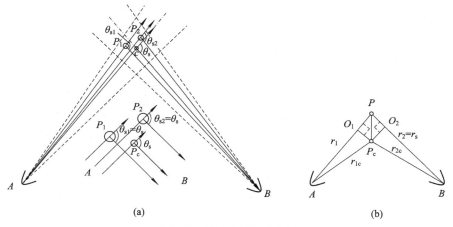

(a)　　　　　　　　　　　　　　(b)

图 8.22　平面波近似示意图

如图 8.22(a) 所示，两波束主轴交点 P_c 处入射波的方向作为近似平面波的入射方向，如果天线的半功率宽度小于 $10°$，则平面波幅度为 $0.8535E_{A\_0}$，其中 E_{A_0} 为天线 A 在主轴方向辐射波的幅度；

如图 8.22(b) 所示，与式 (8.54) 和式 (8.55) 中的幅度和衰减有关的距离，近似用天线到两天线波束交叉中心点 P_c 的距离代替，也就是说，式 (8.54) 和式 (8.55) 中分母上的 $r_2\approx r_{2c}$，降雨衰减 γ_1 和 γ_2 可以表示为

$$\begin{cases} \gamma_1\approx\gamma_{1c}=\gamma\cdot r_{1c}\cdot\dfrac{10^{-3}}{8.686} \\[2mm] \gamma_2\approx\gamma_{2c}=\gamma\cdot r_{2c}\cdot\dfrac{10^{-3}}{8.686} \end{cases} \tag{8.56}$$

其中 γ 表示降雨衰减率，计算方法见 6.2.1.1 小节；

如图 8.22(b) 所示，与式 (8.54) 和式 (8.55) 中相位有关的距离，近似为 $r_1 = r_{1c} + PO_1$、$r_2 = r_{2c} + PO_2$。

在上述假设条件下，式 (8.53) 表示的所有粒子在天线表面 ds 处的电场矢量 $\boldsymbol{E}_{S\_R}$ 在 θ 和 φ 方向的分量分别表示为

$$E_{S\_R\_\theta_s} = \int_{D_{min}}^{D_{max}} 0.8535 E_A \exp(-\gamma_{1c} - \gamma_{2c}) \frac{S_2(D, \theta_s)}{jkr_{2c}} \exp[-jk(r_{2c} + r_{1c})]$$
$$\cdot \cos\varphi_s N(D) \int_{VC} \exp[-jk(PO_1 + PO_2)] dV dD \qquad (8.57)$$

$$E_{S\_R\_\varphi_s} = \int_{D_{min}}^{D_{max}} -0.8535 E_A \exp(-\gamma_{1c} - \gamma_{2c}) \frac{jS_2(D, \theta_s)}{kr_{2c}} \exp[-jk(r_{2c} + r_{1c})]$$
$$\cdot \sin\varphi_{sc} N(D) \int_{VC} \exp[-jk(PO_1 + PO_2)] dV dD \qquad (8.58)$$

如图 8.23 所示，由于波束的交叉体是非规则的几何体，体积元和积分变量之间积分运算比较困难，为了简化计算过程，对交叉体积作了等效近似，利用体积相等把交叉体等效为球体，球心位于主轴交点 P_c 处。对于窄波束天线，两个天线的波束交叉体积 V_C 表示为[14]

$$V_C = \left(\frac{\pi}{8\ln2}\right)^{3/2} \frac{r_{1c}^2 r_{2c}^2 \theta_A \theta_B \phi_A \phi_B}{(r_{1c}^2 \phi_A^2 + r_{2c}^2 \phi_B^2)^{1/2}} \frac{1}{\sin\theta_s} \qquad (8.59)$$

式中：θ_A 和 ϕ_A 分别是抛物面天线 A 的 E 面和 H 面的半功率波束宽度；θ_B 和 ϕ_B 分别是抛物面天线 B 的 E 面和 H 面的半功率波束宽度；θ_s 是图 8.22(a) 中的散射角。由体积相等等效法则便可以得到等效球体的半径 a_s 为

$$a_s = \sqrt[6]{\frac{9\pi}{8192(\ln2)^3}} \sqrt[3]{\frac{r_{1c}^2 r_{2c}^2 \theta_A \theta_B \phi_A \phi_B}{(r_{1c}^2 \phi_A^2 + r_{2c}^2 \phi_B^2)^{1/2}} \frac{1}{\sin\theta_s}} \qquad (8.60)$$

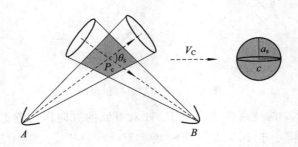

图 8.23 交叉体积的球体等效示意图

如图 8.24 所示，如果两站的位置是确定的，则等效球体的半径就是确定值。为了方便运算，选择 $\boldsymbol{k}_s = \boldsymbol{k}_1 - \boldsymbol{k}_2$ 作为球坐标系 $X_{sp}Y_{sp}Z_{sp}$ 的 Z_{sp} 轴方向，且 $|\boldsymbol{k}_s| = k_s = 2k\sin(\theta/2)$。坐标系 $X_{sp}Y_{sp}Z_{sp}$ 是用于描述散射体积单元 dV 的局部坐标系。在这样的坐标系下，式 (8.57) 和式 (8.58) 中的 $k(PO_1 + PO_2)$ 表示为

$$k(PO_1 + PO_2) = 2k\sin\frac{\theta_s}{2}\cos\theta \qquad (8.61)$$

其中 θ 如图 8.24 中所示。

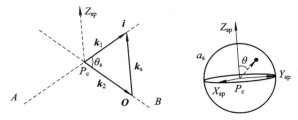

图 8.24　k_s 与 k_1、k_2 关系示意图

因此，式(8.57)和式(8.58)中的体积积分可表示为

$$\text{int} = \int_{V_C} e^{jk(PO_1+PO_2)} dV = \int_0^{2\pi} d\varphi \int_0^{\pi} \sin\theta\, d\theta \int_0^{a_s} e^{j2\sin(\theta_{sc}/2)kr\cos\theta} r^2\, dr$$

$$= \frac{4\pi}{2\sin(\theta_{sc}/2)k} \left\{ \left[2\sin(\theta_{sc}/2)ka_s \right] \cos\left[2\sin\left(\frac{\theta_{sc}}{2}\right)ka_s \right] - \sin\left[2\sin\left(\frac{\theta_{sc}}{2}\right)ka_s \right] \right\} \quad (8.62)$$

所以，最后给出的 $E_{S\_R\_\theta s}$ 和 $E_{S\_R\_\varphi s}$ 分别为

$$E_{S\_R\_\theta s} = \int_{D_{\min}}^{D_{\max}} 0.8535 E_A \exp(-\gamma_{1c}-\gamma_{2c}) \frac{jS_2(D,\theta_s)}{kr_{2c}}$$

$$\cdot \exp[jk(r_{2c}-\Delta r)]\cos\varphi_s N(D)(\text{int})dD \quad (8.63)$$

$$E_{S\_R\_\varphi s} = \int_{D_{\min}}^{D_{\max}} -0.8535 E_A \exp(-\gamma_{1c}-\gamma_{2c}) \frac{jS_2(D,\theta_s)}{kr_{2c}}$$

$$\cdot \exp[jk(r_{2c}-\Delta r)]\sin\varphi_s N(D)(\text{int})dD \quad (8.64)$$

其中，$\Delta r = r_{2c} - r'_{2c}$，表示天线 B 表面上两个不同点到达波束中心交叉点 P_c 的距离差，如图 8.25 所示。需要注意的是，$E_{S\_R\_\theta s}$ 和 $E_{S\_R\_\varphi s}$ 是在散射坐标系 $X_{sp}Y_{sp}Z_{sp}$ 下的球坐标分量，不能直接耦合到天线 B 上，需要进行坐标变换将其转换到天线 B 的坐标系，再利用式(8.49)～式(8.51)方可得到降雨散射互阻抗。

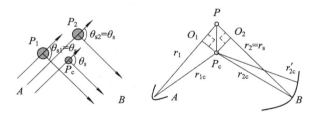

图 8.25　式(8.63)和式(8.64)中的 Δr 计算示意图

按照同样的过程，可以推导出 Z_{S_BA} 的计算表达式。一般情况下，当天线位置、结构以及降雨宏观条件一致时，可以合理认为 Z_{S_BA} 与 Z_{S_AB} 一致。以上推导出了降雨环境 MIMO 系统普适的天线阻抗 Z_{S_BA} 与 Z_{S_AB} 的计算模型。下面以抛物面天线为例，具体分析降雨散射互阻抗的变化规律。

假设两个相同的前馈旋转抛物面天线如图 8.26 所示放置，两个天线的馈电结构是带有反射盘的中心馈电偶极子。为简单且不失一般性，假设图 8.26 中的天线 A 处于发射模式，而天线 B 处于开路状态，然后按照式(8.47)或者式(8.49)计算它们的互阻抗 Z_{S_BA}。图 8.26 中各参量如下：α 和 β 表示两个天线仰角；d 表示两个天线之间的距离；P_c 表示两个天线波束中心的交点；坐标系 xyz 用于描述两个天线的相对位置；坐标系 $x'y'z'$ 用于描述天线

A；坐标系 $x''y''z''$ 用于描述天线 B；坐标系 $x_s y_s z_s$ 用于描述公共体积内的粒子的散射场。

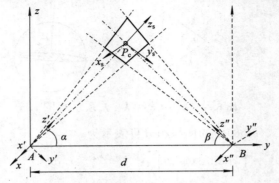

图 8.26　计算中采用的几何结构及坐标系示意图

处于发射模式的天线 A 的各参数如图 8.27 所示，处于开路接收模式的天线 B 的各参数如图 8.28 所示。图 8.27 和图 8.28 中各参数的意义如下：a 表示天线 A 和 B 的口径平面的半径；f_p 表示天线的焦距；n 表示天线抛物面上任一点的法向单位矢量；ξ_0 表示天线的抛物面口径边沿与偶极子馈线中心的连线相对于抛物面轴线之间的夹角；坐标系 $x'y'z'$ 是将坐标系 xyz 以其 x 轴为旋转轴，顺时针旋转 $90-\alpha$ 后得到的；坐标系 $x_s y_s z_s$ 是将坐标系 $x'y'z'$ 沿其 z' 轴平移至两天线波束中心交叉点得到的；坐标系 $x''y''z''$ 是先将坐标系 xyz 以其 x 轴为旋转轴逆时针旋转 $90-\beta$ 后再沿 xyz 的 y 轴正方向将旋转后的坐标系平移距离 d 后得到的。

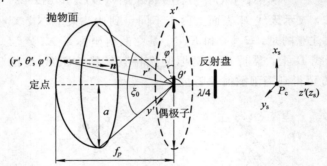

图 8.27　带反射盘的抛物面天线 A 的结构示意图

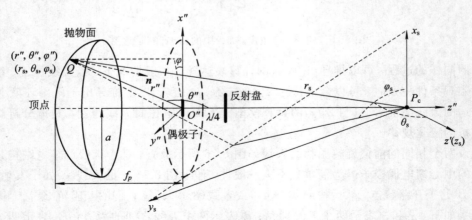

图 8.28　天线 B 的接收过程示意图

需要注意的是，在分析过程中需要将各自直角坐标系参量关联至以各自直角坐标系所定义的球坐标系参量，例如，将直角坐标系分量(x, y, z)、(x', y', z')和(x'', y'', z'')分别关联至球坐标系分量(r, θ, φ)、(r', θ', φ')和$(r'', \theta'', \varphi'')$。同时，也要将某一个坐标系的分量与其他坐标系的变量进行关联。坐标旋转及平移转化算法可以在任何有关坐标基矢量之间的转化文献中查到，例如文献[69]和[70]。

从图 8.26～图 8.28 可以获得仿真降雨环境互阻抗需要的参数，例如：$\theta_s = 180 - \alpha - \beta$；可以通过将坐标系 $x''y''z''$ 中的矢量 $\overline{O''Q}$ 的分量 $(r'', \theta'', \varphi'')$ 转化为在 $x_s y_s z_s$ 坐标系中的分量 $(r_s, \theta_s, \varphi_s)$ 获得 φ_s；$\Delta r = r_s - r_{2c} - f_p$；$r_{1c}$ 和 r_{2c} 的方程为

$$\begin{cases} r_{1c} \cdot \cos\alpha + r_{2c} \cdot \cos\beta = d \\ r_{1c} \cdot \sin\alpha = r_{2c} \cdot \sin\beta \end{cases} \tag{8.65}$$

根据文献[71]可知，图 8.26 中天线 A 的辐射波为沿 x' 轴的线极化波，在点 P_c 的电场幅度 E_{A0} 为

$$E_{A0} = \frac{120\pi^2 I_A l_0 a^2}{\lambda^2 r_{1c} f_p} \left[1.48 \frac{J_1(7a/4f_p)J_0(0)}{7a/4f_p} - \frac{3J_2(0)J_1(21a/8f_p)}{(21a/8f_p)^2} \right] \tag{8.66}$$

另外，天线 A 在式(8.59)和式(8.60)中所需的 E 面、H 面半功率宽度与 $a/(2f_p)$ 有关，仿真过程中假设 E 面半功率宽度为 $3°$、$a/(2f_p) = 0.4$。也就是说，式(8.59)和式(8.60)中 $\theta_A = \theta_B = 3°$、$\phi_A = \phi_B = 2.9°$，而且 $a = 63\lambda/6$，$f_p = a/0.8$[71]。

天线 B 上面源 ds 处由雨滴粒子产生的总散射场可以通过把式(8.66)代入式(8.63)和式(8.64)中计算获得。把 $E_{S\_R\_\theta s}$ 和 $E_{S\_R\_\varphi s}$ 在 $x_s y_s z_s$ 的分量换算为 $x''y''z''$ 中的 $E_{S\_R\_x''}$、$E_{S\_R\_y''}$ 和 $E_{S\_R\_z''}$，同时把 $x_s y_s z_s$ 中的散射波传播方向单位矢量 r 分量换算为 $x''y''z''$ 中的分量，然后 ds 处的面电流密度可以由式(8.51)计算获得。最后，图 8.26 中两个天线的互阻抗 Z_{S_BA} 可以由式(8.49)计算获得。在仿真计算中，雨滴尺寸谱 $N(D)$ 取 3.2.1.4 小节中的 Weibull 谱。图 8.29～图 8.31 给出了不同情况下，Z_{S_BA} 随降雨率 R 的变化关系。图 8.32～图 8.34 给出了不同情况下，Z_{S_BA} 随 d 的变化关系。图 8.35～图 8.37 给出了不同情况下，Z_{S_BA} 随 f 的变化关系。

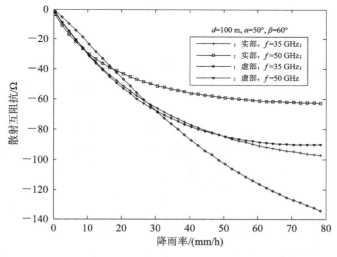

图 8.29 d、α、β 一定时，不同 f 条件下 Z_{S_BA} 随降雨率 R 的变化关系

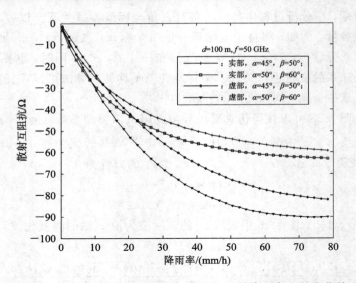

图 8.30 d、f 一定时，不同 α、β 条件下 Z_{S_BA} 随降雨率 R 的变化关系

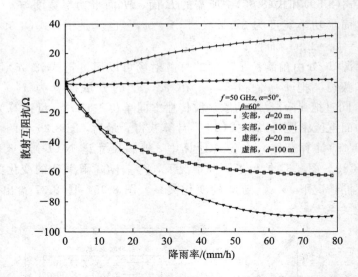

图 8.31 α、β、f 一定时，不同 d 条件下 Z_{S_BA} 随降雨率 R 的变化关系

图 8.29～图 8.31 显示，降雨散射引起的散射互耦效应随降雨率 R 增加的趋势，与角度 α、β 以及间距 d 和频率 f 有关。图 8.29 显示，α、β 及 d 一定时，50 GHz 条件下 Z_{S_BA} 随降雨率 R 增加的比 35 GHz 条件下增加的缓慢。这样的结果主要是因为 50 GHz 时衰减比 35 GHz 时严重，同时也与不同频率电磁波与雨滴作用时散射特性的差异有关。实际上可以做出以下推断：由于更高频率的衰减严重，Z_{S_BA} 随降雨率 R 的变化会出现先增加后减小的结果，这是由衰减特性和散射特性共同决定的。从图 8.30 和图 8.31 的结果可以推断：α、β 及 d 可以通过改变两个天线交叉体积的大小及衰减的严重程度，影响 Z_{S_BA} 随降雨率 R 的变化趋势。更大的交叉体积和更小的衰减可使散射互耦效应更加严重；反之，互耦效应较轻微。

从图 8.32～图 8.34 可以看出，Z_{S_BA} 随天线之间的距离呈现出振荡变化的趋势，但是，

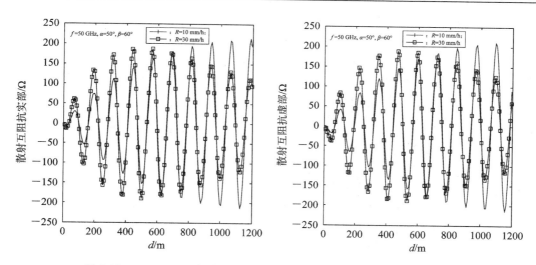

图 8.32　α、β、f 一定时，不同降雨率 R 条件下 Z_{S_BA} 随 d 的变化关系

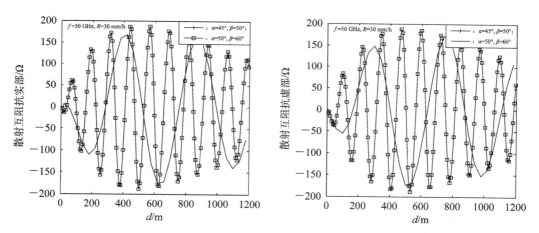

图 8.33　R、f 一定时，不同 α、β 条件下 Z_{S_BA} 随 d 的变化关系

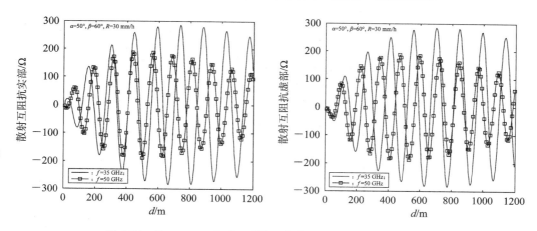

图 8.34　R、α、β 一定时，不同 f 条件下 Z_{S_BA} 随 d 的变化关系

α、β 及 f 影响它们之间的振荡变化特征。当然，衰减的严重程度及雨滴粒子散射特性共同

影响互阻抗 Z_{S_BA} 的结果,所以图 8.32～图 8.34 中的结果呈现出 Z_{S_BA} 随距离先增大后减小的趋势。

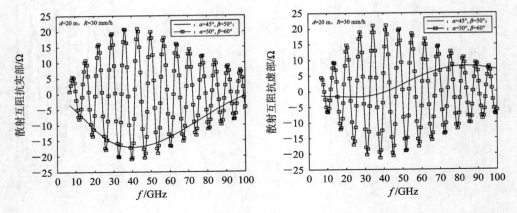

图 8.35　d、R 一定时,不同 α、β 条件下 Z_{S_BA} 随 f 的变化关系

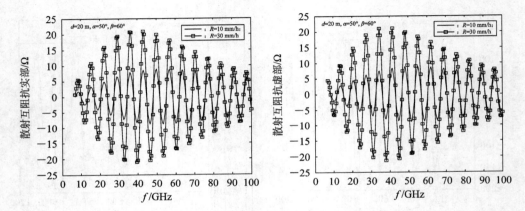

图 8.36　d、α、β 一定时,不同 R 条件下 Z_{S_BA} 随 f 的变化关系

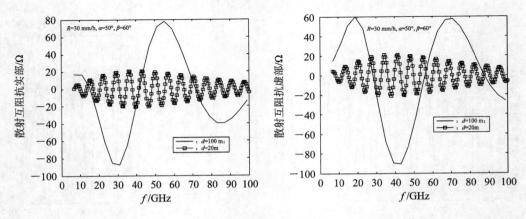

图 8.37　R、α、β 一定时,不同 d 条件下 Z_{S_BA} 随 f 的变化关系

与 Z_{S_BA} 随天线间距的变化规律类似,Z_{S_BA} 随频率 f 的变化也呈现出振荡变化趋势,而且 α、β 及 d 影响它们之间的振荡变化特征。因为衰减的严重程度和雨滴粒子散射特性

共同影响 Z_{S_BA} 的结果，所以图 8.35～图 8.37 中的结果呈现出 Z_{S_BA} 随频率 f 先增大后减小的趋势。

散射互耦特性是在毫米波星-地 MIMO 通信技术牵引下，本书作者提出的传输特性，目前并未形成大规模探索和研究，但是从 MIMO 通信技术的基本原理和对流层传播散射的基本理论和前述分析结果可以推出以下结论：上述仿真结果显示，Z_{S_BA} 大约几十至几百欧姆量级，换句话说，从科学严谨的态度分析，不能直接忽略散射引起的互阻抗 Z_{S_BA} 对 MIMO 性能的影响；Z_{S_BA} 随频率和间距呈现出振荡变化特征，而且频率、间距及天线仰角均影响振荡特征，这些变化规律暗含的意思是可以通过优化链路参数，降低散射互耦对毫米波星-地 MIMO 链路性能的"限制"效应。

8.3.2.2　MIMO 信道空间去相关技术

相对于单输入单输出毫米波卫星通信系统，毫米波 MIMO 卫星通信技术成功利用了对流层环境散射现象在各子信道形成了相互不相关的随机衰落现象，有效提高了接收信号信噪比；结合 MIMO 编码技术使得通信系统在各子信道并行地发送和接收数据，从而大幅度提高了系统的传输速率、通信质量和频谱利用率。毫米波 MIMO 无线通信技术已经成为国际热点研究领域。文献[4]研究了 Ka 波段星-地 MIMO 通信系统的误码率性能，文献[59]和[72]研究了 Ku 及以上波段卫星 MIMO 通信系统的信道容量以及抗干扰性能，文献[56]和[73]研究了 Ka 波段星-地 MIMO 通信系统的抗衰落性能，文献[74]研究了卫星通信系统采用卫星分集和极化分集时的误码率性能。

然而，上述毫米波 MIMO 技术的优势都基于 MIMO 信道满足正交、同分布衰落的假设。实际上，当 MIMO 信道存在相关性时，随着相关性逐渐增强，MIMO 通信系统性能会急剧降低[4]。因此，存在不相关（正交）、同分布衰落 MIMO 信道，是实现毫米波 MIMO 卫星通信系统优越性能的必要条件。换句话说就是需要在通信链路中，持续存在复杂、随机的多径传播环境。对于卫星链路而言，随机多径传播环境由大气湍流结构和大气随机沉降粒子构成[4]。

根据随机媒质中的波传播理论可知，当两点空间距离一定时，在大气沉降粒子的作用可以忽略的晴空条件下，空间相关性与湍流结构常数 C_n 和湍流外尺度 L_0 有密切的关系[14]。一般地，在 $C_n > 4 \times 10^{-8}$ $m^{-1/3}$ 的中、强湍流情况下，相关距离较小；反之，在 C_n 为 10^{-9} $m^{-1/3}$ 量级的弱湍流情况下，相关距离较大[14]。实际上，晴空大气状态下，弱湍流出现的时间概率大约为 80%，远远大于强湍流的出现概率[74-77]。如果按照弱湍流条件得到的较大相关距离设置 MIMO 卫星通信系统，以保证信道不相关，那么可能使得信道不是同分布衰落。也就是说，较大的空间间距使得子信道服从的衰落概率密度函数类型虽然相同，但是概率密度函数的均值、方差等统计特征参数不同。根据 MIMO 通信技术可知，此时 MIMO 技术的优势同样不能得以实现。如果按照强湍流条件得出的较小相关距离设置 MIMO 卫星通信系统，则大部分时间不能保证信道的不相关（正交）特性，也就是 MIMO 技术的优势在大部分时间无法实现。换句话说就是，如果依赖大气湍流以保证 MIMO 卫星通信系统的不相关（正交）、同衰落分布的信道，MIMO 技术的优势在大部分时间无法实现。

当大气沉降粒子出现时，随机运动粒子的随机散射，就像地面通信系统中的随机地形、地物的反射、衍射效应，可以保证 MIMO 卫星通信系统的不相关（正交）、同衰落分布的信道[4]。但是，相对于晴空大气环境，能够引起毫米波信号明显散射效应的雨、雪、冰雹、沙尘等大气沉降粒子环境属于空间和时间上的稀少事件。因此，依赖大气沉降粒子保证MIMO卫星通信系统的不相关（正交）、同衰落分布的信道，MIMO技术的优势在大部分时间也无法实现。

综上所述，依赖大气湍流结构和大气随机沉降粒子环境，几乎不可能保证毫米波MIMO卫星通信系统所需要的全时间概率不相关（正交）、同衰落分布信道。那么，毫米波MIMO卫星通信系统的优势就像"海市蜃楼"一样可望而不可及。因此，在毫米波MIMO卫星通信系统设置参数不变的条件下，寻求毫米波MIMO信道去空间相关性是当前亟待解决的问题[4]。但是，迄今为止尚无毫米波星-地MIMO信道去空间相关性技术的文献，所以去相关技术是发展毫米波星-地MIMO技术所需要考虑的又一新的传输特性。

文献[4]中曾经提到，"The way should be related to the technology of artificially disturbing channel"。本书作者探索了文献[4]所设想的信道人工扰动技术，提出了通过相干声波影响对流层折射指数，定向影响电波传播特性的设想，并论证了其可行性[78]。目前相关研究还在进一步探索当中。换句话说，毫米波星-地MIMO链路去相关特性并未形成大规模探索和研究，尚需要电波传播工作者不断探索。

8.4　基于晴空大气人工变态技术的应用设想

电波传播是所有无线电子系统的重要组成部分。电波传播不可避免地涉及各种物理特性和时空结构的环境媒质，环境媒质对电波传播有两方面的效应：一方面为某些传播模式提供了"凭借"效应，例如对流层中大气湍流是实现对流层散射传播的"凭借"媒质，再如具有特殊折射率梯度结构的表面大气波导和蒸发波导是实现大气波导超视距传播的"凭借"媒质；另一方面则是对电波传播的"限制"效应以及对电波所载信息的"污染"作用，比如大气衰减、闪烁等衰落会导致卫星信号传输中断，大气折射会导致导航和雷达定位误差，大气噪声会对遥感信息产生污染作用等。电波传播研究的目的就是在充分掌握或者控制环境媒质物理、电磁特性的基础上，研究环境媒质的"凭借"与"限制"效应，从两方面加以利用：一方面用其所长而避其所短，并对系统中的传播效应进行预测、修正、克服和利用，使系统工作性能与环境媒质特性达到良好匹配；另一方面则是在无线系统对抗中，使敌方无法对无线系统中的传播效应进行预测、修正、克服和利用，破坏对方系统工作性能与环境媒质特性之间的匹配关系。

基于相干声波扰动对流层的传输效应综合调控及应用技术，就是在一定的条件下改变、控制对流层大气环境的物理、电磁特性，进而实现大气媒质对电磁波的幅度、相位、传播方向、极化等参数的改变、控制，以有效利用对流层环境对电磁波的"凭借"及"限制"效应，使得对流层环境对无线系统性能的影响朝预想的方向发展，这是一个新型科学研究领域。文献[78]首次提出了基于相干声波扰动对流层大气折射指数的电磁波定向影响理论，使得相干声波扰动对流层的传输效应综合调控及应用探索迈开第一步，相关内容已经在2.5节进行了概括。

如果灵活应用这些周期结构"人工不均匀体"散射、折射效应，则可以从信道域实现无线电子系统的颠覆性的突破。从理论上讲，相干声波扰动对流层大气折射指数机理至少可以用于以下应用模式：辐射源被动侦查、应急超视距通信、蒸发波导超视距雷达隐身、光电相干检测成像雷达干扰对抗等。

8.4.1　散射超视距通信及辐射源被动定位

对于对流层散射超视距而言，对流层散射主要依赖大气天然运动而出现了折射率不均匀体，所以由于 8.2.1.1 小节所述的那些固有缺点，使得对流层散射超视距的诸多优点无法体现，甚至一度由于卫星通信的出现，而使得对流层散射通信被忽视。但是，如果能够设法克服由于依赖大气天然运动而出现的折射率不均匀体所带来的固有缺点，则对流层散射超视距通信技术在军事及民用方面均具有重要的实用价值。相干声波扰动晴空大气，可以在局部空间产生特性可控且较为稳定的大气折射率人工不均匀体，有望克服对流层散射超视距通信技术的固有缺点。

对于对流层散射通信而言，首先关心的问题就是散射损耗。由式(5.79)可知，以 dB 为单位的散射损耗 $L_{\text{scattering}}$ 可以表示为

$$L_{\text{scattering}} = 20\log\left(\frac{P_{\text{T}}}{P_{\text{R}}}\right) = 20\log\left[\frac{64\pi^3 R_1^2 R_2^2}{\lambda^2 G_{\text{T}} G_{\text{R}} \sigma_{\text{s\_eff}}(\theta_{\text{scattering}}) V_{\text{C}}}\right] \tag{8.67}$$

在推导式(8.67)的过程中，用发射、接收天线至两个天线波束交叉中心点的距离代替了式(5.79)中 dV 到发射、接收天线的距离，用发射天线波束主轴方向的增益 G_{T} 代替了发射天线在指向 dV 方向的增益 $G_{\text{T}}(\boldsymbol{i})$，用接收天线波束主轴方向的增益 G_{R} 代替了接收天线在 $\boldsymbol{o}$ 方向的增益 $G_{\text{R}}(\boldsymbol{o})$。式(8.67)中，$\sigma_{\text{s\_eff}}(\theta_{\text{scattering}})$ 表示整个 V_{C} 空间的等效散射截面，$\sigma_{\text{s\_eff}}(\theta_{\text{scattering}})$ 表示为

$$\sigma_{\text{s\_eff}}(\theta_{\text{scattering}}) = \frac{1}{V_{\text{C}}}\int_{V_{\text{C}}} \sigma_{\text{s}}(\theta_{\text{scattering}}) \mathrm{d}V \tag{8.68}$$

将式(2.68)所示的布克相关函数代入式(5.77)，则自然湍流单位媒质空间的平均散射截面 $\sigma_{\text{s\_eff}}(\theta_{\text{scattering}})$ 表示为

$$\sigma_{\text{s\_eff}}(\theta_{\text{scattering}}) = \frac{2k^4\sin^2\alpha\left[\frac{9}{11}C_{\Delta\varepsilon_r}^2(l_{\text{outer}})^{\frac{2}{3}}\right]l_{\text{outer}}^3}{\left(1 + 4l_{\text{outer}}^2 k^2\sin^2\frac{\theta_{\text{scattering}}}{2}\right)^2} \tag{8.69}$$

其中，$C_{\Delta\varepsilon_r}$ 表示相对介电常数起伏 $\Delta\varepsilon_r$ 的结构常数。在相同空间谱条件下，$C_{\Delta\varepsilon_r} = 2C_{\Delta n}$。$C_{\Delta\varepsilon_r}$ 取值(单位为 $\text{m}^{-\frac{1}{3}}$)有如下统计规律：

$$C_{\Delta\varepsilon_r} = \begin{cases} 8\times10^{-9} & \text{（弱起伏）} \\ 4\times10^{-8} & \text{（中起伏）} \\ 5\times10^{-7} & \text{（强起伏）} \end{cases} \tag{8.70}$$

根据对流层散射通信理论可知，满足最佳散射的不均匀体外尺度 $l_{\text{optimized}}$ 表示为[11-12]

$$l_{\text{optimized}} = \frac{\lambda}{2\sin\theta_{\text{scattering}}} \tag{8.71}$$

假设相干声波扰动下可以获得最优化散射尺度 $l_{\text{optimized}}$，则将式(8.69)中的 l_{outer} 用 $l_{\text{optimized}}$ 替换。另外，式(8.69)中的 $9C_{\Delta\varepsilon_r}^2(l_{\text{outer}})^{\frac{2}{3}}/11$ 表示相对介电常数起伏强度，也就是$\langle(\Delta\varepsilon_r)^2\rangle$。

在忽略自然湍流的条件下，相干声波扰动区域折射率起伏是一个确定时间周期结果，所以将式(8.69)中的 $9C_{\Delta\varepsilon_r}^2(l_{outer})^{\frac{2}{3}}/11$ 用 $(2\times10^{-6}\Delta N_{C\_E})^2$ 代替。ΔN_{C_E} 由式(2.108)计算获得。

为了定性仿真、分析大气折射率人工不均匀体对超视距通信散射损耗的改善作用，对散射损耗进行仿真对比，其仿真条件如下：

式(8.67)中 $R_1=R_2$，也就是说链路结构对称，且散射角可以用地面距离 s_{earth} 和地球半径 R_{earth} 表示为

$$\theta_{scattering}\approx\frac{s_{earth}}{R_{earth}} \tag{8.72}$$

假设收发天线均为抛物面天线，波束轴线方向增益系数由波长 λ 和天线口径直径 $D_{aperture}$ 表示为

$$G_T=G_R=\frac{0.8\pi^2(D_{aperture})^2}{\lambda^2} \tag{8.73}$$

交叉体积 V_C 由地球半径 R_{earth}、地面通信距离 s_{earth} 以及以弧度为单位的天线的半功率宽度 θ_{half_E} 和 θ_{half_H} 表示为

$$V_C=\frac{1}{8}R_{earth}(s_{earth})^2(\theta_{half\_E})^2\theta_{half\_H} \tag{8.74}$$

设置地面通信距离 s_{earth} 及链路仰角 $\theta_{elevation}$ 时保证

$$\frac{s_{earth}\tan\theta_{elevation}}{2}<H_{troposphere} \tag{8.75}$$

成立，其中 $H_{troposphere}$ 表示对流层高度，计算中取为 10 km。计算中假设发射天线仰角为 $\theta_{elevation}=2°$，天线的半功率角为 $\theta_{half\_E}=\theta_{half\_H}=1.7°$。自然湍流的结构常数取为强湍流，也就是 $C_{\Delta\varepsilon_r}=5\times10^{-7}$。计算中散射通信最佳使用频率 f、地面通信距离 s_{earth} 以及天线口径直径 $D_{aperture}$ 取值见表 8.1。

表 8.1　对流层散射通信中频率、通信距离以及天线口径直径最佳取值

s_{earth}/km ＼ $D_{aperture}$/m ＼ f/MHz	3	6	9	12	15	18	21
200	6639	3319	2213	1660	1328	1106	948
400	3639	1819	1213	910	728	606	520
600	2726	1363	909	682	545	454	389
800	2305	1152	768	576	461	384	329
1000	2063	1032	688	516	413	344	295

为了定性分析相干声波扰动大气对对流层散射超视距通信的增强作用，仿真了平面阵列声源作用下接收功率与自然强湍流作用下接收功率的比值随电波频率、声波频率和声波功率的变化关系，仿真结果见图 8.38～图 8.40。仿真结果显示，在结构一定的条件下，散射通信增强作用随声波频率非常敏感；在出现增强效应的条件下，声波功率越大，则增强效应越明显；当声源结构和频率一定时，增强效果与电波频率有一定的关系。实际应用中需要根据实际链路特征，优化选择合适的声源结构和频率。

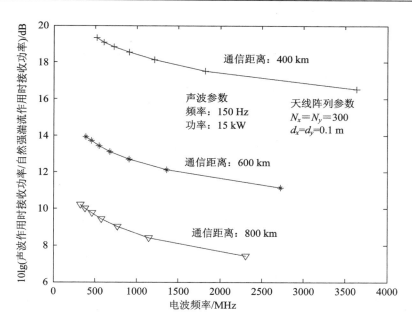

图 8.38　声波作用下接收功率与自然强湍流作用下接收功率的比值随电波频率的变化关系

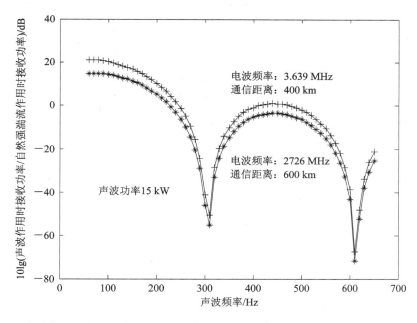

图 8.39　声波作用下接收功率与自然强湍流作用下接收功率的比值随声波频率的变化关系

需要特别说明的是，上述仿真结果只能定性说明相干声波扰动大气条件下，增强对流层散射通信能力具有理论可行性。实际上，相干声波影响下折射率结构是如图 8.41 和图 8.42所示的空间立体周期结构，电磁波与其作用过程应该用布拉格电磁散射理论计算其作用模式，然后结合精细仿真结果优化给出更加确切的应用模式。这一切还需要电波传播工作者不断探索。

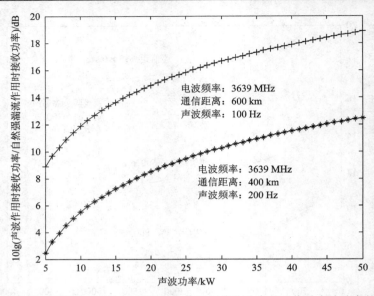

图 8.40　声波作用下接收功率与自然强湍流作用下接收功率的比值随声波功率的变化关系

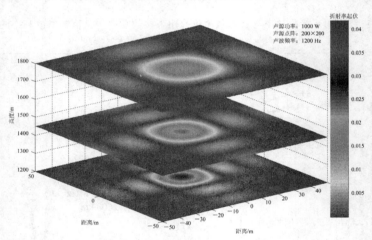

图 8.41　平行于 Z 轴的大气折射率空间分布

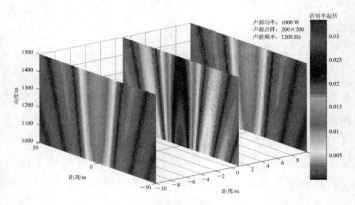

图 8.42　平行于 XY 平面的大气折射率空间分布

辐射源被动侦查技术是近几年学术界提出的一种新技术，但是正如 8.2.2.1 小节所述那样，基于大气散射回波的辐射源被动侦查技术与基于大气散射回波的超视距通信技术具有本质的差异。最本质的差异就是，通信技术无需对散射回波的机制及散射中继体本身做细致深入的了解，而辐射源被动侦查技术则不然，它的技术特点就是基于对散射回波的机制及散射中继体本身进行深入了解，然后结合回波信号处理结果，反演辐射源的位置及其他特征。而相干声波扰动大气产生的折射率不均匀区域的特征，恰恰可以通过控制声源结构和频率而改变散射中继体的特征，如果将该技术应用于辐射源被动侦查技术，或者作为辐射源被动侦查技术的辅助手段，则一定可以使得该项技术获得突破性进展。当然，具体的应用模式还需要理论结合实际工程背景不断探索。

8.4.2　蒸发波导超视距雷达隐身

如 2.4 节所述，由于海面水汽蒸发、气海热交换等物理过程，使得海面上空某一高度范围内形成了大气湿度随高度锐减、温度随高度增加而增加的特殊现象。如果这些特殊现象导致该高度层内的大气折射指数 N 在垂直方向的梯度满足 $\mathrm{d}N/\mathrm{d}h < -0.157\ N$ 单位/m，则这样的大气层被称为蒸发波导层。如果蒸发波导环境中电磁波的频率以及入射角满足一定的条件，电波会发生超折射传播，使得电波被陷获在蒸发波导层内形成蒸发波导超视距传播现象。

若在欲隐身目标周围设置相干声源，则通过相干声波作用"破坏"蒸发波导环境的大气折射梯度 $\mathrm{d}N/\mathrm{d}h < -0.157\ N$ 单位/m，最终中断超视距雷达信号在海面蒸发波导中的传播，使得基于蒸发波导环境实现超视距探测目标的雷达无法有效利用蒸发波导发现欲隐身的海上目标。图 8.43 是蒸发波导环境的折射率分布剖面，图 8.44 是相干声波扰动后折射率分布剖面。对比图 8.43 和图 8.44 可知，蒸发波导折射率剖面被破坏。

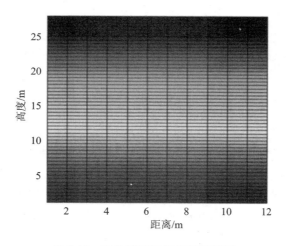

图 8.43　蒸发波导环境折射率剖面

如图 8.45 所示，假设基于蒸发波导的超视距雷达从坐标原点处向 X 轴正方向探测，如果在目标与探测雷达之间局部施加相干声波扰动大气，例如图 8.45 中的 45～55 km 之间施加了相干声波扰动，则根据 2.4 节和 5.5 节中的理论可知，一旦蒸发波导超视距路径上局部区域的大气折射率剖面遭到"破坏"，电磁波射线的折射过程就会发生变化，一定会破坏捕

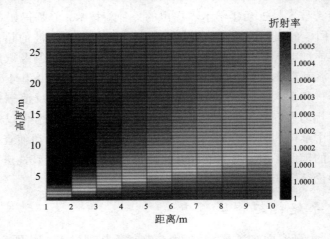

图 8.44　声波扰动后折射率分布剖面

获折射条件，因为出现如图 8.45 中的偏离捕获折射的现象，所以雷达将不能收到距离约
60 km 以外的目标的回波，实现对目标的隐身。

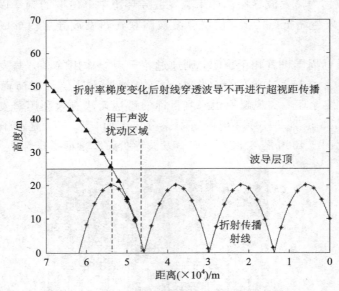

图 8.45　相干声波扰动局部区域后射线脱离蒸发波导捕获仿真结果

　　特殊目标隐身技术是现代高新技术的产物。隐身技术实际上就是针对敏感目标进行特
殊处理，使其可以躲避声、光、红外、静电、静磁以及无线电波等各种手段对其探测、感知、
识别的现代、高精尖科技。雷达隐身是隐身领域的重要分支，蒸发波导超视距雷达隐身则
是雷达隐身的子域。基于相干声波的蒸发波导超视距雷达隐身方法，另辟蹊径，从蒸发波
导媒质信道对雷达信号不可或缺的"凭借"效应入手，利用蒸发波导中信号超视距传输的逆
向思维，结合声波传播引起局部大气折射率改变的机理和波的干涉理论，提出了这一超越
常规的理念。相关应用机理明确，但是实际工程可行性以及具体应用模式需要电波传播工
作者不断探索和核实。

8.4.3　光电干涉成像雷达的干扰对抗

光电干涉成像雷达是一般成像雷达的延伸和发展，它利用多个接收天线观测得到的回波数据进行干涉处理，能够增强目标的距离、方位以及运动状态信息的获取能力，而且频率越高则目标的距离、方位以及运动状态信息的分辨率越高，在军事、科研、国民经济的各个领域有广阔的应用前景。

光电干涉成像雷达已成为国际研究热点，一方面研究雷达系统设置和信号处理，以获得高测量精度和稳定可靠的性能，另一方面则发现干涉成像雷达在军事、科研、国民等领域的应用，同时也针对光电干涉成像雷达系统的对抗技术展开研究。

对抗技术永远是彼此相互博弈的过程，在对抗领域取得主动权、控制权，往往依赖于出其不意地发现新的干扰对抗方法，所以只要涉及对抗领域就是彼此"斗智斗勇"的博弈过程。相干声波扰动局部大气形成大气折射率不均匀结构，如果这些大气折射率不均匀结构可以改变和控制电磁波的相位信息，那么一定可以对光电干涉成像雷达形成干扰、迷惑、欺骗，从而实现一种出其不意的、颠覆性的、跨越性的对抗技术。

为了验证这一前景技术的机理可行性，利用图 2.44 所示的平面阵列声源激励迈克尔逊干涉实验的一条光路，然后观察迈克尔逊干涉实验结果，实验示意图如图 8.46 所示。实验中，利用高分辨率摄像仪实时记录干涉图样，然后用视频编辑软件提取每一帧图像进行分析，观察声源开启前后干涉结果的变化。实验中声波的频率为 300 Hz。图 8.47 是声源开启前，调节迈克尔逊干涉仪出现的稳定图像。图 8.48～图 8.50 是声源开启后，三个不同的状态提取的视频帧的图像。从图 8.48～图 8.50 可以明显地看到，由于受到相干声源的影响，中心暗纹逐渐地变为中心亮纹。换句话说，相干声波扰动产生的大气折射率起伏结构，有效地改变了光路传播过程的相位，使得干涉条纹发生变化。上述实验结果定性地说明了相干声波扰动局部大气影响干涉成像雷达成像结果的理论可行性。相关内容是本书作者的前沿探索方向，定量计算结果以及具体应用模式尚在探索之中。

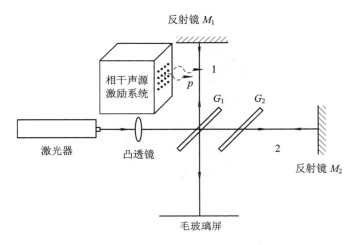

图 8.46　人工大气折射率起伏影响电磁波相位可行性实验示意图

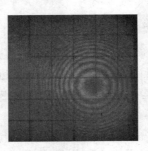

图 8.47　声源开启前的迈克尔逊干涉条纹

图 8.48　声源开启后的迈克尔逊干涉条纹状态 1

图 8.49　声源开启后的迈克尔逊干涉条纹状态 2

图 8.50　声源开启后的迈克尔逊干涉条纹状态 3

8.4.4　其他方面的应用设想

　　基于相干声波扰动对流层形成人为可控的大气折射指数起伏结构(也就是大气折射指数"人工不均匀体")物理机理明确,文献[78]通过实验初步验证了该理论的实际可行性。

同时，人为可控的大气折射指数起伏结构对电磁波的影响，与自然湍流对电磁波特性的影响相类似。而且，布拉格体散射理论和菲涅尔体散射理论为定量计算"人工不均匀体"对电磁波的幅度、相位、传播方向、极化等特征参数的影响提供了技术支持。但是该领域的研究尚属于初步探索阶段，其应用领域和模式需要电波传播工作者利用自己的智慧不断发现和探索。

　　众所周知，光信号受大气湍流的影响更加明显，而且大气湍流对光信号的影响已经成为制约光波段无线电子系统的主要因素之一。因此，基于相干声波扰动大气的光传输信道主动控制技术，也是晴空大气人工变态技术的潜在应用前景。相关研究方向包括：探索相干声波与大气湍流的相互作用，建立相干声波人工模拟、控制局部空间大气湍流的理论模型，探索大气参数、运动状态、折射率起伏的空间分布、存在区域等物理特性与相干声源结构参数、频率之间的依赖关系；建立用于定量评估光强闪烁、光束扩展、光束漂移、到达角起伏、偏振等参数与"人工湍流"特性之间关系的模型，并通过实验对该模型进行验证；实验验证人工控制大气湍流的"正效应"与"负效应"，结合人工控制局部大气湍流光传输信道，在水平、垂直和斜程大气传输模式及不同传输距离下，改善通信链路性能；利用人工主动控制局部大气湍流技术，加剧光斑抖动和漂移并使自动跟踪系统失锁，改变光传输的偏振状态以降低相干通信的相干效率；分析与实验验证人工控制大气湍流技术对无线紫外光的非直视传输中接收功率、收发仰角、通信距离等因素对信道容量、误码率特性的影响，探索逼近信道容量极限的途径。

　　设置合适的相干声源，控制大气折射率不均匀体的空间周期结构，使得特定频率的电磁波与这些人工不均匀体相互作用时发生定向散射，进而实现如图 8.51 和图 8.52 所示的无线系统对抗，也是相关方面的潜在应用领域。7.5 节中提到的湍流后向散射放大及相关现象、后向散射增强效应、随机局部波导效应、湍流增透效应对激光雷达的影响，实际就是大气中偶尔出现的折射率空间分布结构，使得电磁波出现了定向散射。所以这些现象从侧面证明了图 8.51 和图 8.52 及前述应用前景的可行性。相干声波扰动对流层大气只是把随机大气中偶尔出现的特有的散射、反射、折射现象持久地定格在特定的空间和时间而已。

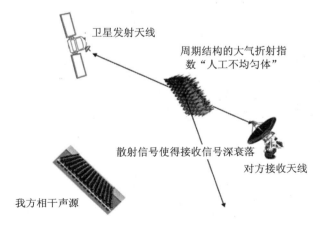

图 8.51　基于相干声波扰动晴空大气的卫星链路非电子式干扰应用设想

探索相干声波扰动对流层大气折射指数及其应用过程中，至少需要深入考虑以下问

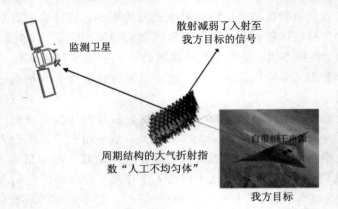

图 8.52　基于相干声波扰动晴空大气的目标隐身应用设想

题：相干声波与自然湍流相互作用时，大气折射指数的空间分布特性；确定电磁波与"人工不均匀体"相互作用的具体模式，例如反射、散射、折射或者衍射等；定量计算不同结构相干声源所激励的"人工不均匀体"物理及电磁特性；定量计算"人工不均匀体"对电磁波特征参数的影响程度；探索"人工不均匀体"对电磁波特征参数影响的应用模式。

思考和训练 8

1. 式(8.14)和式(8.15)中 τ 表示椭圆极化来波的长轴与接收线极化天线极化参考平面之间的夹角，在对流层沉降粒子环境中，可以用非球形旋转对称粒子的旋转轴与铅垂方向之间的夹角代替，请思考其原因。

2. 计算 $\varphi_{environment\_a}$ 时推荐了式(8.19)，为何不用第 6 章中介绍的沉降粒子环境中的附加相移方法计算？这里能否用第 6 章中介绍的附加相移表达式？如果要用这些模型，需要考虑哪些问题？

3. 请思考接收信号包络概率密度与信道随机衰落系数的区别与联系。为何 8.1 节中要将莱斯包络概率密度转换为衰落系数。

4. 查阅专利："大气折射率剖面的反演方法"（申请号为"201710318222.1"），分析提出该方法的驱动思想。

5. 请思考为什么球面分层大气空间环境中，射线只按照折射定律发生弯曲向前传播，而不会形成反射现象。

6. 有文献提到 MIMO 通信系统需要子信道之间是独立同分布衰落，而 8.3.3.2 小节中描述为需要子信道之间相互正交、同衰落分布。请思考哪个描述更加准确，为什么会有这样的需求。另外，有文献表示 MIMO 通信技术不需要子信道满足正交、同分布，这种技术的本质是什么？它依赖什么在接收端对信号进行分离、重组？

★ 本章参考文献

[1]　ALMERS P，BONEK E，BURR A，et al. Survey of Channel and Radio Propagation

Models for Wireless MIMO Systems [J]. EURASIP Journal on Wireless Communications and Networking，2007：1 – 28.

[2] International Telecommunication Union. Propagation data and prediction methods requied for the design of Earth – space telecommunication systems：ITU – R P. 618 – 9 [S]. Geneva：[s.n.]，2008.

[3] ZHANG B Q，GONG S H，WANG W Y，et al. Study on the Characteristics of Rain – Induced Polarization Mismatch Factor at Ka Bands [J]. Hans Journal of Wireless Communications，2012，2(1)：1 – 6.

[4] GONG S H，WEI D X，XUE X W，et al. Study on the Channel Model and BER Performance of Single – Polarization Satellite – Earth MIMO Communication Systems at Ka Band [J]. IEEE Transaction on Antennas and Propagation，2014，62 (10)：5282 – 5297.

[5] 周文瑜，焦培南. 超视距雷达技术[M]. 北京：电子工业出版社，2007.

[6] 焦培南，张忠治. 雷达环境与电波传播特性[M]. 北京：电子工业出版社，2007.

[7] 江长荫. 雷达电波传播折射与衰减手册[M]. 北京：国防科工委军标出版发行部，1997.

[8] KALLISTRATOVA M A. Backscattering and reflection of acoustic waves in the stable atmospheric boundary layer [J]. Iop Conference Series：Earth and Environmental Science，2008.

[9] 刘圣民，熊兆飞. 对流层散射通信技术[M]. 北京：国防工业出版社，1982.

[10] 熊皓. 无线电波传播[M]. 北京：电子工业出版社，2000.

[11] 张明高. 对流层散射传播[M]. 北京：电子工业出版社，2004.

[12] 李道本. 散射通信[M]. 北京：人民邮电出版社，1982.

[13] BALLABIO E. Influence of the atmosphere on interference between radio communications systems at frequencies above 1GHz[M]//Office for official publications of the European Community. COST Project 210. Brussels：[s.n.]，1991.

[14] ISHIMARU A. Wave propagation and scattering in random media[M]. New York：IEEE Press，1997.

[15] RICHARD J，SASIELA. Electromagnetic wave propagation in turbulence evaluation and application of Mellin transforms[M]. 2nd ed. Bellingham：The international Society for Optical Engineering，2007.

[16] 饶瑞中. 光在湍流大气中的传播[M]. 合肥：安徽科学技术出版社，2005.

[17] SCHNEIDER A B，WILLIAMS P D. Circular polarization in radars：an assessment of rain clutter reduction and likely loss of target performance [J]. Radio and Electronic Engineer，1977，47(1)：11 – 29.

[18] RAMO S. Generation of eletromagnetic wave by doppler effects，1951，2558001.

[19] 弓树宏，霍亚玺，李仁先. 一种针对海面蒸发波导超视距探测雷达的隐身方法：ZL0201610015373.5[P]. 2017 – 12 – 15.

[20] 弓树宏. 电磁波在对流层中传输与散射若干问题研究[D]. 西安：西安电子科技大

学，2008.

[21] ARAPOGLOU P M, LIOLIS K P, BERTINELLI M, et al. MIMO over Satellite: A Review[J]. IEEE Communications Surveys and Tutorials, 2011, 13(1): 27 - 51.

[22] PAULRAJ A, GORE D A, NABAR R U, et al. An overview of MIMO communications — a key to gigabit wireless[J]. Proceedings of the IEEE, 2004, 92(2): 198 - 218.

[23] HUANG K C, WANG Z C. Millimeter Wave MIMO[J]. Millimeter Wave Communication Systems, 2011, 29: 133 - 159.

[24] PI Z, KHAN F. A Millimeter - Wave Massive MIMO System for Next Generation Mobile Broadband[C]. ASILOMAR, Pacific Grove, CA:[s.n.], 2012: 693 - 698.

[25] SUZUKI S, NAKAGAWA T, FURUTA H, et al. Evaluation of Millimeter - Wave MIMO - OFDM Transmission Performance in a TV Studio [C]//APMC. Yokohama, Japan:[s.n.], 2006: 843 - 846.

[26] MADHOW U. Multi Gigabit Millimeter Wave Communication: System Concepts and Challenges[C]// Proc. Information Theory and Applications Workshop. San Diego, CA:[s.n.], 2008: 193 - 196.

[27] MORAITIS N, CONSTANTINOU P. Indoor Channel Capacity Evaluation Utilizing ULA and URA Antennas in the Millimeter Wave Band[C]//The 18th Annual IEEE International Symposium on PIMRC. Athens. Greece:[s.n.], 2007: 1 - 5.

[28] TORKILDSON E, SHELDON C, MADHOW U, et al. Millimeter - Wave Spatial Multiplexing in an Indoor Environment [C]//IEEE Globecom Workshops. Honolulu, HI, USA:[s.n.], 2009: 1 - 6.

[29] RANVIER S, ICHELN C, VAINIKAINEN P. Measurement - Based Mutual Information Analysis of MIMO Antenna Selection in the 60GHz Band[J]. IEEE Antennas and Wireless Propagation Letters, 2009, 8: 686 - 689.

[30] SHELDON C, TORKILDSON E, SEO M, et al. A 60GHz line - of - sight 2×2 MIMO link operating at 1.2Gbps[C]//Ap - S. IEEE. [S.l.:s.n.], 2008: 1 - 4.

[31] SHELDON C, SEO M, TORKILDSON E, et al. Four - Channel Spatial Multiplexing over a Millimeter- Wave Line - of - Sight Link. Microwave Symposium Digest[C]//IEEE MTT - S International. Boston, MA:[s.n.], 2009: 389 - 392.

[32] MANOJNA D S, KIRTHIGA S, JAYAKUMAR M. Study of 2×2 Spatial Multiplexed System in 60 GHz Indoor Environment[C]//2011 International Conference on PACC. Coimbatore, India:[s.n.], 2011: 1 - 5.

[33] TORKILDSON E, MADHOW U, RODWELL M. Indoor Millimeter Wave MIMO: Feasibility and Performance[J]. IEEE Transaction on Wireless Communications, 2011, 10(12): 4150 - 4160.

[34] SHELDON C, TORKILDSON E, SEO M, et al. Spatial Multiplexing over a Line - of - Sight Millimeter - Wave MIMO Link: A Two - Channel Hardware Demonstration at 1. 2 Gbps over 41m Range [C]//EUWIT. Amsterdam, Netherlands:[s.n.], 2008: 198 - 201.

[35] MORAITIS N, VOUYIOUKAS D, MILAS V, et al. Outdoor Capacity Study Utilizing Multiple Element Antennas at the Millimeter Wave Band[C]//The Third IEEE International Conference on WIMOB. White Plains, NY,USA:[s.n.], 2007: 2 - 7.

[36] RANVIER S, GENG S, VAINIKAINEN P. Mm - Wave MIMO Systems for High Data - Rate Mobile Communications[C]//1st International Conference on Wireless VITAE. Aalborg, Denmark:[s.n.], 2009: 142 - 146.

[37] RANVIER S, KIVINEN J, VAINIKAINEN P. Millimeter - Wave MIMO Radio Channel Sounder[J]. IEEE Transaction on Instrumentation and Measurement, 2007, 56(3): 1018 - 1024.

[38] PALASKAS Y, RAVI A, PELLERANO S. MIMO Techniques for High Data Rate Radio Communications[C]//IEEE CICC. San Jose, CA:[s.n.], 2008: 141 - 148.

[39] KIVINEN J. 60GHz Wideband Radio Channel Sounder[J]. IEEE Instrumentation and Measurement, 2007, 56(5): 1831 - 1838.

[40] POLLOK A, COWLEY W G, HOLLAND I D. Multiple - Input Multiple - Output Options for 60 GHz Line - of - Sight Channels[C]//AusCTW. Christchurch, NZ: [s.n.], 2008: 101 - 106.

[41] PETER M, KEUSGEN W, LUO J. A Survey on 60 GHz Broadband Communication: Capability, Applications and System Design [C]//Proceedings of the 3rd EUMIC. Amsterdam, Netherlands:[s.n.], 2008: 1 - 4.

[42] NSENGA J, THILLO W V, HORLIN F, et al. Joint Transmit and Receive Analog Beamforming in 60 GHz MIMO Multipath Channels[C]//IEEE ICC. Dresden, East Germany:[s.n.], 2009: 1 - 5.

[43] TORKILDSON E, ZHANG H, MADHOW U. Channel Modeling for Millimeter Wave MIMO[M]. San Diego, CA:[s.n.], 2010: 1 - 8.

[44] ZHANG H, VENKATESWARAN S, MADHOW U. Channel Modeling and MIMO Capacity for Outdoor Millimeter Wave Links[C]//IEEE WCNC. Sydney, NSW:[s.n.], 2010: 1 - 6.

[45] LEE S J, KYEONG M G, LEE W Y. Capacity Analysis of MIMO Channel with Line - of - Sight and Reflected Paths for Millimeter - Wave Communication[C]//4th International Conference on ICSPCS. Gold Coast, QLD:[s.n.], 2010: 1 - 5.

[46] SHOKOUH J A, RAFI R, TAEB A, et al. Real - Time Millimeter - Wave MIMO Channel Measurements[C]//IEEE APSURSI. Chicago, IL:[s.n.], 2012: 1 - 2.

[47] EIAYACH O, HEATH R W, SURRA S A, et al. The Capacity Optimality of Beam Steering in Large Millimeter Wave MIMO Systems [C]//IEEE 13th International Workshop on SPAWC. Cesme, Turkey:[s.n.], 2012:100 - 104.

[48] KOLANI I, ZHANG J. Millimeter Wave for MIMO Small Antenna Systems and for Mobile Handset[C]//ISSCNT. Harbin, China:[s.n.], 2011, 1:150 - 153.

[49] AYACH O E, HEATH R W, ABU - SURRA J S, et al. Low Complexity Precoding for Large Millimeter Wave MIMO Systems[C]//IEEE IC. Ottawa, ON:

[s.n.], 2012: 3724 - 3729.

[50] LEE S J, LEE W, HONG S E, et al. Performance Evaluation of Beamformed Spatial Multiplexing Transmission in Millimeter - Wave Communication Channels [C]//IEEE VTC. Quebec City, QC:[s.n.], 2012: 1 - 5.

[51] LIOLIS K P, PANAGOPOULOS A D. On the Applicability of MIMO Principle to 10~66 GHz BFWA Networks: Capacity Enhancement through Spatial Multiplexing and Interference Reduction through Selection Diversity[J]. IEEE Transaction on Communications, 2009, 57(2): 530 - 541.

[52] ISHIMARU A, RITCEY J, JARUWATANADILOK S, et al. A MIMO Propagation Channel Model in a Random Medium[J]. IEEE Antennas and Propagation, 2010, 58(1):178 - 186.

[53] LIOLIS K P, RAO B D. Application of MIMO Theory to the Analysis of Broadband Fixed Wireless Access Diversity Systems above 10GHz[C]//IEEE Antennas and Propagation Society International Symposium. Albuquerque, NM, USA:[s. n.], 2006:145 - 148.

[54] ISHIMARU A, JARUWATANADILOK S, RITCEY J A, et al. A MIMO Propagation Channel Model in a Random Medium [C]//IEEE Antennas and Propagation Society International Symposium. Honolulu, HI, USA:[s.n.], 2007: 1341 - 1344.

[55] FRIGYES I, HORVITH P. Mitigation of Rain - Induced Fading: Route Diversity vs Rout - Time Coding[J]. ICAP, 2003, 1: 292 - 295.

[56] ENSERINK S W. Analysis and Mitigation of Troposphere Effects on Ka Band Satellite Signals and Estimation of Ergodic Capacity and Outage Probability for Terrestrial Links[D]. Westwood: University of California - Los Angeles, 2012.

[57] OH C I, CHOI S H, CHANG D I. Analysis of the Rain Fading Channel and the System Applying MIMO [C]//ISCIT 2006. Bangkok, Thailand: [s. n.], 2006: 507 - 510.

[58] SCHWARZ R T, KNOPP A, LANKL B. The Channel Capacity of MIMO Satellite Links in a Fading Environment: A Probabilistic Analysis[C]//IWSSC. Tuscany, Italy:[s.n.], 2009:78 - 82.

[59] LIOLIS K P, PANAGOPOULOS A D, COTTIS P G. Multi - Satellite MIMO Communications at Ku - Band and Above: Investigations on Spatial Multiplexing for Capacity Improvement and Selection Diversity for Interference Mitigation [J]. EURASIP Journal on Wireless Communications and Networking, 2007: 1 - 11.

[60] OESTGES C, CLERCKX B. Introduction to Multi - Antenna Communication[M]// MIMO Wireless Communications from Real - World Propagation to Space - Time Code Design. [S.l.]: Elsevier (Singapore) Pte Ltd, 2010: 1 - 28.

[61] International Telecommunication Union. Propagation Data and Prediction for the Design of Earth - Space Telecommunication Systems: ITU - R P.618 - 9[S].

Geneva：[s.n.]，2008.

[62] International Telecommunication Union.Prediction Procedure for the Evaluation of Microwave Interference between Stations on the Surface of the Earth at Frequencies above about 0.7 GHz：ITU－R P.452－12[S]. Geneva：[s.n.]，2008.

[63] GIBBINS C J，CIRSTEA S. Development of a Numerical－Integration Rain Scatter Method for Recommendation ITU－R P.452[R]//Radio Communications Research Unit of Rutherford Appleton Laboratory. Report on Project AY4209. Chilton，Oxfordshire：[s.n.]，2003.

[64] SVANTESSON T，RANHEIM A. Mutual Coupling Effects on the Capacity of Multi－Element Antenna Systems[C]//IEEE ICASSP 2001. Salt Lake City，UT：[s.n.]，2001：2485－2488.

[65] MCNAMARA D P，BEACH M A，FLETCHER P N. Experimental Investigation into the Impact of Mutual Coupling on MIMO Communications Systems[J]. Proc. of Int. Symp. on Wireless Personal Multimedia Communications，2001，1(9)：169－173.

[66] FLETCHER P N，DEAN M，NIX A R. Mutual Coupling in Multi－Element Array Antennas and its Influence on MIMO Channel Capacity[J]. Electron Lett.，2003，39(4)：342－342.

[67] JI L. Studies on Modeling and Simulation of Multiple－Input Multiple－Output Wirless Channel and Analysis of Channel Properties with Mutual Coupling[D]. Changsha，China：National university of defense technology，2006.

[68] 谢处方，邱文杰. 天线原理与设计[M]. 西安：西北电讯工程学院出版社，1985：252－275.

[69] SPIGEL M R，LIU J，HADEMENOS G J. Mathematical Handbook of Formulas and Tables[M]. New York：McGraw－Hill，1968.

[70] GREWAL M S，WEILL L R，ANDREWS A P. Global Positioning System，Inertial Navigation，and Integration[M]. Hoboken：John Wiley & Sons，2001.

[71] WEI W Y，GONG D M. Antenna Theory[M]. Beijing：National Defense Industry Press，1985.

[72] ADEOGUN R. Capacity and Error Rate Analysis of MIMO Satellite Communication Systems in Fading Scenarios[J]. arXiv preprint arXiv：1408.2023，2014.

[73] INGASON T，HAONAN L. Line－of－Sight MIMO for Microwave Links Adaptive Dual Polarized and Spatially Separated Systems chalmers university of technology Göteborg[J]. Sweden，2009，7.

[74] PÉREZ－NEIRA A I，IBARS C，SERRA J，et al. MIMO channel modeling and transmission techniques for multi－satellite and hybrid satellite－terrestrial mobile networks[J]. Physical Communication，2011，4(2)：127－139.

[75] WHEELON A D. Electromagnetic scintillation：volume 2，weak scattering[M]. Cambridge：Cambridge University Press，2003.

[76] VASSEUR H, VANHOENACKER D. Characterisation of tropospheric turbulent layers from radiosonde data[J]. Electronics Letters, 1998, 34(4): 318 – 319.

[77] MARZANO F S, DAURIA G. Model – based prediction of amplitude scintillation variance due to clear – air tropospheric turbulence on Earth – satellite microwave links[J]. IEEE Transaction on Antennas and Propagation, 1998, 46(10): 1506 – 1518.

[78] GONG S H, YAN D P, WANG X. A novel idea of purposefully affecting radio wave propagation by coherent acoustic sourc – induced atmospheric refractivity fluctuation[J]. Radio Science, 2015, 50(10): 983 – 996.

第9章　对流层中传输特性测量及模型分析

　　对流层环境中的传输特性几乎是任意无线电子系统无法避免的问题，本书介绍了一些典型的理论和模型，这些理论和模型可以为电波传播初学者或者与电波传播有关的工程技术人员及科研人员提供一些参考依据。同时，对流层环境中电磁波的传播与散射特性还需要电波传播工作者不断探索、发展。在经典电磁波传播理论的基础上，对流层传播的研究方向至少包括以下几个方面：

　　（1）随着系统工作频率的改变和无线技术的发展，可能需要提出新的传输特性问题，并且开展研究工作。例如，8.3节提出的散射互耦和MIMO信道空间去相关问题，就是依据MIMO技术的特征，结合对流层传播理论从理论角度提出的针对毫米波星-地MIMO技术所需的两个新的传播问题。再如，为了工程应用自适应功率控制抗雨衰技术，降雨衰减实时预报技术成为了目前较为迫切的研究领域。

　　（2）许多传播理论虽然通用，模型结构虽然相同，但是模型参数与环境参数密切相关，需要在具体的应用场景中对模型参数进行修正。例如，降雨衰减的机理、特征衰减模型、等效路径概念等降雨衰减理论及模型结构可以通用，但是这些计算模型中的参数与特定地区的降雨参数密切相关，所以需要在不同地区开展测量工作以获取特定地区的模型参数。6.2.1.4小节提出的获取特征衰减参数的方法就是这方面的研究。

　　（3）随着无线电子技术的不断发展，可能现有理论及模型的适用场景已经不能适用于新的技术背景，这就需要对模型进行验证、修正或者重新建模。例如，现有的对流层传播理论及模型，大部分是针对毫米波段、亚毫米波段（1000 GHz以内）和光波段进行的针对性研究，但是太赫兹波段电磁波的传播特性介于光波段和毫米波段、亚毫米波段之间，同样受对流层环境影响非常严重。此时，需要对适用于毫米波段、亚毫米波段或者光波段的传播理论及模型进行验证，以确定这些理论、模型是否适用于太赫兹波段，模型参数是否需要修正，如果原来的理论、模型不再适用，应如何重新建立传播理论及模型。

　　科学研究永远是理论和实验彼此相依并行，特别是对新机理、新概念、新应用以及模型验证、修正等方面的研究，更需要结合理论分析和实验测量来开展研究工作。因此，在掌握对流层传播理论、模型的基础上，了解对流层环境中传输特性测量技术，对于理论探索、科学研究及工程应用显得非常重要。

　　严格意义上讲，对流层环境中的传输特性测量技术属于电波传播实验范畴，本章仅对对流层环境中部分传输特性测量技术作简要介绍。事实上，传输特性的测量技术也是智慧的应用过程，即使是教科书中看到的固定的测试模式，也是给出对应测试模式的研究者的智慧的结晶。所以，读者在了解传输特性测试技术的基础上，更应该去体验前辈发现这种测试方法的驱动思想，不断开发自己的创新研究能力。

9.1　晴空大气折射效应测量及折射率剖面建模

晴空大气折射效应的机理非常明确也极易理解，5.2 节中介绍了大气的折射效应的基本理论和射线描迹方法，折射效应的研究依赖于高精度分辨率折射率剖面。但是，考虑利用高精度分辨率折射率剖面建模时，就依赖于大气折射效应的测量，8.2.1.2 小节中介绍的折射率剖面建模专利方法实际就是借助激光测距系统的功能，记录不同高度的全折射角对折射率剖面进行反演。所以，借助极窄波束系统，移动接收端记录真实射线路径上不同位置的到达角，然后将到达角与地面发射天线的链路仰角相关联，再根据几何关系计算全折射角等描述折射效应的特征参数即可，如图 9.1 所示。实际上，对于激光链路，很容易执行图 9.1 所示的折射效应参数测试方法。对于电波波段而言，即使毫米波系统的波束也很难找到某射线的轨迹，测试误差会比较大。

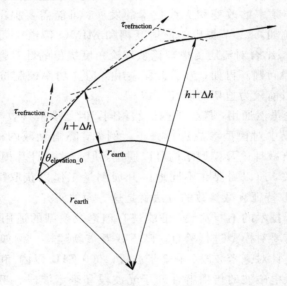

图 9.1　折射效应特征参数测量方法示意图

当然，通过任何途径获得特定地区的折射效应在不同高度的全折射角参数或者其他特性参数，都可以根据折射理论模型反演折射率高度剖面结果。

9.2　晴空大气闪烁特性测量及模型修正

5.4.4 节和 5.8 节介绍了有关大气闪烁的基本理论和基本模型。晴空大气闪烁的理论机理非常明确，是由于大气中出现小尺度大气折射率空间不均匀体对电磁波的随机散射所引起的，5.4.4 节中的概率密度模型实际是其实时动态变化特性，5.8 节中介绍的模型实际是幅度的长期统计特性模型。但是，大气闪烁的长期统计特性及实时动态变化特性的研究结果远不止本书给出的这些，如果读者在任何搜索引擎中输入有关"对流层闪烁（tropospheric scintillation）"、"对流层衰落（tropospheric fading）"、"等晕角（isoplanatic angle）"等关键词，则会找到与大气闪烁有关的太多的结果和模型。这些结果往往存在一定差异，但是又都在特定的地区经过了测试验证。所以，如果仅仅从理论角度了解和学习大气折射指数空间不均匀导致的闪烁特性，则文献资料中的任何结果均可以作为参考。但是，如果以工程应用为背景，则需要在当地开展测量工作，对大气闪烁的统计特性和实时动态变化进行研究，识别或者重建适合特定地区闪烁特性的模型。

通俗地讲，闪烁特性的测量技术就是通过某种链路，记录由于大气折射率空间起伏特性所引起的幅度和相位随时间变化的时间序列，通过对记录的时间序列进行分析处理，最后得出闪烁的统计特性或者实时变化动态特性。

从理论上讲，对流层大气折射指数局部空间不均匀导致的幅度闪烁效应的测量方法相对简单，借助卫星信标源或者射电望远镜所记录的高时间分辨率时间序列，经过噪声滤波处理后，都可以作为对流层幅度闪烁测量的途径。对流层相位闪烁测量相对较为复杂，因为记录相位要比记录幅度的高时间分辨率时间序列困难得多。从理论上讲，如果能够获得两路或者多路记录对流层幅度闪烁的链路，然后经过适当的技术处理，将多路信号作为干涉仪使用，就可以记录差分相位闪烁，将多路信号中的每一路作为参考信号，不断叠加处理差分相位，最后获得相位闪烁时间序列。另外，如果硬件条件允许，可以将卫星信标源复制、时间同步后的记录作为参考信号，然后将接收到的回波信号与参考信号进行干涉，根据干涉结果获得相位闪烁时间序列[1]。

实际上，通过某种途径获得闪烁时间序列后，在数据处理之前需要进行很多考虑，至少要根据晴空大气传输特性理论考虑以下问题：如何滤掉噪声效应的影响；如何保证不同时间序列的值对应同一种统计特性的大气折射率不均匀区间；如何考虑折射散焦的影响等。如前所述，传输特性的测量技术也是智慧的应用过程，读者在了解上述闪烁特性可行的测试途径的基础上，更应该去体验前辈发现这种测试方法的驱动思想，不断开发自己的创新研究能力，而不是纠结哪儿可以找到上述方法的操作流程。

当然，如果获得了特定地区足够长时间的闪烁效应时间序列分析结果，就可以对该地区长期闪烁特性模型及闪烁动态变化特性模型进行验证、修正或者建模。

9.3　降雨衰减测量技术及雨衰模型修正

降雨衰减测量可以分为直接测量和间接测量两种。

直接测量是指直接记录卫星信标信号电平序列，或者某特定通信链路信标信号电平序列，同时记录信标接收点降雨率时间序列，将降雨前一定时间段内的平均电平作为参考电平，然后将降雨事件发生时的记录电平与参考电平序列作比较，得到降雨引起的附加衰减。

间接测量是通过测量与降雨衰减有关的量，通过额外的计算间接地获得降雨衰减结果。常用的间接测量法包括降雨率间接测量法、微波辐射计间接测量法。降雨率间接测量法就是借助雨滴谱仪或者雨量计，记录降雨事件发生时的 1 分钟累积降雨率，然后利用 6.2 节中介绍的降雨衰减计算理论计算降雨衰减。微波辐射计间接测量法包括主动方法和被动方法。微波辐射计主动方法是借助专门测量特定宇宙目标噪声的噪声温度的变化来反演降雨衰减。也就是说，利用降雨事件前一定时间内的目标噪声温度作为参考噪声温度，然后将降雨事件发生时的噪声温度序列和参考温度比较，获得降雨影响下噪声温度的变化，借助噪声度和功率的转换关系计算降雨衰减。微波辐射计被动法是借助记录大气噪声的微波辐射计，直接记录降雨环境的噪声温度，同时记录环境平均温度，借助式(6.242)反演降雨衰减。

降雨衰减模型修正包括特征衰减修正和等效路径计算模型修正。当修正特征衰减模型系数时，需要精确测量特征衰减和点降雨率数据。当修正等效路径模型时，需要精确获得点降雨率对应的特征衰减和路径总衰减。

直接记录特征衰减比较困难，因为需要记录与降雨率监测点降雨环境物理特性完全一致的距离上的衰减，然后用衰减除以距离获得降雨率监测点对应的特征衰减。所以，工程中考虑间接测量特征衰减，也就是记录监测点降雨率和雨滴谱，借助式(6.115)间接测量特征衰减。获得监测点特征衰减后，借助记录的路径总衰减，除以监测点特征衰减，最后获得的就是对应监测点降雨环境的等效路径。

由于降雨过程是随机过程，所以降雨衰减特性及降雨衰减模型的修正需要借助几年、几十年的观测结果才有意义。短时间测量结果，只能用来定性检验模型的适用性程度。

9.4 去极化特性测量技术及去极化计算模型修正

去极化效应可以用 XPD 或者 XPI 以及 5.6.1 节中介绍的其他物理量来描述。去极化分辨率 XPD 是最常用的描述去极化特性量。测量 XPD 的方法包括直接测量法和间接测量法。

常用的直接测量 XPD 的方法有[1]：极化椭圆图形法，就是用线极化天线在垂直于波传播方向的平面内以一定角度分辨率旋转，记录每一个位置的接收电平，即可获得接收信号的椭圆轨迹，再借助椭圆轨迹获得轴比、轴倾角等参数，根据极化椭圆分析同极化分量和正交极化分量；线性分量法，即用两个正交极化的天线对，在垂直于波传播的方向旋转，找到两个天线同时出现最大值的位置，记录两个天线的电平，确定极化椭圆的信息，再分析发射波的同极化分量和正交极化分量；多器件法，是利用两个正交线极化测两次，然后相对前一组线极化取向 45°的线极化各测一次，左旋圆极化和右旋圆极化各测一次。

间接测量法就是借助测试衰减的方法，分别测同极化衰减和正交极化衰减，然后根据式(6.238)由差分衰减和差分相移计算去极化分辨率。也有文献提到借助频率复用的双极化雷达测量 XPD，但是本书作者认为这种方法受天线本身隔离度的影响严重，不建议使用。

去极化分辨率模型检验和修正，需要比较准确地测量 XPD 以及同极化衰减，然后对第 5 章和第 6 章介绍的去极化分辨率模型进行验证或者参数修正。

9.5　其他传输特性的测量

理论上，在适当仪器仪表的辅助下，借助传输效应呈现"限制"效应或者"凭借"效应的任何无线电子系统，均可作为传输特性的间接测量途径。总体思路是准确测定系统性能参数，然后根据传输特性与系统性能之间的关联关系，再反演传输特性。直接测量法往往是根据传输特性的概念，构造可以记录构成概念辅助参量的测量系统，然后直接获得传输特性测试结果。

9.6　太赫兹波段电磁波传输特性测量及建模

太赫兹(Tera-hertz，简称 THz)辐射是对一个特定波段的电磁辐射的统称，通常它是指频率在 0.1～1 THz 之间。另外，更广泛的定义频率范围高达 100 THz。本书作者认为，0.1～0.3 THz 归入毫米波更合适，但是，如果学术界认为 100～300 GHz 毫米波与 300～1000 GHz 的 THz 波的传播特性相似，则认为 0.1～1 THz 为太赫兹波是合理的；另一方面，高达几十 THz 甚至更高频率的电磁波的传播特性，与 0.1～1 THz 的传播特性截然不同，因此将几十 THz 甚至更高频率的电磁波纳入太赫兹波段可能不合理。可见，学术界对太赫兹波段还处于认知初级阶段。

事实上，20 世纪 80 年代中期以前，人们对这个频段的电磁波特性知之甚少，形成了远红外线和毫米波之间所谓的"太赫兹空隙"，对 THz 波段广泛的研究兴趣还是在 20 世纪 80 年代中期以超快光电子学为基础的脉冲 THz 技术产生以后。太赫兹波段处于微波与红外辐射之间，是光子技术与电子技术、宏观状态与微观状态之间的过渡区域，具有"双重身份"的 THz 电磁波有其他频段电磁波无法比拟的优越性。因 THz 波本身的优越性，其在通信、成像、光谱、雷达、遥感、物质探测、国土安全与反恐、高保密的数据通信传输、大气与环境检测、实时生物提取与医学诊断、工业检测等领域有着广泛而重要的应用。研究 THz 波的传输特性，是 THz 波在通信、成像、光谱、雷达、遥感等方面应用的重要基础。

对 THz 波的广泛研究开始于 20 世纪 80 年代中期，世界上许多研究机构相继开展了太赫兹辐射领域的科学研究工作，并已经在太赫兹的产生和应用方面取得了很大的进展。美国加利福尼亚大学的太赫兹科学技术研究中心研制了利用自由电子激光器产生 THz 辐射波的太赫兹光源。1978 年 E. J. Dutton 等[2] 提出了最高适用于 0.35 THz 的分段大气传输模型，该模型考虑了衰减和相位延迟特性，包括晴空、云雾和降雨等不同条件下的传输特性。20 世纪 80 年代 AT&T、Bell 实验室和 IBM 公司的 T. J. Watson 研究中心提出了 THz‐TDS 技术，THz 时域光谱技术是一种非常有效的测试手段[3]，它利用 THz 脉冲透射样品或者在样品上发生反射，测量由此产生的 THz 电场强度随时间的变化，进而得到样品的信息。20 世纪 90 年代初期开始，美国纽约州特洛伊市的伦斯勒理工学院太赫兹研究中心对 THz 辐射的产生和探测机理进行了大量卓有成效的研究工作，在光谱和成像研究方面也颇有进展[4-6]。

2001 年 Pardo[7] 提出了一个长波大气光谱传输模型，其适用范围为 0～10 THz，可应用到天文学、遥感和通信等诸多领域。由于信息处理速度提高的要求，研究电子在 THz 波段的电场中的运动具有非常重要的意义，并且已经进行了深入的理论和实验研究。

2004 年，Urban J 等[8] 在提出了微波观察线估计和恢复代码模型，该模型主要是对毫米和亚毫米波长范围所采用的通用正向和反演模型，更细致地讲，工具特性模块（如光谱的描述模块、辐射传输模块等）属于正向模型，而通过对遥测的光谱数据分析反演，重新得到的地球物理参数（如温度、微量气体的混合率等）则属于反演模型。同年，Mendrok J[9] 在其博士论文中提出了 SARTre 模型。该模型是第一个可以对多个光谱（如紫外、可见光、近红外到远红外和微波光谱）进行模拟的临边辐射模型，属于球形大气的辐射传输模型，其光谱分辨率很高，被用于太阳、陆地的辐射传输。德国的 Koch[10] 等于 2004 年第一次完成了音碟数据信号在 THz 中的辐射传输实验。

2008 年，Seong G. Kong 提出通过研究 THz 信号失真得到 THz 的恢复信号光谱[11]。2010 年，Thomas Kleine-Ostmann 和 Tadao Nagatsuma 对于 THz 的现状进行分析，从发射源、探测器、电路以及天线技术和架构上的障碍解决入手，展望更高的载波频率、更快的传输速度的 THz 通信系统[12]。2011 年，Yang Yihong 等对 0.2～2 THz 信号在大气中的传输做了测量，并对太赫兹脉冲在大气中的展宽作了讨论[13]。2012 年，LUO Yi 基于 Marshall-Palmer、Weibull 雨滴尺寸分布和 Mie 电磁散射模型，研究 THz 大气窗口波的衰减系数与温度和降雨率的关系，得出温度对 THz 波的影响不大，但雨对 THz 波的衰减远大于对移动通信信号的衰减[14]。2015 年，Jonathan Y. Suen 将 THz 传输用于干燥地带，并指出 THz 传输的良好前景[15]；同年，Ma Jianjun 做了雨对 THz 传输衰减的实验[16]。Arun K. Majumdar 将 THz 通信分为大气通信、室内通信和无线通信三部分，并介绍了 THz 传输的硬件开发问题[17]。2016 年，Jindoo Choi 针对分层材料在潮湿环境中难以分析的问题，提出在 THz 波测量中将连续 THz 样本分解成个体样本的研究方法，提取每层的光谱为研究多层结构提供了足够的信息，并在理论分析和实验结果上验证了其可行性[18]。2016 年，Josioh Dierken 将 THz 反射光谱法有效地应用于 CMC 和 PMC 表面化学变化引起的热降解特性研究中，同时，从 THz 光谱系统研究了光谱评估测量的不确定性[19]。

国内关于 THz 辐射的研究起步较晚，其标志是 2003 年国家自然基金资助启动的关于太赫兹波研究的重大基金项目，及其相关面上的资助项目。中科院物理所人员发现超短激光脉冲与低密度等离子体作用可产生超强的 THz 辐射，在此基础上，他们提出了线性模式转换的 THz 辐射转换机制，他们的理论为优化激光和等离子体参数来获得更强的 THz 辐射提供了可能。中国科学院上海微系统所采用半导体共振光学声子设计和双面金属波导结构研制成功了激射频率为 2.9 THz 的量子级联激光器[20]。2005 年王华娟等人采用 FDTD 方法模拟了 THz 波在金属光子晶体中的传输特性[21]。2005 年在北京香山饭店，44 名专家学者参加了以"太赫兹科学技术的新发展"为主题的学术讨论会。他们来自中科院、首都师范大学、上海交通大学、天津大学、南京大学等科研院所、高等院校及相关领域，会议对 THz 科学技术的国内外研究现状以及发展趋势进行了交流，并对我国所面临的 THz 研究亟待解决的关键技术进行了探讨。主要待解决的问题包含大容量数据传输与超高速成像信号处理、天文学及环境科学、太赫兹通信与雷达、卫星太空成像和通信及反隐身技术等。

2007 年黄小琴等人采用平面波展开法（PWM）和时域有限差分法（FDTD）计算二维光子晶体的能带结构，提出了适合 THz 波传输的光子晶体波导模型[22]。天津大学姚建铨院士的团队对 THz 波的传输特性进行了研究[23]。2008 年，首都师范大学的李福利等对 THz 波在沙尘中的透射特性进行了实验室模拟[24]。2010 年天津大学姚建铨院士团队对 THz 技术及其应用以及 THz 波的大气传输特性进行了综述[25]。2011 年，西安电子科技大学黄时光、张民等利用 FDTD 方法对 THz 波的传播特性进行了研究，从雾的物理特性出发，结合 Mie 理论与随机离散分布粒子的波传播与散射理论，分析了不同雾滴粒子尺寸对 THz 波的消光系数，结合雾滴粒子谱分布，分析了粒子群的平均体系散射特性和传输特性[25]。2011 年罗轶等研究了 THz 波段对微米镍粉的散射特性[26]。同年长春理工大学的崔海霞等对 THz 波传输及传感的若干问题做了研究[27]。2013 年宗鹏飞等在逐线吸收的基础上计算了氧气 A 吸收带的透过率[28]。同年，张蓉蓉等对 0.4 THz 电磁波在不同相对湿度下的大气传输衰减与毫米波传输模型进行了对比[29]。卢昌胜、吴振森等从 HITRAN 数据库出发，对 THz 波的大气吸收特性进行了计算[30]。2014 年，长春理工大学的李井生对 THz 通信系统中调制技术仿真做了研究[31]。同年，西安电子科技大学李海英采用 Rayleigh 近似方法对频率在 1 THz 以下的太赫兹波在雾中的衰减进行了计算，并将结果与单次散射理论进行了比较，表明 Rayleigh 近似计算得到的平流雾衰减比单次散射方法的结果小，所有能见度的 Rayleigh 近似方法的相对误差都是与频率成正比的，而且相对误差随着能见度的增大而减小[32]。

从国内外近十年的研究结果可以看出，对于 THz 波传播特性的研究主要是衰减特性，而且对于衰减特性的研究也不系统，多数研究晴空大气和大气水凝物衰减特性，衰减特性计算模型基本沿用了毫米波晴空大气降水衰减模型。从理论上讲，晴空大气和水介电特性参数的理论模型似乎考虑了连续谱，但是衰减特性计算模型参数只能使用于毫米波、亚毫米波较低波段（小于 1000 GHz），如果直接用于分析太赫兹波段的衰减特性，计算结果可靠度值得怀疑。另外，降雨衰减计算模型中的参数与频率密切相关，至少任何文献中没有验证太赫兹波段特征衰减参数取值问题。由此可见，国内外对 THz 波段电磁波对流层环境传输特性的研究几乎尚属探索阶段，甚至可以说处于空白状态，更没有经过验证的传播模型可以使用，这一领域仍然需要电波传播工作者结合理论和实际测量结果，全面综合地评估对流层环境对太赫兹波段电磁波在时域、频域、空间域、极化以及幅度域和相位域等方面的特性的影响程度及规律，建立相关的理论及工程应用模型。

思考和训练 9

1. 如果用图 9.1 所示的方法，借助无线电波段设备测试折射效应特性参数，应如何找到可能的途径，最大限度地降低测试误差？能否找到测试折射效应参数的其他技术途径？

2. 假如有可用的卫星链路，即已经具备了测试大气幅度闪烁的硬件条件，请问记录信号的时间分辨率应该如何选取？

3. 借助卫星信标信号测量降雨衰减时，为何取降雨前一定时间内的平均电平作为参考电平，而不取降雨接收后某一段时间内的平均电平作为参考电平？"一定时间"取多长为合适，如何合理确定"一定时间"？

4. 任何仪器记录信号电平都不能即时记录，都具有仪器积分时间，如果为了记住卫星信标测量降雨衰减，应将接收机积分时间设置多少为合适？

5. 降雨衰减测量过程中，一定要避免地形、地物多径的影响，请思考如何选择监测地点。

★本章参考文献

[1] ALLNUTT J E. 星地电波传播[M]. 2版. 吴岭，朱宏权，弓树宏，译. 北京：国防工业出版社，2017.

[2] DOUGHERTY H T，DUTTON E J. Estimating year-to-year variability of rainfall for microwave applications[J]. IEEE Transaction on Communications，1978，26(8)：1321-1324.

[3] SIEGEL P H. Terahertz technology[J]. IEEE Transaction on Microwave Theory and Techniques，2002，50(3)：910-928.

[4] LU Z G，ZHANG X C. Real time THz Imaging System Based on Electro：OPTIC Crystals[J]. Proceeding of SPIE-The international Society for Optical Engineering，1998，3491：334-339.

[5] CHEN Q，JIANG Z P，XU G X，et al. Applications Of Terahertz Time-Domain Measurement on Paper Currencies[J]. Optics & Photonics News，1999，10(10)：547-548.

[6] CHEN Q，JIANG Z P，XU G X，et al. Near-Field THz Imaging with a Dynamic Aperture[J]. Optics Letters，2000，25(15)：1122-1124.

[7] PARDO J R，CERNICHARO J，SERABYN E. Atmospheric transmission at microwaves (ATM)：an improved model for millimeter submillimeter applications[J]. IEEE Transaction on Antennas and Propagation，2001，49(12)：1683-1695.

[8] URBAN J，BARON P，LAUTI N，et al. Moliere (v5)：a versatile forward-and inversion model for the millimeter and sub-millimeter wavelength range[J]. Journal of Quantitative Spectroscopy & Radiative Transfer，2004，83(3-4)：529-554.

[9] MENDROK J. The SARTre model for radiative transfer in spherical atmospheres and its application to the derivation of cirrus cloud properties[J]. DLR-Forschungsberichte，2006(15)：1-147.

[10] 姚建铨，汪静丽，钟凯，等. THz辐射大气传输研究和展望[J]. 光电子·激光，2010，21(10)：1582-1588.

[11] WU D H，KONG S G. Signal restoration from atmospheric degradation in terahertz spectroscopy[J]. Journal of Applied Physics，2008，103(11)：150.

[12] THOMAS K O，NAGATSUMA T. A Review on Terahertz Communications Research[J].

Journal of Infrared Millimeter & Terahertz Waves, 2011, 32(2): 143 - 171.

[13]　YANG Y, SHUTLER A, GRISCHKOWSKY D. Measurement of the transmission of the atmosphere from 0.2 to 2 THz[J]. Optics Express, 2011, 19(9): 8830 - 8838.

[14]　LUO Y, HUANG W X, LUO Z Y. Attenuation of terahertz transmission through rain[J]. Optoelectronics Letters, 2012, 8(4): 310 - 313.

[15]　SUEN J Y. Terabit - per - Second Satellite Links: a Path Toward Ubiquitous Terahertz Communication[J]. Journal of Infrared Millimeter & Terahertz Waves, 2016, 37(7): 615 - 639.

[16]　MA J, VORRIUS F, LAMB L, et al. Comparison of Experimental and Theoretical Determined Terahertz Attenuation in Controlled Rain [J]. Journal of Infrared Millimeter & Terahertz Waves, 2015, 36(12): 1195 - 1202.

[17]　MAJUMDAR A K. Other Related Topics: Chaos - based and Terahertz (THz) FSO Communications[M]. Berlin: Springer, 2015.

[18]　CHOI J, KWON W S, KIM K S, et al. Nondestructive evaluation of multilayered paint films in ambient atmosphere using terahertz reflection spectroscopy[J]. NDT & E International, 2016, 80: 71 - 76.

[19]　DIERKEN J, CRINER A, ZICHT T. Evaluation of uncertainty in handheld terahertz spectroscopy[C]//Aip Conference. [S.l.]: AIP Publishing LLC, 2016: 950 - 955.

[20]　LIU H C, WACHTER M, BAN D, et al. Effect of doping concentration on the performance of terahertz quantum - cascade lasers[J]. Applied Physics Letters, 2005, 87(14): 156.

[21]　王华娟, 毕岗, 杨冬晓, 等. 太赫兹波在金属光子晶体中的传播特性[J]. 微波学报, 2005, 21(1): 31 - 34.

[22]　黄小琴, 陈鹤鸣. 太赫兹波在二维光子晶体波导中的传输特性研究[J]. 光电子技术, 2007, 27(4): 243 - 245.

[23]　姚建铨, 陆洋, 张百钢, 等. THz 辐射的研究和应用新进展[J]. 光电子激光, 2005, 16(4): 503 - 510.

[24]　李宇晔, 王新柯, 张平, 等. 模拟沙尘暴条件下的 THz 辐射传输研究[J]. 激光与红外, 2008, 38(9): 921 - 924.

[25]　黄时光, 张民. THz 波传输特性研究[D]. 西安: 西安电子科技大学, 2010.

[26]　RENSCH D B, LONG R K. Comparative Studies of Extinction and Backscattering by Aerosols, Fog, and Rain at $10.6\mu m$ and $0.63\mu m$[J]. Applied Optics, 1970, 9 (7): 1563 - 1573.

[27]　崔海霞. 太赫兹波传输及传感若干问题的研究[D]. 吉林: 长春理工大学, 2011.

[28]　宗鹏飞. 基于逐线积分的氧气 A 吸收带透过率的算法研究[D]. 太原: 中北大学, 2013.

[29]　蓉蓉, 李跃华, 等. 相对湿度对 0.4THz 电磁波大气传输衰减的影响[J]. 太赫兹科学与电子信息学报, 2013, 11(1): 66 - 69.

[30] 卢昌胜，吴振森. 基于 HITRAN 的太赫兹波大气吸收特性[J]. 太赫兹科学与电子信息学报，2013，11(3)：346-349.

[31] 李井生. 太赫兹通信系统中调制技术仿真研究[D]. 吉林：长春理工大学，2014.

[32] LI H Y，WU Z S，LIN L K，et al. The analysis of advection fog attenuation algorithms in Terahertz wave band [C]//General Assembly and Scientific Symposium. IEEE. [S.l.：s.n.]，2014：1-4.